丛 书 总 主 编　陈宜瑜
丛书副总主编　于贵瑞　何洪林

中国生态系统定位观测与研究数据集

草地与荒漠生态系统卷

宁夏沙坡头站

（2009—2018）

谭会娟　潘颜霞　李新荣　主编

中国农业出版社
北　京

图书在版编目（CIP）数据

中国生态系统定位观测与研究数据集．草地与荒漠生态系统卷．宁夏沙坡头站：2009—2018 / 陈宜瑜总主编；谭会娟，潘颜霞，李新荣主编．—北京：中国农业出版社，2023.12

ISBN 978-7-109-31440-5

Ⅰ.①中… Ⅱ.①陈… ②谭… ③潘… ④李… Ⅲ.①生态系统—统计数据—中国②草地—生态系统—统计数据—中卫县—2009-2018③荒漠—生态系统—统计数据—中卫县—2009-2018 Ⅳ.①Q147②S812③P942.224.73

中国国家版本馆 CIP 数据核字（2023）第 210183 号

ZHONGGUO SHENGTAI XITONG DINGWEI GUANCE YU YANJIU SHUJUJI

中国农业出版社出版
地址：北京市朝阳区麦子店街 18 号楼
邮编：100125
责任编辑：李昕昱　　文字编辑：耿韶磊
版式设计：李　文　　责任校对：史鑫宇
印刷：北京印刷一厂
版次：2023 年 12 月第 1 版
印次：2023 年 12 月北京第 1 次印刷
发行：新华书店北京发行所
开本：889mm×1194mm　1/16
印张：23.75
字数：700 千字
定价：188.00 元

编 者 名 单

主 编 谭会娟 潘颜霞 李新荣
编 委 （按拼音顺序排序）
冯 丽 高永平 李小军 宋 光 杨昊天 赵 洋

PREFACE 1

序 一

进入20世纪80年代以来，生态系统对全球变化的反馈与响应、可持续发展成为生态系统生态学研究的热点，通过观测、分析、模拟生态系统的生态学过程，可为实现生态系统可持续发展提供管理与决策依据。长期监测数据的获取与开放共享已成为生态系统研究网络的长期性、基础性工作。

国际上，美国长期生态系统研究网络（US LTER）于2004年启动了Eco Trends项目，依托US LTER站点积累的观测数据，发表了生态系统（跨站点）长期变化趋势及其对全球变化响应的科学研究报告。英国环境变化网络（UK ECN）于2016年在*Ecological Indicators*发表专辑，系统报道了UK ECN的20年长期联网监测数据推动了生态系统稳定性和恢复力研究，并发表和出版了系列的数据集和数据论文。长期生态监测数据的开放共享、出版和挖掘越来越重要。

在国内，国家生态系统观测研究网络（National Ecosystem Research Network of China，简称CNERN）及中国生态系统研究网络（Chinese Ecosystem Research Network，简称CERN）的各野外站在长期的科学观测研究中积累了丰富的科学数据，这些数据是生态系统生态学研究领域的重要资产，特别是CNERN/CERN长达20年的生态系统长期联网监测数据不仅反映了中国各类生态站水分、土壤、大气、生物要素的长期变化趋势，同时也能为生态系统过程和功能动态研究提供数据支撑，为生态学模型的验证和发展、遥感产品地面真实性检验提供数据支撑。通过集成分析这些数据，CNERN/CERN 内外的科研人员发表了很多重要科研成果，支撑了国家生态文明建设的重大需求。

近年来，数据出版已成为国内外数据发布和共享，实现“可发现、可访问、可理解、可重用”（即 FAIR）目标的重要手段和渠道。CNERN/CERN 继 2011 年出版“中国生态系统定位观测与研究数据集”丛书后再次出版新一期数据集丛书，旨在以出版方式提升数据质量，明确数据知识产权，推动融合专业理论或知识的更高层级的数据产品的开发挖掘，促进 CNERN/CERN 开放共享由数据服务向知识服务转变。

该丛书包括农田生态系统、草地与荒漠生态系统、森林生态系统及湖泊湿地海湾生态系统共 4 卷（51 册）以及森林生态系统图集 1 册，各册收集了野外台站的观测样地与观测设施信息，水分、土壤、大气和生物联网观测数据以及特色研究数据。本次数据出版工作必将促进 CNERN/CERN 数据的长期保存、开放共享，充分发挥生态长期监测数据的价值，支撑长期生态学以及生态系统生态学的科学研究工作，为国家生态文明建设提供支撑。

孙鸿烈

2021 年 7 月

PREFACE 2
序二

科学数据是科学发现和知识创新的重要依据与基石。大数据时代，科技创新越来越依赖于科学数据综合分析。2018 年 3 月，国家颁布了《科学数据管理办法》，提出要进一步加强和规范科学数据管理，保障科学数据安全，提高开放共享水平，更好地为国家科技创新、经济社会发展提供支撑，标志着我国正式在国家层面开始加强和规范科学数据管理工作。

随着全球变化、区域可持续发展等生态问题的日趋严重，以及物联网、大数据和云计算技术的发展，生态学进入了“大科学、大数据”时代，生态数据开放共享已经成为推动生态学科发展创新的重要动力。

国家生态系统观测研究网络（National Ecosystem Research Network of China，简称 CNERN）是一个数据密集型的野外科技平台，各野外台站在长期的科学研究中积累了丰富的科学数据。2011 年，CNERN 组织出版了“中国生态系统定位观测与研究数据集”丛书。该丛书共 4 卷、51 册，系统收集整理了 2008 年以前的各野外台站元数据，观测样地信息与水分、土壤、大气和生物监测以及相关研究成果的数据。该丛书的出版，拓展了 CNERN 生态数据资源共享模式，为我国生态系统研究、资源环境的保护利用与治理，以及农、林、牧、渔业相关生产活动提供了重要的数据支撑。

2009 年以来，CNERN 又积累了 10 年的观测与研究数据，同时国家生态科学数据中心于 2019 年正式成立。中心以 CNERN 野外台站为基础，生态系统观测研究数据为核心，拓展部门台站、专项观测网络、科技计划项目、科研团队等数据来源渠道，推进生态科学数据开放共享、产品加工和分析应用。为了开发特色数据资源产品、整合与挖掘生态数据，国家生态科学数据中心立足国家野外生态观测台站长期监测数据，组织开展了新一版的观测与研究数据集的出版工作。

本次出版的数据集主要围绕“生态系统服务功能评估”“生态系统过程与变化”等主题进行了指标筛选，规范了数据的质控、处理方法，并参考数据论文的体例进行编写，以翔实地展现数据产生过程，拓展数据的应用范围。

该丛书包括农田生态系统、草地与荒漠生态系统、森林生态系统以及湖泊湿地海湾生态系统共 4 卷（51 册）以及图集 1 本，各册收集了野外台站的观测样地与观测设施信息，水分、土壤、大气和生物联网观测数据以及特色研究数据。该套丛书的再一次出版，必将更好地发挥野外台站长期观测数据的价值，推动我国生态科学数据的开放共享和科研范式的转变，为国家生态文明建设提供支撑。

2021 年 8 月

FOREWORD

前言

数据是科学研究的基础，是国家重要的资源和宝贵的财富，高质量的数据是中国生态系统研究网络（CERN）长期监测持续发展的根本。系统收集、整理、存储和开发应用数据将为国家生态建设、环境保护、农业发展、防灾减灾、资源利用等提供重要科技支持，并促进相关学科的发展。伴随着全球化进程，人类活动对地球生态系统的影响正在急剧扩展。当前，人类与环境的关系已经成为全球性的关键科学命题挑战，这些问题的解决都必须依靠大尺度和长期的定位监测研究和稳定的长期数据积累，同时也迫切需要作为国家野外科学观测体系中的骨干成员和我国开展生态系统和全球变化监测、研究和科学普及的重要组成力量——中国生态系统研究网络（CERN）各站在数据监测和共享方面做出自己的贡献。

宁夏沙坡头沙漠生态系统国家野外科学观测研究站（简称沙坡头站）建于1955年，是中国科学院较早建立的野外台站之一。1992年成为CERN站，2006年被正式列入国家野外科学观测研究站。沙坡头站立足于我国典型温带荒漠生态系统研究，从建立之初就非常重视数据的收集、整理和应用工作。在长期监测研究工作中，积累了大量观测和实验数据（包括对水分、土壤、气象、生物等关键要素的观测），记录了我国典型温带荒漠生态系统水文过程、土壤特征、气象因子、生物群落的长期过程，具有重要的科研价值。为进一步促进数据交换、信息交流，提高数据的使用效率，避免低水平重复，展示沙坡头站长期定位观测成果，整理和分析监测数据，并使各种基础信息做到共享。通过这项工作，为开展大尺度的联网研究提供可能，同时为社会提供更好的信息资源。经过3年多的努力，《中国生态系统定位观测与研究数据集·草地与荒漠生态系统卷·宁夏沙坡头站（2009—2018)》数据集终于完成。

该数据集是全站研究人员和水分、土壤、气象、生物监测人员，以及数据管理人员共同承担完成的。监测数据负责人谭会娟负责具体实施，潘颜霞做了大量工作。负责水分监测的赵洋，负责土壤监测的李小军和杨昊天，负责气象监测的高永平，负责生物监测的贾荣亮、宋光和冯丽，以及负责数据质量控制的李新荣等同志也参与了本书的编写工作。负责样地管理的赵金龙对本书的编写给予了极大的帮助和支持，在此一并表示感谢。

本书介绍了沙坡头站观测场和采样地的基本情况，在此基础上，对水分、土壤、气象、生物4个要素的监测数据和部分研究数据进行了整理汇编。内容全面、完整，体现了简明实用的特点。

由于编写人员水平有限，书中疏漏之处在所难免，恳请有关专家批评指正。

编　者

2022年6月

CONTENTS

目录

第1章

引　言

宁夏沙坡头沙漠生态系统国家野外科学观测研究站（以下简称沙坡头站）的数据包括生物、土壤、水分和气象4个部分。为了充分发挥沙坡头站监测数据在时间序列定位研究中的宝贵价值，有必要对沙坡头站的监测数据加以整理和分析，并将部分数据出版，这既是对沙坡头站长期定位观测成果的一种全面展示，也为今后CERN及相关科学研究提供基础数据保障。

1.1　数据整理目的

（1）规范整理

将沙坡头站以往不同格式数据归并到CERN目前实行的指标体系中。

（2）数据出版

将沙坡头站的监测成果以可见的形式向外发布。

（3）综合应用

以整理和出版的数据为基础，为跨台站和跨时间尺度的生态学研究提供数据支持。

1.2　基本原则

（1）来源清楚

对于所有历史数据建立相对应的元数据目录，并出版。

（2）结构一致

以CERN目前实行的表和字段为准，保留所有表和字段。对于公共字段，可建立通用表。

（3）数据综合

为便于出版和应用，对分层、分时监测数据加以必要综合。

（4）结论可靠

对于某些数据资源，经过综合后以图表、文字等形式给出一些结论性的内容。

1.3　数据方法

针对生物、土壤、水分和气象各表的数据综合方法见下面的描述。

（1）根据本站实际情况确定表和字段以及放在表头的共用字段。

（2）全样方数据直接汇总或平均，小样方数据需要换算成全样方（样地）面积数据。

（3）统计数据除给出严格按照有效位数表示的统计值外，尽量给出标准差、样本数。

（4）如果土壤分类和数据单位与国标不一样，需要换算成国标和国内法定计量单位。

（5）注明采样方法，说明数据质量的保证措施。

（6）气象数据的出版要符合国家规定，数据出版格式尽量参考气象部门的出版格式。

1.3.1 生物数据

荒漠生物数据包括：荒漠植物群落种类组成、荒漠植物群落特征、荒漠植被空间格局变化、荒漠植物物候观测、荒漠站区植被类型、面积与分布、荒漠植物群落凋落物季节动态、优势植物种子产量等数据。主要方法为原始数据、分物种统计、按月平均、按样方平均。

农田生物数据包括：农田作物种类与产值、农田复种指数与典型地块作物轮作体系、农田主要作物肥料投入情况、农田灌溉制度、水稻生育动态、小麦生育动态、玉米生育动态、大豆生育动态、作物叶面积与生物量动态、耕作层作物根生物量、作物根系分布、作物收获期植株性状与产量、农田矿物元素含量与能值、农田土壤微生物生物量碳等数据。主要方法为原始数据、作物生育期按样地平均、按作物生育时期平均、按次（年）平均、按采样部位平均。

1.3.2 土壤数据

土壤数据包括：土壤有机碳、全氮、碱解氮、速效磷、速效钾、pH、电导率等。方法为样地分层平均或样地平均。

1.3.3 水分数据

水分数据包括：土壤含水量、地表水及地下水水质状况、地下水位记录、农田蒸散量、水面蒸发量、农田灌溉用水等数据。方法主要为逐月分层平均、样地尺度，月平均、样地尺度，原始数据。

1.3.4 气象数据

气象数据包括：自动观测气象要素记录表、太阳辐射自动观测记录表、各月逐日辐照总量表中的温度、湿度、气压、降水、风速、地表温度、辐射等数据。方法主要为单要素按月或按年平均。

1.4 数据集出版主要内容

本次数据集整理出版的内容主要包括以下 5 个部分：前言、沙坡头站数据资源目录、沙坡头站观测场和采样地、沙坡头站监测数据、沙坡头站部分研究数据。

1.5 数据共享网址

沙坡头站数据共享网址为：http://www.spd.cern.ac.cn。

1.6 数据整理出版说明

参考 CERN 以前出版数据目录的说明，主要包括以下几个方面的内容：

➢ 数据资料来源

本数据产品中的资料是按照 CERN 统一监测指标、统一监测仪器和方法，从沙坡头站 11 个观测场 18 个采样地获得的生物、土壤、水分、气象长期监测数据。

➢ 统计项目

本数据产品中数据来自沙坡头站生物、土壤、水分、气象 4 种类型的观测场。时间覆盖范围主要是 2009—2018 年。

➢　数据质量控制

原始数据资料经过生态站（由站长、监测主管和监测人员构成的质控体系）、各分中心、综合中心的三级质量控制，对仪器观测出现的异常值予以剔除。

➢　数据引用说明

监测数据的共享利用严格按照 CERN 综合中心的有关规定和条款，数据所有权属于沙坡头站，必须署名宁夏沙坡头沙漠生态系统国家野外科学观测研究站。

第 2 章

台站概况

2.1 台站简介

宁夏沙坡头沙漠生态系统国家野外科学观测研究站（以下简称沙坡头站）始建于 1955 年，是中国科学院最早建立的野外长期综合观测研究站，现隶属于中国科学院西北生态环境资源研究院。该站地处腾格里沙漠东南缘的宁夏回族自治区中卫市境内。沙坡头站于 1990 年被正式批准为中国科学院开放研究站，1992 年成为中国生态系统研究网络（CERN）站，2000 年被科技部筛选确定为首批国家生态系统观测研究网络（CNERN）重点野外科学观测试点站，2006 年正式成为国家重点野外科学观测研究站，是全国科普教育基地和国家环保科普基地，2021 年被中共中央宣传部命名为全国爱国主义教育示范基地，更是中国通量观测研究联盟（China FLUX）和国家林业和草原局沙尘暴预警监测网络台站。沙坡头站也是国际科学联合会（ICSC）世界实验室（WL）"干旱与沙漠化"研究中心、联合国教科文组织（UNESCO）和"人与生物圈（MAB）"的研究点、全球陆地观测系统（GTOS）和第三世界科学网络组织（TWSNO）观测数据库成员、联合国环境署（UNEP）国际沙漠化治理研究培训中心的培训基地和联合国开发计划署（UNDP）"增强中国执行联合国防治荒漠化公约能力建设项目"的技术试验示范基地。沙坡头站 2001—2005 年、2006—2010 年、2011—2015 年连续 3 个五年综合评估被评为"CERN 优秀野外站"，是我国沙漠科学研究不可替代的野外支撑平台和国际知名的沙漠科学研究基地。

2.2 主要研究方向

沙坡头站立足于干旱沙漠地区生态过程、受损生态系统的恢复与重建及其生态水文学机理，实验风沙地貌与沙漠环境演变的应用基础理论研究；注重沙区农业技术开发、试验示范和技术推广；进行长期定位观测及基础数据积累，为荒漠生态系统与沿黄沙区农业生态系统研究提供研究平台，建立辐射整个中国北方沙区及"一带一路"沿线受风沙危害严重国家和地区的观测网络，突出干旱区生态水文学和恢复生态学特色优势，开展试验研究和关键技术及优化模式的试验示范。目前的主要研究方向如下：

（1）干旱区生态水文学。

（2）荒漠生态系统可持续发展和恢复生态学。

（3）植物逆境生理生态学和分子生物学。

（4）荒漠生物多样性和保护生物学。

（5）新型沙害综合治理与生态工程建设。

（6）沙产业开发的新举措与新途径。

2.3 研究成果与科学贡献

建站 60 多年来，沙坡头站面向我国防沙治沙、西部生态环境建设、植被重建及生态恢复等国家重大需求及生态水文学、恢复生态学、植物逆境生理和分子生物学、风沙物理学等学科前沿，开展了系统、长期的定位监测、试验研究及科普示范，取得了一系列重要成果。

2011—2021 年，沙坡头站共承担科研项目 159 项、总经费 17 746 万元，包括国家重点研究发展计划（973 计划）项目 1 项，国家重点研发计划战略性国际科技创新合作重点专项 1 项，国家重点研发计划课题 2 项、专题 2 项，国家重大基础资源调查专项课题 1 项，科技部创新人才推进计划重点领域创新团队项目 1 项，国家自然科学基金创新研究群体 1 项、杰出青年基金 1 项、重点基金 3 项、重大国际合作项目 1 项、国家自然科学基金面上项目和青年基金 55 项，中国科学院战略性先导科技专项 A 类课题 1 项、子课题 1 项，方向性项目 1 项，前沿科学与教育局杰出青年科学家项目 1 项，"百人计划" 3 项，碳专项专题 1 项。

2011—2021 年，沙坡头站共发表论文 464 篇。其中，SCI 收录 259 篇，出版专著 7 部。在 *PNAS*、*New Phytologist*、*Global Change Biology*、*Scientific Reports*、*Soil Biology & Biochemistry*、*Journal of Geophysical Research：Biogeosciences*、*Plant and Soil*、*Agricultural and Forest Meteorology*、*Journal of Hydrology*、*Plant Physiology*、*Global Ecology and Biogeography* 等 SCI 刊物发表的文章为我国沙区生态环境建设提供了重要理论与技术支撑。

（1）解决了铁路部门和科学界关注的科学问题——无灌溉条件下植物固沙的可行性程度、适宜的固沙植物种的选择及其合理配置等问题，提出了"以固为主、固阻结合"的沙漠铁路防护体系建设的理论与模式。

（2）研发了降水小于 200 mm 的干旱沙漠地区植被建设的关键技术，论证了生态恢复的机理。

（3）理论上分析了植被稳定性维持的生态学机理，提出了荒漠化逆转的理论范式。

（4）提出了流沙固定过程中植被-土壤系统的演替模型。

（5）揭示了干旱沙漠地区土壤水循环的植被调控机理，解决了固沙植被建设中的水量平衡问题。

（6）阐明了生物土壤结皮的形成演变机理及生态水文功能，研发了人工结皮固沙新模式。

（7）揭示了极端环境下植物抗逆的分子生物学机制及生态适应对策。

通过几代科研人员的不懈努力和铁道及林业部门联合攻关，在地方政府的支持下创造了中国沙漠铁路乃至世界沙漠铁路建设史上的奇迹，确保了包兰铁路 60 多年畅通无阻。固沙植被建植的原理和技术为"三北防护林"建设工程中 600 万 hm^2 沙荒地林分的稳定性维持，以及为四期工程中的植物种选择、植被配置与结构、水分平衡与植物功能群组成等工程设计和今后的科学管理提供了可操作的模式。该模式推广应用到国防建设（酒泉卫星发射基地和海军基地沙害治理）和世界文化遗产敦煌莫高窟的沙害防护体系建设中，并且这一成果成功推广到世界各地（如马里共和国、肯尼亚等国家）的荒漠化防治实践中。这些成果先后获得国家科技进步奖特等奖（1988 年）、国家科技进步奖二等奖（2009 年和 2018 年）、甘肃省自然科学一等奖（2008 年、2017 年）、宁夏回族自治区科技进步奖一等奖（2007 年、2016 年、2017 年）、中国科学院科学技术进步奖一等奖（1987 年），得到联合国 UNEP、UNDP 和联合国粮食及农业组织（FAO）的高度关注，并获 UNEP"全球环境 500 佳"、UNDP 荒漠化防治最佳实践奖。

2.4 人才培养与队伍建设

沙坡头站现有固定人员 29 人，研究员 9 人、副研究员 10 人、高级工程师 2 人、助研 5 人、工程师3人，包括国家创新群体首席科学家1人、国家杰出青年基金获得者1人、973计划项目首席科学家1人、“国家百千万人才工程”入选者3人、中共中央组织部“万人计划”领军人才入选1人，中国科学院“百人计划”入选3人、青年促进会成员4人；宁夏回族自治区青年科技奖获得者3人、中国科学院王宽诚西部学者突出贡献奖获得者1人、甘肃省拔尖领军人才入选1人，甘肃省领军人才入选3人、享受国务院政府特殊津贴3人，宁夏回族自治区“塞上英才”入选1人、青年拔尖人才入选3人、高层次人才17人，甘肃省陇原青年英才入选1人。

以沙坡头站李新荣研究员为首席科学家的“沙区生态恢复与重建创新团队”被授予科技部创新人才推进计划重点领域创新团队称号。

近5年来，沙坡头站培养硕士、博士和博士后31名，目前在站研究生33人。研究生中1人获得中国科学院院长优秀奖、13人获得“三好学生”称号、6人获得国家奖学金。

2.5 科研能力与技术平台

沙坡头站站区位于包兰铁路两侧，占地面积2 km^2，以铁路为界路北和路南各约1 km^2。生活区占地11 800 m^2，位于路南的黄河边，建有科技成果展厅、各类实验室、样品室、标本馆等1 000 m^2以上，有各类仪器300多台（套）；建有宿舍楼、专家公寓、学术厅、会议室等，共占地5 000 m^2以上，能召开200人以下的会议；建有食堂、活动室、车库等，面积共计400 m^2，可同时满足100人用餐。

路南试验区包括植物迁地保育基地300余亩*、农田生态系统综合观测场20亩、葡萄园50亩、苹果园50亩、节水灌溉试验地50亩、水量平衡综合观测场50亩、人工结皮喷洒试验区100余亩、沙米引种驯化基地5亩、基本农田100余亩，建有养分循环池1 200 m^2、蒸渗池1 200 m^2、全自动日光温室100 m^2、野外风蚀风洞200 m^2、世界实验室150 m^2、生物土壤结皮全球变化研究观测场500 m^2、其他基础设施500 m^2以上，试验区内布设大型称重式蒸渗仪6台、微型气象站6套、碳水通量观测系统1套、中子管200多根、TDR 10余套、微根管60余根等；已经建成完工的36台大型称重式蒸渗仪，占地1 000 m^2，配套建设降水和地下水模拟控制系统，安装土壤参数传感器500余套、包裹式树干茎流仪探头60余个等。

路北试验区为沙坡头站的荒漠生态系统综合观测场，是自1956年以来逐年建立的人工植被固沙区。试验区内建有国家标准气象站1个、基础设施300 m^2，布设碳水通量观测系统1套、中子管100多根、TDR 20余套、微根管20余根等。

从沙坡头站到甘肃省景泰县沿沙漠到干草原梯度（省道201），沙坡头站每隔约10 km建有长期定位观测场1个，每个观测场占地1 km^2，观测场内布设微型气象站2套、碳水通量观测系统1套、中子管100多根、TDR 5套、微根管20余根等。另外，沙坡头站在阿拉善高原布设50余个监测样地，每隔3～5年进行一次综合调查，有1 km^2长期定位观测场2个，共安装中子管10根。

2.6 开放与交流

基于长期的研究历史、丰富的野外研究经验、健全的基础设备设施和便利的观测研究条件，沙坡头站已经成为我国沙区生态环境的数据积累基地、国内外沙漠研究的野外支撑平台和学术交流及实习基地。

---

* 亩为非法定计量单位。1亩≈667 m^2。

——编者注

自改革开放以来，依托沙坡头站在沙漠化防治和治理中的优势，UNEP、UNDP 和 FAO 等国际组织委托沙坡头站先后开展了 20 余期国际培训班，培养了国际防沙治沙的中坚力量。同时，沙坡头站专家多次应邀到世界各地风沙危害严重地区，现场指导建立固沙植被防护体系，如马里共和国的绿色防护体系的建立。近年来，依托中国科学院外国专家特聘研究员计划等项目，沙坡头站积极与国外科研机构开展合作研究，邀请美国、以色列、日本、韩国、瑞典、澳大利亚等外国专家 20 余人次到站开展学术交流和合作研究。同时，沙坡头站有 60 多人次赴国外进行学术交流和项目合作研究。

依托沙坡头站优势，近年来沙坡头站与兰州大学、北京林业大学、北京师范大学、中山大学、中国科学院沈阳应用生态研究所、中国科学院新疆生态与地理研究所、北京植物研究所、地理科学与资源研究所、中国林业科学研究院、中国农业科学研究院等国内多家科研机构开展长期合作研究，每年参加或举办多次国内学术会议。近 5 年来，国内其他科研机构依托沙坡头站研究平台申请到国家自然科学基金项目 42 项，有 46 位外单位硕士博士研究生依托沙坡头站研究平台和数据顺利毕业。同时，沙坡头站为国内外科研人员提供实物资源、信息资源下载与访问、标本查阅与借用等方面的服务，近 5 年为其他研究机构提供了 400 余人次超过 20 GB 的数据服务，为科研人员提供 70 余次总计 800 多份的标本查阅和借阅服务，为国家科技报告服务系统提供 3 篇科技报告等。

作为全国科普教育基地和国家环保科普基地，沙坡头站每年接待来站参观、交流的科研人员 300 余人次、社会各界人士 800 余人次。作为兰州大学、西北师范大学、宁夏大学、中山大学等高校的长期教学实习基地及北京一零一中学、银川唐徕回民中学、中卫市第一小学等中小学生的科技夏令营基地，沙坡头站每年接待大专院校实习生约 500 人次，接待地方组织的团体及科技夏令营学生 1 500 余人次。

基于沙坡头站 60 余年的治沙成果积累和在生态恢复方面的专业知识，利用 UNDP 荒漠化防治能力建设项目，沙坡头站为西部省份农牧民开展了 20 余次的技术培训，培训技术人员达 5 000 多人次，在西部沙区大面积推广防沙治沙和沙地开发技术。另外，沙坡头站为地方政府和企业提供合理的咨询报告和设计规划方案，为沙区提供有效的防沙治沙、沙地果树栽培、节水灌溉、农田退水污染防治等技术服务，为寒旱区矿区和工程建设后期植被建设和生态恢复提供技术方案，服务于我国西部社会、经济、生态环境高质量发展。

第3章 观测场和采样地

沙坡头站共设有11个观测场，18个采样地（表3-1、表3-2），各个观测场的空间位置见图3-1，长期观测的农作物主要是春小麦、水稻、玉米和大豆。

表3-1 沙坡头站观测场、采样地一览表

观测场名称	观测场代码	采样地名称	采样地代码
沙坡头站养分循环观测场	SPDZQ01	沙坡头站养分循环场生物土壤长期采样地	SPDZQ01AB0_01
沙坡头站农田生态系统综合观测场	SPDZH01	沙坡头站农田生态系统综合观测场水分长期采样地	SPDZH01CTS_01
		沙坡头站农田生态系统综合观测场生物土壤采样地	SPDZH01ABC_01
沙坡头站荒漠生态系统综合观测场（人工植被演替观测场）	SPDZH02	沙坡头站荒漠生态系统综合观测场水分长期采样地	SPDZH02CTS_01
		沙坡头站荒漠生态系统综合观测场生物土壤长期采样地	SPDZH02ABC_01
		沙坡头站荒漠生态系统综合观测场土壤长期采样地（空白）	SPDZH02B00_01
沙坡头站荒漠生态系统辅助观测场（水分平衡观测场）	SPDFZ03	沙坡头站E601蒸发皿观测点	SPDFZ03CZF_01
		沙坡头站荒漠生态系统土壤辅助长期采样地	SPDFZ03B00_01
沙坡头站农田生态系统站区生物采样点	SPDZQ02	沙坡头站农田生态系统站区生物采样点	SPDZQ02A00_01
沙坡头站农田生态系统土壤辅助观测场（空白）	SPDFZ01	沙坡头站农田生态系统土壤辅助长期采样地	SPDFZ01B00_01
沙坡头站农田生态系统生物土壤辅助观测场	SPDFZ02	沙坡头站农田生态系统生物土壤辅助长期采样地	SPDFZ02AB0_01
沙坡头站天然植被演替辅助观测场	SPDFZ04	沙坡头站荒漠生态系统辅助观测场水分长期采样地	SPDFZ04CTS_01
		沙坡头站荒漠生态系统辅助观测场土壤长期采样地	SPDFZ04B00_01
		沙坡头站荒漠生态系统辅助观测场生物土壤长期采样地	SPDFZ04ABC_01
沙坡头站地下水位观测井	SPDFZ12	沙坡头站地下水位观测井	SPDFZ12CDX—01
沙坡头站地表水采样点	SPDFZ10	沙坡头站地表水采样点	SPDFZ10CGB_01
沙坡头站人工/自动气象站	SPDQX01	沙坡头站气象站	SPDQX01C00_01
		沙坡头站雨水采集点	SPDQX01CYS_01

图 3－1　沙坡头站主要观测场、样地分布

表 3-2　沙坡头站观测场、采样地基本信息表

场地名称	建立年份	位置	场地面积（m^2）	可进行工作	场地代表性描述	土壤类型	植物群落特征
沙坡头站农田生态系统综合观测场水分长期采样地	2001	105°E 37.46°N，海拔 1 250 m	11 300	在农田生态系统综合观测场中划出 10 m×10 m 的样方，沿对角线均匀布置 3 根中子管观测土壤水分、地表水水质、土壤水分常数，用水量平衡法测农田蒸散	近似代表本区引黄灌溉地	草原风沙土	单一群落
沙坡头站 E601 蒸发皿观测点	2004	105°E 37.46°N，海拔 1 250 m	63	观测水面蒸发，每小时 1 次	E601 蒸发皿周围半径 3 m 内无高大灌木	草原风沙土	建立之初推平沙丘，多年平均降水量为 186.2 mm。配置了柠条纯林、油蒿纯林以及柠条油蒿混交等。在人工植被作用下，流沙成土过程已经开始，沙层表面结皮层厚度逐年增厚，结皮层厚度约5 mm，结皮层下亚土层厚 5～20 mm，下层基质全为流沙
沙坡头站荒漠生态系统综合观测场中子管长期采样地	1956	105°E 37.46°N，海拔 1 250 m	222 750	荒漠水分观测，分别在迎风坡 SPDZH02CTS _ 01 _ 01、丘间低地 SPDZH02CTS _ 01 _ 02 和背风坡 SPDZH02CTS _ 01 _ 03 布置中子管	沙坡头铁路防护体系的建立使得原来以流动沙丘为主的沙漠景观演变成了一个复杂的人工-天然复合生态系统	草原风沙土	人工植被区建立后经过 50 多年的演变，植物种除了人工种植的灌木柠条、花棒、中间锦鸡儿、沙木蓼、籽蒿、油蒿和沙拐枣外，还有天然繁衍的小画眉草、雾冰藜、狗尾草、刺沙蓬、虎尾草、三芒草、虫实、沙蓝刺头和油蒿等。由于大量物种的繁殖和定居，使原有的流沙演变成了一个复杂的人工-天然荒漠植被混合体

（续）

场地名称	建立年份	位置	场地面积（m^2）	可进行工作	场地代表性描述	土壤类型	植物群落特征
沙坡头站荒漠生态系统综合观测场土壤长期采样地-空白	1956	105°E 37.47°N，海拔1 350 m	222 750	可测量表层土壤速效养分；表层土壤养分；表层土壤速效微量元素；表层土壤交换性阳离子；表层土壤容重、土壤养分全量、微量元素全量、重金属、矿质全量机械组成、剖面土壤容重	综合观测场代表了60年来植被恢复过程中荒漠生态系统的正向演变过程。对腾格里沙漠东南缘人工植被体系进行长期监测，并通过生物、大气、土壤和水分四大要素的综合分析了解该区植被恢复重建中生态系统演变规律、驱动因子等	草原风沙土	在人工植被作用下，流沙成土过程已经开始。植物种除了人工种植的灌木柠条、花棒、中间锦鸡儿、沙木蓼、籽蒿、油蒿和沙拐枣外，还有天然繁衍的小画眉草、雾冰藜、狗尾草、刺沙蓬、虎尾草、三芒草、虫实、砂蓝刺头和油蒿等。由于大量物种的繁殖和定居，使原有的流沙演变成了一个复杂的人工-天然荒漠植被混合体
沙坡头站农田生态系统综合观测场生物土壤采样地	2001	105°E 37.46°N，海拔1 233 m	11 300	农田生态系统土壤与植被关系长期测定	基本代表了本区20年以上的灌溉地。土地利用方式为农业。对这样的农田生态系统的长期监测有助于我们认识该类土壤的发生变化规律，更好地指导该区农业发展	灌淤土	玉米-春小麦轮作
沙坡头站荒漠生态系统综合观测场生物土壤长期采样地	1956	105°E 37.47°N，海拔1 350 m	222 750	荒漠生态系统植被群落结构、演变特征长期观测	对腾格里沙漠东南缘人工植被体系进行长期监测，考虑到网络监测要求的时间尺度，选择人工植被演替观测场地势较为宽阔的丘间地作为土壤和生物采样地	草原风沙土	植物种除了人工种植的灌木柠条、花棒、中间锦鸡儿、沙木蓼、籽蒿、油蒿和沙拐枣外，还有天然繁衍的小画眉草、雾冰藜、狗尾草、刺沙蓬、虎尾草、三芒草、虫实、沙蓝刺头和油蒿等，盖度40%
沙坡头站地下水位观测井	2004	105°E 37.46°N，海拔1 350 m	9	每天8:00用皮尺观测地下水位，每年2次用标准采样瓶收集地下水	地下井建好后，采用以色列生产的滴灌带进行灌溉。地下井附近30 m范围内无植被，距离30 m以外的西北边为中以合作试验地、北边为建筑物、其他方向为固定沙丘	草原风沙土	距离30 m以外的西北边为中以合作试验地

（续）

场地名称	建立年份	位置	场地面积（m^2）	可进行工作	场地代表性描述	土壤类型	植物群落特征
沙坡头站荒漠生态系统土壤辅助长期采样地	2005	104.7° E 37.45° N，海拔 1 328 m	250 000	测定表层土壤速效养分和速效微量元素；剖面土壤容重、土壤养分、pH、机械组成、微量元素全量、重金属等	样地远离沙坡头站，以油蒿为主要天然植被区，样地地势平坦，不存在微地形对土壤性质的影响，其地表状况和植被类型均类似于人工植被区	草原风沙土	以油蒿为主要天然植被
沙坡头站荒漠生态系统辅助观测场水分长期采样地	2005	104.7° E 37.45° N，海拔 1 328 m	10 000	中子仪测定，每 15 d 观测 1 次，观测深度为 30、60、90、120、150、180、210、240、270 cm	以油蒿为主要天然植被区，样地地势平坦，不存在微地形对土壤性质的影响，其地表状况和植被类型均类似于人工植被区	草原风沙土	灌木种以油蒿、驼绒藜、柠条、狭叶锦鸡儿等为主，草本种以叉枝雅葱、雾冰藜、小画眉草、地锦、沙葱、早熟禾等为主
沙坡头站地表水采样点	2004	105° E 37.46° N，海拔 1 220 m	150	地表水位、水质长期观测	在沙坡头站大门前黄河上的步行桥上，试验站农田生态系统引黄灌溉取水处	无	无
沙坡头站荒漠生态系统辅助观测场土壤长期采样地	1990	104.7° E 37.45° N，海拔 1 300 m	10 000	荒漠生态系统演变过程中土壤、水分、生物辅助观测	该样地建于推平的流动沙丘，地势平坦，不存在微地形对土壤性质的影响。选择该样地是对荒漠综合观测场一种必要的补充	草原风沙土	植物种除了人工种植的灌木柠条、花棒、中间锦鸡儿、沙木蓼、籽蒿、油蒿和沙拐枣外，还有天然繁衍的小画眉草、雾冰藜、狗尾草、刺沙蓬、虎尾草、三芒草、虫实、砂蓝刺头和油蒿等，盖度 40%
沙坡头站农田生态系统辅助观测场生物土壤辅助长期采样地	2004	105° E 37.46° N，海拔 1 230 m	4 000	农田生态系统作物生长发育过程及与土壤、水分关系长期观测	该样地土壤物理和化学性质及剖面变化同综合观测场一致，以便在同一水平进行不同管理方式的对照	灌淤土	玉米-春小麦轮作

（续）

场地名称	建立年份	位置	场地面积（m^2）	可进行工作	场地代表性描述	土壤类型	植物群落特征
沙坡头站农田生态系统土壤辅助长期采样地	2004	105°E 37.46°N，海拔 1 230 m	3 000	农田生态系统土壤时空异质性特征及与环境因子关系长期观测	该长期采样地的管理方式设置为灌溉，是综合观测场不施肥的空白对照	灌淤土	玉米-春小麦轮作
沙坡头站雨水采集点	1956	105°E 37.46°N，海拔 1 340 m	540	雨水的水温、pH、矿化度、硫酸根、非溶性物质总含量、电导率等的观测	沙坡头铁路防护体系的建立使得原来以流动沙丘为主的沙漠景观演变成了一个复杂的人工-天然复合生态系统	草原风沙土	人工植被区建立后经过 50 多年的演变，在人工植被作用下，流沙成土过程已经开始，沙层表面结皮层厚度逐年增加，伴随着流沙成土过程而大量侵入一些一年生植物和苔藓、藻类等隐花植物，促使生态环境向草原化荒漠的地带性方向发展
沙坡头站农田生态系统站区生物采样点	2001	105°E 37.46°N，海拔 1 220 m	150	农田生态系统作物生长发育状况长期观测	在距离站区 20 多 km 的黑林村选择了一农户，每次随机选择一个 1 m×1 m 的小样方进行观测	灌淤土	水稻单作
沙坡头站荒漠生态系统辅助观测场生物土壤长期采样地	2005	104.7°E 37.45°N，海拔 1 328 m	10 000	荒漠生态系统演变过程中土壤、水分、生物辅助观测	以油蒿为主要天然植被区，样地地势平坦，其地表状况和植被类型均类似于人工植被区	草原风沙土	灌木种以油蒿、驼绒藜、柠条、狭叶锦鸡儿等为主，草本种以叉枝雅葱、雾冰藜、小画眉草、地锦、沙葱、早熟禾等为主。盖度 32%
沙坡头站气象站	1956	105°E 37.46°N，海拔 1 340 m	3 000	气象要素长期连续测定	气象站在综合观测场旁边，能够对年均降水量小于 200 mm 的干旱的腾格里沙漠东南缘人工植被体系进行长期的大气监测	草原风沙土	植物种除了人工种植的灌木柠条、花棒、中间锦鸡儿、沙木蓼、籽蒿、油蒿和沙拐枣外，还有天然繁衍的小画眉草、雾冰藜、狗尾草、刺沙蓬、虎尾草、三芒草、虫实、砂蓝刺头和油蒿等
沙坡头站养分循环场生物土壤长期采样地	1995	105°E 37.46°N，海拔 1 230 m	3 000	作物水肥耦合关系长期测定	中间分为 14 个试验小区，外围为保护行，无天然植被，利用井水灌溉	灌淤土	单作

第4章 长期监测数据

4.1 数据说明

4.1.1 概述

本章的38个长期监测数据集记录了沙坡头站农田生态系统、荒漠生态系统综合观测场和辅助观测场长期监测的水分、土壤、气象、生物数据。起止年份为2009—2018年。

4.1.2 数据采集和处理方法

《中国生态系统研究网络（CERN）长期观测丛书》包括《陆地生态系统生物观测规范》《陆地生态系统土壤观测规范》《陆地生态系统水环境观测规范》《生态系统大气环境观测规范》。它是在《中国生态系统研究网络观测与分析标准方法》的基础上修订完成的，包括陆地生态系统和水域生态系统的观测指标及其规范。陆地生态系统主要包括农田、森林、草地、荒漠、沼泽等生态系统类型，以水分、土壤、气象、生物等为关键要素的观测指标体系；观测场地的定义和设置方法；样品采集、处理和保存方法；野外观测方法和室内分析方法；数据管理和质量控制。

沙坡头站作为CERN野外台站中的重要一员，以CERN长期观测的指导性文件为依据，专门制定了《中国科学院沙坡头沙漠试验研究站长期监测质量管理手册》，对水分、土壤、气象、生物监测从样地设置、采样设计、采样/观测频度、观测/分析仪器与方法、数据加工处理方法与过程等方面严格执行中国生态系统研究网络长期观测的操作规范和方法。

4.1.3 数据质量控制和评估

以《陆地生态系统生物观测数据质量保证与控制》《陆地生态系统土壤观测数据质量保证与控制》等指导性规范为准绳，确保沙坡头站长期监测数据的质量控制。

按照制备的记录表格规范地填写观测数据，及时记录数据并进行审核和检查，运用统计分析方法对观测数据进行初步分析，以便及时发现监测工作中存在的问题，及时与数据质量控制负责人取得联系，以进一步核实测定结果的准确性。观测人将观测到的数据记录、整理、上报给质控负责人，由质控负责人进行数据的初步审核，再由监测数据质控负责人进行二次审核。负责人在审验报表的同时，对数据进行经验性、评估性审核以查找出可能存在的问题。

所有长期观测的数据和文档需由数据管理员、监测人员进行备份，保证数据长期可用和安全性，防止由于存储介质问题引起数据丢失。

4.1.4 数据价值/数据使用方法和建议

本数据集原始数据可通过宁夏沙坡头沙漠生态系统国家野外科学观测研究站网络（http://spd.

cern. ac. cn/meta/metaData）获取，登录页面后点击“资源服务”下的“数据服务”，进入相应界面。

4.2 生物监测数据

4.2.1 农田作物种类与产值

数据说明：农田作物种类与产值数据集中的数据均来源于沙坡头站农田生态系统综合观测场、辅助观测场和站区调查点的观测。在每年春季种植小麦、玉米、大豆或水稻育秧时开始观测相应的播种量、播种面积、占总播比率、单产等数据，根据作物在整个生长季中耗费的劳动力价值和农资、种子、肥料等，计算出作物的直接成本。根据产量和国家的粮食价格计算出产值。所有观测数据均为多次测量或观测的平均值（表 4－1）。

表 4－1 农田作物种类与产值

序号	年	作物名称	作物品种	播种量 (kg/hm²)	播种面积 (hm²)	占总播比率 (%)	单产 (kg/hm²)	直接成本 (元/hm²)	产值 (元/hm²)	备注
样地名称：沙坡头站农田生态系统生物土壤辅助长期采样地										
1	2009	春大豆	宁豆 5 号	75.00	0.40	100.0	2 082	4 680.00	6 395.20	
2	2010	春大豆	宁豆 5 号	75.00	0.40	100.0	1 993	4 583.90	5 979.00	
3	2011	春大豆	宁豆 5 号	75.00	0.40	100.0	1 946	4 374.29	5 977.45	
样地名称：沙坡头站农田生态系统综合观测场生物土壤采样地										
1	2009	春小麦	宁春 47 号	180.00	1.13	100.0	6 851	8 042.50	10 685.70	
2	2010	春玉米	正大 12 号	120.00	0.91	100.0	9 038	8 134.20	11 749.00	
3	2011	春小麦	宁春 4 号	180.00	1.13	100.0	4 298	5 045.49	6 703.71	
4	2012	春玉米	先锋 333	120.00	0.91	100.0	10 370	8 200.00	11 407.00	
5	2013	春小麦	宁春 4 号	180.00	0.91	100.0	4 390	7 500.00	10 536.00	
6	2014	春玉米	宁春 4 号	120.00	0.95	100.0	8 541	18 000.00	19 644.00	
7	2015	春小麦	宁春 39 号	180.00	0.91	100.0	5 980	5 300.00	7 056.40	
8	2016	春玉米	强盛 16 号	120.00	0.91	100.0	9 111	18 000.00	21 144.00	
9	2017	春小麦	宁春 4 号	180.00	0.91	100.0	5 855	7 500.00	14 052.00	施化肥
10	2017	春小麦	宁春 4 号	180.00	0.08	100.0	4 882	8 500.00	11 717.00	施有机肥
11	2017	春小麦	宁春 4 号	180.00	0.08	100.0	1 979	5 000.00	4 748.00	无施肥
12	2018	春玉米	龙生 2 号	120.00	0.91	100.0	9 649	11 000.00	17 754.00	施化肥
13	2018	春玉米	龙生 2 号	120.00	0.08	100.0	8 484	12 000.00	15 611.00	施有机肥
14	2018	春玉米	龙生 2 号	120.00	0.08	100.0	2 946	6 000.00	5 421.00	无施肥
样地名称：沙坡头站养分循环场生物土壤长期采样地										
1	2009	春玉米	正大 12 号	120.00	0.91	100.0	9 073	8 635.75	13 424.50	
2	2010	春小麦	宁春 4 号	180.00	1.13	100.0	4 213	4 319.70	6 319.00	

（续）

序号	年	作物名称	作物品种	播种量（kg/hm²）	播种面积（hm²）	占总播比率（%）	单产（kg/hm²）	直接成本（元/hm²）	产值（元/hm²）	备注
3	2011	春玉米	正大12号	120.00	0.91	100.0	9 447	8 991.73	13 977.87	
4	2012	春小麦	宁春4号	180.00	1.13	100.0	4 773	5 100.00	9 736.69	
5	2013	春玉米	KWS2564杂交种	120.00	1.13	100.0	9 875	18 000.00	23 700.00	
6	2014	春小麦	宁春4号	190.00	1.24	100.0	4 401	7 500.00	11 882.00	
7	2015	春玉米	宁春4号	120.00	1.13	100.0	8 950	7 607.50	9 755.50	
8	2016	春小麦	宁春4号	180.00	1.13	100.0	4 676	7 500.00	12 158.00	
9	2017	春玉米	强盛16号	120.00	1.13	100.0	9 419	12 000.00	15 070.00	
10	2018	春小麦	宁春50号	180.00	1.13	100.0	4 857	7 500.00	12 725.00	
样地名称：沙坡头站农田生态系统站区生物采样点										
1	2009	水稻	花九115	180.00			10 016	8 676.00	15 027.10	站区没有种植水稻，调查取样在临近的西园乡黑林村
2	2010	水稻	花九115	180.00			10 331	8 994.30	12 397.00	
3	2011	中稻	花九115	180.00			10 368	8 980.91	15 555.21	
4	2012	中稻	宁粳41	120.00			9 975	9 700.00	14 955.00	
5	2013	中稻	花97	120.00			10 514	21 000.00	28 387.00	
6	2014	中稻	宁粳41	110.00			9 570	21 000.00	26 221.00	
7	2015	中稻	宁粳41	120.00			10 351	10 868.55	14 905.44	
8	2016	中稻	宁粳41	120.00			9 129	21 000.00	27 022.00	
9	2017	中稻	宁粳41	120.00			9 669	18 000.00	28 040.00	
10	2018	中稻	花九115	120.00			9 485	15 000.00	25 040.00	

4.2.2 农田复种指数与典型地块作物轮作体系

数据说明：农田复种指数与典型地块作物轮作体系数据集中的数据均来源于沙坡头站农田生态系统综合观测场、辅助观测场和站区调查点的观测。在每年春季种植小麦、玉米、大豆或水稻育秧时开始观测相应的作物，根据前一年该地块种植的作物记录轮作体系（表4-2）。

表4-2 农田复种指数与典型地块作物轮作体系

序号	年	农田类型	复种指数（%）	轮作体系	当年作物
样地名称：沙坡头站农田生态系统生物土壤辅助长期采样地					
1	2009	水浇地	100	大豆-大豆	春大豆
2	2010	水浇地	100	大豆-大豆	春大豆
3	2011	水浇地	100	大豆-大豆	春大豆
样地名称：沙坡头站农田生态系统综合观测场土壤生物采样地					
1	2009	水浇地	100	小麦-玉米-小麦-玉米	小麦

（续）

序号	年	农田类型	复种指数（%）	轮作体系	当年作物
2	2010	水浇地	100	玉米-小麦-玉米-小麦	玉米
3	2011	水浇地	100	小麦-玉米	春小麦
4	2012	水浇地	100	玉米-小麦	春玉米
5	2013	水浇地	100	小麦-玉米	春小麦
6	2014	水浇地	100	玉米-小麦	春玉米
7	2015	水浇地	100	小麦-玉米	春小麦
8	2016	水浇地	100	玉米-小麦	春玉米
9	2017	水浇地	100	小麦-玉米	春小麦
10	2018	水浇地	100	玉米-小麦	春玉米
样地名称：沙坡头站养分循环场生物土壤长期采样地					
1	2009	水浇地	100	玉米-小麦-玉米-小麦	玉米
2	2010	水浇地	100	小麦-玉米-小麦-玉米	小麦
3	2011	水浇地	100	玉米-小麦	春玉米
4	2012	水浇地	100	小麦-玉米	春小麦
5	2013	水浇地	100	玉米-小麦	春玉米
6	2014	水浇地	100	小麦-玉米	春小麦
7	2015	水浇地	100	玉米-小麦	春玉米
8	2016	水浇地	100	小麦-玉米	春小麦
9	2017	水浇地	100	玉米-小麦	春玉米
10	2018	水浇地	100	小麦-玉米	春小麦
样地名称：沙坡头站农田生态系统站区生物采样点					
1	2009	水田	100	水稻-小麦-水稻-水稻	水稻
2	2010	水田	100	水稻-小麦-水稻-水稻	水稻
3	2011	水田	100	水稻-水稻	中稻
4	2012	水田	100	水稻-水稻	中稻
5	2013	水田	100	水稻	中稻
6	2014	水田	100	水稻	中稻
7	2015	水田	100	水稻	中稻
8	2016	水田	100	水稻	中稻
9	2017	水田	100	水稻	中稻
10	2018	水田	100	水稻	中稻

4.2.3 农田主要作物肥料投入情况

数据说明：农田主要作物肥料投入情况数据集中的数据均来源于沙坡头站农田生态系统综合观测场、辅助观测场和站区调查点的观测。在每年春季种植小麦、玉米、大豆或水稻育秧时开始观测并记录相应的肥料名称、施用时间、作物生育时期、施用方式、施用量等，根据公示计算出肥料折合纯氮量、纯磷量、纯钾量。所有观测数据均为多次测量或观测的平均值（表 4－3）。

表 4－3 农田主要作物肥料投入情况

序号	年	作物名称	肥料名称	施用时间（月/日/年）	作物生育时期	施用方式	施用量（kg/hm²）	肥料折合纯氮量（kg/hm²）	肥料折合纯磷量（kg/hm²）	肥料折合纯钾量（kg/hm²）
样地名称：沙坡头站农田生态系统生物土壤辅助长期采样地										
1	2009	春大豆	有机肥	04/18/2009	播种期	撒施，底肥	5 250.00	18.90	22.68	21.42
2	2009	春大豆	二铵	04/18/2009	播种期	撒施，底肥	180.00	32.40	68.54	
3	2009	春大豆	尿素	05/15/2009	苗期	撒施，追肥	150.00	69.45		
4	2009	春大豆	尿素	06/15/2009	苗期	撒施，追肥	210.00	97.23		
5	2009	春大豆	尿素	07/01/2009	开花期	撒施，追肥	150.00	69.45		
6	2010	春大豆	有机肥	04/20/2010	播种期	撒施，底肥	6 000.00	21.60	22.68	21.42
7	2010	春大豆	二铵	04/20/2010	播种期	撒施，底肥	180.00	32.40	68.54	
8	2010	春大豆	尿素	05/10/2010	苗期	撒施，追肥	150.00	69.45		
9	2010	春大豆	尿素	06/10/2010	苗期	撒施，追肥	180.00	83.34		
10	2010	春大豆	尿素	07/05/2010	开花期	撒施，追肥	150.00	69.45		
11	2011	春大豆	有机肥	04/18/2011	播种期	撒施，底肥	6 000.00	21.60	22.68	21.42
12	2011	春大豆	磷酸二铵	04/18/2011	播种期	撒施，底肥	180.00	32.40	68.54	
13	2011	春大豆	尿素	05/08/2011	苗期	撒施，追肥	150.00	69.45		
14	2011	春大豆	尿素	06/08/2011	苗期	撒施，追肥	180.00	83.34		
15	2011	春大豆	尿素	07/08/2011	开花期	撒施，追肥	150.00	69.45		
样地名称：沙坡头站农田生态系统综合观测场生物土壤采样地										
1	2009	春小麦	有机肥	03/05/2009	播种期	撒施，底肥	5 250.00	18.90	22.68	21.42
2	2009	春小麦	二铵	03/05/2009	播种期	撒施，底肥	240.00	43.20	91.38	
3	2009	春小麦	尿素	04/16/2009	返青期	撒施，追肥	120.00	55.56		
4	2009	春小麦	尿素	04/27/2009	拔节期	撒施，追肥	120.00	55.56		
5	2009	春小麦	尿素	05/08/2009	拔节期	撒施，追肥	120.00	55.56		
6	2010	春玉米	二铵	04/14/2010	播种期	撒施，底肥	150.00	27.00	57.12	
7	2010	春玉米	尿素	06/05/2010	拔节期	撒施，追肥	150.00	69.45		
8	2010	春玉米	尿素	06/20/2010	拔节期	撒施，追肥	150.00	69.45		
9	2010	春玉米	尿素	07/20/2010	抽穗期	撒施，追肥	120.00	55.56		
10	2010	春玉米	有机肥	04/14/2010	播种期	撒施，底肥	6 000.00	21.60	22.68	21.42
11	2011	春小麦	有机肥	03/12/2011	播种期	撒施，底肥	6 000.00	21.60	22.68	21.42
12	2011	春小麦	磷酸二铵	03/12/2011	播种期	撒施，底肥	180.00	32.40	68.54	

（续）

序号	年	作物名称	肥料名称	施用时间（月/日/年）	作物生育时期	施用方式	施用量（kg/hm²）	肥料折合纯氮量（kg/hm²）	肥料折合纯磷量（kg/hm²）	肥料折合纯钾量（kg/hm²）
13	2011	春小麦	尿素	04/23/2011	返青期	撒施，追肥	150.00	69.45		
14	2011	春小麦	尿素	05/07/2011	拔节期	撒施，追肥	180.00	83.34		
15	2011	春小麦	尿素	05/20/2011	拔节期	撒施，追肥	120.00	55.56		
16	2012	春玉米	磷酸二铵	04/07/2012	播种期	撒施，底肥	180.00	32.40	68.54	
17	2012	春玉米	尿素	06/01/2012	拔节期	撒施，追肥	150.00	69.45		
18	2012	春玉米	尿素	06/25/2012	拔节期	撒施，追肥	150.00	69.45		
19	2012	春玉米	尿素	07/13/2012	抽穗期	撒施，追肥	120.00	55.56		
20	2012	春玉米	有机肥	04/04/2012	播种期	撒施，底肥	6 000.00	21.60	22.68	21.42
21	2013	春小麦	磷酸二铵	03/06/2013	播种期	撒施，底肥	180.00	32.40	68.54	
22	2013	春小麦	尿素	04/18/2013	分蘖期	撒施，追肥	150.00	69.45		
23	2013	春小麦	尿素	04/28/2013	拔节期	撒施，追肥	150.00	69.45		
24	2013	春小麦	尿素	05/20/2013	抽穗期	撒施，追肥	120.00	55.56		
25	2013	春小麦	有机肥	03/06/2013	播种期	撒施，底肥	6 000.00	21.60	22.68	21.42
26	2014	春玉米	有机肥	04/08/2014	播种期	撒施，底肥	4 000.00	14.40	15.12	14.28
27	2014	春玉米	磷酸二铵	04/08/2014	播种期	撒施，底肥	150.00	27.00	57.12	
28	2014	春玉米	尿素	04/24/2014	苗期	撒施，追肥	120.00	55.56		
29	2014	春玉米	尿素	05/10/2014	苗期	撒施，追肥	100.00	46.30		
30	2014	春玉米	尿素	05/24/2014	拔节期	撒施，追肥	120.00	55.56		
31	2014	春玉米	尿素	07/13/2014	抽雄期	撒施，追肥	120.00	55.56		
32	2015	春小麦	磷酸二铵	03/12/2015	播种期	撒施，底肥	150.00	27.00	57.12	
33	2015	春小麦	尿素	04/16/2015	分蘖期	撒施，追肥	150.00	69.45		
34	2015	春小麦	尿素	04/29/2015	拔节期	撒施，追肥	120.00	55.56		
35	2015	春小麦	尿素	05/18/2015	抽穗期	撒施，追肥	120.00	55.56		
36	2015	春小麦	有机肥	03/12/2015	播种期	撒施，底肥	6 000.00	21.60	22.68	21.42
37	2016	春玉米	有机肥	04/09/2016	播种期	撒施，底肥	4 000.00	14.40	15.12	14.28
38	2016	春玉米	磷酸二铵	04/09/2016	播种期	撒施，底肥	180.00	32.40	68.54	
39	2016	春玉米	尿素	04/27/2016	出苗期	撒施，追肥	100.00	46.30		
40	2016	春玉米	尿素	05/12/2016	五叶期	撒施，追肥	120.00	55.56		
41	2016	春玉米	尿素	06/01/2016	拔节期	撒施，追肥	120.00	55.56		
42	2016	春玉米	尿素	07/08/2016	拔节期	撒施，追肥	120.00	55.56		
43	2017	春小麦	磷酸二铵	03/08/2017	播种期	撒施，底肥	150.00	27.00	57.12	
44	2017	春小麦	尿素	04/21/2017	分蘖期	撒施，追肥	120.00	55.56		
45	2017	春小麦	尿素	05/06/2017	拔节期	撒施，追肥	120.00	55.56		
46	2017	春小麦	尿素	05/22/2017	抽穗期	撒施，追肥	120.00	55.56		
47	2017	春小麦	有机肥	03/08/2017	播种期	撒施，底肥	4 000.00	14.40	15.12	14.28

（续）

序号	年	作物名称	肥料名称	施用时间（月/日/年）	作物生育时期	施用方式	施用量（kg/hm²）	肥料折合纯氮量（kg/hm²）	肥料折合纯磷量（kg/hm²）	肥料折合纯钾量（kg/hm²）
48	2017	春小麦	尿素	04/21/2017	分蘖期	撒施，追肥	120.00	55.56		
49	2017	春小麦	尿素	05/06/2017	拔节期	撒施，追肥	120.00	55.56		
50	2017	春小麦	尿素	05/22/2017	抽穗期	撒施，追肥	120.00	55.56		
51	2018	春玉米	磷酸二铵	04/10/2018	播种期	撒施，底肥	180.00	32.40	68.54	
52	2018	春玉米	尿素	04/25/2018	苗期	撒施，追肥	100.00	46.30		
53	2018	春玉米	尿素	05/10/2018	五叶期	撒施，追肥	150.00	69.45		
54	2018	春玉米	尿素	06/07/2018	拔节期	撒施，追肥	100.00	46.30		
55	2018	春玉米	尿素	07/12/2018	吐丝期	撒施，追肥	100.00	46.30		
56	2018	春玉米	有机肥	04/10/2018	播种期	撒施，底肥	4 000.00	14.40	15.12	14.28
57	2018	春玉米	尿素	04/25/2018	苗期	撒施，追肥	100.00	46.30		
58	2018	春玉米	尿素	05/10/2018	五叶期	撒施，追肥	150.00	69.45		
59	2018	春玉米	尿素	06/07/2018	拔节期	撒施，追肥	100.00	46.30		
60	2018	春玉米	尿素	07/12/2018	吐丝期	撒施，追肥	100.00	46.30		
样地名称：沙坡头站养分循环场生物土壤长期采样地										
1	2009	春玉米	二铵	04/07/2009	播种期	撒施，底肥	180.00	32.40	68.54	
2	2009	春玉米	尿素	05/28/2009	拔节期	撒施，追肥	120.00	55.56		
3	2009	春玉米	尿素	06/15/2009	拔节期	撒施，追肥	120.00	55.56		
4	2009	春玉米	尿素	07/18/2009	抽穗期	撒施，追肥	120.00	55.56		
5	2010	春小麦	有机肥	03/14/2010	播种期	撒施，底肥	6 000.00	21.60	22.68	21.42
6	2010	春小麦	二铵	03/14/2010	播种期	撒施，底肥	180.00	32.40	91.38	
7	2010	春小麦	尿素	05/03/2010	返青期	撒施，追肥	150.00	69.45		
8	2010	春小麦	尿素	05/15/2010	拔节期	撒施，追肥	150.00	69.45		
9	2010	春小麦	尿素	05/25/2010	拔节期	撒施，追肥	120.00	55.56		
10	2011	春玉米	磷酸二铵	06/02/2011	播种期	撒施，追肥	150.00	27.00	57.12	
11	2011	春玉米	尿素	05/25/2011	拔节期	撒施，追肥	150.00	69.45		
12	2011	春玉米	尿素	06/02/2011	拔节期	撒施，追肥	120.00	55.56		
13	2011	春玉米	尿素	07/09/2011	抽穗期	撒施，追肥	180.00	83.34		
14	2011	春玉米	有机肥	04/08/2011	播种期	撒施，底肥	6 000.00	21.60	22.68	21.42
15	2012	春小麦	有机肥	03/09/2012	播种期	撒施，底肥	6 000.00	21.60	22.68	21.42
16	2012	春小麦	磷酸二铵	03/09/2012	播种期	撒施，底肥	150.00	27.00	57.12	
17	2012	春小麦	尿素	04/18/2012	返青期	撒施，追肥	120.00	55.56		
18	2012	春小麦	尿素	05/07/2012	分蘖期	撒施，追肥	150.00	69.45		
19	2012	春小麦	尿素	05/20/2012	拔节期	撒施，追肥	120.00	55.56		
20	2012	春小麦	尿素	05/30/2012	抽穗期	撒施，追肥	120.00	55.56		
21	2013	春玉米	磷酸二铵	04/07/2013	播种期	撒施，底肥	150.00	27.00	57.12	

（续）

序号	年	作物名称	肥料名称	施用时间（月/日/年）	作物生育时期	施用方式	施用量（kg/hm²）	肥料折合纯氮量（kg/hm²）	肥料折合纯磷量（kg/hm²）	肥料折合纯钾量（kg/hm²）
22	2013	春玉米	尿素	04/27/2013	苗期	撒施，追肥	120.00	55.56		
23	2013	春玉米	尿素	05/08/2013	苗期	撒施，追肥	150.00	69.45		
24	2013	春玉米	尿素	05/25/2013	拔节期	撒施，追肥	120.00	55.56		
25	2013	春玉米	尿素	07/10/2013	抽雄期	撒施，追肥	120.00	55.56		
26	2014	春小麦	磷酸二铵	03/10/2014	播种期	撒施，底肥	250.00	45.00	95.19	
27	2014	春小麦	有机肥	03/10/2014	播种期	撒施，底肥	4 000.00	14.40	15.12	14.28
28	2014	春小麦	尿素	04/16/2014	分蘖期	撒施，追肥	150.00	69.45		
29	2014	春小麦	尿素	04/25/2014	拔节期	撒施，追肥	150.00	69.45		
30	2014	春小麦	尿素	05/22/2014	抽穗期	撒施，追肥	150.00	69.45		
31	2015	春玉米	磷酸二铵	04/09/2015	播种期	撒施，底肥	180.00	32.40	68.54	
32	2015	春玉米	尿素	04/27/2015	苗期	撒施，追肥	100.00	46.30		
33	2015	春玉米	尿素	05/10/2015	五叶期	撒施，追肥	150.00	69.45		
34	2015	春玉米	尿素	05/28/2015	拔节期	撒施，追肥	120.00	55.56		
35	2015	春玉米	尿素	07/08/2015	吐丝期	撒施，追肥	120.00	55.56		
36	2016	春小麦	磷酸二铵	03/08/2016	播种期	撒施，底肥	250.00	45.00	95.19	
37	2016	春小麦	尿素	04/15/2016	分蘖期	撒施，追肥	150.00	69.45		
38	2016	春小麦	尿素	04/30/2016	拔节期	撒施，追肥	150.00	69.45		
39	2016	春小麦	尿素	05/18/2016	抽穗期	撒施，追肥	150.00	69.45		
40	2017	春玉米	磷酸二铵	04/15/2017	播种期	撒施，底肥	150.00	27.00	57.12	
41	2017	春玉米	尿素	05/03/2017	苗期	撒施，追肥	120.00	55.56		
42	2017	春玉米	尿素	05/17/2017	五叶期	撒施，追肥	150.00	69.45		
43	2017	春玉米	磷酸二铵	06/15/2017	拔节期	撒施，追肥	150.00	27.00	57.12	
44	2017	春玉米	尿素	07/14/2017	吐丝期	撒施，追肥	150.00	69.45		
45	2018	春小麦	磷酸二铵	03/08/2018	播种期	撒施，底肥	250.00	45.00	95.19	
46	2018	春小麦	尿素	04/16/2018	分蘖期	撒施，追肥	150.00	69.45		
47	2018	春小麦	尿素	05/02/2018	拔节期	撒施，追肥	150.00	69.45		
48	2018	春小麦	尿素	05/18/2018	抽穗期	撒施，追肥	150.00	69.45		
样地名称：沙坡头站农田生态系统站区生物采样点										
1	2009	水稻	二铵	05/12/2009	移栽期	撒施，底肥	210.00	37.80	79.95	
2	2009	水稻	尿素	06/01/2009	分蘖期	撒施，追肥	150.00	69.45		
3	2009	水稻	尿素	06/25/2009	拔节期	撒施，追肥	180.00	83.34		
4	2009	水稻	磷肥	07/13/2009	拔节期	撒施，追肥	300.00		48.00	
5	2009	水稻	尿素	07/20/2009	抽穗期	撒施，追肥	210.00	97.23		
6	2010	水稻	二铵	05/19/2010	移栽期	撒施，底肥	180.00	32.40	79.95	
7	2010	水稻	尿素	06/14/2010	分蘖期	撒施，追肥	150.00	69.45		

（续）

序号	年	作物名称	肥料名称	施用时间（月/日/年）	作物生育时期	施用方式	施用量（kg/hm²）	肥料折合纯氮量（kg/hm²）	肥料折合纯磷量（kg/hm²）	肥料折合纯钾量（kg/hm²）
8	2010	水稻	尿素	06/28/2010	拔节期	撒施，追肥	150.00	69.45		
9	2010	水稻	磷肥	07/12/2010	拔节期	撒施，追肥	240.00		48.00	
10	2010	水稻	尿素	07/20/2010	抽穗期	撒施，追肥	180.00	83.34		
11	2011	中稻	磷酸二铵	05/15/2011	移栽期	撒施，底肥	180.00	32.40	68.54	
12	2011	中稻	尿素	05/28/2011	分蘖期	撒施，追肥	60.00	27.78		
13	2011	中稻	尿素	06/08/2011	分蘖期	撒施，追肥	90.00	41.67		
14	2011	中稻	尿素	06/28/2011	拔节期	撒施，追肥	150.00	69.45		
15	2011	中稻	磷肥	07/08/2011	拔节期	撒施，追肥	240.00		48.00	
16	2011	中稻	尿素	07/20/2011	抽穗期	撒施，追肥	180.00	83.34		
17	2012	中稻	磷酸二铵	05/19/2012	返青期	撒施，底肥	180.00	32.40	68.54	
18	2012	中稻	尿素	06/10/2012	分蘖期	撒施，追肥	150.00	69.45		
19	2012	中稻	尿素	06/25/2012	拔节期	撒施，追肥	150.00	69.45		
20	2012	中稻	磷肥	07/12/2012	拔节期	撒施，追肥	240.00		48.00	
21	2012	中稻	尿素	07/20/2012	抽穗期	撒施，追肥	180.00	83.34		
22	2013	中稻	磷酸二铵	05/15/2013	移栽期	撒施，底肥	180.00	32.40	68.54	
23	2013	中稻	尿素	06/05/2013	分蘖期	撒施，追肥	60.00	27.78		
24	2013	中稻	尿素	06/20/2013	拔节期	撒施，追肥	90.00	41.67		
25	2013	中稻	尿素	07/05/2013	拔节期	撒施，追肥	120.00	55.56		
26	2013	中稻	尿素	07/15/2013	拔节期	撒施，追肥	120.00	55.56		
27	2013	中稻	磷肥	07/20/2013	抽穗期	撒施，追肥	240.00		48.00	
28	2014	中稻	磷酸二铵	05/20/2014	移栽期	撒施，底肥	180.00	32.40	68.54	
29	2014	中稻	尿素	06/06/2014	分蘖期	撒施，追肥	100.00	46.30		
30	2014	中稻	尿素	06/21/2014	拔节期	撒施，追肥	100.00	46.30		
31	2014	中稻	尿素	07/04/2014	拔节期	撒施，追肥	120.00	55.56		
32	2014	中稻	尿素	07/14/2014	拔节期	撒施，追肥	120.00	55.56		
33	2014	中稻	磷肥	07/25/2014	抽穗期	撒施，追肥	250.00		50.00	
34	2015	中稻	磷酸二铵	05/16/2015	移栽期	撒施，底肥	180.00	32.40	68.54	
35	2015	中稻	尿素	06/06/2015	分蘖期	撒施，追肥	90.00	41.67		
36	2015	中稻	尿素	06/21/2015	拔节期	撒施，追肥	90.00	41.67		
37	2015	中稻	尿素	07/06/2015	拔节期	撒施，追肥	120.00	55.56		
38	2015	中稻	尿素	07/15/2015	拔节期	撒施，追肥	120.00	55.56		
39	2015	中稻	磷肥	07/22/2015	抽穗期	撒施，追肥	240.00		48.00	
40	2016	中稻	磷酸二铵	05/20/2016	移栽期	撒施，底肥	180.00	32.40	68.54	
41	2016	中稻	尿素	06/05/2016	分蘖期	撒施，追肥	100.00	46.30		
42	2016	中稻	尿素	06/20/2016	拔节期	撒施，追肥	100.00	46.30		

(续)

序号	年	作物名称	肥料名称	施用时间（月/日/年）	作物生育时期	施用方式	施用量（kg/hm²）	肥料折合纯氮量（kg/hm²）	肥料折合纯磷量（kg/hm²）	肥料折合纯钾量（kg/hm²）
43	2016	中稻	尿素	07/05/2016	拔节期	撒施，追肥	120.00	55.56		
44	2016	中稻	尿素	07/15/2016	拔节期	撒施，追肥	120.00	55.56		
45	2016	中稻	磷肥	07/25/2016	抽穗期	撒施，追肥	240.00		48.00	
46	2017	中稻	磷酸二铵	05/18/2017	移栽期	撒施，底肥	150.00	27.00	57.12	
47	2017	中稻	尿素	06/05/2017	分蘖期	撒施，追肥	100.00	46.30		
48	2017	中稻	尿素	06/20/2017	拔节期	撒施，追肥	100.00	46.30		
49	2017	中稻	尿素	07/05/2017	拔节期	撒施，追肥	120.00	55.56		
50	2017	中稻	尿素	07/14/2017	抽穗期	撒施，追肥	120.00	55.56		
51	2017	中稻	尿素	07/24/2017	抽穗期	撒施，追肥	120.00	55.56		
52	2018	中稻	磷酸二铵	05/15/2018	移栽期	撒施，底肥	180.00	32.40	68.54	
53	2018	中稻	尿素	06/05/2018	分蘖期	撒施，追肥	100.00	46.30		
54	2018	中稻	尿素	06/21/2018	拔节期	撒施，追肥	120.00	55.56		
55	2018	中稻	尿素	07/06/2018	拔节期	撒施，追肥	120.00	55.56		
56	2018	中稻	尿素	07/16/2018	抽穗期	撒施，追肥	100.00	46.30		
57	2018	中稻	磷肥	07/26/2018	抽穗期	撒施，追肥	180.00		36.00	

4.2.4 农田灌溉制度

数据说明：农田灌溉制度数据集中的数据均来源于沙坡头站农田生态系统综合观测场、辅助观测场和站区调查点的观测。在每年春季种植小麦、玉米、大豆或水稻育秧时开始观测相应的灌溉时间、作物生育时期、灌溉水源、灌溉方式和灌溉量等数据。所有观测数据均为多次测量或观测的平均值（表 4-4）。

表 4-4 农田灌溉制度

年	作物名称	灌溉时间（月/日/年）	作物生育时期	灌溉水源	灌溉方式	灌溉量（mm）
样地名称：沙坡头站农田生态系统生物土壤辅助长期采样地						
2009	春大豆	04/14/2009	播种前期	黄河水	畦灌	45.0
2009	春大豆	04/18/2009	播种期	黄河水	畦灌	40.0
2009	春大豆	04/28/2009	出苗期	黄河水	畦灌	40.0
2009	春大豆	05/02/2009	出苗期	黄河水	畦灌	35.0
2009	春大豆	05/12/2009	苗期	黄河水	畦灌	35.0
2009	春大豆	05/22/2009	苗期	黄河水	畦灌	35.0
2009	春大豆	06/01/2009	苗期	黄河水	畦灌	35.0
2009	春大豆	06/11/2009	苗期	黄河水	畦灌	35.0
2009	春大豆	07/03/2009	开花期	黄河水	畦灌	35.0
2009	春大豆	07/06/2009	开花期	黄河水	畦灌	35.0
2009	春大豆	07/11/2009	开花期	黄河水	畦灌	40.0

（续）

年	作物名称	灌溉时间（月/日/年）	作物生育时期	灌溉水源	灌溉方式	灌溉量（mm）
2009	春大豆	07/15/2009	结荚期	黄河水	畦灌	40.0
2009	春大豆	07/19/2009	鼓粒期	黄河水	畦灌	40.0
2009	春大豆	08/01/2009	鼓粒期	黄河水	畦灌	40.0
2009	春大豆	08/12/2009	鼓粒期	黄河水	畦灌	35.0
2009	春大豆	08/22/2009	鼓粒期	黄河水	畦灌	35.0
2009	春大豆	09/03/2009	成熟期	黄河水	畦灌	30.0
2010	春大豆	04/16/2010	播种前期	黄河水	畦灌	40.0
2010	春大豆	04/20/2010	播种期	黄河水	畦灌	30.0
2010	春大豆	04/26/2010	出苗期	黄河水	畦灌	30.0
2010	春大豆	05/03/2010	出苗期	黄河水	畦灌	30.0
2010	春大豆	05/09/2010	苗期	黄河水	畦灌	30.0
2010	春大豆	05/16/2010	苗期	黄河水	畦灌	30.0
2010	春大豆	05/23/2010	苗期	黄河水	畦灌	30.0
2010	春大豆	05/30/2010	苗期	黄河水	畦灌	30.0
2010	春大豆	06/06/2010	苗期	黄河水	畦灌	30.0
2010	春大豆	06/16/2010	苗期	黄河水	畦灌	30.0
2010	春大豆	06/26/2010	苗期	黄河水	畦灌	30.0
2010	春大豆	07/03/2010	开花期	黄河水	畦灌	35.0
2010	春大豆	07/08/2010	开花期	黄河水	畦灌	35.0
2010	春大豆	07/13/2010	开花期	黄河水	畦灌	35.0
2010	春大豆	07/18/2010	开花期	黄河水	畦灌	35.0
2010	春大豆	07/25/2010	开花期	黄河水	畦灌	35.0
2010	春大豆	07/29/2010	结荚期	黄河水	畦灌	35.0
2010	春大豆	08/01/2010	结荚期	黄河水	畦灌	35.0
2010	春大豆	08/06/2010	鼓粒期	黄河水	畦灌	35.0
2010	春大豆	08/13/2010	鼓粒期	黄河水	畦灌	35.0
2010	春大豆	08/20/2010	鼓粒期	黄河水	畦灌	30.0
2010	春大豆	08/26/2010	鼓粒期	黄河水	畦灌	30.0
2010	春大豆	09/02/2010	鼓粒期	黄河水	畦灌	30.0
2010	春大豆	09/09/2010	成熟期	黄河水	畦灌	30.0
2011	春大豆	04/10/2011	播种前期	黄河水	畦灌	45.0
2011	春大豆	04/15/2011	播种期	黄河水	畦灌	40.0
2011	春大豆	04/25/2011	出苗期	黄河水	畦灌	40.0
2011	春大豆	05/05/2011	苗期	黄河水	畦灌	35.0
2011	春大豆	05/15/2011	苗期	黄河水	畦灌	35.0
2011	春大豆	05/25/2011	苗期	黄河水	畦灌	35.0

（续）

年	作物名称	灌溉时间（月/日/年）	作物生育时期	灌溉水源	灌溉方式	灌溉量（mm）
2011	春大豆	06/05/2011	苗期	黄河水	畦灌	35.0
2011	春大豆	06/15/2011	苗期	黄河水	畦灌	35.0
2011	春大豆	06/25/2011	苗期	黄河水	畦灌	35.0
2011	春大豆	07/03/2011	苗期	黄河水	畦灌	35.0
2011	春大豆	07/08/2011	开花期	黄河水	畦灌	35.0
2011	春大豆	07/13/2011	开花期	黄河水	畦灌	40.0
2011	春大豆	07/18/2011	结荚期	黄河水	畦灌	40.0
2011	春大豆	07/23/2011	结荚期	黄河水	畦灌	40.0
2011	春大豆	07/28/2011	鼓粒期	黄河水	畦灌	40.0
2011	春大豆	08/06/2011	鼓粒期	黄河水	畦灌	35.0
2011	春大豆	08/16/2011	鼓粒期	黄河水	畦灌	35.0
样地名称：沙坡头站农田生态系统综合观测场生物土壤采样地						
2009	春小麦	03/05/2009	播种前	黄河水	畦灌	50.0
2009	春小麦	03/25/2009	苗期	黄河水	畦灌	45.0
2009	春小麦	04/01/2009	三叶期	黄河水	畦灌	35.0
2009	春小麦	04/10/2009	分蘖期	黄河水	畦灌	35.0
2009	春小麦	04/25/2009	拔节期	黄河水	畦灌	50.0
2009	春小麦	05/05/2009	拔节期	黄河水	畦灌	50.0
2009	春小麦	05/15/2009	拔节期	黄河水	畦灌	45.0
2009	春小麦	05/25/2009	抽穗期	黄河水	畦灌	45.0
2009	春小麦	06/05/2009	抽穗期	黄河水	畦灌	40.0
2009	春小麦	06/15/2009	抽穗期	黄河水	畦灌	40.0
2010	春玉米	04/10/2010	播种前	井水	畦灌	50.0
2010	春玉米	04/25/2010	苗期	井水	畦灌	35.0
2010	春玉米	05/02/2010	苗期	井水	畦灌	35.0
2010	春玉米	05/09/2010	苗期	井水	畦灌	35.0
2010	春玉米	05/18/2010	苗期	井水	畦灌	35.0
2010	春玉米	05/28/2010	苗期	井水	畦灌	35.0
2010	春玉米	06/05/2010	拔节期	井水	畦灌	35.0
2010	春玉米	06/15/2010	拔节期	井水	畦灌	35.0
2010	春玉米	06/25/2010	拔节期	井水	畦灌	40.0
2010	春玉米	07/01/2010	拔节期	井水	畦灌	45.0
2010	春玉米	07/06/2010	拔节期	井水	畦灌	45.0
2010	春玉米	07/12/2010	拔节期	井水	畦灌	50.0
2010	春玉米	07/18/2010	拔节期	井水	畦灌	50.0
2010	春玉米	07/23/2010	抽雄期	井水	畦灌	40.0

（续）

年	作物名称	灌溉时间（月/日/年）	作物生育时期	灌溉水源	灌溉方式	灌溉量（mm）
2010	春玉米	07/28/2010	吐丝期	井水	畦灌	35.0
2010	春玉米	08/01/2010	吐丝期	井水	畦灌	35.0
2010	春玉米	08/08/2010	吐丝期	井水	畦灌	35.0
2010	春玉米	08/15/2010	吐丝期	井水	畦灌	35.0
2010	春玉米	08/25/2010	吐丝期	井水	畦灌	35.0
2011	春小麦	03/04/2011	播种前	黄河水	畦灌	50.0
2011	春小麦	03/27/2011	苗期	黄河水	畦灌	50.0
2011	春小麦	04/07/2011	三叶期	黄河水	畦灌	35.0
2011	春小麦	04/17/2011	分蘖期	黄河水	畦灌	50.0
2011	春小麦	04/27/2011	返青期	黄河水	畦灌	40.0
2011	春小麦	05/07/2011	拔节期	黄河水	畦灌	50.0
2011	春小麦	05/17/2011	拔节期	黄河水	畦灌	50.0
2011	春小麦	05/27/2011	抽穗期	黄河水	畦灌	50.0
2011	春小麦	06/03/2011	抽穗期	黄河水	畦灌	40.0
2011	春小麦	06/10/2011	抽穗期	黄河水	畦灌	40.0
2012	春玉米	04/03/2012	播种前	井水	畦灌	50.0
2012	春玉米	04/21/2012	出苗前	井水	畦灌	35.0
2012	春玉米	05/10/2012	五叶期	井水	畦灌	35.0
2012	春玉米	05/16/2012	五叶期	井水	畦灌	35.0
2012	春玉米	05/25/2012	五叶期	井水	畦灌	35.0
2012	春玉米	06/01/2012	拔节期	井水	畦灌	35.0
2012	春玉米	06/11/2012	拔节期	井水	畦灌	35.0
2012	春玉米	06/18/2012	拔节期	井水	畦灌	40.0
2012	春玉米	06/25/2012	拔节期	井水	畦灌	45.0
2012	春玉米	07/05/2012	拔节期	井水	畦灌	45.0
2012	春玉米	07/13/2012	抽雄期	井水	畦灌	50.0
2012	春玉米	07/18/2012	抽雄期	井水	畦灌	50.0
2012	春玉米	07/29/2012	吐丝期	井水	畦灌	50.0
2012	春玉米	08/05/2012	吐丝期	井水	畦灌	40.0
2012	春玉米	08/12/2012	吐丝期	井水	畦灌	35.0
2012	春玉米	08/25/2012	吐丝期	井水	畦灌	35.0
2013	春小麦	03/03/2013	播种前	井水	畦灌	50.0
2013	春小麦	03/20/2013	苗期	井水	畦灌	40.0
2013	春小麦	04/05/2013	三叶期	井水	畦灌	40.0
2013	春小麦	04/18/2013	分蘖期	井水	畦灌	40.0
2013	春小麦	04/28/2013	拔节期	井水	畦灌	40.0

（续）

年	作物名称	灌溉时间（月/日/年）	作物生育时期	灌溉水源	灌溉方式	灌溉量（mm）
2013	春小麦	05/08/2013	拔节期	井水	畦灌	50.0
2013	春小麦	05/20/2013	抽穗期	井水	畦灌	50.0
2013	春小麦	05/27/2013	抽穗期	井水	畦灌	40.0
2014	春玉米	04/04/2014	播种前	井水	畦灌	40.0
2014	春玉米	04/15/2014	出苗前	井水	畦灌	30.0
2014	春玉米	04/24/2014	苗期	井水	畦灌	40.0
2014	春玉米	05/10/2014	五叶期	井水	畦灌	35.0
2014	春玉米	05/24/2014	拔节期	井水	畦灌	40.0
2014	春玉米	06/06/2014	拔节期	井水	畦灌	40.0
2014	春玉米	06/15/2014	拔节期	井水	畦灌	50.0
2014	春玉米	06/23/2014	拔节期	井水	畦灌	30.0
2014	春玉米	07/09/2014	抽雄期	井水	畦灌	50.0
2014	春玉米	07/13/2014	吐丝期	井水	畦灌	40.0
2014	春玉米	07/26/2014	吐丝期	井水	畦灌	50.0
2015	春小麦	03/07/2015	播种前	井水	畦灌	50.0
2015	春小麦	03/26/2015	苗期	井水	畦灌	40.0
2015	春小麦	04/07/2015	返青期	井水	畦灌	40.0
2015	春小麦	04/20/2015	分蘖期	井水	畦灌	50.0
2015	春小麦	04/30/2015	拔节期	井水	畦灌	40.0
2015	春小麦	05/10/2015	拔节期	井水	畦灌	50.0
2015	春小麦	05/20/2015	抽穗期	井水	畦灌	40.0
2015	春小麦	05/30/2015	抽穗期	井水	畦灌	50.0
2016	春玉米	04/03/2016	播种前	井水	畦灌	40.0
2016	春玉米	04/18/2016	出苗前	井水	畦灌	30.0
2016	春玉米	05/01/2016	苗期	井水	畦灌	30.0
2016	春玉米	05/13/2016	五叶期	井水	畦灌	40.0
2016	春玉米	05/25/2016	拔节期	井水	畦灌	40.0
2016	春玉米	06/06/2016	拔节期	井水	畦灌	35.0
2016	春玉米	06/17/2016	拔节期	井水	畦灌	50.0
2016	春玉米	06/26/2016	拔节期	井水	畦灌	40.0
2016	春玉米	07/08/2016	拔节期	井水	畦灌	50.0
2016	春玉米	07/17/2016	吐丝期	井水	畦灌	40.0
2016	春玉米	07/30/2016	吐丝期	井水	畦灌	50.0
2016	春玉米	08/09/2016	吐丝期	井水	畦灌	40.0
2016	春玉米	08/22/2016	吐丝期	井水	畦灌	40.0
2017	春小麦	03/03/2017	播种前	井水	畦灌	40.0

（续）

年	作物名称	灌溉时间（月/日/年）	作物生育时期	灌溉水源	灌溉方式	灌溉量（mm）
2017	春小麦	03/23/2017	苗期	井水	畦灌	40.0
2017	春小麦	04/04/2017	返青期	井水	畦灌	40.0
2017	春小麦	04/18/2017	分蘖期	井水	畦灌	45.0
2017	春小麦	04/28/2017	拔节期	井水	畦灌	50.0
2017	春小麦	05/08/2017	拔节期	井水	畦灌	40.0
2017	春小麦	05/19/2017	抽穗期	井水	畦灌	35.0
2017	春小麦	05/31/2017	抽穗期	井水	畦灌	35.0
2018	春玉米	04/03/2018	播种前	井水	畦灌	30.0
2018	春玉米	04/17/2018	出苗前	井水	畦灌	30.0
2018	春玉米	05/03/2018	五叶期	井水	畦灌	35.0
2018	春玉米	05/14/2018	拔节期	井水	畦灌	50.0
2018	春玉米	05/25/2018	拔节期	井水	畦灌	35.0
2018	春玉米	06/01/2018	拔节期	井水	畦灌	40.0
2018	春玉米	06/09/2018	拔节期	井水	畦灌	35.0
2018	春玉米	06/17/2018	拔节期	井水	畦灌	45.0
2018	春玉米	06/25/2018	拔节期	井水	畦灌	40.0
2018	春玉米	07/08/2018	抽雄期	井水	畦灌	50.0
2018	春玉米	07/15/2018	吐丝期	井水	畦灌	35.0
2018	春玉米	07/27/2018	吐丝期	井水	畦灌	40.0
2018	春玉米	08/20/2018	吐丝期	井水	畦灌	50.0
样地名称：沙坡头站养分循环场生物土壤长期采样地						
2009	春玉米	04/12/2009	播种前	井水	畦灌	50.0
2009	春玉米	04/27/2009	苗期	井水	畦灌	35.0
2009	春玉米	05/07/2009	苗期	井水	畦灌	35.0
2009	春玉米	05/17/2009	苗期	井水	畦灌	35.0
2009	春玉米	05/28/2009	拔节期	井水	畦灌	35.0
2009	春玉米	06/08/2009	拔节期	井水	畦灌	35.0
2009	春玉米	06/18/2009	拔节期	井水	畦灌	35.0
2009	春玉米	06/25/2009	拔节期	井水	畦灌	40.0
2009	春玉米	07/01/2009	拔节期	井水	畦灌	45.0
2009	春玉米	07/08/2009	拔节期	井水	畦灌	45.0
2009	春玉米	07/16/2009	抽雄期	井水	畦灌	50.0
2009	春玉米	07/21/2009	抽雄期	井水	畦灌	50.0
2009	春玉米	07/26/2009	抽雄期	井水	畦灌	40.0
2009	春玉米	08/01/2009	吐丝期	井水	畦灌	35.0
2009	春玉米	08/09/2009	吐丝期	井水	畦灌	35.0

（续）

年	作物名称	灌溉时间（月/日/年）	作物生育时期	灌溉水源	灌溉方式	灌溉量（mm）
2009	春玉米	08/17/2009	吐丝期	井水	畦灌	35.0
2009	春玉米	08/28/2009	吐丝期	井水	畦灌	35.0
2010	春小麦	03/10/2010	播种前	井水	畦灌	50.0
2010	春小麦	03/25/2010	苗期	井水	畦灌	40.0
2010	春小麦	04/06/2010	三叶期	井水	畦灌	40.0
2010	春小麦	04/21/2010	分蘖期	井水	畦灌	40.0
2010	春小麦	05/05/2010	拔节期	井水	畦灌	40.0
2010	春小麦	05/12/2010	拔节期	井水	畦灌	50.0
2010	春小麦	05/20/2010	拔节期	井水	畦灌	50.0
2010	春小麦	05/27/2010	抽穗期	井水	畦灌	50.0
2010	春小麦	06/07/2010	抽穗期	井水	畦灌	50.0
2010	春小麦	06/17/2010	抽穗期	井水	畦灌	40.0
2011	春玉米	04/02/2011	播种前	井水	畦灌	50.0
2011	春玉米	04/23/2011	苗期	井水	畦灌	35.0
2011	春玉米	05/03/2011	苗期	井水	畦灌	35.0
2011	春玉米	05/13/2011	五叶期	井水	畦灌	35.0
2011	春玉米	05/23/2011	拔节期	井水	畦灌	35.0
2011	春玉米	06/03/2011	拔节期	井水	畦灌	35.0
2011	春玉米	06/13/2011	拔节期	井水	畦灌	35.0
2011	春玉米	06/23/2011	拔节期	井水	畦灌	40.0
2011	春玉米	07/03/2011	拔节期	井水	畦灌	45.0
2011	春玉米	07/08/2011	抽雄期	井水	畦灌	45.0
2011	春玉米	07/13/2011	抽雄期	井水	畦灌	50.0
2011	春玉米	07/18/2011	吐丝期	井水	畦灌	50.0
2011	春玉米	07/23/2011	吐丝期	井水	畦灌	40.0
2011	春玉米	07/28/2011	吐丝期	井水	畦灌	40.0
2011	春玉米	08/03/2011	吐丝期	井水	畦灌	35.0
2011	春玉米	08/13/2011	吐丝期	井水	畦灌	35.0
2011	春玉米	08/23/2011	吐丝期	井水	畦灌	35.0
2012	春小麦	03/05/2012	播种前	井水	畦灌	50.0
2012	春小麦	03/25/2012	苗期	井水	畦灌	40.0
2012	春小麦	04/18/2012	分蘖期	井水	畦灌	40.0
2012	春小麦	04/25/2012	分蘖期	井水	畦灌	40.0
2012	春小麦	05/07/2012	拔节期	井水	畦灌	40.0
2012	春小麦	05/15/2012	拔节期	井水	畦灌	50.0
2012	春小麦	05/23/2012	抽穗期	井水	畦灌	50.0

（续）

年	作物名称	灌溉时间（月/日/年）	作物生育时期	灌溉水源	灌溉方式	灌溉量（mm）
2012	春小麦	06/01/2012	抽穗期	井水	畦灌	40.0
2013	春玉米	04/03/2013	播种前	井水	畦灌	50.0
2013	春玉米	04/18/2013	出苗前	井水	畦灌	35.0
2013	春玉米	05/02/2013	苗期	井水	畦灌	35.0
2013	春玉米	05/15/2013	五叶期	井水	畦灌	35.0
2013	春玉米	05/25/2013	拔节期	井水	畦灌	40.0
2013	春玉米	06/05/2013	拔节期	井水	畦灌	40.0
2013	春玉米	06/15/2013	拔节期	井水	畦灌	45.0
2013	春玉米	06/25/2013	拔节期	井水	畦灌	50.0
2013	春玉米	07/05/2013	抽雄期	井水	畦灌	50.0
2013	春玉米	07/10/2013	抽雄期	井水	畦灌	50.0
2013	春玉米	07/15/2013	吐丝期	井水	畦灌	40.0
2013	春玉米	07/20/2013	吐丝期	井水	畦灌	40.0
2013	春玉米	07/25/2013	吐丝期	井水	畦灌	35.0
2013	春玉米	08/05/2013	吐丝期	井水	畦灌	35.0
2014	春小麦	03/05/2014	播种前	井水	畦灌	50.0
2014	春小麦	03/24/2014	苗期	井水	畦灌	40.0
2014	春小麦	04/05/2014	三叶期	井水	畦灌	50.0
2014	春小麦	04/16/2014	分蘖期	井水	畦灌	40.0
2014	春小麦	04/25/2014	拔节期	井水	畦灌	40.0
2014	春小麦	05/10/2014	拔节期	井水	畦灌	50.0
2014	春小麦	05/22/2014	抽穗期	井水	畦灌	50.0
2014	春小麦	06/07/2014	灌浆期	井水	畦灌	40.0
2015	春玉米	04/02/2015	播种前	井水	畦灌	50.0
2015	春玉米	04/17/2015	出苗前	井水	畦灌	35.0
2015	春玉米	05/01/2015	苗期	井水	畦灌	35.0
2015	春玉米	05/13/2015	五叶期	井水	畦灌	45.0
2015	春玉米	05/24/2015	拔节期	井水	畦灌	40.0
2015	春玉米	06/04/2015	拔节期	井水	畦灌	35.0
2015	春玉米	06/14/2015	拔节期	井水	畦灌	45.0
2015	春玉米	06/23/2015	拔节期	井水	畦灌	45.0
2015	春玉米	07/03/2015	抽雄期	井水	畦灌	50.0
2015	春玉米	07/10/2015	吐丝期	井水	畦灌	45.0
2015	春玉米	07/17/2015	吐丝期	井水	畦灌	45.0
2015	春玉米	07/22/2015	吐丝期	井水	畦灌	40.0
2015	春玉米	07/27/2015	吐丝期	井水	畦灌	35.0

（续）

年	作物名称	灌溉时间（月/日/年）	作物生育时期	灌溉水源	灌溉方式	灌溉量（mm）
2015	春玉米	08/08/2015	吐丝期	井水	畦灌	40.0
2016	春小麦	03/03/2016	播种前	井水	畦灌	50.0
2016	春小麦	03/24/2016	苗期	井水	畦灌	35.0
2016	春小麦	04/06/2016	三叶期	井水	畦灌	45.0
2016	春小麦	04/20/2016	分蘖期	井水	畦灌	40.0
2016	春小麦	04/29/2016	拔节期	井水	畦灌	50.0
2016	春小麦	05/09/2016	拔节期	井水	畦灌	40.0
2016	春小麦	05/19/2016	抽穗期	井水	畦灌	40.0
2016	春小麦	05/30/2016	抽穗期	井水	畦灌	50.0
2017	春玉米	04/09/2017	播种前	井水	畦灌	50.0
2017	春玉米	04/25/2017	出苗期	井水	畦灌	35.0
2017	春玉米	05/10/2017	五叶期	井水	畦灌	40.0
2017	春玉米	05/21/2017	拔节期	井水	畦灌	50.0
2017	春玉米	06/01/2017	拔节期	井水	畦灌	40.0
2017	春玉米	06/12/2017	拔节期	井水	畦灌	45.0
2017	春玉米	06/22/2017	拔节期	井水	畦灌	40.0
2017	春玉米	07/01/2017	拔节期	井水	畦灌	40.0
2017	春玉米	07/10/2017	抽雄期	井水	畦灌	45.0
2017	春玉米	07/17/2017	吐丝期	井水	畦灌	40.0
2017	春玉米	07/25/2017	吐丝期	井水	畦灌	40.0
2017	春玉米	08/05/2017	吐丝期	井水	畦灌	45.0
2017	春玉米	08/19/2017	吐丝期	井水	畦灌	35.0
2018	春小麦	03/03/2018	播种前	井水	畦灌	35.0
2018	春小麦	04/08/2018	返青期	井水	畦灌	45.0
2018	春小麦	04/18/2018	分蘖期	井水	畦灌	40.0
2018	春小麦	04/28/2018	拔节期	井水	畦灌	40.0
2018	春小麦	05/06/2018	拔节期	井水	畦灌	40.0
2018	春小麦	05/15/2018	抽穗期	井水	畦灌	45.0
2018	春小麦	05/23/2018	抽穗期	井水	畦灌	40.0
2018	春小麦	05/31/2018	抽穗期	井水	畦灌	45.0
样地名称：沙坡头站农田生态系统站区生物采样点						
2009	中稻	04/28/2009	三叶期	黄河水	漫灌	30.0
2009	中稻	05/04/2009	三叶期	黄河水	漫灌	30.0
2009	中稻	05/09/2009	三叶期	黄河水	漫灌	30.0
2009	中稻	05/15/2009	移栽期	黄河水	漫灌	30.0
2009	中稻	05/20/2009	移栽期	黄河水	漫灌	30.0

（续）

年	作物名称	灌溉时间（月/日/年）	作物生育时期	灌溉水源	灌溉方式	灌溉量（mm）
2009	中稻	05/23/2009	移栽期	黄河水	漫灌	25.0
2009	中稻	05/26/2009	返青期	黄河水	漫灌	25.0
2009	中稻	05/28/2009	返青期	黄河水	漫灌	25.0
2009	中稻	05/31/2009	返青期	黄河水	漫灌	25.0
2009	中稻	06/02/2009	返青期	黄河水	漫灌	25.0
2009	中稻	06/04/2009	返青期	黄河水	漫灌	25.0
2009	中稻	06/06/2009	分蘖期	黄河水	漫灌	25.0
2009	中稻	06/08/2009	分蘖期	黄河水	漫灌	25.0
2009	中稻	06/10/2009	分蘖期	黄河水	漫灌	25.0
2009	中稻	06/12/2009	分蘖期	黄河水	漫灌	25.0
2009	中稻	06/15/2009	分蘖期	黄河水	漫灌	25.0
2009	中稻	06/17/2009	拔节期	黄河水	漫灌	25.0
2009	中稻	06/19/2009	拔节期	黄河水	漫灌	25.0
2009	中稻	06/21/2009	拔节期	黄河水	漫灌	25.0
2009	中稻	06/23/2009	拔节期	黄河水	漫灌	25.0
2009	中稻	06/25/2009	拔节期	黄河水	漫灌	25.0
2009	中稻	06/28/2009	拔节期	黄河水	漫灌	25.0
2009	中稻	06/30/2009	拔节期	黄河水	漫灌	25.0
2009	中稻	07/02/2009	拔节期	黄河水	漫灌	25.0
2009	中稻	07/05/2009	拔节期	黄河水	漫灌	25.0
2009	中稻	07/07/2009	拔节期	黄河水	漫灌	25.0
2009	中稻	07/09/2009	拔节期	黄河水	漫灌	25.0
2009	中稻	07/11/2009	拔节期	黄河水	漫灌	25.0
2009	中稻	07/13/2009	拔节期	黄河水	漫灌	25.0
2009	中稻	07/15/2009	拔节期	黄河水	漫灌	25.0
2009	中稻	07/17/2009	拔节期	黄河水	漫灌	25.0
2009	中稻	07/19/2009	抽穗期	黄河水	漫灌	25.0
2009	中稻	07/21/2009	抽穗期	黄河水	漫灌	25.0
2009	中稻	07/23/2009	抽穗期	黄河水	漫灌	30.0
2009	中稻	07/25/2009	抽穗期	黄河水	漫灌	30.0
2009	中稻	07/27/2009	抽穗期	黄河水	漫灌	30.0
2009	中稻	07/29/2009	抽穗期	黄河水	漫灌	30.0
2009	中稻	08/01/2009	抽穗期	黄河水	漫灌	30.0
2009	中稻	08/03/2009	抽穗期	黄河水	漫灌	30.0
2009	中稻	08/05/2009	抽穗期	黄河水	漫灌	30.0
2009	中稻	08/07/2009	抽穗期	黄河水	漫灌	30.0

（续）

年	作物名称	灌溉时间（月/日/年）	作物生育时期	灌溉水源	灌溉方式	灌溉量（mm）
2009	中稻	08/09/2009	抽穗期	黄河水	漫灌	25.0
2009	中稻	08/11/2009	抽穗期	黄河水	漫灌	25.0
2009	中稻	08/13/2009	抽穗期	黄河水	漫灌	25.0
2009	中稻	08/15/2009	抽穗期	黄河水	漫灌	25.0
2009	中稻	08/17/2009	抽穗期	黄河水	漫灌	25.0
2009	中稻	08/19/2009	抽穗期	黄河水	漫灌	20.0
2009	中稻	08/22/2009	抽穗期	黄河水	漫灌	20.0
2009	中稻	08/24/2009	抽穗期	黄河水	漫灌	20.0
2009	中稻	08/26/2009	腊熟期	黄河水	漫灌	20.0
2009	中稻	08/28/2009	腊熟期	黄河水	漫灌	20.0
2009	中稻	08/30/2009	腊熟期	黄河水	漫灌	20.0
2009	中稻	09/02/2009	腊熟期	黄河水	漫灌	20.0
2010	中稻	04/28/2010	苗期	黄河水	漫灌	30.0
2010	中稻	05/03/2010	三叶期	黄河水	漫灌	30.0
2010	中稻	05/09/2010	三叶期	黄河水	漫灌	30.0
2010	中稻	05/15/2010	三叶期	黄河水	漫灌	30.0
2010	中稻	05/20/2010	移栽期	黄河水	漫灌	30.0
2010	中稻	05/23/2010	移栽期	黄河水	漫灌	25.0
2010	中稻	05/26/2010	移栽期	黄河水	漫灌	25.0
2010	中稻	05/28/2010	移栽期	黄河水	漫灌	25.0
2010	中稻	05/31/2010	返青期	黄河水	漫灌	25.0
2010	中稻	06/02/2010	返青期	黄河水	漫灌	25.0
2010	中稻	06/05/2010	返青期	黄河水	漫灌	25.0
2010	中稻	06/07/2010	返青期	黄河水	漫灌	25.0
2010	中稻	06/09/2010	返青期	黄河水	漫灌	25.0
2010	中稻	06/11/2010	分蘖期	黄河水	漫灌	25.0
2010	中稻	06/13/2010	分蘖期	黄河水	漫灌	25.0
2010	中稻	06/15/2010	分蘖期	黄河水	漫灌	25.0
2010	中稻	06/17/2010	分蘖期	黄河水	漫灌	25.0
2010	中稻	06/19/2010	分蘖期	黄河水	漫灌	25.0
2010	中稻	06/21/2010	拔节期	黄河水	漫灌	25.0
2010	中稻	06/23/2010	拔节期	黄河水	漫灌	25.0
2010	中稻	06/25/2010	拔节期	黄河水	漫灌	25.0
2010	中稻	06/27/2010	拔节期	黄河水	漫灌	25.0
2010	中稻	06/29/2010	拔节期	黄河水	漫灌	25.0
2010	中稻	07/01/2010	拔节期	黄河水	漫灌	25.0

（续）

年	作物名称	灌溉时间（月/日/年）	作物生育时期	灌溉水源	灌溉方式	灌溉量（mm）
2010	中稻	07/04/2010	拔节期	黄河水	漫灌	25.0
2010	中稻	07/07/2010	拔节期	黄河水	漫灌	25.0
2010	中稻	07/09/2010	拔节期	黄河水	漫灌	25.0
2010	中稻	07/11/2010	拔节期	黄河水	漫灌	25.0
2010	中稻	07/13/2010	拔节期	黄河水	漫灌	25.0
2010	中稻	07/15/2010	拔节期	黄河水	漫灌	30.0
2010	中稻	07/17/2010	抽穗期	黄河水	漫灌	30.0
2010	中稻	07/19/2010	抽穗期	黄河水	漫灌	30.0
2010	中稻	07/21/2010	抽穗期	黄河水	漫灌	30.0
2010	中稻	07/23/2010	抽穗期	黄河水	漫灌	30.0
2010	中稻	07/25/2010	抽穗期	黄河水	漫灌	30.0
2010	中稻	07/27/2010	抽穗期	黄河水	漫灌	30.0
2010	中稻	07/29/2010	抽穗期	黄河水	漫灌	30.0
2010	中稻	08/01/2010	抽穗期	黄河水	漫灌	30.0
2010	中稻	08/03/2010	抽穗期	黄河水	漫灌	30.0
2010	中稻	08/05/2010	抽穗期	黄河水	漫灌	30.0
2010	中稻	08/07/2010	抽穗期	黄河水	漫灌	30.0
2010	中稻	08/09/2010	抽穗期	黄河水	漫灌	25.0
2010	中稻	08/11/2010	抽穗期	黄河水	漫灌	25.0
2010	中稻	08/13/2010	抽穗期	黄河水	漫灌	25.0
2010	中稻	08/15/2010	抽穗期	黄河水	漫灌	25.0
2010	中稻	08/17/2010	抽穗期	黄河水	漫灌	25.0
2010	中稻	08/19/2010	抽穗期	黄河水	漫灌	20.0
2010	中稻	08/21/2010	抽穗期	黄河水	漫灌	20.0
2010	中稻	08/23/2010	抽穗期	黄河水	漫灌	20.0
2010	中稻	08/25/2010	腊熟期	黄河水	漫灌	20.0
2010	中稻	08/27/2010	腊熟期	黄河水	漫灌	20.0
2010	中稻	08/29/2010	腊熟期	黄河水	漫灌	20.0
2010	中稻	09/02/2010	腊熟期	黄河水	漫灌	20.0
2011	中稻	04/25/2011	三叶期	黄河水	漫灌	30.0
2011	中稻	04/30/2011	三叶期	黄河水	漫灌	30.0
2011	中稻	05/05/2011	三叶期	黄河水	漫灌	30.0
2011	中稻	05/08/2011	移栽期	黄河水	漫灌	30.0
2011	中稻	05/10/2011	移栽期	黄河水	漫灌	30.0
2011	中稻	05/13/2011	移栽期	黄河水	漫灌	25.0
2011	中稻	05/19/2011	移栽期	黄河水	漫灌	25.0

（续）

年	作物名称	灌溉时间（月/日/年）	作物生育时期	灌溉水源	灌溉方式	灌溉量（mm）
2011	中稻	05/25/2011	移栽期	黄河水	漫灌	25.0
2011	中稻	05/30/2011	返青期	黄河水	漫灌	25.0
2011	中稻	06/04/2011	返青期	黄河水	漫灌	25.0
2011	中稻	06/08/2011	返青期	黄河水	漫灌	25.0
2011	中稻	06/11/2011	分蘖期	黄河水	漫灌	30.0
2011	中稻	06/14/2011	分蘖期	黄河水	漫灌	30.0
2011	中稻	06/17/2011	分蘖期	黄河水	漫灌	30.0
2011	中稻	06/19/2011	拔节期	黄河水	漫灌	25.0
2011	中稻	06/23/2011	拔节期	黄河水	漫灌	25.0
2011	中稻	06/27/2011	拔节期	黄河水	漫灌	25.0
2011	中稻	06/30/2011	拔节期	黄河水	漫灌	25.0
2011	中稻	07/03/2011	拔节期	黄河水	漫灌	25.0
2011	中稻	07/05/2011	拔节期	黄河水	漫灌	25.0
2011	中稻	07/08/2011	拔节期	黄河水	漫灌	25.0
2011	中稻	07/11/2011	拔节期	黄河水	漫灌	25.0
2011	中稻	07/13/2011	拔节期	黄河水	漫灌	25.0
2011	中稻	07/16/2011	抽穗期	黄河水	漫灌	30.0
2011	中稻	07/18/2011	抽穗期	黄河水	漫灌	30.0
2011	中稻	07/20/2011	抽穗期	黄河水	漫灌	30.0
2011	中稻	07/22/2011	抽穗期	黄河水	漫灌	30.0
2011	中稻	07/24/2011	抽穗期	黄河水	漫灌	30.0
2011	中稻	07/27/2011	抽穗期	黄河水	漫灌	30.0
2011	中稻	07/29/2011	抽穗期	黄河水	漫灌	30.0
2011	中稻	07/31/2011	抽穗期	黄河水	漫灌	30.0
2011	中稻	08/02/2011	抽穗期	黄河水	漫灌	30.0
2011	中稻	08/04/2011	抽穗期	黄河水	漫灌	30.0
2011	中稻	08/06/2011	抽穗期	黄河水	漫灌	30.0
2011	中稻	08/08/2011	抽穗期	黄河水	漫灌	30.0
2011	中稻	08/10/2011	抽穗期	黄河水	漫灌	30.0
2011	中稻	08/12/2011	抽穗期	黄河水	漫灌	25.0
2011	中稻	08/14/2011	抽穗期	黄河水	漫灌	25.0
2011	中稻	08/16/2011	抽穗期	黄河水	漫灌	25.0
2011	中稻	08/18/2011	抽穗期	黄河水	漫灌	20.0
2011	中稻	08/20/2011	抽穗期	黄河水	漫灌	20.0
2011	中稻	08/23/2011	抽穗期	黄河水	漫灌	20.0
2011	中稻	08/26/2011	抽穗期	黄河水	漫灌	20.0

（续）

年	作物名称	灌溉时间（月/日/年）	作物生育时期	灌溉水源	灌溉方式	灌溉量（mm）
2011	中稻	08/29/2011	腊熟期	黄河水	漫灌	20.0
2011	中稻	09/01/2011	腊熟期	黄河水	漫灌	20.0
2011	中稻	09/04/2011	腊熟期	黄河水	漫灌	20.0
2012	中稻	04/25/2012	苗期	黄河水	漫灌	30.0
2012	中稻	04/30/2012	三叶期	黄河水	漫灌	20.0
2012	中稻	05/05/2012	三叶期	黄河水	漫灌	30.0
2012	中稻	05/09/2012	移栽期	黄河水	漫灌	30.0
2012	中稻	05/14/2012	移栽期	黄河水	漫灌	20.0
2012	中稻	05/19/2012	返青期	黄河水	漫灌	30.0
2012	中稻	05/24/2012	返青期	黄河水	漫灌	30.0
2012	中稻	05/29/2012	返青期	黄河水	漫灌	20.0
2012	中稻	06/03/2012	分蘖期	黄河水	漫灌	30.0
2012	中稻	06/08/2012	分蘖期	黄河水	漫灌	30.0
2012	中稻	06/13/2012	分蘖期	黄河水	漫灌	20.0
2012	中稻	06/17/2012	拔节期	黄河水	漫灌	30.0
2012	中稻	06/21/2012	拔节期	黄河水	漫灌	30.0
2012	中稻	06/25/2012	拔节期	黄河水	漫灌	20.0
2012	中稻	06/29/2012	拔节期	黄河水	漫灌	30.0
2012	中稻	07/01/2012	拔节期	黄河水	漫灌	30.0
2012	中稻	07/04/2012	拔节期	黄河水	漫灌	20.0
2012	中稻	07/07/2012	拔节期	黄河水	漫灌	30.0
2012	中稻	07/10/2012	拔节期	黄河水	漫灌	30.0
2012	中稻	07/12/2012	拔节期	黄河水	漫灌	20.0
2012	中稻	07/14/2012	拔节期	黄河水	漫灌	30.0
2012	中稻	07/17/2012	抽穗期	黄河水	漫灌	30.0
2012	中稻	07/20/2012	抽穗期	黄河水	漫灌	20.0
2012	中稻	07/22/2012	抽穗期	黄河水	漫灌	30.0
2012	中稻	07/24/2012	抽穗期	黄河水	漫灌	30.0
2012	中稻	07/26/2012	抽穗期	黄河水	漫灌	20.0
2012	中稻	07/29/2012	抽穗期	黄河水	漫灌	30.0
2012	中稻	08/01/2012	抽穗期	黄河水	漫灌	30.0
2012	中稻	08/04/2012	抽穗期	黄河水	漫灌	20.0
2012	中稻	08/07/2012	抽穗期	黄河水	漫灌	30.0
2012	中稻	08/10/2012	抽穗期	黄河水	漫灌	30.0
2012	中稻	08/13/2012	抽穗期	黄河水	漫灌	20.0
2012	中稻	08/17/2012	抽穗期	黄河水	漫灌	30.0

（续）

年	作物名称	灌溉时间（月/日/年）	作物生育时期	灌溉水源	灌溉方式	灌溉量（mm）
2012	中稻	08/20/2012	抽穗期	黄河水	漫灌	30.0
2012	中稻	08/23/2012	抽穗期	黄河水	漫灌	20.0
2012	中稻	08/27/2012	抽穗期	黄河水	漫灌	30.0
2012	中稻	08/29/2012	抽穗期	黄河水	漫灌	30.0
2012	中稻	09/02/2012	抽穗期	黄河水	漫灌	20.0
2013	中稻	04/24/2013	苗期	黄河水	漫灌	40.0
2013	中稻	04/29/2013	苗期	黄河水	漫灌	35.0
2013	中稻	05/04/2013	三叶期	黄河水	漫灌	30.0
2013	中稻	05/10/2013	移栽期	黄河水	漫灌	25.0
2013	中稻	05/15/2013	移栽期	黄河水	漫灌	25.0
2013	中稻	05/20/2013	移栽期	黄河水	漫灌	25.0
2013	中稻	05/25/2013	返青期	黄河水	漫灌	25.0
2013	中稻	05/30/2013	返青期	黄河水	漫灌	25.0
2013	中稻	06/05/2013	分蘖期	黄河水	漫灌	30.0
2013	中稻	06/09/2013	分蘖期	黄河水	漫灌	30.0
2013	中稻	06/13/2013	分蘖期	黄河水	漫灌	25.0
2013	中稻	06/16/2013	拔节期	黄河水	漫灌	25.0
2013	中稻	06/20/2013	拔节期	黄河水	漫灌	25.0
2013	中稻	06/23/2013	拔节期	黄河水	漫灌	25.0
2013	中稻	06/26/2013	拔节期	黄河水	漫灌	25.0
2013	中稻	06/29/2013	拔节期	黄河水	漫灌	25.0
2013	中稻	07/02/2013	拔节期	黄河水	漫灌	30.0
2013	中稻	07/05/2013	拔节期	黄河水	漫灌	25.0
2013	中稻	07/07/2013	拔节期	黄河水	漫灌	30.0
2013	中稻	07/09/2013	拔节期	黄河水	漫灌	25.0
2013	中稻	07/11/2013	拔节期	黄河水	漫灌	30.0
2013	中稻	07/13/2013	拔节期	黄河水	漫灌	25.0
2013	中稻	07/15/2013	拔节期	黄河水	漫灌	30.0
2013	中稻	07/18/2013	抽穗期	黄河水	漫灌	25.0
2013	中稻	07/20/2013	抽穗期	黄河水	漫灌	30.0
2013	中稻	07/22/2013	抽穗期	黄河水	漫灌	25.0
2013	中稻	07/25/2013	抽穗期	黄河水	漫灌	30.0
2013	中稻	07/28/2013	抽穗期	黄河水	漫灌	25.0
2013	中稻	07/31/2013	抽穗期	黄河水	漫灌	25.0
2013	中稻	08/03/2013	抽穗期	黄河水	漫灌	25.0
2013	中稻	08/06/2013	抽穗期	黄河水	漫灌	25.0

（续）

年	作物名称	灌溉时间（月/日/年）	作物生育时期	灌溉水源	灌溉方式	灌溉量（mm）
2013	中稻	08/08/2013	抽穗期	黄河水	漫灌	25.0
2013	中稻	08/10/2013	抽穗期	黄河水	漫灌	25.0
2013	中稻	08/14/2013	抽穗期	黄河水	漫灌	25.0
2013	中稻	08/18/2013	抽穗期	黄河水	漫灌	25.0
2013	中稻	08/22/2013	抽穗期	黄河水	漫灌	25.0
2013	中稻	08/26/2013	抽穗期	黄河水	漫灌	25.0
2013	中稻	08/28/2013	抽穗期	黄河水	漫灌	25.0
2013	中稻	09/01/2013	抽穗期	黄河水	漫灌	25.0
2014	中稻	04/23/2014	苗期	黄河水	漫灌	40.0
2014	中稻	04/27/2014	苗期	黄河水	漫灌	35.0
2014	中稻	05/05/2014	三叶期	黄河水	漫灌	30.0
2014	中稻	05/10/2014	移栽期	黄河水	漫灌	30.0
2014	中稻	05/12/2014	移栽期	黄河水	漫灌	25.0
2014	中稻	05/20/2014	移栽期	黄河水	漫灌	25.0
2014	中稻	05/25/2014	返青期	黄河水	漫灌	25.0
2014	中稻	05/29/2014	返青期	黄河水	漫灌	25.0
2014	中稻	06/06/2014	分蘖期	黄河水	漫灌	30.0
2014	中稻	06/08/2014	分蘖期	黄河水	漫灌	30.0
2014	中稻	06/13/2014	分蘖期	黄河水	漫灌	25.0
2014	中稻	06/15/2014	拔节期	黄河水	漫灌	25.0
2014	中稻	06/21/2014	拔节期	黄河水	漫灌	30.0
2014	中稻	06/23/2014	拔节期	黄河水	漫灌	25.0
2014	中稻	06/25/2014	拔节期	黄河水	漫灌	30.0
2014	中稻	06/28/2014	拔节期	黄河水	漫灌	30.0
2014	中稻	07/02/2014	拔节期	黄河水	漫灌	30.0
2014	中稻	07/04/2014	拔节期	黄河水	漫灌	25.0
2014	中稻	07/08/2014	拔节期	黄河水	漫灌	30.0
2014	中稻	07/11/2014	拔节期	黄河水	漫灌	30.0
2014	中稻	07/14/2014	拔节期	黄河水	漫灌	25.0
2014	中稻	07/16/2014	拔节期	黄河水	漫灌	30.0
2014	中稻	07/18/2014	抽穗期	黄河水	漫灌	25.0
2014	中稻	07/21/2014	抽穗期	黄河水	漫灌	25.0
2014	中稻	07/23/2014	抽穗期	黄河水	漫灌	25.0
2014	中稻	07/25/2014	抽穗期	黄河水	漫灌	30.0
2014	中稻	07/27/2014	抽穗期	黄河水	漫灌	25.0
2014	中稻	07/30/2014	抽穗期	黄河水	漫灌	25.0

（续）

年	作物名称	灌溉时间（月/日/年）	作物生育时期	灌溉水源	灌溉方式	灌溉量（mm）
2014	中稻	08/03/2014	抽穗期	黄河水	漫灌	30.0
2014	中稻	08/05/2014	抽穗期	黄河水	漫灌	30.0
2014	中稻	08/08/2014	抽穗期	黄河水	漫灌	30.0
2014	中稻	08/11/2014	抽穗期	黄河水	漫灌	25.0
2014	中稻	08/14/2014	抽穗期	黄河水	漫灌	25.0
2014	中稻	08/17/2014	抽穗期	黄河水	漫灌	25.0
2014	中稻	08/21/2014	抽穗期	黄河水	漫灌	25.0
2014	中稻	08/25/2014	抽穗期	黄河水	漫灌	30.0
2014	中稻	08/28/2014	抽穗期	黄河水	漫灌	25.0
2014	中稻	09/02/2014	抽穗期	黄河水	漫灌	30.0
2015	中稻	04/22/2015	苗期	黄河水	漫灌	35.0
2015	中稻	04/27/2015	苗期	黄河水	漫灌	35.0
2015	中稻	05/02/2015	三叶期	黄河水	漫灌	30.0
2015	中稻	05/08/2015	移栽期	黄河水	漫灌	25.0
2015	中稻	05/13/2015	移栽期	黄河水	漫灌	30.0
2015	中稻	05/18/2015	移栽期	黄河水	漫灌	25.0
2015	中稻	05/23/2015	返青期	黄河水	漫灌	25.0
2015	中稻	05/28/2015	返青期	黄河水	漫灌	30.0
2015	中稻	06/02/2015	返青期	黄河水	漫灌	25.0
2015	中稻	06/06/2015	分蘖期	黄河水	漫灌	30.0
2015	中稻	06/10/2015	分蘖期	黄河水	漫灌	25.0
2015	中稻	06/14/2015	分蘖期	黄河水	漫灌	30.0
2015	中稻	06/18/2015	拔节期	黄河水	漫灌	25.0
2015	中稻	06/21/2015	拔节期	黄河水	漫灌	25.0
2015	中稻	06/24/2015	拔节期	黄河水	漫灌	30.0
2015	中稻	06/27/2015	拔节期	黄河水	漫灌	25.0
2015	中稻	06/30/2015	拔节期	黄河水	漫灌	25.0
2015	中稻	07/03/2015	拔节期	黄河水	漫灌	30.0
2015	中稻	07/05/2015	拔节期	黄河水	漫灌	25.0
2015	中稻	07/07/2015	拔节期	黄河水	漫灌	25.0
2015	中稻	07/09/2015	拔节期	黄河水	漫灌	25.0
2015	中稻	07/11/2015	拔节期	黄河水	漫灌	25.0
2015	中稻	07/13/2015	拔节期	黄河水	漫灌	25.0
2015	中稻	07/15/2015	拔节期	黄河水	漫灌	30.0
2015	中稻	07/17/2015	抽穗期	黄河水	漫灌	25.0
2015	中稻	07/20/2015	抽穗期	黄河水	漫灌	30.0

（续）

年	作物名称	灌溉时间（月/日/年）	作物生育时期	灌溉水源	灌溉方式	灌溉量（mm）
2015	中稻	07/23/2015	抽穗期	黄河水	漫灌	30.0
2015	中稻	07/26/2015	抽穗期	黄河水	漫灌	25.0
2015	中稻	07/29/2015	抽穗期	黄河水	漫灌	25.0
2015	中稻	08/01/2015	抽穗期	黄河水	漫灌	25.0
2015	中稻	08/04/2015	抽穗期	黄河水	漫灌	30.0
2015	中稻	08/07/2015	抽穗期	黄河水	漫灌	25.0
2015	中稻	08/10/2015	抽穗期	黄河水	漫灌	25.0
2015	中稻	08/13/2015	抽穗期	黄河水	漫灌	25.0
2015	中稻	08/16/2015	抽穗期	黄河水	漫灌	25.0
2015	中稻	08/20/2015	抽穗期	黄河水	漫灌	25.0
2015	中稻	08/24/2015	抽穗期	黄河水	漫灌	25.0
2015	中稻	08/28/2015	抽穗期	黄河水	漫灌	25.0
2015	中稻	09/01/2015	抽穗期	黄河水	漫灌	25.0
2016	中稻	04/21/2016	苗期	黄河水	漫灌	40.0
2016	中稻	04/26/2016	苗期	黄河水	漫灌	35.0
2016	中稻	05/01/2016	苗期	黄河水	漫灌	30.0
2016	中稻	05/06/2016	三叶期	黄河水	漫灌	25.0
2016	中稻	05/11/2016	三叶期	黄河水	漫灌	25.0
2016	中稻	05/15/2016	移栽期	黄河水	漫灌	30.0
2016	中稻	05/20/2016	移栽期	黄河水	漫灌	30.0
2016	中稻	05/26/2016	返青后	黄河水	漫灌	25.0
2016	中稻	05/31/2016	分蘖前	黄河水	漫灌	25.0
2016	中稻	06/05/2016	分蘖期	黄河水	漫灌	30.0
2016	中稻	06/10/2016	分蘖期	黄河水	漫灌	25.0
2016	中稻	06/15/2016	分蘖期	黄河水	漫灌	30.0
2016	中稻	06/20/2016	拔节期	黄河水	漫灌	25.0
2016	中稻	06/24/2016	拔节期	黄河水	漫灌	25.0
2016	中稻	06/28/2016	拔节期	黄河水	漫灌	30.0
2016	中稻	07/01/2016	拔节期	黄河水	漫灌	25.0
2016	中稻	07/04/2016	拔节期	黄河水	漫灌	30.0
2016	中稻	07/08/2016	拔节期	黄河水	漫灌	30.0
2016	中稻	07/11/2016	拔节期	黄河水	漫灌	30.0
2016	中稻	07/14/2016	拔节期	黄河水	漫灌	25.0
2016	中稻	07/17/2016	抽穗期	黄河水	漫灌	30.0
2016	中稻	07/20/2016	抽穗期	黄河水	漫灌	30.0
2016	中稻	07/23/2016	抽穗期	黄河水	漫灌	25.0

（续）

年	作物名称	灌溉时间（月/日/年）	作物生育时期	灌溉水源	灌溉方式	灌溉量（mm）
2016	中稻	07/25/2016	抽穗期	黄河水	漫灌	30.0
2016	中稻	07/27/2016	抽穗期	黄河水	漫灌	25.0
2016	中稻	07/29/2016	抽穗期	黄河水	漫灌	25.0
2016	中稻	07/31/2016	抽穗期	黄河水	漫灌	25.0
2016	中稻	08/03/2016	抽穗期	黄河水	漫灌	25.0
2016	中稻	08/05/2016	抽穗期	黄河水	漫灌	30.0
2016	中稻	08/07/2016	抽穗期	黄河水	漫灌	25.0
2016	中稻	08/10/2016	抽穗期	黄河水	漫灌	30.0
2016	中稻	08/13/2016	抽穗期	黄河水	漫灌	30.0
2016	中稻	08/16/2016	抽穗期	黄河水	漫灌	25.0
2016	中稻	08/19/2016	抽穗期	黄河水	漫灌	25.0
2016	中稻	08/21/2016	抽穗期	黄河水	漫灌	30.0
2016	中稻	08/24/2016	抽穗期	黄河水	漫灌	30.0
2016	中稻	08/27/2016	抽穗期	黄河水	漫灌	25.0
2016	中稻	08/30/2016	抽穗期	黄河水	漫灌	30.0
2016	中稻	09/02/2016	抽穗期	黄河水	漫灌	25.0
2017	中稻	04/21/2017	苗期	黄河水	漫灌	35.0
2017	中稻	04/26/2017	苗期	黄河水	漫灌	30.0
2017	中稻	05/01/2017	三叶期	黄河水	漫灌	30.0
2017	中稻	05/12/2017	移栽期	黄河水	漫灌	25.0
2017	中稻	05/17/2017	移栽期	黄河水	漫灌	25.0
2017	中稻	05/22/2017	返青期	黄河水	漫灌	30.0
2017	中稻	05/27/2017	返青期	黄河水	漫灌	25.0
2017	中稻	05/31/2017	返青期	黄河水	漫灌	30.0
2017	中稻	06/04/2017	分蘖期	黄河水	漫灌	30.0
2017	中稻	06/07/2017	分蘖期	黄河水	漫灌	25.0
2017	中稻	06/11/2017	分蘖期	黄河水	漫灌	30.0
2017	中稻	06/15/2017	拔节期	黄河水	漫灌	25.0
2017	中稻	06/18/2017	拔节期	黄河水	漫灌	25.0
2017	中稻	06/21/2017	拔节期	黄河水	漫灌	30.0
2017	中稻	06/24/2017	拔节期	黄河水	漫灌	25.0
2017	中稻	06/27/2017	拔节期	黄河水	漫灌	30.0
2017	中稻	06/30/2017	拔节期	黄河水	漫灌	25.0
2017	中稻	07/03/2017	拔节期	黄河水	漫灌	30.0
2017	中稻	07/06/2017	拔节期	黄河水	漫灌	30.0
2017	中稻	07/08/2017	拔节期	黄河水	漫灌	30.0

（续）

年	作物名称	灌溉时间（月/日/年）	作物生育时期	灌溉水源	灌溉方式	灌溉量（mm）
2017	中稻	07/10/2017	拔节期	黄河水	漫灌	25.0
2017	中稻	07/12/2017	拔节期	黄河水	漫灌	25.0
2017	中稻	07/14/2017	抽穗期	黄河水	漫灌	30.0
2017	中稻	07/16/2017	抽穗期	黄河水	漫灌	25.0
2017	中稻	07/18/2017	抽穗期	黄河水	漫灌	30.0
2017	中稻	07/21/2017	抽穗期	黄河水	漫灌	25.0
2017	中稻	07/24/2017	抽穗期	黄河水	漫灌	30.0
2017	中稻	07/27/2017	抽穗期	黄河水	漫灌	25.0
2017	中稻	07/30/2017	抽穗期	黄河水	漫灌	25.0
2017	中稻	08/02/2017	抽穗期	黄河水	漫灌	30.0
2017	中稻	08/05/2017	抽穗期	黄河水	漫灌	25.0
2017	中稻	08/08/2017	抽穗期	黄河水	漫灌	25.0
2017	中稻	08/11/2017	抽穗期	黄河水	漫灌	30.0
2017	中稻	08/14/2017	抽穗期	黄河水	漫灌	25.0
2017	中稻	08/17/2017	抽穗期	黄河水	漫灌	30.0
2017	中稻	08/21/2017	抽穗期	黄河水	漫灌	30.0
2017	中稻	08/24/2017	抽穗期	黄河水	漫灌	25.0
2017	中稻	08/27/2017	抽穗期	黄河水	漫灌	25.0
2017	中稻	08/31/2017	抽穗期	黄河水	漫灌	25.0
2018	中稻	04/18/2018	苗期	黄河水	漫灌	35.0
2018	中稻	04/23/2018	苗期	黄河水	漫灌	30.0
2018	中稻	04/28/2018	苗期	黄河水	漫灌	25.0
2018	中稻	05/03/2018	三叶期	黄河水	漫灌	30.0
2018	中稻	05/08/2018	三叶期	黄河水	漫灌	25.0
2018	中稻	05/13/2018	三叶期	黄河水	漫灌	25.0
2018	中稻	05/17/2018	移栽期	黄河水	漫灌	30.0
2018	中稻	05/22/2018	返青期	黄河水	漫灌	25.0
2018	中稻	05/27/2018	返青期	黄河水	漫灌	30.0
2018	中稻	06/02/2018	返青期	黄河水	漫灌	25.0
2018	中稻	06/07/2018	分蘖期	黄河水	漫灌	30.0
2018	中稻	06/12/2018	分蘖期	黄河水	漫灌	25.0
2018	中稻	06/17/2018	拔节期	黄河水	漫灌	30.0
2018	中稻	06/22/2018	拔节期	黄河水	漫灌	25.0
2018	中稻	06/26/2018	拔节期	黄河水	漫灌	25.0
2018	中稻	06/30/2018	拔节期	黄河水	漫灌	25.0
2018	中稻	07/04/2018	拔节期	黄河水	漫灌	30.0

（续）

年	作物名称	灌溉时间（月/日/年）	作物生育时期	灌溉水源	灌溉方式	灌溉量（mm）
2018	中稻	07/08/2018	拔节期	黄河水	漫灌	25.0
2018	中稻	07/11/2018	拔节期	黄河水	漫灌	30.0
2018	中稻	07/14/2018	拔节期	黄河水	漫灌	30.0
2018	中稻	07/17/2018	抽穗期	黄河水	漫灌	25.0
2018	中稻	07/20/2018	抽穗期	黄河水	漫灌	30.0
2018	中稻	07/23/2018	抽穗期	黄河水	漫灌	25.0
2018	中稻	07/26/2018	抽穗期	黄河水	漫灌	30.0
2018	中稻	07/28/2018	抽穗期	黄河水	漫灌	30.0
2018	中稻	07/30/2018	抽穗期	黄河水	漫灌	30.0
2018	中稻	08/01/2018	抽穗期	黄河水	漫灌	25.0
2018	中稻	08/03/2018	抽穗期	黄河水	漫灌	30.0
2018	中稻	08/05/2018	抽穗期	黄河水	漫灌	25.0
2018	中稻	08/07/2018	抽穗期	黄河水	漫灌	25.0
2018	中稻	08/10/2018	抽穗期	黄河水	漫灌	30.0
2018	中稻	08/12/2018	抽穗期	黄河水	漫灌	30.0
2018	中稻	08/15/2018	抽穗期	黄河水	漫灌	30.0
2018	中稻	08/18/2018	抽穗期	黄河水	漫灌	25.0
2018	中稻	08/20/2018	抽穗期	黄河水	漫灌	25.0
2018	中稻	08/24/2018	抽穗期	黄河水	漫灌	30.0
2018	中稻	08/27/2018	抽穗期	黄河水	漫灌	25.0
2018	中稻	08/30/2018	抽穗期	黄河水	漫灌	30.0
2018	中稻	09/02/2018	抽穗期	黄河水	漫灌	25.0

4.2.5 作物生育动态

数据说明：作物生育动态数据集中的数据均来源于沙坡头站农田生态系统综合观测场、辅助观测场和站区调查点的观测。在每年春季种植玉米、小麦、大豆或水稻育秧时，开始观测记录相应的播种期、出苗期、五叶期、拔节期、抽雄期、吐丝期、成熟期、收获期等数据。所有观测数据的记录时间均为生长一致的大多数个体处于某一物候期的时间（表 4－5A 至表 4－5C）。

表 4－5A　作物生育动态

样地名称：沙坡头站农田生态系统综合观测场生物土壤采样地/沙坡头站养分循环场生物土壤长期采样地

作物名称：玉米

年	作物品种	播种期（月/日/年）	出苗期（月/日/年）	五叶期（月/日/年）	拔节期（月/日/年）	抽雄期（月/日/年）	吐丝期（月/日/年）	成熟期（月/日/年）	收获期（月/日/年）
2009	正大 12 号	04/17/2009	05/03/2009	05/12/2009	05/28/2009	07/16/2009	07/30/2009	09/19/2009	10/02/2009
2010	正大 12 号	04/14/2010	05/02/2010	05/10/2010	06/05/2010	07/20/2010	07/28/2010	09/25/2010	10/07/2010
2011	正大 12 号	04/08/2011	04/20/2011	05/04/2011	05/20/2011	07/08/2011	07/18/2011	09/02/2011	09/27/2011
2012	先锋 333	04/07/2012	04/28/2012	05/07/2012	05/30/2012	07/10/2012	07/25/2012	09/20/2012	10/02/2012

（续）

年	作物品种	播种期（月/日/年）	出苗期（月/日/年）	五叶期（月/日/年）	拔节期（月/日/年）	抽雄期（月/日/年）	吐丝期（月/日/年）	成熟期（月/日/年）	收获期（月/日/年）
2013	KWS2564 杂交种	04/07/2013	04/25/2013	05/10/2013	05/20/2013	07/05/2013	07/15/2013	09/10/2013	10/02/2013
2014	大丰 30	04/08/2014	04/17/2014	05/08/2014	05/15/2014	07/05/2014	07/10/2014	09/15/2014	09/25/2014
2015	农华 101	04/09/2015	04/22/2015	05/04/2015	05/14/2015	06/30/2015	07/06/2015	09/07/2015	09/28/2015
2016	强盛 16 号	04/09/2016	04/20/2016	05/05/2016	05/15/2016	07/10/2016	07/15/2016	09/15/2016	09/24/2016
2017	强盛 16 号	04/15/2017	04/26/2017	05/10/2017	05/20/2017	07/08/2017	07/12/2017	09/20/2017	10/01/2017
2018	龙生 2 号	04/10/2018	04/21/2018	05/03/2018	05/12/2018	07/05/2018	07/12/2018	09/13/2018	09/26/2018

表 4-5B　作物生育动态

样地名称：沙坡头站农田生态系统综合观测场生物土壤采样地/沙坡头站养分循环场生物土壤长期采样地

作物名称：小麦

年	作物品种	播种期（月/日/年）	出苗期（月/日/年）	三叶期（月/日/年）	分蘖期（月/日/年）	返青期（月/日/年）	拔节期（月/日/年）	抽穗期（月/日/年）	蜡熟期（月/日/年）	收获期（月/日/年）
2009	宁春 47 号	03/05/2009	03/18/2009	03/26/2009	04/03/2009	04/16/2009	04/25/2009	05/17/2009	06/20/2009	07/01/2009
2010	宁春 4 号	03/14/2010	03/25/2010	04/05/2010	04/12/2010	04/30/2010	05/04/2010	05/24/2010	06/25/2010	07/04/2010
2011	宁春 4 号	03/12/2011	03/27/2011	04/02/2011	04/10/2011	04/20/2011	05/01/2011	05/22/2011	06/20/2011	06/30/2011
2012	宁春 4 号	03/09/2012	03/25/2012	04/05/2012	04/18/2012	04/28/2012	05/05/2012	05/20/2012	06/18/2012	06/28/2012
2013	宁春 4 号	03/06/2013	03/18/2013	03/22/2013	03/28/2013	04/15/2013	04/25/2013	05/18/2013	06/20/2013	07/04/2013
2014	宁春 4 号	03/10/2014	03/22/2014	03/25/2014	04/05/2014	04/15/2014	04/25/2014	05/20/2014	06/15/2014	06/28/2014
2015	宁春 4 号	03/12/2015	03/24/2015	03/31/2015	04/06/2015	04/15/2015	04/28/2015	05/15/2015	06/17/2015	06/27/2015
2016	宁春 4 号	03/08/2016	03/19/2016	03/30/2016	04/03/2016	04/15/2016	04/25/2016	05/13/2016	06/16/2016	06/27/2016
2017	宁春 4 号	03/08/2017	03/21/2017	03/29/2017	04/04/2017	04/12/2017	04/25/2017	05/18/2017	06/19/2017	06/28/2017
2018	宁春 50 号	03/08/2018	03/18/2018	03/25/2018	03/29/2018	04/15/2018	04/28/2018	05/10/2018	06/15/2018	06/27/2018

表 4-5C　作物生育动态

样地名称：沙坡头站农田生态系统站区生物采样点

作物名称：水稻

年	作物品种	育秧方式	播种期（月/日/年）	出苗期（月/日/年）	三叶期（月/日/年）	移栽期（月/日/年）	返青期（月/日/年）	分蘖期（月/日/年）	拔节期（月/日/年）	抽穗期（月/日/年）	蜡熟期（月/日/年）	收获期（月/日/年）
2009	花九 115	盘育（小拱棚苗床育秧）	04/12/2009	04/21/2009	04/28/2009	05/15/2009	05/25/2009	06/06/2009	06/17/2009	07/18/2009	08/26/2009	09/28/2009
2010	花九 115	盘育（小拱棚苗床育秧）	04/17/2010	04/28/2010	05/09/2010	05/19/2010	05/30/2010	06/10/2010	06/21/2010	07/17/2010	09/10/2010	09/29/2010
2011	花九 115	盘育（小拱棚苗床育秧）	04/14/2011	04/19/2011	04/25/2011	05/08/2011	05/27/2011	06/09/2011	06/19/2011	07/15/2011	08/29/2011	09/29/2011
2012	宁粳 41	盘育（小拱棚苗床育秧）	04/06/2012	04/20/2012	04/28/2012	05/08/2012	05/19/2012	06/03/2012	06/14/2012	07/16/2012	09/03/2012	09/27/2012
2013	花 97	盘育（小拱棚苗床育秧）	04/10/2013	04/22/2013	04/30/2013	05/10/2013	05/23/2013	06/04/2013	06/16/2013	07/18/2013	09/04/2013	09/23/2013

（续）

年	作物品种	育秧方式	播种期（月/日/年）	出苗期（月/日/年）	三叶期（月/日/年）	移栽期（月/日/年）	返青期（月/日/年）	分蘖期（月/日/年）	拔节期（月/日/年）	抽穗期（月/日/年）	蜡熟期（月/日/年）	收获期（月/日/年）
2014	宁粳41	盘育（小拱棚苗床育秧）	04/12/2014	04/24/2014	05/01/2014	05/11/2014	05/25/2014	06/05/2014	06/17/2014	07/18/2014	09/05/2014	09/26/2014
2015	宁粳41	盘育（小拱棚苗床育秧）	04/09/2015	04/20/2015	04/28/2015	05/08/2015	05/22/2015	06/04/2015	06/15/2015	07/17/2015	09/04/2015	09/28/2015
2016	宁粳41	盘育（小拱棚苗床育秧）	04/10/2016	04/20/2016	05/04/2016	05/14/2016	05/21/2016	06/04/2016	06/16/2016	07/17/2016	09/05/2016	09/26/2016
2017	宁粳41	盘育（小拱棚苗床育秧）	04/08/2017	04/19/2017	05/01/2017	05/12/2017	05/20/2017	06/02/2017	06/15/2017	07/13/2017	09/06/2017	09/28/2017
2018	花九115	盘育（小拱棚苗床育秧）	04/06/2018	04/17/2018	05/01/2018	05/15/2018	05/21/2018	06/05/2018	06/17/2018	07/15/2018	09/08/2018	09/28/2018

4.2.6 作物叶面积与生物量动态

数据说明：作物叶面积与生物量动态数据集中的数据均来源于沙坡头站农田生态系统综合观测场、辅助观测场和站区调查点的观测。在每年春季种植小麦、玉米、大豆或水稻育秧时，开始观测相应的作物品种、作物生育时期、密度、群体高度、叶面积指数、调查株（穴）数、地上部总鲜重、茎干重、叶干重、地上部总干重等数据，所有观测数据均为多次测量或观测的平均值（表 4－6A 至表 4－6C）。

表 4－6A 作物叶面积与生物量动态

样地名称：沙坡头站农田生态系统生物土壤辅助长期采样地

年	月	日	作物名称	作物品种	作物生育时期	样方号	密度（株或穴/m²）	群体高度（cm）	叶面积指数	调查株（穴）数	地上部总鲜重（g/m²）	茎干重（g/m²）	叶干重（g/m²）	地上部总干重（g/m²）	备注
2009	6	10	大豆	宁豆 5 号	苗期	1	24	10.2	0.65	10	184.43	22.17	15.32	37.49	
2009	6	10	大豆	宁豆 5 号	苗期	2	25	10.7	0.71	10	144.12	26.20	20.16	46.36	
2009	6	10	大豆	宁豆 5 号	苗期	3	23	8.5	0.56	10	196.52	21.16	15.72	36.88	
2009	6	10	大豆	宁豆 5 号	苗期	4	26	10.4	0.73	10	156.21	28.22	22.07	50.29	
2009	6	10	大豆	宁豆 5 号	苗期	5	23	12.0	0.62	10	161.25	27.21	14.41	41.62	
2009	6	10	大豆	宁豆 5 号	苗期	6	24	14.4	0.80	10	192.49	32.25	19.35	51.60	
2009	6	25	大豆	宁豆 5 号	苗期	1	22	18.9	0.88	10	231.79	41.32	28.22	69.54	
2009	6	25	大豆	宁豆 5 号	苗期	2	22	21.2	0.82	10	227.76	41.32	30.13	71.45	
2009	6	25	大豆	宁豆 5 号	苗期	3	21	23.4	1.02	10	288.23	40.31	32.25	72.56	
2009	6	25	大豆	宁豆 5 号	苗期	4	20	19.8	0.99	10	276.14	32.25	33.76	66.01	
2009	6	25	大豆	宁豆 5 号	苗期	5	20	22.9	1.23	10	264.04	39.30	31.95	71.25	
2009	6	25	大豆	宁豆 5 号	苗期	6	21	23.4	1.00	10	296.29	66.51	36.28	102.79	
2009	7	10	大豆	宁豆 5 号	开花期	1	21	54.2	1.09	10	383.97	41.32	40.31	81.63	
2009	7	10	大豆	宁豆 5 号	开花期	2	21	56.0	1.28	10	388.00	48.37	39.20	87.57	
2009	7	10	大豆	宁豆 5 号	开花期	3	18	65.2	1.47	10	456.53	52.41	46.36	98.77	
2009	7	10	大豆	宁豆 5 号	开花期	4	19	58.4	1.41	10	448.47	75.59	42.33	117.92	

（续）

年	月	日	作物名称	作物品种	作物生育时期	样方号	密度（株或穴/m²）	群体高度（cm）	叶面积指数	调查株（穴）数	地上部总鲜重（g/m²）	茎干重（g/m²）	叶干重（g/m²）	地上部总干重（g/m²）	备注
2009	7	10	大豆	宁豆5号	开花期	5	20	61.8	1.51	10	460.56	51.40	49.48	100.88	
2009	7	10	大豆	宁豆5号	开花期	6	16	57.0	1.50	10	403.12	76.59	31.95	108.54	
2009	7	25	大豆	宁豆5号	结荚期	1	21	69.7	2.77	10	806.24	261.02	116.70	377.72	
2009	7	25	大豆	宁豆5号	结荚期	2	19	72.3	3.08	10	891.90	274.12	109.35	383.47	
2009	7	25	大豆	宁豆5号	结荚期	3	22	74.2	2.89	10	944.31	311.41	132.32	443.73	
2009	7	25	大豆	宁豆5号	结荚期	4	17	71.2	3.60	10	1 000.75	272.11	115.19	387.30	
2009	7	25	大豆	宁豆5号	结荚期	5	17	72.8	3.29	10	836.47	299.32	131.82	431.14	
2009	7	25	大豆	宁豆5号	结荚期	6	15	69.7	3.53	10	956.40	331.57	127.39	458.96	
2009	8	10	大豆	宁豆5号	鼓粒期	1	15	79.1	4.29	10	1 289.98	358.78	129.00	703.44	
2009	8	10	大豆	宁豆5号	鼓粒期	2	16	83.0	4.09	10	1 460.30	399.09	153.99	749.80	
2009	8	10	大豆	宁豆5号	鼓粒期	3	17	82.7	4.24	10	1 200.29	316.45	120.23	685.30	
2009	8	10	大豆	宁豆5号	鼓粒期	4	16	82.7	4.38	10	1 512.71	395.06	138.17	609.72	
2009	8	10	大豆	宁豆5号	鼓粒期	5	17	86.1	4.59	10	1 228.51	322.50	120.51	718.56	
2009	8	10	大豆	宁豆5号	鼓粒期	6	16	87.2	4.20	10	1 370.61	342.65	141.80	716.55	
2009	9	5	大豆	宁豆5号	成熟期	1	16	82.7	3.69	10	1 136.80	135.05	100.38	444.33	
2009	9	5	大豆	宁豆5号	成熟期	2	15	95.7	3.12	10	1 017.00	141.09	77.00	435.39	
2009	9	5	大豆	宁豆5号	成熟期	3	16	90.6	3.67	10	1 151.92	133.03	96.75	413.68	
2009	9	5	大豆	宁豆5号	成熟期	4	14	98.3	2.95	10	1 124.70	146.13	80.12	418.55	
2009	9	5	大豆	宁豆5号	成熟期	5	17	88.0	3.34	10	1 155.95	134.04	92.72	436.26	
2009	9	5	大豆	宁豆5号	成熟期	6	16	91.8	2.78	10	1 140.83	129.00	90.50	437.30	
2010	6	10	大豆	宁豆5号	苗期	1	24	14.1	0.63	10	198.47	24.42	15.67	40.09	
2010	6	10	大豆	宁豆5号	苗期	2	24	14.6	0.60	10	186.99	25.73	15.08	40.81	
2010	6	10	大豆	宁豆5号	苗期	3	23	12.4	0.62	10	206.22	26.63	14.21	40.84	
2010	6	10	大豆	宁豆5号	苗期	4	26	14.3	0.62	10	177.25	26.15	14.42	40.57	
2010	6	10	大豆	宁豆5号	苗期	5	23	15.9	0.66	10	188.10	26.33	17.55	43.88	
2010	6	10	大豆	宁豆5号	苗期	6	26	18.3	0.74	10	178.91	25.24	18.65	43.89	
2010	6	25	大豆	宁豆5号	苗期	1	22	22.3	0.94	10	247.64	39.30	32.43	71.73	
2010	6	25	大豆	宁豆5号	苗期	2	22	24.6	0.91	10	261.28	37.83	35.27	73.10	
2010	6	25	大豆	宁豆5号	苗期	3	21	26.8	0.92	10	254.29	38.36	32.13	70.49	
2010	6	25	大豆	宁豆5号	苗期	4	23	23.2	0.98	10	209.42	38.34	33.23	71.57	
2010	6	25	大豆	宁豆5号	苗期	5	23	26.3	0.96	10	233.28	43.64	34.22	77.86	
2010	6	25	大豆	宁豆5号	苗期	6	21	26.8	0.96	10	271.23	38.44	31.97	70.41	
2010	7	10	大豆	宁豆5号	开花期	1	21	66.8	1.34	10	432.36	52.87	42.18	95.05	
2010	7	10	大豆	宁豆5号	开花期	2	21	68.6	1.39	10	426.04	62.84	40.92	103.76	
2010	7	10	大豆	宁豆5号	开花期	3	18	77.8	1.44	10	448.83	51.61	37.86	89.47	
2010	7	10	大豆	宁豆5号	开花期	4	19	71.0	1.46	10	507.36	58.93	43.30	102.23	
2010	7	10	大豆	宁豆5号	开花期	5	20	74.4	1.40	10	441.47	66.25	43.77	110.02	

（续）

年	月	日	作物名称	作物品种	作物生育时期	样方号	密度（株或穴/m²）	群体高度（cm）	叶面积指数	调查株（穴）数	地上部总鲜重（g/m²）	茎干重（g/m²）	叶干重（g/m²）	地上部总干重（g/m²）	备注
2010	7	10	大豆	宁豆5号	开花期	6	24	69.6	1.40	10	464.24	61.59	42.16	103.75	
2010	7	30	大豆	宁豆5号	结荚期	1	21	78.8	2.66	10	852.15	263.05	106.43	369.48	
2010	7	30	大豆	宁豆5号	结荚期	2	19	81.4	2.72	10	957.11	245.07	133.52	378.59	
2010	7	30	大豆	宁豆5号	结荚期	3	20	83.3	2.68	10	858.60	276.07	113.41	389.48	
2010	7	30	大豆	宁豆5号	结荚期	4	17	80.3	2.67	10	962.61	262.56	118.04	380.60	
2010	7	30	大豆	宁豆5号	结荚期	5	17	81.9	2.65	10	975.61	241.13	129.76	370.89	
2010	7	30	大豆	宁豆5号	结荚期	6	22	78.8	2.69	10	909.83	274.02	108.92	382.94	
2010	8	10	大豆	宁豆5号	鼓粒期	1	17	81.7	3.91	10	1 377.23	374.82	136.15	666.63	
2010	8	10	大豆	宁豆5号	鼓粒期	2	16	85.6	3.92	10	1 294.78	306.98	142.55	566.25	
2010	8	10	大豆	宁豆5号	鼓粒期	3	19	85.3	3.91	10	1 341.57	324.95	128.37	601.94	
2010	8	10	大豆	宁豆5号	鼓粒期	4	16	85.3	3.88	10	1 331.47	326.02	149.04	601.55	
2010	8	10	大豆	宁豆5号	鼓粒期	5	19	88.7	3.86	10	1 147.29	309.42	141.17	586.14	
2010	8	10	大豆	宁豆5号	鼓粒期	6	16	89.8	4.04	10	1 582.57	340.81	124.90	577.81	
2010	9	10	大豆	宁豆5号	成熟期	1	20	93.3	2.44	10	1 021.08	123.96	71.49	373.85	
2010	9	10	大豆	宁豆5号	成熟期	2	18	85.4	2.45	10	1 259.28	130.71	65.97	404.28	
2010	9	10	大豆	宁豆5号	成熟期	3	19	88.7	2.41	10	1 095.40	130.14	66.10	403.14	
2010	9	10	大豆	宁豆5号	成熟期	4	17	81.6	2.43	10	1 225.91	119.71	66.11	368.62	
2010	9	10	大豆	宁豆5号	成熟期	5	20	101.2	2.36	10	1 171.62	142.81	77.05	436.96	
2010	9	10	大豆	宁豆5号	成熟期	6	18	96.9	2.41	10	1 144.47	138.14	68.67	390.61	
2011	6	10	大豆	宁豆5号	苗期	1	27	76.8	3.09	10	195.15	22.47	15.40	37.87	
2011	6	8	大豆	宁豆5号	苗期	2	27	87.5	1.96	10	145.23	26.69	20.29	46.98	
2011	6	8	大豆	宁豆5号	苗期	3	26	85.6	2.14	10	202.08	21.30	15.28	36.58	
2011	6	8	大豆	宁豆5号	苗期	4	26	88.4	1.74	10	140.73	27.35	23.23	50.58	
2011	6	8	大豆	宁豆5号	苗期	5	25	83.9	1.92	10	152.70	28.22	14.83	43.05	
2011	6	8	大豆	宁豆5号	苗期	6	26	86.9	2.12	10	178.63	31.95	19.03	50.98	
2011	7	12	大豆	宁豆5号	开花期	1	26	10.8	0.62	10	387.99	40.28	40.62	80.90	
2011	7	12	大豆	宁豆5号	开花期	2	25	10.3	0.68	10	366.06	47.18	38.20	85.38	
2011	7	12	大豆	宁豆5号	开花期	3	24	8.2	0.53	10	482.76	51.74	47.60	99.33	
2011	7	12	大豆	宁豆5号	开花期	4	25	10.6	0.65	10	429.65	74.56	44.98	119.54	
2011	7	12	大豆	宁豆5号	开花期	5	26	12.4	0.61	10	488.94	50.59	46.56	97.15	
2011	7	12	大豆	宁豆5号	开花期	6	25	14.0	0.73	10	389.20	78.54	30.18	108.73	
2011	7	25	大豆	宁豆5号	结荚期	1	24	50.7	0.98	10	758.95	265.04	120.01	385.04	
2011	7	25	大豆	宁豆5号	结荚期	2	23	54.5	1.15	10	897.07	269.12	107.26	376.38	
2011	7	25	大豆	宁豆5号	结荚期	3	22	65.6	1.34	10	850.21	323.60	127.09	450.69	
2011	7	25	大豆	宁豆5号	结荚期	4	23	59.2	1.29	10	934.96	257.73	118.50	376.24	
2011	7	25	大豆	宁豆5号	结荚期	5	25	60.0	1.37	10	844.87	304.26	120.93	425.20	
2011	7	25	大豆	宁豆5号	结荚期	6	24	55.5	1.45	10	921.72	330.41	121.90	452.31	

（续）

年	月	日	作物名称	作物品种	作物生育时期	样方号	密度（株或穴/m²）	群体高度（cm）	叶面积指数	调查株（穴）数	地上部总鲜重（g/m²）	茎干重（g/m²）	叶干重（g/m²）	地上部总干重（g/m²）	备注
2011	8	7	大豆	宁豆5号	鼓粒期	1	22	70.7	2.63	10	1 270.46	359.23	127.44	572.31	
2011	8	7	大豆	宁豆5号	鼓粒期	2	23	72.6	2.79	10	1 468.43	391.26	154.73	631.63	
2011	8	7	大豆	宁豆5号	鼓粒期	3	23	73.0	2.84	10	1 290.21	311.23	124.09	520.96	
2011	8	7	大豆	宁豆5号	鼓粒期	4	22	71.4	3.09	10	1 617.31	405.13	131.93	622.70	
2011	8	7	大豆	宁豆5号	鼓粒期	5	21	70.7	3.13	10	1 254.34	330.27	121.10	537.01	
2011	8	7	大豆	宁豆5号	鼓粒期	6	22	67.8	3.27	10	1 352.20	347.34	142.74	575.72	
2011	9	4	大豆	宁豆5号	成熟期	1	21	99.2	4.00	10	1 151.85	137.85	99.34	424.79	
2011	9	4	大豆	宁豆5号	成熟期	2	22	102.4	3.70	10	993.30	147.99	77.99	415.08	
2011	9	4	大豆	宁豆5号	成熟期	3	18	101.5	3.85	10	1 250.33	134.24	92.66	408.30	
2011	9	4	大豆	宁豆5号	成熟期	4	21	106.4	4.22	10	1 157.38	148.71	78.91	418.22	
2011	9	4	大豆	宁豆5号	成熟期	5	20	89.9	4.42	10	1 216.06	141.49	96.10	446.29	
2011	9	4	大豆	宁豆5号	成熟期	6	19	95.7	3.98	10	1 126.41	127.70	90.41	410.01	

表 4-6B　作物叶面积与生物量动态

样地名称：沙坡头站农田生态系统综合观测场生物土壤采样地

年	月	日	作物名称	作物品种	作物生育时期	样方号	密度（株或穴/m²）	群体高度（cm）	叶面积指数	调查株（穴）数	每株（穴）分蘖茎数	地上部总鲜重（g/m²）	茎干重（g/m²）	叶干重（g/m²）	地上部总干重（g/m²）	备注
2009	3	20	春小麦	宁春47号	苗期	1	482	5.4	1.42	30	1.0	134.04	41.82	29.13	70.95	
2009	3	20	春小麦	宁春47号	苗期	2	464	6.6	1.27	30	1.0	111.87	35.58	19.55	55.13	
2009	3	20	春小麦	宁春47号	苗期	3	474	4.1	1.53	30	1.0	122.95	37.79	20.16	57.95	
2009	3	20	春小麦	宁春47号	苗期	4	450	4.9	1.42	30	1.0	126.98	40.31	29.13	69.44	
2009	3	20	春小麦	宁春47号	苗期	5	445	5.6	1.34	30	1.0	126.98	34.37	19.55	53.92	
2009	3	20	春小麦	宁春47号	苗期	6	469	5.6	1.50	30	1.0	126.98	38.40	20.56	58.96	
2009	4	5	春小麦	宁春47号	分蘖期	1	589	10.1	3.11	30	1.6	380.95	75.69	57.14	132.83	
2009	4	5	春小麦	宁春47号	分蘖期	2	540	12.0	3.19	30	1.7	392.03	84.25	61.68	145.93	
2009	4	5	春小麦	宁春47号	分蘖期	3	564	11.6	3.25	30	1.7	372.89	80.62	58.65	139.27	
2009	4	5	春小麦	宁春47号	分蘖期	4	573	13.1	3.11	30	1.6	328.54	73.87	47.67	121.54	
2009	4	5	春小麦	宁春47号	分蘖期	5	575	11.3	3.11	30	1.7	383.97	80.62	50.19	130.81	
2009	4	5	春小麦	宁春47号	分蘖期	6	543	12.0	3.19	30	1.7	451.49	91.71	58.15	149.86	
2009	4	20	春小麦	宁春47号	返青期	1	668	17.7	4.18	30	1.6	530.10	106.63	71.65	178.28	
2009	4	20	春小麦	宁春47号	返青期	2	680	19.2	4.29	30	1.7	556.31	111.16	78.30	189.46	
2009	4	20	春小麦	宁春47号	返青期	3	697	21.4	4.33	30	1.6	574.45	134.04	80.62	214.66	
2009	4	20	春小麦	宁春47号	返青期	4	665	21.4	4.30	30	1.7	582.51	144.42	80.22	224.64	
2009	4	20	春小麦	宁春47号	返青期	5	683	17.7	4.40	30	1.7	563.36	130.61	84.76	215.37	
2009	4	20	春小麦	宁春47号	返青期	6	711	19.5	4.27	30	1.6	585.53	150.67	82.74	233.41	
2009	5	3	春小麦	宁春47号	拔节期	1	772	28.9	5.73	30	1.7	1 041.06	142.70	95.24	237.94	

（续）

年	月	日	作物名称	作物品种	作物生育时期	样方号	密度（株或穴/m²）	群体高度（cm）	叶面积指数	调查株（穴）数	每株（穴）分蘖茎数	地上部总鲜重（g/m²）	茎干重（g/m²）	叶干重（g/m²）	地上部总干重（g/m²）	备注
2009	5	3	春小麦	宁春47号	拔节期	2	744	29.7	5.86	30	1.8	1 007.80	154.09	93.22	247.31	
2009	5	3	春小麦	宁春47号	拔节期	3	769	27.8	5.76	30	1.7	1 052.14	146.13	91.71	237.84	
2009	5	3	春小麦	宁春47号	拔节期	4	731	31.2	5.84	30	1.7	1 041.06	145.53	99.27	244.80	
2009	5	3	春小麦	宁春47号	拔节期	5	754	28.5	5.88	30	1.8	1 038.03	152.38	86.27	238.65	
2009	5	3	春小麦	宁春47号	拔节期	6	726	29.7	5.92	30	1.8	1 071.29	161.55	90.70	252.25	
2009	5	15	春小麦	宁春47号	孕穗期	1	753	53.0	6.07	30	1.9	1 844.27	302.34	99.27	401.61	
2009	5	15	春小麦	宁春47号	孕穗期	2	710	50.3	6.04	30	1.8	1 794.89	295.08	117.81	412.89	
2009	5	15	春小麦	宁春47号	孕穗期	3	738	50.7	6.15	30	1.9	1 862.41	301.94	94.23	396.17	
2009	5	15	春小麦	宁春47号	孕穗期	4	740	53.3	6.00	30	1.9	1 884.59	276.24	113.28	389.52	
2009	5	15	春小麦	宁春47号	孕穗期	5	754	50.3	6.00	30	1.9	1 818.07	283.59	89.29	372.88	
2009	5	15	春小麦	宁春47号	孕穗期	6	753	47.7	5.98	30	1.8	1 967.23	289.94	100.28	390.22	
2009	6	2	春小麦	宁春47号	抽穗期	1	629	68.7	4.42	30	1.9	2 052.89	314.03	110.35	838.49	
2009	6	2	春小麦	宁春47号	抽穗期	2	638	70.2	4.50	30	1.9	2 120.41	298.51	118.82	808.26	
2009	6	2	春小麦	宁春47号	抽穗期	3	611	76.3	4.73	30	1.9	1 996.45	310.60	134.34	800.19	
2009	6	2	春小麦	宁春47号	抽穗期	4	605	69.5	4.54	30	1.9	2 056.92	323.81	109.85	831.44	
2009	6	2	春小麦	宁春47号	抽穗期	5	650	75.9	4.62	30	2.1	2 059.94	336.91	147.44	804.22	
2009	6	2	春小麦	宁春47号	抽穗期	6	625	72.5	4.74	30	1.9	2 063.97	332.37	149.96	838.49	
2009	6	21	春小麦	宁春47号	成熟期	1	604	87.1	1.17	30	2.1	2 175.84	528.29	265.76	1 300.06	
2009	6	21	春小麦	宁春47号	成熟期	2	548	88.3	1.30	30	2.0	2 527.56	537.46	255.17	1 393.79	
2009	6	21	春小麦	宁春47号	成熟期	3	564	90.9	1.20	30	2.1	2 493.30	510.45	257.19	1 334.97	
2009	6	21	春小麦	宁春47号	成熟期	4	600	87.5	1.44	30	2.0	2 381.43	541.49	270.80	1 372.62	
2009	6	21	春小麦	宁春47号	成熟期	5	555	87.5	1.45	30	2.0	2 440.89	518.01	278.25	1 343.40	
2009	6	21	春小麦	宁春47号	成熟期	6	550	85.3	1.36	30	2.0	2 411.67	502.89	292.26	1 315.18	
2009	7	1	春小麦	宁春47号	收获期	1	535	81.9	1.05	30	1.9	2 881.30	630.78	303.85	1 487.51	
2009	7	1	春小麦	宁春47号	收获期	2	510	85.6	1.17	30	2.0	2 735.17	643.28	339.93	1 597.36	
2009	7	1	春小麦	宁春47号	收获期	3	523	86.0	1.03	30	2.1	2 870.21	633.81	302.84	1 472.40	
2009	7	1	春小麦	宁春47号	收获期	4	526	82.6	1.08	30	2.0	2 933.71	656.68	349.51	1 542.94	
2009	7	1	春小麦	宁春47号	收获期	5	520	86.4	1.22	30	2.1	2 818.82	644.08	314.33	1 601.39	
2009	7	1	春小麦	宁春47号	收获期	6	501	89.8	1.04	30	2.0	2 743.23	630.88	302.84	1 506.66	
2010	5	12	春玉米	正大12号	苗期	1	14	14.9	0.20	10		22.58	0.00	0.88	0.88	苗期无茎秆
2010	5	12	春玉米	正大12号	苗期	2	15	14.5	0.15	10		22.75	0.00	1.09	1.09	苗期无茎秆
2010	5	12	春玉米	正大12号	苗期	3	13	15.7	0.20	10		21.87	0.00	1.00	1.00	苗期无茎秆
2010	5	12	春玉米	正大12号	苗期	4	16	14.0	0.21	10		20.37	0.00	0.92	0.92	苗期无茎秆
2010	5	12	春玉米	正大12号	苗期	5	16	14.8	0.20	10		19.94	0.00	0.81	0.81	苗期无茎秆
2010	5	12	春玉米	正大12号	苗期	6	14	14.3	0.22	10		20.96	0.00	0.99	0.99	苗期无茎秆
2010	6	5	春玉米	正大12号	拔节期	1	10	53.4	0.53	10		291.29	4.31	22.16	26.47	

（续）

年	月	日	作物名称	作物品种	作物生育时期	样方号	密度（株或穴/m²）	群体高度（cm）	叶面积指数	调查株（穴）数	每株（穴）分蘖茎数	地上部总鲜重（g/m²）	茎干重（g/m²）	叶干重（g/m²）	地上部总干重（g/m²）	备注
2010	6	5	春玉米	正大12号	拔节期	2	10	48.3	0.55	10		266.78	4.85	21.44	26.29	
2010	6	5	春玉米	正大12号	拔节期	3	10	47.7	0.53	10		240.22	4.60	24.37	28.97	
2010	6	5	春玉米	正大12号	拔节期	4	10	45.0	0.42	10		272.57	4.56	22.53	27.09	
2010	6	5	春玉米	正大12号	拔节期	5	10	48.9	0.61	10		285.79	5.18	21.69	26.87	
2010	6	5	春玉米	正大12号	拔节期	6	10	51.3	0.50	10		301.79	4.31	24.40	28.71	
2010	6	30	春玉米	正大12号	拔节期	1	10	99.6	1.55	10		438.48	57.77	60.74	118.51	
2010	6	30	春玉米	正大12号	拔节期	2	10	108.5	1.71	10		454.41	54.36	58.09	112.45	
2010	6	30	春玉米	正大12号	拔节期	3	10	103.8	1.31	10		433.36	59.90	62.53	122.43	
2010	6	30	春玉米	正大12号	拔节期	4	10	111.6	1.70	10		441.62	57.98	58.74	116.72	
2010	6	30	春玉米	正大12号	拔节期	5	10	118.9	1.46	10		503.30	53.26	62.02	115.28	
2010	6	30	春玉米	正大12号	拔节期	6	10	112.6	1.62	10		415.98	59.20	60.60	119.80	
2010	7	21	春玉米	正大12号	抽雄期	1	10	174.1	3.59	10		3 014.41	422.96	598.59	1 021.55	
2010	7	21	春玉米	正大12号	抽雄期	2	10	180.0	3.26	10		3 692.89	386.26	603.82	990.08	
2010	7	21	春玉米	正大12号	抽雄期	3	10	183.2	3.11	10		2 880.03	448.23	584.02	1 032.25	
2010	7	21	春玉米	正大12号	抽雄期	4	10	188.4	3.84	10		3 067.36	448.00	574.33	1 022.33	
2010	7	21	春玉米	正大12号	抽雄期	5	10	193.8	3.43	10		3 312.61	494.20	599.75	1 093.95	
2010	7	21	春玉米	正大12号	抽雄期	6	10	177.5	3.52	10		3 109.38	488.66	605.81	1 094.47	
2010	8	5	春玉米	正大12号	吐丝期	1	10	215.2	4.31	10		3 683.26	839.43	496.77	1 336.20	
2010	8	5	春玉米	正大12号	吐丝期	2	10	213.8	4.63	10		3 808.38	764.54	525.73	1 290.27	
2010	8	5	春玉米	正大12号	吐丝期	3	10	224.4	4.57	10		4 030.80	796.07	577.22	1 373.29	
2010	8	5	春玉米	正大12号	吐丝期	4	10	216.0	4.78	10		3 506.11	830.37	536.03	1 366.40	
2010	8	5	春玉米	正大12号	吐丝期	5	10	226.4	4.28	10		3 174.16	741.54	481.59	1 223.13	
2010	8	5	春玉米	正大12号	吐丝期	6	10	230.8	4.47	10		3 914.13	740.09	502.68	1 242.77	
2010	9	25	春玉米	正大12号	成熟期	1	10	233.0	5.62	10		3 997.37	917.12	598.52	2 104.24	
2010	9	25	春玉米	正大12号	成熟期	2	10	239.3	5.46	10		4 130.06	914.23	558.39	2 071.92	
2010	9	25	春玉米	正大12号	成熟期	3	10	253.8	5.43	10		4 274.91	936.88	581.96	2 009.21	
2010	9	25	春玉米	正大12号	成熟期	4	10	248.4	5.83	10		4 032.44	866.16	525.51	2 058.56	
2010	9	25	春玉米	正大12号	成熟期	5	10	251.7	5.63	10		3 893.42	890.99	500.06	1 937.73	
2010	9	25	春玉米	正大12号	成熟期	6	10	227.4	5.73	10		4 148.70	935.17	477.58	1 996.83	
2010	10	7	春玉米	正大12号	收获期	1	10	243.1	3.22	10		4 272.66	806.37	434.01	2 126.78	
2010	10	7	春玉米	正大12号	收获期	2	10	250.4	2.97	10		4 360.70	820.87	459.44	2 125.61	
2010	10	7	春玉米	正大12号	收获期	3	10	252.3	3.07	10		4 384.10	745.56	437.01	2 104.37	
2010	10	7	春玉米	正大12号	收获期	4	10	267.2	3.10	10		4 472.16	824.15	480.71	2 191.36	
2010	10	7	春玉米	正大12号	收获期	5	10	245.5	3.12	10		4 215.30	805.48	461.73	2 144.11	
2010	10	7	春玉米	正大12号	收获期	6	10	274.7	3.39	10		4 777.71	847.66	412.22	2 231.08	
2011	3	25	春小麦	宁春4号	苗期	1	443	5.2	1.31	30	1.0	151.49	41.59	29.31	70.90	

（续）

年	月	日	作物名称	作物品种	作物生育时期	样方号	密度（株或穴/m²）	群体高度（cm）	叶面积指数	调查株（穴）数	每株（穴）分蘖茎数	地上部总鲜重（g/m²）	茎干重（g/m²）	叶干重（g/m²）	地上部总干重（g/m²）	备注
2011	3	25	春小麦	宁春4号	苗期	2	459	6.8	1.16	30	1.0	107.37	35.03	20.63	55.66	
2011	3	25	春小麦	宁春4号	苗期	3	471	4.2	1.54	30	1.0	117.48	40.03	20.41	60.44	
2011	3	25	春小麦	宁春4号	苗期	4	465	5.0	1.37	30	1.0	117.09	41.36	30.10	71.46	
2011	3	25	春小麦	宁春4号	苗期	5	421	5.7	1.37	30	1.0	127.50	36.82	18.34	55.16	
2011	3	25	春小麦	宁春4号	苗期	6	428	5.5	1.36	30	1.0	133.48	37.65	20.32	57.97	
2011	4	23	春小麦	宁春4号	返青期	1	554	18.1	2.68	30	1.5	505.91	111.94	68.42	180.37	
2011	4	23	春小麦	宁春4号	返青期	2	549	19.5	2.47	30	1.6	550.41	105.78	73.55	179.33	
2011	4	23	春小麦	宁春4号	返青期	3	567	22.1	2.89	30	1.8	559.72	136.21	78.92	215.13	
2011	4	23	春小麦	宁春4号	返青期	4	534	19.6	2.34	30	1.8	578.97	148.33	79.07	227.40	
2011	4	23	春小麦	宁春4号	返青期	5	582	17.9	2.58	30	1.6	548.09	138.13	87.04	225.16	
2011	4	23	春小麦	宁春4号	返青期	6	548	20.4	2.71	30	1.7	565.96	150.29	85.19	235.47	
2011	5	3	春小麦	宁春4号	拔节期	1	679	27.4	4.17	30	1.8	1 057.53	140.46	100.75	241.20	
2011	5	3	春小麦	宁春4号	拔节期	2	691	29.7	3.71	30	1.8	1 107.31	157.21	99.47	256.68	
2011	5	3	春小麦	宁春4号	拔节期	3	651	28.9	4.12	30	1.9	1 124.36	144.46	91.09	235.54	
2011	5	3	春小麦	宁春4号	拔节期	4	663	32.8	4.15	30	1.7	1 057.26	148.84	101.09	249.93	
2011	5	3	春小麦	宁春4号	拔节期	5	654	28.7	4.43	30	1.9	1 137.02	145.78	84.43	230.21	
2011	5	3	春小麦	宁春4号	拔节期	6	642	29.8	3.96	30	1.9	1 140.58	157.44	92.37	249.81	
2011	5	28	春小麦	宁春4号	抽穗期	1	601	72.5	3.84	30	1.9	1 815.55	299.70	109.38	565.36	
2011	5	28	春小麦	宁春4号	抽穗期	2	692	70.1	4.12	30	1.9	1 757.79	295.26	116.00	535.64	
2011	5	28	春小麦	宁春4号	抽穗期	3	671	74.8	4.39	30	2.0	1 761.10	310.30	140.32	556.60	
2011	5	28	春小麦	宁春4号	抽穗期	4	653	71.4	4.23	30	2.0	1 897.57	324.08	114.96	588.35	
2011	5	28	春小麦	宁春4号	抽穗期	5	681	75.9	4.24	30	2.1	1 865.42	333.65	136.15	585.06	
2011	5	28	春小麦	宁春4号	抽穗期	6	619	74.8	4.82	30	1.9	1 667.18	354.25	159.49	674.78	
2011	6	20	春小麦	宁春4号	成熟期	1	682	78.1	1.01	30	2.1	2 489.50	500.67	277.04	1 199.01	
2011	6	20	春小麦	宁春4号	成熟期	2	730	75.9	1.17	30	2.0	2 544.51	525.59	251.58	1 219.07	
2011	6	20	春小麦	宁春4号	成熟期	3	670	75.4	0.99	30	2.0	2 319.42	470.98	274.06	1 186.24	
2011	6	20	春小麦	宁春4号	成熟期	4	644	74.9	1.42	30	2.1	2 679.24	565.01	282.79	1 257.00	
2011	6	20	春小麦	宁春4号	成熟期	5	671	75.8	1.27	30	2.1	2 347.88	498.12	280.67	1 212.99	
2011	6	20	春小麦	宁春4号	成熟期	6	725	77.1	1.23	30	2.1	2 608.52	493.03	266.26	1 209.99	
2012	5	9	春玉米	先锋333	苗期	2	16	14.1	0.26	10		22.65	0.00	1.35	1.35	苗期无茎秆
2012	5	9	春玉米	先锋333	苗期	3	14	14.5	0.19	10		23.47	0.00	1.21	1.21	苗期无茎秆
2012	5	9	春玉米	先锋333	苗期	4	15	14.6	0.28	10		28.50	0.00	1.05	1.05	苗期无茎秆
2012	5	9	春玉米	先锋333	苗期	5	16	15.2	0.31	10		26.36	0.00	1.27	1.27	苗期无茎秆
2012	5	9	春玉米	先锋333	苗期	6	15	13.8	0.25	10		20.65	0.00	1.26	1.26	苗期无茎秆
2012	6	8	春玉米	先锋333	拔节期	1	10	58.3	0.63	10		279.00	4.05	25.63	29.68	
2012	6	8	春玉米	先锋333	拔节期	2	10	47.9	0.68	10		288.11	5.21	24.16	29.37	

（续）

年	月	日	作物名称	作物品种	作物生育时期	样方号	密度（株或穴/m²）	群体高度（cm）	叶面积指数	调查株（穴）数	每株（穴）分蘖茎数	地上部总鲜重（g/m²）	茎干重（g/m²）	叶干重（g/m²）	地上部总干重（g/m²）	备注
2012	6	8	春玉米	先锋 333	拔节期	3	10	46.2	0.75	10		265.84	4.62	29.38	34.00	
2012	6	8	春玉米	先锋 333	拔节期	4	10	42.0	0.59	10		243.92	4.16	27.65	31.81	
2012	6	8	春玉米	先锋 333	拔节期	5	9	45.9	0.66	10		281.60	4.37	20.08	24.45	
2012	6	8	春玉米	先锋 333	拔节期	6	10	56.3	0.63	10		276.34	4.08	19.34	23.42	
2012	7	23	春玉米	先锋 333	抽雄期	1	10	238.0	4.15	10		2 769.31	453.16	615.36	1 068.52	
2012	7	23	春玉米	先锋 333	抽雄期	2	10	226.0	5.23	10		3 015.46	428.67	678.34	1 107.01	
2012	7	23	春玉米	先锋 333	抽雄期	3	10	216.0	4.65	10		3 365.24	434.07	622.19	1 056.26	
2012	7	23	春玉米	先锋 333	抽雄期	4	10	238.0	3.98	10		2 946.57	489.36	593.64	1 083.00	
2012	7	23	春玉米	先锋 333	抽雄期	5	10	189.0	4.22	10		3 146.24	496.75	531.77	1 028.52	
2012	7	23	春玉米	先锋 333	抽雄期	6	9	212.0	4.76	10		3 008.67	471.28	686.18	1 157.46	
2012	9	22	春玉米	先锋 333	成熟期	1	10	252.0	5.33	10		4 876.35	1 210.34	535.62	1 745.96	
2012	9	22	春玉米	先锋 333	成熟期	2	10	268.0	5.68	10		4 612.46	1 036.25	598.64	1 634.89	
2012	9	22	春玉米	先锋 333	成熟期	3	10	243.0	4.68	10		4 954.36	986.27	510.46	1 496.73	
2012	9	22	春玉米	先锋 333	成熟期	4	10	252.0	4.39	10		4 735.21	943.75	576.35	1 520.10	
2012	9	22	春玉米	先锋 333	成熟期	5	9	260.0	5.77	10		4 337.25	1 000.08	512.24	1 512.32	
2012	9	22	春玉米	先锋 333	成熟期	6	10	255.0	5.34	10		4 565.78	979.32	498.73	1 478.05	
2013	4	6	春小麦	宁春 4 号	返青期	1	342	4.3	1.28	30	1.0	139.86	28.89	18.56	47.45	
2013	4	6	春小麦	宁春 4 号	返青期	2	344	4.5	1.27	30	1.0	130.68	33.76	19.35	53.11	
2013	4	6	春小麦	宁春 4 号	返青期	3	356	4.8	1.35	30	1.0	161.89	35.91	22.18	58.09	
2013	4	6	春小麦	宁春 4 号	返青期	4	389	5.1	1.06	30	1.0	154.87	32.29	26.17	58.46	
2013	4	6	春小麦	宁春 4 号	返青期	5	372	4.9	1.09	30	1.0	167.66	38.56	25.44	64.00	
2013	4	6	春小麦	宁春 4 号	返青期	6	397	4.8	1.11	30	1.0	158.42	40.16	25.37	65.53	
2013	4	25	春小麦	宁春 4 号	拔节期	1	577	19.0	2.13	30	1.2	587.50	133.76	75.68	209.44	
2013	4	25	春小麦	宁春 4 号	拔节期	2	542	15.2	2.22	30	1.5	674.63	145.89	80.56	226.45	
2013	4	25	春小麦	宁春 4 号	拔节期	3	589	16.4	2.45	30	1.3	651.42	165.66	82.38	228.04	
2013	4	25	春小麦	宁春 4 号	拔节期	4	534	17.3	2.37	30	1.7	615.36	122.35	88.16	210.51	
2013	4	25	春小麦	宁春 4 号	拔节期	5	566	18.1	2.48	30	1.5	644.48	148.68	78.19	226.87	
2013	4	25	春小麦	宁春 4 号	拔节期	6	585	17.7	2.59	30	1.2	716.16	156.64	85.33	241.97	
2013	5	9	春小麦	宁春 4 号	拔节期	1	643	28.4	3.45	30	1.3	902.63	168.84	87.72	256.56	
2013	5	9	春小麦	宁春 4 号	拔节期	2	666	27.2	3.12	30	1.7	982.44	180.22	90.12	270.34	
2013	5	9	春小麦	宁春 4 号	拔节期	3	678	26.3	3.37	30	1.4	956.68	167.68	85.14	252.82	
2013	5	9	春小麦	宁春 4 号	拔节期	4	652	22.8	3.18	30	1.3	917.56	170.27	78.56	248.83	
2013	5	9	春小麦	宁春 4 号	拔节期	5	657	23.7	3.09	30	1.8	968.85	175.56	91.35	266.91	
2013	5	9	春小麦	宁春 4 号	拔节期	6	689	26.8	2.95	30	1.7	962.24	168.90	76.42	245.32	
2013	5	23	春小麦	宁春 4 号	抽穗期	1	635	56.9	4.11	30	2.1	1 808.80	292.99	142.37	405.36	
2013	5	23	春小麦	宁春 4 号	抽穗期	2	637	66.7	4.18	30	2.2	1 715.78	287.56	133.58	421.14	

（续）

年	月	日	作物名称	作物品种	作物生育时期	样方号	密度（株或穴/m²）	群体高度（cm）	叶面积指数	调查株（穴）数	每株（穴）分蘖茎数	地上部总鲜重（g/m²）	茎干重（g/m²）	叶干重（g/m²）	地上部总干重（g/m²）	备注
2013	5	23	春小麦	宁春 4 号	抽穗期	3	643	58.4	3.96	30	2.0	1 986.47	318.16	130.86	449.02	
2013	5	23	春小麦	宁春 4 号	抽穗期	4	629	65.9	4.13	30	1.8	2 016.66	275.45	152.16	427.61	
2013	5	23	春小麦	宁春 4 号	抽穗期	5	617	63.8	4.18	30	1.9	2 238.47	287.52	166.33	453.85	
2013	5	23	春小麦	宁春 4 号	抽穗期	6	645	67.2	4.12	30	2.0	1 998.65	303.18	147.86	451.04	
2013	6	20	春小麦	宁春 4 号	成熟期	1	641	73.0	1.51	30	2.2	2 697.50	456.83	202.36	1 102.49	
2013	6	20	春小麦	宁春 4 号	成熟期	2	622	74.5	1.23	30	2.2	2 913.36	441.34	244.37	1 167.91	
2013	6	20	春小麦	宁春 4 号	成熟期	3	618	75.2	1.34	30	2.4	2 935.46	532.25	231.48	1 197.83	
2013	6	20	春小麦	宁春 4 号	成熟期	4	610	77.8	1.27	30	2.1	2 980.28	589.68	275.34	1 346.22	
2013	6	20	春小麦	宁春 4 号	成熟期	5	632	80.3	1.52	30	2.3	2 465.87	488.17	266.15	1 157.62	
2013	6	20	春小麦	宁春 4 号	成熟期	6	607	78.5	1.48	30	2.3	2 788.56	496.13	286.19	1 212.52	
2014	5	9	春玉米	大丰 30	五叶期	2	9	15.7	1.14	10		15.24	0.00	1.43	1.04	苗期无茎秆
2014	5	9	春玉米	大丰 30	五叶期	3	13	12.9	1.56	10		16.47	0.00	0.69	0.69	苗期无茎秆
2014	5	9	春玉米	大丰 30	五叶期	4	12	16.0	1.74	10		20.14	0.00	1.03	1.03	苗期无茎秆
2014	5	9	春玉米	大丰 30	五叶期	5	11	17.1	1.27	10		23.25	0.00	0.88	1.51	苗期无茎秆
2014	5	9	春玉米	大丰 30	五叶期	6	11	11.4	1.52	10		20.11	0.00	1.02	1.02	苗期无茎秆
2014	5	15	春玉米	大丰 30	拔节期	1	10	41.4	2.79	10		305.70	7.54	19.60	30.03	
2014	5	15	春玉米	大丰 30	拔节期	2	12	48.4	2.14	10		436.12	5.01	34.18	32.70	
2014	5	15	春玉米	大丰 30	拔节期	3	11	49.4	2.53	10		412.59	5.48	30.04	30.74	
2014	5	15	春玉米	大丰 30	拔节期	4	13	54.8	2.14	10		453.85	4.01	12.85	27.62	
2014	5	15	春玉米	大丰 30	拔节期	5	9	49.0	2.95	10		389.14	4.29	23.55	35.64	
2014	5	15	春玉米	大丰 30	拔节期	6	10	50.1	2.55	10		399.46	7.08	27.45	30.31	
2014	7	11	春玉米	大丰 30	吐丝期	1	11	173.4	3.46	10		3 009.80	472.91	618.20	1 163.11	
2014	7	11	春玉米	大丰 30	吐丝期	2	10	156.8	3.86	10		3 027.26	469.43	627.39	1 155.40	
2014	7	11	春玉米	大丰 30	吐丝期	3	10	182.4	3.15	10		3 022.49	456.33	571.86	978.27	
2014	7	11	春玉米	大丰 30	吐丝期	4	11	180.1	3.92	10		3 020.79	435.75	527.48	1 222.69	
2014	7	11	春玉米	大丰 30	吐丝期	5	9	167.4	3.58	10		2 990.88	490.88	645.39	1 213.82	
2014	7	11	春玉米	大丰 30	吐丝期	6	13	190.1	3.71	10		2 992.66	449.87	655.78	1 216.53	
2014	9	18	春玉米	大丰 30	成熟期	1	11	204.1	4.01	10		4 698.48	1 013.37	571.33	2 543.49	
2014	9	18	春玉米	大丰 30	成熟期	2	12	223.4	3.99	10		4 757.02	1 072.63	523.05	2 662.10	
2014	9	18	春玉米	大丰 30	成熟期	3	10	199.2	4.14	10		4 702.40	1 004.80	541.23	2 652.49	
2014	9	18	春玉米	大丰 30	成熟期	4	10	189.7	4.56	10		4 698.49	1 000.30	639.13	2 352.05	
2014	9	18	春玉米	大丰 30	成熟期	5	11	215.1	4.91	10		4 697.79	1 043.90	533.44	2 716.44	
2014	9	18	春玉米	大丰 30	成熟期	6	12	216.6	4.02	10		4 673.19	971.83	540.02	2 511.87	
2015	4	3	春小麦	宁春 39 号	返青期	2	372	4.1	1.35	30	1.0	128.34	31.20	19.77	50.97	
2015	4	3	春小麦	宁春 39 号	返青期	3	366	4.6	1.29	30	1.0	152.63	34.59	19.64	54.23	
2015	4	3	春小麦	宁春 39 号	返青期	4	382	5.2	1.22	30	1.0	146.80	34.15	28.68	62.83	

（续）

年	月	日	作物名称	作物品种	作物生育时期	样方号	密度（株或穴/m²）	群体高度（cm）	叶面积指数	调查株（穴）数	每株（穴）分蘖茎数	地上部总鲜重（g/m²）	茎干重（g/m²）	叶干重（g/m²）	地上部总干重（g/m²）	备注
2015	4	3	春小麦	宁春39号	返青期	5	374	4.2	1.05	30	1.0	134.28	42.72	26.10	68.82	
2015	4	3	春小麦	宁春39号	返青期	6	350	4.3	1.02	30	1.0	117.64	35.95	21.83	57.78	
2015	4	16	春小麦	宁春39号	分蘖期	1	461	17.7	2.26	30	1.3	741.59	138.81	81.96	220.77	
2015	4	16	春小麦	宁春39号	分蘖期	2	541	16.0	2.48	30	1.4	700.84	118.22	72.63	190.85	
2015	4	16	春小麦	宁春39号	分蘖期	3	485	13.8	2.46	30	1.1	685.74	147.91	68.21	216.12	
2015	4	16	春小麦	宁春39号	分蘖期	4	451	14.7	2.40	30	1.2	591.97	134.54	72.00	206.54	
2015	4	16	春小麦	宁春39号	分蘖期	5	497	19.7	2.39	30	1.9	655.82	122.43	69.38	191.81	
2015	4	16	春小麦	宁春39号	分蘖期	6	583	17.6	3.23	30	1.4	582.40	162.17	84.70	246.87	
2015	5	1	春小麦	宁春39号	拔节期	1	658	25.7	3.56	30	1.3	949.78	146.48	86.91	233.39	
2015	5	1	春小麦	宁春39号	拔节期	2	692	27.7	3.23	30	1.8	991.76	168.77	90.54	259.31	
2015	5	1	春小麦	宁春39号	拔节期	3	656	23.4	3.00	30	1.2	912.63	142.27	89.90	232.17	
2015	5	1	春小麦	宁春39号	拔节期	4	615	19.5	2.99	30	1.3	856.58	148.67	71.70	220.37	
2015	5	1	春小麦	宁春39号	拔节期	5	645	25.5	3.52	30	1.6	825.93	139.07	83.09	222.16	
2015	5	1	春小麦	宁春39号	拔节期	6	682	25.1	2.96	30	1.8	962.18	163.30	93.93	257.23	
2015	5	21	春小麦	宁春39号	抽穗期	1	607	62.8	3.82	30	1.8	1 646.82	269.59	134.47	404.06	
2015	5	21	春小麦	宁春39号	抽穗期	2	653	56.0	4.14	30	2.2	1 920.13	275.03	145.31	420.59	
2015	5	21	春小麦	宁春39号	抽穗期	3	612	58.9	4.26	30	2.3	1 782.96	309.16	137.10	446.26	
2015	5	21	春小麦	宁春39号	抽穗期	4	629	70.8	4.07	30	1.7	1 837.21	334.95	142.47	478.15	
2015	5	21	春小麦	宁春39号	抽穗期	5	608	68.7	4.34	30	1.9	2 012.41	299.18	176.02	476.93	
2015	5	21	春小麦	宁春39号	抽穗期	6	674	73.8	4.16	30	1.7	1 730.23	331.86	135.78	467.64	
2015	6	24	春小麦	宁春39号	成熟期	1	659	68.1	1.52	30	2.1	2 433.98	615.85	228.54	1 134.82	
2015	6	24	春小麦	宁春39号	成熟期	2	605	79.8	1.34	30	1.9	2 497.34	542.93	236.92	1 002.63	
2015	6	24	春小麦	宁春39号	成熟期	3	613	76.7	1.54	30	2.3	2 312.43	466.05	280.99	1 048.73	
2015	6	24	春小麦	宁春39号	成熟期	4	597	77.8	1.22	30	2.0	2 973.48	569.05	261.96	1 321.26	
2015	6	24	春小麦	宁春39号	成熟期	5	634	82.1	1.43	30	2.4	2 598.99	501.57	200.85	1 252.63	
2015	6	24	春小麦	宁春39号	成熟期	6	677	84.1	1.37	30	2.2	2 827.13	478.83	247.56	1 110.01	
2016	5	6	春玉米	强盛16号	五叶期	1	10	15.2	1.52	10		22.52	0.00	2.49	2.49	苗期无茎秆
2016	5	6	春玉米	强盛16号	五叶期	2	12	16.3	1.50	10		19.36	0.00	2.39	2.39	苗期无茎秆
2016	5	6	春玉米	强盛16号	五叶期	3	9	13.4	1.23	10		14.11	0.00	1.57	1.57	苗期无茎秆
2016	5	6	春玉米	强盛16号	五叶期	4	10	17.6	1.66	10		28.43	0.00	3.75	3.75	苗期无茎秆
2016	5	6	春玉米	强盛16号	五叶期	5	10	13.5	1.33	10		18.43	0.00	2.01	2.01	苗期无茎秆
2016	5	6	春玉米	强盛16号	五叶期	6	12	12.8	1.29	10		24.17	0.00	3.16	3.16	苗期无茎秆
2016	6	5	春玉米	强盛16号	拔节期	1	11	39.7	2.34	10		239.77	5.69	29.63	35.32	
2016	6	5	春玉米	强盛16号	拔节期	2	10	47.9	2.42	10		261.57	6.61	36.30	42.91	
2016	6	5	春玉米	强盛16号	拔节期	3	12	51.4	2.91	10		245.22	5.58	30.58	36.16	
2016	6	5	春玉米	强盛16号	拔节期	4	11	51.5	2.52	10		242.50	6.64	34.42	41.06	

（续）

年	月	日	作物名称	作物品种	作物生育时期	样方号	密度（株或穴/m²）	群体高度（cm）	叶面积指数	调查株（穴）数	每株（穴）分蘖茎数	地上部总鲜重（g/m²）	茎干重（g/m²）	叶干重（g/m²）	地上部总干重（g/m²）	备注
2016	6	5	春玉米	强盛 16 号	拔节期	5	10	49.5	2.39	10		280.64	6.43	35.05	41.48	
2016	6	5	春玉米	强盛 16 号	拔节期	6	9	53.6	2.19	10		283.37	7.64	41.30	48.94	
2016	7	15	春玉米	强盛 16 号	吐丝期	1	10	206.6	4.86	10		3 046.47	452.97	639.88	1 092.85	
2016	7	15	春玉米	强盛 16 号	吐丝期	2	11	213.2	4.45	10		3 346.11	466.84	664.73	1 131.57	
2016	7	15	春玉米	强盛 16 号	吐丝期	3	11	241.8	3.82	10		2 981.08	513.06	546.70	1 059.76	
2016	7	15	春玉米	强盛 16 号	吐丝期	4	12	191.3	4.23	10		3 150.66	439.10	608.82	1 047.92	
2016	7	15	春玉米	强盛 16 号	吐丝期	5	10	215.4	4.90	10		3 454.85	494.57	664.73	1 159.30	
2016	7	15	春玉米	强盛 16 号	吐丝期	6	11	215.4	4.00	10		3 089.82	402.13	689.58	1 091.71	
2016	9	16	春玉米	强盛 16 号	成熟期	1	10	237.4	4.44	10		4 018.06	907.43	475.05	2 213.65	
2016	9	16	春玉米	强盛 16 号	成熟期	2	11	252.5	4.68	10		4 830.64	1 038.92	551.29	2 517.90	
2016	9	16	春玉米	强盛 16 号	成熟期	3	9	290.7	5.04	10		4 075.00	944.38	496.67	2 287.69	
2016	9	16	春玉米	强盛 16 号	成熟期	4	12	216.3	5.20	10		4 711.05	969.18	579.77	2 447.93	
2016	9	16	春玉米	强盛 16 号	成熟期	5	10	272.9	5.25	10		4 302.62	961.26	512.83	2 341.75	
2016	9	16	春玉米	强盛 16 号	成熟期	6	12	247.4	5.41	10		4 803.26	1 079.70	561.26	2 560.78	
2017	4	2	春小麦	宁春 4 号	三叶期	2	443	6.3	1.23	30	1.0	152.50	35.81	29.17	64.98	施化肥
2017	4	2	春小麦	宁春 4 号	三叶期	3	402	6.5	1.12	30	1.0	134.14	40.81	28.89	69.70	施化肥
2017	4	2	春小麦	宁春 4 号	三叶期	4	414	6.4	1.29	30	1.0	136.96	38.89	29.46	68.35	施化肥
2017	4	2	春小麦	宁春 4 号	三叶期	5	406	5.9	1.20	30	1.0	131.32	41.20	28.31	69.51	施化肥
2017	4	2	春小麦	宁春 4 号	三叶期	6	390	6.4	1.26	30	1.0	132.73	36.58	29.17	65.75	施化肥
2017	4	17	春小麦	宁春 4 号	分蘖期	1	437	16.3	2.30	30	1.5	565.07	128.33	94.67	223.00	施化肥
2017	4	17	春小麦	宁春 4 号	分蘖期	2	480	17.0	2.55	30	1.7	559.30	135.15	81.40	216.55	施化肥
2017	4	17	春小麦	宁春 4 号	分蘖期	3	446	17.7	2.73	30	1.4	570.83	140.62	80.52	221.14	施化肥
2017	4	17	春小麦	宁春 4 号	分蘖期	4	461	18.5	2.48	30	1.6	611.20	135.15	89.36	224.51	施化肥
2017	4	17	春小麦	宁春 4 号	分蘖期	5	504	18.2	2.30	30	1.6	559.30	126.96	82.29	209.25	施化肥
2017	4	17	春小麦	宁春 4 号	分蘖期	6	466	15.8	2.63	30	1.5	588.13	137.89	91.13	229.02	施化肥
2017	5	3	春小麦	宁春 4 号	拔节期	1	696	27.6	2.98	30	1.9	889.71	160.78	93.30	254.08	施化肥
2017	5	3	春小麦	宁春 4 号	拔节期	2	644	27.6	3.19	30	1.8	946.50	170.24	87.64	257.88	施化肥
2017	5	3	春小麦	宁春 4 号	拔节期	3	650	31.3	2.85	30	1.7	927.57	151.32	100.84	252.16	施化肥
2017	5	3	春小麦	宁春 4 号	拔节期	4	618	26.7	3.32	30	1.7	974.90	167.09	96.12	263.21	施化肥
2017	5	3	春小麦	宁春 4 号	拔节期	5	709	27.8	2.98	30	1.9	918.11	149.75	94.24	243.99	施化肥
2017	5	3	春小麦	宁春 4 号	拔节期	6	605	30.2	2.98	30	1.8	984.36	163.94	98.01	261.95	施化肥
2017	5	19	春小麦	宁春 4 号	抽穗期	1	574	68.0	4.31	30	2.0	2 048.51	309.93	161.57	471.50	施化肥
2017	5	19	春小麦	宁春 4 号	抽穗期	2	625	62.4	4.14	30	2.0	1 971.21	303.79	138.70	442.49	施化肥
2017	5	19	春小麦	宁春 4 号	抽穗期	3	694	65.5	3.94	30	1.8	1 739.30	282.31	143.27	425.58	施化肥
2017	5	19	春小麦	宁春 4 号	抽穗期	4	681	61.7	4.47	30	2.2	2 106.49	297.65	144.80	442.45	施化肥
2017	5	19	春小麦	宁春 4 号	抽穗期	5	669	58.6	3.98	30	2.0	1 913.23	294.59	158.52	453.11	施化肥

（续）

年	月	日	作物名称	作物品种	作物生育时期	样方号	密度（株或穴/m²）	群体高度（cm）	叶面积指数	调查株（穴）数	每株（穴）分蘖茎数	地上部总鲜重（g/m²）	茎干重（g/m²）	叶干重（g/m²）	地上部总干重（g/m²）	备注
2017	5	19	春小麦	宁春4号	抽穗期	6	599	65.5	4.51	30	2.1	2 009.86	313.00	140.23	453.23	施化肥
2017	6	24	春小麦	宁春4号	成熟期	1	688	69.8	1.52	30	2.2	2 726.22	598.57	306.93	1 379.25	施化肥
2017	6	24	春小麦	宁春4号	成熟期	2	606	78.5	1.49	30	2.2	2 650.49	551.16	280.62	1 242.36	施化肥
2017	6	24	春小麦	宁春4号	成熟期	3	663	69.1	1.42	30	2.3	2 423.31	563.01	304.00	1 327.23	施化肥
2017	6	24	春小麦	宁春4号	成熟期	4	681	68.4	1.45	30	2.4	2 524.28	598.57	315.69	1 383.51	施化肥
2017	6	24	春小麦	宁春4号	成熟期	5	694	74.2	1.54	30	2.1	2 625.25	563.01	312.77	1 317.96	施化肥
2017	6	24	春小麦	宁春4号	成熟期	6	587	76.3	1.57	30	2.1	2 473.79	645.98	280.62	1 350.72	施化肥
2018	5	5	春玉米	龙生2号	五叶期	1	14	15.5	0.29	6	1.0	23.33	0.00	3.23	3.23	施化肥
2018	5	5	春玉米	龙生2号	五叶期	2	12	15.8	0.33	6	1.0	24.02	0.00	3.10	3.10	施化肥
2018	5	5	春玉米	龙生2号	五叶期	3	12	15.4	0.30	6	1.0	22.64	0.00	3.26	3.26	施化肥
2018	5	5	春玉米	龙生2号	五叶期	4	14	16.0	0.33	6	1.0	25.41	0.00	3.01	3.01	施化肥
2018	5	5	春玉米	龙生2号	五叶期	5	12	16.3	0.30	6	1.0	25.18	0.00	3.36	3.36	施化肥
2018	5	5	春玉米	龙生2号	五叶期	6	14	16.2	0.34	6	1.0	22.87	0.00	3.39	3.39	施化肥
2018	6	5	春玉米	龙生2号	拔节期	1	10	48.8	0.73	6	1.0	252.70	6.15	30.59	36.74	施化肥
2018	6	5	春玉米	龙生2号	拔节期	2	10	49.4	0.78	6	1.0	262.24	6.22	28.37	34.59	施化肥
2018	6	5	春玉米	龙生2号	拔节期	3	10	53.0	0.79	6	1.0	216.94	6.97	26.98	33.95	施化肥
2018	6	5	春玉米	龙生2号	拔节期	4	11	55.1	0.70	6	1.0	214.56	6.76	27.25	34.01	施化肥
2018	6	5	春玉米	龙生2号	拔节期	5	11	52.0	0.73	6	1.0	243.17	6.56	29.76	36.32	施化肥
2018	6	5	春玉米	龙生2号	拔节期	6	9	50.9	0.78	6	1.0	226.48	6.69	30.31	37.00	施化肥
2018	7	8	春玉米	龙生2号	抽雄期	1	10	237.4	4.07	6	1.0	2 790.21	390.76	539.09	929.85	施化肥
2018	7	8	春玉米	龙生2号	抽雄期	2	10	249.4	4.62	6	1.0	3 020.33	378.29	550.56	928.85	施化肥
2018	7	8	春玉米	龙生2号	抽雄期	3	10	218.2	4.45	6	1.0	2 905.27	403.23	527.62	930.85	施化肥
2018	7	8	春玉米	龙生2号	抽雄期	4	11	218.2	4.37	6	1.0	2 588.85	453.11	590.71	1 043.82	施化肥
2018	7	8	春玉米	龙生2号	抽雄期	5	11	259.0	4.32	6	1.0	2 847.74	386.60	567.77	954.37	施化肥
2018	7	8	春玉米	龙生2号	抽雄期	6	11	249.4	4.07	6	1.0	3 049.09	407.39	556.30	963.69	施化肥
2018	9	15	春玉米	龙生2号	成熟期	1	10	250.6	4.18	6	1.0	3 825.82	893.83	521.43	2 469.72	施化肥
2018	9	15	春玉米	龙生2号	成熟期	2	9	285.7	4.27	6	1.0	4 372.37	893.83	516.17	2 333.77	施化肥
2018	9	15	春玉米	龙生2号	成熟期	3	10	250.6	5.05	6	1.0	4 246.24	963.93	531.97	2 220.48	施化肥
2018	9	15	春玉米	龙生2号	成熟期	4	9	269.5	5.00	6	1.0	4 372.37	920.12	568.84	2 333.77	施化肥
2018	9	15	春玉米	龙生2号	成熟期	5	10	288.4	4.68	6	1.0	4 624.62	946.40	553.04	2 333.77	施化肥
2018	9	15	春玉米	龙生2号	成熟期	6	10	288.4	4.82	6	1.0	4 624.62	814.96	526.70	2 084.54	施化肥

表 4-6C　作物叶面积与生物量动态

样地名称：沙坡头站养分循环场生物土壤长期采样地

年	月	日	作物名称	作物品种	作物生育时期	样方号	密度（株或穴/m²）	群体高度（cm）	叶面积指数	调查株（穴）数	每株（穴）分蘖茎数	地上部总鲜重（g/m²）	茎干重（g/m²）	叶干重（g/m²）	地上部总干重（g/m²）	备注
2009	5	7	玉米	正大 12 号	苗期	1	15	11.3	0.17	10		18.60	0.00	0.76	0.76	苗期无茎秆
2009	5	7	玉米	正大 12 号	苗期	2	16	10.9	0.16	10		19.36	0.00	0.82	0.82	苗期无茎秆
2009	5	7	玉米	正大 12 号	苗期	3	15	12.1	0.18	10		19.77	0.00	0.84	0.84	苗期无茎秆
2009	5	7	玉米	正大 12 号	苗期	4	16	10.4	0.14	10		19.16	0.00	0.82	0.82	苗期无茎秆
2009	5	7	玉米	正大 12 号	苗期	5	14	11.2	0.17	10		18.43	0.00	0.78	0.78	苗期无茎秆
2009	5	7	玉米	正大 12 号	苗期	6	16	10.7	0.16	10		18.28	0.00	0.75	0.75	苗期无茎秆
2009	5	30	玉米	正大 12 号	拔节期	1	10	59.2	0.47	10		237.07	3.18	18.63	21.81	
2009	5	30	玉米	正大 12 号	拔节期	2	10	54.1	0.45	10		255.46	3.45	19.17	22.62	
2009	5	30	玉米	正大 12 号	拔节期	3	10	53.5	0.46	10		239.00	3.10	18.74	21.84	
2009	5	30	玉米	正大 12 号	拔节期	4	10	50.8	0.39	10		240.77	3.24	19.63	22.87	
2009	5	30	玉米	正大 12 号	拔节期	5	10	54.7	0.43	10		237.51	3.26	19.43	22.69	
2009	5	30	玉米	正大 12 号	拔节期	6	10	57.1	0.44	10		221.91	3.06	18.47	21.53	
2009	6	25	玉米	正大 12 号	拔节期	1	10	0.0	2.21	10		444.90	56.53	55.88	112.41	
2009	6	25	玉米	正大 12 号	拔节期	2	10	114.2	2.06	10		439.98	54.95	59.67	114.62	
2009	6	25	玉米	正大 12 号	拔节期	3	10	109.5	2.31	10		451.84	52.89	53.66	106.55	
2009	6	25	玉米	正大 12 号	拔节期	4	10	117.3	2.27	10		442.06	52.96	56.08	109.04	
2009	6	25	玉米	正大 12 号	拔节期	5	10	124.6	2.18	10		450.08	52.50	54.69	107.19	
2009	6	25	玉米	正大 12 号	拔节期	6	10	118.3	2.25	10		442.69	52.75	59.35	112.10	
2009	7	20	玉米	正大 12 号	抽雄期	1	10	183.4	6.25	10		3 344.72	495.97	677.54	1 173.51	
2009	7	20	玉米	正大 12 号	抽雄期	2	10	189.3	6.03	10		3 334.26	456.83	620.17	1 077.00	
2009	7	20	玉米	正大 12 号	抽雄期	3	10	192.5	6.18	10		3 353.09	486.10	647.13	1 133.23	
2009	7	20	玉米	正大 12 号	抽雄期	4	10	197.7	6.26	10		3 284.35	482.97	607.65	1 090.62	
2009	7	20	玉米	正大 12 号	抽雄期	5	10	203.1	6.35	10		3 318.03	470.00	639.12	1 109.12	
2009	7	20	玉米	正大 12 号	抽雄期	6	10	186.8	6.17	10		3 483.85	556.76	656.36	1 213.12	
2009	8	2	玉米	正大 12 号	吐丝期	1	10	223.3	6.48	10		3 711.93	900.53	525.79	1 426.32	
2009	8	2	玉米	正大 12 号	吐丝期	2	10	221.9	6.59	10		3 728.86	857.64	517.83	1 375.47	
2009	8	2	玉米	正大 12 号	吐丝期	3	10	232.5	6.26	10		3 564.83	806.24	509.44	1 315.68	
2009	8	2	玉米	正大 12 号	吐丝期	4	10	224.1	6.38	10		3 737.86	830.43	520.42	1 350.85	
2009	8	2	玉米	正大 12 号	吐丝期	5	10	234.5	6.62	10		3 714.14	902.99	551.41	1 454.40	
2009	8	2	玉米	正大 12 号	吐丝期	6	10	238.9	6.46	10		3 640.56	799.19	566.57	1 365.76	
2009	9	20	玉米	正大 12 号	成熟期	1	10	239.4	3.82	10		3 781.21	912.06	489.79	1 990.45	
2009	9	20	玉米	正大 12 号	成熟期	2	10	245.7	3.89	10		3 886.77	821.36	544.21	1 949.87	
2009	9	20	玉米	正大 12 号	成熟期	3	10	260.2	3.75	10		3 925.84	826.40	503.90	1 820.67	
2009	9	20	玉米	正大 12 号	成熟期	4	10	254.8	3.86	10		3 819.43	806.24	476.69	1 949.82	
2009	9	20	玉米	正大 12 号	成熟期	5	10	258.1	3.91	10		3 731.01	893.92	426.30	1 856.90	
2009	9	20	玉米	正大 12 号	成熟期	6	10	243.8	3.92	10		3 862.23	794.15	480.72	1 858.95	

（续）

年	月	日	作物名称	作物品种	作物生育时期	样方号	密度（株或穴/m²）	群体高度（cm）	叶面积指数	调查株（穴）数	每株（穴）分蘖茎数	地上部总鲜重（g/m²）	茎干重（g/m²）	叶干重（g/m²）	地上部总干重（g/m²）	备注
2009	10	2	玉米	正大12号	收获期	1	10	260.1	3.23	10		4 594.65	830.43	419.24	2 248.93	
2009	10	2	玉米	正大12号	收获期	2	10	250.4	3.46	10		4 661.43	749.56	471.45	2 272.20	
2009	10	2	玉米	正大12号	收获期	3	10	259.3	3.38	10		4 933.42	784.07	450.49	2 160.06	
2009	10	2	玉米	正大12号	收获期	4	10	265.2	3.47	10		4 776.33	790.12	463.59	2 203.24	
2009	10	2	玉米	正大12号	收获期	5	10	250.5	3.31	10		4 730.06	685.30	417.23	2 068.23	
2009	10	2	玉米	正大12号	收获期	6	10	260.7	3.25	10		4 910.13	776.01	480.72	2 260.95	
2010	3	31	小麦	宁春4号	苗期	1	443	4.7	1.28	30	1.0	117.29	49.61	24.78	74.39	
2010	3	31	小麦	宁春4号	苗期	2	425	5.5	1.15	30	1.0	119.11	48.81	26.09	74.90	
2010	3	31	小麦	宁春4号	苗期	3	435	3.4	1.37	30	1.0	125.43	47.09	27.86	74.95	
2010	3	31	小麦	宁春4号	苗期	4	411	4.2	1.00	30	1.0	110.46	51.97	27.70	79.67	
2010	3	31	小麦	宁春4号	苗期	5	406	4.9	1.14	30	1.0	126.21	49.09	26.57	75.66	
2010	3	31	小麦	宁春4号	苗期	6	430	4.3	1.14	30	1.0	121.23	47.44	28.15	75.59	
2010	4	15	小麦	宁春4号	分蘖期	1	551	9.0	1.78	30	1.6	346.31	76.84	68.22	145.06	
2010	4	15	小麦	宁春4号	分蘖期	2	502	10.9	2.06	30	1.6	415.48	87.03	65.22	152.25	
2010	4	15	小麦	宁春4号	分蘖期	3	526	10.5	1.53	30	1.7	393.97	78.34	62.57	140.91	
2010	4	15	小麦	宁春4号	分蘖期	4	535	12.0	1.81	30	1.7	362.19	81.61	57.61	139.22	
2010	4	15	小麦	宁春4号	分蘖期	5	537	10.2	1.84	30	1.6	412.99	83.95	63.13	147.08	
2010	4	15	小麦	宁春4号	分蘖期	6	505	10.9	1.68	30	1.7	365.52	76.27	62.31	138.58	
2010	4	30	小麦	宁春4号	返青期	1	663	15.1	2.52	30	1.6	479.87	127.83	69.70	197.53	
2010	4	30	小麦	宁春4号	返青期	2	675	16.6	2.44	30	1.7	503.39	122.13	76.82	198.95	
2010	4	30	小麦	宁春4号	返青期	3	692	18.8	2.77	30	1.6	564.58	134.27	66.73	201.00	
2010	4	30	小麦	宁春4号	返青期	4	660	18.8	2.65	30	1.7	585.73	130.95	65.75	196.70	
2010	4	30	小麦	宁春4号	返青期	5	678	15.1	2.33	30	1.7	545.75	127.13	74.07	201.20	
2010	4	30	小麦	宁春4号	返青期	6	706	16.9	2.45	30	1.6	574.31	137.75	73.37	211.12	
2010	5	10	小麦	宁春4号	拔节期	1	733	24.4	2.93	30	1.7	923.71	172.65	87.51	260.16	
2010	5	10	小麦	宁春4号	拔节期	2	705	25.2	3.22	30	1.8	959.44	151.99	98.21	250.20	
2010	5	10	小麦	宁春4号	拔节期	3	730	23.3	3.03	30	1.8	866.30	141.24	91.93	233.17	
2010	5	10	小麦	宁春4号	拔节期	4	692	26.7	3.03	30	1.8	928.76	141.17	108.46	249.63	
2010	5	10	小麦	宁春4号	拔节期	5	715	24.0	3.33	30	1.7	917.34	125.81	97.61	223.42	
2010	5	10	小麦	宁春4号	拔节期	6	687	25.2	3.18	30	1.7	976.59	130.59	94.11	224.70	
2010	5	25	小麦	宁春4号	抽穗期	1	693	56.2	3.97	30	1.9	1 833.70	247.61	116.73	715.34	
2010	5	25	小麦	宁春4号	抽穗期	2	702	57.7	4.22	30	1.9	2 014.06	309.12	122.53	811.65	
2010	5	25	小麦	宁春4号	抽穗期	3	675	63.8	4.21	30	1.9	1 717.59	298.40	112.14	739.54	
2010	5	25	小麦	宁春4号	抽穗期	4	669	57.0	4.15	30	1.8	1 888.03	288.35	112.01	748.36	
2010	5	25	小麦	宁春4号	抽穗期	5	714	63.4	4.03	30	2.0	2 269.09	331.35	120.56	770.91	
2010	5	25	小麦	宁春4号	抽穗期	6	689	60.0	4.16	30	1.9	1 844.74	282.28	110.98	734.26	

（续）

年	月	日	作物名称	作物品种	作物生育时期	样方号	密度（株或穴/m²）	群体高度（cm）	叶面积指数	调查株（穴）数	每株（穴）分蘖茎数	地上部总鲜重（g/m²）	茎干重（g/m²）	叶干重（g/m²）	地上部总干重（g/m²）	备注
2010	6	25	小麦	宁春4号	成熟期	1	717	66.2	1.47	30	2.0	2 537.73	488.91	243.16	1 118.07	
2010	6	25	小麦	宁春4号	成熟期	2	661	67.4	1.74	30	2.0	2 623.16	506.32	241.12	1 118.44	
2010	6	25	小麦	宁春4号	成熟期	3	677	70.0	1.53	30	2.0	2 563.72	526.61	222.33	1 139.94	
2010	6	25	小麦	宁春4号	成熟期	4	713	66.6	1.35	30	2.1	2 383.38	494.24	258.86	1 137.10	
2010	6	25	小麦	宁春4号	成熟期	5	668	66.6	1.31	30	2.0	2 356.96	519.08	258.33	1 185.41	
2010	6	25	小麦	宁春4号	成熟期	6	663	64.4	1.84	30	2.1	2 437.36	478.46	251.70	1 141.16	
2010	7	4	小麦	宁春4号	收获期	1	701	66.0	1.28	30	2.0	2 794.63	640.36	331.84	1 405.80	
2010	7	4	小麦	宁春4号	收获期	2	691	68.0	1.18	30	2.0	2 721.34	631.00	305.17	1 357.87	
2010	7	4	小麦	宁春4号	收获期	3	665	66.0	1.35	30	2.1	3 050.69	595.15	367.19	1 423.44	
2010	7	4	小麦	宁春4号	收获期	4	650	72.0	1.31	30	2.2	2 914.54	617.36	305.52	1 336.68	
2010	7	4	小麦	宁春4号	收获期	5	641	66.0	1.38	30	2.1	2 801.97	683.35	304.44	1 391.89	
2010	7	4	小麦	宁春4号	收获期	6	727	75.0	1.10	30	2.2	2 596.75	635.35	332.07	1 423.72	
2011	5	5	春玉米	正大12号	苗期	1	16	11.7	0.16	10		17.64	0.00	0.76	0.76	苗期无茎秆
2011	5	5	春玉米	正大12号	苗期	2	16	10.9	0.14	10		19.29	0.00	0.79	0.79	苗期无茎秆
2011	5	5	春玉米	正大12号	苗期	3	15	11.8	0.17	10		21.98	0.00	0.85	0.85	苗期无茎秆
2011	5	5	春玉米	正大12号	苗期	4	15	10.7	0.14	10		19.57	0.00	0.89	0.89	苗期无茎秆
2011	5	5	春玉米	正大12号	苗期	5	16	11.0	0.17	10		18.39	0.00	0.74	0.74	苗期无茎秆
2011	5	5	春玉米	正大12号	苗期	6	16	10.9	0.16	10		17.90	0.00	0.75	0.75	苗期无茎秆
2011	6	10	春玉米	正大12号	拔节期	1	10	107.0	1.86	10		458.99	52.83	58.74	111.57	
2011	6	10	春玉米	正大12号	拔节期	2	10	113.1	1.90	10		437.95	54.56	57.07	111.63	
2011	6	10	春玉米	正大12号	拔节期	3	10	108.1	2.25	10		458.43	54.63	53.65	108.28	
2011	6	10	春玉米	正大12号	拔节期	4	10	112.5	2.01	10		434.71	51.23	58.01	109.25	
2011	6	10	春玉米	正大12号	拔节期	5	10	132.0	1.97	10		442.48	51.41	54.00	105.41	
2011	6	10	春玉米	正大12号	拔节期	6	10	116.3	1.94	10		437.55	50.07	60.65	110.72	
2011	7	10	春玉米	正大12号	抽雄期	1	10	183.9	5.35	10		3 211.00	468.49	680.52	1 149.01	
2011	7	10	春玉米	正大12号	抽雄期	2	10	188.0	5.37	10		3 308.72	443.43	596.89	1 040.32	
2011	7	10	春玉米	正大12号	抽雄期	3	10	208.9	5.56	10		3 139.92	474.82	644.24	1 119.06	
2011	7	10	春玉米	正大12号	抽雄期	4	10	205.1	5.29	10		3 424.69	452.28	629.86	1 082.15	
2011	7	10	春玉米	正大12号	抽雄期	5	10	208.5	5.76	10		3 613.03	461.99	634.17	1 096.16	
2011	7	10	春玉米	正大12号	抽雄期	6	10	194.3	5.64	10		3 333.08	550.01	615.65	1 165.67	
2011	9	2	春玉米	正大12号	成熟期	1	10	266.2	3.57	10		3 573.58	815.75	400.07	2 146.12	
2011	9	2	春玉米	正大12号	成熟期	2	10	266.5	3.56	10		3 824.83	712.35	447.83	2 108.28	
2011	9	2	春玉米	正大12号	成熟期	3	10	252.7	3.44	10		3 636.62	818.29	421.94	2 173.33	
2011	9	2	春玉米	正大12号	成熟期	4	10	279.3	3.53	10		3 749.80	797.28	487.77	2 242.15	
2011	9	2	春玉米	正大12号	成熟期	5	10	263.4	3.85	10		3 449.25	829.93	462.72	2 251.25	
2011	9	2	春玉米	正大12号	成熟期	6	10	254.8	3.63	10		3 718.40	692.12	444.17	2 054.49	

（续）

年	月	日	作物名称	作物品种	作物生育时期	样方号	密度（株或穴/m²）	群体高度（cm）	叶面积指数	调查株（穴）数	每株（穴）分蘖茎数	地上部总鲜重（g/m²）	茎干重（g/m²）	叶干重（g/m²）	地上部总干重（g/m²）	备注
2012	4	3	春小麦	宁春4号	苗期	1	451	4.5	1.21	30	1.0	134.62	43.21	28.31	71.52	
2012	4	3	春小麦	宁春4号	苗期	2	433	4.7	1.33	30	1.0	120.34	45.36	26.13	71.49	
2012	4	3	春小麦	宁春4号	苗期	3	465	5.1	1.56	30	1.0	125.61	39.18	25.05	64.23	
2012	4	3	春小麦	宁春4号	苗期	4	421	5.6	1.08	30	1.0	154.87	42.07	24.16	66.23	
2012	4	3	春小麦	宁春4号	苗期	5	495	5.9	1.19	30	1.0	110.23	41.65	23.87	65.52	
2012	4	3	春小麦	宁春4号	苗期	6	411	4.4	1.25	30	1.0	141.08	43.78	29.67	73.45	
2012	4	22	春小麦	宁春4号	返青期	1	633	18.0	2.64	30	1.8	556.32	136.46	86.64	223.10	
2012	4	22	春小麦	宁春4号	返青期	2	621	3.0	2.96	30	1.4	527.68	148.26	87.65	235.91	
2012	4	22	春小麦	宁春4号	返青期	3	681	19.7	2.35	30	1.6	531.96	120.38	82.16	202.54	
2012	4	22	春小麦	宁春4号	返青期	4	604	16.8	2.68	30	1.9	588.94	138.61	97.12	235.73	
2012	4	22	春小麦	宁春4号	返青期	5	625	18.1	2.75	30	1.3	507.18	133.07	68.35	201.42	
2012	4	22	春小麦	宁春4号	返青期	6	609	19.9	3.08	30	1.4	569.34	155.43	79.90	235.33	
2012	5	12	春小麦	宁春4号	拔节期	1	712	27.5	3.31	30	1.6	876.50	181.10	100.68	281.78	
2012	5	12	春小麦	宁春4号	拔节期	2	765	26.9	3.10	30	1.5	893.27	165.31	98.36	263.67	
2012	5	12	春小麦	宁春4号	拔节期	3	789	25.8	3.56	30	1.4	933.16	163.46	95.26	258.72	
2012	5	12	春小麦	宁春4号	拔节期	4	724	24.3	3.03	30	1.3	945.48	150.22	87.24	237.46	
2012	5	12	春小麦	宁春4号	拔节期	5	710	22.9	3.26	30	1.9	976.27	148.37	99.19	247.56	
2012	5	12	春小麦	宁春4号	拔节期	6	680	26.4	2.96	30	1.7	902.11	166.55	115.13	281.68	
2012	5	26	春小麦	宁春4号	抽穗期	1	715	63.9	4.08	30	2.1	1 756.33	321.06	135.30	456.36	
2012	5	26	春小麦	宁春4号	抽穗期	2	703	60.5	4.32	30	2.0	1 845.24	308.46	126.46	434.92	
2012	5	26	春小麦	宁春4号	抽穗期	3	783	61.2	4.65	30	1.8	1 921.67	300.70	127.98	428.68	
2012	5	26	春小麦	宁春4号	抽穗期	4	716	64.5	4.25	30	1.9	2 134.26	296.35	158.00	454.35	
2012	5	26	春小麦	宁春4号	抽穗期	5	783	60.8	4.21	30	1.9	2 648.60	244.66	165.98	410.64	
2012	5	26	春小麦	宁春4号	抽穗期	6	645	69.4	4.12	30	2.0	2 045.77	296.10	125.31	421.41	
2012	7	1	春小麦	宁春4号	成熟期	1	683	72.0	1.54	30	2.0	2 836.41	550.26	222.08	772.34	
2012	7	1	春小麦	宁春4号	成熟期	2	711	74.3	1.63	30	2.2	2 657.31	536.21	265.35	801.56	
2012	7	1	春小麦	宁春4号	成熟期	3	689	68.0	1.69	30	2.6	2 935.46	584.74	274.31	859.05	
2012	7	1	春小麦	宁春4号	成熟期	4	672	71.3	1.33	30	2.1	2 476.33	596.11	298.60	894.71	
2012	7	1	春小麦	宁春4号	成熟期	5	721	74.2	1.64	30	2.3	2 058.68	478.65	247.18	725.83	
2012	7	1	春小麦	宁春4号	成熟期	6	633	81.2	1.82	30	2.5	2 664.15	483.22	266.38	749.60	
2013	5	10	春玉米	KWS2564 杂交种	五叶期	1	12	15.2	1.25	10		15.66	0.00	1.01	1.01	苗期无茎秆
2013	5	10	春玉米	KWS2564 杂交种	五叶期	2	10	14.7	1.33	10		23.62	0.00	1.13	1.13	苗期无茎秆
2013	5	10	春玉米	KWS2564 杂交种	五叶期	3	11	14.3	1.75	10		15.18	0.00	1.17	1.17	苗期无茎秆

（续）

年	月	日	作物名称	作物品种	作物生育时期	样方号	密度（株或穴/m²）	群体高度（cm）	叶面积指数	调查株（穴）数	每株（穴）分蘖茎数	地上部总鲜重（g/m²）	茎干重（g/m²）	叶干重（g/m²）	地上部总干重（g/m²）	备注
2013	5	10	春玉米	KWS2564 杂交种	五叶期	4	13	14.8	1.86	10		18.93	0.00	1.02	1.02	苗期无茎秆
2013	5	10	春玉米	KWS2564 杂交种	五叶期	5	10	15.6	1.42	10		26.36	0.00	1.12	1.12	苗期无茎秆
2013	5	10	春玉米	KWS2564 杂交种	五叶期	6	12	13.8	1.57	10		19.46	0.00	1.19	1.19	苗期无茎秆
2013	6	7	春玉米	KWS2564 杂交种	拔节期	1	10	50.6	2.63	10		305.87	6.45	24.33	30.78	
2013	6	7	春玉米	KWS2564 杂交种	拔节期	2	9	48.2	2.85	10		323.96	5.32	25.18	30.50	
2013	6	7	春玉米	KWS2564 杂交种	拔节期	3	11	47.6	3.16	10		325.82	5.53	26.37	31.90	
2013	6	7	春玉米	KWS2564 杂交种	拔节期	4	10	45.5	2.69	10		288.67	6.18	23.87	30.05	
2013	6	7	春玉米	KWS2564 杂交种	拔节期	5	11	49.8	2.77	10		296.18	6.33	20.68	27.01	
2013	6	7	春玉米	KWS2564 杂交种	拔节期	6	10	52.6	2.48	10		310.55	5.98	22.64	28.62	
2013	7	20	春玉米	KWS2564 杂交种	吐丝期	1	10	168.0	3.75	10		2 864.33	422.86	588.14	1 011.00	
2013	7	20	春玉米	KWS2564 杂交种	吐丝期	2	11	187.0	3.56	10		3 215.64	419.25	615.43	1 034.68	
2013	7	20	春玉米	KWS2564 杂交种	吐丝期	3	10	175.0	3.78	10		3 087.96	445.87	643.85	1 089.72	
2013	7	20	春玉米	KWS2564 杂交种	吐丝期	4	9	202.0	3.44	10		2 855.48	482.32	663.87	1 146.19	
2013	7	20	春玉米	KWS2564 杂交种	吐丝期	5	10	196.0	3.98	10		3 135.66	475.15	589.18	1 064.33	
2013	7	20	春玉米	KWS2564 杂交种	吐丝期	6	12	188.0	4.02	10		3 011.45	492.38	600.17	1 092.55	
2013	9	15	春玉米	KWS2564 杂交种	成熟期	1	10	223.0	4.15	10		4 888.93	1 012.44	515.13	2 561.07	
2013	9	15	春玉米	KWS2564 杂交种	成熟期	2	9	198.0	4.53	10		4 633.15	1 079.15	563.47	2 671.32	
2013	9	15	春玉米	KWS2564 杂交种	成熟期	3	11	207.0	4.68	10		4 532.68	1 099.87	574.65	2 662.92	

（续）

年	月	日	作物名称	作物品种	作物生育时期	样方号	密度（株或穴/m^2）	群体高度（cm）	叶面积指数	调查株（穴）数	每株（穴）分蘖茎数	地上部总鲜重（g/m^2）	茎干重（g/m^2）	叶干重（g/m^2）	地上部总干重（g/m^2）	备注
2013	9	15	春玉米	KWS2564杂交种	成熟期	4	10	215.0	3.99	10		4 875.14	987.56	568.24	2 519.40	
2013	9	15	春玉米	KWS2564杂交种	成熟期	5	12	187.0	4.87	10		4 756.19	928.17	545.68	2 386.25	
2013	9	15	春玉米	KWS2564杂交种	成熟期	6	10	195.0	4.13	10		4 566.28	979.35	576.46	2 528.41	
2014	4	7	春小麦	宁春4号	返青期	1	330	4.10	1.32	30	1.00	122.42	31.82	19.53	46.02	
2014	4	7	春小麦	宁春4号	返青期	2	340	4.70	1.35	30	1.00	115.74	34.23	19.69	47.27	
2014	4	7	春小麦	宁春4号	返青期	3	389	5.20	1.36	30	1.00	150.82	39.22	21.66	59.26	
2014	4	7	春小麦	宁春4号	返青期	4	410	5.30	1.09	30	1.00	163.57	30.84	26.03	64.82	
2014	4	7	春小麦	宁春4号	返青期	5	364	4.70	0.91	30	1.00	166.12	42.65	27.04	76.06	
2014	4	7	春小麦	宁春4号	返青期	6	405	4.60	1.03	30	1.00	152.38	37.43	24.07	47.01	
2014	4	15	春小麦	宁春4号	分蘖期	1	584	19.50	2.09	30	1.40	651.26	138.36	84.06	155.68	
2014	4	15	春小麦	宁春4号	分蘖期	2	601	15.40	2.28	30	1.30	709.30	115.20	80.97	233.64	
2014	4	15	春小麦	宁春4号	分蘖期	3	587	17.10	2.55	30	1.10	683.49	133.17	57.41	341.29	
2014	4	15	春小麦	宁春4号	分蘖期	4	484	16.30	2.44	30	1.40	632.41	113.47	83.50	236.23	
2014	4	15	春小麦	宁春4号	分蘖期	5	517	19.00	2.59	30	1.80	692.86	112.55	56.91	164.19	
2014	4	15	春小麦	宁春4号	分蘖期	6	604	18.30	2.72	30	1.30	574.78	179.39	79.70	238.79	
2014	4	27	春小麦	宁春4号	拔节期	1	652	29.20	3.85	30	1.10	931.73	160.72	78.88	227.42	
2014	4	27	春小麦	宁春4号	拔节期	2	708	28.60	3.10	30	1.80	917.62	189.25	112.39	268.23	
2014	4	27	春小麦	宁春4号	拔节期	3	663	25.90	3.31	30	1.20	995.51	148.14	101.32	244.45	
2014	4	27	春小麦	宁春4号	拔节期	4	597	22.00	3.20	30	1.20	788.82	211.17	61.06	268.24	
2014	4	27	春小麦	宁春4号	拔节期	5	671	24.30	3.10	30	2.00	919.05	173.57	88.01	302.80	
2014	4	27	春小麦	宁春4号	拔节期	6	722	24.60	3.09	30	1.90	856.05	148.46	48.62	230.37	
2014	5	20	春小麦	宁春4号	抽穗期	1	621	53.70	4.19	30	1.90	1 854.95	295.09	115.35	427.62	
2014	5	20	春小麦	宁春4号	抽穗期	2	663	66.70	4.26	30	2.40	1 842.38	249.34	131.03	437.56	
2014	5	20	春小麦	宁春4号	抽穗期	3	625	60.70	3.91	30	2.30	2 309.53	339.21	149.59	375.92	
2014	5	20	春小麦	宁春4号	抽穗期	4	621	66.80	4.43	30	1.60	1 779.29	341.69	155.45	314.65	
2014	5	20	春小麦	宁春4号	抽穗期	5	586	63.60	4.16	30	2.00	2 106.46	236.22	246.18	510.39	
2014	5	20	春小麦	宁春4号	抽穗期	6	711	63.10	4.59	30	1.90	1 992.21	352.74	132.31	569.98	
2014	6	26	春小麦	宁春4号	成熟期	1	730	72.90	1.55	30	1.70	2 379.49	566.14	225.38	953.05	
2014	6	26	春小麦	宁春4号	成熟期	2	611	79.10	1.18	30	1.90	3 194.96	527.63	183.29	960.08	
2014	6	26	春小麦	宁春4号	成熟期	3	607	73.00	1.39	30	2.00	2 673.61	452.92	309.67	1 180.79	
2014	6	26	春小麦	宁春4号	成熟期	4	599	77.00	1.17	30	2.00	3 033.29	662.82	314.61	1 410.16	
2014	6	26	春小麦	宁春4号	成熟期	5	611	78.50	1.43	30	2.40	2 666.59	473.89	221.50	1 395.04	
2014	6	26	春小麦	宁春4号	成熟期	6	663	86.70	1.47	30	2.40	2 872.22	483.20	241.82	1 137.31	

（续）

年	月	日	作物名称	作物品种	作物生育时期	样方号	密度（株或穴/m²）	群体高度（cm）	叶面积指数	调查株（穴）数	每株（穴）分蘖茎数	地上部总鲜重（g/m²）	茎干重（g/m²）	叶干重（g/m²）	地上部总干重（g/m²）	备注
2015	5	5	春玉米	农华 101	五叶期	1	10	15.4	1.81	10		21.89	0.00	1.26	1.26	苗期无茎秆
2015	5	5	春玉米	农华 101	五叶期	2	11	21.0	1.13	10		16.56	0.00	1.07	1.07	苗期无茎秆
2015	5	5	春玉米	农华 101	五叶期	3	13	13.2	1.44	10		16.87	0.00	0.96	0.96	苗期无茎秆
2015	5	5	春玉米	农华 101	五叶期	4	12	18.4	1.81	10		24.41	0.00	1.19	1.19	苗期无茎秆
2015	5	5	春玉米	农华 101	五叶期	5	10	12.5	1.36	10		24.05	0.00	1.31	1.31	苗期无茎秆
2015	5	5	春玉米	农华 101	五叶期	6	11	13.5	1.53	10		26.27	0.00	1.44	1.44	苗期无茎秆
2015	5	16	春玉米	农华 101	拔节期	1	10	45.7	2.34	10		338.62	5.38	23.21	28.59	
2015	5	16	春玉米	农华 101	拔节期	2	13	46.0	3.04	10		419.29	6.54	37.97	44.51	
2015	5	16	春玉米	农华 101	拔节期	3	12	51.9	3.16	10		450.30	7.85	33.69	41.54	
2015	5	16	春玉米	农华 101	拔节期	4	10	41.1	2.27	10		393.65	5.89	15.49	21.38	
2015	5	16	春玉米	农华 101	拔节期	5	10	57.2	3.11	10		357.85	4.12	23.20	27.32	
2015	5	16	春玉米	农华 101	拔节期	6	11	43.1	2.49	10		413.26	7.67	24.47	32.14	
2015	7	8	春玉米	农华 101	吐丝期	1	13	168.3	3.01	10		3 563.00	536.85	689.93	1 171.09	
2015	7	8	春玉米	农华 101	吐丝期	2	9	170.9	3.56	10		2 562.42	404.45	570.72	1 067.38	
2015	7	8	春玉米	农华 101	吐丝期	3	12	191.5	3.80	10		3 392.77	496.28	659.30	1 035.75	
2015	7	8	春玉米	农华 101	吐丝期	4	11	164.1	3.92	10		3 377.70	408.75	615.21	1 408.76	
2015	7	8	春玉米	农华 101	吐丝期	5	11	202.6	3.77	10		3 406.76	481.52	617.02	1 259.95	
2015	7	8	春玉米	农华 101	吐丝期	6	10	182.5	3.44	10		2 983.32	438.55	599.83	1 173.34	
2015	9	13	春玉米	农华 101	成熟期	1	11	181.6	4.60	10		4 713.52	1 049.21	510.79	2 270.52	
2015	9	13	春玉米	农华 101	成熟期	2	9	228.2	3.89	10		4 424.27	998.02	476.94	2 818.52	
2015	9	13	春玉米	农华 101	成熟期	3	9	227.1	3.45	10		4 324.33	1 009.54	499.19	3 262.56	
2015	9	13	春玉米	农华 101	成熟期	4	10	189.7	4.93	10		4 811.72	1 032.31	543.08	2 587.91	
2015	9	13	春玉米	农华 101	成熟期	5	12	211.7	4.34	10		5 154.65	1 077.30	575.23	2 396.72	
2015	9	13	春玉米	农华 101	成熟期	6	13	191.6	4.59	10		5 594.76	1 185.63	611.27	2 581.25	
2016	4	4	春小麦	宁春 4 号	返青期	1	463	4.7	1.23	30	1.0	132.44	42.97	26.20	69.17	
2016	4	4	春小麦	宁春 4 号	返青期	2	397	5.1	1.46	30	1.0	141.62	41.69	24.36	66.05	
2016	4	4	春小麦	宁春 4 号	返青期	3	415	5.2	1.16	30	1.0	124.57	36.16	28.56	64.72	
2016	4	4	春小麦	宁春 4 号	返青期	4	432	5.3	1.45	30	1.0	136.70	36.16	28.82	64.98	
2016	4	4	春小麦	宁春 4 号	返青期	5	410	4.7	1.23	30	1.0	149.48	45.52	24.63	70.15	
2016	4	4	春小麦	宁春 4 号	返青期	6	482	4.8	1.13	30	1.0	155.39	47.22	23.58	70.80	
2016	4	17	春小麦	宁春 4 号	分蘖期	1	516	17.7	2.50	30	1.3	623.47	141.48	81.96	223.44	
2016	4	17	春小麦	宁春 4 号	分蘖期	2	553	15.1	2.98	30	1.5	585.19	135.93	81.96	217.89	
2016	4	17	春小麦	宁春 4 号	分蘖期	3	496	13.7	2.69	30	1.4	525.03	117.90	92.84	210.74	
2016	4	17	春小麦	宁春 4 号	分蘖期	4	468	13.5	2.31	30	1.4	638.27	152.57	81.13	233.70	
2016	4	17	春小麦	宁春 4 号	分蘖期	5	541	15.8	3.07	30	1.6	596.12	149.80	89.49	239.29	
2016	4	17	春小麦	宁春 4 号	分蘖期	6	452	15.4	2.63	30	1.7	574.25	153.96	86.15	240.11	

（续）

年	月	日	作物名称	作物品种	作物生育时期	样方号	密度（株或穴/m²）	群体高度（cm）	叶面积指数	调查株（穴）数	每株（穴）分蘖茎数	地上部总鲜重（g/m²）	茎干重（g/m²）	叶干重（g/m²）	地上部总干重（g/m²）	备注
2016	5	2	春小麦	宁春 4 号	拔节期	1	622	23.1	3.17	30	1.6	871.92	151.13	90.34	241.47	
2016	5	2	春小麦	宁春 4 号	拔节期	2	710	24.9	3.40	30	1.4	859.02	143.00	103.23	246.23	
2016	5	2	春小麦	宁春 4 号	拔节期	3	621	28.5	3.24	30	1.9	961.67	169.00	98.25	267.25	
2016	5	2	春小麦	宁春 4 号	拔节期	4	642	25.6	2.85	30	1.7	948.77	154.38	108.25	262.63	
2016	5	2	春小麦	宁春 4 号	拔节期	5	709	26.1	3.20	30	1.6	924.25	164.13	91.28	255.41	
2016	5	2	春小麦	宁春 4 号	拔节期	6	668	24.4	3.33	30	1.9	838.23	159.25	93.60	252.85	
2016	5	18	春小麦	宁春 4 号	抽穗期	1	613	68.5	4.71	30	2.0	1 873.37	329.90	145.43	475.33	
2016	5	18	春小麦	宁春 4 号	抽穗期	2	634	70.4	3.97	30	1.8	2 064.51	324.01	152.42	476.43	
2016	5	18	春小麦	宁春 4 号	抽穗期	3	617	55.8	3.86	30	2.1	1 570.43	259.21	151.03	410.24	
2016	5	18	春小麦	宁春 4 号	抽穗期	4	719	66.6	4.68	30	1.9	1 693.95	262.15	123.06	385.21	
2016	5	18	春小麦	宁春 4 号	抽穗期	5	698	69.1	3.76	30	1.9	1 740.99	250.37	151.03	401.40	
2016	5	18	春小麦	宁春 4 号	抽穗期	6	676	72.3	3.92	30	1.8	1 879.23	282.77	158.02	440.79	
2016	6	25	春小麦	宁春 4 号	成熟期	1	664	71.4	1.43	30	2.0	2 352.63	587.05	295.30	1 291.75	
2016	6	25	春小麦	宁春 4 号	成熟期	2	630	68.9	1.64	30	1.9	2 569.38	608.58	274.32	1 324.50	
2016	6	25	春小麦	宁春 4 号	成熟期	3	733	80.8	1.37	30	2.2	2 448.44	560.14	303.66	1 337.60	
2016	6	25	春小麦	宁春 4 号	成熟期	4	603	72.6	1.45	30	2.0	2 339.15	533.23	293.17	1 231.20	
2016	6	25	春小麦	宁春 4 号	成熟期	5	740	73.8	1.75	30	1.7	2 266.11	533.23	260.22	1 313.25	
2016	6	25	春小麦	宁春 4 号	成熟期	6	630	74.6	1.62	30	1.8	2 661.01	619.34	318.42	1 351.76	
2017	5	10	春玉米	强盛 16 号	五叶期	1	11	14.5	0.30	6	1.0	22.68	0.00	2.75	2.75	苗期无茎秆
2017	5	10	春玉米	强盛 16 号	五叶期	2	12	14.6	0.29	6	1.0	20.24	0.00	2.75	2.75	苗期无茎秆
2017	5	10	春玉米	强盛 16 号	五叶期	3	12	14.2	0.32	6	1.0	21.35	0.00	3.20	3.20	苗期无茎秆
2017	5	10	春玉米	强盛 16 号	五叶期	4	13	14.8	0.34	6	1.0	23.35	0.00	2.81	2.81	苗期无茎秆
2017	5	10	春玉米	强盛 16 号	五叶期	5	13	16.9	0.33	6	1.0	21.35	0.00	2.72	2.72	苗期无茎秆
2017	5	10	春玉米	强盛 16 号	五叶期	6	12	16.3	0.28	6	1.0	21.13	0.00	3.17	3.17	苗期无茎秆
2017	6	10	春玉米	强盛 16 号	拔节期	1	10	45.8	0.70	6	1.0	234.49	7.35	31.58	38.93	
2017	6	10	春玉米	强盛 16 号	拔节期	2	11	45.3	0.78	6	1.0	247.10	7.28	27.41	34.69	
2017	6	10	春玉米	强盛 16 号	拔节期	3	12	54.4	0.73	6	1.0	259.70	7.88	32.47	40.35	
2017	6	10	春玉米	强盛 16 号	拔节期	4	9	45.8	0.77	6	1.0	229.45	7.05	29.19	36.24	
2017	6	10	春玉米	强盛 16 号	拔节期	5	10	51.9	0.76	6	1.0	277.35	7.73	27.41	35.14	
2017	6	10	春玉米	强盛 16 号	拔节期	6	11	46.8	0.73	6	1.0	257.18	6.97	30.68	37.65	
2017	7	10	春玉米	强盛 16 号	抽雄期	1	11	198.0	4.33	6	1.0	2 962.01	474.08	625.74	1 099.82	
2017	7	10	春玉米	强盛 16 号	抽雄期	2	9	216.9	4.24	6	1.0	3 116.28	434.57	650.28	1 084.85	
2017	7	10	春玉米	强盛 16 号	抽雄期	3	11	206.4	4.16	6	1.0	2 900.30	403.84	588.93	992.77	
2017	7	10	春玉米	强盛 16 号	抽雄期	4	10	208.5	3.91	6	1.0	3 239.70	474.08	631.87	1 105.95	
2017	7	10	春玉米	强盛 16 号	抽雄期	5	10	200.1	3.86	6	1.0	3 054.58	447.74	619.60	1 067.34	
2017	7	10	春玉米	强盛 16 号	抽雄期	6	10	231.6	4.41	6	1.0	3 270.56	412.62	564.39	977.01	

（续）

年	月	日	作物名称	作物品种	作物生育时期	样方号	密度（株或穴/m²）	群体高度（cm）	叶面积指数	调查株（穴）数	每株（穴）分蘖茎数	地上部总鲜重（g/m²）	茎干重（g/m²）	叶干重（g/m²）	地上部总干重（g/m²）	备注
2017	9	20	春玉米	强盛16号	成熟期	1	10	239.6	5.14	6	1.0	4 940.53	1 003.98	602.42	2 556.13	
2017	9	20	春玉米	强盛16号	成熟期	2	9	232.3	4.42	6	1.0	4 623.25	919.53	539.90	2 381.77	
2017	9	20	春玉米	强盛16号	成熟期	3	10	220.2	4.51	6	1.0	4 396.62	994.60	551.27	2 513.86	
2017	9	20	春玉米	强盛16号	成熟期	4	11	229.9	5.18	6	1.0	4 124.67	863.24	613.79	2 371.96	
2017	9	20	春玉米	强盛16号	成熟期	5	11	249.3	4.85	6	1.0	4 215.32	910.15	551.27	2 319.83	
2017	9	20	春玉米	强盛16号	成熟期	6	12	242.0	5.04	6	1.0	4 305.97	966.45	562.64	2 405.76	
2018	4	1	春小麦	宁春50号	返青期	1	429	7.3	1.16	30	1.0	131.50	36.94	29.19	66.13	
2018	4	1	春小麦	宁春50号	返青期	2	391	6.8	1.29	30	1.0	136.94	37.34	25.46	62.80	
2018	4	1	春小麦	宁春50号	返青期	3	421	7.4	1.16	30	1.0	133.21	34.46	30.21	64.67	
2018	4	1	春小麦	宁春50号	返青期	4	455	6.5	1.16	30	1.0	152.10	30.67	29.79	60.46	
2018	4	1	春小麦	宁春50号	返青期	5	412	7.5	1.18	30	1.0	158.86	36.55	31.50	68.05	
2018	4	1	春小麦	宁春50号	返青期	6	463	6.4	1.22	30	1.0	153.39	34.16	28.92	63.08	
2018	4	19	春小麦	宁春50号	分蘖期	1	475	16.4	2.16	30	1.4	555.42	103.45	68.43	171.88	
2018	4	19	春小麦	宁春50号	分蘖期	2	417	16.8	2.35	30	1.4	544.69	113.43	68.04	181.47	
2018	4	19	春小麦	宁春50号	分蘖期	3	493	17.0	2.21	30	1.2	566.16	114.68	79.38	194.06	
2018	4	19	春小麦	宁春50号	分蘖期	4	479	16.3	2.45	30	1.2	593.01	118.94	69.55	188.49	
2018	4	19	春小麦	宁春50号	分蘖期	5	417	17.5	2.57	30	1.2	533.95	105.95	79.38	185.33	
2018	4	19	春小麦	宁春50号	分蘖期	6	403	18.2	2.59	30	1.3	614.59	99.71	80.14	179.85	
2018	5	2	春小麦	宁春50号	拔节期	1	627	28.9	2.85	30	1.6	785.22	139.94	89.24	229.18	
2018	5	2	春小麦	宁春50号	拔节期	2	652	26.5	2.70	30	1.5	802.29	151.37	94.55	245.92	
2018	5	2	春小麦	宁春50号	拔节期	3	602	27.0	3.15	30	1.6	887.64	129.95	82.17	212.12	
2018	5	2	春小麦	宁春50号	拔节期	4	683	25.1	3.18	30	1.4	819.36	142.32	91.89	234.21	
2018	5	2	春小麦	宁春50号	拔节期	5	615	24.3	3.30	30	1.4	904.71	145.66	83.06	228.72	
2018	5	2	春小麦	宁春50号	拔节期	6	590	26.2	2.88	30	1.5	776.69	135.35	91.01	226.36	
2018	5	12	春小麦	宁春50号	抽穗期	1	628	56.2	3.88	30	1.6	1 658.30	237.84	108.47	346.31	
2018	5	12	春小麦	宁春50号	抽穗期	2	647	57.5	3.96	30	1.6	1 509.05	262.36	121.44	383.80	
2018	5	12	春小麦	宁春50号	抽穗期	3	609	55.0	3.80	30	1.7	1 542.22	228.04	123.87	351.91	
2018	5	12	春小麦	宁春50号	抽穗期	4	652	56.8	4.32	30	1.7	1 708.05	235.39	119.34	354.73	
2018	5	12	春小麦	宁春50号	抽穗期	5	624	63.4	4.28	30	1.6	1 649.42	259.91	113.18	373.09	
2018	5	12	春小麦	宁春50号	抽穗期	6	615	59.2	4.12	30	1.6	1 525.64	252.56	109.88	362.44	
2018	6	21	春小麦	宁春50号	成熟期	1	592	73.3	1.31	30	1.7	1 931.67	492.69	233.94	1 205.28	
2018	6	21	春小麦	宁春50号	成熟期	2	622	66.9	1.32	30	1.8	1 953.13	403.11	236.09	1 211.33	
2018	6	21	春小麦	宁春50号	成熟期	3	595	69.8	1.47	30	1.9	2 339.47	465.82	203.34	1 182.96	
2018	6	21	春小麦	宁春50号	成熟期	4	673	70.5	1.46	30	1.8	2 060.45	421.53	238.27	1 037.88	
2018	6	21	春小麦	宁春50号	成熟期	5	655	72.3	1.38	30	1.8	1 936.88	452.38	202.79	1 127.16	
2018	6	21	春小麦	宁春50号	成熟期	6	659	71.2	1.34	30	1.6	2 038.43	488.21	212.04	1 116.00	

表 4-6D 作物叶面积与生物量动态

样地名称：沙坡头站农田生态系统站区生物采样点

作物名称：水稻

年	月	日	作物品种	作物生育时期	样方号	密度（株或穴/m²）	群体高度（cm）	叶面积指数	调查株（穴）数	每株（穴）分蘖茎数	地上部总鲜重（g/m²）	茎干重（g/m²）	叶干重（g/m²）	地上部总干重（g/m²）
2009	5	25	花九 115	返青期	1	37	29.5	1.39	30	1.0	241.87	68.53	55.43	123.96
2009	5	25	花九 115	返青期	2	35	31.4	1.34	30	1.0	262.03	62.48	55.43	117.91
2009	5	25	花九 115	返青期	3	36	28.4	1.53	30	1.0	181.40	76.59	41.32	117.91
2009	5	25	花九 115	返青期	4	34	30.0	1.52	30	1.0	352.73	78.61	65.51	144.12
2009	5	25	花九 115	返青期	5	35	31.1	1.46	30	1.0	211.64	73.57	54.42	127.99
2009	5	25	花九 115	返青期	6	33	29.5	1.64	30	1.0	302.34	105.82	65.51	171.33
2009	6	10	花九 115	分蘖期	1	33	45.4	2.44	30	6.5	1 148.89	187.45	165.28	352.73
2009	6	10	花九 115	分蘖期	2	34	45.4	2.67	30	6.6	1 461.31	231.79	167.29	399.08
2009	6	10	花九 115	分蘖期	3	33	43.5	2.29	30	6.1	1 229.52	174.35	161.25	335.60
2009	6	10	花九 115	分蘖期	4	32	41.9	2.36	30	7.3	1 340.37	244.90	174.35	419.25
2009	6	10	花九 115	分蘖期	5	32	45.4	2.65	30	5.4	1 531.86	182.41	196.52	378.93
2009	6	10	花九 115	分蘖期	6	34	43.0	2.33	30	6.6	1 279.91	196.52	162.26	358.78
2009	6	20	花九 115	拔节期	1	31	56.5	3.24	30	13.5	1 672.95	370.87	341.64	712.51
2009	6	20	花九 115	拔节期	2	32	54.3	2.83	30	13.6	1 803.96	441.42	369.86	811.28
2009	6	20	花九 115	拔节期	3	31	64.0	3.38	30	12.7	1 652.79	380.95	319.47	700.42
2009	6	20	花九 115	拔节期	4	31	60.5	3.61	30	12.9	2 076.07	326.53	349.71	676.24
2009	6	20	花九 115	拔节期	5	31	66.8	3.19	30	11.5	1 884.59	370.87	341.64	712.51
2009	6	20	花九 115	拔节期	6	31	61.9	2.68	30	12.9	1 945.05	313.43	320.48	633.91
2009	7	5	花九 115	孕穗期	1	31	76.0	3.38	30	17.8	2 801.68	564.37	433.35	997.72
2009	7	5	花九 115	孕穗期	2	30	83.5	3.73	30	18.6	3 053.63	713.52	455.53	1 169.05
2009	7	5	花九 115	孕穗期	3	30	78.9	4.12	30	19.3	3 315.66	612.74	518.01	1 130.75
2009	7	5	花九 115	孕穗期	4	30	89.2	3.43	30	17.1	3 597.85	612.74	421.26	1 034.00
2009	7	5	花九 115	孕穗期	5	29	77.6	3.52	30	19.4	2 902.46	550.26	438.39	988.65
2009	7	5	花九 115	孕穗期	6	29	72.7	3.25	30	17.4	3 144.34	620.80	419.24	1 040.04
2009	7	20	花九 115	抽穗期	1	30	91.6	4.19	30	20.3	3 960.65	865.70	635.92	1 612.48
2009	7	20	花九 115	抽穗期	2	29	93.2	4.12	30	21.4	4 303.31	958.42	609.72	1 720.31
2009	7	20	花九 115	抽穗期	3	29	80.5	3.82	30	19.8	3 829.64	868.72	527.08	1 662.87
2009	7	20	花九 115	抽穗期	4	27	90.8	4.50	30	18.9	4 454.48	912.06	624.84	1 770.70
2009	7	20	花九 115	抽穗期	5	28	78.9	4.71	30	21.4	3 769.17	817.33	504.91	1 684.03
2009	7	20	花九 115	抽穗期	6	28	90.0	4.84	30	16.1	4 404.09	865.70	587.55	1 612.48
2009	9	7	花九 115	成熟期	1	26	75.1	3.32	30	20.6	3 769.17	635.92	349.71	2 084.13
2009	9	7	花九 115	成熟期	2	27	89.5	2.07	30	20.3	3 638.16	621.81	347.69	2 148.63
2009	9	7	花九 115	成熟期	3	28	84.0	2.30	30	19.1	3 517.22	612.74	371.88	2 029.71
2009	9	7	花九 115	成熟期	4	27	87.8	1.96	30	18.4	4 192.45	669.18	316.45	2 196.00
2009	9	7	花九 115	成熟期	5	28	83.6	2.23	30	18.6	3 849.80	592.59	366.84	2 073.04
2009	9	7	花九 115	成熟期	6	27	84.7	2.20	30	20.2	4 212.60	624.84	339.63	2 141.58

（续）

年	月	日	作物品种	作物生育时期	样方号	密度（株或穴/m²）	群体高度（cm）	叶面积指数	调查株（穴）数	每株（穴）分蘖茎数	地上部总鲜重（g/m²）	茎干重（g/m²）	叶干重（g/m²）	地上部总干重（g/m²）
2010	5	30	花九 115	返青期	1	41	33.4	1.52	30	1.0	264.99	67.13	64.88	132.01
2010	5	30	花九 115	返青期	2	39	35.3	1.47	30	1.0	257.86	65.55	60.09	125.64
2010	5	30	花九 115	返青期	3	40	32.3	1.57	30	1.0	257.61	65.13	60.48	125.61
2010	5	30	花九 115	返青期	4	38	33.9	1.40	30	1.0	257.08	69.86	56.14	126.00
2010	5	30	花九 115	返青期	5	39	35.0	1.37	30	1.0	244.34	62.54	55.81	118.35
2010	5	30	花九 115	返青期	6	37	33.4	1.53	30	1.0	252.30	68.04	64.70	132.74
2010	6	10	花九 115	分蘖期	1	38	49.2	2.10	30	6.9	1 531.39	233.84	140.86	374.70
2010	6	10	花九 115	分蘖期	2	39	49.2	2.11	30	7.1	1 438.96	211.84	150.50	362.34
2010	6	10	花九 115	分蘖期	3	38	47.3	1.92	30	5.9	1 242.97	215.16	153.66	368.82
2010	6	10	花九 115	分蘖期	4	37	45.7	1.92	30	6.2	1 352.36	233.31	135.11	368.42
2010	6	10	花九 115	分蘖期	5	37	49.2	2.04	30	6.7	1 291.07	240.09	149.42	389.51
2010	6	10	花九 115	分蘖期	6	39	46.8	2.03	30	6.1	1 320.59	248.40	160.36	408.76
2010	6	22	花九 115	拔节期	1	37	62.7	2.71	30	12.5	1 645.09	333.37	361.23	694.60
2010	6	22	花九 115	拔节期	2	39	60.5	2.58	30	12.9	1 745.86	381.48	317.14	698.62
2010	6	22	花九 115	拔节期	3	38	70.2	2.53	30	11.8	1 916.80	334.69	351.60	686.29
2010	6	22	花九 115	拔节期	4	37	66.7	2.52	30	12.4	1 859.80	366.14	361.07	727.21
2010	6	22	花九 115	拔节期	5	38	73.0	2.56	30	11.7	1 720.23	410.48	389.07	799.55
2010	6	22	花九 115	拔节期	6	38	68.1	2.62	30	12.3	1 610.85	323.61	354.45	678.06
2010	7	5	花九 115	孕穗期	1	38	80.3	3.02	30	17.8	2 715.53	686.55	461.67	1 148.22
2010	7	5	花九 115	孕穗期	2	37	87.8	3.31	30	16.6	2 840.62	643.99	503.20	1 147.19
2010	7	5	花九 115	孕穗期	3	37	83.2	3.88	30	17.3	2 683.74	632.35	448.69	1 081.04
2010	7	5	花九 115	孕穗期	4	37	93.5	3.45	30	17.1	2 689.45	591.38	485.20	1 076.58
2010	7	5	花九 115	孕穗期	5	36	81.9	3.29	30	18.4	2 847.36	682.25	456.70	1 138.95
2010	7	5	花九 115	孕穗期	6	36	77.0	3.32	30	17.4	3 090.79	729.34	465.48	1 194.82
2010	7	20	花九 115	抽穗期	1	37	93.7	3.77	30	17.5	3 404.01	1 010.97	637.63	1 759.46
2010	7	20	花九 115	抽穗期	2	36	95.3	4.26	30	18.3	3 274.81	971.08	602.00	1 725.25
2010	7	20	花九 115	抽穗期	3	36	82.6	4.03	30	17.9	3 988.31	1 039.21	649.53	1 955.81
2010	7	20	花九 115	抽穗期	4	34	92.9	3.98	30	18.4	3 186.32	847.65	638.82	1 720.27
2010	7	20	花九 115	抽穗期	5	35	81.0	4.07	30	18.6	4 093.60	968.04	678.59	2 008.42
2010	7	20	花九 115	抽穗期	6	35	92.1	4.49	30	17.1	4 201.89	985.55	635.80	1 780.58
2010	9	10	花九 115	成熟期	1	34	92.5	2.18	30	18.6	4 114.82	696.87	351.19	2 023.36
2010	9	10	花九 115	成熟期	2	33	92.9	1.97	30	19.3	3 773.39	704.94	340.03	2 019.17
2010	9	10	花九 115	成熟期	3	35	94.4	2.15	30	19.1	3 964.97	681.56	350.62	2 017.28
2010	9	10	花九 115	成熟期	4	36	89.3	2.14	30	18.4	4 511.86	683.57	335.41	2 032.88
2010	9	10	花九 115	成熟期	5	36	95.1	2.21	30	18.6	4 722.44	676.94	342.70	2 116.44
2010	9	10	花九 115	成熟期	6	34	93.7	2.43	30	19.2	4 178.05	660.45	370.14	1 926.99

（续）

年	月	日	作物品种	作物生育时期	样方号	密度（株或穴/m²）	群体高度（cm）	叶面积指数	调查株（穴）数	每株（穴）分蘖茎数	地上部总鲜重（g/m²）	茎干重（g/m²）	叶干重（g/m²）	地上部总干重（g/m²）
2011	5	29	花九 115	返青期	1	42	82.2	1.01	30	1.0	210.85	69.96	55.86	125.82
2011	5	29	花九 115	返青期	2	40	86.4	1.11	30	1.0	259.72	63.08	59.28	122.37
2011	5	29	花九 115	返青期	3	40	86.0	0.99	30	1.0	187.80	74.43	42.46	116.89
2011	5	29	花九 115	返青期	4	42	83.1	1.03	30	1.0	262.52	78.04	61.14	139.18
2011	5	29	花九 115	返青期	5	40	87.1	1.07	30	1.0	205.40	73.86	51.69	125.55
2011	5	29	花九 115	返青期	6	41	93.8	0.92	30	1.0	282.89	87.59	66.82	154.41
2011	6	15	花九 115	分蘖期	1	39	29.6	1.33	30	6.9	1 105.18	188.23	164.65	352.88
2011	6	15	花九 115	分蘖期	2	39	30.3	1.26	30	6.4	1 372.78	225.46	169.88	395.34
2011	6	15	花九 115	分蘖期	3	40	27.2	1.37	30	6.5	1 141.93	184.21	166.74	350.94
2011	6	15	花九 115	分蘖期	4	40	30.2	1.40	30	6.7	1 345.07	248.48	161.52	410.00
2011	6	15	花九 115	分蘖期	5	39	32.0	1.37	30	5.9	1 639.08	182.81	191.62	374.42
2011	6	15	花九 115	分蘖期	6	39	28.2	1.56	30	7.2	1 311.57	201.41	159.67	361.09
2011	6	25	花九 115	拔节期	1	38	44.6	2.28	30	12.5	1 677.20	380.46	345.41	725.87
2011	6	25	花九 115	拔节期	2	40	46.1	2.39	30	12.9	1 721.46	432.99	362.44	795.43
2011	6	25	花九 115	拔节期	3	38	43.2	2.30	30	13.4	1 655.23	370.40	311.94	682.34
2011	6	25	花九 115	拔节期	4	39	41.5	2.24	30	12.7	2 156.91	337.42	327.27	664.68
2011	6	25	花九 115	拔节期	5	40	45.2	2.47	30	12.6	1 752.43	357.51	341.50	699.00
2011	6	25	花九 115	拔节期	6	39	42.4	2.24	30	13.2	1 981.62	298.77	334.88	633.65
2011	7	15	花九 115	抽穗期	1	39	55.1	3.12	30	18.9	3 745.03	884.17	606.15	1 679.58
2011	7	15	花九 115	抽穗期	2	39	55.4	2.56	30	20.5	3 925.94	876.78	500.40	1 566.44
2011	7	15	花九 115	抽穗期	3	38	64.1	3.02	30	20.1	3 886.60	926.20	554.38	1 669.84
2011	7	15	花九 115	抽穗期	4	39	62.8	3.52	30	19.8	3 857.26	821.56	620.63	1 631.45
2011	7	15	花九 115	抽穗期	5	37	67.3	2.81	30	20.7	3 763.57	849.30	473.28	1 511.84
2011	7	15	花九 115	抽穗期	6	38	62.0	2.33	30	19.6	4 126.03	868.63	600.91	1 658.80
2011	9	5	花九 115	成熟期	1	36	85.1	4.02	30	19.2	3 728.09	605.96	230.51	1 817.27
2011	9	5	花九 115	成熟期	2	35	87.4	3.94	30	20.1	3 074.11	580.27	302.70	1 872.97
2011	9	5	花九 115	成熟期	3	35	90.3	3.89	30	20.3	3 330.39	552.27	229.21	1 759.18
2011	9	5	花九 115	成熟期	4	36	86.7	4.44	30	18.0	3 916.17	648.01	229.37	1 854.18
2011	9	5	花九 115	成熟期	5	35	88.2	4.63	30	19.0	3 690.99	561.04	239.32	1 838.86
2011	9	5	花九 115	成熟期	6	36	88.7	4.52	30	20.0	3 607.68	640.37	324.42	1 953.39
2012	5	25	宁粳 41	返青期	1	38	32.6	1.63	30	1.0	235.62	56.83	59.46	116.29
2012	5	25	宁粳 41	返青期	2	41	35.8	1.53	30	1.0	210.05	59.31	70.36	129.67
2012	5	25	宁粳 41	返青期	3	43	39.4	1.26	30	1.0	287.34	67.12	84.14	151.26
2012	5	25	宁粳 41	返青期	4	39	33.0	1.38	30	1.0	196.34	66.30	72.92	139.22
2012	5	25	宁粳 41	返青期	5	40	32.1	1.95	30	1.0	220.38	69.25	68.39	137.64
2012	5	25	宁粳 41	返青期	6	45	33.5	2.01	30	1.0	264.15	71.48	60.20	131.68

（续）

年	月	日	作物品种	作物生育时期	样方号	密度（株或穴/m²）	群体高度（cm）	叶面积指数	调查株（穴）数	每株（穴）分蘖茎数	地上部总鲜重（g/m²）	茎干重（g/m²）	叶干重（g/m²）	地上部总干重（g/m²）
2012	6	12	宁粳 41	分蘖期	1	39	55.6	2.35	30	8.3	1 331.08	245.50	165.35	410.85
2012	6	12	宁粳 41	分蘖期	2	38	59.4	2.64	30	4.6	1 542.16	268.39	148.13	416.52
2012	6	12	宁粳 41	分蘖期	3	42	61.2	2.10	30	5.9	1 684.33	211.75	171.24	382.99
2012	6	12	宁粳 41	分蘖期	4	40	48.3	2.57	30	5.3	1 598.68	262.35	150.06	412.41
2012	6	12	宁粳 41	分蘖期	5	40	46.7	2.09	30	7.4	1 724.77	298.64	168.03	466.67
2012	6	12	宁粳 41	分蘖期	6	39	56.3	2.43	30	6.3	1 108.64	276.18	199.37	475.55
2012	6	20	宁粳 41	拔节期	1	42	71.3	2.96	30	11.5	1 689.46	365.45	399.16	764.61
2012	6	20	宁粳 41	拔节期	2	43	73.5	2.68	30	12.6	1 821.75	395.86	416.25	812.11
2012	6	20	宁粳 41	拔节期	3	41	76.8	2.35	30	10.8	1 869.36	376.48	400.28	776.76
2012	6	20	宁粳 41	拔节期	4	40	68.0	2.77	30	13.7	1 904.35	324.16	476.35	800.51
2012	6	20	宁粳 41	拔节期	5	39	64.3	2.08	30	14.5	1 632.54	380.07	376.28	756.35
2012	6	20	宁粳 41	拔节期	6	39	60.1	2.49	30	11.6	1 951.28	400.17	388.01	788.18
2012	7	2	宁粳 41	孕穗期	1	38	85.3	3.13	30	15.6	2 965.15	655.32	474.26	1 129.58
2012	7	2	宁粳 41	孕穗期	2	37	81.6	3.22	30	14.8	2 846.17	600.98	498.25	1 099.23
2012	7	2	宁粳 41	孕穗期	3	35	79.5	3.54	30	19.6	2 766.60	612.19	469.13	1 081.32
2012	7	2	宁粳 41	孕穗期	4	36	74.1	3.65	30	17.3	2 809.33	676.35	425.26	1 101.61
2012	7	2	宁粳 41	孕穗期	5	39	69.4	3.82	30	16.2	2 719.46	688.44	503.15	1 191.59
2012	7	2	宁粳 41	孕穗期	6	41	75.6	3.07	30	15.5	2 935.44	713.49	498.64	1 212.13
2012	7	25	宁粳 41	抽穗期	1	36	86.3	4.13	30	16.6	3 856.72	1 131.28	653.16	1 784.44
2012	7	25	宁粳 41	抽穗期	2	39	85.4	4.50	30	16.9	3 765.46	1 020.42	625.17	1 645.59
2012	7	25	宁粳 41	抽穗期	3	38	89.3	4.82	30	18.1	3 941.88	986.46	689.33	1 675.79
2012	7	25	宁粳 41	抽穗期	4	40	88.6	4.27	30	15.3	4 316.57	816.55	608.74	1 425.29
2012	7	25	宁粳 41	抽穗期	5	42	91.7	4.79	30	17.9	4 218.06	974.35	715.45	1 689.80
2012	7	25	宁粳 41	抽穗期	6	38	93.6	4.18	30	18.5	4 050.72	842.66	643.92	1 486.58
2012	9	8	宁粳 41	成熟期	1	39	87.2	3.12	30	19.1	4 535.62	650.36	384.00	1 034.36
2012	9	8	宁粳 41	成熟期	2	34	94.5	2.65	30	18.5	4 821.16	632.08	62.00	694.08
2012	9	8	宁粳 41	成熟期	3	32	79.3	2.79	30	18.3	4 016.37	610.55	391.08	1 001.63
2012	9	8	宁粳 41	成熟期	4	36	98.5	2.63	30	17.9	4 268.49	673.08	403.21	1 076.29
2012	9	8	宁粳 41	成熟期	5	38	84.5	2.98	30	16.5	4 672.55	698.34	377.24	1 075.58
2012	9	8	宁粳 41	成熟期	6	35	90.1	2.19	30	18.1	4 531.07	715.23	413.29	1 128.52
2013	5	22	花 97	移栽期	1	53	25.2	2.37	30	1.0	370.47	23.85	55.45	79.30
2013	5	22	花 97	移栽期	2	55	26.8	2.89	30	1.0	256.52	45.55	59.18	104.73
2013	5	22	花 97	移栽期	3	48	27.3	3.05	30	1.0	275.58	38.89	65.71	104.60
2013	5	22	花 97	移栽期	4	49	25.7	2.77	30	1.0	233.48	49.52	61.28	110.80
2013	5	22	花 97	移栽期	5	47	28.3	2.34	30	1.0	246.66	50.33	67.45	117.78
2013	5	22	花 97	移栽期	6	45	29.0	3.18	30	1.0	285.55	59.18	63.37	122.55

（续）

年	月	日	作物品种	作物生育时期	样方号	密度（株或穴/m²）	群体高度（cm）	叶面积指数	调查株（穴）数	每株（穴）分蘖茎数	地上部总鲜重（g/m²）	茎干重（g/m²）	叶干重（g/m²）	地上部总干重（g/m²）
2013	6	10	花 97	分蘖期	1	47	44.5	4.44	30	6.7	825.04	294.15	138.34	432.49
2013	6	10	花 97	分蘖期	2	52	40.6	4.68	30	4.4	953.83	342.79	145.56	488.35
2013	6	10	花 97	分蘖期	3	51	47.8	4.37	30	5.2	1 001.22	288.17	166.73	454.90
2013	6	10	花 97	分蘖期	4	49	45.9	4.92	30	4.9	1 128.46	256.28	152.38	408.66
2013	6	10	花 97	分蘖期	5	48	49.2	5.09	30	6.8	1 038.64	300.16	164.66	464.82
2013	6	10	花 97	分蘖期	6	49	50.3	5.33	30	7.3	1 044.86	274.46	170.89	445.35
2013	6	21	花 97	拔节期	1	51	66.5	6.18	30	10.6	1 787.96	374.56	387.16	761.72
2013	6	21	花 97	拔节期	2	52	60.3	6.54	30	11.5	1 833.64	400.18	392.25	792.43
2013	6	21	花 97	拔节期	3	50	58.9	6.63	30	10.3	1 865.48	405.17	400.57	805.74
2013	6	21	花 97	拔节期	4	49	63.4	6.25	30	12.6	1 992.38	356.67	396.45	753.12
2013	6	21	花 97	拔节期	5	48	65.8	6.89	30	13.3	1 745.64	380.53	345.78	726.31
2013	6	21	花 97	拔节期	6	50	60.2	6.43	30	11.9	1 884.66	402.16	365.46	767.62
2013	7	4	花 97	拔节期	1	44	69.8	7.38	30	16.4	2 654.45	666.32	405.65	1 071.97
2013	7	4	花 97	拔节期	2	47	70.2	7.52	30	15.3	2 775.63	618.45	419.13	1 037.58
2013	7	4	花 97	拔节期	3	49	71.5	7.44	30	18.8	2 548.88	648.27	401.37	1 049.64
2013	7	4	花 97	拔节期	4	52	68.4	7.69	30	16.4	2 864.52	663.19	388.89	1 052.08
2013	7	4	花 97	拔节期	5	51	69.5	7.83	30	17.0	2 715.66	696.18	427.34	1 123.52
2013	7	4	花 97	拔节期	6	53	70.2	7.14	30	15.4	2 912.12	654.12	413.18	1 067.30
2013	7	19	花 97	抽穗期	1	50	75.8	7.82	30	16.7	3 356.88	787.56	452.37	1 271.67
2013	7	19	花 97	抽穗期	2	52	78.6	7.77	30	15.8	3 455.12	796.18	425.18	1 245.94
2013	7	19	花 97	抽穗期	3	51	80.3	7.56	30	17.4	3 715.16	745.20	448.32	1 229.09
2013	7	19	花 97	抽穗期	4	49	77.9	7.48	30	16.6	4 018.13	657.38	498.58	1 187.53
2013	7	19	花 97	抽穗期	5	48	79.5	7.13	30	17.2	4 122.23	718.45	405.49	1 147.49
2013	7	19	花 97	抽穗期	6	50	81.5	7.52	30	18.8	4 032.28	638.17	545.75	1 212.83
2013	9	8	花 97	成熟期	1	51	80.7	4.32	30	18.7	3 935.88	615.12	312.58	1 565.10
2013	9	8	花 97	成熟期	2	52	82.5	4.32	30	19.2	4 065.22	645.28	362.18	1 466.86
2013	9	8	花 97	成熟期	3	50	83.6	4.45	30	18.6	3 837.14	634.19	307.98	1 395.47
2013	9	8	花 97	成熟期	4	48	88.7	4.18	30	18.8	4 224.19	620.33	372.22	1 439.05
2013	9	8	花 97	成熟期	5	49	85.8	4.37	30	17.4	3 889.18	683.42	368.45	1 539.67
2013	9	8	花 97	成熟期	6	53	82.3	4.56	30	18.5	4 177.56	647.75	396.88	1 476.93
2014	5	15	宁粳 41	移栽期	1	58	23.4	2.05	30	1.0	407.10	22.30	51.88	89.01
2014	5	15	宁粳 41	移栽期	2	53	26.9	2.85	30	1.0	265.58	48.13	58.60	101.20
2014	5	15	宁粳 41	移栽期	3	47	24.8	3.12	30	1.0	274.69	40.88	69.27	97.80
2014	5	15	宁粳 41	移栽期	4	44	23.5	2.62	30	1.0	249.76	47.77	52.59	109.96
2014	5	15	宁粳 41	移栽期	5	52	28.6	2.50	30	1.0	245.75	51.40	68.64	114.79
2014	5	15	宁粳 41	移栽期	6	47	31.6	2.84	30	1.0	250.59	66.42	74.18	133.46

(续)

年	月	日	作物品种	作物生育时期	样方号	密度(株或穴/m²)	群体高度(cm)	叶面积指数	调查株(穴)数	每株(穴)分蘖茎数	地上部总鲜重(g/m²)	茎干重(g/m²)	叶干重(g/m²)	地上部总干重(g/m²)
2014	6	8	宁粳41	分蘖期	1	54	40.1	4.01	30	7.0	803.21	319.41	133.85	428.09
2014	6	8	宁粳41	分蘖期	2	58	41.0	4.68	30	3.7	1 083.87	353.00	121.16	430.54
2014	6	8	宁粳41	分蘖期	3	54	48.9	4.10	30	5.0	1 091.63	286.53	172.85	412.06
2014	6	8	宁粳41	分蘖期	4	51	43.7	5.25	30	4.3	1 278.10	246.57	134.26	381.02
2014	6	8	宁粳41	分蘖期	5	52	54.0	5.64	30	6.9	1 020.42	307.60	166.77	430.12
2014	6	8	宁粳41	分蘖期	6	48	47.2	4.94	30	7.3	854.91	285.68	166.58	482.68
2014	6	18	宁粳41	拔节期	1	56	74.9	4.95	30	9.7	1 931.76	406.88	394.77	746.05
2014	6	18	宁粳41	拔节期	2	51	57.7	5.42	30	10.5	2 007.85	428.41	384.02	702.03
2014	6	18	宁粳41	拔节期	3	47	60.4	6.28	30	9.9	2 026.18	376.91	403.09	900.73
2014	6	18	宁粳41	拔节期	4	53	53.4	6.30	30	12.5	1 956.07	397.38	367.57	771.78
2014	6	18	宁粳41	拔节期	5	51	72.0	6.91	30	14.6	1 517.37	429.30	370.77	673.44
2014	6	18	宁粳41	拔节期	6	53	55.8	5.36	30	13.6	2 051.51	350.79	397.34	637.01
2014	7	10	宁粳41	拔节期	1	42	68.9	7.12	30	14.9	2 701.72	601.44	418.67	1 179.47
2014	7	10	宁粳41	拔节期	2	46	75.9	7.73	30	17.7	2 588.64	586.94	463.29	1 168.02
2014	7	10	宁粳41	拔节期	3	45	75.1	5.78	30	16.3	2 307.29	560.58	337.12	947.63
2014	7	10	宁粳41	拔节期	4	46	68.4	7.87	30	14.8	2 870.61	700.20	457.37	1 091.41
2014	7	10	宁粳41	拔节期	5	52	80.3	8.37	30	20.7	2 866.69	824.94	414.21	1 208.23
2014	7	10	宁粳41	拔节期	6	50	71.3	8.46	30	15.3	3 164.41	671.05	430.16	966.85
2014	7	20	宁粳41	抽穗期	1	47	70.0	7.29	30	17.1	3 167.78	803.33	530.04	1 202.00
2014	7	20	宁粳41	抽穗期	2	51	74.5	9.24	30	12.2	3 150.12	775.55	451.02	1 244.54
2014	7	20	宁粳41	抽穗期	3	52	81.3	7.79	30	16.3	2 966.09	779.90	489.76	1 298.59
2014	7	20	宁粳41	抽穗期	4	50	84.1	8.16	30	16.0	4 610.00	759.92	561.51	1 374.80
2014	7	20	宁粳41	抽穗期	5	51	74.3	6.68	30	15.3	3 941.18	680.55	440.06	1 380.49
2014	7	20	宁粳41	抽穗期	6	53	74.7	8.52	30	20.1	4 428.40	694.46	567.98	1 479.24
2014	9	10	宁粳41	成熟期	1	56	85.6	4.21	30	18.4	4 173.12	632.30	348.83	1 431.76
2014	9	10	宁粳41	成熟期	2	56	99.0	4.52	30	20.1	3 784.53	646.14	331.37	1 222.83
2014	9	10	宁粳41	成熟期	3	49	86.1	4.14	30	17.8	3 999.77	761.90	317.72	1 293.59
2014	9	10	宁粳41	成熟期	4	48	101.5	4.72	30	20.7	4 707.67	636.11	363.86	1 607.87
2014	9	10	宁粳41	成熟期	5	51	84.5	4.01	30	18.3	4 914.10	646.68	391.39	1 606.35
2014	9	10	宁粳41	成熟期	6	53	78.7	5.11	30	16.5	4 112.00	701.39	394.41	1 396.73
2015	5	18	宁粳41	移栽期	1	48	26.9	2.46	30	1.0	271.32	24.80	52.12	76.92
2015	5	18	宁粳41	移栽期	2	54	31.4	2.86	30	1.0	348.24	56.22	66.96	123.18
2015	5	18	宁粳41	移栽期	3	46	32.8	2.71	30	1.0	278.34	49.17	61.11	110.28
2015	5	18	宁粳41	移栽期	4	47	27.1	2.96	30	1.0	263.44	38.53	58.22	96.75
2015	5	18	宁粳41	移栽期	5	45	28.0	2.25	30	1.0	251.59	42.83	64.87	107.70
2015	5	18	宁粳41	移栽期	6	51	30.7	2.96	30	1.0	291.26	48.52	60.20	108.72

（续）

年	月	日	作物品种	作物生育时期	样方号	密度（株或穴/m²）	群体高度（cm）	叶面积指数	调查株（穴）数	每株（穴）分蘖茎数	地上部总鲜重（g/m²）	茎干重（g/m²）	叶干重（g/m²）	地上部总干重（g/m²）
2015	6	8	宁粳 41	分蘖期	1	45	44.5	4.73	30	6.6	849.79	250.03	156.32	406.35
2015	6	8	宁粳 41	分蘖期	2	53	43.0	4.96	30	4.7	997.99	315.37	142.65	458.02
2015	6	8	宁粳 41	分蘖期	3	49	48.8	4.24	30	4.9	961.17	316.99	153.39	470.38
2015	6	8	宁粳 41	分蘖期	4	47	43.6	4.58	30	5.3	981.76	253.72	147.81	401.53
2015	6	8	宁粳 41	分蘖期	5	46	53.1	4.73	30	6.5	893.23	357.19	141.95	499.14
2015	6	8	宁粳 41	分蘖期	6	48	50.8	4.48	30	6.2	856.79	257.99	176.02	434.01
2015	6	19	宁粳 41	拔节期	1	53	67.2	6.73	30	11.1	1 771.58	345.87	354.26	700.13
2015	6	19	宁粳 41	拔节期	2	47	63.3	6.49	30	10.7	1 725.29	360.16	421.55	781.71
2015	6	19	宁粳 41	拔节期	3	49	58.3	5.98	30	10.9	1 846.83	413.53	398.61	812.14
2015	6	19	宁粳 41	拔节期	4	50	53.6	6.44	30	11.7	1 767.04	403.04	388.34	791.38
2015	6	19	宁粳 41	拔节期	5	51	63.7	6.35	30	12.0	1 867.83	376.72	345.78	722.50
2015	6	19	宁粳 41	拔节期	6	48	61.8	6.11	30	13.5	1 972.08	365.97	398.35	764.32
2015	7	8	宁粳 41	拔节期	1	46	74.0	7.60	30	16.9	2 409.37	692.97	377.25	1 070.22
2015	7	8	宁粳 41	拔节期	2	48	69.7	7.50	30	16.1	2 914.41	681.34	414.94	1 096.28
2015	7	8	宁粳 41	拔节期	3	48	66.5	7.51	30	17.9	2 701.81	631.03	417.42	1 052.26
2015	7	8	宁粳 41	拔节期	4	47	72.3	7.15	30	15.7	2 434.84	676.45	447.22	1 123.67
2015	7	8	宁粳 41	拔节期	5	54	62.6	7.87	30	17.3	2 919.29	612.64	401.53	1 014.17
2015	7	8	宁粳 41	拔节期	6	51	65.3	7.57	30	15.6	2 824.76	680.28	421.44	1 107.40
2015	7	20	宁粳 41	抽穗期	1	49	81.9	7.19	30	18.2	3 219.04	779.68	407.13	1 212.41
2015	7	20	宁粳 41	抽穗期	2	54	80.4	7.61	30	15.3	3 489.67	775.80	446.44	1 255.45
2015	7	20	宁粳 41	抽穗期	3	49	76.6	7.71	30	17.1	4 123.83	722.84	399.25	1 161.74
2015	7	20	宁粳 41	抽穗期	4	47	78.2	7.73	30	17.1	3 415.41	709.97	491.57	1 229.91
2015	7	20	宁粳 41	抽穗期	5	50	83.1	7.13	30	17.9	3 975.68	740.00	403.33	1 168.45
2015	7	20	宁粳 41	抽穗期	6	45	77.4	7.07	30	17.4	4 395.19	680.73	531.28	1 235.11
2015	9	9	宁粳 41	成熟期	1	50	79.1	4.69	30	17.5	4 365.62	645.88	387.57	1 499.89
2015	9	9	宁粳 41	成熟期	2	53	86.5	4.45	30	19.4	4 187.18	684.00	394.78	1 528.85
2015	9	9	宁粳 41	成熟期	3	47	87.0	4.54	30	19.0	3 968.54	615.16	326.46	1 353.61
2015	9	9	宁粳 41	成熟期	4	46	80.3	4.21	30	18.8	4 219.88	607.92	342.44	1 569.30
2015	9	9	宁粳 41	成熟期	5	49	88.1	4.32	30	17.3	4 328.12	649.25	372.13	1 490.31
2015	9	9	宁粳 41	成熟期	6	50	86.5	4.51	30	18.3	3 783.82	665.48	316.85	1 396.47
2016	5	19	宁粳 41	移栽期	1	45	28.1	2.88	30	1.0	226.84	43.38	58.15	101.53
2016	5	19	宁粳 41	移栽期	2	43	24.7	2.42	30	1.0	274.82	48.00	65.65	113.65
2016	5	19	宁粳 41	移栽期	3	54	27.9	2.98	30	1.0	255.07	41.54	53.77	95.31
2016	5	19	宁粳 41	移栽期	4	52	27.3	2.64	30	1.0	246.60	39.69	56.90	96.59
2016	5	19	宁粳 41	移栽期	5	44	28.7	2.98	30	1.0	257.89	50.30	66.28	116.58
2016	5	19	宁粳 41	移栽期	6	48	26.2	2.45	30	1.0	240.96	44.77	64.40	109.17

（续）

年	月	日	作物品种	作物生育时期	样方号	密度（株或穴/m^2）	群体高度（cm）	叶面积指数	调查株（穴）数	每株（穴）分蘖茎数	地上部总鲜重（g/m^2）	茎干重（g/m^2）	叶干重（g/m^2）	地上部总干重（g/m^2）
2016	6	6	宁粳 41	分蘖期	1	49	52.2	4.66	30	5.9	1 081.14	299.78	137.31	437.09
2016	6	6	宁粳 41	分蘖期	2	54	50.4	4.44	30	5.0	1 059.02	261.81	135.81	397.62
2016	6	6	宁粳 41	分蘖期	3	52	44.9	4.96	30	4.9	1 036.60	266.80	161.18	427.98
2016	6	6	宁粳 41	分蘖期	4	49	45.4	4.35	30	6.0	1 089.56	284.79	129.84	414.63
2016	6	6	宁粳 41	分蘖期	5	51	50.9	4.72	30	5.8	1 124.23	274.83	175.23	450.06
2016	6	6	宁粳 41	分蘖期	6	47	43.9	4.26	30	5.6	993.79	261.79	131.18	392.97
2016	6	20	宁粳 41	拔节期	1	47	62.4	5.34	30	10.4	1 647.24	324.30	342.57	666.87
2016	6	20	宁粳 41	拔节期	2	51	68.6	5.52	30	11.9	1 685.01	360.40	361.71	722.11
2016	6	20	宁粳 41	拔节期	3	52	61.1	5.24	30	11.2	1 761.91	366.22	384.20	750.42
2016	6	20	宁粳 41	拔节期	4	45	60.5	6.34	30	13.5	1 925.79	409.07	429.22	838.29
2016	6	20	宁粳 41	拔节期	5	51	60.5	6.28	30	12.6	1 883.31	396.21	415.36	811.57
2016	6	20	宁粳 41	拔节期	6	53	71.1	5.17	30	10.6	1 752.22	328.54	354.89	683.43
2016	7	6	宁粳 41	拔节期	1	50	72.5	7.36	30	18.1	2 612.40	689.58	356.53	1 046.11
2016	7	6	宁粳 41	拔节期	2	50	73.3	7.61	30	16.5	2 392.41	616.98	381.73	998.71
2016	7	6	宁粳 41	拔节期	3	51	76.9	7.40	30	15.8	2 337.41	597.53	401.14	998.67
2016	7	6	宁粳 41	拔节期	4	46	79.1	7.63	30	17.1	2 392.41	649.43	352.32	1 001.75
2016	7	6	宁粳 41	拔节期	5	45	69.8	7.18	30	17.5	3 024.88	656.70	415.34	1 072.04
2016	7	6	宁粳 41	拔节期	6	53	75.6	7.31	30	15.5	2 529.90	617.25	422.15	1 039.40
2016	7	21	宁粳 41	抽穗期	1	51	66.5	7.34	30	15.4	2 712.17	654.10	398.99	1 053.09
2016	7	21	宁粳 41	抽穗期	2	46	76.5	7.47	30	16.9	3 196.12	703.89	471.93	1 175.82
2016	7	21	宁粳 41	抽穗期	3	57	79.5	7.82	30	17.1	2 889.54	669.08	507.40	1 176.48
2016	7	21	宁粳 41	抽穗期	4	47	85.7	6.91	30	17.9	2 832.56	659.04	446.59	1 105.63
2016	7	21	宁粳 41	抽穗期	5	49	77.2	7.19	30	18.3	3 057.96	681.50	465.29	1 146.79
2016	7	21	宁粳 41	抽穗期	6	49	77.2	7.63	30	16.1	2 812.17	646.36	416.19	1 062.55
2016	9	10	宁粳 41	蜡熟期	1	51	76.7	4.01	30	18.1	4 153.14	657.95	345.09	1 776.00
2016	9	10	宁粳 41	蜡熟期	2	48	80.1	4.45	30	18.9	3 453.68	584.05	330.77	1 741.26
2016	9	10	宁粳 41	蜡熟期	3	49	82.1	4.41	30	17.1	3 867.77	613.68	291.40	1 687.24
2016	9	10	宁粳 41	蜡熟期	4	50	89.9	3.87	30	17.6	4 081.87	627.46	352.25	1 796.31
2016	9	10	宁粳 41	蜡熟期	5	46	83.0	4.67	30	17.5	4 167.50	641.41	359.99	1 789.28
2016	9	10	宁粳 41	蜡熟期	6	49	93.3	4.01	30	17.3	3 782.13	607.83	337.93	1 806.64
2017	5	20	宁粳 41	返青期	1	50	29.4	2.58	30	1.0	320.54	48.71	66.55	115.26
2017	5	20	宁粳 41	返青期	2	48	27.1	2.40	30	1.0	279.74	41.04	60.50	101.54
2017	5	20	宁粳 41	返青期	3	51	27.6	2.43	30	1.0	303.06	46.45	64.13	110.58
2017	5	20	宁粳 41	返青期	4	53	29.9	2.30	30	1.0	282.66	41.94	59.29	101.23
2017	5	20	宁粳 41	返青期	5	46	31.1	2.50	30	1.0	305.97	49.16	59.90	109.06
2017	5	20	宁粳 41	返青期	6	49	26.2	2.33	30	1.0	308.88	48.26	66.55	114.81

（续）

年	月	日	作物品种	作物生育时期	样方号	密度（株或穴/m²）	群体高度（cm）	叶面积指数	调查株（穴）数	每株（穴）分蘖茎数	地上部总鲜重（g/m²）	茎干重（g/m²）	叶干重（g/m²）	地上部总干重（g/m²）
2017	6	4	宁粳 41	分蘖期	1	45	44.3	5.08	30	5.2	1 039.51	266.53	136.34	402.87
2017	6	4	宁粳 41	分蘖期	2	48	45.7	4.28	30	6.0	1 116.10	300.55	151.80	452.35
2017	6	4	宁粳 41	分蘖期	3	54	46.6	5.12	30	5.3	1 006.68	275.03	141.97	417.00
2017	6	4	宁粳 41	分蘖期	4	55	50.0	4.79	30	5.7	1 006.68	258.02	129.32	387.34
2017	6	4	宁粳 41	分蘖期	5	55	46.2	5.12	30	6.0	984.80	297.72	136.34	434.06
2017	6	4	宁粳 41	分蘖期	6	47	45.2	4.70	30	5.2	995.74	283.54	144.78	428.32
2017	6	19	宁粳 41	拔节期	1	53	61.1	5.90	30	12.7	1 757.61	370.32	391.39	761.71
2017	6	19	宁粳 41	拔节期	2	47	56.1	6.13	30	11.8	1 869.80	349.75	365.55	715.30
2017	6	19	宁粳 41	拔节期	3	48	56.7	5.55	30	11.9	2 019.38	353.18	336.01	689.19
2017	6	19	宁粳 41	拔节期	4	45	59.8	5.78	30	12.7	1 925.89	366.89	384.01	750.90
2017	6	19	宁粳 41	拔节期	5	52	58.6	6.01	30	12.0	1 795.01	373.75	365.55	739.30
2017	6	19	宁粳 41	拔节期	6	53	61.7	5.49	30	11.2	1 925.89	325.75	387.70	713.45
2017	7	5	宁粳 41	拔节期	1	49	66.9	7.35	30	15.7	2 574.18	605.91	349.74	955.65
2017	7	5	宁粳 41	拔节期	2	51	73.5	8.25	30	17.6	2 421.26	574.02	365.28	939.30
2017	7	5	宁粳 41	拔节期	3	55	76.4	7.13	30	15.7	2 727.10	586.78	349.74	936.52
2017	7	5	宁粳 41	拔节期	4	52	66.2	6.98	30	17.1	2 752.59	580.40	365.28	945.68
2017	7	5	宁粳 41	拔节期	5	53	71.3	7.73	30	15.4	2 446.74	688.82	388.60	1 077.42
2017	7	5	宁粳 41	拔节期	6	51	72.8	7.50	30	16.8	2 421.26	695.20	404.14	1 099.34
2017	7	20	宁粳 41	抽穗期	1	54	73.2	7.50	30	17.8	3 220.66	683.00	480.41	1 163.41
2017	7	20	宁粳 41	抽穗期	2	50	79.4	8.03	30	14.9	3 064.31	654.24	519.23	1 173.47
2017	7	20	宁粳 41	抽穗期	3	51	77.1	7.28	30	16.2	3 283.19	747.71	524.08	1 271.79
2017	7	20	宁粳 41	抽穗期	4	55	74.0	7.58	30	17.3	3 126.85	762.09	494.97	1 257.06
2017	7	20	宁粳 41	抽穗期	5	47	84.8	7.58	30	17.8	3 033.04	711.76	528.93	1 240.69
2017	7	20	宁粳 41	抽穗期	6	49	83.3	7.88	30	16.2	3 377.00	718.95	451.29	1 170.24
2017	9	11	宁粳 41	蜡熟期	1	49	78.7	4.53	30	16.2	4 538.78	685.03	325.72	1 789.34
2017	9	11	宁粳 41	蜡熟期	2	55	91.7	4.44	30	19.2	4 196.23	616.52	322.14	1 768.03
2017	9	11	宁粳 41	蜡熟期	3	51	78.7	4.22	30	17.6	3 896.50	653.89	325.72	1 859.76
2017	9	11	宁粳 41	蜡熟期	4	54	95.2	4.66	30	19.0	4 110.59	666.34	375.83	1 930.78
2017	9	11	宁粳 41	蜡熟期	5	53	78.7	4.14	30	18.0	3 896.50	610.30	368.67	1 782.95
2017	9	11	宁粳 41	蜡熟期	6	45	89.1	4.49	30	19.4	4 153.41	635.21	354.35	1 827.39
2018	5	22	花九 115	返青期	1	49	25.9	2.74	30	1.0	295.51	46.61	61.15	107.76
2018	5	22	花九 115	返青期	2	46	21.2	2.63	30	1.0	268.64	47.04	56.49	103.53
2018	5	22	花九 115	返青期	3	52	22.4	2.58	30	1.0	277.60	43.52	62.88	106.40
2018	5	22	花九 115	返青期	4	52	25.2	2.61	30	1.0	286.55	38.95	63.77	102.72
2018	5	22	花九 115	返青期	5	46	23.9	2.82	30	1.0	273.46	48.36	57.55	105.91
2018	5	22	花九 115	返青期	6	47	21.7	2.79	30	1.0	328.34	39.20	65.31	104.51

（续）

年	月	日	作物品种	作物生育时期	样方号	密度（株或穴/m²）	群体高度（cm）	叶面积指数	调查株（穴）数	每株（穴）分蘖茎数	地上部总鲜重（g/m²）	茎干重（g/m²）	叶干重（g/m²）	地上部总干重（g/m²）
2018	6	6	花九 115	分蘖期	1	49	40.5	4.05	30	5.5	1 036.85	284.56	135.59	420.15
2018	6	6	花九 115	分蘖期	2	50	43.2	4.23	30	5.3	1 024.21	276.58	127.54	404.12
2018	6	6	花九 115	分蘖期	3	57	45.3	4.67	30	6.0	1 014.36	260.62	139.62	400.24
2018	6	6	花九 115	分蘖期	4	50	45.8	4.71	30	6.2	915.88	273.92	131.57	405.49
2018	6	6	花九 115	分蘖期	5	53	46.2	4.76	30	5.6	1 043.91	289.87	143.65	433.52
2018	6	6	花九 115	分蘖期	6	56	42.3	4.49	30	6.5	896.19	247.32	139.86	387.18
2018	6	21	花九 115	拔节期	1	53	65.1	5.36	30	11.3	1 819.91	305.96	318.74	624.70
2018	6	21	花九 115	拔节期	2	46	58.1	5.59	30	11.3	1 538.65	337.50	290.61	628.11
2018	6	21	花九 115	拔节期	3	47	63.9	5.47	30	12.3	1 786.82	329.64	281.24	610.88
2018	6	21	花九 115	拔节期	4	52	62.6	5.24	30	11.5	1 654.46	309.11	309.36	618.47
2018	6	21	花九 115	拔节期	5	54	71.0	6.05	30	12.8	1 604.83	293.34	303.11	596.45
2018	6	21	花九 115	拔节期	6	50	67.1	5.64	30	11.7	1 720.64	312.27	306.24	618.51
2018	7	6	花九 115	拔节期	1	52	73.5	7.85	30	15.0	2 452.38	538.17	296.88	835.05
2018	7	6	花九 115	拔节期	2	56	73.3	7.62	30	16.8	2 317.39	526.72	347.95	874.67
2018	7	6	花九 115	拔节期	3	54	71.9	6.70	30	14.7	2 069.90	554.29	328.80	883.09
2018	7	6	花九 115	拔节期	4	56	65.5	6.77	30	16.6	2 339.89	543.90	293.69	837.59
2018	7	6	花九 115	拔节期	5	55	66.2	7.92	30	17.1	2 182.40	534.44	319.22	853.66
2018	7	6	花九 115	拔节期	6	50	78.3	7.56	30	15.0	2 407.39	595.72	300.07	895.79
2018	7	20	花九 115	抽穗期	1	48	76.3	8.01	30	16.5	3 636.38	712.94	490.21	1 203.15
2018	7	20	花九 115	抽穗期	2	50	78.7	7.53	30	17.0	3 487.96	761.86	485.54	1 247.40
2018	7	20	花九 115	抽穗期	3	49	73.9	8.49	30	16.1	3 562.17	733.90	508.89	1 242.79
2018	7	20	花九 115	抽穗期	4	50	87.4	8.56	30	15.3	3 933.23	664.01	494.88	1 158.89
2018	7	20	花九 115	抽穗期	5	44	84.2	7.77	30	17.1	3 525.07	747.88	434.19	1 182.07
2018	7	20	花九 115	抽穗期	6	48	77.9	8.17	30	16.8	3 736.44	705.95	476.21	1 182.16
2018	9	13	花九 115	蜡熟期	1	49	99.5	4.84	30	18.2	4 647.51	639.31	366.41	1 945.25
2018	9	13	花九 115	蜡熟期	2	50	84.9	4.70	30	19.2	4 559.83	684.98	358.85	1 821.32
2018	9	13	花九 115	蜡熟期	3	53	97.7	4.20	30	17.1	4 515.98	606.69	355.08	1 783.77
2018	9	13	花九 115	蜡熟期	4	47	96.8	4.66	30	18.8	4 735.20	652.36	400.40	1 847.61
2018	9	13	花九 115	蜡熟期	5	50	85.8	4.34	30	20.1	4 121.38	646.96	392.85	1 939.61
2018	9	13	花九 115	蜡熟期	6	48	84.0	4.70	30	17.5	4 428.29	678.45	389.07	1 979.04

4.2.7 耕作层作物根生物量

数据说明：耕作层作物根生物量数据集中的数据均来源于沙坡头站农田生态系统综合观测场、辅助观测场和站区调查点的观测。在每年春季种植小麦、玉米、大豆或水稻育秧时开始观测相应的作物品种、作物生育时期、耕作层深度、根干重等数据。所有观测数据均为多次测量或观测的平均值。在作物生育期，按照挖掘法分层挖出作物根系，在清水中冲去泥土，用滤纸吸干水分，称取鲜重，然后烘干获得干重数据（表 4-7）。

（续）

表 4-7　耕作层作物根生物量

年	月	日	作物名称	作物品种	作物生育时期	样方号	样方面积（cm×cm）	耕作层深度（cm）	根干重（g/m²）	约占总根干重比例（%）	备注
样地名称：沙坡头站农田生态系统综合观测场土壤生物采样地											
2009	6	3	小麦	宁春 47 号	抽穗期	1	20×20	30	191.27	82.2	
2009	6	3	小麦	宁春 47 号	抽穗期	2	20×20	30	187.82	81.7	
2009	6	3	小麦	宁春 47 号	抽穗期	3	20×20	30	198.39	82.4	
2009	6	3	小麦	宁春 47 号	抽穗期	4	20×20	30	193.28	81.7	
2009	6	3	小麦	宁春 47 号	抽穗期	5	20×20	30	208.13	83.5	
2009	6	3	小麦	宁春 47 号	抽穗期	6	20×20	30	201.24	83.1	
2009	6	25	小麦	宁春 47 号	收获期	1	20×20	30	115.26	84.2	
2009	6	25	小麦	宁春 47 号	收获期	2	20×20	30	123.19	82.9	
2009	6	25	小麦	宁春 47 号	收获期	3	20×20	30	119.33	84.3	
2009	6	25	小麦	宁春 47 号	收获期	4	20×20	30	127.37	86.1	
2009	6	25	小麦	宁春 47 号	收获期	5	20×20	30	125.59	85.9	
2009	6	25	小麦	宁春 47 号	收获期	6	20×20	30	118.93	84.7	
2010	7	21	玉米	正大 12 号	抽雄期	1	100×100	30	44.01	85.2	
2010	7	21	玉米	正大 12 号	抽雄期	2	100×100	30	60.38	74.7	
2010	7	21	玉米	正大 12 号	抽雄期	3	100×100	30	36.86	86.6	
2010	7	21	玉米	正大 12 号	抽雄期	4	100×100	30	40.24	83.0	
2010	7	21	玉米	正大 12 号	抽雄期	5	100×100	30	37.36	86.3	
2010	7	21	玉米	正大 12 号	抽雄期	6	100×100	30	38.96	82.9	
2010	9	25	玉米	正大 12 号	成熟期	1	100×100	30	250.00	73.6	
2010	9	25	玉米	正大 12 号	成熟期	2	100×100	30	255.80	74.6	
2010	9	25	玉米	正大 12 号	成熟期	3	100×100	30	264.32	75.2	
2010	9	25	玉米	正大 12 号	成熟期	4	100×100	30	267.63	76.6	
2010	9	25	玉米	正大 12 号	成熟期	5	100×100	30	288.31	75.2	
2010	9	25	玉米	正大 12 号	成熟期	6	100×100	30	255.24	75.0	
2011	6	5	小麦	宁春 4 号	抽穗期	1	20×20	30	199.57	80.8	
2011	6	5	小麦	宁春 4 号	抽穗期	2	20×20	30	184.08	82.2	
2011	6	5	小麦	宁春 4 号	抽穗期	3	20×20	30	191.49	72.3	
2011	6	5	小麦	宁春 4 号	抽穗期	4	20×20	30	190.05	78.0	
2011	6	5	小麦	宁春 4 号	抽穗期	5	20×20	30	195.12	76.9	
2011	6	5	小麦	宁春 4 号	抽穗期	6	20×20	30	191.52	74.8	
2011	6	25	小麦	宁春 4 号	收获期	1	20×20	30	106.04	80.8	
2011	6	25	小麦	宁春 4 号	收获期	2	20×20	30	108.55	84.8	
2011	6	25	小麦	宁春 4 号	收获期	3	20×20	30	117.02	82.9	
2011	6	25	小麦	宁春 4 号	收获期	4	20×20	30	116.98	80.7	
2011	6	25	小麦	宁春 4 号	收获期	5	20×20	30	110.24	78.3	
2011	6	25	小麦	宁春 4 号	收获期	6	20×20	30	114.24	78.0	

（续）

年	月	日	作物名称	作物品种	作物生育时期	样方号	样方面积 (cm×cm)	耕作层深度 (cm)	根干重 (g/m²)	约占总根干重比例（%）	备注
2012	5	20	小麦	宁春 4 号	抽穗期	1	20×20	30	176.54	78.2	
2012	5	20	小麦	宁春 4 号	抽穗期	2	20×20	30	189.32	79.3	
2012	5	20	小麦	宁春 4 号	抽穗期	3	20×20	30	165.35	81.2	
2012	5	20	小麦	宁春 4 号	抽穗期	4	20×20	30	174.50	80.4	
2012	5	20	小麦	宁春 4 号	抽穗期	5	20×20	30	163.04	73.4	
2012	5	20	小麦	宁春 4 号	抽穗期	6	20×20	30	178.66	75.5	
2012	6	20	小麦	宁春 4 号	成熟期	1	20×20	30	98.35	81.3	
2012	6	20	小麦	宁春 4 号	成熟期	2	20×20	30	110.42	85.3	
2012	6	20	小麦	宁春 4 号	成熟期	3	20×20	30	121.54	76.4	
2012	6	20	小麦	宁春 4 号	成熟期	4	20×20	30	106.32	82.4	
2012	6	20	小麦	宁春 4 号	成熟期	5	20×20	30	122.30	78.6	
2012	6	20	小麦	宁春 4 号	成熟期	6	20×20	30	107.65	77.9	
2013	5	21	小麦	宁春 4 号	抽穗期	1	20×20	30	146.38	75.3	
2013	5	21	小麦	宁春 4 号	抽穗期	2	20×20	30	157.33	76.2	
2013	5	21	小麦	宁春 4 号	抽穗期	3	20×20	30	164.65	50.7	
2013	5	21	小麦	宁春 4 号	抽穗期	4	20×20	30	139.56	74.5	
2013	5	21	小麦	宁春 4 号	抽穗期	5	20×20	30	160.37	77.8	
2013	5	21	小麦	宁春 4 号	抽穗期	6	20×20	30	152.42	71.6	
2013	6	25	小麦	宁春 4 号	成熟期	1	20×20	30	101.58	76.8	
2013	6	25	小麦	宁春 4 号	成熟期	2	20×20	30	135.62	80.6	
2013	6	25	小麦	宁春 4 号	成熟期	3	20×20	30	144.37	82.7	
2013	6	25	小麦	宁春 4 号	成熟期	4	20×20	30	128.65	79.3	
2013	6	25	小麦	宁春 4 号	成熟期	5	20×20	30	119.56	74.5	
2013	6	25	小麦	宁春 4 号	成熟期	6	20×20	30	108.40	72.2	
2014	7	5	玉米	大丰 30	抽雄期	1	100×100	30	353.34	72.4	
2014	7	5	玉米	大丰 30	抽雄期	2	100×100	30	335.44	59.2	
2014	7	5	玉米	大丰 30	抽雄期	3	100×100	30	322.90	64.0	
2014	7	5	玉米	大丰 30	抽雄期	4	100×100	30	304.53	86.8	
2014	7	5	玉米	大丰 30	抽雄期	5	100×100	30	281.79	71.9	
2014	7	5	玉米	大丰 30	抽雄期	6	100×100	30	298.04	94.4	
2014	9	18	玉米	大丰 30	成熟期	1	100×100	30	382.35	60.2	
2014	9	18	玉米	大丰 30	成熟期	2	100×100	30	329.35	62.8	
2014	9	18	玉米	大丰 30	成熟期	3	100×100	30	324.84	68.7	
2014	9	18	玉米	大丰 30	成熟期	4	100×100	30	363.93	64.3	
2014	9	18	玉米	大丰 30	成熟期	5	100×100	30	326.99	69.1	
2014	9	18	玉米	大丰 30	成熟期	6	100×100	30	335.50	83.7	
2015	5	18	小麦	宁春 39 号	抽穗期	1	20×20	30	149.67	68.4	
2015	5	18	小麦	宁春 39 号	抽穗期	2	20×20	30	162.76	82.0	

（续）

年	月	日	作物名称	作物品种	作物生育时期	样方号	样方面积（cm×cm）	耕作层深度（cm）	根干重（g/m²）	约占总根干重比例（%）	备注
2015	5	18	小麦	宁春 39 号	抽穗期	3	20×20	30	159.19	69.3	
2015	5	18	小麦	宁春 39 号	抽穗期	4	20×20	30	157.91	68.4	
2015	5	18	小麦	宁春 39 号	抽穗期	5	20×20	30	135.48	68.2	
2015	5	18	小麦	宁春 39 号	抽穗期	6	20×20	30	136.81	62.5	
2015	6	22	小麦	宁春 39 号	成熟期	1	20×20	30	140.13	81.1	
2015	6	22	小麦	宁春 39 号	成熟期	2	20×20	30	112.54	80.1	
2015	6	22	小麦	宁春 39 号	成熟期	3	20×20	30	117.63	76.1	
2015	6	22	小麦	宁春 39 号	成熟期	4	20×20	30	101.58	69.8	
2015	6	22	小麦	宁春 39 号	成熟期	5	20×20	30	104.71	86.6	
2015	6	22	小麦	宁春 39 号	成熟期	6	20×20	30	135.16	74.1	
2016	7	10	玉米	强盛 16 号	抽雄期	1	100×100	30	348.69	64.3	
2016	7	10	玉米	强盛 16 号	抽雄期	2	100×100	30	369.25	74.7	
2016	7	10	玉米	强盛 16 号	抽雄期	3	100×100	30	310.62	83.1	
2016	7	10	玉米	强盛 16 号	抽雄期	4	100×100	30	305.62	71.5	
2016	7	10	玉米	强盛 16 号	抽雄期	5	100×100	30	274.68	73.2	
2016	7	10	玉米	强盛 16 号	抽雄期	6	100×100	30	292.23	70.8	
2016	9	18	玉米	强盛 16 号	成熟期	1	100×100	30	303.19	66.8	
2016	9	18	玉米	强盛 16 号	成熟期	2	100×100	30	395.53	74.8	
2016	9	18	玉米	强盛 16 号	成熟期	3	100×100	30	378.74	70.8	
2016	9	18	玉米	强盛 16 号	成熟期	4	100×100	30	354.41	68.6	
2016	9	18	玉米	强盛 16 号	成熟期	5	100×100	30	339.07	64.7	
2016	9	18	玉米	强盛 16 号	成熟期	6	100×100	30	332.67	71.9	
2017	5	19	小麦	宁春 4 号	抽穗期	1	20×20	30	104.65	74.8	施化肥
2017	5	19	小麦	宁春 4 号	抽穗期	2	20×20	30	92.26	69.0	施化肥
2017	5	19	小麦	宁春 4 号	抽穗期	3	20×20	30	97.32	76.2	施化肥
2017	5	19	小麦	宁春 4 号	抽穗期	4	20×20	30	94.24	70.5	施化肥
2017	5	19	小麦	宁春 4 号	抽穗期	5	20×20	30	97.52	74.8	施化肥
2017	5	19	小麦	宁春 4 号	抽穗期	6	20×20	30	110.76	73.3	施化肥
2017	6	24	小麦	宁春 4 号	成熟期	1	20×20	30	145.76	76.4	施化肥
2017	6	24	小麦	宁春 4 号	成熟期	2	20×20	30	122.78	74.8	施化肥
2017	6	24	小麦	宁春 4 号	成熟期	3	20×20	30	137.66	74.0	施化肥
2017	6	24	小麦	宁春 4 号	成熟期	4	20×20	30	123.19	81.9	施化肥
2017	6	24	小麦	宁春 4 号	成熟期	5	20×20	30	140.57	76.4	施化肥
2017	6	24	小麦	宁春 4 号	成熟期	6	20×20	30	125.56	80.3	施化肥
2018	7	8	玉米	龙生 2 号	抽雄期	1	100×100	30	231.19	64.0	施化肥
2018	7	8	玉米	龙生 2 号	抽雄期	2	100×100	30	222.46	62.7	施化肥
2018	7	8	玉米	龙生 2 号	抽雄期	3	100×100	30	209.38	68.5	施化肥
2018	7	8	玉米	龙生 2 号	抽雄期	4	100×100	30	205.01	60.1	施化肥
2018	7	8	玉米	龙生 2 号	抽雄期	5	100×100	30	237.73	67.8	施化肥

（续）

年	月	日	作物名称	作物品种	作物生育时期	样方号	样方面积（cm×cm）	耕作层深度（cm）	根干重（g/m²）	约占总根干重比例（%）	备注
2018	7	8	玉米	龙生 2 号	抽雄期	6	100×100	30	239.91	67.2	施化肥
2018	9	15	玉米	龙生 2 号	成熟期	1	100×100	30	189.73	67.0	施化肥
2018	9	15	玉米	龙生 2 号	成熟期	2	100×100	30	176.04	74.9	施化肥
2018	9	15	玉米	龙生 2 号	成熟期	3	100×100	30	185.82	73.4	施化肥
2018	9	15	玉米	龙生 2 号	成熟期	4	100×100	30	205.38	78.4	施化肥
2018	9	15	玉米	龙生 2 号	成熟期	5	100×100	30	179.95	64.2	施化肥
2018	9	15	玉米	龙生 2 号	成熟期	6	100×100	30	197.56	65.6	施化肥
样地名称：沙坡头站养分循环场生物土壤长期采样地											
2009	7	20	玉米	正大 12 号	抽雄期	1	100×100	30	295.36	87.4	
2009	7	20	玉米	正大 12 号	抽雄期	2	100×100	30	291.23	83.6	
2009	7	20	玉米	正大 12 号	抽雄期	3	100×100	30	308.35	90.2	
2009	7	20	玉米	正大 12 号	抽雄期	4	100×100	30	316.48	90.1	
2009	7	20	玉米	正大 12 号	抽雄期	5	100×100	30	313.27	85.2	
2009	7	20	玉米	正大 12 号	抽雄期	6	100×100	30	285.38	87.3	
2009	9	20	玉米	正大 12 号	成熟期	1	100×100	30	215.67	73.4	
2009	9	20	玉米	正大 12 号	成熟期	2	100×100	30	209.39	77.6	
2009	9	20	玉米	正大 12 号	成熟期	3	100×100	30	242.17	79.2	
2009	9	20	玉米	正大 12 号	成熟期	4	100×100	30	231.26	75.4	
2009	9	20	玉米	正大 12 号	成熟期	5	100×100	30	217.18	77.2	
2009	9	20	玉米	正大 12 号	成熟期	6	100×100	30	249.29	76.5	
2010	5	25	小麦	宁春 4 号	抽穗期	1	20×20	30	126.28	78.9	
2010	5	25	小麦	宁春 4 号	抽穗期	2	20×20	30	123.77	80.2	
2010	5	25	小麦	宁春 4 号	抽穗期	3	20×20	30	133.18	79.0	
2010	5	25	小麦	宁春 4 号	抽穗期	4	20×20	30	122.69	78.6	
2010	5	25	小麦	宁春 4 号	抽穗期	5	20×20	30	117.12	80.3	
2010	5	25	小麦	宁春 4 号	抽穗期	6	20×20	30	121.02	81.5	
2010	7	4	小麦	宁春 4 号	收获期	1	20×20	30	161.05	78.6	
2010	7	4	小麦	宁春 4 号	收获期	2	20×20	30	167.64	81.5	
2010	7	4	小麦	宁春 4 号	收获期	3	20×20	30	162.06	75.8	
2010	7	4	小麦	宁春 4 号	收获期	4	20×20	30	170.06	81.8	
2010	7	4	小麦	宁春 4 号	收获期	5	20×20	30	168.24	79.0	
2010	7	4	小麦	宁春 4 号	收获期	6	20×20	30	174.38	77.1	
2011	7	15	玉米	正大 12 号	抽雄期	1	100×100	30	265.47	80.8	
2011	7	15	玉米	正大 12 号	抽雄期	2	100×100	30	283.38	83.3	
2011	7	15	玉米	正大 12 号	抽雄期	3	100×100	30	279.59	85.5	
2011	7	15	玉米	正大 12 号	抽雄期	4	100×100	30	301.09	83.7	

（续）

年	月	日	作物名称	作物品种	作物生育时期	样方号	样方面积（cm×cm）	耕作层深度（cm）	根干重（g/m²）	约占总根干重比例（%）	备注
2011	7	15	玉米	正大 12 号	抽雄期	5	100×100	30	298.18	79.2	
2011	7	15	玉米	正大 12 号	抽雄期	6	100×100	30	261.79	81.0	
2011	9	5	玉米	正大 12 号	成熟期	1	100×100	30	196.77	63.3	
2011	9	5	玉米	正大 12 号	成熟期	2	100×100	30	183.29	73.5	
2011	9	5	玉米	正大 12 号	成熟期	3	100×100	30	244.52	74.3	
2011	9	5	玉米	正大 12 号	成熟期	4	100×100	30	209.83	72.1	
2011	9	5	玉米	正大 12 号	成熟期	5	100×100	30	202.73	71.3	
2011	9	5	玉米	正大 12 号	成熟期	6	100×100	30	229.50	73.7	
2012	7	10	玉米	先锋 333	抽雄期	1	100×100	30	386.45	78.4	
2012	7	10	玉米	先锋 333	抽雄期	2	100×100	30	368.16	81.3	
2012	7	10	玉米	先锋 333	抽雄期	3	100×100	30	394.65	79.4	
2012	7	10	玉米	先锋 333	抽雄期	4	100×100	30	356.75	80.2	
2012	7	10	玉米	先锋 333	抽雄期	5	100×100	30	364.50	81.1	
2012	7	10	玉米	先锋 333	抽雄期	6	100×100	30	318.46	82.0	
2012	9	20	玉米	先锋 333	成熟期	1	100×100	30	352.45	65.3	
2012	9	20	玉米	先锋 333	成熟期	2	100×100	30	316.60	61.0	
2012	9	20	玉米	先锋 333	成熟期	3	100×100	30	298.46	60.3	
2012	9	20	玉米	先锋 333	成熟期	4	100×100	30	346.85	63.3	
2012	9	20	玉米	先锋 333	成熟期	5	100×100	30	379.24	75.1	
2012	9	20	玉米	先锋 333	成熟期	6	100×100	30	303.61	68.4	
2013	7	12	玉米	KWS2564 杂交种	抽雄期	1	100×100	30	315.68	80.3	
2013	7	12	玉米	KWS2564 杂交种	抽雄期	2	100×100	30	324.44	78.2	
2013	7	12	玉米	KWS2564 杂交种	抽雄期	3	100×100	30	365.52	71.6	
2013	7	12	玉米	KWS2564 杂交种	抽雄期	4	100×100	30	328.17	76.4	
2013	7	12	玉米	KWS2564 杂交种	抽雄期	5	100×100	30	311.54	78.3	
2013	7	12	玉米	KWS2564 杂交种	抽雄期	6	100×100	30	319.43	81.7	
2013	9	22	玉米	KWS2564 杂交种	成熟期	1	100×100	30	336.64	63.3	
2013	9	22	玉米	KWS2564 杂交种	成熟期	2	100×100	30	308.52	67.8	
2013	9	22	玉米	KWS2564 杂交种	成熟期	3	100×100	30	332.18	70.2	
2013	9	22	玉米	KWS2564 杂交种	成熟期	4	100×100	30	320.62	64.5	
2013	9	22	玉米	KWS2564 杂交种	成熟期	5	100×100	30	364.42	72.1	
2013	9	22	玉米	KWS2564 杂交种	成熟期	6	100×100	30	344.53	73.4	
2014	5	20	小麦	宁春 4 号	抽穗期	1	20×20	30	152.33	74.8	
2014	5	20	小麦	宁春 4 号	抽穗期	2	20×20	30	182.40	64.6	
2014	5	20	小麦	宁春 4 号	抽穗期	3	20×20	30	178.98	52.6	
2014	5	20	小麦	宁春 4 号	抽穗期	4	20×20	30	144.34	63.2	
2014	5	20	小麦	宁春 4 号	抽穗期	5	20×20	30	154.47	86.2	
2014	5	20	小麦	宁春 4 号	抽穗期	6	20×20	30	165.86	79.4	

（续）

年	月	日	作物名称	作物品种	作物生育时期	样方号	样方面积（cm×cm）	耕作层深度（cm）	根干重（g/m²）	约占总根干重比例（%）	备注
2014	6	26	小麦	宁春 4 号	成熟期	1	20×20	30	96.65	71.9	
2014	6	26	小麦	宁春 4 号	成熟期	2	20×20	30	139.61	90.7	
2014	6	26	小麦	宁春 4 号	成熟期	3	20×20	30	136.20	80.7	
2014	6	26	小麦	宁春 4 号	成熟期	4	20×20	30	126.05	80.1	
2014	6	26	小麦	宁春 4 号	成熟期	5	20×20	30	125.82	70.4	
2014	6	26	小麦	宁春 4 号	成熟期	6	20×20	30	114.27	78.9	
2015	7	4	玉米	农华 101	抽雄期	1	100×100	30	319.90	73.9	
2015	7	4	玉米	农华 101	抽雄期	2	100×100	30	350.68	84.9	
2015	7	4	玉米	农华 101	抽雄期	3	100×100	30	279.84	72.3	
2015	7	4	玉米	农华 101	抽雄期	4	100×100	30	311.86	71.5	
2015	7	4	玉米	农华 101	抽雄期	5	100×100	30	297.39	79.6	
2015	7	4	玉米	农华 101	抽雄期	6	100×100	30	310.88	66.2	
2015	9	19	玉米	农华 101	成熟期	1	100×100	30	301.27	68.2	
2015	9	19	玉米	农华 101	成熟期	2	100×100	30	371.01	70.8	
2015	9	19	玉米	农华 101	成熟期	3	100×100	30	379.06	68.9	
2015	9	19	玉米	农华 101	成熟期	4	100×100	30	298.44	65.8	
2015	9	19	玉米	农华 101	成熟期	5	100×100	30	335.86	73.8	
2015	9	19	玉米	农华 101	成熟期	6	100×100	30	343.59	68.5	
2016	5	17	小麦	宁春 4 号	抽穗期	1	20×20	30	164.64	78.7	
2016	5	17	小麦	宁春 4 号	抽穗期	2	20×20	30	156.25	81.3	
2016	5	17	小麦	宁春 4 号	抽穗期	3	20×20	30	165.56	68.6	
2016	5	17	小麦	宁春 4 号	抽穗期	4	20×20	30	176.86	62.2	
2016	5	17	小麦	宁春 4 号	抽穗期	5	20×20	30	143.61	70.9	
2016	5	17	小麦	宁春 4 号	抽穗期	6	20×20	30	129.97	65.0	
2016	6	23	小麦	宁春 4 号	成熟期	1	20×20	30	167.74	87.6	
2016	6	23	小麦	宁春 4 号	成熟期	2	20×20	30	147.04	80.9	
2016	6	23	小麦	宁春 4 号	成熟期	3	20×20	30	135.86	83.7	
2016	6	23	小麦	宁春 4 号	成熟期	4	20×20	30	119.39	69.8	
2016	6	23	小麦	宁春 4 号	成熟期	5	20×20	30	109.52	82.3	
2016	6	23	小麦	宁春 4 号	成熟期	6	20×20	30	127.59	68.2	
2017	7	10	玉米	强盛 16 号	抽雄期	1	100×100	30	244.98	59.2	
2017	7	10	玉米	强盛 16 号	抽雄期	2	100×100	30	231.89	60.5	
2017	7	10	玉米	强盛 16 号	抽雄期	3	100×100	30	223.37	67.1	
2017	7	10	玉米	强盛 16 号	抽雄期	4	100×100	30	253.82	70.3	
2017	7	10	玉米	强盛 16 号	抽雄期	5	100×100	30	228.14	63.1	
2017	7	10	玉米	强盛 16 号	抽雄期	6	100×100	30	219.83	63.1	
2017	9	20	玉米	强盛 16 号	成熟期	1	100×100	30	237.78	73.7	
2017	9	20	玉米	强盛 16 号	成熟期	2	100×100	30	199.84	75.9	

（续）

年	月	日	作物名称	作物品种	作物生育时期	样方号	样方面积（cm×cm）	耕作层深度（cm）	根干重（g/m²）	约占总根干重比例（%）	备注
2017	9	20	玉米	强盛16号	成熟期	3	100×100	30	229.26	77.3	
2017	9	20	玉米	强盛16号	成熟期	4	100×100	30	218.49	70.1	
2017	9	20	玉米	强盛16号	成熟期	5	100×100	30	194.64	65.0	
2017	9	20	玉米	强盛16号	成熟期	6	100×100	30	208.44	68.7	
2018	5	12	小麦	宁春50号	抽穗期	1	20×20	30	110.64	74.4	
2018	5	12	小麦	宁春50号	抽穗期	2	20×20	30	104.43	65.7	
2018	5	12	小麦	宁春50号	抽穗期	3	20×20	30	111.67	79.4	
2018	5	12	小麦	宁春50号	抽穗期	4	20×20	30	104.43	71.5	
2018	5	12	小麦	宁春50号	抽穗期	5	20×20	30	110.64	67.9	
2018	5	12	小麦	宁春50号	抽穗期	6	20×20	30	109.60	73.6	
2018	6	21	小麦	宁春50号	成熟期	1	20×20	30	126.65	73.6	
2018	6	21	小麦	宁春50号	成熟期	2	20×20	30	117.18	71.3	
2018	6	21	小麦	宁春50号	成熟期	3	20×20	30	123.09	75.1	
2018	6	21	小麦	宁春50号	成熟期	4	20×20	30	115.99	72.1	
2018	6	21	小麦	宁春50号	成熟期	5	20×20	30	112.44	77.4	
2018	6	21	小麦	宁春50号	成熟期	6	20×20	30	129.01	70.6	
样地名称：沙坡头站农田生态系统站区生物采样点											
2009	7	20	水稻	花九115	抽穗期	1	100×100	30	284.47	83.6	
2009	7	20	水稻	花九115	抽穗期	2	100×100	30	281.29	83.9	
2009	7	20	水稻	花九115	抽穗期	3	100×100	30	295.22	84.6	
2009	7	20	水稻	花九115	抽穗期	4	100×100	30	285.25	82.7	
2009	7	20	水稻	花九115	抽穗期	5	100×100	30	302.13	87.1	
2009	7	20	水稻	花九115	抽穗期	6	100×100	30	306.19	88.5	
2009	9	7	水稻	花九115	成熟期	1	100×100	30	192.12	81.2	
2009	9	7	水稻	花九115	成熟期	2	100×100	30	183.37	80.3	
2009	9	7	水稻	花九115	成熟期	3	100×100	30	186.45	77.5	
2009	9	7	水稻	花九115	成熟期	4	100×100	30	197.32	81.4	
2009	9	7	水稻	花九115	成熟期	5	100×100	30	189.17	79.6	
2009	9	7	水稻	花九115	成熟期	6	100×100	30	172.16	78.2	
2010	7	20	水稻	花九115	抽穗期	1	100×100	30	71.74	88.8	
2010	7	20	水稻	花九115	抽穗期	2	100×100	30	74.25	87.0	
2010	7	20	水稻	花九115	抽穗期	3	100×100	30	82.71	88.2	
2010	7	20	水稻	花九115	抽穗期	4	100×100	30	88.16	88.7	
2010	7	20	水稻	花九115	抽穗期	5	100×100	30	89.58	88.5	
2010	7	20	水稻	花九115	抽穗期	6	100×100	30	66.69	87.5	

（续）

年	月	日	作物名称	作物品种	作物生育时期	样方号	样方面积（cm×cm）	耕作层深度（cm）	根干重（g/m²）	约占总根干重比例（%）	备注
2010	9	10	水稻	花九 115	成熟期	1	100×100	30	206.02	83.5	
2010	9	10	水稻	花九 115	成熟期	2	100×100	30	229.32	84.2	
2010	9	10	水稻	花九 115	成熟期	3	100×100	30	203.97	84.4	
2010	9	10	水稻	花九 115	成熟期	4	100×100	30	211.48	86.3	
2010	9	10	水稻	花九 115	成熟期	5	100×100	30	194.61	85.3	
2010	9	10	水稻	花九 115	成熟期	6	100×100	30	197.65	85.9	
2011	7	20	水稻	花九 115	抽穗期	1	100×100	30	273.48	74.1	
2011	7	20	水稻	花九 115	抽穗期	2	100×100	30	266.42	78.3	
2011	7	20	水稻	花九 115	抽穗期	3	100×100	30	279.32	77.8	
2011	7	20	水稻	花九 115	抽穗期	4	100×100	30	257.89	79.0	
2011	7	20	水稻	花九 115	抽穗期	5	100×100	30	289.72	76.6	
2011	7	20	水稻	花九 115	抽穗期	6	100×100	30	291.19	84.1	
2011	9	1	水稻	花九 115	成熟期	1	100×100	30	186.93	78.7	
2011	9	1	水稻	花九 115	成熟期	2	100×100	30	150.22	71.9	
2011	9	1	水稻	花九 115	成熟期	3	100×100	30	176.86	73.2	
2011	9	1	水稻	花九 115	成熟期	4	100×100	30	195.09	77.4	
2011	9	1	水稻	花九 115	成熟期	5	100×100	30	162.89	77.1	
2011	9	1	水稻	花九 115	成熟期	6	100×100	30	160.42	72.0	
2012	7	16	水稻	宁粳 41	抽穗期	1	100×100	30	298.34	77.3	
2012	7	16	水稻	宁粳 41	抽穗期	2	100×100	30	276.18	76.4	
2012	7	16	水稻	宁粳 41	抽穗期	3	100×100	30	245.50	72.8	
2012	7	16	水稻	宁粳 41	抽穗期	4	100×100	30	277.31	73.5	
2012	7	16	水稻	宁粳 41	抽穗期	5	100×100	30	284.62	75.4	
2012	7	16	水稻	宁粳 41	抽穗期	6	100×100	30	275.39	79.2	
2012	9	10	水稻	宁粳 41	成熟期	1	100×100	30	178.26	79.6	
2012	9	10	水稻	宁粳 41	成熟期	2	100×100	30	169.35	72.4	
2012	9	10	水稻	宁粳 41	成熟期	3	100×100	30	187.24	71.3	
2012	9	10	水稻	宁粳 41	成熟期	4	100×100	30	170.60	70.5	
2012	9	10	水稻	宁粳 41	成熟期	5	100×100	30	159.34	76.4	
2012	9	10	水稻	宁粳 41	成熟期	6	100×100	30	174.44	71.1	
2013	7	17	水稻	花 97	抽穗期	1	100×100	30	274.56	77.8	
2013	7	17	水稻	花 97	抽穗期	2	100×100	30	252.38	72.5	
2013	7	17	水稻	花 97	抽穗期	3	100×100	30	224.64	80.4	
2013	7	17	水稻	花 97	抽穗期	4	100×100	30	286.52	72.6	
2013	7	17	水稻	花 97	抽穗期	5	100×100	30	263.53	77.9	

（续）

年	月	日	作物名称	作物品种	作物生育时期	样方号	样方面积（cm×cm）	耕作层深度（cm）	根干重（g/m²）	约占总根干重比例（%）	备注
2013	7	17	水稻	花 97	抽穗期	6	100×100	30	277.18	70.2	
2013	9	15	水稻	花 97	成熟期	1	100×100	30	156.66	80.5	
2013	9	15	水稻	花 97	成熟期	2	100×100	30	185.64	74.8	
2013	9	15	水稻	花 97	成熟期	3	100×100	30	171.32	75.6	
2013	9	15	水稻	花 97	成熟期	4	100×100	30	165.48	72.2	
2013	9	15	水稻	花 97	成熟期	5	100×100	30	150.64	70.8	
2013	9	15	水稻	花 97	成熟期	6	100×100	30	162.89	77.9	
2014	7	20	水稻	宁粳 41	抽穗期	1	100×100	30	272.51	68.4	
2014	7	20	水稻	宁粳 41	抽穗期	2	100×100	30	290.31	66.0	
2014	7	20	水稻	宁粳 41	抽穗期	3	100×100	30	246.64	73.9	
2014	7	20	水稻	宁粳 41	抽穗期	4	100×100	30	232.57	76.7	
2014	7	20	水稻	宁粳 41	抽穗期	5	100×100	30	261.55	63.6	
2014	7	20	水稻	宁粳 41	抽穗期	6	100×100	30	274.99	72.7	
2014	9	10	水稻	宁粳 41	成熟期	1	100×100	30	167.07	90.2	
2014	9	10	水稻	宁粳 41	成熟期	2	100×100	30	205.27	78.4	
2014	9	10	水稻	宁粳 41	成熟期	3	100×100	30	178.67	83.9	
2014	9	10	水稻	宁粳 41	成熟期	4	100×100	30	153.79	87.0	
2014	9	10	水稻	宁粳 41	成熟期	5	100×100	30	144.97	79.1	
2014	9	10	水稻	宁粳 41	成熟期	6	100×100	30	152.58	92.3	
2015	7	18	水稻	宁粳 41	抽穗期	1	100×100	30	290.56	73.9	
2015	7	18	水稻	宁粳 41	抽穗期	2	100×100	30	288.20	64.2	
2015	7	18	水稻	宁粳 41	抽穗期	3	100×100	30	234.02	67.8	
2015	7	18	水稻	宁粳 41	抽穗期	4	100×100	30	308.79	87.4	
2015	7	18	水稻	宁粳 41	抽穗期	5	100×100	30	275.49	66.3	
2015	7	18	水稻	宁粳 41	抽穗期	6	100×100	30	245.73	67.6	
2015	9	12	水稻	宁粳 41	成熟期	1	100×100	30	162.12	83.7	
2015	9	12	水稻	宁粳 41	成熟期	2	100×100	30	183.34	79.4	
2015	9	12	水稻	宁粳 41	成熟期	3	100×100	30	181.62	68.8	
2015	9	12	水稻	宁粳 41	成熟期	4	100×100	30	127.86	87.0	
2015	9	12	水稻	宁粳 41	成熟期	5	100×100	30	193.07	76.2	
2015	9	12	水稻	宁粳 41	成熟期	6	100×100	30	156.46	72.8	
2016	7	19	水稻	宁粳 41	抽穗期	1	100×100	30	325.43	69.5	
2016	7	19	水稻	宁粳 41	抽穗期	2	100×100	30	282.44	73.8	
2016	7	19	水稻	宁粳 41	抽穗期	3	100×100	30	269.12	75.3	
2016	7	19	水稻	宁粳 41	抽穗期	4	100×100	30	345.84	83.9	

（续）

年	月	日	作物名称	作物品种	作物生育时期	样方号	样方面积 (cm×cm)	耕作层深度 (cm)	根干重 (g/m²)	约占总根干重比例（%）	备注
2016	7	19	水稻	宁粳 41	抽穗期	5	100×100	30	247.94	73.6	
2016	7	19	水稻	宁粳 41	抽穗期	6	100×100	30	260.47	75.7	
2016	9	11	水稻	宁粳 41	蜡熟期	1	100×100	30	179.95	90.9	
2016	9	11	水稻	宁粳 41	蜡熟期	2	100×100	30	201.67	77.0	
2016	9	11	水稻	宁粳 41	蜡熟期	3	100×100	30	188.88	84.3	
2016	9	11	水稻	宁粳 41	蜡熟期	4	100×100	30	144.48	91.8	
2016	9	11	水稻	宁粳 41	蜡熟期	5	100×100	30	210.45	79.2	
2016	9	11	水稻	宁粳 41	蜡熟期	6	100×100	30	151.77	81.3	
2017	7	20	水稻	宁粳 41	抽穗期	1	100×100	30	180.28	78.1	
2017	7	20	水稻	宁粳 41	抽穗期	2	100×100	30	201.18	86.5	
2017	7	20	水稻	宁粳 41	抽穗期	3	100×100	30	207.56	84.0	
2017	7	20	水稻	宁粳 41	抽穗期	4	100×100	30	188.58	84.8	
2017	7	20	水稻	宁粳 41	抽穗期	5	100×100	30	198.39	90.7	
2017	7	20	水稻	宁粳 41	抽穗期	6	100×100	30	181.34	78.1	
2017	9	11	水稻	宁粳 41	蜡熟期	1	100×100	30	145.85	74.9	
2017	9	11	水稻	宁粳 41	蜡熟期	2	100×100	30	123.15	74.1	
2017	9	11	水稻	宁粳 41	蜡熟期	3	100×100	30	129.54	82.0	
2017	9	11	水稻	宁粳 41	蜡熟期	4	100×100	30	131.63	75.7	
2017	9	11	水稻	宁粳 41	蜡熟期	5	100×100	30	144.01	75.7	
2017	9	11	水稻	宁粳 41	蜡熟期	6	100×100	30	143.53	83.6	
2018	7	20	水稻	花九 15 号	抽穗期	1	100×100	30	235.76	87.4	
2018	7	20	水稻	花九 15 号	抽穗期	2	100×100	30	213.93	80.7	
2018	7	20	水稻	花九 15 号	抽穗期	3	100×100	30	222.67	78.2	
2018	7	20	水稻	花九 15 号	抽穗期	4	100×100	30	205.20	79.0	
2018	7	20	水稻	花九 15 号	抽穗期	5	100×100	30	209.57	76.5	
2018	7	20	水稻	花九 15 号	抽穗期	6	100×100	30	224.85	87.4	
2018	9	13	水稻	花九 15 号	蜡熟期	1	100×100	30	178.48	80.1	
2018	9	13	水稻	花九 15 号	蜡熟期	2	100×100	30	158.46	82.4	
2018	9	13	水稻	花九 15 号	蜡熟期	3	100×100	30	170.14	80.9	
2018	9	13	水稻	花九 15 号	蜡熟期	4	100×100	30	175.14	83.2	
2018	9	13	水稻	花九 15 号	蜡熟期	5	100×100	30	181.81	76.9	
2018	9	13	水稻	花九 15 号	蜡熟期	6	100×100	30	176.81	77.7	

4.2.8 作物根系分布

数据说明：作物根系分布数据集中的数据均来源于沙坡头站农田生态系统综合观测场、辅助观测场和站区调查点的观测。在每年春季种植小麦、玉米、大豆或水稻育秧时开始观测相应的作物品种、作物生育时期、各层根系干重等数据。所有观测数据均为多次测量或观测的平均值。在作物生育期，按照挖掘法分层挖出作物根系，用清水冲去泥土，用滤纸吸干水分，称取鲜重，然后烘干获得干重数据（表 4-8）。

表 4-8 作物根系分布

年	月	日	作物名称	作物品种	作物生育时期	样方号	样方面积（cm×cm）	0～10 cm 根干重（g/m²）	10～20 cm 根干重（g/m²）	20～30 cm 根干重（g/m²）	30～40 cm 根干重（g/m²）	40～60 cm 根干重（g/m²）	60～80 cm 根干重（g/m²）	80～100 cm 根干重（g/m²）
样地名称：沙坡头站农田生态系统生物土壤辅助长期采样地														
2009	9	20	大豆	宁豆5号	收获期	1	100×100	13.80	18.73	62.33	16.72	4.63	0.00	0.00
2009	9	20	大豆	宁豆5号	收获期	2	100×100	13.49	20.44	52.36	16.72	3.22	0.00	0.00
2009	9	20	大豆	宁豆5号	收获期	3	100×100	10.27	21.35	48.34	24.17	3.22	0.00	0.00
2009	9	20	大豆	宁豆5号	收获期	4	100×100	13.80	17.52	51.46	21.05	3.22	0.00	0.00
2009	9	20	大豆	宁豆5号	收获期	5	100×100	13.19	17.22	59.11	20.44	5.24	0.00	0.00
2009	9	20	大豆	宁豆5号	收获期	6	100×100	12.89	23.97	54.38	16.41	2.01	0.00	0.00
2010	8	10	大豆	宁豆5号	鼓粒期	1	100×100	5.41	9.80	16.62	3.23	0.87	0.00	0.00
2010	8	10	大豆	宁豆5号	鼓粒期	2	100×100	5.86	10.41	16.04	3.35	0.60	0.00	0.00
2010	8	10	大豆	宁豆5号	鼓粒期	3	100×100	6.21	11.29	18.96	3.63	0.46	0.00	0.00
2010	8	10	大豆	宁豆5号	鼓粒期	4	100×100	6.37	11.85	20.86	3.93	0.67	0.00	0.00
2010	8	10	大豆	宁豆5号	鼓粒期	5	100×100	7.13	13.62	20.44	3.92	0.93	0.00	0.00
2010	8	10	大豆	宁豆5号	鼓粒期	6	100×100	5.10	11.70	15.12	3.19	0.94	0.00	0.00
2010	9	26	大豆	宁豆5号	收获期	1	100×100	16.19	20.28	55.84	22.23	5.45	0.00	0.00
2010	9	26	大豆	宁豆5号	收获期	2	100×100	15.62	23.94	45.68	22.09	3.90	0.00	0.00
2010	9	26	大豆	宁豆5号	收获期	3	100×100	11.96	26.53	39.88	31.75	3.81	0.00	0.00
2010	9	26	大豆	宁豆5号	收获期	4	100×100	15.92	22.30	46.76	29.45	3.70	0.00	0.00
2010	9	26	大豆	宁豆5号	收获期	5	100×100	14.75	24.55	52.19	28.09	6.02	0.00	0.00
2010	9	26	大豆	宁豆5号	收获期	6	100×100	15.40	24.47	48.92	22.14	2.22	0.00	0.00
样地名称：沙坡头站农田生态系统综合观测场生物土壤采样地														
2009	6	3	小麦	宁春47号	抽穗期	1	20×20	8.06	30.81	45.32	17.82	4.33	0.00	0.00
2009	6	3	小麦	宁春47号	抽穗期	2	20×20	5.84	32.63	43.70	15.21	3.63	0.00	0.00
2009	6	3	小麦	宁春47号	抽穗期	3	20×20	7.65	33.43	44.91	17.82	3.63	0.00	0.00
2009	6	3	小麦	宁春47号	抽穗期	4	20×20	5.44	31.62	39.98	18.83	2.52	0.00	0.00
2009	6	3	小麦	宁春47号	抽穗期	5	20×20	8.06	27.59	42.29	15.21	3.63	0.00	0.00
2009	6	3	小麦	宁春47号	抽穗期	6	20×20	6.85	33.03	41.16	16.31	1.81	0.00	0.00
2009	6	25	小麦	宁春47号	收获期	1	20×20	10.07	48.94	68.17	23.56	5.44	0.00	0.00
2009	6	25	小麦	宁春47号	收获期	2	20×20	14.10	48.94	65.35	19.94	5.84	0.00	0.00
2009	6	25	小麦	宁春47号	收获期	3	20×20	10.88	46.83	66.06	25.38	5.84	0.00	0.00
2009	6	25	小麦	宁春47号	收获期	4	20×20	10.57	52.67	63.54	17.82	8.06	0.00	0.00
2009	6	25	小麦	宁春47号	收获期	5	20×20	10.07	50.85	69.68	21.75	6.85	0.00	0.00
2009	6	25	小麦	宁春47号	收获期	6	20×20	11.28	53.67	68.17	23.56	9.47	0.00	0.00
2010	7	21	玉米	正大12号	抽雄期	1	100×100	19.01	8.33	10.17	2.02	3.78	0.70	0.00

（续）

年	月	日	作物名称	作物品种	作物生育时期	样方号	样方面积 (cm×cm)	0～10 cm 根干重 (g/m²)	10～20 cm 根干重 (g/m²)	20～30 cm 根干重 (g/m²)	30～40 cm 根干重 (g/m²)	40～60 cm 根干重 (g/m²)	60～80 cm 根干重 (g/m²)	80～100 cm 根干重 (g/m²)
2010	7	21	玉米	正大12号	抽雄期	2	100×100	23.45	9.35	12.30	5.03	6.87	3.38	0.00
2010	7	21	玉米	正大12号	抽雄期	3	100×100	14.93	6.71	10.27	2.34	1.56	1.05	0.00
2010	7	21	玉米	正大12号	抽雄期	4	100×100	16.94	6.60	9.85	3.95	1.91	0.99	0.00
2010	7	21	玉米	正大12号	抽雄期	5	100×100	15.12	8.32	8.80	1.78	2.56	0.78	0.00
2010	7	21	玉米	正大12号	抽雄期	6	100×100	18.90	5.43	7.96	2.53	3.29	0.85	0.00
2010	9	25	玉米	正大12号	收获期	1	100×100	17.45	59.42	107.01	42.73	19.96	3.43	0.00
2010	9	25	玉米	正大12号	收获期	2	100×100	19.01	68.39	103.37	40.93	22.08	2.02	0.00
2010	9	25	玉米	正大12号	收获期	3	100×100	15.03	74.15	109.72	40.59	22.87	1.96	0.00
2010	9	25	玉米	正大12号	收获期	4	100×100	19.50	70.69	114.87	34.76	24.42	3.39	0.00
2010	9	25	玉米	正大12号	收获期	5	100×100	18.69	78.41	119.58	40.48	28.49	2.66	0.00
2010	9	25	玉米	正大12号	收获期	6	100×100	17.84	67.84	105.74	39.90	21.63	2.29	0.00
2015	5	18	春小麦	宁春39号	抽穗期	1	20×20	17.72	74.4	57.55	34.14	28.23	6.78	0.00
2015	5	18	春小麦	宁春39号	抽穗期	2	20×20	18.46	77.41	66.89	19.05	16.67	0.00	0.00
2015	5	18	春小麦	宁春39号	抽穗期	3	20×20	17.46	73.51	68.22	31.01	31.7	7.81	0.00
2015	5	18	春小麦	宁春39号	抽穗期	4	20×20	16.85	85.42	55.64	41.09	31.86	0.00	0.00
2015	5	18	春小麦	宁春39号	抽穗期	5	20×20	16.89	69.93	48.67	32.18	26.62	4.37	0.00
2015	5	18	春小麦	宁春39号	抽穗期	6	20×20	15.54	67.86	53.41	42.9	29.55	9.63	0.00
2015	6	22	春小麦	宁春39号	成熟期	1	20×20	17.62	67.56	54.95	21.94	10.71	0.00	0.00
2015	6	22	春小麦	宁春39号	成熟期	2	20×20	13.49	57.6	41.45	17.7	10.26	0.00	0.00
2015	6	22	春小麦	宁春39号	成熟期	3	20×20	13.76	61.21	42.66	23.8	13.14	0.00	0.00
2015	6	22	春小麦	宁春39号	成熟期	4	20×20	12.08	47.44	42.06	20.23	16.01	7.71	0.00
2015	6	22	春小麦	宁春39号	成熟期	5	20×20	11.37	55.5	37.85	15.11	1.09	0.00	0.00
2015	6	22	春小麦	宁春39号	成熟期	6	20×20	19.15	66.76	49.25	22.25	20.61	4.38	0.00
2016	7	10	春玉米	强盛16号	抽雄期	1	100×100	39.78	175.40	133.51	117.01	41.88	34.71	0.00
2016	7	10	春玉米	强盛16号	抽雄期	2	100×100	32.74	197.20	139.31	76.59	17.85	30.62	0.00
2016	7	10	春玉米	强盛16号	抽雄期	3	100×100	31.50	113.19	165.93	36.27	15.69	11.21	0.00
2016	7	10	春玉米	强盛16号	抽雄期	4	100×100	41.29	112.61	151.72	71.32	29.13	21.37	0.00
2016	7	10	春玉米	强盛16号	抽雄期	5	100×100	28.22	129.56	116.90	57.61	21.76	21.19	0.00
2016	7	10	春玉米	强盛16号	抽雄期	6	100×100	36.69	106.59	148.95	74.38	27.70	18.44	0.00
2016	9	18	春玉米	强盛16号	成熟期	1	100×100	42.54	127.19	133.46	60.64	50.11	39.94	0.00
2016	9	18	春玉米	强盛16号	成熟期	2	100×100	56.83	141.58	197.12	79.57	32.00	21.68	0.00
2016	9	18	春玉米	强盛16号	成熟期	3	100×100	53.10	131.60	194.04	68.74	50.55	36.91	0.00
2016	9	18	春玉米	强盛16号	成熟期	4	100×100	47.61	132.34	174.46	93.28	60.01	8.93	0.00
2016	9	18	春玉米	强盛16号	成熟期	5	100×100	57.33	128.29	153.45	115.08	45.80	24.11	0.00
2016	9	18	春玉米	强盛16号	成熟期	6	100×100	47.54	97.86	187.27	73.71	46.70	9.60	0.00

（续）

年	月	日	作物名称	作物品种	作物生育时期	样方号	样方面积（cm×cm）	0～10 cm根干重（g/m²）	10～20 cm根干重（g/m²）	20～30 cm根干重（g/m²）	30～40 cm根干重（g/m²）	40～60 cm根干重（g/m²）	60～80 cm根干重（g/m²）	80～100 cm根干重（g/m²）
样地名称：沙坡头站养分循环场生物土壤长期采样地														
2009	7	20	玉米	正大12号	抽雄期	1	100×100	17.42	7.00	8.83	1.69	3.13	0.55	0.00
2009	7	20	玉米	正大12号	抽雄期	2	100×100	20.14	7.73	10.21	4.33	5.16	2.76	0.00
2009	7	20	玉米	正大12号	抽雄期	3	100×100	12.70	5.52	8.38	1.80	1.20	0.83	0.00
2009	7	20	玉米	正大12号	抽雄期	4	100×100	15.71	5.43	7.54	3.12	1.56	0.83	0.00
2009	7	20	玉米	正大12号	抽雄期	5	100×100	14.00	6.81	7.45	1.41	2.11	0.64	0.00
2009	7	20	玉米	正大12号	抽雄期	6	100×100	15.21	4.33	6.72	2.01	2.67	0.74	0.00
2009	9	25	玉米	正大12号	收获期	1	100×100	15.81	67.47	118.22	35.75	16.82	2.76	0.00
2009	9	25	玉米	正大12号	收获期	2	100×100	15.00	78.04	121.34	33.33	18.43	1.65	0.00
2009	9	25	玉米	正大12号	收获期	3	100×100	14.50	80.86	127.08	32.73	18.13	1.56	0.00
2009	9	25	玉米	正大12号	收获期	4	100×100	15.51	75.53	128.29	29.00	20.44	2.67	0.00
2009	9	25	玉米	正大12号	收获期	5	100×100	16.41	86.90	132.72	34.14	22.76	2.21	0.00
2009	9	25	玉米	正大12号	收获期	6	100×100	15.41	79.35	122.55	32.43	18.03	1.84	0.00
2010	5	25	小麦	宁春4号	抽穗期	1	20×20	10.22	35.47	53.90	21.52	5.17	0.00	0.00
2010	5	25	小麦	宁春4号	抽穗期	2	20×20	7.16	39.30	52.83	20.26	4.22	0.00	0.00
2010	5	25	小麦	宁春4号	抽穗期	3	20×20	9.70	40.98	54.56	23.22	4.72	0.00	0.00
2010	5	25	小麦	宁春4号	抽穗期	4	20×20	6.51	41.31	48.62	23.06	3.19	0.00	0.00
2010	5	25	小麦	宁春4号	抽穗期	5	20×20	9.82	32.59	51.65	18.48	4.58	0.00	0.00
2010	5	25	小麦	宁春4号	抽穗期	6	20×20	7.91	39.14	51.62	20.08	2.27	0.00	0.00
2010	7	4	小麦	宁春4号	收获期	1	20×20	12.52	54.02	60.04	27.97	6.50	0.00	0.00
2010	7	4	小麦	宁春4号	收获期	2	20×20	17.30	62.01	57.27	23.89	7.17	0.00	0.00
2010	7	4	小麦	宁春4号	收获期	3	20×20	13.68	48.55	60.58	32.01	7.24	0.00	0.00
2010	7	4	小麦	宁春4号	收获期	4	20×20	13.43	66.21	59.47	21.29	9.66	0.00	0.00
2010	7	4	小麦	宁春4号	收获期	5	20×20	12.12	57.91	62.87	27.22	8.12	0.00	0.00
2010	7	4	小麦	宁春4号	收获期	6	20×20	14.05	62.13	58.28	28.27	11.65	0.00	0.00
2015	7	4	春玉米	农华101	抽雄期	1	100×100	31.17	128.13	160.6	63.2	36.79	12.99	0.00
2015	7	4	春玉米	农华101	抽雄期	2	100×100	28.5	151.18	171	40.89	17.35	4.13	0.00
2015	7	4	春玉米	农华101	抽雄期	3	100×100	33.29	109.54	137.02	56.51	32.9	17.8	0.00
2015	7	4	春玉米	农华101	抽雄期	4	100×100	40.13	129.11	142.63	71.97	32.28	20.06	0.00
2015	7	4	春玉米	农华101	抽雄期	5	100×100	27.27	124.04	146.08	49.32	21.67	5.23	0.00
2015	7	4	春玉米	农华101	抽雄期	6	100×100	41.33	126.32	143.23	85.47	48.37	24.89	0.00
2015	9	10	春玉米	农华101	成熟期	1	100×100	26.06	109.55	165.65	77.75	45.06	17.67	0.00
2015	9	10	春玉米	农华101	成熟期	2	100×100	42.45	133.63	194.94	89.61	46.11	17.29	0.00
2015	9	10	春玉米	农华101	成熟期	3	100×100	40.16	135.34	203.56	90.78	52.82	27.51	0.00
2015	9	10	春玉米	农华101	成熟期	4	100×100	32.2	106.59	159.65	76.65	54.88	23.58	0.00
2015	9	10	春玉米	农华101	成熟期	5	100×100	30.04	131.07	174.76	69.17	36.41	13.65	0.00
2015	9	10	春玉米	农华101	成熟期	6	100×100	37.62	117.87	188.1	89.78	49.16	19.06	0.00

（续）

年	月	日	作物名称	作物品种	作物生育时期	样方号	样方面积（cm×cm）	0～10 cm 根干重（g/m²）	10～20 cm 根干重（g/m²）	20～30 cm 根干重（g/m²）	30～40 cm 根干重（g/m²）	40～60 cm 根干重（g/m²）	60～80 cm 根干重（g/m²）	80～100 cm 根干重（g/m²）
2016	5	17	春小麦	宁春4号	抽穗期	1	20×20	19.56	78.95	66.13	40.29	4.27	0.00	0.00
2016	5	17	春小麦	宁春4号	抽穗期	2	20×20	15.91	65.96	74.38	24.45	11.49	0.00	0.00
2016	5	17	春小麦	宁春4号	抽穗期	3	20×20	18.55	86.50	60.51	49.21	15.71	10.86	0.00
2016	5	17	春小麦	宁春4号	抽穗期	4	20×20	23.97	101.00	51.89	67.99	28.15	11.35	0.00
2016	5	17	春小麦	宁春4号	抽穗期	5	20×20	15.84	72.01	55.76	37.85	21.09	0.00	0.00
2016	5	17	春小麦	宁春4号	抽穗期	6	20×20	15.88	66.33	47.76	39.70	20.88	9.41	0.00
2016	6	23	春小麦	宁春4号	成熟期	1	20×20	18.55	78.62	70.57	18.39	5.35	0.00	0.00
2016	6	23	春小麦	宁春4号	成熟期	2	20×20	19.89	65.58	61.57	22.44	12.27	0.00	0.00
2016	6	23	春小麦	宁春4号	成熟期	3	20×20	14.01	64.92	56.93	22.00	4.45	0.00	0.00
2016	6	23	春小麦	宁春4号	成熟期	4	20×20	12.35	58.55	48.49	23.87	21.64	6.15	0.00
2016	6	23	春小麦	宁春4号	成熟期	5	20×20	11.38	48.21	49.93	16.90	6.65	0.00	0.00
2016	6	23	春小麦	宁春4号	成熟期	6	20×20	18.66	69.84	39.09	25.79	23.25	10.45	0.00
样地名称：沙坡头站农田生态系统站区生物采样点														
2009	9	28	水稻	花九115	收获期	1	100×100	20.44	74.62	100.90	24.87	4.93	0.00	0.00
2009	9	28	水稻	花九115	收获期	2	100×100	26.38	76.03	101.81	27.79	4.93	0.00	0.00
2009	9	28	水稻	花九115	收获期	3	100×100	19.64	77.54	98.28	28.40	2.62	0.00	0.00
2009	9	28	水稻	花九115	收获期	4	100×100	22.25	73.41	100.10	20.74	4.63	0.00	0.00
2009	9	28	水稻	花九115	收获期	5	100×100	19.03	70.79	103.82	22.56	3.22	0.00	0.00
2009	9	28	水稻	花九115	收获期	6	100×100	23.16	72.50	97.68	22.56	2.92	0.00	0.00
2010	7	20	水稻	花九115	抽穗期	1	100×100	8.66	21.77	33.24	7.54	0.53	0.00	0.00
2010	7	20	水稻	花九115	抽穗期	2	100×100	9.37	23.14	32.09	7.83	1.82	0.00	0.00
2010	7	20	水稻	花九115	抽穗期	3	100×100	9.94	25.09	37.91	8.47	1.30	0.00	0.00
2010	7	20	水稻	花九115	抽穗期	4	100×100	10.18	26.33	41.73	9.17	0.75	0.00	0.00
2010	7	20	水稻	花九115	抽穗期	5	100×100	11.40	27.03	40.88	9.14	1.13	0.00	0.00
2010	7	20	水稻	花九115	抽穗期	6	100×100	8.17	19.98	30.23	7.44	0.87	0.00	0.00
2010	9	29	水稻	花九115	收获期	1	100×100	30.22	59.88	81.98	28.25	5.69	0.00	0.00
2010	9	29	水稻	花九115	收获期	2	100×100	41.22	61.11	90.85	30.36	5.78	0.00	0.00
2010	9	29	水稻	花九115	收获期	3	100×100	28.68	67.19	76.22	29.10	2.78	0.00	0.00
2010	9	29	水稻	花九115	收获期	4	100×100	32.45	64.91	85.17	23.48	5.47	0.00	0.00
2010	9	29	水稻	花九115	收获期	5	100×100	27.62	54.71	83.66	25.12	3.50	0.00	0.00
2010	9	29	水稻	花九115	收获期	6	100×100	34.17	59.16	76.47	24.66	3.19	0.00	0.00
2015	7	18	中稻	宁粳41	抽穗期	1	100×100	49.15	99.87	141.54	66.45	36.17	0.00	0.00
2015	7	18	中稻	宁粳41	抽穗期	2	100×100	59.7	101.45	127.04	99.21	61.5	0.00	0.00

（续）

年	月	日	作物名称	作物品种	作物生育时期	样方号	样方面积（cm×cm）	0～10 cm 根干重（g/m²）	10～20 cm 根干重（g/m²）	20～30 cm 根干重（g/m²）	30～40 cm 根干重（g/m²）	40～60 cm 根干重（g/m²）	60～80 cm 根干重（g/m²）	80～100 cm 根干重（g/m²）
2015	7	18	中稻	宁粳 41	抽穗期	3	100×100	38.66	75.59	119.77	81.11	30.03	0.00	0.00
2015	7	18	中稻	宁粳 41	抽穗期	4	100×100	37.45	118.36	152.98	34.62	9.89	0.00	0.00
2015	7	18	中稻	宁粳 41	抽穗期	5	100×100	43.63	95.15	136.71	81.44	58.59	0.00	0.00
2015	7	18	中稻	宁粳 41	抽穗期	6	100×100	45.8	85.42	114.5	84.7	33.08	0.00	0.00
2015	9	12	中稻	宁粳 41	成熟期	1	100×100	28.67	60.43	73.02	23.44	8.14	0.00	0.00
2015	9	12	中稻	宁粳 41	成熟期	2	100×100	35.1	75.04	73.2	39.02	8.54	0.00	0.00
2015	9	12	中稻	宁粳 41	成熟期	3	100×100	43.03	62.3	76.29	55.17	27.19	0.00	0.00
2015	9	12	中稻	宁粳 41	成熟期	4	100×100	20.43	47.91	59.52	15.28	3.82	0.00	0.00
2015	9	12	中稻	宁粳 41	成熟期	5	100×100	39.27	70.69	83.11	42.57	17.74	0.00	0.00
2015	9	12	中稻	宁粳 41	成熟期	6	100×100	32.67	49.22	74.58	37.4	21.06	0.00	0.00
2016	7	19	中稻	宁粳 41	抽穗期	1	100×100	84.28	132.91	108.24	96.15	46.67	0.00	0.00
2016	7	19	中稻	宁粳 41	抽穗期	2	100×100	55.26	97.97	129.21	95.57	4.70	0.00	0.00
2016	7	19	中稻	宁粳 41	抽穗期	3	100×100	58.30	96.37	114.45	79.79	8.49	0.00	0.00
2016	7	19	中稻	宁粳 41	抽穗期	4	100×100	59.74	153.24	132.86	39.67	26.69	0.00	0.00
2016	7	19	中稻	宁粳 41	抽穗期	5	100×100	42.29	99.96	105.69	75.27	13.66	0.00	0.00
2016	7	19	中稻	宁粳 41	抽穗期	6	100×100	42.92	87.95	129.60	69.15	14.47	0.00	0.00
2016	9	11	中稻	宁粳 41	蜡熟期	1	100×100	28.71	70.41	80.83	15.08	2.94	0.00	0.00
2016	9	11	中稻	宁粳 41	蜡熟期	2	100×100	44.99	77.46	79.22	38.51	21.73	0.00	0.00
2016	9	11	中稻	宁粳 41	蜡熟期	3	100×100	37.98	46.53	104.37	28.33	6.84	0.00	0.00
2016	9	11	中稻	宁粳 41	蜡熟期	4	100×100	19.69	49.77	75.02	12.91	0.00	0.00	0.00
2016	9	11	中稻	宁粳 41	蜡熟期	5	100×100	35.83	70.43	104.19	46.43	8.84	0.00	0.00
2016	9	11	中稻	宁粳 41	蜡熟期	6	100×100	26.96	46.50	78.22	29.72	5.19	0.00	0.00

注：根生物量为“0.00”，表示该层土壤中未见到作物的根系。

4.2.9 作物收获期植株性状

数据说明：作物收获期植株性状数据集中的数据均来源于沙坡头站农田生态系统综合观测场、辅助观测场和站区调查点的观测。在每年春季种植小麦、玉米、大豆或水稻育秧时开始观测相应的作物品种、收获期作物的植株性状等数据。所有观测数据均为多次测量或观测的平均值。在作物收获期，实际观测各作物的株高、百粒重等植株性状数据（表 4-9A 至表 4-9C）。

表 4-9A 作物收获期植株性状

样地名称：沙坡头站农田生态系统生物土壤辅助长期采样地

作物名称：黄豆

年	月	日	作物品种	样方号	调查株数	株高（cm）	茎粗（cm）	单株荚数	每荚粒数	百粒重（g）	地上部总干重（g/株）	籽粒干重（g/株）	备注
2009	9	20	宁豆 5 号	1	30.00	82	0.7	37.0	2.3	23.1	22.9	11.46	
2009	9	20	宁豆 5 号	2	30.00	93	0.9	38.9	2.4	23.3	23.5	12.18	
2009	9	20	宁豆 5 号	3	30.00	94	0.6	41.2	2.2	23.1	23.7	10.95	

（续）

年	月	日	作物品种	样方号	调查株数	株高 (cm)	茎粗 (cm)	单株荚数	每荚粒数	百粒重 (g)	地上部总干重 (g/株)	籽粒干重 (g/株)	备注
2009	9	20	宁豆5号	4	30.00	82	0.7	39.2	2.4	23.5	22.7	11.75	
2009	9	20	宁豆5号	5	30.00	106	0.7	38.0	2.5	23.4	23.3	12.18	
2009	9	20	宁豆5号	6	30.00	102	0.7	38.6	2.3	23.1	22.5	12.93	
2009	9	20	宁豆5号	7	30.00	109	0.6	39.1	2.2	23.1	23.1	11.77	
2009	9	20	宁豆5号	8	30.00	112	0.8	40.0	2.2	22.8	23.1	12.13	
2009	9	20	宁豆5号	9	30.00	95	0.7	40.2	2.1	23.3	22.6	12.53	
2009	9	20	宁豆5号	10	30.00	93	0.7	39.5	2.3	23.0	22.9	10.92	
2010	9	26	宁豆5号	1	30.00	93	0.8	22.0	2.2	21.1	19.3	10.22	
2010	9	26	宁豆5号	2	30.00	85	0.6	22.4	2.4	22.4	24.7	12.06	
2010	9	26	宁豆5号	3	30.00	88	0.8	22.0	2.3	20.9	23.0	10.57	
2010	9	26	宁豆5号	4	30.00	81	0.7	22.9	2.2	20.8	19.8	10.49	
2010	9	26	宁豆5号	5	30.00	73	0.7	21.1	2.1	21.3	19.8	9.44	
2010	9	26	宁豆5号	6	30.00	96	0.6	20.8	2.4	23.0	22.9	11.49	
2010	9	26	宁豆5号	7	30.00	108	0.8	20.2	2.2	21.7	19.0	9.62	
2010	9	26	宁豆5号	8	30.00	104	0.7	22.9	2.2	21.6	21.9	10.86	
2010	9	26	宁豆5号	9	30.00	92	0.8	18.1	2.3	23.4	18.2	9.75	
2010	9	26	宁豆5号	10	30.00	86	0.9	20.7	2.1	22.6	18.5	9.83	
2011	9	23	宁豆5号	1	30.00	98	0.7	23.4	2.3	20.3	20.6	10.92	
2011	9	23	宁豆5号	2	30.00	97	0.8	25.0	2.2	19.5	22.0	10.71	
2011	9	23	宁豆5号	3	30.00	99	0.6	25.2	2.2	16.5	19.8	9.14	
2011	9	23	宁豆5号	4	30.00	104	0.7	25.7	2.2	17.3	18.9	9.79	
2011	9	23	宁豆5号	5	30.00	99	0.7	23.6	2.1	18.0	18.7	8.93	
2011	9	23	宁豆5号	6	30.00	102	0.6	23.8	2.2	16.4	17.1	8.60	
2011	9	23	宁豆5号	7	30.00	101	0.7	25.4	2.2	18.0	19.9	10.08	
2011	9	23	宁豆5号	8	30.00	106	0.7	24.2	2.1	17.9	18.3	9.08	
2011	9	23	宁豆5号	9	30.00	89	0.8	23.6	2.3	19.2	21.7	10.44	
2011	9	23	宁豆5号	10	30.00	95	0.7	23.4	2.2	19.6	21.2	10.10	

表4-9B 作物收获期植株性状

样地名称：沙坡头站农田生态系统综合观测场生物土壤采样地/沙坡头站养分循环场生物土壤长期采样地

作物名称：玉米

年	月	作物品种	样方号	调查株数	株高 (cm)	结穗高度 (cm)	茎粗 (cm)	空秆率 (%)	果穗长度 (cm)	果穗结实长度 (cm)	穗粗 (cm)	穗行数	行粒数	百粒重 (g)	地上部总干重 (g/株)	籽粒干重 (g/株)	备注
2009	10	正大12号	1	30	260	117	2.7	4	25	24.4	6.3	18	43.1	32.8	234.7	94.7	
2009	10	正大12号	2	30	250	134	2.0	5	19	19.7	5.2	16	44.5	33.5	210.9	83.0	
2009	10	正大12号	3	30	259	127	3.1	6	20	20.5	6.5	20	35.5	31.9	228.6	87.5	
2009	10	正大12号	4	30	265	120	2.7	4	21	21.6	6.0	20	36.0	34.2	227.5	88.8	

（续）

年	月	作物品种	样方号	调查株数	株高（cm）	结穗高度（cm）	茎粗（cm）	空秆率（%）	果穗长度（cm）	果穗结实长度（cm）	穗粗（cm）	穗行数	行粒数	百粒重（g）	地上部总干重（g/株）	籽粒干重（g/株）	备注
2009	10	正大12号	5	30	250	116	3.0	5	22	22.4	6.1	18	41.1	31.6	206.4	80.9	
2009	10	正大12号	6	30	260	121	2.6	5	20	20.6	6.3	18	36.1	33.7	199.3	79.4	
2009	10	正大12号	7	30	258	126	2.8	5	19	20.1	6.2	18	40.7	32.9	237.3	91.8	
2009	10	正大12号	8	30	269	126	2.6	6	21	20.7	5.8	16	33.1	31.8	228.4	94.4	
2009	10	正大12号	9	30	256	110	2.6	6	18	19.4	5.5	14	32.9	33.4	238.6	93.3	
2009	10	正大12号	10	30	272	120	2.6	6	22	21.3	6.3	20	33.3	32.6	239.2	96.3	
2010	10	正大12号	1	30	194	79	2.0	0	21	20.2	5.2	12	29.6	21.9	146.7	76.9	施有机肥
2010	10	正大12号	2	30	196	77	2.4	0	19	18.4	4.8	18	34.1	20.3	135.8	71.9	施有机肥
2010	10	正大12号	3	30	190	70	2.5	0	21	20.1	6.1	15	28.0	21.7	133.6	67.3	施有机肥
2010	10	正大12号	4	30	192	77	2.7	0	23	22.4	4.3	16	40.3	20.4	139.1	73.6	施有机肥
2010	10	正大12号	5	30	186	69	1.9	0	19	18.4	5.4	16	23.6	20.3	124.0	70.9	施有机肥
2010	10	正大12号	6	30	220	68	2.5	0	21	20.6	6.1	17	34.2	20.9	119.0	65.2	施有机肥
2010	10	正大12号	7	30	174	81	2.5	0	22	21.6	5.1	18	34.4	20.5	125.2	68.0	施有机肥
2010	10	正大12号	8	30	177	95	2.3	0	20	19.3	4.9	16	35.9	21.1	134.6	67.4	施有机肥
2010	10	正大12号	9	30	169	64	2.2	0	20	19.2	5.4	16	36.3	21.2	139.5	70.4	施有机肥
2010	10	正大12号	10	30	210	80	2.3	0	23	22.4	3.3	14	35.1	21.6	138.6	72.5	施有机肥
2010	10	正大12号	11	30	248	105	3.0	4	24	23.1	6.3	14	39.2	30.0	221.9	88.6	施化肥
2010	10	正大12号	12	30	218	110	2.3	2	22	21.5	6.2	16	36.6	29.3	217.1	84.5	施化肥
2010	10	正大12号	13	30	255	120	2.9	3	26	25.4	6.1	18	37.9	30.0	243.2	92.2	施化肥
2010	10	正大12号	14	30	249	90	2.1	4	21	20.2	5.3	16	43.9	29.9	229.6	88.7	施化肥
2010	10	正大12号	15	30	231	106	3.0	3	26	25.5	5.2	14	43.6	28.7	226.1	87.7	施化肥
2010	10	正大12号	16	30	252	105	1.9	3	21	20.6	5.3	18	37.1	29.4	246.2	97.1	施化肥
2010	10	正大12号	17	30	267	125	2.3	3	25	24.4	5.5	14	36.1	29.2	234.2	89.7	施化肥
2010	10	正大12号	18	30	242	106	2.2	3	23	22.5	5.4	16	33.1	29.3	228.9	93.7	施化肥
2010	10	正大12号	19	30	245	103	2.6	2	25	24.5	6.0	16	39.9	28.8	223.1	86.4	施化肥
2010	10	正大12号	20	30	274	131	2.8	4	25	24.5	6.1	18	41.9	30.8	239.3	95.3	施化肥
2010	10	正大12号	21	30	185	51	2.2	0	18	17.5	5.3	16	19.2	16.1	66.0	40.6	无施肥
2010	10	正大12号	22	30	170	50	1.7	0	13	12.4	4.4	15	14.4	18.8	63.6	39.7	无施肥
2010	10	正大12号	23	30	146	57	1.6	0	12	11.5	4.4	15	15.9	16.1	68.1	42.2	无施肥
2010	10	正大12号	24	30	148	37	1.7	0	14	13.6	3.8	14	19.1	18.2	62.5	38.0	无施肥
2010	10	正大12号	25	30	146	50	1.6	0	12	11.6	4.3	14	13.9	17.2	76.8	45.1	无施肥
2010	10	正大12号	26	30	151	50	1.7	0	14	13.5	4.6	12	16.8	18.4	61.8	37.2	无施肥
2010	10	正大12号	27	30	134	50	1.4	0	11	10.5	3.9	13	18.2	16.2	57.9	35.5	无施肥
2010	10	正大12号	28	30	138	47	1.4	0	11	10.4	3.9	14	15.2	18.2	66.6	39.6	无施肥
2010	10	正大12号	29	30	130	48	1.5	0	13	12.5	4.4	14	13.5	18.5	67.5	41.4	无施肥
2010	10	正大12号	30	30	163	52	1.9	0	16	15.6	4.4	12	19.7	18.2	67.8	40.7	无施肥
2011	9	正大12号	1	10	266	105	2.42	0	19.8	19.2	6.3	18	35.0	29.6	225.1	93.2	

（续）

年	月	作物品种	样方号	调查株数	株高（cm）	结穗高度（cm）	茎粗（cm）	空秆率（%）	果穗长度（cm）	果穗结实长度（cm）	穗粗（cm）	穗行数	行粒数	百粒重（g）	地上部总干重（g/株）	籽粒干重（g/株）	备注
2011	9	正大 12 号	2	10	266	126	2.57	0	20.5	19.7	6.4	18	36.1	28.4	238.7	95.9	
2011	9	正大 12 号	3	10	252	114	2.08	0	20.0	19.3	5.9	16	34.9	28.9	245.9	95.0	
2011	9	正大 12 号	4	10	279	126	2.59	0	23.0	21.9	6.2	16	39.3	27.1	212.9	93.0	
2011	9	正大 12 号	5	10	263	113	2.58	0	24.5	23.1	6.5	16	39.0	29.4	249.0	95.8	
2011	9	正大 12 号	6	10	254	132	2.68	0	24.0	23.2	6.0	16	41.2	27.7	231.2	93.3	
2011	9	正大 12 号	7	10	239	110	2.67	0	24.0	22.7	6.5	16	39.8	28.3	245.1	95.7	
2011	9	正大 12 号	8	10	249	115	2.32	0	20.5	19.8	6.0	16	34.6	29.8	256.5	95.9	
2011	9	正大 12 号	9	10	237	108	2.26	0	21.0	20.1	6.2	16	37.2	30.4	231.5	91.8	
2011	9	正大 12 号	10	10	273	136	2.76	0	24.2	23.0	6.3	16	36.9	29.9	230.9	95.0	
2012	10	先锋 333	1	10	268	114	3	0	28.5	26.8	6.2	16	39.8	16.4	242.3	106.7	施化肥
2012	10	先锋 333	2	10	253	116	3	0	26.2	24.1	5.3	16	34.2	15.8	267.9	106.0	施化肥
2012	10	先锋 333	3	10	252	76	3	0	22.4	21.3	5.4	16	43.9	15.9	263.3	103.5	施化肥
2012	10	先锋 333	5	10	243	101	2	0	26.5	25.1	6.2	16	43.9	16.1	234.4	100.5	施化肥
2012	10	先锋 333	6	10	256	126	3	0	28.5	27.2	6.2	18	39.5	15.5	248.6	107.9	施化肥
2012	10	先锋 333	7	10	252	122	2	0	26.5	24.1	5.9	18	37.2	15.6	266.3	101.5	施化肥
2012	10	先锋 333	8	10	274	123	3	0	27.1	25.7	5.8	16	43.0	16.0	213.1	97.3	施化肥
2012	10	先锋 333	9	10	260	121	3	0	26.6	25.4	5.8	16	43.8	15.8	257.5	109.3	施化肥
2012	10	先锋 333	10	10	274	85	3	0	22.5	20.3	5.3	16	37.7	16.2	231.0	101.9	施化肥
2012	10	先锋 333	11	10	201	53	3	0	17.7	16.3	4.8	18	22.9	10.3	97.3	51.0	无施肥
2012	10	先锋 333	12	10	197	56	2	0	17.3	15.8	4.5	16	25.2	10.2	95.8	50.7	无施肥
2012	10	先锋 333	13	10	159	51	2	0	15.5	14.3	4.5	18	17.1	10.1	92.2	46.4	无施肥
2012	10	先锋 333	14	10	183	42	2	0	15.7	14.2	4.1	12	16.2	10.4	96.0	50.8	无施肥
2012	10	先锋 333	16	10	194	48	2	0	12.4	11.7	4.2	14	13.6	10.7	94.3	51.7	无施肥
2012	10	先锋 333	17	10	200	59	2	0	16.5	15.3	4.2	13	16.7	10.4	94.6	51.4	无施肥
2012	10	先锋 333	18	10	208	53	2	0	18.4	17.2	4.1	14	23.1	10.5	107.3	53.7	无施肥
2012	10	先锋 333	19	10	196	38	2	0	13.5	12.4	4.2	15	15.7	10.6	107.3	54.2	无施肥
2012	10	先锋 333	20	10	176	47	2	0	10.8	9.7	3.9	12	17.2	10.7	94.2	49.3	无施肥
2012	10	先锋 333	21	10	254	70	3	0	23.2	22.4	5.1	16	39.3	13.7	149.9	84.8	施有机肥
2012	10	先锋 333	22	10	190	56	3	0	21.5	21.3	5.1	16	36.3	13.3	141.3	80.8	施有机肥
2012	10	先锋 333	23	10	225	65	3	0	23.6	22.6	5.4	16	45.6	12.8	136.5	77.1	施有机肥
2012	10	先锋 333	24	10	203	62	3	0	24.4	23.5	5.1	14	46.7	13.2	144.4	80.6	施有机肥
2012	10	先锋 333	25	10	255	56	3	0	23.7	23.0	5.1	16	40.1	13.2	141.3	75.9	施有机肥
2012	10	先锋 333	26	10	243	75	2	0	20.8	19.5	4.9	14	36.3	12.8	144.0	79.4	施有机肥
2012	10	先锋 333	27	10	252	60	3	0	24.2	23.4	5.3	16	38.7	13.1	138.9	77.8	施有机肥
2012	10	先锋 333	28	10	196	65	3	0	23.1	22.1	4.8	14	42.6	13.5	143.8	78.4	施有机肥
2012	10	先锋 333	29	10	210	70	3	0	21.5	20.5	5.1	20	33.9	13.0	144.3	81.3	施有机肥
2012	10	先锋 333	30	10	185	70	3	0	24.2	22.8	4.8	16	40.3	13.3	155.2	86.1	施有机肥

（续）

年	月	作物品种	样方号	调查株数	株高（cm）	结穗高度（cm）	茎粗（cm）	空秆率（%）	果穗长度（cm）	果穗结实长度（cm）	穗粗（cm）	穗行数	行粒数	百粒重（g）	地上部总干重（g/株）	籽粒干重（g/株）	备注
2013	10	KWS2564	1	10	207	151	3	0	21.5	10.3	5.6	17	32.2	17.4	237.2	95.3	
2013	10	KWS2564	2	10	207	160	2	0	22.5	21.8	5.3	16	30.7	17.1	188.2	84.0	
2013	10	KWS2564	3	10	206	159	3	0	21.7	20.8	5.7	18	34.9	16.4	258.6	103.0	
2013	10	KWS2564	4	10	207	155	2	0	22.1	21.2	5.6	18	32.6	16.8	236.6	98.6	
2013	10	KWS2564	5	10	231	195	2	0	21.3	20.1	4.8	16	31.8	16.9	202.1	86.0	
2013	10	KWS2564	6	10	220	153	3	0	22.5	21.3	5.7	18	33.7	17.3	262.4	104.9	
2013	10	KWS2564	7	10	213	153	3	0	24.3	22.7	5.8	17	34.9	16.1	221.6	95.5	
2013	10	KWS2564	8	10	198	136	2	0	21.5	20.1	5.3	18	35.3	16.8	265.8	106.8	
2013	10	KWS2564	9	10	214	149	3	0	23.4	22.2	5.9	17	35.7	15.3	220.1	92.9	
2013	10	KWS2564	10	10	206	147	3	0	23.2	21.5	5.4	17	33.6	16.9	231.7	96.5	
2014	9	大丰 30	1	10	264.4	107.7	2.5	0	18.5	17.2	5.9	20	30.5	27.75	242.24	105.42	施化肥
2014	9	大丰 30	2	10	273.3	101.3	2.4	0	17.5	16.1	6.3	18	25.7	27.69	279.61	113.64	施化肥
2014	9	大丰 30	3	10	264.9	107.8	2.3	0	19.1	18.1	5.7	16	37.7	31.41	258.48	129.85	施化肥
2014	9	大丰 30	4	10	253.4	74.8	2.1	0	16.2	15.0	5.4	19	26.2	45.25	197.42	98.35	施化肥
2014	9	大丰 30	5	10	261.5	112.2	2.5	0	16.5	14.3	5.9	18	34.3	32.74	243.79	99.78	施化肥
2014	9	大丰 30	6	10	264.7	106.6	2.3	0	18.0	16.1	5.9	18	32.2	24.64	238.35	104.45	施化肥
2014	9	大丰 30	7	10	279.3	90.8	2.1	0	17.3	15.2	5.6	17	32.2	23.95	262.21	80.97	施化肥
2014	9	大丰 30	8	10	274.5	111.7	2.4	0	18.5	16.9	5.9	18	37.6	30.75	313.47	89.04	施化肥
2014	9	大丰 30	9	10	254.4	87.8	2.1	0	15.8	13.1	5.8	18	39.8	16.03	273.72	122.02	施化肥
2014	9	大丰 30	10	10	283.3	106.7	2.3	0	19.7	18.1	5.6	16	31.5	36.24	245.03	134.55	施化肥
2014	9	大丰 30	1	10	224.5	87.8	2.5	0	18.5	17.3	5.3	16	28.4	27.3	198.8	98.2	施有机肥
2014	9	大丰 30	2	10	224.7	85.8	2.1	0	16.5	15.7	5.8	18	24.0	23.8	300.6	91.9	施有机肥
2014	9	大丰 30	3	10	213.5	60.9	2.7	0	17.2	15.9	5.8	20	32.4	29.8	260.9	127.3	施有机肥
2014	9	大丰 30	4	10	216.7	76.3	2.3	0	18.4	17.1	5.4	12	23.5	42.4	206.9	90.5	施有机肥
2014	9	大丰 30	5	10	217.5	77.4	1.8	0	15.9	15.0	5.7	16	33.2	32.8	204.4	91.0	施有机肥
2014	9	大丰 30	6	10	226.4	69.8	2.1	0	17.5	15.6	5.4	18	31.0	23.3	211.9	86.1	施有机肥
2014	9	大丰 30	7	10	207.1	66.3	1.8	0	13.5	10.1	5.0	16	31.0	23.2	199	77.1	施有机肥
2014	9	大丰 30	8	10	212.5	72.3	2.1	0	17.7	16.4	5.8	18	36.6	28.7	300.5	97.7	施有机肥
2014	9	大丰 30	9	10	215.4	85.4	1.7	0	18.2	17.2	5.7	18	41.9	15.4	256.1	119.5	施有机肥
2014	9	大丰 30	10	10	207.5	72.7	2.2	0	20.1	18.1	5.8	18	30.2	34.2	224.5	119.5	施有机肥
2014	9	大丰 30	1	10	183.9	50.9	1.5	0	11.2	10.2	4.7	16	18.5	18.6	165.5	71.2	无施肥
2014	9	大丰 30	2	10	180.6	51.7	1.3	0	12.0	9.5	3.9	13	14.0	17.2	170.9	76.6	无施肥
2014	9	大丰 30	3	10	189.5	59.6	1.6	0	10.2	8.7	4.1	15	23.3	21.8	153.7	89.0	无施肥
2014	9	大丰 30	4	10	188	62.8	1.5	0	9.5	7.5	3.9	15	19.0	25.5	135.9	81.1	无施肥
2014	9	大丰 30	5	10	157.6	49.9	1.3	0	9.1	8.5	4.3	15	22.0	23.3	161.1	68.5	无施肥
2014	9	大丰 30	6	10	184.6	61.8	1.4	0	8.2	7.1	3.7	13	16.8	17.7	141.7	77.3	无施肥
2014	9	大丰 30	7	10	160.5	49.9	1.4	0	8.9	7.2	4.4	16	21.9	16.4	180	51.0	无施肥

（续）

年	月	作物品种	样方号	调查株数	株高（cm）	结穗高度（cm）	茎粗（cm）	空秆率（%）	果穗长度（cm）	果穗结实长度（cm）	穗粗（cm）	穗行数	行粒数	百粒重（g）	地上部总干重（g/株）	籽粒干重（g/株）	备注
2014	9	大丰30	8	10	169.7	55.5	1.3	0	10.7	8.9	4.3	14	22.1	18.2	181.3	49.7	无施肥
2014	9	大丰30	9	10	166.4	53.8	1.4	0	10.5	8.7	4.9	18	23.3	10.9	161.5	78.6	无施肥
2014	9	大丰30	10	10	179.3	55.9	1.8	0	13.1	11.5	5.2	20	19.9	25.1	185.5	84.2	无施肥
2015	9	农华101	1	10	213	104	2.280	0	19.6	17.5	5.868	18	30.9	25.1	234.8	92.1	
2015	9	农华101	2	10	213	75	2.044	0	19.5	17.0	5.680	16	34.1	22.1	244.5	108.6	
2015	9	农华101	3	10	208	74	2.050	0	19.8	17.6	5.918	18	31.6	22.4	210.4	98.7	
2015	9	农华101	4	10	255	75	2.050	0	22.6	20.9	5.800	18	34.6	26.6	246.9	103.1	
2015	9	农华101	5	10	206	89	1.900	0	20.5	18.7	5.444	16	38.1	25.2	240.5	96.3	
2015	9	农华101	6	10	212	87	2.144	0	21.4	19.0	5.676	16	35.5	21.1	239.1	98.5	
2015	9	农华101	7	10	218	81	2.146	0	22.5	20.1	5.710	16	35.8	25.7	247.7	73.0	
2015	9	农华101	8	10	262	106	2.180	0	19.6	18.0	5.600	18	31.6	26.1	224.7	86.0	
2015	9	农华101	9	10	200	98	2.532	0	22.0	19.6	5.890	18	41.5	25.5	218.1	92.8	
2015	9	农华101	10	10	200	89	2.276	0	21.8	20.0	5.850	18	29.7	26.9	239.1	98.7	
2016	9	强盛16号	1	10	268	85	2.5	0	23.0	21.5	5.6	18	37.9	17.4	280.0	108.2	施化肥
2016	9	强盛16号	2	10	270	91	2.6	0	23.5	22.1	5.3	16	40.9	19.8	247.5	119.0	施化肥
2016	9	强盛16号	3	10	269	114	2.1	0	20.5	18.9	5.3	14	35.6	22.6	255.0	90.3	施化肥
2016	9	强盛16号	4	10	261	88	2.6	0	23.5	21.9	5.6	17	40.2	20.8	287.5	120.8	施化肥
2016	9	强盛16号	5	10	263	90	2.4	0	24.5	22.9	5.5	16	40.1	19.0	270.0	115.5	施化肥
2016	9	强盛16号	6	10	260	104	2.7	0	22.0	20.7	5.4	16	38.6	18.9	237.5	106.6	施化肥
2016	9	强盛16号	7	10	268	84	1.7	0	20.0	18.3	5.2	16	26.8	20.2	235.0	90.9	施化肥
2016	9	强盛16号	8	10	257	112	2.8	0	22.0	20.3	5.1	14	43.7	17.6	225.0	101.9	施化肥
2016	9	强盛16号	9	10	259	90	2.3	0	21.5	20.2	5.2	16	37.9	19.1	240.0	99.8	施化肥
2016	9	强盛16号	10	10	237	83	2.5	0	23.0	21.5	5.4	16	39.8	19.4	275.0	117.6	施化肥
2016	9	强盛16号	1	10	219	86	2.2	0	23.0	21.7	5.5	18	40.2	18.4	220.2	113.3	施有机肥
2016	9	强盛16号	2	10	235	90	2.3	0	20.5	19.2	5.3	16	39.9	16.2	197.5	105.9	施有机肥
2016	9	强盛16号	3	10	254	75	2.2	0	19.7	18.5	5.2	16	34.5	20.0	229.3	94.6	施有机肥
2016	9	强盛16号	4	10	247	78	2.3	0	20.5	19.1	5.4	18	36.6	17.6	242.9	99.5	施有机肥
2016	9	强盛16号	5	10	228	82	2.2	0	19.5	17.9	5.3	16	33.3	18.4	258.8	90.2	施有机肥
2016	9	强盛16号	6	10	221	82	2.5	0	21.5	19.9	5.5	16	42.4	15.5	249.7	99.7	施有机肥
2016	9	强盛16号	7	10	218	88	2.2	0	20.3	18.8	5.0	14	37.4	16.4	242.9	80.9	施有机肥
2016	9	强盛16号	8	10	247	84	2.0	0	19.8	18.5	5.0	14	39.1	19.1	252.0	87.3	施有机肥
2016	9	强盛16号	9	10	209	85	2.4	0	20.5	18.9	5.1	16	36.9	19.6	254.2	109.9	施有机肥
2016	9	强盛16号	10	10	238	68	1.9	0	20.0	18.6	4.9	16	36.6	16.7	222.5	85.4	施有机肥
2016	9	强盛16号	1	10	147	46	1.7	0	11.5	10.4	3.7	12	21.3	15.3	97.3	33.1	无施肥
2016	9	强盛16号	2	10	158	47	1.4	0	8.9	7.7	3.8	11	24.8	18.1	118.9	42.8	无施肥
2016	9	强盛16号	3	10	167	52	2.0	0	12.6	11.2	4.4	16	27.5	17.2	189.8	68.3	无施肥
2016	9	强盛16号	4	10	152	49	1.6	0	9.1	7.8	3.7	11	25.6	20.5	150.6	51.2	无施肥

（续）

年	月	作物品种	样方号	调查株数	株高 (cm)	结穗高度 (cm)	茎粗 (cm)	空秆率 (%)	果穗长度 (cm)	果穗结实长度 (cm)	穗粗 (cm)	穗行数	行粒数	百粒重 (g)	地上部总干重 (g/株)	籽粒干重 (g/株)	备注
2016	9	强盛16号	5	10	187	52	1.9	0	13.2	11.7	4.6	18	25.2	17.7	185.8	72.5	无施肥
2016	9	强盛16号	6	10	178	44	1.6	0	10.6	9.5	4.1	15	20.8	17.0	119.1	45.3	无施肥
2016	9	强盛16号	7	10	175	48	1.7	0	11.8	10.3	3.6	13	23.2	16.2	113.6	40.9	无施肥
2016	9	强盛16号	8	10	177	51	1.8	0	10.5	9.2	3.9	13	24.1	19.2	159.8	52.7	无施肥
2016	9	强盛16号	9	10	184	57	1.9	0	14.6	13.3	4.3	13	28.4	18.9	167.0	63.5	无施肥
2016	9	强盛16号	10	10	170	48	1.6	0	10.7	9.5	4.1	13	22.4	19.4	156.6	50.1	无施肥
2017	10	强盛16号	1	6	248.2	104.2	2.4	0.0	21.3	19.2	5.7	16.8	34.3	21.06	275.03	91.98	
2017	10	强盛16号	2	6	238.0	87.4	1.9	0.0	20.5	18.7	5.3	15.8	29.8	20.48	231.66	94.00	
2017	10	强盛16号	3	6	247.3	97.1	1.9	0.0	19.7	17.7	5.3	15.8	28.1	19.11	258.51	96.88	
2017	10	强盛16号	4	6	247.5	89.6	2.1	0.0	21.3	19.3	5.4	14.9	32.6	20.28	255.90	93.05	
2017	10	强盛16号	5	6	246.0	100.8	2.5	0.0	21.5	19.7	5.7	17.6	36.1	20.67	205.61	85.38	
2017	10	强盛16号	6	6	239.5	102.5	2.2	0.0	17.3	15.2	5.1	17.1	28.1	21.06	241.04	105.87	
2017	10	强盛16号	7	6	244.3	94.0	2.4	0.0	20.5	18.4	5.4	17.6	34.2	20.48	236.57	83.15	
2017	10	强盛16号	8	6	236.5	89.5	2.0	0.0	17.2	15.2	5.2	14.9	24.4	18.14	272.41	97.03	
2017	10	强盛16号	9	6	245.3	90.3	1.9	0.0	19.5	17.5	5.3	15.5	30.1	17.75	236.07	103.69	
2017	10	强盛16号	10	6	228.1	83.9	2.1	0.0	20.5	18.6	5.2	15.0	31.1	18.72	228.10	93.15	
2018	9	龙生2号	1	6	289.7	78.2	2.156	0.0	22.5	20.2	5.2	13.7	34.9	21.83	236.94	99.16	施化肥
2018	9	龙生2号	2	6	284.3	87.9	2.034	0.0	20.5	18.3	5.4	15.3	30.3	22.47	224.68	103.13	施化肥
2018	9	龙生2号	3	6	270.1	63.5	2.042	0.0	20.1	18.0	5.0	15.2	28.2	22.26	209.75	87.78	施化肥
2018	9	龙生2号	4	6	277.6	74.8	2.080	0.0	20.9	18.9	5.2	13.8	31.9	19.69	190.57	80.61	施化肥
2018	9	龙生2号	5	6	272.9	77.2	1.776	0.0	19.4	17.1	5.1	15.2	22.4	22.26	173.81	73.52	施化肥
2018	9	龙生2号	6	6	263.4	65.3	2.250	0.0	19.5	17.4	5.5	16.7	28.2	22.47	215.56	104.76	施化肥
2018	9	龙生2号	7	6	295.3	71.2	2.468	0.0	23.7	21.7	5.7	17.8	34.1	20.97	269.00	123.47	施化肥
2018	9	龙生2号	8	6	279.8	83.5	2.060	0.0	21.8	19.5	5.1	14.2	32.1	20.97	216.39	104.19	施化肥
2018	9	龙生2号	9	6	262.9	77.8	2.124	0.0	20.6	18.3	5.2	17.7	31.3	20.33	273.04	121.64	施化肥
2018	9	龙生2号	10	6	295.4	92.5	2.310	0.0	22.6	20.3	5.8	18.7	23.6	22.26	194.05	94.31	施化肥
2018	9	龙生2号	1	6	243.8	78.2	2.360	0.0	21.5	19.6	5.1	13.8	34.1	19.55	237.78	98.44	施有机肥
2018	9	龙生2号	2	6	252.7	77.4	2.240	0.0	20.0	17.9	5.3	17.4	30.0	22.46	232.71	107.86	施有机肥
2018	9	龙生2号	3	6	219.4	56.9	2.150	0.0	18.4	16.5	4.6	15.6	25.3	19.55	169.78	77.93	施有机肥
2018	9	龙生2号	4	6	206.8	62.4	2.014	0.0	16.9	14.8	4.5	16.3	15.9	22.88	154.95	63.45	施有机肥
2018	9	龙生2号	5	6	232.3	80.6	1.986	0.0	22.4	20.2	5.0	11.9	33.8	21.22	183.75	79.38	施有机肥
2018	9	龙生2号	6	6	238.2	83.2	1.752	0.0	20.1	18.0	5.2	15.5	30.4	19.76	219.21	99.63	施有机肥
2018	9	龙生2号	7	6	214.5	77.9	1.938	0.0	16.5	14.4	5.0	13.5	17.4	19.76	124.69	51.06	施有机肥
2018	9	龙生2号	8	6	218.8	73.5	2.082	0.0	18.3	16.4	4.9	17.0	20.3	18.72	136.46	62.02	施有机肥
2018	9	龙生2号	9	6	248.8	69.4	2.344	0.0	13.8	11.6	5.2	15.5	35.0	19.97	198.78	97.50	施有机肥
2018	9	龙生2号	10	6	239.2	64.8	2.270	0.0	20.7	18.6	5.1	15.5	37.1	19.97	247.61	112.54	施有机肥
2018	9	龙生2号	1	6	147.5	40.5	1.390	0.0	10.8	7.4	3.9	10.2	8.8	18.20	41.10	16.83	无施肥

（续）

年	月	作物品种	样方号	调查株数	株高（cm）	结穗高度（cm）	茎粗（cm）	空秆率（%）	果穗长度（cm）	果穗结实长度（cm）	穗粗（cm）	穗行数	行粒数	百粒重（g）	地上部总干重（g/株）	籽粒干重（g/株）	备注
2018	9	龙生2号	2	6	136.8	39.8	1.250	0.0	9.6	6.2	3.7	8.9	8.9	17.85	34.58	14.70	无施肥
2018	9	龙生2号	3	6	170.2	55.4	1.528	0.0	12.1	8.8	4.3	12.0	12.3	18.55	60.55	25.74	无施肥
2018	9	龙生2号	4	6	164.5	51.8	1.400	0.0	10.5	7.7	4.4	13.8	11.3	17.15	63.29	25.67	无施肥
2018	9	龙生2号	5	6	154.9	49.6	1.418	0.0	11.5	8.4	4.2	10.2	16.2	16.10	71.85	26.34	无施肥
2018	9	龙生2号	6	6	176.8	51.5	1.710	0.0	12.0	9.0	4.7	15.6	14.2	16.10	102.64	39.23	无施肥
2018	9	龙生2号	7	6	164.2	57.8	1.666	0.0	12.5	9.3	4.2	13.1	9.9	18.20	59.42	25.26	无施肥
2018	9	龙生2号	8	6	171.2	45.6	1.552	0.0	15.3	12.2	4.5	14.4	18.0	17.85	118.63	47.19	无施肥
2018	9	龙生2号	9	6	139.6	41.6	1.218	0.0	10.6	7.4	3.9	12.3	10.8	16.45	65.98	23.16	无施肥
2018	9	龙生2号	10	6	164.3	48.6	1.744	0.0	12.1	8.8	4.8	13.7	18.1	19.08	136.80	50.15	无施肥

表4-9C 作物收获期植株性状

样地名称：沙坡头站农田生态系统综合观测场生物土壤采样地/沙坡头站养分循环场生物土壤长期采样地

作物名称：小麦

年	月	日	作物品种	样方号	调查株数	株高（cm）	单株总茎数	单株总穗数	每穗小穗数	每穗结实小穗数	每穗粒数	千粒重（g）	地上部总干重（g/株）	籽粒干重（g/株）	备注
2009	7	1	宁春47号	1	30	66	2.4	2.4	13.3	12.2	36.4	41.3	2.3	0.63	施有机肥
2009	7	1	宁春47号	2	30	57	2.3	2.3	13.7	12.9	32.5	37.1	2.1	0.65	施有机肥
2009	7	1	宁春47号	3	30	60	2.4	2.4	13.2	11.1	32.7	41.6	2.1	0.67	施有机肥
2009	7	1	宁春47号	4	30	61	2.4	2.4	14.3	13.1	31.2	41.8	2.3	0.66	施有机肥
2009	7	1	宁春47号	5	30	62	2.4	2.4	14.1	13.2	30.9	42.4	2.1	0.64	施有机肥
2009	7	1	宁春47号	6	30	60	2.2	2.2	14.7	14.1	37.2	43.7	2.2	0.71	施有机肥
2009	7	1	宁春47号	7	30	60	2.3	2.3	14.6	14.0	33.5	37.8	2.3	0.64	施有机肥
2009	7	1	宁春47号	8	30	62	2.4	2.4	14.9	14.2	37.1	40.7	2.6	0.68	施有机肥
2009	7	1	宁春47号	9	30	65	2.3	2.3	14.4	12.8	38.3	41.5	2.2	0.65	施有机肥
2009	7	1	宁春47号	10	30	62	2.4	2.4	15.1	14.4	31.0	39.9	2.2	0.62	施有机肥
2009	7	1	宁春47号	11	30	79	2.3	2.3	14.7	14.2	45.2	43.0	3.2	1.03	施化肥
2009	7	1	宁春47号	12	30	78	2.3	2.3	15.2	14.3	49.6	40.2	3.6	1.12	施化肥
2009	7	1	宁春47号	13	30	72	2.3	2.3	14.4	13.3	48.2	41.3	3.5	1.09	施化肥
2009	7	1	宁春47号	14	30	66	2.3	2.3	15.6	14.4	44.1	40.2	3.1	0.93	施化肥
2009	7	1	宁春47号	15	30	85	2.3	2.3	14.6	13.5	47.2	43.7	3.3	0.98	施化肥
2009	7	1	宁春47号	16	30	74	2.3	2.3	15.8	14.6	49.6	41.6	3.2	0.96	施化肥
2009	7	1	宁春47号	17	30	74	2.3	2.3	14.8	13.7	46.3	42.9	3.3	1.03	施化肥
2009	7	1	宁春47号	18	30	76	2.3	2.3	15.6	14.7	51.2	41.8	3.2	1.05	施化肥
2009	7	1	宁春47号	19	30	81	2.2	2.2	14.6	13.8	43.6	39.8	3.7	1.18	施化肥
2009	7	1	宁春47号	20	30	76	2.3	2.3	16.4	14.9	47.5	39.6	3.4	1.04	施化肥
2009	7	1	宁春47号	21	30	41	2.3	2.3	13.5	13.0	24.5	35.9	0.7	0.31	无施肥

（续）

年	月	日	作物品种	样方号	调查株数	株高(cm)	单株总茎数	单株总穗数	每穗小穗数	每穗结实小穗数	每穗粒数	千粒重(g)	地上部总干重(g/株)	籽粒干重(g/株)	备注
2009	7	1	宁春47号	22	30	39	2.2	2.2	13.8	13.0	22.7	33.9	0.9	0.39	无施肥
2009	7	1	宁春47号	23	30	52	2.3	2.3	10.6	10.1	22.6	37.0	0.6	0.27	无施肥
2009	7	1	宁春47号	24	30	37	2.3	2.3	13.5	12.2	24.5	39.1	0.7	0.33	无施肥
2009	7	1	宁春47号	25	30	42	2.2	2.2	10.3	9.7	26.1	38.9	0.8	0.34	无施肥
2009	7	1	宁春47号	26	30	41	2.2	2.2	12.2	11.3	22.6	39.8	0.6	0.28	无施肥
2009	7	1	宁春47号	27	30	37	2.3	2.3	14.4	13.4	25.0	32.1	0.6	0.28	无施肥
2009	7	1	宁春47号	28	30	36	2.2	2.2	11.4	10.5	24.6	36.0	0.5	0.24	无施肥
2009	7	1	宁春47号	29	30	44	2.2	2.2	14.0	12.6	22.7	38.7	0.6	0.26	无施肥
2009	7	1	宁春47号	30	30	40	2.2	2.2	12.8	11.6	25.6	34.3	0.7	0.32	无施肥
2010	7	4	宁春4号	1	30	63	2.5	2.5	13.9	13.3	34.7	41.2	1.9	0.53	
2010	7	4	宁春4号	2	30	66	2.4	2.4	14.2	13.7	36.0	38.9	2.0	0.60	
2010	7	4	宁春4号	3	30	72	2.3	2.3	13.7	13.4	34.2	40.1	1.9	0.60	
2010	7	4	宁春4号	4	30	69	2.5	2.5	13.2	13.0	33.3	39.4	1.8	0.53	
2010	7	4	宁春4号	5	30	66	2.5	2.5	14.8	14.5	31.7	40.1	1.9	0.58	
2010	7	4	宁春4号	6	30	68	2.3	2.3	14.2	13.8	31.5	40.0	2.1	0.61	
2010	7	4	宁春4号	7	30	66	2.4	2.4	13.9	13.6	32.9	39.3	2.1	0.69	
2010	7	4	宁春4号	8	30	64	2.3	2.3	15.2	14.7	38.3	38.2	2.2	0.64	
2010	7	4	宁春4号	9	30	66	2.5	2.5	14.7	14.2	38.7	38.4	1.9	0.53	
2010	7	4	宁春4号	10	30	75	2.4	2.4	14.4	13.8	32.9	39.1	1.9	0.61	
2011	6	30	宁春4号	1	30	68	2.4	2.4	14.8	14.3	34.3	39.28	2.1	0.62	施化肥
2011	6	30	宁春4号	2	30	75	2.3	2.3	14.5	13.9	32.0	42.33	1.9	0.62	施化肥
2011	6	30	宁春4号	3	30	72	2.2	2.2	14.9	14.5	31.9	40.28	1.9	0.65	施化肥
2011	6	30	宁春4号	4	30	74	2.4	2.4	14.6	14.1	33.8	38.27	2.1	0.67	施化肥
2011	6	30	宁春4号	5	30	72	2.4	2.4	14.8	14.2	34.1	39.47	1.8	0.61	施化肥
2011	6	30	宁春4号	6	30	71	2.4	2.4	14.1	13.7	32.9	38.78	2.2	0.70	施化肥
2011	6	30	宁春4号	7	30	67	2.5	2.5	13.9	13.4	33.5	36.65	2.0	0.73	施化肥
2011	6	30	宁春4号	8	30	73	2.3	2.3	13.7	13.2	30.4	40.26	2.0	0.65	施化肥
2011	6	30	宁春4号	9	30	73	2.4	2.4	13.9	13.5	32.4	39.83	2.0	0.62	施化肥
2011	6	30	宁春4号	10	30	74	2.4	2.4	14.2	13.8	33.1	40.25	1.9	0.66	施化肥
2011	6	30	宁春4号	11	30	59	2.1	2.1	11.5	11.2	23.5	32.90	1.7	0.48	施有机肥
2011	6	30	宁春4号	12	30	58	2.0	2.0	11.6	10.9	21.8	34.32	1.5	0.46	施有机肥
2011	6	30	宁春4号	13	30	59	1.9	1.9	11.8	11.4	21.7	33.85	1.5	0.50	施有机肥
2011	6	30	宁春4号	14	30	69	2.1	2.1	11.2	10.7	22.5	37.81	1.7	0.51	施有机肥
2011	6	30	宁春4号	15	30	59	2.0	2.0	11.3	10.9	21.8	31.28	1.4	0.45	施有机肥
2011	6	30	宁春4号	16	30	57	2.0	2.0	11.7	11.4	22.8	34.03	1.7	0.50	施有机肥
2011	6	30	宁春4号	17	30	66	1.9	1.9	11.8	11.5	21.9	32.84	1.5	0.51	施有机肥
2011	6	30	宁春4号	18	30	67	1.9	1.9	11.4	11.1	21.1	32.09	1.7	0.50	施有机肥

（续）

年	月	日	作物品种	样方号	调查株数	株高 (cm)	单株总茎数	单株总穗数	每穗小穗数	每穗结实小穗数	每穗粒数	千粒重 (g)	地上部总干重 (g/株)	籽粒干重 (g/株)	备注
2011	6	30	宁春 4 号	19	30	63	2.0	2.0	12.1	11.8	23.6	34.20	1.5	0.43	施有机肥
2011	6	30	宁春 4 号	20	30	57	1.9	1.9	12.3	11.9	22.6	36.47	1.4	0.45	施有机肥
2011	6	30	宁春 4 号	21	30	37	1.5	1.5	9.8	9.5	14.3	30.17	0.4	0.12	无施肥
2011	6	30	宁春 4 号	22	30	42	1.4	1.4	10.9	10.5	14.7	28.73	0.3	0.10	无施肥
2011	6	30	宁春 4 号	23	30	36	1.4	1.4	11.2	10.7	15.0	27.93	0.3	0.09	无施肥
2011	6	30	宁春 4 号	24	30	33	1.3	1.3	10.9	10.3	13.4	28.22	0.3	0.10	无施肥
2011	6	30	宁春 4 号	25	30	38	1.5	1.5	11.3	10.6	15.9	27.17	0.3	0.10	无施肥
2011	6	30	宁春 4 号	26	30	37	1.4	1.4	11.2	10.8	15.1	28.61	0.3	0.10	无施肥
2011	6	30	宁春 4 号	27	30	45	1.4	1.4	9.9	9.4	13.2	28.20	0.3	0.10	无施肥
2011	6	30	宁春 4 号	28	30	37	1.4	1.4	10.7	10.2	14.3	29.30	0.4	0.11	无施肥
2011	6	30	宁春 4 号	29	30	38	1.3	1.3	10.8	10.4	13.5	26.95	0.4	0.11	无施肥
2011	6	30	宁春 4 号	30	30	43	1.4	1.4	11.1	10.6	14.8	29.15	0.3	0.10	无施肥
2012	6	28	宁春 4 号	1	30	72	2	2.2	13.6	13.3	29.3	37.2	1.5	0.68	
2012	6	28	宁春 4 号	2	30	74	2	2.1	13.3	13.0	27.3	35.8	2.5	0.69	
2012	6	28	宁春 4 号	3	30	68	2	2.0	14.1	13.6	27.2	36.3	2.2	0.63	
2012	6	28	宁春 4 号	4	30	71	2	2.1	12.8	12.3	25.8	37.2	2.2	0.68	
2012	6	28	宁春 4 号	5	30	74	2	2.2	13.5	13.1	28.8	39.5	2.4	0.70	
2012	6	28	宁春 4 号	6	30	81	2	2.1	13.4	13.0	27.3	38.4	2.2	0.68	
2012	6	28	宁春 4 号	7	30	75	2	2.3	13.8	13.4	30.8	39.1	2.5	0.73	
2012	6	28	宁春 4 号	8	30	69	2	2.2	14.2	13.8	30.4	36.7	2.2	0.72	
2012	6	28	宁春 4 号	9	30	77	2	2.1	13.2	12.8	26.9	37.5	2.4	0.69	
2012	6	28	宁春 4 号	10	30	74	2	2.0	13.5	13.1	26.2	38.6	2.6	0.71	
2013	7	4	宁春 4 号	1	30	81	2	0.2	12.4	11.9	31.1	32.4	1.8	0.64	施化肥
2013	7	4	宁春 4 号	2	30	75	2	2.2	12.2	11.7	36.2	31.2	1.9	0.72	施化肥
2013	7	4	宁春 4 号	3	30	70	2	2.4	11.7	10.8	33.5	33.1	1.9	0.63	施化肥
2013	7	4	宁春 4 号	4	30	77	2	2.3	12.4	11.9	29.7	30.8	1.8	0.72	施化肥
2013	7	4	宁春 4 号	5	30	71	2	2.2	14.6	14.1	26.8	34.4	2.0	0.58	施化肥
2013	7	4	宁春 4 号	6	30	71	2	2.3	13.7	13.3	26.2	35.2	2.0	0.61	施化肥
2013	7	4	宁春 4 号	7	30	64	2	2.2	12.9	12.6	30.7	32.1	1.9	0.68	施化肥
2013	7	4	宁春 4 号	8	30	62	2	2.3	12.6	12.2	29.4	33.5	2.0	0.67	施化肥
2013	7	4	宁春 4 号	9	30	67	2	2.2	15.3	14.9	26.5	34.7	1.8	0.65	施化肥
2013	7	4	宁春 4 号	10	30	70	2	2.3	12.4	11.9	33.2	35.2	1.8	0.64	施化肥
2013	7	4	宁春 4 号	11	30	72	2	1.3	11.3	11.1	44.3	33.7	1.4	0.52	施有机肥
2013	7	4	宁春 4 号	12	30	76	2	1.2	11.8	11.7	51.2	35.8	1.3	0.54	施有机肥
2013	7	4	宁春 4 号	13	30	70	2	1.1	13.8	13.6	49.7	36.2	1.2	0.54	施有机肥
2013	7	4	宁春 4 号	14	30	65	2	1.2	14.5	14.2	48.2	31.3	1.3	0.54	施有机肥
2013	7	4	宁春 4 号	15	30	70	2	1.1	15.6	15.2	53.2	30.6	1.2	0.51	施有机肥
2013	7	4	宁春 4 号	16	30	72	2	1.2	16.8	16.4	46.6	32.7	1.4	0.60	施有机肥

（续）

年	月	日	作物品种	样方号	调查株数	株高(cm)	单株总茎数	单株总穗数	每穗小穗数	每穗结实小穗数	每穗粒数	千粒重(g)	地上部总干重(g/株)	籽粒干重(g/株)	备注
2013	7	4	宁春4号	17	30	74	2	1.3	16.2	15.8	58.8	36.6	1.2	0.56	施有机肥
2013	7	4	宁春4号	18	30	67	2	1.2	15.0	14.5	49.7	35.2	1.4	0.64	施有机肥
2013	7	4	宁春4号	19	30	74	2	1.3	14.4	13.9	64.4	31.6	1.3	0.55	施有机肥
2013	7	4	宁春4号	20	30	67	2	1.1	15.9	15.5	50.2	32.3	1.4	0.57	施有机肥
2013	7	4	宁春4号	21	30	39	2	1.3	11.5	11.0	9.7	23.8	0.5	0.13	无施肥
2013	7	4	宁春4号	22	30	37	2	1.3	13.7	13.0	10.2	25.0	0.4	0.15	无施肥
2013	7	4	宁春4号	23	30	38	2	1.3	15.8	15.0	6.6	23.7	0.5	0.13	无施肥
2013	7	4	宁春4号	24	30	36	2	1.4	12.6	12.0	8.4	23.4	0.4	0.14	无施肥
2013	7	4	宁春4号	25	30	37	2	1.2	14.5	14.0	9.5	21.6	0.4	0.12	无施肥
2013	7	4	宁春4号	26	30	41	2	1.4	12.6	12.0	11.3	23.1	0.4	0.13	无施肥
2013	7	4	宁春4号	27	30	42	2	1.3	11.4	11.0	7.4	21.3	0.3	0.13	无施肥
2013	7	4	宁春4号	28	30	38	2	1.3	12.3	12.0	6.8	22.1	0.4	0.14	无施肥
2013	7	4	宁春4号	29	30	35	2	1.3	13.5	13.0	7.7	26.3	0.4	0.14	无施肥
2013	7	4	宁春4号	30	30	40	2	1.4	14.6	14.0	8.5	25.0	0.5	0.12	无施肥
2014	6	28	宁春4号	1	30	76.1	2	2.2	12.3	12.9	29.5	38.2	1.8	0.69	施化肥
2014	6	28	宁春4号	2	30	76.8	2	2.5	13.8	12.8	30.3	37.1	1.8	0.69	施化肥
2014	6	28	宁春4号	3	30	74.5	2	2.5	10.7	9.7	36.2	43.5	1.8	0.81	施化肥
2014	6	28	宁春4号	4	30	76.5	2	2.2	10.7	12.6	23.9	32.9	1.9	0.61	施化肥
2014	6	28	宁春4号	5	30	77.5	2	2.3	14.2	13.7	28.9	38.6	2.0	0.47	施化肥
2014	6	28	宁春4号	6	30	53.7	2	2.5	13.8	12.5	25.0	34.4	2.3	0.64	施化肥
2014	6	28	宁春4号	7	30	74.3	2	2.2	14.2	11.4	28.3	41.2	2.2	0.68	施化肥
2014	6	28	宁春4号	8	30	62.5	2	2.3	11.8	12.0	31.3	30.6	2.0	0.52	施化肥
2014	6	28	宁春4号	9	30	73.3	2	2.1	15.6	16.1	29.6	37.1	1.7	0.61	施化肥
2014	6	28	宁春4号	10	30	75	2	2.3	12.8	12.6	31.1	30.8	1.6	0.59	施化肥
2015	6	27	宁春39号	1	30	75	2	1.6	12.1	11.6	31.8	35.8	1.9	0.53	施化肥
2015	6	27	宁春39号	2	30	72	2	1.5	12.5	11.9	27.2	41.8	1.7	0.61	施化肥
2015	6	27	宁春39号	3	30	75	2	1.8	11.6	11.2	35.2	42.7	1.9	0.63	施化肥
2015	6	27	宁春39号	4	30	75	2	1.9	13.5	12.8	28.9	48.1	2.0	0.63	施化肥
2015	6	27	宁春39号	5	30	79	2	1.8	11.9	11.2	26.2	41.4	1.7	0.67	施化肥
2015	6	27	宁春39号	6	30	78	2	1.9	14.2	13.5	31.3	44.1	1.9	0.52	施化肥
2015	6	27	宁春39号	7	30	79	2	1.7	13.7	13.0	31.7	37.1	2.1	0.61	施化肥
2015	6	27	宁春39号	8	30	74	2	1.8	12.9	12.3	27.0	31.5	2.0	0.63	施化肥
2015	6	27	宁春39号	9	30	77	2	1.6	15.8	15.2	33.2	35.7	2.1	0.64	施化肥
2015	6	27	宁春39号	10	30	79	2	1.9	13.7	13.1	29.5	41.2	2.1	0.70	施化肥
2015	6	27	宁春39号	1	30	68	2	1.1	12.9	12.5	45.6	41.2	1.3	0.56	施有机肥
2015	6	27	宁春39号	2	30	72	2	1.3	14.8	14.4	42.0	42.4	1.2	0.50	施有机肥
2015	6	27	宁春39号	3	30	70	2	1.1	14.5	14.1	44.0	42.8	1.1	0.57	施有机肥

（续）

年	月	日	作物品种	样方号	调查株数	株高 (cm)	单株总茎数	单株总穗数	每穗小穗数	每穗结实小穗数	每穗粒数	千粒重 (g)	地上部总干重 (g/株)	籽粒干重 (g/株)	备注
2015	6	27	宁春 39 号	4	30	68	2	1.3	14.7	14.2	40.5	34.5	1.3	0.57	施有机肥
2015	6	27	宁春 39 号	5	30	67	2	1.2	15.3	14.9	37.5	38.9	1.1	0.53	施有机肥
2015	6	27	宁春 39 号	6	30	71	2	1.4	14.1	13.7	51.3	35.2	1.3	0.54	施有机肥
2015	6	27	宁春 39 号	7	30	74	2	1.1	13.5	13.0	56.1	33.1	1.2	0.52	施有机肥
2015	6	27	宁春 39 号	8	30	70	2	1.3	16.1	15.8	47.0	30.5	1.4	0.61	施有机肥
2015	6	27	宁春 39 号	9	30	71	2	1.1	14.8	14.3	48.5	32.8	1.2	0.52	施有机肥
2015	6	27	宁春 39 号	10	30	68	2	1.2	12.3	11.8	52.0	37.3	1.3	0.56	施有机肥
2015	6	27	宁春 39 号	1	30	35	2	1.4	12.9	12.3	10.1	23.2	0.5	0.14	无施肥
2015	6	27	宁春 39 号	2	30	37	2	1.5	13.0	12.6	9.5	23.1	0.4	0.16	无施肥
2015	6	27	宁春 39 号	3	30	38	2	1.4	13.2	12.7	8.3	22.8	0.5	0.13	无施肥
2015	6	27	宁春 39 号	4	30	41	2	1.4	13.0	12.5	9.1	23.2	0.5	0.11	无施肥
2015	6	27	宁春 39 号	5	30	35	2	1.3	13.2	12.6	8.9	22.8	0.4	0.11	无施肥
2015	6	27	宁春 39 号	6	30	46	2	1.4	13.0	12.5	8.2	23.1	0.4	0.14	无施肥
2015	6	27	宁春 39 号	7	30	44	2	1.2	14.9	12.1	7.8	23.0	0.5	0.14	无施肥
2015	6	27	宁春 39 号	8	30	40	2	1.3	13.0	12.3	7.1	23.1	0.5	0.15	无施肥
2015	6	27	宁春 39 号	9	30	36	2	1.4	13.3	12.7	8.2	22.9	0.4	0.13	无施肥
2015	6	27	宁春 39 号	10	30	37	2	1.5	14.1	12.5	6.9	23.3	0.5	0.11	无施肥
2016	6	27	宁春 4 号	1	30	75.8	1.9	1.3	12.1	11.3	26.4	33.48	2.11	0.65	
2016	6	27	宁春 4 号	2	30	73.5	1.8	1.4	12.9	12.1	25.1	34.56	2.46	0.74	
2016	6	27	宁春 4 号	3	30	76.5	1.8	1.2	13.6	12.8	22.9	40.32	2.00	0.66	
2016	6	27	宁春 4 号	4	30	75.8	1.7	1.5	14.3	13.7	27.2	30.60	2.31	0.81	
2016	6	27	宁春 4 号	5	30	66.0	1.5	1.1	11.9	11.2	27.5	38.52	2.44	0.91	
2016	6	27	宁春 4 号	6	30	76.5	1.6	1.2	11.4	10.9	28.0	35.64	2.49	0.82	
2016	6	27	宁春 4 号	7	30	65.3	1.9	1.1	14.7	13.8	27.1	32.04	2.20	0.63	
2016	6	27	宁春 4 号	8	30	75.8	1.7	1.2	14.6	13.7	25.8	39.96	2.27	0.86	
2016	6	27	宁春 4 号	9	30	76.5	1.7	1.3	11.4	10.9	26.9	32.40	2.02	0.75	
2016	6	27	宁春 4 号	10	30	81.0	1.8	1.2	14.3	13.6	28.7	35.28	2.22	0.76	
2017	6	28	宁春 4 号	1	30	68.0	2.1	1.1	12.7	11.8	29.8	29.70	2.00	1.01	施化肥
2017	6	28	宁春 4 号	2	30	71.2	2.1	1.2	14.0	13.0	31.6	30.30	2.32	1.13	施化肥
2017	6	28	宁春 4 号	3	30	73.2	1.9	1.0	13.2	12.2	28.1	32.90	2.09	0.97	施化肥
2017	6	28	宁春 4 号	4	30	69.5	2.1	1.2	13.5	12.5	28.9	34.20	2.15	1.19	施化肥
2017	6	28	宁春 4 号	5	30	72.0	1.9	1.0	14.4	13.4	28.3	32.90	2.40	0.97	施化肥
2017	6	28	宁春 4 号	6	30	75.0	2.0	1.1	12.2	11.1	30.7	30.60	1.93	1.05	施化肥
2017	6	28	宁春 4 号	7	30	71.5	1.9	1.0	14.7	13.7	30.7	28.70	1.92	0.89	施化肥

（续）

年	月	日	作物品种	样方号	调查株数	株高（cm）	单株总茎数	单株总穗数	每穗小穗数	每穗结实小穗数	每穗粒数	千粒重（g）	地上部总干重（g/株）	籽粒干重（g/株）	备注
2017	6	28	宁春4号	8	30	77.3	2.1	1.1	14.6	13.5	29.5	29.00	2.07	0.97	施化肥
2017	6	28	宁春4号	9	30	70.6	1.8	1.0	14.4	13.5	28.6	31.90	2.25	0.88	施化肥
2017	6	28	宁春4号	10	30	70.5	2.0	1.1	13.0	12.0	30.7	32.20	2.11	1.08	施化肥
2017	6	28	宁春4号	1	30	69.5	1.7	0.8	12.4	11.5	33.5	26.40	1.54	0.72	施有机肥
2017	6	28	宁春4号	2	30	66.5	1.9	1.0	14.3	13.3	29.4	29.30	1.42	0.89	施有机肥
2017	6	28	宁春4号	3	30	63.1	2.0	1.0	12.4	11.4	33.9	27.60	1.86	0.98	施有机肥
2017	6	28	宁春4号	4	30	71.0	1.6	0.8	14.6	13.6	31.0	29.60	1.71	0.74	施有机肥
2017	6	28	宁春4号	5	30	65.0	1.7	0.9	12.8	11.8	30.4	27.60	1.92	0.71	施有机肥
2017	6	28	宁春4号	6	30	63.5	1.9	1.0	14.3	13.2	32.3	31.00	1.69	1.03	施有机肥
2017	6	28	宁春4号	7	30	74.5	1.7	0.8	14.3	13.4	28.5	26.40	1.74	0.62	施有机肥
2017	6	28	宁春4号	8	30	68.8	1.8	0.9	14.0	13.1	32.9	27.30	1.67	0.82	施有机肥
2017	6	28	宁春4号	9	30	63.8	1.9	1.0	12.7	11.7	29.4	31.00	1.55	0.91	施有机肥
2017	6	28	宁春4号	10	30	65.3	1.7	0.8	13.9	13.0	31.0	29.60	1.71	0.76	施有机肥
2017	6	28	宁春4号	1	30	45.5	1.4	1.0	10.9	9.5	10.8	26.90	0.65	0.29	无施肥
2017	6	28	宁春4号	2	30	41.3	1.5	1.0	11.1	9.8	10.4	29.70	0.77	0.31	无施肥
2017	6	28	宁春4号	3	30	49.5	1.4	1.0	10.9	9.5	10.9	30.00	0.68	0.33	无施肥
2017	6	28	宁春4号	4	30	46.1	1.3	0.8	10.6	9.1	11.4	26.30	0.61	0.24	无施肥
2017	6	28	宁春4号	5	30	45.8	1.5	1.1	9.6	8.0	10.7	30.60	0.74	0.36	无施肥
2017	6	28	宁春4号	6	30	41.5	1.4	1.1	11.4	10.0	11.6	26.90	0.63	0.34	无施肥
2017	6	28	宁春4号	7	30	45.5	1.5	0.9	10.4	8.9	10.5	27.50	0.70	0.26	无施肥
2017	6	28	宁春4号	8	30	39.3	1.4	1.0	10.2	8.7	10.2	26.00	0.74	0.27	无施肥
2017	6	28	宁春4号	9	30	39.7	1.4	1.0	10.5	8.9	10.6	26.90	0.72	0.28	无施肥
2017	6	28	宁春4号	10	30	46.3	1.5	1.0	11.2	9.6	11.7	28.90	0.67	0.34	无施肥
2018	6	27	宁春50号	1	30	70.5	1.8	1.2	13.9	11.9	25.7	32.96	2.41	1.11	
2018	6	27	宁春50号	2	30	73.2	1.8	1.2	13.6	10.4	26.5	33.06	2.85	1.13	
2018	6	27	宁春50号	3	30	72.0	1.6	1.1	12.4	10.1	30.0	35.34	2.96	1.15	
2018	6	27	宁春50号	4	30	69.6	1.9	1.4	12.6	10.8	26.1	30.79	2.43	1.14	
2018	6	27	宁春50号	5	30	66.9	1.7	1.0	14.6	13.0	30.4	31.67	2.42	0.99	
2018	6	27	宁春50号	6	30	70.8	1.6	1.2	13.1	11.6	29.1	36.58	2.63	1.19	
2018	6	27	宁春50号	7	30	69.5	1.8	1.2	14.3	11.8	26.3	34.10	2.23	1.02	
2018	6	27	宁春50号	8	30	67.7	1.8	1.3	12.8	11.3	26.8	35.94	2.75	1.15	
2018	6	27	宁春50号	9	30	71.4	1.9	1.3	13.5	10.9	28.7	34.80	3.16	1.35	
2018	6	27	宁春50号	10	30	73.6	1.8	1.2	14.1	13.5	29.3	35.49	2.65	1.19	

样地名称：沙坡头站农田生态系统站区生物采样点

年	月	日	作物品种	作物生育时期	样方号	调查穴数	株高（cm）	单穴总茎数	单穴总穗数	每穗粒数	每穗实粒数	千粒重（g）	地上部总干重（g/穴）	籽粒干重（g/穴）
2009	9	28	水稻	成熟期	1	30.00	104	19	18.0	179	172.0	25.4	90.7	37.87
2009	9	28	水稻	成熟期	2	30.00	89	19	16.8	182	173.0	25.7	77.1	30.16
2009	9	28	水稻	成熟期	3	30.00	83	20	19.1	213	200.0	24.9	90.4	37.26
2009	9	28	水稻	成熟期	4	30.00	103	19	17.2	191	187.0	25.8	74.0	29.18
2009	9	28	水稻	成熟期	5	30.00	95	18	17.2	183	177.0	25.5	76.7	31.23
2009	9	28	水稻	成熟期	6	30.00	90	19	16.9	240	228.0	25.5	78.0	32.48
2009	9	28	水稻	成熟期	7	30.00	90	20	17.8	186	178.0	25.9	81.0	34.20
2009	9	28	水稻	成熟期	8	30.00	89	19	17.6	168	156.0	25.2	88.6	36.54
2009	9	28	水稻	成熟期	9	30.00	97	19	17.5	190	186.0	25.6	83.5	33.98
2009	9	28	水稻	成熟期	10	30.00	98	18	17.3	200	194.0	25.7	87.3	35.76
2010	9	29	水稻	成熟期	1	30.00	94	20	18.6	115	110	22.3	69.8	30.61
2010	9	29	水稻	成熟期	2	30.00	98	19	17.4	146	139	22.6	68.4	31.15
2010	9	29	水稻	成熟期	3	30.00	92	20	18.6	164	154	21.8	81.7	31.10
2010	9	29	水稻	成熟期	4	30.00	93	21	19.1	134	130	22.7	71.9	31.67
2010	9	29	水稻	成熟期	5	30.00	92	19	17.5	146	140	22.4	65.6	28.69
2010	9	29	水稻	成熟期	6	30.00	92	19	18.4	133	124	22.4	65.6	29.52
2010	9	29	水稻	成熟期	7	30.00	94	20	18.9	140	132	22.8	65.5	28.15
2010	9	29	水稻	成熟期	8	30.00	89	20	18.7	120	112	22.3	62.4	28.16
2010	9	29	水稻	成熟期	9	30.00	95	21	19.3	142	136	22.7	71.5	30.47
2010	9	29	水稻	成熟期	10	30.00	93	19	17.5	173	167	22.8	56.1	26.36
2011	9	29	花九115	成熟期	1	3	85	20	18.0	121	115.0	19.8	73.5	36.32
2011	9	29	花九115	成熟期	2	3	87	19	16.0	149	142.0	19.6	75.6	36.00
2011	9	29	花九115	成熟期	3	3	90	18	15.0	131	125.0	20.5	77.0	32.89
2011	9	29	花九115	成熟期	4	3	86	20	17.0	151	144.0	20.2	75.8	32.90
2011	9	29	花九115	成熟期	5	3	88	19	15.0	118	112.0	19.3	65.0	31.64
2011	9	29	花九115	成熟期	6	3	88	20	16.0	136	130.0	21.7	63.3	30.94
2011	9	29	花九115	成熟期	7	3	87	20	17.0	122	116.0	20.4	67.4	30.55
2011	9	29	花九115	成熟期	8	3	90	18	16.0	120	115.0	19.6	62.2	29.60
2011	9	29	花九115	成熟期	9	3	87	19	18.0	144	137.0	21.4	73.9	32.45
2011	9	29	花九115	成熟期	10	3	93	20	17.0	138	130.0	19.1	63.0	31.89
2012	9	27	宁粳41	收获期	1	3	89	19	18.0	70	65.0	18.2	63.5	28.63
2012	9	27	宁粳41	收获期	2	3	80	20	17.0	97	91.0	19.0	64.2	28.18
2012	9	27	宁粳41	收获期	3	3	75	20	18.0	126	117.0	18.5	63.5	28.94
2012	9	27	宁粳41	收获期	4	3	82	20	19.0	106	99.0	19.8	73.5	27.99

（续）

年	月	日	作物品种	作物生育时期	样方号	调查穴数	株高（cm）	单穴总茎数	单穴总穗数	每穗粒数	每穗实粒数	千粒重（g）	地上部总干重（g/穴）	籽粒干重（g/穴）
2012	9	27	宁粳 41	收获期	5	3	83	19	17.0	127	120.0	20.3	67.4	29.70
2012	9	27	宁粳 41	收获期	6	3	73	18	16.0	119	112.0	18.1	64.0	27.98
2012	9	27	宁粳 41	收获期	7	3	98	19	18.0	77	70.0	18.6	61.6	27.73
2012	9	27	宁粳 41	收获期	8	3	75	19	18.0	97	91.0	17.9	67.4	28.96
2012	9	27	宁粳 41	收获期	9	3	79	18	17.0	76	69.0	18.9	60.4	27.26
2012	9	27	宁粳 41	收获期	10	3	76	19	17.0	81	77.0	19.2	71.8	30.61
2013	9	23	花 97	收获期	1	3	92	20	19.0	65	58.0	23.5	47.8	25.44
2013	9	23	花 97	收获期	2	3	81	20	18.0	66	51.0	20.7	49.4	27.45
2013	9	23	花 97	收获期	3	3	72	19	18.0	55	39.0	20.2	49.0	29.36
2013	9	23	花 97	收获期	4	3	84	20	19.0	56	44.0	18.8	44.4	23.37
2013	9	23	花 97	收获期	5	3	87	19	17.0	46	40.0	20.7	47.2	25.52
2013	9	23	花 97	收获期	6	3	86	20	18.0	61	55.0	22.6	45.2	24.83
2013	9	23	花 97	收获期	7	3	82	20	19.0	72	64.0	19.9	48.8	26.64
2013	9	23	花 97	收获期	8	3	83	19	18.0	57	51.0	20.5	43.2	22.38
2013	9	23	花 97	收获期	9	3	89	20	17.0	82	77.0	17.2	50.3	27.64
2013	9	23	花 97	收获期	10	3	78	19	17.0	73	66.0	19.4	51.8	29.96
2014	9	24	宁粳 41	收获期	1	3	81.2	21	21.0	67	65.6	21.1	45.0	24.08
2014	9	24	宁粳 41	收获期	2	3	95.8	19	18.0	69	56.6	20.7	45.5	28.77
2014	9	24	宁粳 41	收获期	3	3	70.1	20	17.0	55	41.2	20.8	42.5	24.41
2014	9	24	宁粳 41	收获期	4	3	76.7	21	18.0	59	37.0	16.5	44.0	22.55
2014	9	24	宁粳 41	收获期	5	3	97.8	23	20.0	43	42.5	23.1	54.0	25.80
2014	9	24	宁粳 41	收获期	6	3	98.1	22	22.0	50	52.0	26.1	46.6	25.08
2014	9	24	宁粳 41	收获期	7	3	82.4	18	18.0	71	67.7	16.7	48.6	26.13
2014	9	24	宁粳 41	收获期	8	3	98.4	21	18.0	58	57.3	19.8	46.1	24.01
2014	9	24	宁粳 41	收获期	9	3	78.1	22	19.0	77	75.3	15.8	47.0	26.95
2014	9	24	宁粳 41	收获期	10	3	73.1	18	18.0	68	58.4	20.6	47.3	27.05
2015	9	28	宁粳 41	收获期	1	3	78.5	18	18.0	70	63.0	19.02	52.55	29.86
2015	9	28	宁粳 41	收获期	2	3	77.4	20	19.0	68	60.0	23.53	44.18	25.35
2015	9	28	宁粳 41	收获期	3	3	83.5	18	17.0	59	52.0	22.17	48.91	28.54
2015	9	28	宁粳 41	收获期	4	3	85.6	21	19.0	63	53.0	20.34	55.42	33.25
2015	9	28	宁粳 41	收获期	5	3	81.5	19	18.0	51	48.0	20.27	49.38	26.13
2015	9	28	宁粳 41	收获期	6	3	78.5	20	20.0	59	55.0	18.91	52.70	30.12
2015	9	28	宁粳 41	收获期	7	3	78.3	21	19.0	79	70.0	21.05	40.33	26.21
2015	9	28	宁粳 41	收获期	8	3	80.5	21	20.0	61	52.0	18.78	41.82	23.38

(续)

年	月	日	作物品种	作物生育时期	样方号	调查穴数	株高(cm)	单穴总茎数	单穴总穗数	每穗粒数	每穗实粒数	千粒重(g)	地上部总干重(g/穴)	籽粒干重(g/穴)
2015	9	28	宁粳 41	收获期	9	3	77.4	19	17.0	75	63.0	19.56	43.84	24.12
2015	9	28	宁粳 41	收获期	10	3	84.3	20	18.0	83	74.0	23.75	48.87	28.35
2016	9	26	宁粳 41	收获期	1	3	79.9	18	17.0	60.0	54.0	22.28	42.78	20.59
2016	9	26	宁粳 41	收获期	2	3	83.3	19	18.0	64.0	58.0	23.16	47.38	24.23
2016	9	26	宁粳 41	收获期	3	3	72.3	17	16.0	60.0	50.0	22.50	39.56	18.12
2016	9	26	宁粳 41	收获期	4	3	75.7	19	17.0	67.0	61.0	24.93	46.46	25.91
2016	9	26	宁粳 41	收获期	5	3	90.2	20	18.0	66.0	57.0	21.40	45.54	22.05
2016	9	26	宁粳 41	收获期	6	3	91.9	20	18.0	55.0	48.0	22.50	40.48	19.52
2016	9	26	宁粳 41	收获期	7	3	92.7	20	19.0	67.0	58.0	20.74	52.90	22.96
2016	9	26	宁粳 41	收获期	8	3	79.1	18	17.0	67.0	57.0	21.84	43.24	21.24
2016	9	26	宁粳 41	收获期	9	3	79.9	19	19.0	60.0	50.0	20.07	51.52	19.21
2016	9	26	宁粳 41	收获期	10	3	92.7	18	18.0	57.0	50.0	21.62	51.06	19.62
2017	9	28	宁粳 41	收获期	1	3	83.7	19.8	18.5	63.7	55.8	21.22	41.82	22.01
2017	9	28	宁粳 41	收获期	2	3	83.8	18.2	16.9	61.1	52.9	22.83	39.65	20.53
2017	9	28	宁粳 41	收获期	3	3	84.2	18.4	17.1	65.7	57.9	24.21	46.28	24.07
2017	9	28	宁粳 41	收获期	4	3	86.2	20.3	19.1	69.6	60.6	25.14	38.85	29.20
2017	9	28	宁粳 41	收获期	5	3	80.5	18.1	16.8	58.5	51.2	23.52	37.08	20.34
2017	9	28	宁粳 41	收获期	6	3	85.7	19.6	18.2	70.2	61.6	22.14	41.33	24.92
2017	9	28	宁粳 41	收获期	7	3	89.4	18.6	17.2	70.2	60.4	21.91	40.10	22.86
2017	9	28	宁粳 41	收获期	8	3	82.1	20.1	19.0	59.2	51.5	23.29	44.62	22.91
2017	9	28	宁粳 41	收获期	9	3	85.3	18.2	17.0	63.7	54.8	23.06	40.94	21.59
2017	9	28	宁粳 41	收获期	10	3	82.6	17.5	16.2	61.8	54.3	21.68	42.14	19.19
2018	9	28	花九 115	收获期	1	3	84.6	19.3	17.7	61.7	50.8	21.03	33.81	19.28
2018	9	28	花九 115	收获期	2	3	88.2	20.3	19.0	64.5	57.4	18.81	40.01	20.66
2018	9	28	花九 115	收获期	3	3	85.1	18.7	17.0	66.9	56.4	22.04	37.54	21.41
2018	9	28	花九 115	收获期	4	3	89.0	17.3	16.7	62.1	59.7	21.63	38.57	21.79
2018	9	28	花九 115	收获期	5	3	84.8	18.7	18.0	68.2	58.9	21.03	45.56	22.55
2018	9	28	花九 115	收获期	6	3	82.9	17.7	16.3	64.9	57.6	21.52	40.42	20.66
2018	9	28	花九 115	收获期	7	3	91.6	20.0	18.7	63.6	51.8	22.06	41.58	21.25
2018	9	28	花九 115	收获期	8	3	85.4	17.3	16.7	72.2	60.9	20.17	36.75	20.96
2018	9	28	花九 115	收获期	9	3	88.7	17.7	17.0	69.5	57.5	22.24	41.19	21.72
2018	9	28	花九 115	收获期	10	3	86.5	19.7	18.3	64.3	52.9	19.16	33.87	18.95

4.2.10 作物收获期测产

数据说明：作物收获期测产数据集中的数据均来源于沙坡头站农田生态系统综合观测场、辅助观测场和站区调查点的观测。在每年春季种植小麦、玉米、大豆或水稻育秧时开始观测相应的作物品种，收获期观测作物的地上部总干重、产量等数据。所有观测数据均为多次测量或观测的平均值（表 4－10A、表 4－10B）。

表 4－10A 作物收获期测产

样地名称：沙坡头站农田生态系统生物土壤辅助长期采样地

作物名称：黄豆

年	月	日	作物品种	样方号	样方面积 (m×m)	群体株高 (cm)	密度 (株或穴/m^2)	地上部总干重 (g/m^2)	产量 (g/m^2)
2009	9	20	宁豆 5 号	1	1×1	82	21	436.9	213.6
2009	9	20	宁豆 5 号	2	1×1	93	20	421.7	208.9
2009	9	20	宁豆 5 号	3	1×1	94	17	465.3	217.3
2009	9	20	宁豆 5 号	4	1×1	82	19	445.7	183.9
2009	9	20	宁豆 5 号	5	1×1	106	18	414.2	192.3
2009	9	20	宁豆 5 号	6	1×1	102	17	445.2	209.5
2009	9	20	宁豆 5 号	7	1×1	109	20	429.6	217.8
2009	9	20	宁豆 5 号	8	1×1	112	18	432.1	206.9
2009	9	20	宁豆 5 号	9	1×1	95	19	411.3	228.1
2009	9	20	宁豆 5 号	10	1×1	93	21	422.4	204.6
2010	9	26	宁豆 5 号	1	1×1	93	20	385.8	204.4
2010	9	26	宁豆 5 号	2	1×1	85	18	445.2	217.1
2010	9	26	宁豆 5 号	3	1×1	88	19	436.5	200.8
2010	9	26	宁豆 5 号	4	1×1	81	17	336.4	178.4
2010	9	26	宁豆 5 号	5	1×1	73	22	435.6	207.6
2010	9	26	宁豆 5 号	6	1×1	96	18	411.5	206.9
2010	9	26	宁豆 5 号	7	1×1	108	19	361.0	182.8
2010	9	26	宁豆 5 号	8	1×1	104	20	438.8	217.1
2010	9	26	宁豆 5 号	9	1×1	92	21	383.0	183.8
2010	9	26	宁豆 5 号	10	1×1	86	22	408.0	194.2
2011	9	23	宁豆 5 号	2	1×1	97	19	417.2	203.5
2011	9	23	宁豆 5 号	3	1×1	99	22	435.9	201.1
2011	9	23	宁豆 5 号	4	1×1	104	20	377.9	195.8
2011	9	23	宁豆 5 号	5	1×1	99	21	393.6	187.6
2011	9	23	宁豆 5 号	6	1×1	102	22	376.0	189.1
2011	9	23	宁豆 5 号	7	1×1	101	18	358.3	181.4
2011	9	23	宁豆 5 号	8	1×1	106	21	385.3	190.6
2011	9	23	宁豆 5 号	9	1×1	89	20	434.8	208.7
2011	9	23	宁豆 5 号	10	1×1	95	19	403.1	191.9

表 4-10B　作物收获期测产

年	月	日	作物名称	作物品种	样方号	样方面积 (m×m)	群体株高 (cm)	密度 (株或穴/m²)	穗数 (穗/m²)	地上部总干重 (g/m²)	产量 (g/m²)	备注
样地名称：沙坡头站农田生态系统综合观测场生物土壤采样地												
2009	7	1	小麦	宁春 47 号	1	1×1	66	608	608	1 373.1	385.9	施有机肥
2009	7	1	小麦	宁春 47 号	2	1×1	57	623	623	1 306.7	405.3	施有机肥
2009	7	1	小麦	宁春 47 号	3	1×1	60	591	591	1 266.9	394.1	施有机肥
2009	7	1	小麦	宁春 47 号	4	1×1	61	584	584	1 350.8	385.4	施有机肥
2009	7	1	小麦	宁春 47 号	5	1×1	62	632	632	1 315.7	407.6	施有机肥
2009	7	1	小麦	宁春 47 号	6	1×1	60	572	572	1 275.6	404.9	施有机肥
2009	7	1	小麦	宁春 47 号	7	1×1	60	546	546	1 247.3	351.7	施有机肥
2009	7	1	小麦	宁春 47 号	8	1×1	62	531	531	1 389.9	361.8	施有机肥
2009	7	1	小麦	宁春 47 号	9	1×1	65	638	638	1 398.5	412.1	施有机肥
2009	7	1	小麦	宁春 47 号	10	1×1	62	627	627	1 367.4	391.7	施有机肥
2009	7	1	小麦	宁春 47 号	11	1×1	79	659	659	2 108.5	679.6	施化肥
2009	7	1	小麦	宁春 47 号	12	1×1	78	642	642	2 309.2	721.9	施化肥
2009	7	1	小麦	宁春 47 号	13	1×1	72	634	634	2 195.3	691.4	施化肥
2009	7	1	小麦	宁春 47 号	14	1×1	66	685	685	2 129.9	634.5	施化肥
2009	7	1	小麦	宁春 47 号	15	1×1	85	627	627	2 074.8	617.2	施化肥
2009	7	1	小麦	宁春 47 号	16	1×1	74	693	693	2 237.6	667.9	施化肥
2009	7	1	小麦	宁春 47 号	17	1×1	74	680	680	2 224.9	703.6	施化肥
2009	7	1	小麦	宁春 47 号	18	1×1	76	653	653	2 065.5	685.9	施化肥
2009	7	1	小麦	宁春 47 号	19	1×1	81	636	636	2 353.1	749.4	施化肥
2009	7	1	小麦	宁春 47 号	20	1×1	76	672	672	2 278.7	699.2	施化肥
2009	7	1	小麦	宁春 47 号	21	1×1	41	421	421	286.3	129.3	无施肥
2009	7	1	小麦	宁春 47 号	22	1×1	39	374	374	321.1	145.6	无施肥
2009	7	1	小麦	宁春 47 号	23	1×1	52	408	408	243.6	108.7	无施肥
2009	7	1	小麦	宁春 47 号	24	1×1	37	366	366	239.3	119.5	无施肥
2009	7	1	小麦	宁春 47 号	25	1×1	42	338	338	261.8	114.7	无施肥
2009	7	1	小麦	宁春 47 号	26	1×1	41	453	453	291.3	126.8	无施肥
2009	7	1	小麦	宁春 47 号	27	1×1	37	439	439	276.9	121.2	无施肥
2009	7	1	小麦	宁春 47 号	28	1×1	36	417	417	226.3	99.4	无施肥
2009	7	1	小麦	宁春 47 号	29	1×1	44	429	429	253.9	109.7	无施肥
2009	7	1	小麦	宁春 47 号	30	1×1	40	385	385	286.7	123.6	无施肥
2010	10	7	玉米	正大 12 号	1	1×1	194	10	13	1 466.6	768.6	施有机肥
2010	10	7	玉米	正大 12 号	2	1×1	196	10	14	1 357.8	719.3	施有机肥
2010	10	7	玉米	正大 12 号	3	1×1	190	10	14	1 335.9	673.1	施有机肥
2010	10	7	玉米	正大 12 号	4	1×1	192	10	13	1 390.7	735.9	施有机肥
2010	10	7	玉米	正大 12 号	5	1×1	186	10	12	1 240.2	709.2	施有机肥
2010	10	7	玉米	正大 12 号	6	1×1	220	10	14	1 189.6	652.1	施有机肥
2010	10	7	玉米	正大 12 号	7	1×1	174	10	14	1 252.1	680.4	施有机肥
2010	10	7	玉米	正大 12 号	8	1×1	177	10	13	1 346.3	673.9	施有机肥

（续）

年	月	日	作物名称	作物品种	样方号	样方面积 (m×m)	群体株高 (cm)	密度 (株或穴/m²)	穗数 (穗/m²)	地上部总干重 (g/m²)	产量 (g/m²)	备注
2010	10	7	玉米	正大12号	9	1×1	169	10	13	1 394.7	704.3	施有机肥
2010	10	7	玉米	正大12号	10	1×1	210	10	13	1 385.5	725.1	施有机肥
2010	10	7	玉米	正大12号	11	1×1	248	10	13	2 219.1	886.4	施化肥
2010	10	7	玉米	正大12号	12	1×1	218	10	12	2 170.7	845.3	施化肥
2010	10	7	玉米	正大12号	13	1×1	255	10	14	2 432.4	921.8	施化肥
2010	10	7	玉米	正大12号	14	1×1	249	10	13	2 296.2	886.5	施化肥
2010	10	7	玉米	正大12号	15	1×1	231	10	14	2 261.2	876.9	施化肥
2010	10	7	玉米	正大12号	16	1×1	252	10	13	2 461.5	971.2	施化肥
2010	10	7	玉米	正大12号	17	1×1	267	10	14	2 342.3	896.8	施化肥
2010	10	7	玉米	正大12号	18	1×1	242	10	13	2 289.4	936.7	施化肥
2010	10	7	玉米	正大12号	19	1×1	245	10	12	2 230.7	863.5	施化肥
2010	10	7	玉米	正大12号	20	1×1	274	10	13	2 393.3	953.1	施化肥
2010	10	7	玉米	正大12号	21	1×1	185	10	13	660.1	405.6	无施肥
2010	10	7	玉米	正大12号	23	1×1	146	10	12	681.1	421.8	无施肥
2010	10	7	玉米	正大12号	24	1×1	148	10	12	624.9	380.2	无施肥
2010	10	7	玉米	正大12号	25	1×1	146	10	12	768.1	450.7	无施肥
2010	10	7	玉米	正大12号	26	1×1	151	10	13	618.2	371.5	无施肥
2010	10	7	玉米	正大12号	27	1×1	134	10	13	578.6	354.8	无施肥
2010	10	7	玉米	正大12号	28	1×1	138	10	11	666.4	396.3	无施肥
2010	10	7	玉米	正大12号	29	1×1	130	10	12	674.5	414.2	无施肥
2010	10	7	玉米	正大12号	30	1×1	163	10	12	678.0	407.3	无施肥
2011	6	30	小麦	宁春4号	1	1×1	68	663	663	1 364.1	412.4	施化肥
2011	6	30	小麦	宁春4号	2	1×1	75	686	686	1 324.9	422.4	施化肥
2011	6	30	小麦	宁春4号	3	1×1	72	652	652	1 233.0	423.3	施化肥
2011	6	30	小麦	宁春4号	4	1×1	74	643	643	1 357.5	433.0	施化肥
2011	6	30	小麦	宁春4号	5	1×1	72	691	691	1 225.9	421.3	施化肥
2011	6	30	小麦	宁春4号	6	1×1	71	631	631	1 405.5	441.9	施化肥
2011	6	30	小麦	宁春4号	7	1×1	67	605	605	1 228.8	441.2	施化肥
2011	6	30	小麦	宁春4号	8	1×1	73	632	632	1 273.2	409.2	施化肥
2011	6	30	小麦	宁春4号	9	1×1	73	697	697	1 419.8	434.2	施化肥
2011	6	30	小麦	宁春4号	10	1×1	74	686	686	1 301.2	450.7	施化肥
2011	6	30	小麦	宁春4号	11	1×1	59	622	622	1 046.5	296.1	施有机肥
2011	6	30	小麦	宁春4号	12	1×1	58	645	645	996.0	298.3	施有机肥
2011	6	30	小麦	宁春4号	13	1×1	59	611	611	937.2	303.5	施有机肥
2011	6	30	小麦	宁春4号	14	1×1	69	602	602	1 024.4	306.9	施有机肥
2011	6	30	小麦	宁春4号	15	1×1	59	650	650	902.2	292.5	施有机肥
2011	6	30	小麦	宁春4号	16	1×1	57	590	590	1 000.3	295.1	施有机肥
2011	6	30	小麦	宁春4号	19	1×1	63	656	656	990.5	283.7	施有机肥

（续）

年	月	日	作物名称	作物品种	样方号	样方面积(m×m)	群体株高(cm)	密度(株或穴/m²)	穗数(穗/m²)	地上部总干重(g/m²)	产量(g/m²)	备注
2011	6	30	小麦	宁春4号	20	1×1	57	645	645	880.4	287.9	施有机肥
2011	6	30	小麦	宁春4号	21	1×1	37	581	581	236.7	69.9	无施肥
2011	6	30	小麦	宁春4号	22	1×1	42	702	702	223.5	69.7	无施肥
2011	6	30	小麦	宁春4号	23	1×1	36	725	725	199.9	67.2	无施肥
2011	6	30	小麦	宁春4号	24	1×1	33	691	691	219.4	68.4	无施肥
2011	6	30	小麦	宁春4号	25	1×1	38	682	682	209.2	70.4	无施肥
2011	6	30	小麦	宁春4号	26	1×1	37	730	730	229.2	70.4	无施肥
2011	6	30	小麦	宁春4号	27	1×1	45	670	670	198.3	69.8	无施肥
2011	6	30	小麦	宁春4号	28	1×1	37	644	644	229.3	72.1	无施肥
2011	6	30	小麦	宁春4号	29	1×1	38	671	671	248.0	74.1	无施肥
2011	6	30	小麦	宁春4号	30	1×1	43	725	725	224.1	68.9	无施肥
2012	10	2	玉米	先锋333	1	1×1	268	10	14	2 422.7	1 066.9	施化肥
2012	10	2	玉米	先锋333	2	1×1	253	10	13	2 678.6	1 059.8	施化肥
2012	10	2	玉米	先锋333	3	1×1	252	10	13	2 633.2	1 034.7	施化肥
2012	10	2	玉米	先锋333	4	1×1	255	10	12	2 514.2	1 023.6	施化肥
2012	10	2	玉米	先锋333	5	1×1	243	10	13	2 343.5	1 005.1	施化肥
2012	10	2	玉米	先锋333	6	1×1	256	10	13	2 486.4	1 079.2	施化肥
2012	10	2	玉米	先锋333	7	1×1	252	10	13	2 662.8	1 014.6	施化肥
2012	10	2	玉米	先锋333	8	1×1	274	10	14	2 130.6	973.3	施化肥
2012	10	2	玉米	先锋333	9	1×1	260	10	13	2 574.7	1 092.9	施化肥
2012	10	2	玉米	先锋333	10	1×1	274	10	12	2 310.3	1 019.4	施化肥
2012	10	2	玉米	先锋333	11	1×1	201	10	8	973.2	510.4	无施肥
2012	10	2	玉米	先锋333	12	1×1	197	10	10	957.7	507.3	无施肥
2012	10	2	玉米	先锋333	13	1×1	159	10	9	921.5	464.3	无施肥
2012	10	2	玉米	先锋333	14	1×1	183	10	10	960.4	508.2	无施肥
2012	10	2	玉米	先锋333	15	1×1	187	10	11	871.2	477.8	无施肥
2012	10	2	玉米	先锋333	16	1×1	194	10	9	943.2	517.3	无施肥
2012	10	2	玉米	先锋333	17	1×1	200	10	10	946.1	514.1	无施肥
2012	10	2	玉米	先锋333	18	1×1	208	10	10	1 073.2	537.2	无施肥
2012	10	2	玉米	先锋333	19	1×1	196	10	10	1 073.1	541.9	无施肥
2012	10	2	玉米	先锋333	20	1×1	176	10	10	941.9	492.5	无施肥
2012	10	2	玉米	先锋333	21	1×1	254	10	12	1 498.6	847.5	施有机肥
2012	10	2	玉米	先锋333	22	1×1	190	10	12	1 412.5	808.4	施有机肥
2012	10	2	玉米	先锋333	23	1×1	225	10	10	1 364.7	771.3	施有机肥
2012	10	2	玉米	先锋333	24	1×1	203	10	12	1 444.4	806.2	施有机肥
2012	10	2	玉米	先锋333	25	1×1	255	10	11	1 412.7	758.9	施有机肥
2012	10	2	玉米	先锋333	26	1×1	243	10	12	1 440.4	793.9	施有机肥
2012	10	2	玉米	先锋333	27	1×1	252	10	11	1 388.7	778.4	施有机肥

（续）

年	月	日	作物名称	作物品种	样方号	样方面积（m×m）	群体株高（cm）	密度（株或穴/m²）	穗数（穗/m²）	地上部总干重（g/m²）	产量（g/m²）	备注
2012	10	2	玉米	先锋 333	28	1×1	196	10	12	1 438.1	784.3	施有机肥
2012	10	2	玉米	先锋 333	29	1×1	210	10	13	1 443.1	812.9	施有机肥
2012	10	2	玉米	先锋 333	30	1×1	185	10	11	1 552.2	860.7	施有机肥
2013	7	4	小麦	宁春 4 号	1	1×1	81	696	696	1 322.4	443.3	施化肥
2013	7	4	小麦	宁春 4 号	2	1×1	75	674	674	1 415.4	482.2	施化肥
2013	7	4	小麦	宁春 4 号	3	1×1	70	685	685	1 301.5	434.1	施化肥
2013	7	4	小麦	宁春 4 号	4	1×1	77	637	637	1 401.4	481.2	施化肥
2013	7	4	小麦	宁春 4 号	5	1×1	71	693	693	1 455.3	403.3	施化肥
2013	7	4	小麦	宁春 4 号	6	1×1	71	702	702	1 404.0	430.2	施化肥
2013	7	4	小麦	宁春 4 号	7	1×1	64	674	674	1 280.6	459.4	施化肥
2013	7	4	小麦	宁春 4 号	8	1×1	62	635	635	1 270.0	427.7	施化肥
2013	7	4	小麦	宁春 4 号	9	1×1	67	628	628	1 130.4	410.3	施化肥
2013	7	4	小麦	宁春 4 号	10	1×1	70	605	605	1 331.0	418.7	施化肥
2013	7	4	小麦	宁春 4 号	11	1×1	72	585	585	819.0	305.3	施有机肥
2013	7	4	小麦	宁春 4 号	12	1×1	76	574	574	746.2	308.7	施有机肥
2013	7	4	小麦	宁春 4 号	13	1×1	70	596	596	715.2	322.6	施有机肥
2013	7	4	小麦	宁春 4 号	14	1×1	65	602	602	782.6	325.8	施有机肥
2013	7	4	小麦	宁春 4 号	15	1×1	70	617	617	740.4	316.2	施有机肥
2013	7	4	小麦	宁春 4 号	16	1×1	72	572	572	800.8	325.6	施有机肥
2013	7	4	小麦	宁春 4 号	17	1×1	74	574	574	688.8	319.7	施有机肥
2013	7	4	小麦	宁春 4 号	18	1×1	67	534	534	747.6	322.6	施有机肥
2013	7	4	小麦	宁春 4 号	19	1×1	74	563	563	731.9	307.5	施有机肥
2013	7	4	小麦	宁春 4 号	20	1×1	67	531	531	743.4	302.1	施有机肥
2013	7	4	小麦	宁春 4 号	21	1×1	39	586	586	99.2	73.6	无施肥
2013	7	4	小麦	宁春 4 号	22	1×1	37	525	525	160.5	77.8	无施肥
2013	7	4	小麦	宁春 4 号	23	1×1	38	562	562	188.8	80.3	无施肥
2013	7	4	小麦	宁春 4 号	24	1×1	36	508	508	155.4	71.8	无施肥
2013	7	4	小麦	宁春 4 号	25	1×1	37	547	547	137.1	75.5	无施肥
2013	7	4	小麦	宁春 4 号	26	1×1	41	545	545	136.5	73.6	无施肥
2013	7	4	小麦	宁春 4 号	27	1×1	42	588	588	149.4	64.9	无施肥
2013	7	4	小麦	宁春 4 号	28	1×1	38	570	570	96.0	72.2	无施肥
2013	7	4	小麦	宁春 4 号	29	1×1	35	551	551	92.2	66.5	无施肥
2013	7	4	小麦	宁春 4 号	30	1×1	40	512	512	126.6	73.2	无施肥
2014	9	30	玉米	大丰 30	1	1×1	266.6	10	10	2 472.8	955.2	施化肥
2014	9	30	玉米	大丰 30	2	1×1	264.1	10	10	1 802.3	1 009.7	施化肥
2014	9	30	玉米	大丰 30	3	1×1	279.4	10	10	2 593.2	896.3	施化肥
2014	9	30	玉米	大丰 30	4	1×1	230.4	10	10	2 263.5	881.8	施化肥
2014	9	30	玉米	大丰 30	5	1×1	290.8	10	10	2 037.9	990.5	施化肥

（续）

年	月	日	作物名称	作物品种	样方号	样方面积 (m×m)	群体株高 (cm)	密度 (株或穴/m²)	穗数 (穗/m²)	地上部总干重 (g/m²)	产量 (g/m²)	备注
2014	9	30	玉米	大丰 30	6	1×1	268.4	10	10	2 648.2	990.7	施化肥
2014	9	30	玉米	大丰 30	7	1×1	274.9	10	10	2 063.9	1 029.5	施化肥
2014	9	30	玉米	大丰 30	8	1×1	289	10	10	2 822.8	968.1	施化肥
2014	9	30	玉米	大丰 30	9	1×1	266.5	10	10	2 171.1	1 126.5	施化肥
2014	9	30	玉米	大丰 30	10	1×1	302.3	10	10	2 167.1	910.3	施化肥
2014	9	30	玉米	大丰 30	1	1×1	208.6	10	9	2 325.4	835.8	施有机肥
2014	9	30	玉米	大丰 30	2	1×1	225.8	10	10	1 833.0	988.6	施有机肥
2014	9	30	玉米	大丰 30	3	1×1	219.1	10	10	2 132.8	829.3	施有机肥
2014	9	30	玉米	大丰 30	4	1×1	228.6	10	10	2 184.0	795.1	施有机肥
2014	9	30	玉米	大丰 30	5	1×1	243.8	10	8	1 936.8	926.4	施有机肥
2014	9	30	玉米	大丰 30	6	1×1	251.6	10	10	2 540.2	876.7	施有机肥
2014	9	30	玉米	大丰 30	7	1×1	208.1	10	10	2 004.6	1 119.2	施有机肥
2014	9	30	玉米	大丰 30	8	1×1	213.1	10	10	2 923.9	850.5	施有机肥
2014	9	30	玉米	大丰 30	9	1×1	220.7	10	10	1 822.0	1 111.0	施有机肥
2014	9	30	玉米	大丰 30	10	1×1	223.6	10	10	1 931.2	967.3	施有机肥
2014	9	30	玉米	大丰 30	1	1×1	195.1	10	10	1 758.0	637.6	无施肥
2014	9	30	玉米	大丰 30	2	1×1	194.5	10	8	1 162.8	646.2	无施肥
2014	9	30	玉米	大丰 30	3	1×1	192.9	10	10	1 487.5	549.6	无施肥
2014	9	30	玉米	大丰 30	4	1×1	209.3	10	10	1 241.4	668.4	无施肥
2014	9	30	玉米	大丰 30	5	1×1	165.8	10	10	1 144.8	729.3	无施肥
2014	9	30	玉米	大丰 30	6	1×1	167.3	10	10	1 642.5	628.7	无施肥
2014	9	30	玉米	大丰 30	7	1×1	150.6	10	8	1 460.8	660.2	无施肥
2014	9	30	玉米	大丰 30	8	1×1	149.7	10	10	1 721.1	583.5	无施肥
2014	9	30	玉米	大丰 30	9	1×1	184.2	10	10	1 421.3	840.4	无施肥
2014	9	30	玉米	大丰 30	10	1×1	194.4	10	10	1 407.7	619.8	无施肥
2015	6	27	小麦	宁春 39 号	1	1×1	70.5	676	676	1 507.2	665.0	施化肥
2015	6	27	小麦	宁春 39 号	2	1×1	73.5	678	678	1 830.9	494.4	施化肥
2015	6	27	小麦	宁春 39 号	3	1×1	74.6	569	569	1 534.9	638.2	施化肥
2015	6	27	小麦	宁春 39 号	4	1×1	74.4	726	726	1 395.9	576.7	施化肥
2015	6	27	小麦	宁春 39 号	5	1×1	79.9	645	645	1 349.8	643.4	施化肥
2015	6	27	小麦	宁春 39 号	6	1×1	78.5	607	607	1 696.0	530.1	施化肥
2015	6	27	小麦	宁春 39 号	7	1×1	70.1	773	773	1 610.1	585.8	施化肥
2015	6	27	小麦	宁春 39 号	8	1×1	79.4	687	687	1 474.7	548.9	施化肥
2015	6	27	小麦	宁春 39 号	9	1×1	64.8	605	605	1 427.8	634.0	施化肥
2015	6	27	小麦	宁春 39 号	10	1×1	67.6	756	756	1 304.6	664.2	施化肥
2015	6	27	小麦	宁春 39 号	1	1×1	72.5	598	598	1 465.7	620.1	施有机肥
2015	6	27	小麦	宁春 39 号	2	1×1	69.3	592	592	1 248.4	470.0	施有机肥
2015	6	27	小麦	宁春 39 号	3	1×1	75.0	532	532	1 340.0	501.4	施有机肥

（续）

年	月	日	作物名称	作物品种	样方号	样方面积（m×m）	群体株高（cm）	密度（株或穴/m²）	穗数（穗/m²）	地上部总干重（g/m²）	产量（g/m²）	备注
2015	6	27	小麦	宁春39号	4	1×1	68.7	596	596	1 396.9	531.3	施有机肥
2015	6	27	小麦	宁春39号	5	1×1	69.2	629	629	1 126.9	469.9	施有机肥
2015	6	27	小麦	宁春39号	6	1×1	66.9	596	596	1 108.9	584.7	施有机肥
2015	6	27	小麦	宁春39号	7	1×1	65.1	600	600	1 190.4	485.2	施有机肥
2015	6	27	小麦	宁春39号	8	1×1	60.7	545	545	1 165.3	542.5	施有机肥
2015	6	27	小麦	宁春39号	9	1×1	78.2	587	587	849.2	489.7	施有机肥
2015	6	27	小麦	宁春39号	10	1×1	73.2	591	591	1 000.9	549.1	施有机肥
2015	6	27	小麦	宁春39号	1	1×1	41.9	699	699	325.4	115.8	无施肥
2015	6	27	小麦	宁春39号	2	1×1	39.2	525	525	329.3	120.8	无施肥
2015	6	27	小麦	宁春39号	3	1×1	47.4	625	625	346.4	117.4	无施肥
2015	6	27	小麦	宁春39号	4	1×1	41.3	545	545	393.0	103.4	无施肥
2015	6	27	小麦	宁春39号	5	1×1	50.3	579	579	368.6	147.8	无施肥
2015	6	27	小麦	宁春39号	6	1×1	43.2	489	489	357.7	107.0	无施肥
2015	6	27	小麦	宁春39号	7	1×1	38.7	486	486	412.6	112.7	无施肥
2015	6	27	小麦	宁春39号	8	1×1	33.2	559	559	391.2	103.7	无施肥
2015	6	27	小麦	宁春39号	9	1×1	37.9	613	613	390.4	108.6	无施肥
2015	6	27	小麦	宁春39号	10	1×1	36.1	619	619	382.4	113.7	无施肥
2016	9	24	玉米	强盛16号	1	1×1	272.0	10	10	2 804.3	1 082.4	施化肥
2016	9	24	玉米	强盛16号	2	1×1	273.7	11	11	2 681.7	1 290.5	施化肥
2016	9	24	玉米	强盛16号	3	1×1	273.4	10	10	2 554.4	903.2	施化肥
2016	9	24	玉米	强盛16号	4	1×1	263.6	9	9	2 550.3	1 067.8	施化肥
2016	9	24	玉米	强盛16号	5	1×1	267.7	12	12	3 194.4	1 366.3	施化肥
2016	9	24	玉米	强盛16号	6	1×1	264.2	11	11	2 573.7	1 155.2	施化肥
2016	9	24	玉米	强盛16号	7	1×1	269.1	11	11	2 544.2	980.7	施化肥
2016	9	24	玉米	强盛16号	8	1×1	257.6	12	12	2 660.4	1 205.2	施化肥
2016	9	24	玉米	强盛16号	9	1×1	262.5	11	11	2 597.6	1 082.5	施化肥
2016	9	24	玉米	强盛16号	10	1×1	239.9	10	10	2 754.3	1 176.4	施化肥
2016	9	24	玉米	强盛16号	1	1×1	219.9	12	12	2 607.6	1 342.4	施有机肥
2016	9	24	玉米	强盛16号	6	1×1	224.2	11	11	2 710.7	1 079.3	施有机肥
2016	9	24	玉米	强盛16号	7	1×1	218.8	11	11	2 633.5	881.5	施有机肥
2016	9	24	玉米	强盛16号	8	1×1	249.0	12	12	2 978.8	1 030.7	施有机肥
2016	9	24	玉米	强盛16号	9	1×1	209.0	10	10	2 542.1	1 099.1	施有机肥
2016	9	24	玉米	强盛16号	10	1×1	238.8	11	11	2 409.9	922.9	施有机肥
2016	9	24	玉米	强盛16号	1	1×1	150.1	11	11	1 036.3	351.2	无施肥
2016	9	24	玉米	强盛16号	2	1×1	161.2	12	12	1 383.6	494.8	无施肥
2016	9	24	玉米	强盛16号	3	1×1	170.7	12	12	2 243.6	802.5	无施肥
2016	9	24	玉米	强盛16号	4	1×1	155.8	11	11	1 615.0	547.4	无施肥
2016	9	24	玉米	强盛16号	5	1×1	187.5	10	10	1 858.3	725.2	无施肥

（续）

年	月	日	作物名称	作物品种	样方号	样方面积 (m×m)	群体株高 (cm)	密度 (株或穴/m²)	穗数 (穗/m²)	地上部总干重 (g/m²)	产量 (g/m²)	备注
2016	9	24	玉米	强盛 16 号	6	1×1	179.3	12	12	1 394.0	523.4	无施肥
2016	9	24	玉米	强盛 16 号	9	1×1	186.3	10	10	1 670.2	635.4	无施肥
2016	9	24	玉米	强盛 16 号	10	1×1	173.3	11	11	1 676.6	534.9	无施肥
2017	6	28	小麦	宁春 4 号	1	1×1	67.6	694	694	1 386.38	614.07	施化肥
2017	6	28	小麦	宁春 4 号	2	1×1	78.4	568	568	1 319.08	543.42	施化肥
2017	6	28	小麦	宁春 4 号	3	1×1	74.1	612	612	1 278.70	564.45	施化肥
2017	6	28	小麦	宁春 4 号	4	1×1	79.1	650	650	1 399.84	642.10	施化肥
2017	6	28	小麦	宁春 4 号	5	1×1	69.0	606	606	1 453.68	564.45	施化肥
2017	6	28	小麦	宁春 4 号	6	1×1	70.5	650	650	1 251.78	611.00	施化肥
2017	6	28	小麦	宁春 4 号	7	1×1	70.5	694	694	1 332.54	611.74	施化肥
2017	6	28	小麦	宁春 4 号	8	1×1	68.3	663	663	1 372.92	567.93	施化肥
2017	6	28	小麦	宁春 4 号	9	1×1	72.6	581	581	1 305.62	530.59	施化肥
2017	6	28	小麦	宁春 4 号	10	1×1	65.4	612	612	1 292.16	605.38	施化肥
2017	6	28	小麦	宁春 4 号	4	1×1	60.4	575	575	981.56	527.55	施有机肥
2017	6	28	小麦	宁春 4 号	5	1×1	71.1	498	498	953.78	416.82	施有机肥
2017	6	28	小麦	宁春 4 号	6	1×1	62.4	503	503	851.92	503.77	施有机肥
2017	6	28	小麦	宁春 4 号	7	1×1	69.8	531	531	926.00	399.45	施有机肥
2017	6	28	小麦	宁春 4 号	8	1×1	73.8	503	503	842.66	451.82	施有机肥
2017	6	28	小麦	宁春 4 号	9	1×1	66.4	586	586	907.48	535.03	施有机肥
2017	6	28	小麦	宁春 4 号	10	1×1	62.4	564	564	963.04	517.40	施有机肥
2017	6	28	小麦	宁春 4 号	1	1×1	48.5	652	652	424.86	189.41	无施肥
2017	6	28	小麦	宁春 4 号	2	1×1	47.6	614	614	473.04	189.81	无施肥
2017	6	28	小麦	宁春 4 号	3	1×1	47.6	672	672	455.52	219.91	无施肥
2017	6	28	小麦	宁春 4 号	4	1×1	44.5	678	678	416.10	203.45	无施肥
2017	6	28	小麦	宁春 4 号	5	1×1	46.7	594	594	442.38	194.59	无施肥
2017	6	28	小麦	宁春 4 号	6	1×1	41.5	672	672	424.86	209.49	无施肥
2017	6	28	小麦	宁春 4 号	7	1×1	47.6	685	685	477.42	197.44	无施肥
2017	6	28	小麦	宁春 4 号	8	1×1	42.3	620	620	459.90	164.66	无施肥
2018	9	26	玉米	龙生 2 号	2	1×1	291.9	11	11	2 323.19	1 043.68	施化肥
2018	9	26	玉米	龙生 2 号	3	1×1	289.1	11	11	2 353.40	994.55	施化肥
2018	9	26	玉米	龙生 2 号	4	1×1	266.9	9	9	1 680.83	798.04	施化肥
2018	9	26	玉米	龙生 2 号	5	1×1	305.8	10	10	1 877.15	771.96	施化肥
2018	9	26	玉米	龙生 2 号	6	1×1	269.7	10	10	2 198.71	1 005.70	施化肥
2018	9	26	玉米	龙生 2 号	7	1×1	264.1	9	9	2 324.16	1 033.44	施化肥
2018	9	26	玉米	龙生 2 号	8	1×1	289.1	10	10	2 055.71	958.55	施化肥
2018	9	26	玉米	龙生 2 号	9	1×1	264.1	11	11	2 823.23	1 204.24	施化肥
2018	9	26	玉米	龙生 2 号	10	1×1	272.4	10	10	1 843.48	886.51	施化肥
2018	9	26	玉米	龙生 2 号	1	1×1	258.5	11	11	2 537.11	1 017.87	施有机肥

（续）

年	月	日	作物名称	作物品种	样方号	样方面积（m×m）	群体株高（cm）	密度（株或穴/m²）	穗数（穗/m²）	地上部总干重（g/m²）	产量（g/m²）	备注
2018	9	26	玉米	龙生2号	2	1×1	218.6	10	10	2 373.64	1 057.03	施有机肥
2018	9	26	玉米	龙生2号	3	1×1	213.9	9	9	1 466.90	659.29	施有机肥
2018	9	26	玉米	龙生2号	4	1×1	218.6	10	10	1 688.96	659.88	施有机肥
2018	9	26	玉米	龙生2号	5	1×1	216.2	11	11	2 061.68	812.06	施有机肥
2018	9	26	玉米	龙生2号	6	1×1	242.1	10	10	2 126.34	1 066.04	施有机肥
2018	9	26	玉米	龙生2号	7	1×1	232.7	10	10	1 371.59	541.24	施有机肥
2018	9	26	玉米	龙生2号	8	1×1	256.2	10	10	1 446.48	676.02	施有机肥
2018	9	26	玉米	龙生2号	2	1×1	174.9	9	9	339.23	137.59	无施肥
2018	9	26	玉米	龙生2号	3	1×1	149.5	9	9	517.70	227.03	无施肥
2018	9	26	玉米	龙生2号	4	1×1	154.2	11	11	744.92	265.43	无施肥
2018	9	26	玉米	龙生2号	5	1×1	152.6	9	9	627.25	244.17	无施肥
2018	9	26	玉米	龙生2号	6	1×1	143.1	10	10	1 067.46	396.22	无施肥
2018	9	26	玉米	龙生2号	7	1×1	167.0	11	11	686.30	269.52	无施肥
2018	9	26	玉米	龙生2号	8	1×1	146.3	11	11	1 174.44	493.14	无施肥
2018	9	26	玉米	龙生2号	9	1×1	157.4	10	10	673.00	245.50	无施肥
2018	9	26	玉米	龙生2号	10	1×1	162.2	10	10	1 340.64	471.41	无施肥
样地名称：沙坡头站养分循环场生物土壤长期采样地												
2009	10	2	玉米	正大12号	1	1×1	260	10	13	2 416.6	965.3	
2009	10	2	玉米	正大12号	2	1×1	250	10	14	2 171.5	845.6	
2009	10	2	玉米	正大12号	3	1×1	259	10	12	2 354.6	892.3	
2009	10	2	玉米	正大12号	4	1×1	265	10	11	2 343.3	904.7	
2009	10	2	玉米	正大12号	5	1×1	250	10	13	2 126.1	824.5	
2009	10	2	玉米	正大12号	6	1×1	260	10	15	2 052.2	809.7	
2009	10	2	玉米	正大12号	7	1×1	258	10	14	2 443.4	935.5	
2009	10	2	玉米	正大12号	8	1×1	269	10	14	2 352.0	962.3	
2009	10	2	玉米	正大12号	9	1×1	256	10	13	2 457.3	951.2	
2009	10	2	玉米	正大12号	10	1×1	272	10	12	2 463.9	981.2	
2010	7	4	小麦	宁春4号	1	1×1	63	727	727	1 410.3	386.6	
2010	7	4	小麦	宁春4号	2	1×1	66	742	742	1 520.1	441.8	
2010	7	4	小麦	宁春4号	3	1×1	72	710	710	1 345.1	423.8	
2010	7	4	小麦	宁春4号	4	1×1	69	703	703	1 273.9	370.4	
2010	7	4	小麦	宁春4号	5	1×1	66	751	751	1 374.5	433.6	
2010	7	4	小麦	宁春4号	6	1×1	68	691	691	1 473.3	421.7	
2010	7	4	小麦	宁春4号	7	1×1	66	665	665	1 393.9	461.1	
2010	7	4	小麦	宁春4号	8	1×1	64	650	650	1 411.5	413.8	

（续）

年	月	日	作物名称	作物品种	样方号	样方面积（m×m）	群体株高（cm）	密度（株或穴/m²）	穗数（穗/m²）	地上部总干重（g/m²）	产量（g/m²）	备注
2010	7	4	小麦	宁春4号	9	1×1	66	757	757	1 455.5	404.1	
2010	7	4	小麦	宁春4号	10	1×1	75	746	746	1 434.0	456.3	
2011	9	27	玉米	正大12号	1	1×1	266	10	14	2 250.8	931.9	
2011	9	27	玉米	正大12号	2	1×1	266	10	13	2 386.8	959.4	
2011	9	27	玉米	正大12号	3	1×1	252	10	12	2 458.6	950.3	
2011	9	27	玉米	正大12号	4	1×1	279	10	12	2 128.6	930.3	
2011	9	27	玉米	正大12号	5	1×1	263	10	13	2 490.3	958.1	
2011	9	27	玉米	正大12号	6	1×1	254	10	12	2 312.2	933.1	
2011	9	27	玉米	正大12号	7	1×1	239	10	13	2 450.9	957.1	
2011	9	27	玉米	正大12号	8	1×1	249	10	12	2 565.4	958.6	
2011	9	27	玉米	正大12号	9	1×1	237	10	13	2 315.4	918.2	
2012	6	28	小麦	宁春4号	1	1×1	72	676	676	1 014.4	476.9	
2012	6	28	小麦	宁春4号	2	1×1	74	703	703	1 768.5	484.8	
2012	6	28	小麦	宁春4号	3	1×1	68	722	722	1 561.1	453.7	
2012	6	28	小麦	宁春4号	4	1×1	71	698	698	1 505.2	474.3	
2012	6	28	小麦	宁春4号	5	1×1	74	660	660	1 605.9	466.9	
2012	6	28	小麦	宁春4号	6	1×1	81	711	711	1 536.6	484.7	
2012	6	28	小麦	宁春4号	7	1×1	75	679	679	1 724.3	493.5	
2012	6	28	小麦	宁春4号	8	1×1	69	668	668	1 481.6	490.1	
2012	6	28	小麦	宁春4号	9	1×1	77	704	704	1 668.5	489.1	
2012	6	28	小麦	宁春4号	10	1×1	74	645	645	1 656.6	459.9	
2013	10	2	玉米	KWS2564杂交种	1	1×1	207	10	9	2 372.4	1 033.5	
2013	10	2	玉米	KWS2564杂交种	2	1×1	207	10	10	1 882.1	1 028.7	
2013	10	2	玉米	KWS2564杂交种	3	1×1	206	10	8	2 586.1	988.4	
2013	10	2	玉米	KWS2564杂交种	4	1×1	207	10	10	2 366.4	963.6	
2013	10	2	玉米	KWS2564杂交种	5	1×1	231	10	10	2 021.3	912.4	
2013	10	2	玉米	KWS2564杂交种	6	1×1	220	10	11	2 624.1	972.6	
2013	10	2	玉米	KWS2564杂交种	7	1×1	213	10	9	2 216.6	1 012.5	
2013	10	2	玉米	KWS2564杂交种	8	1×1	198	10	10	2 658.1	974.7	
2013	10	2	玉米	KWS2564杂交种	9	1×1	214	10	10	2 201.4	988.5	
2013	10	2	玉米	KWS2564杂交种	10	1×1	206	10	9	2 317.2	1 000.3	
2014	6	28	小麦	宁春4号	1	1×1	72.3	705	697	1 371.0	407.6	
2014	6	28	小麦	宁春4号	2	1×1	72.9	645	643	1 359.1	477.3	
2014	6	28	小麦	宁春4号	3	1×1	88.1	687	681	1 434.8	393.4	
2014	6	28	小麦	宁春4号	4	1×1	84.1	609	591	1 311.0	484.2	
2014	6	28	小麦	宁春4号	5	1×1	77.8	699	674	1 401.1	438.9	
2014	6	28	小麦	宁春4号	6	1×1	51.7	708	702	1 486.3	457.5	
2014	6	28	小麦	宁春4号	7	1×1	68.7	628	614	1 357.4	478.8	

（续）

年	月	日	作物名称	作物品种	样方号	样方面积（m×m）	群体株高（cm）	密度（株或穴/m²）	穗数（穗/m²）	地上部总干重（g/m²）	产量（g/m²）	备注
2014	6	28	小麦	宁春 4 号	8	1×1	68.3	674	645	1 122.2	415.4	
2014	6	28	小麦	宁春 4 号	9	1×1	71	619	601	1 194.5	416.2	
2014	6	28	小麦	宁春 4 号	10	1×1	73.5	586	569	1 221.0	431.9	
2015	9	28	玉米	农华 101	1	1×1	196.9	9	9	2 224.2	765.1	
2015	9	28	玉米	农华 101	2	1×1	227.7	10	10	2 119.5	965.1	
2015	9	28	玉米	农华 101	3	1×1	209.6	11	11	1 847.6	870.7	
2015	9	28	玉米	农华 101	4	1×1	212.3	9	9	2 178.2	917.8	
2015	9	28	玉米	农华 101	5	1×1	231.9	9	9	2 372.1	874.9	
2015	9	28	玉米	农华 101	6	1×1	202.8	12	12	2 230.3	1 008.7	
2015	9	28	玉米	农华 101	7	1×1	246.9	9	9	2 241.1	989.3	
2015	9	28	玉米	农华 101	8	1×1	224.2	10	10	2 411.9	832.6	
2015	9	28	玉米	农华 101	9	1×1	212	11	11	1 976.3	898.6	
2015	9	28	玉米	农华 101	10	1×1	206.4	11	11	1 941.2	826.2	
2016	6	27	小麦	宁春 4 号	1	1×1	76.9	594	627	1 261.5	469.8	
2016	6	27	小麦	宁春 4 号	2	1×1	74.4	680	735	1 377.5	529.7	
2016	6	27	小麦	宁春 4 号	3	1×1	77.5	767	782	1 276.0	469.8	
2016	6	27	小麦	宁春 4 号	4	1×1	76.9	654	839	1 261.5	492.8	
2016	6	27	小麦	宁春 4 号	5	1×1	66.9	687	816	1 261.5	506.7	
2016	6	27	小麦	宁春 4 号	6	1×1	77.5	674	781	1 479.0	515.9	
2016	6	27	小麦	宁春 4 号	7	1×1	66.4	587	740	1 638.5	409.9	
2016	6	27	小麦	宁春 4 号	8	1×1	76.7	674	862	1 450.0	410.9	
2016	6	27	小麦	宁春 4 号	9	1×1	77.5	594	677	1 508.0	456.0	
2016	6	27	小麦	宁春 4 号	10	1×1	81.9	607	699	1 537.0	414.5	
2017	10	1	玉米	强盛 16 号	2	1×1	263.9	10	10	2 362.92	958.80	
2017	10	1	玉米	强盛 16 号	3	1×1	230.0	10	10	2 533.44	949.40	
2017	10	1	玉米	强盛 16 号	4	1×1	239.7	10	10	2 533.44	921.20	
2017	10	1	玉米	强盛 16 号	5	1×1	225.2	11	11	2 241.12	930.60	
2017	10	1	玉米	强盛 16 号	6	1×1	261.5	10	10	2 289.84	1 005.80	
2017	10	1	玉米	强盛 16 号	7	1×1	251.8	10	10	2 460.36	864.80	
2017	10	1	玉米	强盛 16 号	8	1×1	256.6	9	9	2 533.44	902.40	
2017	10	1	玉米	强盛 16 号	9	1×1	259.0	10	10	2 289.84	1 005.80	
2017	10	1	玉米	强盛 16 号	10	1×1	266.3	11	11	2 509.08	1 024.60	
2018	6	27	小麦	宁春 50 号	1	1×1	70.8	645	559	1 005.21	467.75	
2018	6	27	小麦	宁春 50 号	2	1×1	74.4	679	521	1 122.39	470.59	
2018	6	27	小麦	宁春 50 号	3	1×1	68.6	612	570	1 038.60	455.12	

（续）

年	月	日	作物名称	作物品种	样方号	样方面积（m×m）	群体株高（cm）	密度（株或穴/m²）	穗数（穗/m²）	地上部总干重（g/m²）	产量（g/m²）	备注
2018	6	27	小麦	宁春50号	4	1×1	71.5	618	586	981.14	479.07	
2018	6	27	小麦	宁春50号	5	1×1	65.7	665	548	1 029.95	460.85	
2018	6	27	小麦	宁春50号	6	1×1	73.6	726	581	1 196.54	552.92	
2018	6	27	小麦	宁春50号	7	1×1	74.4	659	521	1 018.90	483.97	
2018	6	27	小麦	宁春50号	8	1×1	78.7	625	559	1 100.00	488.75	
2018	6	27	小麦	宁春50号	9	1×1	69.3	632	559	1 145.02	517.61	
2018	6	27	小麦	宁春50号	10	1×1	70.0	659	511	1 024.53	480.98	
样地名称：沙坡头站农田生态系统站区生物采样点												
2009	9	28	水稻	花九115	1	1×1	104	29	521	2 629.9	1 098.2	
2009	9	28	水稻	花九115	2	1×1	89	30	505	2 311.6	904.7	
2009	9	28	水稻	花九115	3	1×1	83	28	532	2 531.3	1 043.4	
2009	9	28	水稻	花九115	4	1×1	103	30	515	2 221.1	875.3	
2009	9	28	水稻	花九115	5	1×1	95	29	499	2 225.3	905.8	
2009	9	28	水稻	花九115	6	1×1	90	30	506	2 340.2	974.5	
2009	9	28	水稻	花九115	7	1×1	90	30	538	2 429.7	1 025.9	
2009	9	28	水稻	花九115	8	1×1	89	29	518	2 569.4	1 059.7	
2009	9	28	水稻	花九115	9	1×1	97	30	527	2 504.8	1 019.5	
2009	9	28	水稻	花九115	10	1×1	98	31	533	2 705.8	1 108.6	
2010	9	29	水稻	花九115	1	1×1	94	35	516	2 441.5	1 071.2	
2010	9	29	水稻	花九115	2	1×1	98	37	494	2 529.2	1 152.7	
2010	9	29	水稻	花九115	3	1×1	92	34	615	2 779.0	1 057.5	
2010	9	29	水稻	花九115	4	1×1	93	35	700	2 517.2	1 108.5	
2010	9	29	水稻	花九115	5	1×1	92	34	586	2 229.6	975.3	
2010	9	29	水稻	花九115	6	1×1	92	33	456	2 164.7	974.2	
2010	9	29	水稻	花九115	7	1×1	94	35	610	2 293.2	985.1	
2010	9	29	水稻	花九115	8	1×1	89	36	612	2 248.1	1 013.9	
2010	9	29	水稻	花九115	9	1×1	95	36	495	2 572.6	1 096.8	
2010	9	29	水稻	花九115	10	1×1	93	34	549	1 906.9	896.4	
2011	9	29	中稻	花九115	1	1×1	85	35	643	2 350.9	1 162.3	
2011	9	29	中稻	花九115	2	1×1	87	36	618	2 343.7	1 116.0	
2011	9	29	中稻	花九115	3	1×1	90	35	639	2 539.8	1 085.4	
2011	9	29	中稻	花九115	4	1×1	86	35	600	2 424.2	1 052.8	
2011	9	29	中稻	花九115	5	1×1	88	36	582	2 016.5	980.8	

（续）

年	月	日	作物名称	作物品种	样方号	样方面积（m×m）	群体株高（cm）	密度（株或穴/m²）	穗数（穗/m²）	地上部总干重（g/m²）	产量（g/m²）	备注
2011	9	29	中稻	花九 115	8	1×1	90	36	623	2 052.5	976.8	
2011	9	29	中稻	花九 115	9	1×1	87	35	585	2 364.4	1 038.5	
2011	9	29	中稻	花九 115	10	1×1	93	36	631	1 954.5	988.6	
2012	9	27	中稻	宁粳 41	1	1×1	89	34	567	2 159.4	973.5	
2012	9	27	中稻	宁粳 41	2	1×1	80	35	536	2 248.3	986.3	
2012	9	27	中稻	宁粳 41	3	1×1	75	35	573	2 222.5	1 012.9	
2012	9	27	中稻	宁粳 41	4	1×1	82	36	550	2 647.7	1 007.5	
2012	9	27	中稻	宁粳 41	5	1×1	83	34	566	2 293.2	1 009.9	
2012	9	27	中稻	宁粳 41	6	1×1	73	35	558	2 238.6	979.2	
2012	9	27	中稻	宁粳 41	7	1×1	98	35	534	2 156.6	970.6	
2012	9	27	中稻	宁粳 41	8	1×1	75	35	558	2 359.4	1 013.5	
2012	9	27	中稻	宁粳 41	9	1×1	79	36	553	2 173.7	981.4	
2012	9	27	中稻	宁粳 41	10	1×1	76	34	531	2 439.5	1 040.7	
2013	9	23	中稻	花 97	1	1×1	92	35	40	2 153.6	1 012.2	
2013	9	23	中稻	花 97	2	1×1	81	36	38	2 048.6	1 044.8	
2013	9	23	中稻	花 97	3	1×1	72	35	47	2 735.2	1 373.9	
2013	9	23	中稻	花 97	4	1×1	84	36	46	2 068.9	1 066.7	
2013	9	23	中稻	花 97	5	1×1	87	36	41	2 034.5	1 037.4	
2013	9	23	中稻	花 97	6	1×1	86	35	40	2 073.0	999.4	
2013	9	23	中稻	花 97	7	1×1	82	34	37	2 050.7	983.3	
2013	9	23	中稻	花 97	8	1×1	83	36	45	2 037.4	996.5	
2013	9	23	中稻	花 97	9	1×1	89	36	36	2 085.7	987.8	
2013	9	23	中稻	花 97	10	1×1	78	35	34	2 099.8	1 012.3	
2014	9	24	中稻	宁粳 41	1	1×1	75.4	33	32	2 122.2	913.9	
2014	9	24	中稻	宁粳 41	2	1×1	94.3	37	36	2 310.0	1 045.2	
2014	9	24	中稻	宁粳 41	3	1×1	67.9	32	32	2 766.6	874.5	
2014	9	24	中稻	宁粳 41	4	1×1	77.6	36	32	2 000.4	1 067.7	
2014	9	24	中稻	宁粳 41	5	1×1	99.7	39	38	1 735.3	945.8	
2014	9	24	中稻	宁粳 41	6	1×1	98.5	34	32	1 870.9	1 067.7	
2014	9	24	中稻	宁粳 41	7	1×1	80.1	30	30	1 999.8	900.9	
2014	9	24	中稻	宁粳 41	8	1×1	94.2	32	30	1 880.9	1 015.6	
2014	9	24	中稻	宁粳 41	9	1×1	80.4	35	32	2 000.3	924.2	
2014	9	24	中稻	宁粳 41	10	1×1	71.1	35	34	2 085.2	814.8	
2015	9	28	中稻	宁粳 41	1	1×1	85.9	39.9	41.3	2 375.3	1 089.9	
2015	9	28	中稻	宁粳 41	2	1×1	93.2	40.7	47.3	1 874.9	1 053.5	

（续）

年	月	日	作物名称	作物品种	样方号	样方面积 (m×m)	群体株高 (cm)	密度 (株或穴/m²)	穗数 (穗/m²)	地上部总干重 (g/m²)	产量 (g/m²)	备注
2015	9	28	中稻	宁粳 41	3	1×1	74.6	37.6	46.2	2 172.7	1 040.5	
2015	9	28	中稻	宁粳 41	4	1×1	90.1	37.7	51.8	2 007.6	1 029.4	
2015	9	28	中稻	宁粳 41	5	1×1	93.2	36.2	40.4	1 789.5	1 067.6	
2015	9	28	中稻	宁粳 41	10	1×1	81.8	47.1	47.5	2 497.3	1 006.9	
2016	9	26	中稻	宁粳 41	1	1×1	81.3	54	77	1 613.9	821.7	
2016	9	26	中稻	宁粳 41	2	1×1	84.5	56	65	2 077.6	849.1	
2016	9	26	中稻	宁粳 41	3	1×1	73.4	53	59	1 762.3	967.8	
2016	9	26	中稻	宁粳 41	4	1×1	76.9	49	56	1 873.6	940.4	
2016	9	26	中稻	宁粳 41	5	1×1	91.3	45	52	1 632.4	821.4	
2016	9	26	中稻	宁粳 41	6	1×1	92.5	43	52	2 133.3	995.2	
2016	9	26	中稻	宁粳 41	9	1×1	81.2	44	59	1 873.6	922.1	
2016	9	26	中稻	宁粳 41	10	1×1	93.9	52	72	1 910.7	976.9	
2017	9	28	中稻	宁粳 41	1	1×1	92.0	46		1 905.70	902.79	
2017	9	28	中稻	宁粳 41	2	1×1	82.7	47		1 845.52	875.68	
2017	9	28	中稻	宁粳 41	3	1×1	81.9	45		2 086.24	995.08	
2017	9	28	中稻	宁粳 41	4	1×1	79.3	48		1 865.58	982.11	
2017	9	28	中稻	宁粳 41	5	1×1	89.5	52		1 925.76	956.51	
2017	9	28	中稻	宁粳 41	6	1×1	86.9	51		2 106.30	1 090.00	
2017	9	28	中稻	宁粳 41	7	1×1	92.8	48		1 925.76	987.83	
2017	9	28	中稻	宁粳 41	8	1×1	90.3	49		2 186.54	992.55	
2017	9	28	中稻	宁粳 41	9	1×1	92.8	51		2 086.24	987.36	
2018	9	28	中稻	花九 115	1	1×1	85.2	49		1 722.96	906.93	
2018	9	28	中稻	花九 115	2	1×1	91.3	46		1 895.67	940.86	
2018	9	28	中稻	花九 115	3	1×1	83.5	46		1 813.18	955.31	
2018	9	28	中稻	花九 115	4	1×1	93.0	50		1 870.65	991.45	
2018	9	28	中稻	花九 115	5	1×1	89.5	48		1 990.06	1 039.10	
2018	9	28	中稻	花九 115	6	1×1	80.9	43		1 842.34	932.80	
2018	9	28	中稻	花九 115	7	1×1	77.5	46		1 874.43	987.28	
2018	9	28	中稻	花九 115	8	1×1	82.7	43		1 643.46	874.24	
2018	9	28	中稻	花九 115	9	1×1	92.1	45		1 779.41	987.17	
2018	9	28	中稻	花九 115	10	1×1	83.5	45		1 646.08	869.81	

4.2.11　作物元素含量与能值

数据说明：作物数据集中的数据均来源于沙坡头站农田生态系统综合观测场、辅助观测场和站区调查点。在每年作物的收获期，采集作物的不同部位，实验室分析其元素含量、干重热值、灰分等实际数据。所有观测数据均为多次分析的平均值（表 4-11）。

表 4-11 作物元素含量与能值

年	月	日	作物品种	样方号	采样部位	室内分析日期（月/日/年）	全碳 (g/kg)	全氮 (g/kg)	全磷 (g/kg)	全钾 (g/kg)	全钙 (g/kg)	全镁 (g/kg)	全铁 (g/kg)	全锰 (mg/kg)	全铜 (mg/kg)	全锌 (mg/kg)	干重热值 (MJ/kg)	灰分 (%)	备注
样地名称：沙坡头站农田生态系统生物土壤辅助长期采样地																			
2009	9	29	宁豆 5 号	1	根	11/25/2009	391.82	4.39	1.15	12.42	4.57	3.11	5.29	61.810	26.628	27.864	12.09	4.33	
2009	9	29	宁豆 5 号	2	根	11/25/2009	455.17	4.12	1.22	12.46	4.59	2.79	5.18	62.568	28.921	31.772	12.00	5.13	
2009	9	29	宁豆 5 号	3	根	11/25/2009	451.59	4.52	1.21	14.66	5.40	3.21	5.64	59.191	28.640	31.551	10.63	4.96	
2009	9	29	宁豆 5 号	4	根	11/25/2009	407.19	4.69	1.04	13.46	5.42	3.32	5.65	59.026	26.666	26.344	10.97	4.34	
2009	9	29	宁豆 5 号	5	根	11/25/2009	424.87	4.36	1.08	12.69	4.68	2.38	5.54	61.432	27.564	28.668	11.72	4.62	
2009	9	29	宁豆 5 号	6	根	11/25/2009	432.37	4.54	1.16	13.58	5.00	3.22	4.99	61.033	27.089	30.365	11.72	4.46	
2009	9	29	宁豆 5 号	1	茎	11/25/2009	417.04	9.78	1.75	24.42	3.15	3.77	0.63	130.259	16.605	24.105	13.50	11.21	
2009	9	29	宁豆 5 号	2	茎	11/25/2009	426.94	8.73	1.79	23.19	3.04	3.02	0.57	127.049	16.586	23.569	12.89	11.26	
2009	9	29	宁豆 5 号	3	茎	11/25/2009	390.53	9.26	1.49	21.50	2.81	3.57	0.56	126.581	16.536	22.988	13.08	11.35	
2009	9	29	宁豆 5 号	4	茎	11/25/2009	389.73	8.91	1.57	23.06	3.02	3.44	0.57	127.175	16.358	23.951	12.88	10.77	
2009	9	29	宁豆 5 号	5	茎	11/25/2009	439.68	9.74	1.68	24.86	3.25	3.76	0.59	126.177	16.311	24.291	12.71	10.77	
2009	9	29	宁豆 5 号	6	茎	11/25/2009	400.69	9.07	1.53	22.45	2.88	3.50	0.59	121.743	16.390	22.464	12.06	11.18	
2009	9	29	宁豆 5 号	1	籽	11/25/2009	471.03	14.85	4.93	6.39	0.76	3.01	0.46	24.584	28.855	22.179	12.96	4.07	
2009	9	29	宁豆 5 号	2	籽	11/25/2009	467.11	14.40	4.89	6.84	0.81	2.92	0.47	23.737	28.689	23.006	11.77	4.13	
2009	9	29	宁豆 5 号	3	籽	11/25/2009	473.45	14.26	4.57	6.59	0.79	2.90	0.44	23.651	28.400	24.525	11.77	4.02	
2009	9	29	宁豆 5 号	4	籽	11/25/2009	486.66	14.97	4.70	6.96	0.83	2.84	0.44	24.798	28.471	25.106	12.74	4.08	
2009	9	29	宁豆 5 号	5	籽	11/25/2009	477.78	15.08	4.65	6.47	0.77	3.12	0.45	24.057	28.255	24.315	12.14	4.06	
2009	9	29	宁豆 5 号	6	籽	11/25/2009	441.56	14.84	4.26	5.95	0.80	3.01	0.45	24.424	28.325	23.121	12.66	4.07	
2010	9	4	宁豆 5 号	1	根	11/20/2010	394.38	5.13	1.17	13.52	4.83	3.29	1.42	64.020	27.721	29.008	11.58	4.52	
2010	9	26	宁豆 5 号	2	根	11/20/2010	483.34	5.02	1.30	13.19	5.02	3.17	1.68	65.191	30.936	33.993	11.23	5.53	
2010	9	26	宁豆 5 号	3	根	11/20/2010	453.51	5.29	1.22	15.34	6.13	3.32	1.07	59.107	29.645	34.761	10.20	5.28	
2010	9	26	宁豆 5 号	4	根	11/20/2010	399.17	5.40	1.09	14.10	5.99	3.58	1.17	60.877	28.072	28.586	10.34	4.57	

（续）

年	月	日	作物品种	样方号	采样部位	室内分析日期（月/日/年）	全碳(g/kg)	全氮(g/kg)	全磷(g/kg)	全钾(g/kg)	全钙(g/kg)	全镁(g/kg)	全铁(g/kg)	全锰(mg/kg)	全铜(mg/kg)	全锌(mg/kg)	干重热值(MJ/kg)	灰分(%)	备注
2010	9	26	宁豆5号	5	根	11/20/2010	424.99	4.87	1.13	13.47	5.04	2.43	1.89	62.936	29.821	30.435	11.12	5.12	
2010	9	26	宁豆5号	6	根	11/20/2010	419.68	5.33	1.25	14.14	5.46	3.14	1.29	64.543	27.950	32.428	11.55	4.74	
2010	9	26	宁豆5号	1	茎	11/20/2010	405.19	11.41	1.90	26.37	3.52	3.92	0.68	132.420	17.814	27.186	12.98	12.11	
2010	9	26	宁豆5号	2	茎	11/20/2010	442.70	9.55	1.81	25.34	3.29	3.18	0.61	131.094	18.439	25.777	12.35	12.40	
2010	9	26	宁豆5号	3	茎	11/20/2010	377.56	10.60	1.61	22.83	3.04	3.79	0.60	131.608	18.226	25.579	12.92	12.24	
2010	9	26	宁豆5号	4	茎	11/20/2010	383.02	10.13	1.67	23.25	3.33	3.73	0.60	133.101	17.834	27.234	12.52	11.62	
2010	9	26	宁豆5号	5	茎	11/20/2010	445.21	10.99	1.76	25.94	3.59	3.90	0.60	132.303	18.551	25.645	12.37	11.63	
2010	9	26	宁豆5号	6	茎	11/20/2010	409.10	10.05	1.59	23.42	3.11	3.67	0.63	127.782	17.964	23.706	11.51	12.16	
2010	9	26	宁豆5号	1	籽	11/20/2010	443.54	13.43	2.80	6.74	0.80	3.20	0.49	25.844	30.981	24.506	12.30	4.41	
2010	9	26	宁豆5号	2	籽	11/20/2010	461.38	13.52	2.79	7.30	0.90	2.91	0.50	24.740	31.133	25.161	11.14	4.58	
2010	9	26	宁豆5号	3	籽	11/20/2010	473.75	13.38	2.49	6.81	0.85	3.13	0.47	24.224	31.101	26.230	11.03	4.38	
2010	9	26	宁豆5号	4	籽	11/20/2010	469.06	14.25	2.54	7.42	0.89	3.00	0.47	26.908	30.008	26.706	12.41	4.41	
2010	9	26	宁豆5号	5	籽	11/20/2010	428.80	14.34	2.34	6.91	0.85	3.42	0.48	24.301	30.497	27.112	11.76	4.33	
2010	9	26	宁豆5号	6	籽	11/20/2010	471.74	13.83	1.95	6.23	0.87	3.11	0.46	25.093	31.559	24.878	12.00	4.29	
2011	9	23	宁豆5号	1	根	11/20/2011				6.28	0.87	3.11	0.45	25.332	10.213	24.889			
2011	9	23	宁豆5号	2	根	11/20/2011				6.30	0.87	3.16	0.45	25.601	10.441	25.153			
2011	9	23	宁豆5号	3	根	11/20/2011				6.25	0.89	3.06	0.45	24.718	10.383	24.809			
2011	9	23	宁豆5号	4	根	11/20/2011				6.12	0.91	3.15	0.47	24.178	10.591	24.180			
2011	9	23	宁豆5号	5	根	11/20/2011				6.36	0.84	3.18	0.46	24.710	10.482	24.202			
2011	9	23	宁豆5号	6	根	11/20/2011				6.20	0.87	3.05	0.45	25.179	10.428	24.534			
2011	9	23	宁豆5号	1	茎	11/20/2011				25.99	3.62	3.95	0.70	133.386	5.956	27.306			
2011	9	23	宁豆5号	2	茎	11/20/2011				26.00	3.58	3.80	0.66	130.203	5.841	26.903			
2011	9	23	宁豆5号	3	茎	11/20/2011				26.18	3.53	3.93	0.70	130.486	5.844	28.139			
2011	9	23	宁豆5号	4	茎	11/20/2011				26.17	3.59	3.99	0.66	133.459	5.898	27.086			

（续）

年	月	日	作物品种	样方号	采样部位	室内分析日期（月/日/年）	全碳（g/kg）	全氮（g/kg）	全磷（g/kg）	全钾（g/kg）	全钙（g/kg）	全镁（g/kg）	全铁（g/kg）	全锰（mg/kg）	全铜（mg/kg）	全锌（mg/kg）	干重热值（MJ/kg）	灰分（%）	备注
2011	9	23	宁豆5号	5	茎	11/20/2011				26.14	3.58	3.99	0.67	132.694	6.132	27.585			
2011	9	23	宁豆5号	6	茎	11/20/2011				26.75	3.51	3.93	0.67	131.204	5.753	27.759			
2011	9	23	宁豆5号	1	籽	11/20/2011				14.26	5.39	3.10	1.27	64.655	9.295	32.175			
2011	9	23	宁豆5号	2	籽	11/20/2011				13.99	5.37	3.17	1.31	63.510	9.376	31.411			
2011	9	23	宁豆5号	3	籽	11/20/2011				14.45	5.35	3.16	1.28	63.561	9.360	31.931			
2011	9	23	宁豆5号	4	籽	11/20/2011				13.72	5.23	3.18	1.32	65.691	9.564	32.483			
2011	9	23	宁豆5号	5	籽	11/20/2011				14.27	5.35	3.09	1.27	66.328	9.050	32.577			
2011	9	23	宁豆5号	6	籽	11/20/2011				14.11	5.52	3.17	1.28	63.806	9.362	32.922			
样地名称：沙坡头站农田生态系统综合观测场生物土壤采样地																			
2009	7	1	宁春4号	1	茎	11/25/2009	406.41	7.56	1.11	13.26	1.20	1.94	0.57	16.973	9.028	14.265	17.27	7.55	
2009	7	1	宁春4号	2	茎	11/25/2009	381.51	7.68	1.08	13.02	1.14	2.01	0.56	16.393	9.150	14.420	16.67	7.93	
2009	7	1	宁春4号	3	茎	11/25/2009	369.00	7.40	1.09	12.93	1.16	1.94	0.58	15.051	8.851	14.017	17.14	7.61	
2009	7	1	宁春4号	4	茎	11/25/2009	378.00	7.64	1.06	12.78	1.25	1.86	0.56	16.228	8.372	13.862	17.34	7.99	
2009	7	1	宁春4号	5	茎	11/25/2009	372.81	7.82	1.06	13.08	1.12	1.97	0.64	16.937	9.260	14.608	16.14	7.91	
2009	7	1	宁春4号	6	茎	11/25/2009	401.54	7.42	1.06	12.90	1.20	1.98	0.62	15.381	9.635	14.942	17.98	7.45	
2009	7	1	宁春4号	1	根	11/25/2009	359.08	6.54	0.95	7.54	2.56	3.79	23.67	30.435	16.694	14.401	16.16	11.98	
2009	7	1	宁春4号	2	根	11/25/2009	361.38	7.08	0.95	7.93	2.52	3.91	24.73	32.435	16.994	13.275	14.85	12.44	
2009	7	1	宁春4号	3	根	11/25/2009	336.35	6.66	0.99	7.89	2.42	3.52	23.30	30.728	15.219	14.295	15.04	12.61	
2009	7	1	宁春4号	4	根	11/25/2009	352.19	6.68	1.01	7.64	2.68	3.71	22.35	29.094	15.433	12.936	15.57	12.47	
2009	7	1	宁春4号	5	根	11/25/2009	344.66	6.60	0.96	7.82	2.48	3.50	21.20	29.810	15.009	13.777	15.42	13.33	
2009	7	1	宁春4号	6	根	11/25/2009	323.94	7.18	0.98	7.29	2.54	3.68	21.84	30.311	14.673	14.555	16.16	12.21	
2009	7	1	宁春4号	1	籽	11/25/2009	380.76	11.93	4.42	5.43	0.38	3.22	0.56	12.637	10.768	8.026	18.27	2.34	
2009	7	1	宁春4号	2	籽	11/25/2009	388.86	11.80	4.47	4.96	0.42	2.93	0.49	13.406	11.295	7.442	17.85	2.24	
2009	7	1	宁春4号	3	籽	11/25/2009	377.57	12.28	4.36	5.40	0.42	3.03	0.56	11.900	11.139	7.767	17.10	2.40	
2009	7	1	宁春4号	4	籽	11/25/2009	352.57	12.09	4.31	5.15	0.39	3.00	0.54	11.821	10.692	8.235	17.81	2.26	
2009	7	1	宁春4号	5	籽	11/25/2009	377.49	12.51	4.18	4.78	0.40	3.07	0.56	12.069	11.056	7.191	16.73	2.40	

（续）

年	月	日	作物品种	样方号	采样部位	室内分析日期（月/日/年）	全碳（g/kg）	全氮（g/kg）	全磷（g/kg）	全钾（g/kg）	全钙（g/kg）	全镁（g/kg）	全铁（g/kg）	全锰（mg/kg）	全铜（mg/kg）	全锌（mg/kg）	干重热值（MJ/kg）	灰分（%）	备注
2009	7	1	宁春4号	6	籽	11/25/2009	378.16	11.37	4.18	5.08	0.43	2.92	0.53	13.084	10.167	7.519	16.27	2.48	
2010	10	7	正大12号	1	籽	11/20/2010	446.20	7.52	2.60	3.53	0.14	2.37	1.55	11.942	19.093	18.789	16.54	1.58	
2010	10	7	正大12号	2	籽	11/20/2010	438.07	6.48	2.74	3.44	0.13	2.13	1.62	10.917	20.482	19.064	16.90	1.43	
2010	10	7	正大12号	3	籽	11/20/2010	445.64	6.78	2.93	3.82	0.13	2.33	1.11	11.078	21.135	20.375	16.56	1.57	
2010	10	7	正大12号	4	籽	11/20/2010	420.60	6.80	2.74	3.54	0.13	2.35	1.39	11.869	19.137	19.605	15.95	1.47	
2010	10	7	正大12号	5	籽	11/20/2010	457.80	6.57	2.61	3.61	0.12	2.29	1.39	10.936	18.517	19.191	18.65	1.67	
2010	10	7	正大12号	6	籽	11/20/2010	454.29	7.46	2.87	3.48	0.13	2.26	1.30	10.590	19.728	19.084	14.62	1.51	
2010	10	7	正大12号	1	茎	11/20/2010	380.21	5.11	0.78	13.04	4.51	7.87	3.29	27.810	3.915	2.992	16.99	9.00	
2010	10	7	正大12号	2	茎	11/20/2010	367.95	4.79	0.76	13.50	4.35	7.85	3.22	31.722	3.746	2.766	15.78	8.62	
2010	10	7	正大12号	3	茎	11/20/2010	400.57	5.33	0.76	13.04	4.08	9.20	3.33	29.274	3.459	2.670	15.72	9.15	
2010	10	7	正大12号	4	茎	11/20/2010	353.93	5.22	0.82	12.89	4.11	8.58	3.06	27.925	3.988	2.812	15.87	9.11	
2010	10	7	正大12号	5	茎	11/20/2010	372.62	4.92	0.82	13.26	3.95	7.97	3.18	29.313	4.131	2.911	15.86	8.54	
2010	10	7	正大12号	6	茎	11/20/2010	347.69	4.91	0.77	13.42	4.25	8.05	3.27	27.770	3.884	2.747	15.29	8.75	
2010	10	7	正大12号	1	根	11/20/2010	400.20	5.01	0.53	15.31	1.76	6.89	6.60	31.071	27.867	25.240	13.98	11.51	
2010	10	7	正大12号	2	根	11/20/2010	338.31	4.68	0.61	14.53	1.71	6.69	6.68	31.107	30.358	24.151	15.21	13.00	
2010	10	7	正大12号	3	根	11/20/2010	307.42	4.87	0.57	14.49	1.64	7.25	6.43	31.130	27.306	26.492	15.61	11.51	
2010	10	7	正大12号	4	根	11/20/2010	355.54	4.63	0.55	14.97	1.67	6.53	6.08	31.645	27.296	25.239	14.94	11.96	
2010	10	7	正大12号	5	根	11/20/2010	346.13	5.09	0.61	15.18	1.74	6.54	6.59	31.519	28.221	24.865	14.65	11.89	
2010	10	7	正大12号	6	根	11/20/2010	331.50	4.96	0.59	15.12	1.82	7.05	6.24	34.358	28.478	25.034	15.02	11.85	
2011	6	30	宁春4号	1	籽	11/20/2011				1.34	0.53	1.52	0.09	28.597	2.855	30.738			施化肥
2011	6	30	宁春4号	2	籽	11/20/2011				1.32	0.53	1.53	0.08	27.805	2.922	30.126			施化肥
2011	6	30	宁春4号	3	籽	11/20/2011				1.35	0.53	1.50	0.08	28.338	2.877	29.879			施化肥
2011	6	30	宁春4号	4	籽	11/20/2011				1.38	0.52	1.50	0.08	28.343	2.848	29.885			施化肥
2011	6	30	宁春4号	5	籽	11/20/2011				1.37	0.53	1.51	0.08	27.932	2.841	29.868			施化肥
2011	6	30	宁春4号	6	籽	11/20/2011				1.39	0.51	1.49	0.09	27.872	2.969	29.040			施化肥
2011	6	30	宁春4号	1	茎	11/20/2011				5.11	5.63	2.38	0.52	27.644	4.267	12.826			施化肥

（续）

年	月	日	作物品种	样方号	采样部位	室内分析日期（月/日/年）	全碳 (g/kg)	全氮 (g/kg)	全磷 (g/kg)	全钾 (g/kg)	全钙 (g/kg)	全镁 (g/kg)	全铁 (g/kg)	全锰 (mg/kg)	全铜 (mg/kg)	全锌 (mg/kg)	干重热值 (MJ/kg)	灰分 (%)	备注
2011	6	30	宁春4号	2	茎	11/20/2011				5.28	5.50	2.32	0.53	29.260	4.242	12.772			施化肥
2011	6	30	宁春4号	3	茎	11/20/2011				5.40	5.32	2.44	0.51	28.029	4.313	12.871			施化肥
2011	6	30	宁春4号	4	茎	11/20/2011				5.21	5.56	2.37	0.51	28.343	4.170	12.693			施化肥
2011	6	30	宁春4号	5	茎	11/20/2011				5.24	5.40	2.37	0.52	28.189	4.241	12.909			施化肥
2011	6	30	宁春4号	6	茎	11/20/2011				5.15	5.29	2.30	0.52	29.666	4.224	13.016			施化肥
2011	6	30	宁春4号	1	根	11/20/2011				1.67	8.92	2.83	5.06	125.484	3.807	28.779			施化肥
2011	6	30	宁春4号	2	根	11/20/2011				1.69	9.03	2.86	4.93	124.709	3.890	27.257			施化肥
2011	6	30	宁春4号	3	根	11/20/2011				1.70	8.88	2.76	5.00	125.651	3.748	28.172			施化肥
2011	6	30	宁春4号	4	根	11/20/2011				1.66	9.07	2.78	5.02	123.261	3.870	27.776			施化肥
2011	6	30	宁春4号	5	根	11/20/2011				1.71	8.95	2.73	5.00	124.001	3.813	27.526			施化肥
2011	6	30	宁春4号	6	根	11/20/2011				1.71	9.06	2.86	4.96	122.347	3.877	28.228			施化肥
2011	6	30	宁春4号	7	籽	11/20/2011				1.40	0.49	1.57	0.20	23.672	1.422	38.496			施有机肥
2011	6	30	宁春4号	8	籽	11/20/2011				1.39	0.50	1.55	0.21	24.694	1.396	37.878			施有机肥
2011	6	30	宁春4号	9	籽	11/20/2011				1.39	0.52	1.48	0.20	24.055	1.421	37.141			施有机肥
2011	6	30	宁春4号	10	籽	11/20/2011				1.39	0.51	1.55	0.20	23.637	1.374	36.730			施有机肥
2011	6	30	宁春4号	11	籽	11/20/2011				1.43	0.51	1.55	0.20	24.488	1.375	36.878			施有机肥
2011	6	30	宁春4号	12	籽	11/20/2011				1.40	0.50	1.57	0.21	24.496	1.410	36.337			施有机肥
2011	6	30	宁春4号	7	茎	11/20/2011				5.75	1.86	0.88	0.51	14.791	3.810	15.054			施有机肥
2011	6	30	宁春4号	8	茎	11/20/2011				5.72	1.89	0.92	0.53	14.785	3.866	14.969			施有机肥
2011	6	30	宁春4号	9	茎	11/20/2011				5.96	1.89	0.89	0.49	14.522	3.782	15.198			施有机肥
2011	6	30	宁春4号	10	茎	11/20/2011				5.85	1.93	0.89	0.51	14.864	3.853	14.709			施有机肥
2011	6	30	宁春4号	11	茎	11/20/2011				6.00	1.93	0.87	0.51	14.815	3.947	15.167			施有机肥
2011	6	30	宁春4号	12	茎	11/20/2011				5.70	1.89	0.92	0.51	14.952	3.876	15.284			施有机肥
2011	6	30	宁春4号	7	根	11/20/2011				2.80	8.34	2.67	5.75	118.864	7.743	33.729			施有机肥
2011	6	30	宁春4号	8	根	11/20/2011				2.65	8.41	2.78	5.66	125.720	7.631	34.448			施有机肥
2011	6	30	宁春4号	9	根	11/20/2011				2.75	8.16	2.66	5.60	127.848	7.480	34.541			施有机肥

（续）

年	月	日	作物品种	样方号	采样部位	室内分析日期（月/日/年）	全碳 (g/kg)	全氮 (g/kg)	全磷 (g/kg)	全钾 (g/kg)	全钙 (g/kg)	全镁 (g/kg)	全铁 (g/kg)	全锰 (mg/kg)	全铜 (mg/kg)	全锌 (mg/kg)	干重热值 (MJ/kg)	灰分 (%)	备注
2011	6	30	宁春4号	10	根	11/20/2011				2.76	8.17	2.69	5.51	121.084	7.659	34.799			施有机肥
2011	6	30	宁春4号	11	根	11/20/2011				2.81	8.23	2.65	5.59	124.833	7.516	34.100			施有机肥
2011	6	30	宁春4号	12	根	11/20/2011				2.72	8.34	2.79	5.55	127.608	7.872	34.367			施有机肥
2011	6	30	宁春4号	13	籽	11/20/2011				1.53	0.48	1.86	0.28	42.204	2.320	51.079			无施肥
2011	6	30	宁春4号	14	籽	11/20/2011				1.56	0.51	1.87	0.27	41.193	2.367	51.892			无施肥
2011	6	30	宁春4号	15	籽	11/20/2011				1.53	0.51	1.89	0.27	41.128	2.365	52.825			无施肥
2011	6	30	宁春4号	16	籽	11/20/2011				1.56	0.50	1.92	0.27	42.320	2.356	51.307			无施肥
2011	6	30	宁春4号	17	籽	11/20/2011				1.50	0.49	1.86	0.27	40.997	2.344	50.551			无施肥
2011	6	30	宁春4号	18	籽	11/20/2011				1.52	0.50	1.83	0.28	40.568	2.351	50.640			无施肥
2011	6	30	宁春4号	13	茎	11/20/2011				5.25	2.28	1.28	0.58	29.794	2.776	23.190			无施肥
2011	6	30	宁春4号	14	茎	11/20/2011				5.36	2.23	1.31	0.58	29.337	2.759	23.528			无施肥
2011	6	30	宁春4号	15	茎	11/20/2011				5.39	2.27	1.31	0.58	29.860	2.746	22.660			无施肥
2011	6	30	宁春4号	16	茎	11/20/2011				5.39	2.26	1.31	0.57	29.558	2.731	22.582			无施肥
2011	6	30	宁春4号	17	茎	11/20/2011				5.36	2.23	1.26	0.58	30.066	2.756	23.304			无施肥
2011	6	30	宁春4号	18	茎	11/20/2011				5.59	2.19	1.26	0.58	29.281	2.850	22.993			无施肥
2011	6	30	宁春4号	13	根	11/20/2011				2.93	5.86	2.14	2.50	93.949	14.255	38.857			无施肥
2011	6	30	宁春4号	14	根	11/20/2011				2.99	6.03	2.13	2.52	93.013	14.623	40.267			无施肥
2011	6	30	宁春4号	15	根	11/20/2011				2.89	5.95	2.13	2.58	91.346	14.080	38.183			无施肥
2011	6	30	宁春4号	16	根	11/20/2011				3.10	5.97	2.18	2.60	95.678	14.676	38.049			无施肥
2011	6	30	宁春4号	17	根	11/20/2011				2.96	5.81	2.12	2.58	95.997	13.952	39.358			无施肥
2011	6	30	宁春4号	18	根	11/20/2011				2.99	5.69	2.15	2.58	95.482	14.353	38.363			无施肥
2012	10	2	先锋333	1	根	12/08/2012	409.30	2.29	1.05	8.48	6.78	3.44	3.87	76.859	20.385	21.949	15.3	10.98	无施肥
2012	10	2	先锋333	2	根	12/08/2012	398.80	2.39	1.06	8.23	6.87	3.48	3.78	77.763	20.976	21.705	15.38	10.88	无施肥
2012	10	2	先锋333	3	根	12/08/2012	413.79	2.44	1.05	8.62	7.04	3.51	3.93	77.641	22.409	22.482	15.2	10.49	无施肥
2012	10	2	先锋333	4	根	12/08/2012	415.38	2.41	1.07	8.89	6.99	3.45	4.16	77.662	21.286	22.142	14.63	10.8	无施肥
2012	10	2	先锋333	5	根	12/08/2012	411.33	2.49	1.04	8.87	7.15	3.41	3.75	77.143	21.000	21.900	15.66	10.22	无施肥

（续）

年	月	日	作物品种	样方号	采样部位	室内分析日期（月/日/年）	全碳（g/kg）	全氮（g/kg）	全磷（g/kg）	全钾（g/kg）	全钙（g/kg）	全镁（g/kg）	全铁（g/kg）	全锰（mg/kg）	全铜（mg/kg）	全锌（mg/kg）	干重热值（MJ/kg）	灰分（%）	备注
2012	10	2	先锋 333	6	根	12/08/2012	405.59	2.36	1.02	9.01	6.91	3.51	3.91	78.115	20.765	21.574	14.96	10.7	无施肥
2012	10	2	先锋 333	1	茎	12/08/2012	431.30	1.91	3.05	8.81	3.07	4.88	0.65	28.059	4.574	39.978	15.21	7.56	无施肥
2012	10	2	先锋 333	2	茎	12/08/2012	421.65	1.86	2.95	9.36	3.18	4.99	0.61	26.438	4.478	40.339	15.22	7.68	无施肥
2012	10	2	先锋 333	3	茎	12/08/2012	424.69	1.92	2.89	9.74	3.16	4.90	0.63	27.934	4.529	40.842	15.4	7.31	无施肥
2012	10	2	先锋 333	4	茎	12/08/2012	410.48	1.82	3.06	9.12	3.19	4.91	0.64	26.988	4.447	40.952	15.39	7.39	无施肥
2012	10	2	先锋 333	5	茎	12/08/2012	446.62	1.82	3.03	9.23	3.16	4.93	0.62	27.033	4.446	38.603	15.35	7.37	无施肥
2012	10	2	先锋 333	6	茎	12/08/2012	418.50	1.83	3.13	8.95	3.05	4.96	0.64	26.857	4.460	40.131	16.00	7.58	无施肥
2012	10	2	先锋 333	1	籽	12/08/2012	422.73	7.13	2.64	1.76	0.38	1.38	0.04	3.795	0.533	18.717	16.55	1.75	无施肥
2012	10	2	先锋 333	2	籽	12/08/2012	444.59	7.22	2.74	1.80	0.37	1.40	0.04	3.737	0.544	19.291	16.00	1.73	无施肥
2012	10	2	先锋 333	3	籽	12/08/2012	429.68	6.77	2.67	1.82	0.38	1.35	0.04	3.808	0.526	18.973	16.94	1.75	无施肥
2012	10	2	先锋 333	4	籽	12/08/2012	448.46	6.69	2.68	1.74	0.37	1.41	0.04	3.704	0.560	18.438	15.44	1.77	无施肥
2012	10	2	先锋 333	5	籽	12/08/2012	427.93	7	2.74	1.83	0.38	1.44	0.04	3.805	0.575	18.521	16.57	1.75	无施肥
2012	10	2	先锋 333	6	籽	12/08/2012	452.05	7.01	2.79	1.84	0.38	1.41	0.04	3.881	0.532	19.496	16.24	1.74	无施肥
2012	10	2	先锋 333	1	根	12/08/2012	397.45	3.01	0.55	8.59	5.94	3.38	2.41	54.037	12.076	14.963	15.72	12.56	施肥
2012	10	2	先锋 333	2	根	12/08/2012	410.70	2.94	0.57	8.46	6.25	3.42	2.48	52.585	12.348	15.427	15.39	11.9	施肥
2012	10	2	先锋 333	3	根	12/08/2012	400.05	2.73	0.57	8.47	6.05	3.36	2.43	52.590	11.931	15.487	15.44	12.62	施肥
2012	10	2	先锋 333	4	根	12/08/2012	405.46	3	0.56	8.46	6.01	3.48	2.41	52.610	12.336	14.610	16.10	12.41	施肥
2012	10	2	先锋 333	5	根	12/08/2012	414.18	2.82	0.56	8.90	6.24	3.46	2.52	51.859	11.827	15.370	16.08	12.57	施肥
2012	10	2	先锋 333	6	根	12/08/2012	412.99	2.99	0.55	8.53	6.18	3.38	2.23	54.254	12.197	15.552	15.91	12.2	施肥
2012	10	2	先锋 333	1	茎	12/08/2012	439.26	3.13	0.40	4.48	5.99	6.77	0.41	51.354	6.951	26.678	16.54	9.99	施肥
2012	10	2	先锋 333	2	茎	12/08/2012	429.81	3.02	0.42	4.44	5.82	7.01	0.42	48.522	6.303	25.883	16.99	10.27	施肥
2012	10	2	先锋 333	3	茎	12/08/2012	436.91	2.96	0.39	4.78	5.92	6.95	0.41	50.780	6.287	26.257	16.35	9.79	施肥
2012	10	2	先锋 333	4	茎	12/08/2012	437.89	3.11	0.40	4.63	5.86	6.86	0.42	48.810	6.160	26.863	16.49	9.79	施肥
2012	10	2	先锋 333	5	茎	12/08/2012	436.74	3.07	0.41	4.83	5.87	7.17	0.39	49.821	6.472	26.193	17.10	10.08	施肥

（续）

年	月	日	作物品种	样方号	采样部位	室内分析日期（月/日/年）	全碳(g/kg)	全氮(g/kg)	全磷(g/kg)	全钾(g/kg)	全钙(g/kg)	全镁(g/kg)	全铁(g/kg)	全锰(mg/kg)	全铜(mg/kg)	全锌(mg/kg)	干重热值(MJ/kg)	灰分(%)	备注
2012	10	2	先锋 333	6	茎	12/08/2012	415.97	3.22	0.41	4.42	5.65	7.14	0.40	49.137	6.651	27.007	16.04	9.71	施肥
2012	10	2	先锋 333	1	籽	12/08/2012	439.16	9.82	2.15	1.41	0.43	1.10	0.04	3.946	0.184	14.647	17.63	2.55	施肥
2012	10	2	先锋 333	2	籽	12/08/2012	438.33	9.28	2.17	1.28	0.44	1.16	0.04	3.866	0.188	15.678	17.17	2.67	施肥
2012	10	2	先锋 333	3	籽	12/08/2012	452.47	9.51	2.14	1.36	0.44	1.10	0.04	3.973	0.186	14.856	17.69	2.5	施肥
2012	10	2	先锋 333	4	籽	12/08/2012	437.54	9.5	2.13	1.38	0.46	1.14	0.04	3.680	0.188	15.401	17.02	2.57	施肥
2012	10	2	先锋 333	5	籽	12/08/2012	438.62	9.53	2.12	1.42	0.43	1.14	0.04	3.956	0.186	15.406	16.70	2.49	施肥
2012	10	2	先锋 333	6	籽	12/08/2012	438.74	9.29	2.11	1.34	0.44	1.09	0.04	3.960	0.185	14.966	17.65	2.53	施肥
2012	10	2	先锋 333	1	根	12/08/2012	374.64	2.78	0.99	6.19	9.81	4.77	6.38	121.190	17.687	26.218	16.11	12.81	有机肥
2012	10	2	先锋 333	2	根	12/08/2012	369.61	2.87	0.98	6.42	9.94	4.54	6.42	119.126	18.546	28.288	16.66	12.85	有机肥
2012	10	2	先锋 333	3	根	12/08/2012	362.88	2.95	0.95	6.22	9.66	4.63	6.08	122.212	18.243	26.944	16.67	13.07	有机肥
2012	10	2	先锋 333	4	根	12/08/2012	366.92	2.79	0.99	6.43	9.92	4.66	6.20	124.077	17.684	27.226	16.24	13.10	有机肥
2012	10	2	先锋 333	5	根	12/08/2012	368.11	2.89	1.01	6.02	10.13	4.76	6.01	122.046	18.520	25.999	16.18	13.03	有机肥
2012	10	2	先锋 333	6	根	12/08/2012	357.87	2.68	0.99	6.13	9.98	4.70	6.20	123.761	18.207	27.722	15.73	13.35	有机肥
2012	10	2	先锋 333	1	茎	12/08/2012	425.13	2.43	1.17	6.05	3.69	3.41	0.36	34.567	2.572	30.256	18.55	10.34	有机肥
2012	10	2	先锋 333	2	茎	12/08/2012	436.95	2.48	1.15	6.27	3.54	3.33	0.36	34.441	2.626	28.911	17.20	10.13	有机肥
2012	10	2	先锋 333	3	茎	12/08/2012	423.22	2.54	1.17	6.33	3.79	3.39	0.38	34.455	2.645	30.036	17.55	10.37	有机肥
2012	10	2	先锋 333	4	茎	12/08/2012	420.56	2.45	1.11	6.34	3.58	3.24	0.38	35.151	2.555	29.803	17.38	10.05	有机肥
2012	10	2	先锋 333	5	茎	12/08/2012	419.81	2.46	1.14	6.28	3.67	3.44	0.35	33.254	2.678	30.447	18.99	10.33	有机肥
2012	10	2	先锋 333	6	茎	12/08/2012	415.83	2.55	1.12	6.75	3.64	3.46	0.38	34.457	2.676	30.127	18.16	10.17	有机肥
2012	10	2	先锋 333	1	籽	12/08/2012	460.52	7.78	2.88	1.52	0.58	1.83	0.05	5.270		22.518	18.58	2.85	有机肥
2012	10	2	先锋 333	2	籽	12/08/2012	446.78	7.89	2.89	1.57	0.63	1.78	0.05	5.272		22.611	18.82	2.79	有机肥
2012	10	2	先锋 333	3	籽	12/08/2012	430.70	8.24	2.95	1.48	0.58	1.78	0.05	5.319		22.725	18.2	2.89	有机肥
2012	10	2	先锋 333	4	籽	12/08/2012	437.96	7.96	2.89	1.68	0.59	1.83	0.05	5.371		21.374	18.39	2.87	有机肥
2012	10	2	先锋 333	5	籽	12/08/2012	461.89	8.16	2.88	1.55	0.61	1.84	0.05	5.486		21.648	17.96	2.83	有机肥
2012	10	2	先锋 333	6	籽	12/08/2012	429.12	7.99	2.74	1.58	0.58	1.75	0.05	5.484		22.181	17.44	2.74	有机肥
2013	7	4	宁春4号	1	根	12/20/2013	255.37	9.12	2.88	8.89	10.77	5.84	9.51	236.710	34.614	103.002	13.88	11.45	施化肥

（续）

年	月	日	作物品种	样方号	采样部位	室内分析日期（月/日/年）	全碳 (g/kg)	全氮 (g/kg)	全磷 (g/kg)	全钾 (g/kg)	全钙 (g/kg)	全镁 (g/kg)	全铁 (g/kg)	全锰 (mg/kg)	全铜 (mg/kg)	全锌 (mg/kg)	干重热值 (MJ/kg)	灰分 (%)	备注
2013	7	4	宁春4号	2	根	12/20/2013	267.88	9.57	2.46	8.92	10.58	5.96	9.48	255.782	36.188	99.867	14.23	11.69	施化肥
2013	7	4	宁春4号	3	根	12/20/2013	243.69	9.78	2.52	9.01	11.17	5.31	9.32	264.891	32.196	95.321	15.57	11.10	施化肥
2013	7	4	宁春4号	4	根	12/20/2013	288.96	8.75	2.74	9.74	10.64	5.47	9.17	228.145	35.147	95.483	16.35	11.83	施化肥
2013	7	4	宁春4号	5	根	12/20/2013	296.78	9.33	2.36	7.53	10.32	5.55	9.65	213.157	33.526	101.755	12.74	9.82	施化肥
2013	7	4	宁春4号	6	根	12/20/2013	303.58	9.67	2.65	8.86	10.96	5.63	9.42	196.452	36.455	102.984	13.34	10.94	施化肥
2013	7	4	宁春4号	1	茎	12/20/2013	337.03	6.72	1.48	14.79	2.04	2.32	0.72	37.496	9.459	32.596	17.71	8.14	施化肥
2013	7	4	宁春4号	2	茎	12/20/2013	352.86	6.56	1.53	15.32	2.15	2.47	0.77	45.852	9.872	33.987	17.36	8.95	施化肥
2013	7	4	宁春4号	3	茎	12/20/2013	384.22	6.48	1.64	14.45	2.33	2.55	0.81	40.336	10.563	32.153	16.45	8.90	施化肥
2013	7	4	宁春4号	4	茎	12/20/2013	396.25	6.33	1.55	14.67	1.98	2.18	0.73	36.145	11.965	32.935	16.83	8.49	施化肥
2013	7	4	宁春4号	5	茎	12/20/2013	345.65	6.98	1.61	15.28	2.11	2.09	0.75	35.789	8.792	33.177	15.92	9.35	施化肥
2013	7	4	宁春4号	6	茎	12/20/2013	375.58	6.54	1.58	14.86	2.18	2.52	0.79	39.168	9.673	31.563	16.25	7.99	施化肥
2013	7	4	宁春4号	1	籽	12/20/2013	324.04	26.06	5.57	4.09	0.41	2.21	0.48	58.030	11.285	66.945	17.54	6.96	施化肥
2013	7	4	宁春4号	2	籽	12/20/2013	358.32	25.13	5.32	4.18	0.45	2.07	0.44	51.317	10.364	68.172	17.62	7.53	施化肥
2013	7	4	宁春4号	3	籽	12/20/2013	396.66	24.44	5.64	4.02	0.47	2.01	0.41	49.238	11.568	67.334	16.98	7.25	施化肥
2013	7	4	宁春4号	4	籽	12/20/2013	368.54	23.73	5.88	4.21	0.39	1.96	0.52	58.327	9.643	65.678	16.66	7.34	施化肥
2013	7	4	宁春4号	5	籽	12/20/2013	376.64	23.36	5.29	4.05	0.48	2.13	0.49	60.177	9.872	65.352	17.38	7.42	施化肥
2013	7	4	宁春4号	6	籽	12/20/2013	388.25	22.18	5.43	3.96	0.42	2.05	0.47	56.412	11.552	61.587	16.92	7.21	施化肥
2013	7	4	宁春4号	1	根	12/20/2013	252.03	7.69	2.63	8.23	9.66	5.54	11.92	230.315	20.312	98.881	12.53	11.93	有机肥
2013	7	4	宁春4号	2	根	12/20/2013	264.87	7.32	2.66	8.47	9.78	5.78	10.58	244.518	19.678	97.564	11.64	12.32	有机肥
2013	7	4	宁春4号	3	根	12/20/2013	287.96	7.55	2.75	8.15	10.12	5.12	10.34	217.456	18.664	92.358	11.98	11.14	有机肥
2013	7	4	宁春4号	4	根	12/20/2013	294.18	7.14	2.84	7.96	9.84	5.67	10.17	296.352	21.365	97.167	12.32	10.59	有机肥
2013	7	4	宁春4号	5	根	12/20/2013	252.32	7.52	2.37	8.88	9.37	5.38	11.28	248.861	19.873	101.233	12.96	11.91	有机肥
2013	7	4	宁春4号	6	根	12/20/2013	276.96	7.28	2.51	8.42	9.56	5.45	11.23	206.542	20.561	99.355	12.68	11.70	有机肥
2013	7	4	宁春4号	1	茎	12/20/2013	338.11	6.21	1.71	17.86	1.78	1.53	0.63	27.038	10.603	32.571	17.69	9.49	有机肥
2013	7	4	宁春4号	2	茎	12/20/2013	352.64	6.48	1.75	14.77	1.69	1.86	0.66	29.156	11.362	35.687	17.52	9.45	有机肥
2013	7	4	宁春4号	3	茎	12/20/2013	369.17	6.92	1.84	15.32	1.84	1.47	0.58	25.231	9.568	33.562	15.64	9.21	有机肥

（续）

年	月	日	作物品种	样方号	采样部位	室内分析日期（月/日/年）	全碳（g/kg）	全氮（g/kg）	全磷（g/kg）	全钾（g/kg）	全钙（g/kg）	全镁（g/kg）	全铁（g/kg）	全锰（mg/kg）	全铜（mg/kg）	全锌（mg/kg）	干重热值（MJ/kg）	灰分（%）	备注
2013	7	4	宁春4号	4	茎	12/20/2013	372.52	6.33	1.88	16.58	1.88	1.38	0.56	24.652	10.988	34.155	16.98	9.32	有机肥
2013	7	4	宁春4号	5	茎	12/20/2013	365.48	6.54	1.72	16.75	1.92	1.64	0.53	28.553	11.792	30.898	18.33	9.40	有机肥
2013	7	4	宁春4号	6	茎	12/20/2013	377.45	6.71	1.68	18.83	1.73	1.55	0.69	29.364	9.645	35.647	18.51	8.94	有机肥
2013	7	4	宁春4号	1	籽	12/20/2013	322.67	21.57	5.21	4.65	0.51	1.97	0.44	42.781	9.780	60.446	16.79	6.88	有机肥
2013	7	4	宁春4号	2	籽	12/20/2013	348.62	22.38	5.36	4.87	0.53	1.88	0.45	40.555	9.642	62.352	16.88	6.92	有机肥
2013	7	4	宁春4号	3	籽	12/20/2013	396.15	24.52	5.42	4.32	0.49	1.65	0.41	43.692	10.153	58.967	15.72	6.74	有机肥
2013	7	4	宁春4号	4	籽	12/20/2013	345.54	20.36	5.22	4.18	0.48	2.01	0.39	49.876	9.976	61.335	16.13	7.26	有机肥
2013	7	4	宁春4号	5	籽	12/20/2013	368.13	22.64	5.13	5.07	0.52	1.69	0.52	43.587	10.557	59.424	16.52	7.31	有机肥
2013	7	4	宁春4号	6	籽	12/20/2013	377.36	24.15	5.43	4.39	0.47	1.92	0.50	46.789	9.523	60.783	16.84	7.12	有机肥
2013	7	4	宁春4号	1	根	12/20/2013	292.28	7.81	2.35	7.14	7.79	4.78	6.62	209.069	27.379	89.797	14.81	11.51	无施肥
2013	7	4	宁春4号	2	根	12/20/2013	303.54	7.42	2.72	7.25	7.81	4.69	6.54	215.458	28.648	85.642	14.55	11.12	无施肥
2013	7	4	宁春4号	3	根	12/20/2013	284.52	7.05	2.44	7.33	7.92	4.54	6.37	223.167	29.565	92.135	14.32	12.09	无施肥
2013	7	4	宁春4号	4	根	12/20/2013	311.56	7.17	2.18	7.62	7.83	4.36	6.74	217.582	26.552	91.337	15.07	11.64	无施肥
2013	7	4	宁春4号	5	根	12/20/2013	307.62	7.36	2.26	7.89	7.67	4.67	6.83	239.652	27.693	88.654	14.73	11.22	无施肥
2013	7	4	宁春4号	6	根	12/20/2013	299.15	7.24	2.64	7.33	7.95	4.72	6.51	248.565	28.125	90.335	14.96	10.93	无施肥
2013	8	3	宁春4号	4.3	茎	11/25/2009	363.30	9.56	2.75	6.95	5.16	3.17	2.20	109.866	14.102	61.147	16.04	9.18	
2013	8	3	宁春4号	4.3	茎	11/25/2009	363.09	9.59	2.76	6.95	5.17	3.17	2.19	110.391	14.138	61.439	16.04	9.19	
2014	8	3	宁春4号	4.3	茎	11/25/2009	362.89	9.61	2.77	6.96	5.19	3.17	2.18	110.917	14.174	61.730	16.04	9.20	
2014	8	3	宁春4号	4.3	茎	11/25/2009	362.68	9.63	2.77	6.96	5.21	3.17	2.17	111.442	14.210	62.022	16.04	9.21	
2014	8	3	宁春4号	4.3	茎	11/25/2009	362.48	9.66	2.78	6.97	5.22	3.17	2.16	111.967	14.246	62.313	16.03	9.23	
2014	8	3	宁春4号	4.3	茎	11/25/2009	362.27	9.68	2.79	6.98	5.24	3.17	2.15	112.493	14.282	62.604	16.03	9.24	
2014	8	3	宁春4号	4.3	根	11/25/2009	362.07	9.71	2.80	6.98	5.25	3.18	2.14	113.018	14.317	62.896	16.03	9.25	
2014	8	3	宁春4号	4.3	根	11/25/2009	361.86	9.73	2.80	6.99	5.27	3.18	2.14	113.544	14.353	63.187	16.03	9.26	
2014	8	3	宁春4号	4.2	根	11/25/2009	361.66	9.75	2.81	6.99	5.28	3.18	2.13	114.069	14.389	63.479	16.03	9.27	
2014	8	3	宁春4号	4.2	根	11/25/2009	361.45	9.78	2.82	7.00	5.30	3.18	2.12	114.594	14.425	63.770	16.03	9.28	
2014	8	3	宁春4号	4.2	根	11/25/2009	361.25	9.80	2.83	7.00	5.31	3.18	2.11	115.120	14.461	64.061	16.02	9.29	

（续）

年	月	日	作物品种	样方号	采样部位	室内分析日期（月/日/年）	全碳 (g/kg)	全氮 (g/kg)	全磷 (g/kg)	全钾 (g/kg)	全钙 (g/kg)	全镁 (g/kg)	全铁 (g/kg)	全锰 (mg/kg)	全铜 (mg/kg)	全锌 (mg/kg)	干重热值 (MJ/kg)	灰分 (%)	备注
2014	8	2	宁春4号	4.2	根	11/25/2009	361.04	9.83	2.83	7.01	5.33	3.18	2.10	115.645	14.497	64.353	16.02	9.30	
2014	8	2	宁春4号	4.2	籽	11/25/2009	360.84	9.85	2.84	7.02	5.35	3.18	2.09	116.171	14.533	64.644	16.02	9.31	
2014	8	2	宁春4号	4.2	籽	11/25/2009	360.63	9.88	2.85	7.02	5.36	3.18	2.08	116.696	14.569	64.936	16.02	9.32	
2014	8	2	宁春4号	4.2	籽	11/25/2009	360.43	9.90	2.86	7.03	5.38	3.18	2.07	117.221	14.605	65.227	16.02	9.34	
2014	8	2	宁春4号	4.2	籽	11/25/2009	360.22	9.92	2.86	7.03	5.39	3.18	2.06	117.747	14.641	65.518	16.02	9.35	
2014	8	2	宁春4号	4.2	籽	11/25/2009	360.02	9.95	2.87	7.04	5.41	3.18	2.06	118.272	14.677	65.810	16.01	9.36	
2014	8	2	宁春4号	4.2	籽	11/25/2009	359.81	9.97	2.88	7.04	5.42	3.18	2.05	118.798	14.713	66.101	16.01	9.37	
2014	8	2	正大12号	4.1	籽	11/20/2010	359.61	10.00	2.88	7.05	5.44	3.18	2.04	119.323	14.749	66.392	16.01	9.38	
2014	8	2	正大12号	4.1	籽	11/20/2010	359.40	10.02	2.89	7.06	5.46	3.18	2.03	119.848	14.785	66.684	16.01	9.39	
2014	8	2	正大12号	4.1	籽	11/20/2010	359.20	10.04	2.90	7.06	5.47	3.18	2.02	120.374	14.821	66.975	16.01	9.40	
2014	8	2	正大12号	4.1	籽	11/20/2010	358.99	10.07	2.91	7.07	5.49	3.18	2.01	120.899	14.857	67.267	16.01	9.41	
2014	8	2	正大12号	4.1	籽	11/20/2010	358.79	10.09	2.91	7.07	5.50	3.18	2.00	121.425	14.893	67.558	16.01	9.42	
2014	8	1	正大12号	4.1	籽	11/20/2010	358.58	10.12	2.92	7.08	5.52	3.18	1.99	121.950	14.928	67.849	16.00	9.44	
2014	8	1	正大12号	4.1	茎	11/20/2010	358.38	10.14	2.93	7.08	5.53	3.18	1.99	122.475	14.964	68.141	16.00	9.45	
2014	8	1	正大12号	4.1	茎	11/20/2010	358.17	10.16	2.94	7.09	5.55	3.18	1.98	123.001	15.000	68.432	16.00	9.46	
2014	8	1	正大12号	4.1	茎	11/20/2010	357.97	10.19	2.94	7.10	5.56	3.18	1.97	123.526	15.036	68.724	16.00	9.47	
2014	8	1	正大12号	4.1	茎	11/20/2010	357.76	10.21	2.95	7.10	5.58	3.18	1.96	124.052	15.072	69.015	16.00	9.48	
2014	8	1	正大12号	4	茎	11/20/2010	357.56	10.24	2.96	7.11	5.60	3.18	1.95	124.577	15.108	69.306	16.00	9.49	
2014	8	1	正大12号	4	茎	11/20/2010	357.35	10.26	2.97	7.11	5.61	3.18	1.94	125.102	15.144	69.598	15.99	9.50	
2014	8	1	正大12号	4	根	11/20/2010	357.15	10.29	2.97	7.12	5.63	3.18	1.93	125.628	15.180	69.889	15.99	9.51	
2014	8	1	正大12号	4	根	11/20/2010	356.94	10.31	2.98	7.12	5.64	3.18	1.92	126.153	15.216	70.181	15.99	9.52	
2014	8	1	正大12号	4	根	11/20/2010	356.74	10.33	2.99	7.13	5.66	3.18	1.91	126.679	15.252	70.472	15.99	9.53	
2014	8	1	正大12号	4	根	11/20/2010	356.53	10.36	3.00	7.14	5.67	3.18	1.91	127.204	15.288	70.763	15.99	9.55	
2014	8	1	正大12号	4	根	11/20/2010	356.33	10.38	3.00	7.14	5.69	3.18	1.90	127.729	15.324	71.055	15.99	9.56	
2014	8		正大12号	4	根	11/20/2010	356.12	10.41	3.01	7.15	5.71	3.18	1.89	128.255	15.360	71.346	15.99	9.57	
2014	8		宁春4号	4	籽	11/20/2011	355.92	10.43	3.02	7.15	5.72	3.18	1.88	128.780	15.396	71.637	15.98	9.6	施化肥

（续）

年	月	日	作物品种	样方号	采样部位	室内分析日期（月/日/年）	全碳(g/kg)	全氮(g/kg)	全磷(g/kg)	全钾(g/kg)	全钙(g/kg)	全镁(g/kg)	全铁(g/kg)	全锰(mg/kg)	全铜(mg/kg)	全锌(mg/kg)	干重热值(MJ/kg)	灰分(%)	备注
2014	8		宁春4号	4	籽	11/20/2011	355.71	10.45	3.03	7.16	5.74	3.18	1.87	129.306	15.432	71.929	15.98	9.6	施化肥
2014	8		宁春4号	3.9	籽	11/20/2011	355.51	10.48	3.03	7.16	5.75	3.18	1.86	129.831	15.468	72.220	15.98	9.6	施化肥
2014	8		宁春4号	3.9	籽	11/20/2011	355.30	10.50	3.04	7.17	5.77	3.18	1.85	130.356	15.504	72.512	15.98	9.6	施化肥
2014	8		宁春4号	3.9	籽	11/20/2011	355.10	10.53	3.05	7.18	5.78	3.18	1.84	130.882	15.539	72.803	15.98	9.6	施化肥
2014	8		宁春4号	3.9	籽	11/20/2011	354.89	10.55	3.06	7.18	5.80	3.18	1.84	131.407	15.575	73.094	15.98	9.6	施化肥
2014	8		宁春4号	3.9	茎	11/20/2011	354.69	10.57	3.06	7.19	5.81	3.18	1.83	131.933	15.611	73.386	15.97	9.6	施化肥
2014	8		宁春4号	3.9	茎	11/20/2011	354.49	10.60	3.07	7.19	5.83	3.18	1.82	132.458	15.647	73.677	15.97	9.7	施化肥
2014	8		宁春4号	3.9	茎	11/20/2011	354.28	10.62	3.08	7.20	5.85	3.18	1.81	132.983	15.683	73.969	15.97	9.7	施化肥
2014	8		宁春4号	3.9	茎	11/20/2011	354.08	10.65	3.09	7.20	5.86	3.18	1.80	133.509	15.719	74.260	15.97	9.7	施化肥
2014	8		宁春4号	3.9	茎	11/20/2011	353.87	10.67	3.09	7.21	5.88	3.18	1.79	134.034	15.755	74.551	15.97	9.7	施化肥
2014	8		宁春4号	3.9	茎	11/20/2011	353.67	10.70	3.10	7.22	5.89	3.18	1.78	134.560	15.791	74.843	15.97	9.7	施化肥
2015	8		宁春4号	3.8	根	11/20/2011	353.46	10.72	3.11	7.22	5.91	3.18	1.77	135.085	15.827	75.134	15.96	9.7	施化肥
2015	8		宁春4号	3.8	根	11/20/2011	353.26	10.74	3.12	7.23	5.92	3.18	1.76	135.611	15.863	75.426	15.96	9.7	施化肥
2015	8		宁春4号	3.8	根	11/20/2011	353.05	10.77	3.12	7.23	5.94	3.18	1.76	136.136	15.899	75.717	15.96	9.7	施化肥
2015	8		宁春4号	3.8	根	11/20/2011	352.85	10.79	3.13	7.24	5.96	3.18	1.75	136.661	15.935	76.008	15.96	9.7	施化肥
2015	8		宁春4号	3.8	根	11/20/2011	352.64	10.82	3.14	7.24	5.97	3.18	1.74	137.187	15.971	76.300	15.96	9.8	施化肥
2015	8		宁春4号	3.8	根	11/20/2011	352.44	10.84	3.15	7.25	5.99	3.18	1.73	137.712	16.007	76.591	15.96	9.8	施化肥
2015	8		宁春4号	3.8	籽	11/20/2011	352.23	10.86	3.15	7.26	6.00	3.18	1.72	138.238	16.043	76.882	15.96	9.8	施有机肥
2015	8		宁春4号	3.8	籽	11/20/2011	352.03	10.89	3.16	7.26	6.02	3.18	1.71	138.763	16.079	77.174	15.95	9.8	施有机肥
2015	8		宁春4号	3.8	籽	11/20/2011	351.82	10.91	3.17	7.27	6.03	3.18	1.70	139.288	16.115	77.465	15.95	9.8	施有机肥
2015	8		宁春4号	3.8	籽	11/20/2011	351.62	10.94	3.18	7.27	6.05	3.18	1.69	139.814	16.150	77.757	15.95	9.8	施有机肥
2015	8		宁春4号	3.7	籽	11/20/2011	351.41	10.96	3.18	7.28	6.06	3.18	1.69	140.339	16.186	78.048	15.95	9.8	施有机肥
2015	8		宁春4号	3.7	籽	11/20/2011	351.21	10.98	3.19	7.28	6.08	3.18	1.68	140.865	16.222	78.339	15.95	9.8	施有机肥
2015	8		宁春4号	3.7	茎	11/20/2011	351.00	11.01	3.20	7.29	6.10	3.18	1.67	141.390	16.258	78.631	15.95	9.8	施有机肥
2015	8		宁春4号	3.7	茎	11/20/2011	350.80	11.03	3.21	7.30	6.11	3.18	1.66	141.915	16.294	78.922	15.94	9.9	施有机肥
2015	8		宁春4号	3.7	茎	11/20/2011	350.59	11.06	3.21	7.30	6.13	3.18	1.65	142.441	16.330	79.214	15.94	9.9	施有机肥

（续）

年	月	日	作物品种	样方号	采样部位	室内分析日期（月/日/年）	全碳 (g/kg)	全氮 (g/kg)	全磷 (g/kg)	全钾 (g/kg)	全钙 (g/kg)	全镁 (g/kg)	全铁 (g/kg)	全锰 (mg/kg)	全铜 (mg/kg)	全锌 (mg/kg)	干重热值 (MJ/kg)	灰分 (%)	备注
2015	8		宁春4号	3.7	茎	11/20/2011	350.39	11.08	3.22	7.31	6.14	3.18	1.64	142.966	16.366	79.505	15.94	9.9	施有机肥
2015	8		宁春4号	3.7	茎	11/20/2011	350.18	11.11	3.23	7.31	6.16	3.18	1.63	143.492	16.402	79.796	15.94	9.9	施有机肥
2015	8		宁春4号	3.7	茎	11/20/2011	349.98	11.13	3.24	7.32	6.17	3.18	1.62	144.017	16.438	80.088	15.94	9.9	施有机肥
2015	8		宁春4号	3.7	根	11/20/2011	349.77	11.15	3.24	7.32	6.19	3.19	1.62	144.542	16.474	80.379	15.94	9.9	施有机肥
2015	8		宁春4号	3.7	根	11/20/2011	349.57	11.18	3.25	7.33	6.20	3.19	1.61	145.068	16.510	80.671	15.94	9.9	施有机肥
2015	8		宁春4号	3.6	根	11/20/2011	349.36	11.20	3.26	7.34	6.22	3.19	1.60	145.593	16.546	80.962	15.93	9.9	施有机肥
2015	8		宁春4号	3.6	根	11/20/2011	349.16	11.23	3.27	7.34	6.24	3.19	1.59	146.119	16.582	81.253	15.93	9.9	施有机肥
2015	8		宁春4号	3.6	根	11/20/2011	348.95	11.25	3.27	7.35	6.25	3.19	1.58	146.644	16.618	81.545	15.93	10.0	施有机肥
2015	8		宁春4号	3.6	根	11/20/2011	348.75	11.27	3.28	7.35	6.27	3.19	1.57	147.169	16.654	81.836	15.93	10.0	施有机肥
2015	8		宁春4号	3.6	籽	11/20/2011	348.54	11.30	3.29	7.36	6.28	3.19	1.56	147.695	16.690	82.128	15.93	10.0	无施肥
2015	8		宁春4号	3.6	籽	11/20/2011	348.34	11.32	3.30	7.36	6.30	3.19	1.55	148.220	16.725	82.419	15.93	10.0	无施肥
2015	8		宁春4号	3.6	籽	11/20/2011	348.13	11.35	3.30	7.37	6.31	3.19	1.54	148.746	16.761	82.710	15.92	10.0	无施肥
2015	8		宁春4号	3.6	籽	11/20/2011	347.93	11.37	3.31	7.38	6.33	3.19	1.54	149.271	16.797	83.002	15.92	10.0	无施肥
2015	8		宁春4号	3.6	籽	11/20/2011	347.72	11.39	3.32	7.38	6.35	3.19	1.53	149.796	16.833	83.293	15.92	10.0	无施肥
2015	8		宁春4号	3.6	籽	11/20/2011	347.52	11.42	3.33	7.39	6.36	3.19	1.52	150.322	16.869	83.584	15.92	10.0	无施肥
2015	8		宁春4号	3.6	茎	11/20/2011	347.31	11.44	3.33	7.39	6.38	3.19	1.51	150.847	16.905	83.876	15.92	10.0	无施肥
2015	8		宁春4号	3.5	茎	11/20/2011	347.11	11.47	3.34	7.40	6.39	3.19	1.50	151.373	16.941	84.167	15.92	10.1	无施肥
2015	8		宁春4号	3.5	茎	11/20/2011	346.90	11.49	3.35	7.40	6.41	3.19	1.49	151.898	16.977	84.459	15.91	10.1	无施肥
2015	9		宁春4号	3.5	茎	11/20/2011	346.70	11.52	3.36	7.41	6.42	3.19	1.48	152.423	17.013	84.750	15.91	10.1	无施肥
2015	9		宁春4号	3.5	茎	11/20/2011	346.49	11.54	3.36	7.42	6.44	3.19	1.47	152.949	17.049	85.041	15.91	10.1	无施肥
2015	9		宁春4号	3.5	茎	11/20/2011	346.29	11.56	3.37	7.42	6.45	3.19	1.47	153.474	17.085	85.333	15.91	10.1	无施肥
2015	9		宁春4号	3.5	根	11/20/2011	346.08	11.59	3.38	7.43	6.47	3.19	1.46	154.000	17.121	85.624	15.91	10.1	无施肥
2015	9		宁春4号	3.5	根	11/20/2011	345.88	11.61	3.39	7.43	6.49	3.19	1.45	154.525	17.157	85.916	15.91	10.1	无施肥
2015	9		宁春4号	3.5	根	11/20/2011	345.68	11.64	3.39	7.44	6.50	3.19	1.44	155.050	17.193	86.207	15.91	10.1	无施肥
2015	9		宁春4号	3.5	根	11/20/2011	345.47	11.66	3.40	7.44	6.52	3.19	1.43	155.576	17.229	86.498	15.90	10.1	无施肥
2015	9		宁春4号	3.5	根	11/20/2011	345.27	11.68	3.41	7.45	6.53	3.19	1.42	156.101	17.265	86.790	15.90	10.2	无施肥

（续）

年	月	日	作物品种	样方号	采样部位	室内分析日期（月/日/年）	全碳（g/kg）	全氮（g/kg）	全磷（g/kg）	全钾（g/kg）	全钙（g/kg）	全镁（g/kg）	全铁（g/kg）	全锰（mg/kg）	全铜（mg/kg）	全锌（mg/kg）	干重热值（MJ/kg）	灰分（%）	备注
2015	9		宁春4号	3.4	根	11/20/2011	345.06	11.71	3.42	7.46	6.55	3.19	1.41	156.627	17.301	87.081	15.90	10.20	无施肥
2015	9		先锋333	3.4	根	12/08/2012	344.86	11.73	3.42	7.46	6.56	3.19	1.40	157.152	17.336	87.373	15.90	10.18	无施肥
2015	9		先锋333	3.4	根	12/08/2012	344.65	11.76	3.43	7.47	6.58	3.19	1.39	157.677	17.372	87.664	15.90	10.19	无施肥
2015	9		先锋333	3.4	根	12/08/2012	344.45	11.78	3.44	7.47	6.60	3.19	1.39	158.203	17.408	87.955	15.90	10.20	无施肥
2015	9		先锋333	3.4	根	12/08/2012	344.24	11.80	3.45	7.48	6.61	3.19	1.38	158.728	17.444	88.247	15.89	10.21	无施肥
2015	9		先锋333	3.4	根	12/08/2012	344.04	11.83	3.45	7.48	6.63	3.19	1.37	159.254	17.480	88.538	15.89	10.22	无施肥
2016	9		先锋333	3.4	根	12/08/2012	343.83	11.85	3.46	7.49	6.64	3.19	1.36	159.779	17.516	88.829	15.89	10.23	无施肥
2016	9		先锋333	3.4	茎	12/08/2012	343.63	11.88	3.47	7.50	6.66	3.19	1.35	160.304	17.552	89.121	15.89	10.24	无施肥
2016	9		先锋333	3.4	茎	12/08/2012	343.42	11.90	3.47	7.50	6.67	3.19	1.34	160.830	17.588	89.412	15.89	10.25	无施肥
2016	9		先锋333	3.4	茎	12/08/2012	343.22	11.93	3.48	7.51	6.69	3.19	1.33	161.355	17.624	89.704	15.89	10.26	无施肥
2016	9		先锋333	3.3	茎	12/08/2012	343.01	11.95	3.49	7.51	6.70	3.19	1.32	161.881	17.660	89.995	15.89	10.27	无施肥
2016	9		先锋333	3.3	茎	12/08/2012	342.81	11.97	3.50	7.52	6.72	3.19	1.32	162.406	17.696	90.286	15.88	10.29	无施肥
2016	9		先锋333	3.3	茎	12/08/2012	342.60	12.00	3.50	7.52	6.74	3.19	1.31	162.931	17.732	90.578	15.88	10.30	无施肥
2016	9		先锋333	3.3	籽	12/08/2012	342.40	12.02	3.51	7.53	6.75	3.19	1.30	163.457	17.768	90.869	15.88	10.31	无施肥
2016	9		先锋333	3.3	籽	12/08/2012	342.19	12.05	3.52	7.53	6.77	3.19	1.29	163.982	17.804	91.161	15.88	10.32	无施肥
2016	9		先锋333	3.3	籽	12/08/2012	341.99	12.07	3.53	7.54	6.78	3.19	1.28	164.508	17.840	91.452	15.88	10.33	无施肥
2016	9		先锋333	3.3	籽	12/08/2012	341.78	12.09	3.53	7.55	6.80	3.19	1.27	165.033	17.876	91.743	15.88	10.34	无施肥
2016	9		先锋333	3.3	籽	12/08/2012	341.58	12.12	3.54	7.55	6.81	3.19	1.26	165.558	17.912	92.035	15.87	10.35	无施肥
2016	9		先锋333	3.3	籽	12/08/2012	341.37	12.14	3.55	7.56	6.83	3.19	1.25	166.084	17.947	92.326	15.87	10.36	无施肥
2016	9		先锋333	3.3	根	12/08/2012	341.17	12.17	3.56	7.56	6.85	3.19	1.24	166.609	17.983	92.618	15.87	10.37	施肥
2016	9		先锋333	3.2	根	12/08/2012	340.96	12.19	3.56	7.57	6.86	3.19	1.24	167.135	18.019	92.909	15.87	10.39	施肥
2016	9		先锋333	3.2	根	12/08/2012	340.76	12.21	3.57	7.57	6.88	3.19	1.23	167.660	18.055	93.200	15.87	10.40	施肥
2016	9		先锋333	3.2	根	12/08/2012	340.55	12.24	3.58	7.58	6.89	3.19	1.22	168.185	18.091	93.492	15.87	10.41	施肥
2016	9		先锋333	3.2	根	12/08/2012	340.35	12.26	3.59	7.59	6.91	3.19	1.21	168.711	18.127	93.783	15.86	10.42	施肥

（续）

年	月	日	作物品种	样方号	采样部位	室内分析日期（月/日/年）	全碳（g/kg）	全氮（g/kg）	全磷（g/kg）	全钾（g/kg）	全钙（g/kg）	全镁（g/kg）	全铁（g/kg）	全锰（mg/kg）	全铜（mg/kg）	全锌（mg/kg）	干重热值（MJ/kg）	灰分（%）	备注
2016	9		先锋 333	3.2	根	12/08/2012	340.14	12.29	3.59	7.59	6.92	3.19	1.20	169.236	18.163	94.074	15.86	10.43	施肥
2016	9		先锋 333	3.2	茎	12/08/2012	339.94	12.31	3.60	7.60	6.94	3.19	1.19	169.762	18.199	94.366	15.86	10.44	施肥
2016	9		先锋 333	3.2	茎	12/08/2012	339.73	12.33	3.61	7.60	6.95	3.19	1.18	170.287	18.235	94.657	15.86	10.45	施肥
2016	9		先锋 333	3.2	茎	12/08/2012	339.53	12.36	3.62	7.61	6.97	3.19	1.17	170.812	18.271	94.949	15.86	10.46	施肥
2016	9		先锋 333	3.2	茎	12/08/2012	339.32	12.38	3.62	7.61	6.99	3.19	1.17	171.338	18.307	95.240	15.86	10.47	施肥
2016	9		先锋 333	3.2	茎	12/08/2012	339.12	12.41	3.63	7.62	7.00	3.19	1.16	171.863	18.343	95.531	15.86	10.48	施肥
2016	9		先锋 333	3.1	茎	12/08/2012	338.91	12.43	3.64	7.63	7.02	3.19	1.15	172.389	18.379	95.823	15.85	10.50	施肥
2016	9		先锋 333	3.1	籽	12/08/2012	338.71	12.46	3.65	7.63	7.03	3.19	1.14	172.914	18.415	96.114	15.85	10.51	施肥
2016	9		先锋 333	3.1	籽	12/08/2012	338.50	12.48	3.65	7.64	7.05	3.19	1.13	173.439	18.451	96.406	15.85	10.52	施肥
2016	9		先锋 333	3.1	籽	12/08/2012	338.30	12.50	3.66	7.64	7.06	3.19	1.12	173.965	18.487	96.697	15.85	10.53	施肥
2016	9		先锋 333	3.1	籽	12/08/2012	338.09	12.53	3.67	7.65	7.08	3.19	1.11	174.490	18.523	96.988	15.85	10.54	施肥
2016	9		先锋 333	3.1	籽	12/08/2012	337.89	12.55	3.68	7.65	7.10	3.19	1.10	175.016	18.558	97.280	15.85	10.55	施肥
2016	9		先锋 333	3.1	籽	12/08/2012	337.68	12.58	3.68	7.66	7.11	3.19	1.09	175.541	18.594	97.571	15.84	10.56	施肥
2016	9		先锋 333	3.1	根	12/08/2012	337.48	12.60	3.69	7.67	7.13	3.20	1.09	176.066	18.630	97.863	15.84	10.57	施有机肥
2016	9		先锋 333	3.1	根	12/08/2012	337.27	12.62	3.70	7.67	7.14	3.20	1.08	176.592	18.666	98.154	15.84	10.58	施有机肥
2016	9		先锋 333	3.1	根	12/08/2012	337.07	12.65	3.71	7.68	7.16	3.20	1.07	177.117	18.702	98.445	15.84	10.60	施有机肥
2016	9		先锋 333	3	根	12/08/2012	336.87	12.67	3.71	7.68	7.17	3.20	1.06	177.643	18.738	98.737	15.84	10.61	施有机肥
2016	9		先锋 333	3	根	12/08/2012	336.66	12.70	3.72	7.69	7.19	3.20	1.05	178.168	18.774	99.028	15.84	10.62	施有机肥
2016	9		先锋 333	3	根	12/08/2012	336.46	12.72	3.73	7.69	7.20	3.20	1.04	178.693	18.810	99.320	15.84	10.63	施有机肥
2016	9		先锋 333	3	茎	12/08/2012	336.25	12.74	3.74	7.70	7.22	3.20	1.03	179.219	18.846	99.611	15.83	10.64	施有机肥
2016	9		先锋 333	3	茎	12/08/2012	336.05	12.77	3.74	7.71	7.24	3.20	1.02	179.744	18.882	99.902	15.83	10.65	施有机肥
2016	9		先锋 333	3	茎	12/08/2012	335.84	12.79	3.75	7.71	7.25	3.20	1.02	180.270	18.918	100.194	15.83	10.66	施有机肥
2016	9		先锋 333	3	茎	12/08/2012	335.64	12.82	3.76	7.72	7.27	3.20	1.01	180.795	18.954	100.485	15.83	10.67	施有机肥
2016	9		先锋 333	3	茎	12/08/2012	335.43	12.84	3.77	7.72	7.28	3.20	1.00	181.320	18.990	100.776	15.83	10.68	施有机肥

（续）

年	月	日	作物品种	样方号	采样部位	室内分析日期（月/日/年）	全碳（g/kg）	全氮（g/kg）	全磷（g/kg）	全钾（g/kg）	全钙（g/kg）	全镁（g/kg）	全铁（g/kg）	全锰（mg/kg）	全铜（mg/kg）	全锌（mg/kg）	干重热值（MJ/kg）	灰分（%）	备注
样地名称：沙坡头站养分循环场生物土壤长期采样地																			
2009	10	2	正大12号	1	籽	11/25/2009	472.53	7.82	2.52	3.34	0.12	2.20	1.45	11.141	17.358	17.648	16.97	1.44	
2009	10	2	正大12号	2	籽	11/25/2009	470.12	7.21	2.60	3.23	0.12	2.14	1.53	10.096	18.793	18.175	17.15	1.35	
2009	10	2	正大12号	3	籽	11/25/2009	469.25	7.43	2.72	3.54	0.12	2.19	1.03	10.437	18.818	18.288	17.31	1.43	
2009	10	2	正大12号	4	籽	11/25/2009	440.30	7.41	2.55	3.43	0.12	2.34	1.32	11.194	17.395	17.990	16.56	1.37	
2009	10	2	正大12号	5	籽	11/25/2009	436.99	7.00	2.52	3.44	0.11	2.19	1.36	10.825	17.166	18.098	19.14	1.48	
2009	10	2	正大12号	6	籽	11/25/2009	466.01	7.46	2.64	3.28	0.12	2.22	1.22	10.179	18.502	17.709	15.65	1.39	
2009	10	2	正大12号	1	茎	11/25/2009	378.05	4.53	0.72	12.58	4.09	7.37	3.08	26.771	3.787	2.851	17.21	8.27	
2009	10	2	正大12号	2	茎	11/25/2009	362.75	4.27	0.72	12.78	4.07	7.57	3.03	29.333	3.249	2.571	16.53	7.98	
2009	10	2	正大12号	3	茎	11/25/2009	377.48	4.63	0.71	12.69	3.77	8.27	3.22	27.979	3.274	2.564	16.17	8.32	
2009	10	2	正大12号	4	茎	11/25/2009	349.62	4.47	0.76	12.40	3.81	8.01	2.86	26.944	3.809	2.638	16.71	8.27	
2009	10	2	正大12号	5	茎	11/25/2009	352.11	4.46	0.76	12.67	3.75	7.22	2.94	27.562	3.843	2.821	17.04	8.01	
2009	10	2	正大12号	6	茎	11/25/2009	357.18	4.41	0.71	12.68	4.03	7.48	3.02	26.694	3.640	2.663	15.56	8.14	
2009	10	2	正大12号	1	根	11/25/2009	369.63	4.78	0.52	14.19	1.61	6.52	6.18	30.017	26.543	23.327	14.83	12.57	
2009	10	2	正大12号	2	根	11/25/2009	342.59	4.53	0.55	14.41	1.57	6.14	6.12	29.318	27.394	22.652	15.71	13.89	
2009	10	2	正大12号	3	根	11/25/2009	323.48	4.75	0.55	14.00	1.51	6.52	5.97	29.346	26.068	24.816	15.99	12.27	
2009	10	2	正大12号	4	根	11/25/2009	369.90	4.71	0.53	14.17	1.53	6.11	5.84	30.688	26.814	22.357	15.85	12.96	
2009	10	2	正大12号	5	根	11/25/2009	338.32	4.97	0.56	14.07	1.59	6.17	5.99	29.824	26.024	23.068	15.37	13.00	
2009	10	2	正大12号	6	根	11/25/2009	309.49	4.86	0.54	14.16	1.66	6.42	6.03	32.658	27.454	23.005	15.51	12.91	
2010	7	4	宁春4号	1	茎	11/20/2010	391.19	7.61	1.18	13.84	1.33	1.93	0.60	16.880	9.674	14.891	16.61	7.83	
2010	7	4	宁春4号	2	茎	11/20/2010	362.27	7.89	1.16	13.98	1.20	2.12	0.58	17.330	9.483	14.914	16.42	8.69	
2010	7	4	宁春4号	3	茎	11/20/2010	358.35	7.88	1.20	13.48	1.30	1.99	0.60	15.387	9.129	14.700	16.18	7.98	
2010	7	4	宁春4号	4	茎	11/20/2010	363.59	8.26	1.14	13.25	1.39	1.89	0.58	16.668	9.152	14.393	16.76	8.69	
2010	7	4	宁春4号	5	茎	11/20/2010	377.13	8.17	1.14	13.34	1.21	2.08	0.67	17.691	10.049	15.360	15.25	8.86	
2010	7	4	宁春4号	6	茎	11/20/2010	394.20	8.13	1.05	13.33	1.33	2.09	0.64	15.651	10.291	15.913	17.14	8.02	

（续）

年	月	日	作物品种	样方号	采样部位	室内分析日期（月/日/年）	全碳 (g/kg)	全氮 (g/kg)	全磷 (g/kg)	全钾 (g/kg)	全钙 (g/kg)	全镁 (g/kg)	全铁 (g/kg)	全锰 (mg/kg)	全铜 (mg/kg)	全锌 (mg/kg)	干重热值 (MJ/kg)	灰分 (%)	备注
2010	7	4	宁春4号	1	根	11/20/2010	347.58	6.46	1.07	7.97	2.64	4.14	1.16	31.635	18.237	15.474	15.32	13.27	
2010	7	4	宁春4号	2	根	11/20/2010	364.12	7.21	0.98	8.43	2.73	4.00	1.28	33.261	17.858	13.794	14.05	13.27	
2010	7	4	宁春4号	3	根	11/20/2010	342.06	6.19	1.04	8.12	2.58	3.75	1.99	31.751	16.745	15.176	14.51	13.33	
2010	7	4	宁春4号	4	根	11/20/2010	354.81	6.87	1.12	8.39	2.93	3.77	1.83	29.581	16.541	13.624	14.37	13.99	
2010	7	4	宁春4号	5	根	11/20/2010	350.58	6.29	1.04	7.90	2.76	3.64	1.52	31.310	16.400	14.698	14.59	14.16	
2010	7	4	宁春4号	6	根	11/20/2010	319.81	6.75	1.02	7.60	2.73	4.02	1.40	30.960	15.036	15.246	15.06	13.61	
2010	7	4	宁春4号	1	籽	11/20/2010	378.84	13.00	2.75	5.67	0.43	3.44	0.60	13.379	11.115	8.703	18.21	2.55	
2010	7	4	宁春4号	2	籽	11/20/2010	394.53	12.72	2.84	5.12	0.45	3.23	0.52	13.906	11.082	8.129	16.99	2.46	
2010	7	4	宁春4号	3	籽	11/20/2010	367.38	13.82	2.73	5.60	0.46	3.16	0.58	12.583	11.808	8.241	16.09	2.67	
2010	7	4	宁春4号	4	籽	11/20/2010	330.82	13.89	2.65	5.37	0.43	3.14	0.58	12.290	11.543	8.870	17.10	2.47	
2010	7	4	宁春4号	5	籽	11/20/2010	383.57	13.11	2.32	5.07	0.43	3.22	0.61	12.288	12.294	7.489	16.10	2.56	
2010	7	4	宁春4号	6	籽	11/20/2010	377.53	13.04	2.40	5.68	0.46	3.28	0.57	13.564	11.346	7.814	15.87	2.68	
2011	9	27	正大12号	1	茎	11/20/2011				1.06	0.06	1.16	0.05	4.906	2.963	21.104			
2011	9	27	正大12号	2	茎	11/20/2011				1.03	0.05	1.11	0.05	4.824	2.948	20.887			
2011	9	27	正大12号	3	茎	11/20/2011				1.03	0.05	1.11	0.05	4.808	2.870	20.828			
2011	9	27	正大12号	4	茎	11/20/2011				1.06	0.06	1.11	0.05	4.821	2.981	20.634			
2011	9	27	正大12号	5	茎	11/20/2011				1.02	0.05	1.14	0.05	4.820	2.850	21.491			
2011	9	27	正大12号	6	茎	11/20/2011				1.02	0.05	1.15	0.05	4.802	2.937	21.928			
2011	9	27	正大12号	1	根	11/20/2011				5.14	3.08	3.34	0.20	20.389	3.287	5.694			
2011	9	27	正大12号	2	根	11/20/2011				5.13	3.03	3.48	0.20	20.906	3.227	5.597			
2011	9	27	正大12号	3	根	11/20/2011				5.27	2.95	3.52	0.20	20.875	3.170	5.525			
2011	9	27	正大12号	4	根	11/20/2011				5.20	3.05	3.39	0.20	21.089	3.197	5.598			
2011	9	27	正大12号	5	根	11/20/2011				5.19	3.09	3.43	0.21	20.562	3.246	5.582			
2011	9	27	正大12号	6	根	11/20/2011				5.09	3.09	3.38	0.20	21.040	3.107	5.569			

（续）

年	月	日	作物品种	样方号	采样部位	室内分析日期（月/日/年）	全碳 (g/kg)	全氮 (g/kg)	全磷 (g/kg)	全钾 (g/kg)	全钙 (g/kg)	全镁 (g/kg)	全铁 (g/kg)	全锰 (mg/kg)	全铜 (mg/kg)	全锌 (mg/kg)	干重热值 (MJ/kg)	灰分 (%)	备注
2011	9	27	正大12号	1	籽	11/20/2011				8.36	6.49	4.42	3.49	79.160	8.175	19.953			
2011	9	27	正大12号	2	籽	11/20/2011				8.42	6.57	4.39	3.57	79.019	8.343	19.567			
2011	9	27	正大12号	3	籽	11/20/2011				8.35	6.72	4.37	3.59	80.030	8.241	19.777			
2011	9	27	正大12号	4	籽	11/20/2011				8.21	6.57	4.29	3.70	81.283	8.125	19.928			
2011	9	27	正大12号	5	籽	11/20/2011				8.11	6.53	4.35	3.58	77.112	8.330	19.742			
2011	9	27	正大12号	6	籽	11/20/2011				8.48	6.46	4.42	3.61	77.211	8.401	19.117			
2012	6	28	宁春4号	1	根	12/08/2012	365.07	7.36	1.18	1.72	10.64	3.55	4.69	127.528	18.225	123.274	16.40	3.47	
2012	6	28	宁春4号	2	根	12/08/2012	363.93	7.52	1.20	1.71	10.74	3.63	4.81	126.718	18.522	124.464	15.66	3.38	
2012	6	28	宁春4号	3	根	12/08/2012	376.72	7.23	1.18	1.73	10.59	3.63	4.66	129.079	17.262	123.584	15.18	3.47	
2012	6	28	宁春4号	4	根	12/08/2012	368.25	7.12	1.19	1.71	10.87	3.64	4.76	125.296	20.250	125.392	16.16	3.40	
2012	6	28	宁春4号	5	根	12/08/2012	369.46	6.78	1.20	1.61	10.21	3.59	4.50	128.175	18.152	118.224	16.17	3.32	
2012	6	28	宁春4号	6	根	12/08/2012	367.03	7.49	1.24	1.63	10.56	3.61	4.43	128.023	19.060	121.591	16.00	3.50	
2012	6	28	宁春4号	1	茎	12/08/2012	438.09	4.94	0.74	3.90	3.87	1.69	0.90	28.542	9.135	16.746	16.70	9.01	
2012	6	28	宁春4号	2	茎	12/08/2012	441.30	5.13	0.76	3.86	4.03	1.65	0.94	28.526	9.830	17.114	16.18	9.09	
2012	6	28	宁春4号	3	茎	12/08/2012	432.93	4.92	0.74	3.72	3.89	1.72	0.91	27.798	10.086	16.556	16.86	8.94	
2012	6	28	宁春4号	4	茎	12/08/2012	435.78	5.26	0.76	3.80	4.06	1.69	0.85	28.047	10.042	16.323	16.76	9.35	
2012	6	28	宁春4号	5	茎	12/08/2012	448.34	5.04	0.75	3.84	4.15	1.73	0.86	29.057	9.710	17.100	17.03	8.99	
2012	6	28	宁春4号	6	茎	12/08/2012	443.64	4.83	0.77	3.89	4.06	1.73	0.91	28.442	9.507	15.985	15.13	9.34	
2012	6	28	宁春4号	1	籽	12/08/2012	416.06	23.11	3.78	1.16	1.49	2.24	0.50	34.537	5.918	45.843	17.14	14.39	
2012	6	28	宁春4号	2	籽	12/08/2012	415.76	22.77	3.77	1.13	1.55	2.22	0.51	34.184	5.837	44.279	17.64	14.39	
2012	6	28	宁春4号	3	籽	12/08/2012	410.25	23.89	3.69	1.22	1.49	2.16	0.51	35.190	5.799	46.018	16.03	14.57	
2012	6	28	宁春4号	4	籽	12/08/2012	392.70	23.44	3.87	1.17	1.55	2.18	0.47	35.364	6.066	44.860	16.92	14.03	
2012	6	28	宁春4号	5	籽	12/08/2012	416.50	23.95	3.75	1.16	1.47	2.19	0.49	33.221	6.302	45.306	17.59	14.19	
2012	6	28	宁春4号	6	籽	12/08/2012	400.91	22.99	3.68	1.19	1.55	2.17	0.49	34.725	6.141	44.241	17.76	14.89	

（续）

年	月	日	作物品种	样方号	采样部位	室内分析日期（月/日/年）	全碳 (g/kg)	全氮 (g/kg)	全磷 (g/kg)	全钾 (g/kg)	全钙 (g/kg)	全镁 (g/kg)	全铁 (g/kg)	全锰 (mg/kg)	全铜 (mg/kg)	全锌 (mg/kg)	干重热值 (MJ/kg)	灰分 (%)	备注
2013	10	2	KWS2564 杂交种	1	根	12/20/2013	289.06	10.57	1.41	12.02	9.61	4.99	6.51	151.140	20.381	68.357	14.14	11.53	
2013	10	2	KWS2564 杂交种	2	根	12/20/2013	296.17	10.32	1.44	11.58	9.78	4.84	6.67	152.388	21.445	66.452	14.58	10.89	
2013	10	2	KWS2564 杂交种	3	根	12/20/2013	275.18	11.65	1.58	11.36	9.32	4.76	6.38	156.643	20.966	70.328	14.67	11.45	
2013	10	2	KWS2564 杂交种	4	根	12/20/2013	293.15	12.46	1.72	11.95	9.85	4.92	6.45	149.967	19.872	69.584	14.33	11.22	
2013	10	2	KWS2564 杂交种	5	根	12/20/2013	287.63	9.87	1.65	11.37	9.44	5.01	6.27	157.826	20.468	65.524	14.52	10.94	
2013	10	2	KWS2564 杂交种	6	根	12/20/2013	295.35	10.96	1.69	12.24	10.08	4.87	6.52	160.532	19.543	70.133	14.89	10.68	
2013	10	2	KWS2564 杂交种	1	茎	12/20/2013	438.09	8.42	1.25	16.46	4.23	3.71	0.63	37.895	6.860	46.886	16.58	8.52	
2013	10	2	KWS2564 杂交种	2	茎	12/20/2013	331.80	8.55	1.38	15.33	4.56	3.82	0.57	36.442	6.922	45.323	16.72	8.05	
2013	10	2	KWS2564 杂交种	3	茎	12/20/2013	352.46	8.96	1.44	15.89	4.36	3.96	0.51	35.128	7.037	48.962	16.66	7.90	
2013	10	2	KWS2564 杂交种	4	茎	12/20/2013	348.16	9.06	1.62	14.68	4.64	4.05	0.71	38.467	6.544	41.337	16.34	8.73	
2013	10	2	KWS2564 杂交种	5	茎	12/20/2013	359.17	8.18	1.67	14.92	4.51	3.58	0.66	39.561	6.998	45.674	16.47	8.24	
2013	10	2	KWS2564 杂交种	6	茎	12/20/2013	366.52	9.03	1.53	15.07	4.44	3.64	0.62	35.463	6.324	49.857	16.82	8.59	
2013	10	2	KWS2564 杂交种	1	籽	12/20/2013	327.68	25.34	3.18	3.44	0.43	2.02	0.35	19.426	1.999	47.249	17.49	5.71	
2013	10	2	KWS2564 杂交种	2	籽	12/20/2013	335.64	26.46	3.42	3.56	0.45	2.14	0.33	20.355	1.872	48.565	17.55	5.53	
2013	10	2	KWS2564 杂交种	3	籽	12/20/2013	352.16	21.23	3.24	3.28	0.48	2.19	0.29	21.364	1.963	43.221	17.64	5.8	
2013	10	2	KWS2564 杂交种	4	籽	12/20/2013	345.88	23.56	3.35	3.19	0.51	2.23	0.37	18.792	1.854	47.898	17.32	5.64	
2013	10	2	KWS2564 杂交种	5	籽	12/20/2013	339.56	27.18	3.64	3.62	0.50	2.07	0.36	19.568	2.007	43.128	17.17	5.82	
2013	10	2	KWS2564 杂交种	6	籽	12/20/2013	356.12	26.85	3.52	3.75	0.44	2.10	0.38	20.614	1.855	45.363	17.38	5.70	
2014	6	28	宁春 4 号	1	根	12/11/2014	275.48	10.20	2.83	9.50	10.95	5.98	10.21	209.037	32.000	115.068	14.16	10.79	施化肥
2014	6	28	宁春 4 号	2	根	12/11/2014	248.40	10.21	2.50	9.17	10.58	6.01	8.20	282.720	36.955	88.323	15.67	12.91	施化肥
2014	6	28	宁春 4 号	3	根	12/11/2014	239.64	8.93	2.36	9.23	11.15	5.10	10.70	269.218	32.318	96.693	16.87	12.08	施化肥
2014	6	28	宁春 4 号	4	根	12/11/2014	316.84	9.24	2.47	11.15	10.87	5.49	10.16	259.514	35.336	99.112	17.18	12.45	施化肥
2014	6	28	宁春 4 号	5	根	12/11/2014	285.85	8.27	1.90	7.34	10.69	5.85	9.43	215.471	33.380	90.534	12.42	9.60	施化肥
2014	6	28	宁春 4 号	6	根	12/11/2014	329.58	10.27	2.23	9.02	12.59	5.21	9.61	188.975	38.175	113.106	12.54	11.43	施化肥

（续）

年	月	日	作物品种	样方号	采样部位	室内分析日期（月/日/年）	全碳 (g/kg)	全氮 (g/kg)	全磷 (g/kg)	全钾 (g/kg)	全钙 (g/kg)	全镁 (g/kg)	全铁 (g/kg)	全锰 (mg/kg)	全铜 (mg/kg)	全锌 (mg/kg)	干重热值 (MJ/kg)	灰分 (%)	备注
2014	6	28	宁春4号	1	茎	12/11/2014	327.18	6.35	1.44	13.84	1.94	2.20	0.68	40.028	9.550	30.553	18.43	8.59	施化肥
2014	6	28	宁春4号	2	茎	12/11/2014	373.20	6.15	1.44	15.66	1.98	2.11	0.86	45.422	9.792	34.243	14.35	8.67	施化肥
2014	6	28	宁春4号	3	茎	12/11/2014	385.98	6.24	1.36	14.91	2.46	2.67	0.79	45.466	9.854	34.561	14.65	8.24	施化肥
2014	6	28	宁春4号	4	茎	12/11/2014	375.51	6.37	1.65	14.11	2.07	2.05	0.71	37.653	12.907	34.104	16.71	8.24	施化肥
2014	6	28	宁春4号	5	茎	12/11/2014	353.02	6.49	1.62	12.95	2.41	2.01	0.77	36.166	9.270	37.364	16.30	10.70	施化肥
2014	6	28	宁春4号	6	茎	12/11/2014	334.61	6.45	1.61	15.01	2.43	2.37	0.74	39.982	10.820	33.680	15.33	8.85	施化肥
2014	6	28	宁春4号	1	籽	12/11/2014	307.70	23.73	5.06	3.71	0.48	2.06	0.47	59.763	11.707	67.282	18.04	7.92	施化肥
2014	6	28	宁春4号	2	籽	12/11/2014	342.97	23.27	5.91	4.05	0.53	2.18	0.40	52.623	9.991	64.372	18.37	7.61	施化肥
2014	6	28	宁春4号	3	籽	12/11/2014	431.41	21.59	5.35	4.52	0.46	1.78	0.48	49.814	10.365	64.392	18.45	6.95	施化肥
2014	6	28	宁春4号	4	籽	12/11/2014	392.05	24.49	5.32	4.28	0.41	1.96	0.54	55.880	11.499	69.744	16.99	8.09	施化肥
2014	6	28	宁春4号	5	籽	12/11/2014	393.49	19.95	5.45	4.24	0.51	2.06	0.46	59.332	10.103	63.805	16.52	6.98	施化肥
2014	6	28	宁春4号	6	籽	12/11/2014	362.54	19.61	5.57	3.73	0.45	2.04	0.47	59.750	12.351	69.484	19.36	6.66	施化肥
2015	9	28	农华101	1	根	12/15/2015	287.79	11.39	1.40	13.28	9.56	5.04	7.08	142.978	16.753	56.531	14.59	10.39	
2015	9	28	农华101	2	根	12/15/2015	269.37	12.46	1.25	9.84	10.74	4.89	7.09	141.416	20.158	71.237	16.07	9.23	
2015	9	28	农华101	3	根	12/15/2015	323.91	10.77	1.54	11.17	8.14	4.66	6.13	157.740	18.345	69.343	13.51	11.47	
2015	9	28	农华101	4	根	12/15/2015	310.48	15.10	1.97	9.57	9.65	5.30	6.44	176.661	17.686	67.775	13.57	10.8	
2015	9	28	农华101	5	根	12/15/2015	266.83	10.21	1.81	11.56	8.64	4.88	6.25	165.086	20.857	55.630	15.03	11.29	
2015	9	28	农华101	6	根	12/15/2015	284.72	12.09	1.93	11.03	10.67	4.37	6.99	152.505	16.533	72.307	17.56	11.27	
2015	9	28	农华101	1	茎	12/15/2015	409.44	7.82	1.23	15.85	3.41	4.16	0.52	46.042	7.587	58.092	14.96	7.76	
2015	9	28	农华101	2	茎	12/15/2015	331.14	9.82	1.12	15.97	4.73	3.94	0.56	37.681	7.171	48.496	17.07	9.23	
2015	9	28	农华101	3	茎	12/15/2015	372.23	8.69	1.56	16.32	4.91	4.07	0.52	34.636	5.686	46.024	18.46	8.31	
2015	9	28	农华101	4	茎	12/15/2015	303.04	9.53	1.78	15.31	4.87	3.73	0.64	38.544	5.438	37.906	16.16	8.08	
2015	9	28	农华101	5	茎	12/15/2015	359.57	7.53	1.82	13.97	5.03	4.24	0.71	39.007	6.396	41.381	17.84	9.11	
2015	9	28	农华101	6	茎	12/15/2015	373.48	10.33	1.50	15.18	4.46	3.12	0.54	34.683	7.266	57.884	18.08	8.78	

（续）

年	月	日	作物品种	样方号	采样部位	室内分析日期（月/日/年）	全碳 (g/kg)	全氮 (g/kg)	全磷 (g/kg)	全钾 (g/kg)	全钙 (g/kg)	全镁 (g/kg)	全铁 (g/kg)	全锰 (mg/kg)	全铜 (mg/kg)	全锌 (mg/kg)	干重热值 (MJ/kg)	灰分 (%)	备注
2015	9	28	农华 101	1	籽	12/15/2015	305.79	22.97	2.74	2.87	0.48	2.01	0.34	20.184	2.165	51.738	15.97	4.71	
2015	9	28	农华 101	2	籽	12/15/2015	346.65	30.05	3.74	3.94	0.54	2.17	0.27	21.861	1.932	55.218	14.92	6.28	
2015	9	28	农华 101	3	籽	12/15/2015	386.50	18.53	3.30	3.21	0.42	2.35	0.29	22.325	2.597	43.653	15.21	6.10	
2015	9	28	农华 101	4	籽	12/15/2015	350.41	24.61	3.11	3.02	0.61	2.00	0.35	18.924	1.700	43.252	15.78	5.03	
2015	9	28	农华 101	5	籽	12/15/2015	333.82	24.41	3.28	3.30	0.47	2.27	0.34	19.079	1.945	48.045	18.66	5.07	
2015	9	28	农华 101	6	籽	12/15/2015	382.83	25.02	3.53	3.83	0.39	2.10	0.40	20.552	2.421	41.825	16.77	5.81	
2016	6	27	宁春 4 号	1	根	12/10/2016	321.26	8.10	1.01	1.79	9.90	3.09	4.88	130.079	15.856	125.739	16.73	3.50	
2016	6	27	宁春 4 号	2	根	12/10/2016	382.13	8.57	1.14	1.93	9.77	3.38	4.76	120.382	16.299	138.155	17.38	3.80	
2016	6	27	宁春 4 号	3	根	12/10/2016	331.51	7.74	1.23	1.51	11.65	3.12	4.24	127.788	16.054	142.122	16.55	3.70	
2016	6	27	宁春 4 号	4	根	12/10/2016	353.52	7.76	1.23	1.88	9.35	3.31	5.05	106.502	18.630	135.423	14.71	3.40	
2016	6	27	宁春 4 号	5	根	12/10/2016	339.90	6.71	1.27	1.55	9.39	3.66	3.87	143.556	18.697	130.046	17.95	3.60	
2016	6	27	宁春 4 号	6	根	12/10/2016	352.35	6.82	1.12	1.63	10.56	3.32	3.81	143.386	18.869	136.182	13.60	4.00	
2016	6	27	宁春 4 号	1	茎	12/10/2016	473.14	5.09	0.64	3.82	3.29	1.77	0.88	31.111	10.140	16.244	15.53	9.20	
2016	6	27	宁春 4 号	2	茎	12/10/2016	401.58	4.82	0.85	3.40	4.55	1.86	1.04	29.667	10.322	17.114	18.28	9.40	
2016	6	27	宁春 4 号	3	茎	12/10/2016	489.21	4.43	0.66	4.20	4.12	1.69	0.99	25.574	9.985	17.053	18.21	7.70	
2016	6	27	宁春 4 号	4	茎	12/10/2016	370.41	5.00	0.71	3.38	3.82	1.52	0.94	28.888	10.745	15.507	14.75	8.30	
2016	6	27	宁春 4 号	5	茎	12/10/2016	488.69	4.99	0.65	3.49	3.69	1.83	0.80	30.510	10.098	14.706	16.18	9.60	
2016	6	27	宁春 4 号	6	茎	12/10/2016	394.84	5.17	0.76	3.35	4.10	1.83	0.99	31.571	10.363	14.866	16.95	10.30	
2016	6	27	宁春 4 号	1	籽	12/10/2016	428.54	22.88	4.16	1.21	1.46	2.44	0.49	33.846	5.385	45.385	17.31	12.20	
2016	6	27	宁春 4 号	2	籽	12/10/2016	415.76	24.82	3.39	1.24	1.60	2.55	0.45	32.475	5.253	39.408	19.23	15.80	
2016	6	27	宁春 4 号	3	籽	12/10/2016	377.43	20.31	3.28	1.40	1.58	2.05	0.55	34.134	5.915	44.637	14.11	16.20	
2016	6	27	宁春 4 号	4	籽	12/10/2016	373.07	23.67	3.83	1.04	1.61	1.94	0.46	35.364	5.338	41.271	18.61	12.10	
2016	6	27	宁春 4 号	5	籽	12/10/2016	416.50	27.54	3.41	0.99	1.40	2.21	0.46	31.560	7.184	49.837	16.36	14.50	
2016	6	27	宁春 4 号	6	籽	12/10/2016	449.02	25.75	4.08	1.24	1.77	2.45	0.49	31.253	5.895	46.453	18.47	16.70	

（续）

年	月	日	作物品种	样方号	采样部位	室内分析日期（月/日/年）	全碳 (g/kg)	全氮 (g/kg)	全磷 (g/kg)	全钾 (g/kg)	全钙 (g/kg)	全镁 (g/kg)	全铁 (g/kg)	全锰 (mg/kg)	全铜 (mg/kg)	全锌 (mg/kg)	干重热值 (MJ/kg)	灰分 (%)	备注
样地名称：沙坡头站农田生态系统站区生物采样点																			
2009	9	28	花九115	1	根	11/25/2009	254.14	10.27	1.96	10.16	4.72	8.56	10.69	38.396	35.431	46.659	12.91	10.15	
2009	9	28	花九115	2	根	11/25/2009	244.26	10.48	1.98	9.98	5.13	8.68	11.43	38.591	34.619	44.305	13.62	10.39	
2009	9	28	花九115	3	根	11/25/2009	252.72	10.62	2.06	9.59	4.81	8.50	11.17	39.037	34.319	44.061	13.38	9.95	
2009	9	28	花九115	4	根	11/25/2009	257.85	10.18	2.10	10.72	5.07	8.62	11.98	37.377	34.814	45.507	12.05	10.65	
2009	9	28	花九115	5	根	11/25/2009	276.49	10.16	2.00	10.50	5.23	8.74	11.43	40.400	36.809	45.185	13.77	11.14	
2009	9	28	花九115	6	根	11/25/2009	253.85	10.66	2.02	9.48	4.75	8.47	11.39	40.245	35.181	46.045	13.42	10.93	
2009	9	28	花九115	1	籽	11/25/2009	383.60	8.66	2.80	4.07	0.60	2.64	0.25	147.328	123.629	105.365	19.19	4.53	
2009	9	28	花九115	2	籽	11/25/2009	372.22	8.92	2.67	4.40	0.64	2.45	0.26	154.539	121.352	106.960	18.87	4.30	
2009	9	28	花九115	3	籽	11/25/2009	395.40	9.13	2.78	4.45	0.57	2.41	0.29	155.141	125.370	100.438	18.28	4.55	
2009	9	28	花九115	4	籽	11/25/2009	385.24	8.76	2.72	4.04	0.61	2.48	0.28	157.363	119.933	106.607	18.91	4.60	
2009	9	28	花九115	5	籽	11/25/2009	414.97	8.86	2.75	4.27	0.58	2.54	0.25	157.654	121.134	101.271	17.73	4.96	
2009	9	28	花九115	6	籽	11/25/2009	382.30	8.73	2.56	4.21	0.56	2.39	0.27	146.964	125.965	104.024	18.74	4.34	
2009	9	28	花九115	1	茎	11/25/2009	358.75	9.71	1.41	14.14	1.23	2.81	2.21	8.637	25.269	21.124	16.45	10.36	
2009	9	28	花九115	2	茎	11/25/2009	346.21	10.11	1.47	14.48	1.18	2.75	2.60	8.521	25.626	22.025	16.74	10.38	
2009	9	28	花九115	3	茎	11/25/2009	351.46	9.61	1.45	14.04	1.16	2.86	2.39	9.196	25.438	22.917	16.17	9.02	
2009	9	28	花九115	4	茎	11/25/2009	359.16	10.02	1.37	14.92	1.25	2.84	2.35	8.826	24.503	22.100	16.26	9.93	
2009	9	28	花九115	5	茎	11/25/2009	344.45	9.72	1.36	14.28	1.20	2.89	2.29	9.384	25.900	21.615	17.20	9.84	
2009	9	28	花九115	6	茎	11/25/2009	365.65	9.18	1.36	14.16	1.27	2.89	2.86	9.274	24.687	23.493	16.64	9.98	
2010	9	29	花九115	1	根	11/20/2010	261.89	11.53	2.14	10.67	5.12	9.15	1.19	39.425	36.934	52.017	12.51	10.82	
2010	9	29	花九115	2	根	11/20/2010	252.58	11.24	2.03	10.64	5.39	9.85	2.08	40.706	39.666	48.347	13.16	11.14	
2010	9	29	花九115	3	根	11/20/2010	264.50	12.00	2.22	9.89	5.23	9.13	2.05	41.071	35.112	46.120	12.83	10.73	
2010	9	29	花九115	4	根	11/20/2010	270.44	10.91	2.17	11.21	5.56	8.78	2.49	38.728	34.965	48.424	11.73	11.50	
2010	9	29	花九115	5	根	11/20/2010	286.33	11.55	2.14	11.15	5.96	9.32	2.48	42.280	40.650	49.554	13.13	11.92	
2010	9	29	花九115	6	根	11/20/2010	260.64	11.50	2.17	9.72	5.00	8.81	2.35	41.152	36.542	49.854	13.00	12.47	

（续）

年	月	日	作物品种	样方号	采样部位	室内分析日期（月/日/年）	全碳 (g/kg)	全氮 (g/kg)	全磷 (g/kg)	全钾 (g/kg)	全钙 (g/kg)	全镁 (g/kg)	全铁 (g/kg)	全锰 (mg/kg)	全铜 (mg/kg)	全锌 (mg/kg)	干重热值 (MJ/kg)	灰分 (%)	备注
2010	9	29	花九 115	1	籽	11/20/2010	355.35	9.00	3.01	4.19	0.68	2.87	0.28	157.256	54.833	113.514	18.51	5.01	
2010	9	29	花九 115	2	籽	11/20/2010	377.28	9.20	2.83	4.74	0.70	2.51	0.28	166.579	54.323	114.416	17.97	4.68	
2010	9	29	花九 115	3	籽	11/20/2010	396.01	9.18	3.04	4.55	0.61	2.49	0.31	155.873	53.413	109.305	17.77	4.89	
2010	9	29	花九 115	4	籽	11/20/2010	371.10	8.72	2.88	4.16	0.66	2.52	0.30	160.168	53.979	114.126	18.31	4.92	
2010	9	29	花九 115	5	籽	11/20/2010	422.37	9.00	2.95	4.47	0.65	2.66	0.27	163.522	50.933	111.065	17.29	5.26	
2010	9	29	花九 115	6	籽	11/20/2010	416.83	8.91	2.74	4.62	0.60	2.42	0.29	152.002	53.641	110.883	17.73	4.80	
2010	9	29	花九 115	1	茎	11/20/2010	355.69	9.93	1.46	14.61	1.34	2.70	2.37	8.750	25.726	22.353	15.74	11.23	
2010	9	29	花九 115	2	茎	11/20/2010	336.22	10.72	1.58	15.26	1.30	3.01	2.69	8.993	29.332	24.178	15.67	11.38	
2010	9	29	花九 115	3	茎	11/20/2010	343.45	9.63	1.56	14.63	1.29	3.04	2.54	9.501	27.965	25.281	15.42	9.95	
2010	9	29	花九 115	4	茎	11/20/2010	365.27	10.23	1.49	16.09	1.43	3.05	2.48	9.142	25.495	24.134	15.83	10.68	
2010	9	29	花九 115	5	茎	11/20/2010	336.64	9.41	1.51	15.47	1.32	3.02	2.39	9.765	28.956	23.477	16.36	10.91	
2010	9	29	花九 115	6	茎	11/20/2010	369.66	9.02	1.44	15.02	1.39	3.14	3.03	9.611	27.882	25.623	16.67	11.65	
2011	9	29	花九 115	1	根	11/20/2011				1.23	0.59	1.14	0.26	35.554	2.983	12.794			
2011	9	29	花九 115	2	根	11/20/2011				1.22	0.60	1.17	0.27	35.589	2.905	13.359			
2011	9	29	花九 115	3	根	11/20/2011				1.23	0.60	1.12	0.26	36.322	3.087	12.823			
2011	9	29	花九 115	4	根	11/20/2011				1.22	0.59	1.13	0.27	35.484	2.989	13.021			
2011	9	29	花九 115	5	根	11/20/2011				1.18	0.59	1.14	0.26	34.760	2.908	12.789			
2011	9	29	花九 115	6	根	11/20/2011				1.19	0.60	1.12	0.27	34.596	2.886	12.865			
2011	9	29	花九 115	1	籽	11/20/2011				3.71	3.80	3.18	1.08	143.689	0.872	27.368			
2011	9	29	花九 115	2	籽	11/20/2011				3.69	3.91	3.14	1.06	145.539	0.890	27.144			
2011	9	29	花九 115	3	籽	11/20/2011				3.61	3.77	3.30	1.07	139.549	0.872	26.283			
2011	9	29	花九 115	4	籽	11/20/2011				3.65	3.97	3.24	1.06	141.738	0.877	28.027			
2011	9	29	花九 115	5	籽	11/20/2011				3.67	3.98	3.29	1.03	144.498	0.870	27.199			
2011	9	29	花九 115	6	籽	11/20/2011				3.70	3.83	3.15	1.03	142.695	0.886	27.746			

（续）

年	月	日	作物品种	样方号	采样部位	室内分析日期（月/日/年）	全碳 (g/kg)	全氮 (g/kg)	全磷 (g/kg)	全钾 (g/kg)	全钙 (g/kg)	全镁 (g/kg)	全铁 (g/kg)	全锰 (mg/kg)	全铜 (mg/kg)	全锌 (mg/kg)	干重热值 (MJ/kg)	灰分 (%)	备注
2011	9	29	花九115	1	茎	11/20/2011				1.42	18.26	6.46	18.73	321.989	18.001	45.408			
2011	9	29	花九115	2	茎	11/20/2011				1.39	18.09	6.13	18.78	322.980	18.421	45.244			
2011	9	29	花九115	3	茎	11/20/2011				1.46	18.16	6.28	18.52	321.460	18.320	45.451			
2011	9	29	花九115	4	茎	11/20/2011				1.43	17.54	6.23	18.30	319.461	18.047	43.998			
2011	9	29	花九115	5	茎	11/20/2011				1.42	18.26	6.33	18.16	327.431	18.046	44.896			
2011	9	29	花九115	6	茎	11/20/2011				1.43	17.74	6.35	18.26	324.204	17.816	46.496			
2012	9	27	宁粳41	1	根	12/08/2012	374.79	8.45	1.10	1.96	11.04	4.81	10.98	222.715	25.810	48.338	15.04	12.16	
2012	9	27	宁粳41	2	根	12/08/2012	381.26	8.58	1.12	1.88	11.13	4.82	10.72	224.457	25.078	48.061	14.99	12.17	
2012	9	27	宁粳41	3	根	12/08/2012	375.14	7.81	1.06	1.86	10.78	4.80	10.69	225.926	25.794	49.960	15.76	12.13	
2012	9	27	宁粳41	4	根	12/08/2012	372.16	8.14	1.08	1.98	11.13	4.87	10.35	222.919	26.362	51.381	14.91	11.72	
2012	9	27	宁粳41	5	根	12/08/2012	385.29	8.54	1.11	1.84	11.30	4.85	10.88	227.257	24.709	48.375	14.64	12.43	
2012	9	27	宁粳41	6	根	12/08/2012	362.05	8.24	1.08	1.82	10.73	4.91	11.26	225.243	26.057	50.729	15.34	12.13	
2012	9	27	宁粳41	1	茎	12/08/2012	413.19	6.3	0.91	3.46	3.66	3.14	0.56	254.576	4.129	34.513	15.27	10.20	
2012	9	27	宁粳41	2	茎	12/08/2012	405.23	5.76	0.91	3.45	3.63	3.09	0.57	248.314	4.034	33.709	15.75	9.89	
2012	9	27	宁粳41	3	茎	12/08/2012	407.90	6.23	0.89	3.61	3.67	3.15	0.60	254.903	4.302	32.487	15.47	10.23	
2012	9	27	宁粳41	4	茎	12/08/2012	389.51	6.24	0.88	3.53	3.68	3.13	0.58	257.454	3.917	34.538	15.94	9.77	
2012	9	27	宁粳41	5	茎	12/08/2012	405.85	6.03	0.90	3.52	3.63	3.12	0.55	254.475	4.266	34.525	15.21	10.18	
2012	9	27	宁粳41	6	茎	12/08/2012	414.62	5.86	0.90	3.40	3.57	3.03	0.59	247.658	4.089	34.190	14.83	10.08	
2012	9	27	宁粳41	1	籽	12/08/2012	438.83	10.1	2.63	0.70	1.04	1.33	0.19	47.550	0.658	22.724	15.98	5.68	
2012	9	27	宁粳41	2	籽	12/08/2012	438.17	10.69	2.57	0.71	1.05	1.35	0.20	46.464	0.655	22.510	15.46	5.64	
2012	9	27	宁粳41	3	籽	12/08/2012	440.36	9.64	2.48	0.70	1.02	1.41	0.19	45.766	0.674	22.518	16.8	5.43	
2012	9	27	宁粳41	4	籽	12/08/2012	430.99	10.04	2.61	0.68	1.02	1.35	0.20	45.833	0.686	22.577	16.9	5.67	
2012	9	27	宁粳41	5	籽	12/08/2012	411.34	10.08	2.65	0.66	1.05	1.42	0.19	45.438	0.699	22.452	16.74	5.64	
2012	9	27	宁粳41	6	籽	12/08/2012	435.90	9.93	2.53	0.72	1.00	1.32	0.19	45.414	0.655	22.297	16.85	5.79	

（续）

年	月	日	作物品种	样方号	采样部位	室内分析日期（月/日/年）	全碳（g/kg）	全氮（g/kg）	全磷（g/kg）	全钾（g/kg）	全钙（g/kg）	全镁（g/kg）	全铁（g/kg）	全锰（mg/kg）	全铜（mg/kg）	全锌（mg/kg）	干重热值（MJ/kg）	灰分（%）	备注
2013	9	23	花 97	1	根	12/20/2013	156.19	9.49	3.09	10.25	25.31	8.92	21.55	420.242	38.335	119.302	9.19	13.31	
2013	9	23	花 97	2	根	12/20/2013	155.42	9.52	3.22	11.32	24.22	8.75	20.72	422.358	37.652	108.456	9.32	11.90	
2013	9	23	花 97	3	根	12/20/2013	175.81	9.88	3.17	10.78	21.38	8.84	23.56	413.359	39.543	113.557	9.47	12.96	
2013	9	23	花 97	4	根	12/20/2013	164.23	9.21	3.35	10.56	22.65	8.71	21.87	408.167	38.441	116.375	9.87	12.69	
2013	9	23	花 97	5	根	12/20/2013	153.88	9.34	3.17	9.64	24.98	8.65	22.38	425.179	39.152	120.321	9.55	12.24	
2013	9	23	花 97	6	根	12/20/2013	140.54	9.65	3.43	9.75	23.76	8.98	21.95	436.552	37.248	117.664	9.68	13.13	
2013	9	23	花 97	1	茎	12/20/2013	303.88	9.87	1.69	13.81	5.95	5.13	0.82	502.391	8.552	45.960	15.98	10.99	
2013	9	23	花 97	2	茎	12/20/2013	314.52	9.47	1.56	14.32	5.38	5.32	0.88	508.137	8.969	46.966	15.74	11.12	
2013	9	23	花 97	3	茎	12/20/2013	325.46	9.52	1.38	13.99	5.64	5.17	0.74	493.552	8.327	42.000	16.12	10.74	
2013	9	23	花 97	4	茎	12/20/2013	308.71	9.38	1.72	13.56	5.32	5.25	0.73	484.128	7.968	42.137	16.07	10.53	
2013	9	23	花 97	5	茎	12/20/2013	324.56	9.66	1.44	13.68	5.17	5.22	0.75	497.363	9.453	48.382	15.65	10.25	
2013	9	23	花 97	6	茎	12/20/2013	356.81	9.51	1.68	14.14	5.88	5.28	0.81	509.166	7.328	47.564	15.92	11.32	
2013	9	23	花 97	1	籽	12/20/2013	324.62	16.69	4.24	4.24	0.34	2.32	0.66	86.664	6.418	45.338	16.81	7.91	
2013	9	23	花 97	2	籽	12/20/2013	345.16	15.32	4.36	4.32	0.36	2.37	0.67	75.327	6.552	47.512	16.64	8.13	
2013	9	23	花 97	3	籽	12/20/2013	358.45	16.45	4.52	4.58	0.42	2.54	0.58	78.963	6.789	46.633	16.52	7.99	
2013	9	23	花 97	4	籽	12/20/2013	366.92	15.83	4.15	4.17	0.48	2.35	0.71	81.562	7.023	43.335	16.94	7.90	
2013	9	23	花 97	5	籽	12/20/2013	384.66	14.68	4.33	4.55	0.49	2.42	0.77	88.553	7.098	45.891	16.65	8.14	
2013	9	23	花 97	6	籽	12/20/2013	342.33	15.55	4.70	4.63	0.37	2.38	0.69	72.428	6.127	46.177	17.01	8.40	
2014	9	24	花 97	1	根	12/11/2014	164.04	10.35	3.30	11.21	25.81	7.95	23.73	386.329	32.805	109.040	9.52	11.37	
2014	9	24	花 97	2	根	12/11/2014	160.43	10.11	3.17	11.40	21.47	7.94	20.79	402.563	38.764	110.478	8.55	11.01	
2014	9	24	花 97	3	根	12/11/2014	194.02	9.27	3.44	10.36	20.60	8.97	25.07	406.107	38.245	116.430	9.18	15.22	
2014	9	24	花 97	4	根	12/11/2014	149.22	10.12	3.06	9.79	25.65	8.78	22.14	447.759	39.148	113.490	9.59	11.17	
2014	9	24	花 97	5	根	12/11/2014	155.45	9.77	3.09	9.18	25.91	7.64	24.53	434.288	41.959	119.844	10.31	11.37	
2014	9	24	花 97	6	根	12/11/2014	131.04	10.45	3.29	10.70	22.60	10.33	22.66	398.202	35.360	104.248	10.32	13.83	

（续）

年	月	日	作物品种	样方号	采样部位	室内分析日期（月/日/年）	全碳 (g/kg)	全氮 (g/kg)	全磷 (g/kg)	全钾 (g/kg)	全钙 (g/kg)	全镁 (g/kg)	全铁 (g/kg)	全锰 (mg/kg)	全铜 (mg/kg)	全锌 (mg/kg)	干重热值 (MJ/kg)	灰分 (%)	备注
2014	9	24	花97	1	茎	12/11/2014	297.99	9.02	1.69	14.38	6.27	4.99	0.83	585.265	8.311	45.851	16.94	11.55	
2014	9	24	花97	2	茎	12/11/2014	297.39	10.07	1.58	14.18	5.15	5.85	0.86	523.770	8.495	48.594	15.84	11.55	
2014	9	24	花97	3	茎	12/11/2014	315.87	9.19	1.41	13.62	5.64	5.01	0.70	474.983	9.095	41.889	15.79	10.73	
2014	9	24	花97	4	茎	12/11/2014	331.43	9.39	2.06	14.65	5.65	5.12	0.69	575.182	8.962	42.909	16.41	10.53	
2014	9	24	花97	5	茎	12/11/2014	318.03	9.59	1.32	14.05	5.31	4.84	0.80	473.047	8.796	53.465	17.04	9.49	
2014	9	24	花97	6	茎	12/11/2014	375.07	9.64	1.90	11.96	5.69	5.15	0.83	509.536	6.830	49.095	16.36	10.93	
2014	9	24	花97	1	籽	12/11/2014	326.82	17.89	4.35	4.24	0.34	2.27	0.60	90.193	6.629	45.393	17.28	7.80	
2014	9	24	花97	2	籽	12/11/2014	379.47	16.55	4.40	4.14	0.39	2.59	0.71	75.591	7.183	47.679	17.38	8.85	
2014	9	24	花97	3	籽	12/11/2014	378.28	16.42	4.38	4.70	0.44	2.84	0.57	75.764	7.525	46.108	16.02	7.71	
2014	9	24	花97	4	籽	12/11/2014	409.94	15.6	4.31	4.24	0.46	2.39	0.79	80.631	7.082	43.894	19.47	7.62	
2014	9	24	花97	5	籽	12/11/2014	378.71	14.26	4.41	5.05	0.48	2.60	0.70	93.441	6.541	45.878	16.81	8.29	
2014	9	24	花97	6	籽	12/11/2014	331.16	15.4	4.63	4.58	0.34	2.38	0.67	73.225	6.919	43.447	18.48	8.32	
2015	9	28	宁粳41	1	根	12/15/2015	158.80	9.31	3.27	10.10	28.32	9.51	21.94	468.990	35.498	110.832	7.58	14.53	
2015	9	28	宁粳41	2	根	12/15/2015	141.23	8.98	3.51	12.98	27.66	8.77	23.83	496.693	37.275	99.996	9.91	10.61	
2015	9	28	宁粳41	3	根	12/15/2015	168.76	9.47	2.98	11.91	21.44	8.44	27.16	428.240	40.532	102.883	9.62	14.67	
2015	9	28	宁粳41	4	根	12/15/2015	173.41	11.28	3.32	12.53	27.04	9.01	22.00	441.637	41.708	103.690	10.11	12.12	
2015	9	28	宁粳41	5	根	12/15/2015	133.57	8.17	2.50	9.53	21.66	9.16	21.10	343.970	39.035	109.011	9.31	11.90	
2015	9	28	宁粳41	6	根	12/15/2015	147.17	9.39	3.96	9.11	22.10	9.13	19.07	465.801	33.486	116.840	11.12	11.84	
2015	9	28	宁粳41	1	茎	12/15/2015	306.80	10.3	1.61	15.38	6.17	5.18	0.88	494.353	8.997	41.916	16.65	10.88	
2015	9	28	宁粳41	2	茎	12/15/2015	332.32	7.08	1.72	14.81	5.23	5.91	0.84	441.063	9.794	44.759	12.58	11.33	
2015	9	28	宁粳41	3	茎	12/15/2015	367.87	10.39	1.47	11.91	5.92	6.02	0.71	454.068	7.020	39.606	16.57	11.06	
2015	9	28	宁粳41	4	茎	12/15/2015	290.40	10.64	1.59	13.56	5.66	5.12	0.82	590.636	8.438	37.418	18.48	10.95	
2015	9	28	宁粳41	5	茎	12/15/2015	336.28	7.47	1.50	13.91	6.22	4.76	0.60	494.876	9.831	44.366	16.15	10.32	
2015	9	28	宁粳41	6	茎	12/15/2015	392.63	10.19	1.88	17.00	6.42	5.58	0.85	441.956	7.519	49.847	12.96	10.95	

（续）

年	月	日	作物品种	样方号	采样部位	室内分析日期（月/日/年）	全碳 (g/kg)	全氮 (g/kg)	全磷 (g/kg)	全钾 (g/kg)	全钙 (g/kg)	全镁 (g/kg)	全铁 (g/kg)	全锰 (mg/kg)	全铜 (mg/kg)	全锌 (mg/kg)	干重热值 (MJ/kg)	灰分 (%)	备注
2015	9	28	宁粳 41	1	籽	12/15/2015	324.56	16.78	5.42	4.33	0.30	2.13	0.66	82.244	7.901	54.315	17.11	7.47	
2015	9	28	宁粳 41	2	籽	12/15/2015	339.64	15.73	4.29	4.67	0.40	2.59	0.51	85.421	5.556	48.557	15.81	8.42	
2015	9	28	宁粳 41	3	籽	12/15/2015	340.53	17.38	4.21	5.16	0.46	2.38	0.55	73.199	4.976	44.301	17.11	8.09	
2015	9	28	宁粳 41	4	籽	12/15/2015	362.15	17.19	4.40	4.32	0.45	2.41	0.65	87.108	7.093	37.398	19.21	7.52	
2015	9	28	宁粳 41	5	籽	12/15/2015	365.23	14.99	4.56	3.99	0.53	2.58	0.93	101.747	7.985	44.377	16.45	8.77	
2015	9	28	宁粳 41	6	籽	12/15/2015	331.41	16.34	4.53	4.28	0.32	2.37	0.68	75.470	6.335	51.811	18.97	7.32	
2016	9	26	宁粳 41	1	根	12/10/2016	374.79	8.87	1.07	2.23	9.94	5.15	9.66	242.759	23.487	53.172	15.64	12.30	
2016	9	26	宁粳 41	2	根	12/10/2016	377.45	8.15	1.25	1.77	12.69	4.48	9.33	217.723	25.329	49.983	16.64	13.50	
2016	9	26	宁粳 41	3	根	12/10/2016	390.15	7.65	0.96	2.12	9.70	5.09	11.87	244.000	22.183	53.957	16.55	12.30	
2016	9	26	宁粳 41	4	根	12/10/2016	390.77	8.79	1.13	2.26	11.91	5.11	9.94	207.315	28.207	57.547	14.16	12.80	
2016	9	26	宁粳 41	5	根	12/10/2016	408.41	9.74	1.08	1.73	12.66	4.37	9.68	254.528	28.168	51.761	13.76	12.80	
2016	9	26	宁粳 41	6	根	12/10/2016	401.88	8.65	1.05	2.09	9.66	4.47	9.91	252.272	27.620	52.758	13.50	11.60	
2016	9	26	宁粳 41	1	茎	12/10/2016	462.77	6.62	0.86	3.63	3.29	3.27	0.54	231.664	3.964	37.274	15.12	9.00	
2016	9	26	宁粳 41	2	茎	12/10/2016	376.86	5.07	0.79	3.55	3.34	3.46	0.55	238.381	4.397	36.743	17.17	9.70	
2016	9	26	宁粳 41	3	茎	12/10/2016	354.87	7.16	0.98	3.65	3.82	2.90	0.69	285.491	3.700	33.137	14.54	11.30	
2016	9	26	宁粳 41	4	茎	12/10/2016	338.87	5.80	0.82	3.95	3.50	2.69	0.59	293.498	4.230	35.574	14.51	11.00	
2016	9	26	宁粳 41	5	茎	12/10/2016	462.67	6.45	1.02	3.91	3.23	2.75	0.57	257.020	4.778	39.013	16.12	11.60	
2016	9	26	宁粳 41	6	茎	12/10/2016	364.87	5.80	0.78	3.06	3.89	3.12	0.59	227.845	4.702	36.583	15.27	9.50	
2016	9	26	宁粳 41	1	籽	12/10/2016	500.27	10.81	2.52	0.68	1.11	1.16	0.18	47.075	0.605	24.542	13.58	6.40	
2016	9	26	宁粳 41	2	籽	12/10/2016	425.02	9.62	2.44	0.82	1.21	1.15	0.18	40.424	0.707	23.410	14.53	5.20	
2016	9	26	宁粳 41	3	籽	12/10/2016	391.92	9.25	2.80	0.65	1.09	1.42	0.18	41.189	0.735	20.717	15.12	5.40	
2016	9	26	宁粳 41	4	籽	12/10/2016	405.13	9.44	2.61	0.73	0.98	1.50	0.19	52.250	0.665	22.803	19.10	5.10	
2016	9	26	宁粳 41	5	籽	12/10/2016	473.04	8.97	2.76	0.67	1.06	1.22	0.21	48.619	0.727	20.880	15.07	5.20	
2016	9	26	宁粳 41	6	籽	12/10/2016	496.93	10.63	2.38	0.71	0.92	1.40	0.18	44.052	0.668	21.851	15.17	6.00	

4.2.12 农田土壤微生物生物量碳季节动态

数据说明：农田土壤微生物生物量碳季节动态数据集中的数据均来源于沙坡头站农田生态系统综合观测场、辅助观测场和站区调查点的观测。在每年春季种植小麦、玉米、大豆或水稻在收获期或者农闲未播种时观测土壤微生物生物量碳季节动态的数据。所有观测数据均为多次测量或观测的平均值（表4-12）。

表4-12 农田土壤微生物生物量碳季节动态

年	月	日	作物名称	作物生育时期	采样土层深度（cm）	样方号	室内分析日期（月/日/年）	土壤含水量（%）	土壤微生物生物量碳（mg/kg）
样地名称：沙坡头站农田生态系统生物土壤辅助长期采样地									
2009	9	20	大豆	收获期	0～10	1	09/21/2009	4.6	93.73
2009	9	20	大豆	收获期	0～10	2	09/21/2009	7.1	97.85
2009	9	20	大豆	收获期	0～10	3	09/21/2009	9.5	114.95
2009	9	20	大豆	收获期	0～10	4	09/21/2009	5.9	98.66
2009	9	20	大豆	收获期	0～10	5	09/21/2009	8.1	108.61
2009	9	20	大豆	收获期	0～10	6	09/21/2009	7.4	125.61
2010	1	9	大豆	未播种	0～10	10	01/12/2010	4.5	43.91
2010	1	9	大豆	未播种	0～10	11	01/12/2010	4.1	41.43
2010	1	9	大豆	未播种	0～10	12	01/12/2010	4.8	42.42
2010	1	9	大豆	未播种	10～20	10	01/12/2010	4.6	14.00
2010	1	9	大豆	未播种	10～20	11	01/12/2010	4.5	9.70
2010	1	9	大豆	未播种	10～20	12	01/12/2010	4.1	8.00
2010	4	15	大豆	播种期	0～10	22	04/20/2010	6.6	110.03
2010	4	15	大豆	播种期	0～10	23	04/20/2010	6.8	106.00
2010	4	15	大豆	播种期	0～10	24	04/20/2010	6.7	111.67
2010	4	15	大豆	播种期	10～20	22	04/20/2010	5.9	33.48
2010	4	15	大豆	播种期	10～20	23	04/20/2010	5.7	38.92
2010	4	15	大豆	播种期	10～20	24	04/20/2010	6.4	39.88
2010	7	20	大豆	开花期	0～10	34	07/22/2010	9.2	126.79
2010	7	20	大豆	开花期	0～10	35	07/22/2010	10.1	138.52
2010	7	20	大豆	开花期	0～10	36	07/22/2010	8.5	128.30
2010	7	20	大豆	开花期	10～20	34	07/22/2010	8.4	48.02
2010	7	20	大豆	开花期	10～20	35	07/22/2010	9.5	36.03
2010	7	20	大豆	开花期	10～20	36	07/22/2010	9.1	37.68
2010	10	25	大豆	收获后	0～10	46	10/28/2010	5.0	95.36
2010	10	25	大豆	收获后	0～10	47	10/28/2010	7.7	98.07
2010	10	25	大豆	收获后	0～10	48	10/28/2010	9.0	102.36
2010	10	25	大豆	收获后	10～20	46	10/28/2010	6.5	27.10
2010	10	25	大豆	收获后	10～20	47	10/28/2010	9.1	21.80
2010	10	25	大豆	收获后	10～20	48	10/28/2010	7.5	30.44
2011	9	23	大豆	收获期	10	1	09/26/2011	4.1	89.94
2011	9	23	大豆	收获期	10	2	09/26/2011	6.3	100.13
2011	9	23	大豆	收获期	10	3	09/26/2011	7.7	113.11
2011	9	23	大豆	收获期	10	4	09/26/2011	5.3	92.46

（续）

年	月	日	作物名称	作物生育时期	采样土层深度（cm）	样方号	室内分析日期（月/日/年）	土壤含水量（%）	土壤微生物生物量碳（mg/kg）
2011	9	23	大豆	收获期	10	5	09/26/2011	7.4	98.95
2011	9	23	大豆	收获期	10	6	09/26/2011	6.9	115.62
样地名称：沙坡头站农田生态系统综合观测场生物土壤采样地									
2009	10	2	小麦	收获期	0～10	1	10/03/2009	7.7	128.02
2009	10	2	小麦	收获期	0～10	2	10/03/2009	9.5	117.46
2009	10	2	小麦	收获期	0～10	3	10/03/2009	8.0	125.61
2009	10	2	小麦	收获期	0～10	4	10/03/2009	8.5	104.59
2009	10	2	小麦	收获期	0～10	5	10/03/2009	7.2	125.61
2009	10	2	小麦	收获期	0～10	6	10/03/2009	6.3	131.24
2010	1	9	玉米	未播种	0～10	4	01/12/2010	5.3	61.82
2010	1	9	玉米	未播种	0～10	5	01/12/2010	4.9	64.25
2010	1	9	玉米	未播种	0～10	6	01/12/2010	5.6	63.00
2010	1	9	玉米	未播种	10～20	4	01/12/2010	6.1	16.06
2010	1	9	玉米	未播种	10～20	5	01/12/2010	5.1	14.48
2010	1	9	玉米	未播种	10～20	6	01/12/2010	5.2	18.07
2010	4	15	玉米	播种期	0～10	16	04/20/2010	10.0	104.92
2010	4	15	玉米	播种期	0～10	17	04/20/2010	11.0	104.76
2010	4	15	玉米	播种期	0～10	18	04/20/2010	12.0	121.38
2010	4	15	玉米	播种期	10～20	16	04/20/2010	10.0	40.67
2010	4	15	玉米	播种期	10～20	17	04/20/2010	11.0	36.43
2010	4	15	玉米	播种期	10～20	18	04/20/2010	12.0	33.29
2010	7	20	玉米	抽雄期	0～10	28	07/22/2010	8.9	146.19
2010	7	20	玉米	抽雄期	0～10	29	07/22/2010	10.2	135.61
2010	7	20	玉米	抽雄期	0～10	30	07/22/2010	8.6	139.62
2010	7	20	玉米	抽雄期	10～20	28	07/22/2010	10.0	32.36
2010	7	20	玉米	抽雄期	10～20	29	07/22/2010	7.1	34.82
2010	7	20	玉米	抽雄期	10～20	30	07/22/2010	7.2	50.95
2010	10	25	玉米	收获后	0～10	40	10/28/2010	5.2	87.16
2010	10	25	玉米	收获后	0～10	41	10/28/2010	5.6	83.89
2010	10	25	玉米	收获后	0～10	42	10/28/2010	5.3	90.91
2010	10	25	玉米	收获后	10～20	40	10/28/2010	5.2	31.42
2010	10	25	玉米	收获后	10～20	41	10/28/2010	5.4	31.17
2010	10	25	玉米	收获后	10～20	42	10/28/2010	5.0	35.53
2011	6	30	小麦	收获期	10	1	07/02/2011	7.1	121.58
2011	6	30	小麦	收获期	10	2	07/02/2011	9.0	124.62
2011	6	30	小麦	收获期	10	3	07/02/2011	6.9	110.23
2011	6	30	小麦	收获期	10	4	07/02/2011	7.5	99.86
2011	6	30	小麦	收获期	10	5	07/02/2011	6.0	115.73

（续）

年	月	日	作物名称	作物生育时期	采样土层深度（cm）	样方号	室内分析日期（月/日/年）	土壤含水量（%）	土壤微生物生物量碳（mg/kg）
2011	6	30	小麦	收获期	10	6	07/02/2011	5.8	118.16
2012	10	2	玉米	收获期	10	1	10/04/2012	8.7	123.16
2012	10	2	玉米	收获期	10	2	10/04/2012	7.2	127.61
2012	10	2	玉米	收获期	10	3	10/04/2012	6.9	108.72
2012	10	2	玉米	收获期	10	4	10/04/2012	6.4	107.45
2012	10	2	玉米	收获期	10	5	10/04/2012	7.9	119.51
2012	10	2	玉米	收获期	10	6	10/04/2012	7.4	115.77
2013	7	4	小麦	收获期	10	1	07/06/2013	5.6	62.41
2013	7	4	小麦	收获期	10	2	07/06/2013	4.7	58.24
2013	7	4	小麦	收获期	10	3	07/06/2013	7.1	78.36
2013	7	4	小麦	收获期	10	4	07/06/2013	5.9	65.19
2013	7	4	小麦	收获期	10	5	07/06/2013	4.8	60.12
2013	7	4	小麦	收获期	10	6	07/06/2013	7.3	71.11
2014	9	30	玉米	收获期	10	1	10/02/2014	7.3	100.75
2014	9	30	玉米	收获期	10	2	10/02/2014	6.4	93.69
2014	9	30	玉米	收获期	10	3	10/02/2014	6.6	89.21
2014	9	30	玉米	收获期	10	4	10/02/2014	7.9	107.32
2014	9	30	玉米	收获期	10	5	10/02/2014	8.7	116.54
2014	9	30	玉米	收获期	10	6	10/02/2014	8.5	87.66
2015	1	19	小麦	未播种	0～10	7	01/21/2015	4.4	49.75
2015	1	19	小麦	未播种	0～10	8	01/21/2015	2.9	50.03
2015	1	19	小麦	未播种	0～10	9	01/21/2015	3.6	51.51
2015	1	19	小麦	未播种	10～20	7	01/21/2015	3.7	15.67
2015	1	19	小麦	未播种	10～20	8	01/21/2015	4.3	12.76
2015	1	19	小麦	未播种	10～20	9	01/21/2015	4.0	18.27
2015	4	20	小麦	分蘖期	0～10	16	04/22/2015	8.3	120.20
2015	4	20	小麦	分蘖期	0～10	17	04/22/2015	9.2	112.84
2015	4	20	小麦	分蘖期	0～10	18	04/22/2015	9.7	120.78
2015	4	20	小麦	分蘖期	10～20	16	04/22/2015	10.5	36.95
2015	4	20	小麦	分蘖期	10～20	17	04/22/2015	10.1	38.38
2015	4	20	小麦	分蘖期	10～20	18	04/22/2015	9.1	29.70
2015	7	20	小麦	收获后	0～10	25	07/22/2015	6.7	146.37
2015	7	20	小麦	收获后	0～10	26	07/22/2015	6.6	148.78
2015	7	20	小麦	收获后	0～10	27	07/22/2015	5.4	159.40
2015	7	20	小麦	收获后	10～20	25	07/22/2015	6.8	31.05
2015	7	20	小麦	收获后	10～20	26	07/22/2015	6.9	54.59
2015	7	20	小麦	收获后	10～20	27	07/22/2015	6.1	53.53
2015	10	20	小麦	收获后	0～10	34	10/22/2015	3.9	102.01

（续）

年	月	日	作物名称	作物生育时期	采样土层深度（cm）	样方号	室内分析日期（月/日/年）	土壤含水量（%）	土壤微生物生物量碳（mg/kg）
2015	10	20	小麦	收获后	0～10	35	10/22/2015	4.8	102.77
2015	10	20	小麦	收获后	0～10	36	10/22/2015	3.1	96.59
2015	10	20	小麦	收获后	10～20	34	10/22/2015	5.2	22.53
2015	10	20	小麦	收获后	10～20	35	10/22/2015	5.6	29.05
2015	10	20	小麦	收获后	10～20	36	10/22/2015	4.2	38.04
2016	9	24	玉米	收获期	10	1	09/26/2016	7.2	110.09
2016	9	24	玉米	收获期	10	2	09/26/2016	6.1	113.36
2016	9	24	玉米	收获期	10	3	09/26/2016	6.2	93.74
2016	9	24	玉米	收获期	10	4	09/26/2016	6.8	107.91
2016	9	24	玉米	收获期	10	5	09/26/2016	6.2	120.99
2016	9	24	玉米	收获期	10	6	09/26/2016	6.5	125.35
2017	6	28	小麦	收获期	10	1	06/30/2017	5.9	59.29
2017	6	28	小麦	收获期	10	2	06/30/2017	5.1	60.57
2017	6	28	小麦	收获期	10	3	06/30/2017	6.7	76.79
2017	6	28	小麦	收获期	10	4	06/30/2017	6.0	63.23
2017	6	28	小麦	收获期	10	5	06/30/2017	5.1	61.32
2017	6	28	小麦	收获期	10	6	06/30/2017	6.9	73.24
样地名称：沙坡头站养分循环场生物土壤长期采样地									
2009	7	1	玉米	收获期	0～10	1	07/02/2009	8.8	134.56
2009	7	1	玉米	收获期	0～10	2	07/02/2009	7.0	138.58
2009	7	1	玉米	收获期	0～10	3	07/02/2009	8.4	137.78
2009	7	1	玉米	收获期	0～10	4	07/02/2009	5.6	113.34
2009	7	1	玉米	收获期	0～10	5	07/02/2009	7.5	139.39
2009	7	1	玉米	收获期	0～10	6	07/02/2009	5.3	139.39
2010	1	9	小麦	未播种	0～10	7	01/12/2010	3.1	49.75
2010	1	9	小麦	未播种	0～10	8	01/12/2010	3.1	50.03
2010	1	9	小麦	未播种	0～10	9	01/12/2010	3.3	51.51
2010	1	9	小麦	未播种	10～20	7	01/12/2010	3.4	15.67
2010	1	9	小麦	未播种	10～20	8	01/12/2010	3.3	12.76
2010	1	9	小麦	未播种	10～20	9	01/12/2010	2.9	18.27
2010	4	15	小麦	分蘖期	0～10	19	04/20/2010	9.5	120.20
2010	4	15	小麦	分蘖期	0～10	20	04/20/2010	9.6	112.84
2010	4	15	小麦	分蘖期	0～10	21	04/20/2010	10.1	120.78
2010	4	15	小麦	分蘖期	10～20	19	04/20/2010	10.4	36.95
2010	4	15	小麦	分蘖期	10～20	20	04/20/2010	9.7	38.38
2010	4	15	小麦	分蘖期	10～20	21	04/20/2010	9.6	29.70
2010	7	20	小麦	收获后	0～10	31	07/22/2010	9.6	146.37

（续）

年	月	日	作物名称	作物生育时期	采样土层深度 (cm)	样方号	室内分析日期 (月/日/年)	土壤含水量 (%)	土壤微生物生物量碳 (mg/kg)
2010	7	20	小麦	收获后	0～10	32	07/22/2010	7.7	148.78
2010	7	20	小麦	收获后	0～10	33	07/22/2010	8.9	159.40
2010	7	20	小麦	收获后	10～20	31	07/22/2010	6.0	31.05
2010	7	20	小麦	收获后	10～20	32	07/22/2010	8.6	54.59
2010	7	20	小麦	收获后	10～20	33	07/22/2010	5.9	53.53
2010	10	25	小麦	收获后	0～10	43	10/28/2010	4.5	102.01
2010	10	25	小麦	收获后	0～10	44	10/28/2010	4.2	102.77
2010	10	25	小麦	收获后	0～10	45	10/28/2010	4.3	96.59
2010	10	25	小麦	收获后	10～20	43	10/28/2010	4.2	22.53
2010	10	25	小麦	收获后	10～20	44	10/28/2010	4.4	29.05
2010	10	25	小麦	收获后	10～20	45	10/28/2010	4.3	38.04
2011	9	27	玉米	收获期	10	1	09/30/2011	8.2	116.08
2011	9	27	玉米	收获期	10	2	09/30/2011	6.0	131.34
2011	9	27	玉米	收获期	10	3	09/30/2011	8.2	129.20
2011	9	27	玉米	收获期	10	4	09/30/2011	5.0	107.38
2011	9	27	玉米	收获期	10	5	09/30/2011	6.8	128.69
2011	9	27	玉米	收获期	10	6	09/30/2011	4.4	134.24
2012	6	28	小麦	收获期	10	1	06/30/2012	8.7	98.98
2012	6	28	小麦	收获期	10	2	06/30/2012	5.8	80.31
2012	6	28	小麦	收获期	10	3	06/30/2012	6.9	103.23
2012	6	28	小麦	收获期	10	4	06/30/2012	6.2	82.55
2012	6	28	小麦	收获期	10	5	06/30/2012	7.1	136.95
2012	6	28	小麦	收获期	10	6	06/30/2012	5.6	94.09
2013	10	2	玉米	收获期	10	1	10/04/2013	7.1	85.80
2013	10	2	玉米	收获期	10	2	10/04/2013	7.3	87.29
2013	10	2	玉米	收获期	10	3	10/04/2013	8.0	92.12
2013	10	2	玉米	收获期	10	4	10/04/2013	9.1	101.26
2013	10	2	玉米	收获期	10	5	10/04/2013	7.4	86.91
2013	10	2	玉米	收获期	10	6	10/04/2013	8.4	98.27
2014	6	28	小麦	收获期	10	1	06/29/2014	6.1	92.19
2014	6	28	小麦	收获期	10	2	06/29/2014	6.9	91.82
2014	6	28	小麦	收获期	10	3	06/29/2014	5.3	86.09
2014	6	28	小麦	收获期	10	4	06/29/2014	8.3	97.11
2014	6	28	小麦	收获期	10	5	06/29/2014	6.8	88.10
2014	6	28	小麦	收获期	10	6	06/29/2014	7.6	92.26
2015	1	19	玉米	未播种	0～10	4	01/21/2015	6.4	61.82

（续）

年	月	日	作物名称	作物生育时期	采样土层深度（cm）	样方号	室内分析日期（月/日/年）	土壤含水量（%）	土壤微生物生物量碳（mg/kg）
2015	1	19	玉米	未播种	0～10	5	01/21/2015	4.7	64.25
2015	1	19	玉米	未播种	0～10	6	01/21/2015	5.2	63.00
2015	1	19	玉米	未播种	10～20	4	01/21/2015	6.3	16.06
2015	1	19	玉米	未播种	10～20	5	01/21/2015	4.7	14.48
2015	1	19	玉米	未播种	10～20	6	01/21/2015	6.4	18.07
2015	4	20	玉米	播种期	0～10	13	04/22/2015	9.5	104.92
2015	4	20	玉米	播种期	0～10	14	04/22/2015	9.4	104.76
2015	4	20	玉米	播种期	0～10	15	04/22/2015	10.5	121.38
2015	4	20	玉米	播种期	10～20	13	04/22/2015	11.4	40.67
2015	4	20	玉米	播种期	10～20	14	04/22/2015	10.4	36.43
2015	4	20	玉米	播种期	10～20	15	04/22/2015	10.3	33.29
2015	7	20	玉米	吐丝期	0～10	22	07/22/2015	6.3	146.19
2015	7	20	玉米	吐丝期	0～10	23	07/22/2015	8.4	135.61
2015	7	20	玉米	吐丝期	0～10	24	07/22/2015	6.7	139.62
2015	7	20	玉米	吐丝期	10～20	22	07/22/2015	8.2	32.36
2015	7	20	玉米	吐丝期	10～20	23	07/22/2015	8.9	34.82
2015	7	20	玉米	吐丝期	10～20	24	07/22/2015	7.3	50.95
2015	10	20	玉米	收获后	0～10	31	10/22/2015	5.5	87.16
2015	10	20	玉米	收获后	0～10	32	10/22/2015	6.2	83.89
2015	10	20	玉米	收获后	0～10	33	10/22/2015	5.1	90.91
2015	10	20	玉米	收获后	10～20	31	10/22/2015	4.1	31.42
2015	10	20	玉米	收获后	10～20	32	10/22/2015	4.5	31.17
2015	10	20	玉米	收获后	10～20	33	10/22/2015	4.0	35.53
2016	6	27	小麦	收获期	10	1	06/29/2016	5.6	91.20
2016	6	27	小麦	收获期	10	2	06/29/2016	6.7	85.50
2016	6	27	小麦	收获期	10	3	06/29/2016	6.2	102.60
2016	6	27	小麦	收获期	10	4	06/29/2016	5.5	82.65
2016	6	27	小麦	收获期	10	5	06/29/2016	5.9	106.40
2016	6	27	小麦	收获期	10	6	06/29/2016	6.1	85.50
2017	10	1	玉米	收获期	10	1	10/03/2017	6.5	78.08
2017	10	1	玉米	收获期	10	2	10/03/2017	7.6	94.27
2017	10	1	玉米	收获期	10	3	10/03/2017	8.6	86.59
2017	10	1	玉米	收获期	10	4	10/03/2017	8.6	92.15
2017	10	1	玉米	收获期	10	5	10/03/2017	7.3	89.52
2017	10	1	玉米	收获期	10	6	10/03/2017	9.2	91.39

（续）

年	月	日	作物名称	作物生育时期	采样土层深度 (cm)	样方号	室内分析日期 (月/日/年)	土壤含水量 (%)	土壤微生物生物量碳 (mg/kg)
样地名称：沙坡头站农田生态系统站区生物采样点									
2009	9	28	水稻	收获期	0～10	1	09/29/2009	9.9	162.21
2009	9	28	水稻	收获期	0～10	2	09/29/2009	11.0	146.73
2009	9	28	水稻	收获期	0～10	3	09/29/2009	9.7	155.78
2009	9	28	水稻	收获期	0～10	4	09/29/2009	10.7	144.31
2009	9	28	水稻	收获期	0～10	5	09/29/2009	10.3	141.90
2009	9	28	水稻	收获期	0～10	6	09/29/2009	9.8	148.84
2010	1	9	水稻	未播种	0～10	1	01/12/2010	3.6	36.21
2010	1	9	水稻	未播种	0～10	2	01/12/2010	3.2	32.27
2010	1	9	水稻	未播种	0～10	3	01/12/2010	3.3	33.01
2010	1	9	水稻	未播种	10～20	1	01/12/2010	2.9	10.96
2010	1	9	水稻	未播种	10～20	2	01/12/2010	3.1	8.42
2010	1	9	水稻	未播种	10～20	3	01/12/2010	3.4	8.80
2010	4	15	水稻	播种前期	0～10	13	04/20/2010	8.3	78.53
2010	4	15	水稻	播种前期	0～10	14	04/20/2010	9.1	70.22
2010	4	15	水稻	播种前期	0～10	15	04/20/2010	9.9	73.23
2010	4	15	水稻	播种前期	10～20	13	04/20/2010	8.1	17.38
2010	4	15	水稻	播种前期	10～20	14	04/20/2010	8.1	25.97
2010	4	15	水稻	播种前期	10～20	15	04/20/2010	8.8	28.27
2010	7	20	水稻	抽穗期	0～10	25	07/22/2010	10.7	157.48
2010	7	20	水稻	抽穗期	0～10	26	07/22/2010	10.6	171.21
2010	7	20	水稻	抽穗期	0～10	27	07/22/2010	12.7	164.39
2010	7	20	水稻	抽穗期	10～20	25	07/22/2010	10.4	56.30
2010	7	20	水稻	抽穗期	10～20	26	07/22/2010	11.5	43.32
2010	7	20	水稻	抽穗期	10～20	27	07/22/2010	10.0	54.26
2010	10	25	水稻	收获后	0～10	37	10/28/2010	6.2	98.35
2010	10	25	水稻	收获后	0～10	38	10/28/2010	6.9	115.49
2010	10	25	水稻	收获后	0～10	39	10/28/2010	6.2	104.10
2010	10	25	水稻	收获后	10～20	37	10/28/2010	5.7	24.79
2010	10	25	水稻	收获后	10～20	38	10/28/2010	6.6	31.90
2010	10	25	水稻	收获后	10～20	39	10/28/2010	5.8	39.98
2011	9	29	水稻	收获期	10	1	10/02/2011	9.0	149.98
2011	9	29	水稻	收获期	10	2	10/02/2011	10.3	146.20
2011	9	29	水稻	收获期	10	3	10/02/2011	8.6	147.71
2011	9	29	水稻	收获期	10	4	10/02/2011	9.6	130.00
2011	9	29	水稻	收获期	10	5	10/02/2011	9.3	131.85
2011	9	29	水稻	收获期	10	6	10/02/2011	8.6	135.88
2012	9	27	水稻	收获期	10	1	09/29/2012	12.3	154.97

（续）

年	月	日	作物名称	作物生育时期	采样土层深度（cm）	样方号	室内分析日期（月/日/年）	土壤含水量（%）	土壤微生物生物量碳（mg/kg）
2012	9	27	水稻	收获期	10	2	09/29/2012	11.4	141.81
2012	9	27	水稻	收获期	10	3	09/29/2012	10.5	143.34
2012	9	27	水稻	收获期	10	4	09/29/2012	9.9	134.06
2012	9	27	水稻	收获期	10	5	09/29/2012	10.8	153.12
2012	9	27	水稻	收获期	10	6	09/29/2012	9.3	146.94
2013	9	23	水稻	收获期	10	1	09/25/2013	10.3	120.12
2013	9	23	水稻	收获期	10	2	09/25/2013	9.4	107.82
2013	9	23	水稻	收获期	10	3	09/25/2013	10.6	126.54
2013	9	23	水稻	收获期	10	4	09/25/2013	9.0	112.69
2013	9	23	水稻	收获期	10	5	09/25/2013	8.7	100.31
2013	9	23	水稻	收获期	10	6	09/25/2013	9.5	127.86
2014	9	24	水稻	收获期	10	1	09/27/2014	12.7	119.02
2014	9	24	水稻	收获期	10	2	09/27/2014	9.3	122.91
2014	9	24	水稻	收获期	10	3	09/27/2014	9.6	123.09
2014	9	24	水稻	收获期	10	4	09/27/2014	12.4	142.02
2014	9	24	水稻	收获期	10	5	09/27/2014	13.0	138.28
2014	9	24	水稻	收获期	10	6	09/27/2014	9.7	129.23
2015	1	19	水稻	未播种	0～10	1	01/21/2015	3.4	36.21
2015	1	19	水稻	未播种	0～10	2	01/21/2015	3.2	32.27
2015	1	19	水稻	未播种	0～10	3	01/21/2015	3.6	33.01
2015	1	19	水稻	未播种	10～20	1	01/21/2015	4.1	10.96
2015	1	19	水稻	未播种	10～20	2	01/21/2015	3.6	8.42
2015	1	19	水稻	未播种	10～20	3	01/21/2015	3.5	8.80
2015	4	20	水稻	苗期	0～10	10	04/22/2015	7.9	78.53
2015	4	20	水稻	苗期	0～10	11	04/22/2015	7.7	70.22
2015	4	20	水稻	苗期	0～10	12	04/22/2015	8.5	73.23
2015	4	20	水稻	苗期	10～20	10	04/22/2015	7.5	17.38
2015	4	20	水稻	苗期	10～20	11	04/22/2015	8.6	25.97
2015	4	20	水稻	苗期	10～20	12	04/22/2015	9.1	28.27
2015	7	20	水稻	抽穗期	0～10	19	07/22/2015	9.6	157.48
2015	7	20	水稻	抽穗期	0～10	20	07/22/2015	10.1	171.21
2015	7	20	水稻	抽穗期	0～10	21	07/22/2015	10.9	164.39
2015	7	20	水稻	抽穗期	10～20	19	07/22/2015	11.9	56.30
2015	7	20	水稻	抽穗期	10～20	20	07/22/2015	12.4	43.32
2015	7	20	水稻	抽穗期	10～20	21	07/22/2015	10.7	54.26
2015	10	20	水稻	收获后	0～10	28	10/22/2015	5.7	98.35
2015	10	20	水稻	收获后	0～10	29	10/22/2015	6.8	115.49
2015	10	20	水稻	收获后	0～10	30	10/22/2015	5.4	104.10

（续）

年	月	日	作物名称	作物生育时期	采样土层深度（cm）	样方号	室内分析日期（月/日/年）	土壤含水量（%）	土壤微生物生物量碳（mg/kg）
2015	10	20	水稻	收获后	10～20	28	10/22/2015	6.8	24.79
2015	10	20	水稻	收获后	10～20	29	10/22/2015	8.1	31.90
2015	10	20	水稻	收获后	10～20	30	10/22/2015	6.2	39.98
2016	9	26	水稻	收获期	10	1	09/28/2016	8.2	139.05
2016	9	26	水稻	收获期	10	2	09/28/2016	8.1	148.50
2016	9	26	水稻	收获期	10	3	09/28/2016	7.5	114.75
2016	9	26	水稻	收获期	10	4	09/28/2016	7.9	126.90
2016	9	26	水稻	收获期	10	5	09/28/2016	8.1	135.00
2016	9	26	水稻	收获期	10	6	09/28/2016	8.6	151.20
2017	9	28	水稻	收获期	10	1	09/30/2017	10.8	112.91
2017	9	28	水稻	收获期	10	2	09/30/2017	9.5	126.07
2017	9	28	水稻	收获期	10	3	09/30/2017	11.1	134.13
2017	9	28	水稻	收获期	10	4	09/30/2017	9.4	110.44
2017	9	28	水稻	收获期	10	5	09/30/2017	8.8	95.29
2017	9	28	水稻	收获期	10	6	09/30/2017	10.3	124.02

4.2.13 荒漠站区植被类型、面积与分布

数据说明：荒漠站区植被类型、面积与分布数据集中的数据均来源于沙坡头站荒漠生态系统综合观测场、辅助观测场的观测。所有观测数据均为多次测量或观测的平均值（表 4－13）。

表 4－13 荒漠站区植被类型、面积与分布

年	月	调查区名称	调查区经纬度	调查区面积（hm²）	调查区人口	调查区描述	分布特征
2009	9	综合观测场及人工固沙植被区	104°57′E—105°7′12″E，37°27′N—37°28′12″N	3 345.16	流动旅游人口多，固定住户没有	总体描述：1956 年开始建设铁路人工固沙植被防护体系，固沙植物以柠条、油蒿、细枝岩黄芪等沙生植物为主，经过 50 余年的演替，固沙区在无灌溉条件下向自然演替过渡，大量的草本侵入、定居，如小画眉草、雾冰藜、虫实等。此外，地表形成了 10 cm 厚的土壤层，表层有生物土壤结皮存在	从最初的人工植被向人工—天然植被演替，天然入侵的草本层片逐渐占优势
2009	9	辅助观测场	104°42′36″E—104°46′12″E，37°27′N—37°29′24″N	2 973.41	调查区没有固定住户	总体描述：红卫辅助观测场的植被属荒漠化草原和草原化荒漠的过渡地带，属天然植被区，土壤以沙质壤土为主，植被区内有大量的苔藓、藻类等生物土壤结皮存在，水分条件较好，植被长势良好	优势灌木树种主要有驼绒藜、油蒿、柠条等，主要的草本植物有叉枝鸦葱、雾冰藜、小画眉草、地锦、沙葱等，草本盖度为10%左右

（续）

年	月	调查区名称	调查区经纬度	调查区面积（hm²）	调查区人口	调查区描述	分布特征
2009	9	天然植被区	104°30′E—104°30′33″E，37°24′N—37°27′N	2 459.56	人烟稀少，所调查区域有少量放牧	总体描述：翠柳沟所在的低山带，属于祁连山余脉，地形变异较大，沟壑交错，复杂的地形条件为草原化荒漠地带生物多样性的保存提供了良好的条件。样方位于翠柳沟的山坡中部和下部，沙质土壤，覆沙厚度在 100 cm 以上；结皮层发育较少	灌木盖度为 20%，以荒漠锦鸡儿、驼绒藜为优势种，伴生有红砂、霸王、松叶猪毛菜等；草本盖度为 24%左右，主要有白草、刺蓬、茵陈蒿、多根葱、针茅等
2018	8	综合观测场及人工固沙植被区	104°57′E—105°7′12″E，37°27′N—37°28′12″N	3 345.16	流动旅游人口多，固定住户没有	总体描述：1956 年开始建设铁路人工固沙植被防护体系，固沙植物以柠条、油蒿、细枝岩黄芪等沙生植物为主，经过 50 余年的演替，固沙区在无灌溉条件下向自然演替过渡，大量的草本侵入、定居，如小画眉草、雾冰藜、虫实等。此外，地表形成了 10 cm 厚的土壤层，表层有生物土壤结皮存在	从最初的人工植被向人工—天然植被演替，天然入侵的草本层片逐渐占优势
2018	8	辅助观测场	104°42′36″E—104°46′12″E，37°27′N—37°29′24″N	2 973.41	调查区没有固定住户	总体描述：红卫辅助观测场的植被属荒漠化草原和草原化荒漠的过渡地带，属天然植被区，土壤以沙质壤土为主，植被区内有大量的苔藓、藻类等生物土壤结皮存在，水分条件较好，植被长势良好	优势灌木树种主要有驼绒藜、油蒿、柠条等，主要的草本植物有叉枝鸦葱、雾冰藜、小画眉草、地锦、沙葱等，草本盖度为 10%左右
2018	8	天然植被区	104°30′E—104°33′E，37°24′N—37°27′N	2 459.56	人烟稀少，所调查区域有少量放牧	总体描述：翠柳沟所在的低山带，属于祁连山余脉，地形变异较大，沟壑交错，复杂的地形条件为草原化荒漠地带生物多样性的保存提供了良好的条件。样方位于翠柳沟的山坡中部和下部，沙质土壤，覆沙厚度在 100 cm 以上；结皮层发育较少	灌木盖度为 20%，以荒漠锦鸡儿、驼绒藜为优势种，伴生有红砂、霸王、松叶猪毛菜等；草本盖度为 24%左右，主要有白草、刺蓬、茵陈蒿、多根葱、针茅等

4.2.14 荒漠植物群落灌木层种类组成

数据说明：荒漠植物群落灌木层种类组成数据集中的数据均来源于沙坡头站荒漠生态系统综合观测场、辅助观测场。主要观测的是荒漠植物群落灌木层的种类组成，观测指标有植物种名、株（丛）数、平均单丛茎数、平均基径、平均高度、盖度、枝干干重、叶干重、地上部总干重、地下部总干重等。所有观测数据均为多次测量或观测的平均值（表 4-14）。

表4-14 荒漠植物群落灌木层种类组成

年	样方号	植物种名	株（丛）数（株或丛/样方）	平均单丛茎数（茎/丛）	平均基径（cm）	平均高度（m）	盖度（%）	物候期	枝干干重（g/样方）	叶干重（g/样方）	地上部总干重（g/样方）	地下部总干重（g/样方）
样地名称：沙坡头站天然植被演替辅助观测场生物土壤长期采样地												
2009	11	油蒿	6	21.0	1.5	0.61	4.53	结实期	1 060.74	470.43	1 531.17	12.39
2009	11	驼绒藜	15	8.0	0.8	0.68	6.46	结实期	2 793.25	1 406.30	4 199.55	32.08
2009	11	猫头刺	4	17.0	0.7	0.18	1.48	枯萎期	1 690.06	935.96	2 626.02	21.90
2009	12	油蒿	60	22.0	1.4	0.52	17.57	结实期	3 384.83	439.00	3 823.83	35.57
2009	12	驼绒藜	13	5.1	0.6	0.62	11.02	结实期	1 412.83	596.45	2 009.28	14.93
2009	12	柠条锦鸡儿	4	5.2	2.5	1.12	3.65	枯萎期	3 257.18	1 368.97	4 626.15	64.88
2009	13	驼绒藜	5	7.2	0.8	0.92	3.10	结实期	599.78	229.26	829.04	6.56
2009	13	油蒿	15	22.0	1.2	0.65	4.56	结实期	2 446.07	420.28	2 866.35	13.83
2009	13	猫头刺	12	15.0	0.6	0.32	1.56	枯萎期	1 818.42	524.60	2 343.03	9.19
2009	13	柠条锦鸡儿	2	4.0	1.5	0.94	1.95	枯萎期	489.74	200.94	690.68	5.01
2009	13	狭叶锦鸡儿	13	5.0	0.4	0.58	3.87	枯萎期	1 375.29	540.99	1 916.28	21.59
2009	14	驼绒藜	40	5.6	0.8	0.58	12.05	结实期	2 359.91	862.96	3 222.87	20.70
2009	14	狭叶锦鸡儿	52	18.5	0.5	0.32	8.24	枯萎期	1 995.08	606.27	2 601.35	22.79
2009	14	油蒿	25	23.4	1.1	0.76	4.85	结实期	2 181.47	410.98	2 592.46	15.44
2009	15	驼绒藜	10	7.0	0.8	0.85	4.98	结实期	663.30	259.13	922.43	8.49
2009	15	柠条锦鸡儿	2	5.0	1.4	1.14	1.78	枯萎期	895.36	332.13	1 227.49	11.03
2010	11	油蒿	62	27.0	1.5	0.56	30	结实期	2 262.38	511.95	2 774.33	21.53
2010	11	柠条锦鸡儿	7	5.0	2.2	0.85	12	枯萎期	839.27	340.14	1 179.41	8.54
2010	11	驼绒藜	2	4.0	0.6	0.71	0.5	结实期	873.63	338.65	1 212.28	4.39
2010	11	猫头刺	3	18.0	1.0	0.26	0.5	枯萎期	2 232.40	678.59	2 910.99	12.05
2010	12	油蒿	18	19.0	1.5	0.54	10	结实期	2 381.25	588.49	2 969.74	27.21
2010	12	驼绒藜	6	5.0	0.8	0.72	3	结实期	1 789.97	747.68	2 537.66	13.95
2010	12	柠条锦鸡儿	4	6.0	2.6	1.51	5	枯萎期	2 379.35	1 270.89	3 650.24	37.31

（续）

年	样方号	植物种名	株（丛）数（株或丛/样方）	平均单丛茎数（茎/丛）	平均基径（cm）	平均高度（m）	盖度（%）	物候期	枝干干重（g/样方）	叶干重（g/样方）	地上部总干重（g/样方）	地下部总干重（g/样方）
2010	13	油蒿	23	22.0	1.2	0.62	15	结实期	1 434.84	621.56	2 056.40	16.96
2010	13	驼绒藜	8	6.0	0.7	0.55	4	结实期	2 557.59	1 104.83	3 662.42	33.61
2010	13	猫头刺	12	23.0	0.8	0.28	3	枯萎期	1 726.66	906.34	2 633.00	15.26
2010	14	油蒿	16	28.0	1.4	0.49	9	结实期	1 434.84	621.56	2 056.40	19.68
2010	14	柠条锦鸡儿	5	4.0	2.4	0.96	6	枯萎期	1 231.91	465.28	1 697.19	16.82
2010	15	油蒿	38	19.0	1.4	0.78	18	结实期	2 214.56	558.98	2 773.54	19.64
2010	15	驼绒藜	9	6.0	0.7	0.88	3	结实期	2 540.40	1 085.22	3 625.62	28.11
2013	11	驼绒藜	16	8.8	1.5	0.80	24.0	结实期	907.54	254.24	1 161.78	20.25
2013	11	油蒿	11	14.8	1.8	0.63	4.5	结实期	150.46	22.51	172.97	16.44
2013	12	驼绒藜	13	9.2	1.4	0.72	16.3	结实期	1 422.67	568.44	1 991.11	13.45
2013	12	油蒿	68	25.4	1.3	0.50	22.5	结实期	859.44	182.14	1 041.58	16.47
2013	12	柠条锦鸡儿	4	4.8	2.6	1.20	6.0	结实期	3 218.76	165.33	3 384.09	28.33
2013	13	驼绒藜	9	18.0	1.1	0.65	8.4	结实期	843.50	217.48	1 060.98	30.68
2013	13	柠条锦鸡儿	1	6.4	2.5	1.28	4.5	结实期	892.43	278.11	1 170.54	81.55
2013	14	油蒿	23	15.8	1.2	0.60	6.9	结实期	822.74	143.14	965.88	29.18
2013	14	柠条锦鸡儿	2	5.2	2.4	0.62	0.6	结实期	153.38	38.26	191.64	18.44
2013	14	驼绒藜	31	16.4	1.2	0.65	28.4	结实期	692.56	138.13	830.69	16.27
2013	14	冷蒿	3	28.8	1.9	0.43	1.7	结实期	204.25	52.35	256.60	13.52
2013	14	猫头刺	3	8.0	1.6	0.14	0.5	结实期	34.16	7.48	41.64	18.14
2013	15	驼绒藜	45	15.6	1.0	0.46	20.4	结实期	626.74	135.03	761.77	20.35
2013	15	猫头刺	2	8.30	1.4	0.11	0.2	结实期	32.62	8.26	40.88	10.22
2013	15	柠条锦鸡儿	2	5.60	2.2	1.78	16.5	结实期	4 970.42	1 025.65	5 996.07	360.16
2013	15	天门冬	2	2.40	0.5	0.15	0.1	结实期	6.28	1.41	7.69	3.18
2014	11	驼绒藜	12	7.5	1.2	0.67	5.0	结实期	1 705.40	457.63	2 163.03	28.79

（续）

年	样方号	植物种名	株（丛）数（株或丛/样方）	平均单丛茎数（茎/丛）	平均基径（cm）	平均高度（m）	盖度（%）	物候期	枝干干重（g/样方）	叶干重（g/样方）	地上部总干重（g/样方）	地下部总干重（g/样方）
2014	11	油蒿	5	12.4	0.5	0.49	3.0	结实期	78.10	26.93	105.03	30.17
2014	12	驼绒藜	28	8.8	0.8	0.54	15.0	结实期	1 531.22	568.43	2 099.65	18.06
2014	12	油蒿	27	10.3	0.5	0.33	8.0	结实期	475.74	101.22	576.96	25.43
2014	12	柠条锦鸡儿	4	5.6	1.4	1.0	3.0	枯萎期	5 048.36	188.51	5 236.87	36.7
2014	13	驼绒藜	5	16.8	0.7	0.5	2.0	结实期	829.47	212.33	1 041.80	21.62
2014	13	柠条锦鸡儿	1	6.0	1.9	1.5	2.0	枯萎期	1 704.19	515.46	2 219.65	49.33
2014	14	油蒿	4	10.5	0.7	0.4	2.0	结实期	58.48	10.44	68.92	35.74
2014	14	柠条锦鸡儿	1	5.0	1.0	0.66	8.0	枯萎期	140.76	41.35	182.11	26.17
2014	14	驼绒藜	28	14.6	0.6	0.56	14.0	结实期	1 259.35	298.80	1 558.15	22.53
2014	14	冷蒿	5	17.6	0.3	0.27	2.0	结实期	210.88	55.64	266.52	19.64
2014	14	猫头刺	2	11.0	0.6	0.17	0.5	枯萎期	33.28	8.60	41.88	29.3
2014	15	驼绒藜	50	14.8	1.0	0.51	10.0	结实期	1 206.31	260.48	1 466.79	27.66
2014	15	猫头刺	2	9.0	1.4	0.09	0.2	枯萎期	33.15	8.29	41.44	11.28
2014	15	柠条锦鸡儿	2	5.2	2.5	1.50	20.0	枯萎期	8 633.28	1 795.40	10 428.68	309.47
2015	11	驼绒藜	13	8.6	0.6	0.55	10.0	结实期	1 527.30	362.53	1 889.83	17.82
2015	12	驼绒藜	22	8.8	0.4	0.54	10.0	结实期	1 768.44	641.71	2 410.15	20.83
2015	12	油蒿	21	8.2	0.8	0.40	10.0	结实期	308.10	121.30	429.40	14.49
2015	12	柠条锦鸡儿	4	5.5	1.3	0.85	8.0	枯萎期	4 815.79	898.15	5 713.94	24.93
2015	13	驼绒藜	5	15.4	0.6	0.54	4.0	结实期	512.22	131.40	643.62	36.99
2015	13	柠条锦鸡儿	1	6.6	2.4	1.51	8.0	枯萎期	1 588.13	416.69	2 004.82	71.76
2015	14	油蒿	3	11.2	0.8	0.56	2.0	结实期	168.10	70.28	238.38	25.60
2015	14	柠条锦鸡儿	1	5.3	0.5	0.38	0.2	枯萎期	90.17	41.75	131.92	21.22
2015	14	驼绒藜	31	16.4	0.4	0.72	20.0	结实期	1 375.49	397.41	1 772.90	18.35
2015	14	冷蒿	5	17.3	0.2	0.31	2.0	结实期	188.55	46.74	235.29	15.83

（续）

年	样方号	植物种名	株（丛）数（株或丛/样方）	平均单丛茎数（茎/丛）	平均基径（cm）	平均高度（m）	盖度（%）	物候期	枝干干重（g/样方）	叶干重（g/样方）	地上部总干重（g/样方）	地下部总干重（g/样方）
2015	14	猫头刺	2	10.0	0.7	0.13	0.2	枯萎期	30.22	6.45	36.67	10.26
2015	15	驼绒藜	44	15.0	0.7	0.48	20.0	结实期	1 364.47	289.46	1 653.93	17.90
2015	15	猫头刺	1	8.8	0.8	0.06	0.1	枯萎期	24.75	5.39	30.14	10.36
2015	15	柠条锦鸡儿	2	5.2	3.1	1.78	15.0	枯萎期	8 277.64	1 692.37	9 970.01	340.94
2016	11	驼绒藜	13	8.4	0.6	0.50	15.0	结实期	1 473.18	413.40	1 886.58	24.51
2016	12	驼绒藜	22	9.6	0.5	0.56	10.0	结实期	1 980.65	718.71	2 699.36	22.48
2016	12	油蒿	23	9.0	0.8	0.46	12.0	结实期	348.92	143.43	492.35	13.9
2016	12	柠条锦鸡儿	4	5.7	1.4	1.04	8.0	枯萎期	4 575.02	853.24	5 428.26	19.06
2016	13	驼绒藜	5	14.6	0.7	0.58	5.0	结实期	553.19	141.91	695.10	38.46
2016	13	柠条锦鸡儿	1	6.7	2.5	1.43	8.0	枯萎期	1 429.31	375.02	1 804.33	74.62
2016	14	油蒿	3	10.9	0.7	0.51	2.0	结实期	196.14	78.38	274.52	25.64
2016	14	柠条锦鸡儿	1	5.8	0.5	0.39	0.5	枯萎期	110.90	50.76	161.66	28.99
2016	14	驼绒藜	32	18.0	0.4	0.82	18.0	结实期	1 513.03	437.15	1 950.18	26.42
2016	14	冷蒿	7	18.1	0.2	0.38	2.0	结实期	179.12	41.40	220.52	11.39
2016	14	猫头刺	2	9.5	0.8	0.14	0.5	枯萎期	40.63	10.96	51.59	10.97
2016	15	驼绒藜	44	15.4	0.7	0.45	25.0	结实期	1 228.02	260.51	1 488.53	30.25
2016	15	猫头刺	1	8.6	0.9	0.05	0.5	枯萎期	35.49	11.50	46.99	9.94
2016	15	柠条锦鸡儿	2	5.7	3.2	1.85	15.0	枯萎期	9 270.95	1 895.45	11 166.40	27.61
2017	11	驼绒藜	10	8.2	0.5	0.48	10.0	结实期	1 020.98	386.01	1 407.00	28.27
2017	12	驼绒藜	19	9.3	0.6	0.58	25.0	结实期	1 579.28	430.79	2 010.08	17.48
2017	12	油蒿	17	8.5	1.4	0.55	7.0	结实期	314.86	105.53	420.39	20.64
2017	12	柠条锦鸡儿	4	6.0	1.5	0.78	3.0	枯萎期	4 218.76	865.33	5 084.09	33.95
2017	13	驼绒藜	8	15.2	0.6	0.57	3.5	结实期	749.77	193.32	943.09	38.54
2017	13	油蒿	3	5.0	0.5	0.43	0.5	枯萎期	187.31	70.67	257.98	89.7

（续）

年	样方号	植物种名	株（丛）数（株或丛/样方）	平均单丛茎数（茎/丛）	平均基径（cm）	平均高度（m）	盖度（%）	物候期	枝干干重（g/样方）	叶干重（g/样方）	地上部总干重（g/样方）	地下部总干重（g/样方）
2017	13	柠条锦鸡儿	1	6.4	2.4	1.20	3.0	枯萎期	1 406.38	500.60	1 906.98	106.01
2017	14	油蒿	3	9.6	1.3	0.50	1.0	结实期	107.30	30.67	137.98	33.72
2017	14	柠条锦鸡儿	1	6.0	0.5	0.35	1.0	枯萎期	235.69	80.13	315.82	22.13
2017	14	驼绒藜	26	16.2	0.5	0.53	8.0	结实期	1 545.54	358.54	1 904.07	19.02
2017	14	冷蒿	5	16.8	0.3	0.33	2.0	结实期	240.42	47.25	287.66	14.87
2017	14	猫头刺	1	17.8	0.5	0.17	0.2	枯萎期	40.38	8.49	48.88	21.58
2017	15	驼绒藜	47	15.6	0.3	0.63	26.0	结实期	1 878.27	486.85	2 365.13	26.33
2017	15	柠条锦鸡儿	2	5.6	2.8	1.55	6.0	枯萎期	9 446.75	1 851.17	11 297.92	380.19
2017	15	天门冬	5	2.2	0.1	0.11	0.2	结实期	3.52	0.85	4.37	8.54
2018	11	驼绒藜	15	7.6	1.1	0.50	10.0	结实期	1 367.27	436.45	1 803.72	21.44
2018	12	驼绒藜	23	8.8	1.0	0.54	25.0	结实期	1 715.20	404.17	2 119.37	23.06
2018	12	油蒿	17	8.6	1.8	0.59	7.0	结实期	376.34	126.80	503.14	28.25
2018	12	柠条锦鸡儿	4	5.8	2.1	0.72	3.0	枯萎期	4 050.00	780.71	4 830.71	24.55
2018	13	驼绒藜	7	14.9	2.0	0.52	3.5	结实期	859.24	132.75	991.99	33.83
2018	13	油蒿	3	5.6	1.1	0.40	0.5	枯萎期	270.42	57.84	328.26	80.21
2018	13	柠条锦鸡儿	1	6.0	2.7	1.45	3.0	枯萎期	1 568.29	475.62	2 043.91	80.4
2018	14	油蒿	5	9.2	1.5	0.51	1.0	结实期	96.03	48.05	144.08	47.93
2018	14	柠条锦鸡儿	1	5.0	1.0	0.38	0.5	枯萎期	339.25	100.13	439.38	17.79
2018	14	驼绒藜	26	15.0	0.9	0.62	8.0	结实期	1 489.72	294.19	1 783.91	25.11
2018	15	驼绒藜	62	14.8	0.6	0.50	26.0	结实期	2 111.87	407.20	2 519.07	34.06
2018	15	柠条锦鸡儿	2	5.4	2.9	1.99	6.0	枯萎期	10 178.02	1 637.12	11 815.14	158.18
2018	15	天门冬	3	2.3	0.2	0.20	0.2	结实期	4.58	2.11	6.69	4.68

（续）

年	样方号	植物种名	株（丛）数（株或丛/样方）	平均单丛茎数（茎/丛）	平均基径（cm）	平均高度（m）	盖度（%）	物候期	枝干干重（g/样方）	叶干重（g/样方）	地上部总干重（g/样方）	地下部总干重（g/样方）
样地名称：沙坡头站人工植被演替综合观测场生物土壤长期采样地												
2009	1	油蒿	13	25.0	1.5	0.67	7.55	结实期	2 298.40	1 034.80	3 333.20	33.41
2009	1	细枝岩黄芪	2	4.0	2.6	1.41	5.41	结实期	1 316.24	550.37	1 866.61	65.04
2009	2	油蒿	51	22.0	1.4	0.73	9.34	结实期	5 056.57	2 390.39	7 446.96	35.08
2009	3	细枝岩黄芪	3	5.2	2.3	0.92	8.65	结实期	1 592.66	665.94	2 258.60	57.88
2009	3	油蒿	20	15.6	1.4	0.48	7.82	结实期	2 804.04	1 262.45	4 066.49	31.22
2009	4	油蒿	45	23.0	1.4	0.89	8.24	结实期	2 174.48	480.71	2 655.19	22.46
2009	4	细枝岩黄芪	4	6.0	2.3	1.56	3.65	结实期	1 281.91	665.56	1 947.47	26.01
2009	4	柠条锦鸡儿	3	5.0	1.5	1.75	4.58	枯萎期	1 414.81	626.20	2041.01	16.13
2009	5	柠条锦鸡儿	1	7.0	1.7	1.61	1.86	枯萎期	1 253.81	574.98	1 828.79	12.31
2009	5	细枝岩黄芪	2	6.5	1.8	1.21	1.65	结实期	2 344.68	711.98	3 056.66	28.22
2009	5	油蒿	15	19.3	1.4	0.86	5.47	结实期	1 066.04	470.61	1 536.65	15.34
2009	6	油蒿	10	24.2	1.0	0.84	3.65	结实期	1 680.11	809.72	2 489.83	30.44
2009	6	细枝岩黄芪	1	5.0	2.3	1.12	1.28	结实期	1 362.42	556.63	1 919.05	22.34
2009	7	油蒿	5	20.4	0.9	0.46	1.75	结实期	812.40	269.61	1 082.01	21.26
2009	7	柠条锦鸡儿	2	5.5	2.7	1.20	2.03	枯萎期	1 742.88	487.50	2 230.38	22.89
2009	8	油蒿	50	22.4	1.5	0.92	8.56	结实期	2 016.33	445.75	2 462.08	20.82
2009	8	细枝岩黄芪	5	5.3	2.2	1.15	4.12	结实期	1 175.08	610.10	1 785.18	22.91
2009	8	柠条锦鸡儿	3	5.2	1.4	1.72	3.28	枯萎期	1 760.66	779.27	2 539.93	29.13
2009	9	油蒿	42	23.0	1.4	0.89	8.24	结实期	2 065.75	456.67	2 522.42	15.60
2009	10	细枝岩黄芪	5	5.0	2.3	1.17	4.62	结实期	3 873.63	1 270.29	5 143.92	26.26
2009	10	油蒿	15	20.0	1.2	0.55	4.02	结实期	4 318.21	1 576.83	5 895.04	45.86
2010	1	油蒿	30	24.0	2.1	0.52	4	结实期	1 807.54	699.93	2 507.47	13.92
2010	1	细枝岩黄芪	4	5.0	1.6	1.58	4	结实期	1 077.50	416.04	1 493.54	25.03
2010	1	柠条锦鸡儿	2	6.0	2.0	1.82	5	结实期	1 458.10	649.08	2 107.18	33.51
2010	2	油蒿	7	29.0	2.0	0.64	7	结实期	1 895.07	563.38	2 458.45	18.59

（续）

年	样方号	植物种名	株（丛）数（株或丛/样方）	平均单丛茎数（茎/丛）	平均基径（cm）	平均高度（m）	盖度（%）	物候期	枝干干重（g/样方）	叶干重（g/样方）	地上部总干重（g/样方）	地下部总干重（g/样方）
2010	2	细枝岩黄芪	1	4.0	2.3	1.95	4	结实期	1 386.53	681.01	2 067.54	21.55
2010	3	油蒿	32	27.0	1.5	0.67	15	结实期	1 543.38	777.04	2 320.42	23.67
2010	4	细枝岩黄芪	38	6.0	2.5	1.10	14	结实期	1 366.29	554.54	1 920.83	20.17
2010	4	油蒿	32	25.0	1.6	0.46	12	结实期	1 173.43	410.18	1 583.61	22.38
2010	5	油蒿	32	24.0	1.2	0.50	7	结实期	2 295.08	658.63	2 953.71	27.05
2010	5	细枝岩黄芪	5	6.0	1.8	0.84	2	结实期	2 248.18	743.00	2 991.18	23.59
2010	6	油蒿	11	20.0	1.6	0.58	8	结实期	1 818.37	849.34	2 667.71	15.26
2010	6	细枝岩黄芪	7	5.0	2.0	1.09	4	结实期	1 628.29	661.59	2 289.88	27.33
2010	7	柠条锦鸡儿	1	5.0	2.3	1.98	3	枯萎期	1 353.33	679.43	2 032.76	25.01
2010	7	油蒿	22	21.0	1.5	0.58	8	结实期	2 345.75	563.38	2 909.13	15.69
2010	7	细枝岩黄芪	3	5.0	1.7	1.28	5	结实期	2 272.17	719.69	2 991.86	23.37
2010	8	柠条锦鸡儿	2	6.0	2.0	1.40	4	枯萎期	1 458.10	649.08	2 107.18	15.29
2010	8	油蒿	8	17.0	1.4	0.71	7	结实期	1 287.40	554.20	1 841.60	17.24
2010	9	细枝岩黄芪	21	6.0	2.0	1.22	4	结实期	2 346.30	844.95	3 191.25	28.89
2010	9	油蒿	47	20.0	1.3	0.58	8	结实期	2 739.97	1 339.32	4 079.29	39.39
2010	9	柠条锦鸡儿	2	4.0	2.4	1.64	2	枯萎期	2 133.78	634.19	2 767.97	27.13
2010	10	油蒿	17	26.0	1.5	0.72	18	结实期	1 032.84	193.83	1 226.67	8.96
2010	10	柠条锦鸡儿	2	6.0	2.2	1.90	8	枯萎期	2 133.78	634.19	2 767.97	18.39
2010	10	细枝岩黄芪	5	5.0	2.3	1.41	14	结实期	1 177.75	271.42	1 449.17	11.25
2011	1	油蒿	20	24.0	1.5	0.4	6.59	结实期	2 176.42	1 011.42	3 187.84	26.34
2011	1	细枝岩黄芪	2	4.0	2.0	1.4	6.21	结实期	1 644.68	483.21	2 127.89	49.75
2011	2	油蒿	24	21.6	1.4	0.5	18.20	结实期	2 577.86	1 218.63	3 796.49	20.06
2011	3	油蒿	54	22.20	1.50	0.41	14.25	结实期	4 176.80	1 964.13	6 140.93	18.44
2011	4	油蒿	39	26.00	1.40	0.43	18.67	结实期	3 868.53	1 635.28	5 503.81	21.27
2011	4	细枝岩黄芪	2	6.10	2.30	1.13	2.70	结实期	1 472.53	620.85	2 093.38	12.31

（续）

年	样方号	植物种名	株（丛）数（株或丛/样方）	平均单丛茎数（茎/丛）	平均基径（cm）	平均高度（m）	盖度（%）	物候期	枝干干重（g/样方）	叶干重（g/样方）	地上部总干重（g/样方）	地下部总干重（g/样方）
2011	5	油蒿	27	16.50	1.50	0.50	15.71	结实期	2 604.73	1 207.44	3 812.17	21.26
2011	5	细枝岩黄芪	4	5.50	2.60	1.33	1.86	结实期	1 034.25	351.12	1 385.37	18.59
2011	6	油蒿	31	18.30	2.30	0.40	6.23	结实期	3 375.47	1 231.22	4 606.69	27.05
2011	6	柠条锦鸡儿	1	5.70	2.40	2.00	1.39	枯萎期	1 053.46	477.89	1 531.35	8.96
2011	6	细枝岩黄芪	2	4.50	2.00	0.93	1.56	结实期	2 476.61	657.47	3 134.08	25.01
2011	7	油蒿	9	19.00	1.60	0.63	10.50	结实期	1 543.09	741.36	2 284.45	17.24
2011	7	柠条锦鸡儿	2	5.30	2.60	1.40	5.84	枯萎期	1 845.63	512.55	2 358.18	15.13
2011	8	油蒿	33	20.00	1.40	0.50	26.75	结实期	2 368.66	438.28	2 806.94	12.39
2011	8	柠条锦鸡儿	2	5.50	2.20	0.65	10.39	枯萎期	1 628.59	684.49	2 313.08	31.22
2011	8	细枝岩黄芪	4	4.20	1.80	1.43	6.39	结实期	3 387.64	1 037.42	4 425.06	39.39
2011	9	油蒿	44	18.50	1.50	0.59	17.20	结实期	2 613.43	469.98	3 083.41	64.88
2011	9	柠条锦鸡儿	1	3.80	2.30	0.12	1.54	枯萎期	284.67	79.55	364.22	6.56
2011	9	细枝岩黄芪	2	4.80	2.60	1.25	2.66	结实期	1 549.82	483.71	2033.53	22.40
2011	10	油蒿	45	17.40	1.60	0.63	18.68	结实期	2 705.44	480.13	3 185.57	36.74
2011	10	柠条锦鸡儿	2	5.50	2.50	1.75	5.39	枯萎期	1 014.29	383.24	1 397.53	14.31
2011	10	细枝岩黄芪	4	4.00	1.70	1.66	25.09	结实期	5 775.28	1 074.84	6 850.12	18.39
2011	11	驼绒藜	13	7.20	0.80	0.80	18.01	结实期	1 508.38	546.42	2 054.80	15.33
2011	11	油蒿	12	19.60	1.50	0.47	5.72	结实期	1 145.07	217.24	1 362.31	12.19
2011	12	驼绒藜	7	7.00	0.70	0.68	15.48	结实期	1 036.72	303.56	1 340.28	17.06
2011	12	油蒿	4	23.30	1.70	0.49	2.24	结实期	1 032.88	228.34	1 261.21	9.93
2011	12	柠条锦鸡儿	3	4.80	2.40	1.15	8.44	枯萎期	6 785.85	2 408.36	9 194.21	37.31
2011	13	油蒿	4	21.60	1.80	0.60	1.96	结实期	814.30	342.24	1 156.54	11.75
2011	13	驼绒藜	7	5.30	0.80	0.94	17.66	结实期	1 321.61	564.28	1 885.89	15.72
2011	13	柠条锦鸡儿	3	7.00	2.40	0.62	7.25	枯萎期	1 259.69	485.47	1 745.16	17.51

（续）

年	样方号	植物种名	株（丛）数（株或丛/样方）	平均单丛茎数（茎/丛）	平均基径（cm）	平均高度（m）	盖度（%）	物候期	枝干干重（g/样方）	叶干重（g/样方）	地上部总干重（g/样方）	地下部总干重（g/样方）
2011	14	油蒿	19	24.80	1.40	0.57	8.67	结实期	1 573.38	855.22	2 428.60	24.68
2011	14	柠条锦鸡儿	3	6.80	2.20	1.08	6.33	枯萎期	2 096.44	602.71	2 699.15	18.95
2011	14	驼绒藜	7	5.60	0.90	0.55	14.85	结实期	1 255.31	527.35	1 782.66	13.42
2011	15	油蒿	13	24.10	1.60	0.75	6.58	结实期	1 247.85	273.80	1 521.65	8.33
2011	15	驼绒藜	25	5.50	0.70	0.46	35.04	结实期	2 732.28	1 026.49	3 758.77	20.38
2012	1	油蒿	282	6.0	0.7	0.44	30.46	结实期	4 361.27	2 043.92	6 405.19	54.68
2012	1	细枝岩黄芪	4	4.0	2.2	1.69	4.97	结实期	1 835.74	495.26	2 331.00	64.08
2012	2	油蒿	328	7.1	0.9	0.57	32.46	结实期	4 170.56	2 310.66	6 481.22	41.28
2012	2	细枝岩黄芪	1	5.0	1.8	2.02	7.40	结实期	2 135.86	523.86	2 659.72	70.88
2012	3	油蒿	632	8.2	0.60	0.48	42.59	结实期	4 639.79	2 531.24	7 171.03	70.64
2012	3	细枝岩黄芪	1	3.0	1.5	0.61	0.69	结实期	275.46	65.36	340.82	18.85
2012	4	油蒿	336	6.4	0.80	0.52	35.33	结实期	4 064.48	1 904.72	5 969.20	54.48
2012	4	细枝岩黄芪	1	6.1	2.30	1.23	1.19	结实期	478.18	134.26	612.44	24.80
2012	5	油蒿	324	5.5	0.80	0.58	36.28	结实期	4 116.04	2 021.28	6 137.32	50.70
2012	5	细枝岩黄芪	2	5.5	2.30	1.26	3.87	结实期	1 067.66	273.83	1 341.49	40.08
2012	6	油蒿	368	5.3	0.60	0.44	17.77	结实期	2 159.36	1 004.16	3 163.52	43.60
2012	6	细枝岩黄芪	3	4.0	1.70	1.28	5.62	结实期	1 653.90	558.44	2 212.34	44.67
2012	7	细枝岩黄芪	1	4.0	1.90	1.55	1.97	结实期	474.14	155.26	629.40	20.76
2012	7	油蒿	95	7.3	0.90	0.61	36.13	结实期	4 426.08	1 231.40	5 657.48	58.9
2012	8	油蒿	76	9.5	0.90	0.45	4.85	结实期	364.54	29.75	394.29	15.48
2012	8	柠条锦鸡儿	2	5.5	2.50	1.56	5.13	枯萎期	1 724.53	704.85	2 429.38	42.09
2012	9	油蒿	336	8.2	0.70	0.61	33.19	结实期	4 013.56	1 194.48	5 208.04	65.33
2012	9	细枝岩黄芪	4	4.8	2.90	1.40	4.01	结实期	1 587.39	504.64	2 092.03	20.80
2012	10	油蒿	688	7.4	0.80	0.53	38.42	结实期	4 521.28	1 386.26	5 907.53	60.48

（续）

年	样方号	植物种名	株（丛）数（株或丛/样方）	平均单丛茎数（茎/丛）	平均基径（cm）	平均高度（m）	盖度（%）	物候期	枝干干重（g/样方）	叶干重（g/样方）	地上部总干重（g/样方）	地下部总干重（g/样方）
2012	10	细枝岩黄芪	1	4.0	2.50	2.30	5.87	结实期	2 308.40	737.41	3 045.81	22.88
2012	11	驼绒藜	15	9.2	1.00	0.77	22.55	结实期	1 732.44	590.46	2 322.90	18.33
2012	11	油蒿	9	15.6	1.30	0.59	4.42	结实期	142.08	19.60	161.68	10.25
2012	12	驼绒藜	13	8.5	1.50	0.79	16.74	结实期	1 352.22	526.16	1 878.38	15.8
2012	12	油蒿	71	22.3	1.20	0.55	23.12	结实期	986.74	204.35	1 191.09	11.48
2012	12	柠条锦鸡儿	4	4.6	2.50	0.99	5.83	枯萎期	5 888.46	1 806.44	7 694.90	40.09
2012	13	驼绒藜	9	16.3	1.00	0.53	7.11	结实期	746.58	344.14	1 090.72	17.49
2012	13	柠条锦鸡儿	1	7.0	2.20	1.47	4.05	枯萎期	1 466.38	496.74	1 963.13	21.48
2012	14	油蒿	19	20.4	1.30	0.57	6.55	结实期	733.25	135.08	868.33	20.38
2012	14	柠条锦鸡儿	2	6.4	2.30	0.60	0.59	枯萎期	104.66	32.05	136.71	21.55
2012	14	驼绒藜	32	17.6	1.30	0.68	29.46	结实期	1 148.81	304.84	1 453.65	18.47
2012	14	冷蒿	3	32.8	1.80	0.36	1.59	结实期	186.04	46.06	232.10	11.86
2012	14	猫头刺	3	8.5	1.50	0.15	0.30	枯萎期	36.26	8.50	44.76	13.3
2012	15	驼绒藜	46	13.5	0.90	0.43	22.08	结实期	1 064.14	216.68	1 280.82	22.44
2012	15	猫头刺	2	7.40	1.60	0.08	0.27	枯萎期	30.68	7.35	38.03	6.35
2012	15	柠条锦鸡儿	2	4.20	2.40	1.75	15.01	枯萎期	9 458.06	2 121.40	11 579.46	258.67
2012	15	天门冬	1	2.00	0.40	0.17	0.01	结实期	8.04	1.60	9.64	4.22
2013	1	油蒿	173	5.9	1.2	0.52	7.5	结实期	1 375.74	570.19	1 945.93	40.15
2013	1	细枝岩黄芪	3	4.1	2.3	1.46	8.0	结实期	979.16	266.97	1 246.12	82.46
2013	2	油蒿	201	6.2	1.2	0.53	10.0	结实期	1 609.13	646.90	2 256.03	75.36
2013	3	油蒿	226	7.3	0.8	0.47	16.5	结实期	1 388.93	757.34	2 146.27	58.12
2013	4	油蒿	272	6.0	0.9	0.64	6.5	结实期	1 786.47	575.78	2 362.24	50.12
2013	4	细枝岩黄芪	3	4.6	1.4	0.56	3.5	结实期	495.30	158.68	653.98	30.16
2013	5	油蒿	198	5.2	1.0	0.55	9.3	结实期	1 366.99	636.70	2 003.69	44.82

（续）

年	样方号	植物种名	株（丛）数（株或丛/样方）	平均单丛茎数（茎/丛）	平均基径（cm）	平均高度（m）	盖度（%）	物候期	枝干干重（g/样方）	叶干重（g/样方）	地上部总干重（g/样方）	地下部总干重（g/样方）
2013	5	细枝岩黄芪	2	5.9	2.1	1.13	5.5	结实期	547.86	165.76	713.61	38.06
2013	6	油蒿	158	5.7	1.3	0.45	12.0	结实期	1 024.53	547.97	1 572.50	28.15
2013	7	油蒿	71	6.1	1.0	0.52	4.5	结实期	580.16	301.77	881.92	40.73
2013	7	细枝岩黄芪	3	4.5	3.2	1.63	2.5	结实期	430.76	176.36	607.12	24.6
2013	8	油蒿	147	7.0	3.4	0.51	6.0	结实期	1 172.36	498.02	1 670.38	38.47
2013	9	油蒿	118	7.5	1.5	0.47	4.5	结实期	1 130.37	471.33	1 601.70	56.14
2013	9	细枝岩黄芪	1	4.6	1.4	1.30	8.5	结实期	806.78	250.16	1 056.93	36.42
2013	10	油蒿	185	6.8	0.9	0.51	4.0	结实期	1 411.38	770.14	2 181.52	58.42
2013	10	细枝岩黄芪	2	4.9	2.9	1.52	3.0	结实期	1 282.44	409.67	1 692.12	43.54
2014	1	油蒿	94	6.2	0.7	0.58	15.0	结实期	1 562.28	710.12	2 272.40	35.24
2014	1	细枝岩黄芪	3	4.5	1.3	1.19	5.0	结实期	1 879.46	536.98	2 416.44	79.48
2014	2	油蒿	71	5.3	0.3	0.46	12.0	结实期	896.02	248.89	1 144.91	81.03
2014	2	细枝岩黄芪	1	5.0	0.7	1.94	3.0	结实期	1 296.34	360.09	1 656.43	40.22
2014	3	油蒿	207	5.8	0.5	0.51	40.0	结实期	2 819.34	587.36	3 406.70	63.15
2014	3	细枝岩黄芪	1	4.0	0.6	0.62	1.0	结实期	516.74	184.55	701.29	40.22
2014	4	油蒿	145	5.1	0.8	0.56	21.0	结实期	2 119.90	399.98	2 519.88	44.78
2014	4	细枝岩黄芪	2	4.8	1.2	0.80	4.0	结实期	553.26	187.54	740.80	50.21
2014	5	油蒿	115	5.5	0.5	0.63	30.0	结实期	1 532.95	450.86	1 983.81	35.66
2014	5	细枝岩黄芪	4	6.0	1.1	0.61	5.0	结实期	1 243.77	365.81	1 609.58	43.20
2014	6	油蒿	107	5.3	1.0	0.46	36.0	结实期	1 520.47	524.30	2 044.77	25.11
2014	6	细枝岩黄芪	2	4.0	1.0	0.55	4.0	结实期	708.21	214.60	922.81	57.08
2014	7	油蒿	47	5.3	0.9	0.46	16.0	结实期	661.76	161.40	823.16	27.98
2014	7	细枝岩黄芪	2	4.5	2.2	1.40	4.0	结实期	783.56	270.19	1 053.75	31.00
2014	8	油蒿	99	5.6	0.7	0.62	20.0	结实期	1 384.02	432.50	1 816.52	44.55

（续）

年	样方号	植物种名	株（丛）数（株或丛/样方）	平均单丛茎数（茎/丛）	平均基径（cm）	平均高度（m）	盖度（%）	物候期	枝干干重（g/样方）	叶干重（g/样方）	地上部总干重（g/样方）	地下部总干重（g/样方）
2014	9	油蒿	81	5.7	0.7	0.51	29.0	结实期	892.62	148.77	1 041.39	47.21
2014	9	细枝岩黄芪	3	4.8	1.4	1.11	6.0	结实期	690.50	191.80	882.30	40.38
2014	10	油蒿	69	5.7	0.7	0.58	31.0	结实期	812.13	147.66	959.79	69.27
2014	10	细枝岩黄芪	2	5.0	3.6	1.85	5.0	结实期	2 656.30	919.13	3 575.43	35.46
2015	1	油蒿	33	5.7	1.9	0.74	20.0	结实期	1 046.52	526.74	1 573.26	35.33
2015	1	细枝岩黄芪	5	4.8	1.4	1.08	5.0	结实期	1 635.02	436.68	2 071.70	72.56
2015	2	油蒿	61	5.5	0.7	0.54	10.0	结实期	1 026.35	498.33	1 524.68	56.31
2015	3	油蒿	60	5.9	2.3	0.61	35.0	结实期	986.34	396.08	1 382.42	51.14
2015	4	油蒿	77	5.2	0.7	0.66	35.0	结实期	1 188.46	603.24	1 791.70	54.10
2015	4	细枝岩黄芪	3	5.0	1.1	0.85	5.0	结实期	446.25	171.06	617.31	26.54
2015	5	油蒿	86	5.2	1.3	0.64	15.0	结实期	1 398.47	698.46	2 096.93	39.49
2015	5	细枝岩黄芪	4	6.1	0.9	0.45	10.0	结实期	986.14	298.36	1 284.50	33.41
2015	6	油蒿	52	5.3	0.9	0.75	25.0	结实期	790.42	353.61	1 144.03	24.97
2015	6	细枝岩黄芪	4	6.4	2.0	1.20	8.0	结实期	501.33	159.66	660.99	33.40
2015	7	油蒿	109	5.1	1.7	0.57	35.0	结实期	908.42	353.19	1 261.61	35.84
2015	8	油蒿	26	4.6	2.2	0.60	8.0	结实期	416.37	156.44	572.81	36.85
2015	8	柠条锦鸡儿	2	4.1	2.6	1.40	2.0	枯萎期	1 407.38	412.31	1 819.69	41.09
2015	9	油蒿	35	5.5	1.6	0.54	10.0	结实期	685.28	211.65	896.93	49.42
2015	9	细枝岩黄芪	5	5.1	1.4	1.42	8.0	结实期	1 560.77	468.94	2 029.71	32.96
2015	10	油蒿	103	5.6	0.9	0.54	25.0	结实期	1 548.90	635.45	2 184.35	51.40
2016	1	油蒿	38	6.2	2.1	0.85	18.0	结实期	1 151.45	579.44	1 730.89	33.91
2016	1	细枝岩黄芪	5	5.0	1.5	1.32	5.0	结实期	1 553.26	404.84	1 958.10	58.80
2016	2	油蒿	57	5.2	0.8	0.58	15.0	结实期	1 108.45	538.19	1 646.64	51.54
2016	3	油蒿	64	6.1	2.4	0.57	30.0	结实期	887.74	346.47	1 234.21	79.77

（续）

年	样方号	植物种名	株（丛）数（株或丛/样方）	平均单丛茎数（茎/丛）	平均基径（cm）	平均高度（m）	盖度（%）	物候期	枝干干重（g/样方）	叶干重（g/样方）	地上部总干重（g/样方）	地下部总干重（g/样方）
2016	4	油蒿	75	5.0	0.6	0.60	25.0	结实期	1 224.11	660.33	1 884.44	51.93
2016	4	细枝岩黄芪	3	5.5	1.1	0.88	5.0	结实期	219.80	201.58	421.38	18.29
2016	5	油蒿	84	5.7	1.4	0.73	18.0	结实期	1 538.31	768.30	2 306.61	61.59
2016	5	细枝岩黄芪	4	6.4	0.9	0.55	10.0	结实期	936.83	253.44	1 190.27	24.04
2016	6	油蒿	55	5.0	1.1	0.81	20.0	结实期	853.65	381.89	1 235.54	22.97
2016	6	细枝岩黄芪	4	6.6	2.1	1.14	10.0	结实期	451.46	133.69	585.15	47.76
2016	7	油蒿	112	4.9	1.6	0.52	35.0	结实期	935.67	373.78	1 309.45	38.6
2016	8	油蒿	23	5.0	2.2	0.62	10.0	结实期	505.33	178.21	683.54	26.52
2016	8	柠条锦鸡儿	2	4.5	2.7	1.61	2.0	枯萎期	1 548.11	483.54	2 031.65	41.9
2016	9	油蒿	37	5.7	1.7	0.66	8.0	结实期	651.01	241.06	892.07	56.81
2016	9	细枝岩黄芪	5	4.8	1.6	1.53	10.0	结实期	1 685.63	506.45	2 192.08	21.08
2016	10	油蒿	116	5.7	1.1	0.51	25.0	结实期	1 394.01	571.90	1 965.91	58.13
2017	1	油蒿	57	5.2	1.3	0.50	12.0	结实期	1 215.90	538.15	1 754.06	58.18
2017	1	细枝岩黄芪	3	4.6	2.6	1.04	3.0	结实期	1 762.48	430.31	2 192.78	65.96
2017	2	油蒿	31	5.8	1.8	0.51	15.0	结实期	946.71	479.58	1 426.30	82.89
2017	3	油蒿	115	4.4	1.4	0.52	35.0	结实期	1 572.15	493.67	2 065.83	75.56
2017	4	油蒿	84	5.6	2.5	0.64	30.0	结实期	1 193.06	520.06	1 713.12	40.61
2017	5	油蒿	77	5.8	1.8	0.56	32.0	结实期	956.89	345.69	1 302.58	53.78
2017	5	细枝岩黄芪	3	4.9	1.3	0.77	12.0	结实期	1 479.21	447.54	1 926.75	30.45
2017	6	油蒿	81	5.2	2.1	0.56	42.0	结实期	1 245.42	505.65	1 751.07	36.96
2017	6	细枝岩黄芪	2	6.0	1.6	1.08	3.0	结实期	787.17	317.57	1 104.74	49.48
2017	7	油蒿	17	4.8	1.9	0.54	6.0	结实期	550.03	160.05	710.09	58.69
2017	7	柠条锦鸡儿	4	5.2	1.4	1.04	4.0	枯萎期	1 118.76	365.33	1 484.09	33.95
2017	8	油蒿	45	6.8	2.5	0.64	10.0	结实期	715.98	274.42	990.41	44.78

（续）

年	样方号	植物种名	株（丛）数（株或丛/样方）	平均单丛茎数（茎/丛）	平均基径（cm）	平均高度（m）	盖度（%）	物候期	枝干干重（g/样方）	叶干重（g/样方）	地上部总干重（g/样方）	地下部总干重（g/样方）
2017	8	细枝岩黄芪	4	5.0	0.5	0.33	2.0	结实期	1 408.80	401.12	1 809.92	40.06
2017	9	油蒿	59	6.0	1.9	0.62	22.0	结实期	817.33	324.20	1 141.53	72.98
2017	9	细枝岩黄芪	3	4.6	1.6	1.36	3.0	结实期	4 356.60	1 350.84	5 707.44	44.56
2017	10	油蒿	53	7.1	1.5	0.54	22.0	结实期	1 227.81	497.14	1 724.95	60.1
2017	10	细枝岩黄芪	1	5.4	2.1	1.40	3.0	结实期	1 154.20	468.70	1 622.90	34.83
2018	1	油蒿	57	4.8	2.0	0.41	12.0	结实期	1 620.67	584.67	2 205.34	46.36
2018	1	细枝岩黄芪	3	4.2	2.7	1.00	3.0	结实期	1 916.72	469.70	2 386.42	73.39
2018	2	油蒿	31	5.4	1.7	0.58	20.0	结实期	1 121.38	519.55	1 640.93	60.37
2018	2	细枝岩黄芪	1	5.0	1.7	1.02	1.0	结实期	848.97	410.39	1 259.36	55.6
2018	3	油蒿	106	4.8	1.6	0.39	30.0	结实期	1 772.08	473.58	2 245.66	80.44
2018	4	油蒿	84	5.2	2.2	0.48	30.0	结实期	1 046.57	459.25	1 505.82	36.57
2018	5	油蒿	77	5.4	1.9	0.31	32.0	结实期	1 283.95	384.51	1 668.46	44.4
2018	5	细枝岩黄芪	3	4.8	2.5	0.83	3.0	结实期	1 605.13	496.58	2 101.71	39.33
2018	6	油蒿	81	5.0	1.8	0.49	32.0	结实期	1 349.96	546.93	1 896.89	43.06
2018	6	细枝岩黄芪	2	5.4	2.6	0.47	3.0	结实期	808.27	254.86	1 063.13	30.53
2018	7	油蒿	32	4.7	1.6	0.54	8.0	结实期	637.53	201.64	839.17	49.95
2018	7	柠条锦鸡儿	2	4.8	2.3	1.10	3.0	枯萎期	1 067.07	310.71	1 377.78	40.25
2018	8	油蒿	33	6.2	2.2	0.56	10.0	结实期	970.77	290.39	1 261.16	36.3
2018	8	细枝岩黄芪	2	5.2	3.5	1.48	5.0	结实期	1 227.68	481.09	1 708.77	44.9
2018	9	油蒿	48	5.3	1.8	0.56	25.0	结实期	979.06	356.41	1 335.47	60.16
2018	9	细枝岩黄芪	3	4.8	2.4	0.64	3.0	结实期	4 597.56	1 246.80	5 844.36	36.1
2018	10	油蒿	40	6.3	1.8	0.39	20.0	结实期	1 189.86	416.82	1 606.68	51.09
2018	10	细枝岩黄芪	1	6.0	2.6	1.60	4.0	结实期	1 304.99	409.95	1 714.94	42.08

注：地下根系生物量为直径 0.08 m、深 3 m 的 5 个样点的根系总量；样方面积：10 m×10 m。

4.2.15　荒漠植物群落草本层种类组成

数据说明：荒漠植物群落草本层种类组成数据集中的数据均来源于沙坡头站荒漠生态系统综合观测场、辅助观测场。主要观测的是荒漠植物群落草本层的种类组成，观测的指标有植物种名、株（丛）数、叶层平均高度、盖度、地上绿色部分总干重等。所有观测数据均为多次测量或观测的平均值（表 4-15）。

表 4-15　荒漠植物群落草本层种类组成

年	样方号	样方面积（m×m）	植物种名	株（丛）数（株或丛/样方）	叶层平均高度（cm）	盖度（%）	生活型	地上绿色部分总干重（g/样方）
样地名称：沙坡头站天然植被演替辅助观测场生物土壤长期采样地								
2009	11	1×1	地锦	1	2.4	0.1	一年生植物	2.24
2009	11	1×1	小画眉草	11	4.8	2.8	一年生植物	10.45
2009	11	1×1	茵陈蒿	141	16.0	6.9	一年生植物	27.62
2009	12	1×1	茵陈蒿	69	15.2	4.2	一年生植物	35.85
2009	12	1×1	地锦	1	2.2	0.2	一年生植物	2.28
2009	12	1×1	雾冰藜	11	3.2	1.5	一年生植物	6.58
2009	12	1×1	小画眉草	311	5.7	7.3	一年生植物	13.40
2009	13	1×1	茵陈蒿	105	9.5	5.0	一年生植物	10.68
2009	13	1×1	小画眉草	201	3.8	4.6	一年生植物	12.45
2009	13	1×1	砂蓝刺头	1	4.6	0.2	一年生植物	4.36
2009	13	1×1	蒙古韭	1	13.2	0.8	多年生草本	6.12
2009	13	1×1	叉枝鸦葱	4	15.7	5.2	多年生草本	4.76
2009	14	1×1	茵陈蒿	387	12.5	3.6	一年生植物	15.38
2009	14	1×1	冠毛草	4	15.3	0.3	一年生植物	3.25
2009	14	1×1	小画眉草	11	5.4	0.5	一年生植物	4.41
2009	14	1×1	蒙古韭	1	14.2	1.1	多年生草本	8.85
2009	14	1×1	雾冰藜	2	2.8	0.5	一年生植物	2.86
2009	14	1×1	地锦	2	2.4	0.2	一年生植物	2.53
2009	15	1×1	茵陈蒿	77	18.4	6.8	一年生植物	16.25
2009	15	1×1	小画眉草	21	3.9	1.5	一年生植物	5.08
2009	15	1×1	蒙古韭	1	12.8	1.0	一年生植物	8.58
2010	11	1×1	刺沙蓬	2	0.5	0.5	一年生植物	0.42
2010	11	1×1	雾冰藜	2	0.4	0.4	一年生植物	0.30
2010	11	1×1	茵陈蒿	896	0.5	24.0	一年生植物	25.82
2010	11	1×1	蒙古韭	2	3.0	0.3	一年生植物	0.37
2010	11	1×1	小画眉草	2	1.5	0.2	一年生植物	0.05
2010	11	1×1	砂蓝刺头	2	1.2	0.1	一年生植物	0.06
2010	12	1×1	雾冰藜	2	1.5	0.2	一年生植物	0.37
2010	12	1×1	刺沙蓬	2	2.4	0.5	一年生植物	0.61
2010	12	1×1	茵陈蒿	395	0.5	13.0	一年生植物	12.59
2010	12	1×1	小画眉草	126	0.6	1.0	一年生植物	2.06

（续）

年	样方号	样方面积 (m×m)	植物种名	株（丛）数 (株或丛/样方)	叶层平均高度 (cm)	盖度（%）	生活型	地上绿色部分总干重 (g/样方)
2010	12	1×1	砂蓝刺头	14	4.6	0.8	一年生植物	3.67
2010	12	1×1	地锦	6	0.3	0.3	一年生植物	0.48
2010	13	1×1	茵陈蒿	585	0.5	17.0	一年生植物	20.37
2010	13	1×1	小画眉草	467	0.5	4.0	一年生植物	5.14
2010	13	1×1	砂蓝刺头	2	3.6	0.5	一年生植物	0.33
2010	13	1×1	刺沙蓬	1	2.4	0.2	一年生植物	0.09
2010	13	1×1	蒙古韭	2	19.6	0.3	多年生草本	0.57
2010	14	1×1	叉枝鸦葱	1	23.0	0.5	多年生草本	0.34
2010	14	1×1	茵陈蒿	982	0.5	32.0	一年生植物	44.61
2010	14	1×1	冠毛草	4	11.5	1.0	一年生植物	0.37
2010	14	1×1	小画眉草	83	0.5	0.5	一年生植物	0.28
2010	14	1×1	蒙古韭	3	15.0	0.5	多年生草本	0.43
2010	14	1×1	雾冰藜	4	7.2	0.5	一年生植物	0.21
2010	14	1×1	地锦	6	0.4	1.0	一年生植物	0.18
2010	15	1×1	茵陈蒿	1 204	0.5	36.0	一年生植物	57.39
2010	15	1×1	小画眉草	531	0.5	5.0	一年生植物	3.57
2010	15	1×1	蒙古韭	3	25.0	2.0	一年生植物	0.53
2010	15	1×1	雾冰藜	6	6.5	3.0	一年生植物	0.44
2010	15	1×1	砂蓝刺头	7	0.5	0.2	一年生植物	0.10
2011	9	1×1	虎尾草	2	3.1	1.0	一年生植物	2.36
2011	9	1×1	冠毛草	1	6.0	0.8	一年生植物	1.02
2011	9	1×1	砂蓝刺头	1	4.0	6.9	一年生植物	3.26
2011	10	1×1	小画眉草	27	4.0	0.2	一年生植物	0.86
2011	10	1×1	砂蓝刺头	1	2.0	1.0	一年生植物	2.98
2011	11	1×1	刺沙蓬	1	1.5	5.0	一年生植物	2.25
2011	11	1×1	雾冰藜	1	1.5	6.0	一年生植物	1.59
2011	11	1×1	茵陈蒿	1 346	4.0	18.0	一年生植物	53.49
2011	11	1×1	蒙古韭	11	7.9	5.0	多年生草本	12.45
2011	11	1×1	小画眉草	1	1.8	0.2	一年生植物	0.08
2011	12	1×1	茵陈蒿	2 231	1.2	12.0	一年生植物	88.66
2011	12	1×1	蒙古韭	4	9.5	5.0	多年生草本	12.43
2011	12	1×1	小画眉草	10	1.0	1.0	一年生植物	0.43
2011	13	1×1	地锦	1	0.8	0.5	一年生植物	1.10
2011	13	1×1	茵陈蒿	1 683	8.1	15.0	一年生植物	72.52
2011	13	1×1	小画眉草	3	0.7	0.2	一年生植物	0.29
2011	13	1×1	砂蓝刺头	40	2.0	3.0	一年生植物	9.36
2011	14	1×1	茵陈蒿	192	11.4	13.0	一年生植物	7.63
2011	14	1×1	砂蓝刺头	1	3.0	8.0	一年生植物	4.64

（续）

年	样方号	样方面积 (m×m)	植物种名	株（丛）数 (株或丛/样方)	叶层平均高度 (cm)	盖度（%）	生活型	地上绿色部分总干重 (g/样方)
2011	15	1×1	茵陈蒿	77	12.1	7.0	一年生植物	7.83
2011	15	1×1	小画眉草	1	0.8	1.0	一年生植物	0.07
2012	10	1×1	小画眉草	14	7.6	15.0	一年生植物	0.28
2012	10	1×1	虎尾草	1	11.2	2.0	一年生植物	0.58
2012	10	1×1	雾冰藜	3	9.6	5.0	一年生植物	4.86
2012	11	1×1	小画眉草	6	4.8	3.0	一年生植物	0.17
2012	11	1×1	雾冰藜	2	6.6	8.0	一年生植物	3.07
2012	11	1×1	茵陈蒿	31	8.7	15.0	一年生植物	30.71
2012	11	1×1	蒙古韭	1	2.0	3.0	多年生草本	6.33
2012	12	1×1	茵陈蒿	19	0.5	16.0	一年生植物	19.05
2012	12	1×1	针茅	13	13.8	20.0	多年生草本	15.34
2012	12	1×1	赖草	27	19.2	18.0	多年生草本	17.06
2012	12	1×1	地稍瓜	1	0.5	2.0	多年生草本	0.31
2012	13	1×1	茵陈蒿	57	13.3	18.0	一年生植物	33.46
2012	13	1×1	砂蓝刺头	1	2.0	2.0	一年生植物	1.55
2012	14	1×1	茵陈蒿	222	0.4	18.0	一年生植物	20.80
2012	14	1×1	小画眉草	1	2.3	1.0	一年生植物	0.10
2012	14	1×1	针茅	2	9.6	3.0	多年生草本	5.66
2012	15	1×1	茵陈蒿	118	7.9	12.0	一年生植物	15.73
2012	15	1×1	叉枝鸦葱	1	18.0	1.0	一年生植物	4.76
2012	15	1×1	地稍瓜	1	0.5	0.5	多年生草本	1.33
2012	15	1×1	赖草	28	25.8	15.0	多年生草本	17.88
2012	15	1×1	无芒隐子草	7	8.6	8.0	多年生草本	6.39
2012	15	1×1	针茅	1	5.0	2.0	多年生草本	7.31
2013	10	1×1	小画眉草	6	8.4	4.0	一年生植物	0.10
2013	10	1×1	虎尾草	1	7.0	1.0	一年生植物	0.19
2013	10	1×1	雾冰藜	1	7.5	2.0	一年生植物	0.37
2013	11	1×1	小画眉草	18	6.3	4.0	一年生植物	0.27
2013	11	1×1	雾冰藜	6	6.0	5.0	一年生植物	2.16
2013	11	1×1	茵陈蒿	10	2.0	4.0	一年生植物	1.25
2013	11	1×1	刺沙蓬	8	7.4	4.0	一年生植物	4.12
2013	12	1×1	茵陈蒿	8	2.8	5.0	一年生植物	0.88
2013	12	1×1	针茅	20	11.3	10.0	多年生草本	20.41
2013	12	1×1	赖草	1	4.5	2.0	多年生草本	0.54
2013	12	1×1	地锦	4	4.3	2.0	多年生草本	0.14
2013	12	1×1	刺沙蓬	3	13.6	6.0	一年生植物	15.36
2013	12	1×1	雾冰藜	1	6.5	2.0	一年生植物	0.36
2013	13	1×1	茵陈蒿	13	2.1	4.0	一年生植物	0.14

（续）

年	样方号	样方面积 (m×m)	植物种名	株（丛）数 (株或丛/样方)	叶层平均高度 (cm)	盖度（%）	生活型	地上绿色部分总干重 (g/样方)
2013	13	1×1	刺沙蓬	20	9.1	15.0	一年生植物	29.47
2013	13	1×1	小画眉草	7	5.4	2.0	一年生植物	0.11
2013	13	1×1	雾冰藜	1	6.0	1.0	一年生植物	0.38
2013	14	1×1	茵陈蒿	2	3.8	1.0	一年生植物	0.02
2013	14	1×1	小画眉草	2	6.1	0.5	一年生植物	0.02
2013	14	1×1	刺沙蓬	13	9.5	18.0	一年生植物	10.68
2013	14	1×1	叉枝鸦葱	3	6.2	4.0	一年生植物	0.96
2013	14	1×1	蒙古韭	3	21.0	4.0	多年生草本	9.17
2013	14	1×1	地锦	3	3.5	1.0	一年生植物	0.10
2013	15	1×1	刺沙蓬	5	7.0	5.0	一年生植物	5.33
2013	15	1×1	茵陈蒿	10	1.5	2.0	一年生植物	0.11
2013	15	1×1	叉枝鸦葱	5	7.7	3.0	一年生植物	1.18
2013	15	1×1	蒙古韭	8	9.8	5.0	多年生草本	11.26
2013	15	1×1	无芒隐子草	23	6.8	5.0	多年生草本	5.24
2013	15	1×1	针茅	2	4.0	2.0	多年生草本	1.05
2013	15	1×1	地锦	1	2.8	0.5	一年生植物	0.01
2014	11	1×1	刺沙蓬	5	6.8	6.0	一年生植物	2.55
2014	11	1×1	地锦	2	5.3	2.0	多年生草本	0.05
2014	11	1×1	雾冰藜	2	7.0	20.0	一年生植物	1.06
2014	11	1×1	小画眉草	79	7.0	15.0	一年生植物	0.64
2014	11	1×1	茵陈蒿	40	8.6	12.0	一年生植物	2.11
2014	12	1×1	赖草	20	5.6	18.0	多年生草本	4.87
2014	12	1×1	刺沙蓬	3	10.6	5.0	一年生植物	13.29
2014	12	1×1	无芒隐子草	5	8.0	5.0	多年生草本	3.78
2014	12	1×1	针茅	12	10.9	10.0	多年生草本	35.42
2014	13	1×1	刺沙蓬	12	8.2	8.0	一年生植物	36.29
2014	13	1×1	雾冰藜	1	7.0	2.0	一年生植物	0.37
2014	13	1×1	小画眉草	3	5.6	2.0	一年生植物	0.04
2014	13	1×1	茵陈蒿	415	2.6	15.0	一年生植物	16.94
2014	14	1×1	刺沙蓬	7	8.4	8.0	一年生植物	23.15
2014	14	1×1	地锦	4	3.5	2.0	多年生草本	0.09
2014	14	1×1	砂蓝刺头	1	7.2	0.5	一年生植物	0.33
2014	14	1×1	小画眉草	15	5.6	5.0	一年生植物	0.13
2014	14	1×1	茵陈蒿	1	6.8	0.2	一年生植物	0.04
2014	14	1×1	针茅	2	9.4	10.0	多年生草本	16.62
2014	15	1×1	刺沙蓬	2	8.2	4.0	一年生植物	7.95
2014	15	1×1	无芒隐子草	2	5.1	2.0	多年生草本	2.38
2014	15	1×1	小画眉草	3	3.7	2.0	一年生植物	0.07

（续）

年	样方号	样方面积（m×m）	植物种名	株（丛）数（株或丛/样方）	叶层平均高度（cm）	盖度（%）	生活型	地上绿色部分总干重（g/样方）
2014	15	1×1	茵陈蒿	215	5.2	10.0	一年生植物	11.07
2014	15	1×1	针茅	1	12.5	8.0	多年生草本	16.30
2015	11	1×1	小画眉草	94	2.3	2.0	一年生植物	2.59
2015	11	1×1	雾冰藜	2	0.9	1.0	一年生植物	0.74
2015	11	1×1	茵陈蒿	76	8.6	4.0	一年生植物	7.68
2015	11	1×1	地锦	1	0.8	0.5	一年生植物	0.03
2015	11	1×1	赖草	1	1.5	0.5	多年生草本	2.89
2015	12	1×1	茵陈蒿	29	13.9	3.0	一年生植物	3.07
2015	12	1×1	针茅	9	10.9	4.0	多年生草本	6.45
2015	12	1×1	无芒隐子草	2	5.7	2.0	多年生草本	1.02
2015	12	1×1	地锦	1	1.0	0.5	一年生植物	0.02
2015	12	1×1	赖草	33	5.3	5.0	多年生草本	11.34
2015	12	1×1	小画眉草	5	1.6	0.5	一年生植物	0.11
2015	13	1×1	茵陈蒿	38	14.7	6.0	一年生植物	14.18
2015	13	1×1	小画眉草	36	1.2	2.0	一年生植物	0.86
2015	14	1×1	茵陈蒿	102	15.3	5.0	一年生植物	12.13
2015	14	1×1	小画眉草	13	1.8	1.0	一年生植物	0.20
2015	14	1×1	针茅	2	11.5	1.0	多年生草本	1.22
2015	14	1×1	叉枝鸦葱	6	5.2	2.0	一年生植物	1.12
2015	14	1×1	蒙古韭	7	6.7	2.0	多年生草本	4.15
2015	14	1×1	地锦	2	0.6	0.5	一年生植物	0.03
2015	14	1×1	条叶车前	3	2.0	1.0	一年生植物	0.05
2015	14	1×1	无芒隐子草	1	6.0	0.5	多年生草本	0.36
2015	15	1×1	赖草	99	13.5	5.0	一年生植物	6.08
2015	15	1×1	茵陈蒿	26	15.8	2.0	一年生植物	1.59
2015	15	1×1	叉枝鸦葱	1	7.5	0.5	一年生植物	0.38
2015	15	1×1	蒙古韭	2	12.5	1.0	多年生草本	4.45
2015	15	1×1	无芒隐子草	2	6.3	1.0	多年生草本	1.46
2015	15	1×1	针茅	1	12.0	0.5	多年生草本	1.05
2015	15	1×1	地锦	2	0.9	1.0	一年生植物	0.02
2015	15	1×1	冠芒草	19	3.3	4.0	多年生草本	1.31
2016	11	1×1	小画眉草	79	2.5	2.0	一年生植物	3.04
2016	11	1×1	雾冰藜	2	0.8	0.5	一年生植物	0.59
2016	11	1×1	茵陈蒿	38	7.7	4.0	一年生植物	3.84
2016	11	1×1	叉枝鸦葱	1	5.6	1.0	一年生植物	0.48
2016	11	1×1	地锦	2	0.9	0.5	一年生植物	0.05
2016	11	1×1	赖草	1	1.6	0.5	多年生草本	2.02
2016	12	1×1	茵陈蒿	17	13.3	1.5	一年生植物	1.84

（续）

年	样方号	样方面积 (m×m)	植物种名	株（丛）数 (株或丛/样方)	叶层平均高度 (cm)	盖度（%）	生活型	地上绿色部分总干重 (g/样方)
2016	12	1×1	针茅	18	11.8	5.0	多年生草本	12.94
2016	12	1×1	小画眉草	18	2.5	1.0	一年生植物	0.86
2016	12	1×1	无芒隐子草	2	6.3	2.0	多年生草本	0.81
2016	12	1×1	赖草	31	4.8	5.0	一年生植物	10.08
2016	12	1×1	小画眉草	4	1.8	0.5	一年生植物	0.08
2016	13	1×1	茵陈蒿	23	15.4	4.0	一年生植物	8.50
2016	13	1×1	地锦	3	0.9	0.5	多年生草本	0.08
2016	13	1×1	小画眉草	40	1.2	2.0	一年生植物	0.98
2016	14	1×1	茵陈蒿	82	16.5	5.0	一年生植物	9.70
2016	14	1×1	小画眉草	7	2.0	0.5	一年生植物	0.15
2016	14	1×1	针茅	3	10.2	1.5	多年生草本	1.83
2016	14	1×1	蒙古韭	4	7.4	1.5	多年生草本	2.49
2016	14	1×1	地锦	4	0.6	1.0	一年生植物	0.08
2016	14	1×1	条叶车前	2	1.9	0.5	一年生植物	0.06
2016	14	1×1	无芒隐子草	1	6.5	0.5	多年生草本	0.18
2016	15	1×1	茵陈蒿	18	14.1	1.5	一年生植物	1.11
2016	15	1×1	针茅	1	11.5	0.2	多年生草本	0.52
2016	15	1×1	赖草	86	14.9	8.0	一年生植物	5.12
2016	15	1×1	冠芒草	13	3.6	3.0	多年生草本	0.91
2016	15	1×1	蒙古韭	4	13.8	2.0	多年生草本	8.80
2016	15	1×1	无芒隐子草	2	6.6	0.5	多年生草本	1.16
2016	15	1×1	叉枝鸦葱	1	6.8	0.5	一年生植物	0.22
2017	10	1×1	小画眉草	100	10.2	20.0	一年生植物	2.60
2017	10	1×1	砂蓝刺头	2	4.0	2.0	一年生植物	0.35
2017	10	1×1	雾冰藜	2	10.0	2.0	一年生植物	2.10
2017	11	1×1	小画眉草	86	5.5	15.0	一年生植物	3.08
2017	11	1×1	雾冰藜	2	14.0	4.0	一年生植物	2.08
2017	11	1×1	茵陈蒿	150	2.2	15.0	一年生植物	8.69
2017	11	1×1	刺沙蓬	6	14.1	5.0	一年生植物	5.33
2017	12	1×1	针茅	4	22.7	18.0	多年生草本	19.43
2017	12	1×1	赖草	8	9.3	8.0	多年生草本	1.35
2017	12	1×1	地锦	6	1.3	3.0	一年生植物	0.24
2017	12	1×1	刺沙蓬	2	14.0	8.0	一年生植物	4.36
2017	12	1×1	无芒隐子草	2	12.0	5.0	一年生植物	0.54
2017	13	1×1	茵陈蒿	116	3.2	10.0	一年生植物	4.68
2017	13	1×1	刺沙蓬	2	4.0	2.0	一年生植物	2.03

(续)

年	样方号	样方面积 (m×m)	植物种名	株（丛）数 (株或丛/样方)	叶层平均高度 (cm)	盖度（%）	生活型	地上绿色部分总干重 (g/样方)
2017	13	1×1	小画眉草	6	5.3	2.0	一年生植物	0.26
2017	13	1×1	雾冰藜	5	15.6	1.0	一年生植物	4.53
2017	14	1×1	茵陈蒿	116	2.3	12.0	一年生植物	5.31
2017	14	1×1	小画眉草	80	5.3	15.0	一年生植物	2.26
2017	14	1×1	砂蓝刺头	2	10.3	2.0	一年生植物	3.46
2017	14	1×1	雾冰藜	4	11.1	4.0	一年生植物	1.37
2017	14	1×1	针茅	2	16.0	5.0	多年生草本	6.23
2017	14	1×1	地锦	8	1.2	2.0	一年生植物	0.18
2017	15	1×1	小画眉草	12	1.8	2.0	一年生植物	0.34
2017	15	1×1	茵陈蒿	38	1.8	4.0	一年生植物	0.68
2017	15	1×1	无芒隐子草	4	7.2	1.0	多年生草本	1.23
2017	15	1×1	针茅	2	15.0	2.0	多年生草本	7.32
2017	15	1×1	地锦	10	0.8	2.0	一年生植物	0.14
2018	11	1×1	刺沙蓬	14	7.0	10.0	一年生草本	28.64
2018	11	1×1	地锦	4	2.0	2.0	一年生草本	0.81
2018	11	1×1	雾冰藜	24	12.0	18.0	一年生草本	31.76
2018	11	1×1	小画眉草	108	15.7	20.0	一年生草本	28.45
2018	11	1×1	茵陈蒿	56	14.9	10.0	一年生草本	13.44
2018	12	1×1	冰草	86	50.0	25.0	多年生草本	22.78
2018	12	1×1	地锦	2	1.0	1.0	一年生草本	0.26
2018	12	1×1	无芒隐子草	2	15.0	2.0	一年生草本	4.30
2018	12	1×1	茵陈蒿	24	19.7	15.0	一年生草本	5.06
2018	12	1×1	针茅	5	15.2	10.0	多年生草本	13.64
2018	13	1×1	地锦	2	1.0	1.0	一年生草本	0.18
2018	13	1×1	雾冰藜	2	3.5	5.0	一年生草本	3.32
2018	13	1×1	小画眉草	34	8.6	18.0	一年生草本	8.70
2018	13	1×1	茵陈蒿	36	23.6	25.0	一年生草本	10.36
2018	14	1×1	蓍状亚菊	6	29.7	8.0	多年生草本	18.60
2018	14	1×1	茵陈蒿	144	11.5	30.0	多年生草本	28.83
2018	14	1×1	针茅	2	18.0	10.0	多年生草本	8.62
2018	15	1×1	冰草	44	49.2	20.0	多年生草本	11.08
2018	15	1×1	叉枝鸦葱	6	24.0	5.0	一年生草本	5.38
2018	15	1×1	地锦	2	4.0	1.0	多年生草本	0.36
2018	15	1×1	无芒隐子草	10	12.2	8.0	多年生草本	8.32
2018	15	1×1	小画眉草	64	8.2	15.0	一年生草本	7.45
2018	15	1×1	茵陈蒿	52	23.3	10.0	一年生草本	11.26
2018	15	1×1	针茅	2	15.0	8.0	多年生草本	6.35

（续）

年	样方号	样方面积（m×m）	植物种名	株（丛）数（株或丛/样方）	叶层平均高度（cm）	盖度（%）	生活型	地上绿色部分总干重（g/样方）
样地名称：沙坡头站人工植被演替综合观测场生物土壤长期采样地								
2009	1	1×1	小画眉草	282	3.5	8.9	一年生植物	8.78
2009	1	1×1	雾冰藜	3	6.5	0.2	一年生植物	2.32
2009	1	1×1	刺沙蓬	1	13.4	1.6	一年生植物	7.28
2009	1	1×1	碟果虫实	1	3.8	1.2	一年生植物	5.46
2009	1	1×1	虎尾草	2	4.7	0.2	一年生植物	3.65
2009	1	1×1	砂蓝刺头	1	2.0	0.1	一年生植物	3.21
2009	1	1×1	狗尾草	5	3.3	2.4	一年生植物	4.76
2009	2	1×1	雾冰藜	4	9.2	0.2	一年生植物	2.18
2009	2	1×1	小画眉草	85	4.6	2.5	一年生植物	5.85
2009	2	1×1	虎尾草	2	4.5	0.2	一年生植物	2.56
2009	3	1×1	小画眉草	88	4.5	2.2	一年生植物	4.48
2009	3	1×1	狗尾草	8	1.9	1.4	一年生植物	3.60
2009	3	1×1	雾冰藜	1	4.9	1.5	一年生植物	2.23
2009	3	1×1	刺沙蓬	1	7.8	0.1	一年生植物	2.14
2009	4	1×1	小画眉草	162	4.7	6.8	一年生植物	5.58
2009	4	1×1	刺沙蓬	1	12.4	0.2	一年生植物	4.35
2009	5	1×1	小画眉草	234	6.5	1.4	一年生植物	5.84
2009	5	1×1	虎尾草	1	4.6	0.8	一年生植物	3.25
2009	5	1×1	雾冰藜	2	3.7	0.2	一年生植物	2.36
2009	6	1×1	小画眉草	238	4.8	3.2	一年生植物	9.37
2009	6	1×1	碟果虫实	1	2.5	0.3	一年生植物	2.14
2009	6	1×1	雾冰藜	6	3.0	0.9	一年生植物	2.93
2009	7	1×1	小画眉草	276	4.5	7.3	一年生植物	8.83
2009	7	1×1	砂蓝刺头	2	4.5	0.2	一年生植物	3.65
2009	7	1×1	雾冰藜	50	3.0	1.8	一年生植物	5.62
2009	8	1×1	小画眉草	169	3.5	5.8	一年生植物	10.04
2009	8	1×1	碟果虫实	1	2.7	0.2	一年生植物	2.16
2009	8	1×1	雾冰藜	3	3.0	0.5	一年生植物	3.04
2009	9	1×1	雾冰藜	1	5.0	0.3	一年生植物	2.21
2009	9	1×1	碟果虫实	5	5.0	0.5	一年生植物	2.12
2009	9	1×1	小画眉草	142	4.2	4.2	一年生植物	6.45
2009	10	1×1	雾冰藜	2	3.6	0.3	一年生植物	2.32
2009	10	1×1	小画眉草	48	6.8	1.5	一年生植物	4.45
2009	10	1×1	砂蓝刺头	1	4.5	0.2	一年生植物	3.68
2010	1	1×1	雾冰藜	1	11.8	1.0	一年生植物	5.45
2010	1	1×1	刺沙蓬	1	10.5	2.0	一年生植物	2.48
2010	1	1×1	碟果虫实	1	1.0	0.1	一年生植物	0.03

（续）

年	样方号	样方面积（m×m）	植物种名	株（丛）数（株或丛/样方）	叶层平均高度（cm）	盖度（%）	生活型	地上绿色部分总干重（g/样方）
2010	1	1×1	虎尾草	1	0.8	0.1	一年生植物	0.03
2010	1	1×1	砂蓝刺头	1	0.4	0.1	一年生植物	0.04
2010	1	1×1	狗尾草	1	0.5	0.1	一年生植物	0.04
2010	1	1×1	小画眉草	21	0.5	0.1	一年生植物	0.12
2010	2	1×1	雾冰藜	15	10.5	10.0	一年生植物	15.54
2010	2	1×1	刺沙蓬	4	9.5	8.0	一年生植物	11.28
2010	2	1×1	砂蓝刺头	2	0.4	0.1	一年生植物	0.05
2010	2	1×1	小画眉草	34	0.4	0.2	一年生植物	0.15
2010	2	1×1	虎尾草	2	0.3	0.1	一年生植物	0.06
2010	3	1×1	刺沙蓬	2	5.2	2.0	一年生植物	4.36
2010	3	1×1	小画眉草	41	0.4	0.2	一年生植物	0.14
2010	3	1×1	狗尾草	3	0.4	0.1	一年生植物	0.05
2010	3	1×1	雾冰藜	1	0.3	0.1	一年生植物	0.02
2010	4	1×1	雾冰藜	1	12.0	1.0	一年生植物	2.02
2010	4	1×1	小画眉草	29	0.5	0.2	一年生植物	0.08
2010	4	1×1	刺沙蓬	1	0.4	0.1	一年生植物	0.02
2010	5	1×1	刺沙蓬	4	8.0	11.0	一年生植物	14.29
2010	5	1×1	雾冰藜	1	13.0	4.0	一年生植物	5.67
2010	5	1×1	小画眉草	47	0.4	0.3	一年生植物	0.10
2010	5	1×1	虎尾草	1	0.5	0.1	一年生植物	0.03
2010	6	1×1	刺沙蓬	4	10.2	2.0	一年生植物	0.73
2010	6	1×1	雾冰藜	8	9.2	5.0	一年生植物	5.02
2010	6	1×1	小画眉草	94	0.4	0.2	一年生植物	0.19
2010	7	1×1	雾冰藜	3	9.3	0.4	一年生植物	0.58
2010	7	1×1	小画眉草	13	1.7	1.8	一年生植物	1.03
2010	7	1×1	砂蓝刺头	1	0.4	0.1	一年生植物	3.65
2010	8	1×1	刺沙蓬	1	6.5	0.5	一年生植物	0.41
2010	8	1×1	碟果虫实	1	6.5	0.5	一年生植物	0.16
2010	8	1×1	雾冰藜	1	5.0	2.0	一年生植物	0.28
2010	9	1×1	雾冰藜	2	3.0	0.5	一年生植物	0.43
2010	9	1×1	碟果虫实	1	4.0	0.5	一年生植物	0.18
2010	9	1×1	小画眉草	79	1.3	4.0	一年生植物	3.27
2010	10	1×1	雾冰藜	11	7.6	13.0	一年生植物	14.28
2010	10	1×1	刺沙蓬	2	8.2	4.0	一年生植物	4.81
2010	10	1×1	小画眉草	85	0.5	0.5	一年生植物	0.56
2010	10	1×1	砂蓝刺头	3	0.5	0.2	一年生植物	0.11
2011	1	1×1	小画眉草	12	0.7	6.2	一年生植物	0.37

（续）

年	样方号	样方面积 (m×m)	植物种名	株（丛）数 (株或丛/样方)	叶层平均高度 (cm)	盖度（%）	生活型	地上绿色部分总干重 (g/样方)
2011	1	1×1	虎尾草	1	4.3	0.5	一年生植物	1.72
2011	1	1×1	刺沙蓬	3	8.5	2.5	一年生植物	9.33
2011	2	1×1	刺沙蓬	1	23.0	13.5	一年生植物	2.27
2011	2	1×1	小画眉草	107	2.4	12.0	一年生植物	7.36
2011	2	1×1	雾冰藜	2	6.2	17.0	一年生植物	1.54
2011	3	1×1	小画眉草	6	2.8	2.0	一年生植物	0.21
2011	4	1×1	刺沙蓬	3	8.1	6.5	一年生植物	11.37
2011	4	1×1	小画眉草	7	3.4	0.5	一年生植物	0.48
2011	4	1×1	狗尾草	1	0.8	1.5	一年生植物	0.43
2011	5	1×1	刺沙蓬	1	12.0	5.5	一年生植物	2.65
2011	5	1×1	雾冰藜	1	16.0	4.0	一年生植物	0.81
2011	5	1×1	小画眉草	6	6.6	0.8	一年生植物	0.22
2011	5	1×1	虎尾草	1	2.0	0.2	一年生植物	2.08
2011	6	1×1	刺沙蓬	4	14.8	8.5	一年生植物	8.80
2011	6	1×1	雾冰藜	2	17.8	10.5	一年生植物	2.76
2011	6	1×1	小画眉草	36	2.2	0.8	一年生植物	0.89
2011	6	1×1	碟果虫实	1	4.1	8.0	一年生植物	2.25
2011	7	1×1	刺沙蓬	9	11.6	20.0	一年生植物	18.96
2011	7	1×1	碟果虫实	7	8.9	15.0	一年生植物	21.03
2011	7	1×1	雾冰藜	6	8.8	10.0	一年生植物	4.22
2011	8	1×1	雾冰藜	5	10.0	8.0	一年生植物	3.80
2011	8	1×1	刺沙蓬	2	9.0	5.0	一年生植物	4.17
2011	8	1×1	砂蓝刺头	1	6.5	0.5	一年生植物	1.86
2011	8	1×1	小画眉草	14	9.5	2.0	一年生植物	0.83
2011	8	1×1	碟果虫实	2	6.1	0.8	一年生植物	3.87
2011	9	1×1	雾冰藜	1	6.0	4.0	一年生植物	2.10
2011	9	1×1	刺沙蓬	4	8.7	3.0	一年生植物	4.26
2011	9	1×1	小画眉草	31	3.8	3.0	一年生植物	1.22
2012	1	1×1	小画眉草	41	9.9	9.5	一年生植物	0.55
2012	1	1×1	虎尾草	3	8.4	2.5	一年生植物	1.21
2012	1	1×1	刺沙蓬	3	11.8	8.0	一年生植物	7.07
2012	2	1×1	刺沙蓬	1	11.0	6.0	一年生植物	8.25
2012	2	1×1	小画眉草	65	8.0	15.0	一年生植物	0.96
2012	2	1×1	虎尾草	4	10.9	6.0	一年生植物	1.08
2012	3	1×1	小画眉草	32	5.1	13.0	一年生植物	0.38
2012	3	1×1	虎尾草	1	6.7	1.0	一年生植物	0.70
2012	3	1×1	刺沙蓬	1	6.0	10.0	一年生植物	7.24

（续）

年	样方号	样方面积（m×m）	植物种名	株（丛）数（株或丛/样方）	叶层平均高度（cm）	盖度（%）	生活型	地上绿色部分总干重（g/样方）
2012	4	1×1	刺沙蓬	1	19.0	12.0	一年生植物	9.36
2012	4	1×1	小画眉草	31	7.6	20.0	一年生植物	0.37
2012	5	1×1	刺沙蓬	3	25.8	27.0	一年生植物	6.88
2012	5	1×1	雾冰藜	4	10.9	3.0	一年生植物	0.35
2012	5	1×1	小画眉草	23	6.4	17.0	一年生植物	0.33
2012	5	1×1	砂蓝刺头	1	3.0	4.0	一年生植物	1.58
2012	6	1×1	刺沙蓬	3	15.8	10.0	一年生植物	10.02
2012	6	1×1	虎尾草	2	8.1	4.0	一年生植物	0.39
2012	6	1×1	小画眉草	23	7.1	18.0	一年生植物	0.32
2012	6	1×1	碟果虫实	1	13.0	8.0	一年生植物	4.74
2012	7	1×1	刺沙蓬	3	12.6	20.0	一年生植物	11.07
2012	7	1×1	碟果虫实	2	11.6	15.0	一年生植物	9.08
2012	7	1×1	雾冰藜	4	16.1	8.0	一年生植物	2.20
2012	7	1×1	虎尾草	2	15.0	6.0	一年生植物	2.48
2012	7	1×1	狗尾草	1	23.0	2.0	一年生植物	4.79
2012	7	1×1	小画眉草	29	15.8	25.0	一年生植物	0.53
2012	8	1×1	雾冰藜	2	3.8	5.0	一年生植物	3.49
2012	8	1×1	刺沙蓬	8	8.7	15.0	一年生植物	7.35
2012	8	1×1	砂蓝刺头	3	3.9	2.0	一年生植物	6.90
2012	8	1×1	小画眉草	12	6.7	5.0	一年生植物	0.32
2012	8	1×1	碟果虫实	4	8.2	3.0	一年生植物	1.86
2012	9	1×1	雾冰藜	1	12.0	2.0	一年生植物	2.50
2012	9	1×1	刺沙蓬	2	8.3	8.0	一年生植物	4.30
2012	9	1×1	小画眉草	37	8.8	20.0	一年生植物	0.94
2013	1	1×1	小画眉草	24	6.1	8.0	一年生植物	0.32
2013	1	1×1	虎尾草	2	6.0	2.0	一年生植物	0.55
2013	1	1×1	刺沙蓬	7	10.9	15.0	一年生植物	25.46
2013	1	1×1	雾冰藜	3	8.9	4.0	一年生植物	1.37
2013	2	1×1	小画眉草	36	5.8	18.0	一年生植物	0.46
2013	2	1×1	刺沙蓬	5	9.7	10.0	一年生植物	28.15
2013	3	1×1	小画眉草	16	5.1	5.0	一年生植物	0.22
2013	3	1×1	刺沙蓬	3	5.7	8.0	一年生植物	17.14
2013	3	1×1	雾冰藜	1	3.0	2.0	一年生植物	0.26
2013	4	1×1	刺沙蓬	3	10.9	6.0	一年生植物	21.40
2013	4	1×1	小画眉草	32	7.5	15.0	一年生植物	0.40
2013	4	1×1	雾冰藜	1	10.2	2.0	一年生植物	0.43
2013	5	1×1	刺沙蓬	3	6.8	5.0	一年生植物	18.50

（续）

年	样方号	样方面积（m×m）	植物种名	株（丛）数（株或丛/样方）	叶层平均高度（cm）	盖度（%）	生活型	地上绿色部分总干重（g/样方）
2013	5	1×1	小画眉草	15	5.0	8.0	一年生植物	0.22
2013	6	1×1	雾冰藜	3	8.8	8.0	一年生植物	1.26
2013	6	1×1	刺沙蓬	3	9.1	10.0	一年生植物	13.71
2013	6	1×1	虎尾草	3	3.9	2.0	一年生植物	0.28
2013	6	1×1	小画眉草	12	6.3	8.0	一年生植物	0.16
2013	6	1×1	碟果虫实	1	10.0	8.0	一年生植物	3.84
2013	7	1×1	刺沙蓬	8	7.0	15.0	一年生植物	26.88
2013	7	1×1	雾冰藜	6	10.4	6.0	一年生植物	2.35
2013	8	1×1	雾冰藜	5	11.4	5.0	一年生植物	2.16
2013	8	1×1	刺沙蓬	8	10.3	20.0	一年生植物	32.19
2013	8	1×1	小画眉草	19	8.8	5.0	一年生植物	0.26
2013	8	1×1	碟果虫实	1	3.0	3.0	一年生植物	1.65
2013	9	1×1	雾冰藜	5	10.3	5.0	一年生植物	2.34
2013	9	1×1	刺沙蓬	3	8.2	8.0	一年生植物	17.22
2013	9	1×1	小画眉草	10	5.3	4.0	一年生植物	0.15
2013	10	1×1	刺沙蓬	6	7.2	12.0	一年生植物	34.18
2014	1	1×1	刺沙蓬	2	22.8	8.0	一年生植物	7.28
2014	1	1×1	狗尾草	16	39.7	8.0	一年生植物	12.40
2014	1	1×1	虎尾草	3	15.3	4.0	一年生植物	2.63
2014	1	1×1	砂蓝刺头	9	7.0	4.0	一年生植物	3.65
2014	1	1×1	小画眉草	74	9.5	12.0	一年生植物	2.06
2014	2	1×1	刺沙蓬	3	11.8	10.0	一年生植物	9.36
2014	2	1×1	狗尾草	1	11.0	3.0	一年生植物	0.75
2014	2	1×1	小画眉草	45	15.4	10.0	一年生植物	0.38
2014	3	1×1	狗尾草	2	22.0	2.0	一年生植物	2.21
2014	3	1×1	砂蓝刺头	1	3.5	0.2	一年生植物	0.46
2014	3	1×1	小画眉草	75	2.7	6.0	一年生植物	2.30
2014	4	1×1	刺沙蓬	9	18.4	15.0	一年生植物	22.36
2014	4	1×1	狗尾草	1	11.3	1.0	一年生植物	0.74
2014	4	1×1	虎尾草	6	22.6	2.0	一年生植物	3.57
2014	4	1×1	砂蓝刺头	2	7.0	0.5	一年生植物	0.51
2014	4	1×1	小画眉草	75	16.0	18.0	一年生植物	0.71
2014	5	1×1	刺沙蓬	1	23.5	4.0	一年生植物	4.68
2014	5	1×1	雾冰藜	1	8.6	6.0	一年生植物	0.67
2014	5	1×1	小画眉草	60	13.4	8.0	一年生植物	0.58
2014	6	1×1	刺沙蓬	5	10.1	6.0	一年生植物	14.16
2014	6	1×1	虎尾草	1	7.0	1.0	一年生植物	0.43

（续）

年	样方号	样方面积 (m×m)	植物种名	株（丛）数 (株或丛/样方)	叶层平均高度 (cm)	盖度（%）	生活型	地上绿色部分总干重 (g/样方)
2014	6	1×1	小画眉草	50	11.7	8.0	一年生植物	0.49
2014	7	1×1	刺沙蓬	19	16.9	20.0	一年生植物	24.67
2014	7	1×1	狗尾草	1	7.0	1.0	一年生植物	0.74
2014	7	1×1	雾冰藜	5	13.9	6.0	一年生植物	2.69
2014	7	1×1	小画眉草	21	13.4	5.0	一年生植物	0.18
2014	8	1×1	碟果虫实	3	12.7	3.0	一年生植物	1.48
2014	8	1×1	刺沙蓬	9	14.1	10.0	一年生植物	35.68
2014	8	1×1	狗尾草	1	12.0	1.0	一年生植物	0.76
2014	8	1×1	砂蓝刺头	7	8.4	3.0	一年生植物	2.84
2014	8	1×1	小画眉草	85	15.5	12.0	一年生植物	0.82
2014	9	1×1	刺沙蓬	1	9.8	2.0	一年生植物	3.65
2014	9	1×1	虎尾草	1	9.0	1.0	一年生植物	0.70
2014	9	1×1	砂蓝刺头	5	3.6	2.0	一年生植物	2.32
2014	9	1×1	雾冰藜	1	16.0	5.0	一年生植物	0.33
2014	9	1×1	小画眉草	78	14.1	8.0	一年生植物	0.70
2014	10	1×1	刺沙蓬	5	11.8	8.0	一年生植物	20.07
2014	10	1×1	砂蓝刺头	1	4.0	0.2	一年生植物	0.47
2014	10	1×1	雾冰藜	1	15.5	2.0	一年生植物	0.36
2014	10	1×1	小画眉草	84	14.2	8.0	一年生植物	0.79
2015	1	1×1	小画眉草	20	0.6	0.5	一年生植物	0.09
2015	1	1×1	砂蓝刺头	8	1.4	0.1	一年生植物	0.14
2015	1	1×1	刺沙蓬	2	4.9	0.1	一年生植物	0.17
2015	2	1×1	小画眉草	15	0.8	0.4	一年生植物	0.10
2015	2	1×1	砂蓝刺头	5	0.8	0.1	一年生植物	0.04
2015	2	1×1	刺沙蓬	3	4.8	0.2	一年生植物	0.13
2015	3	1×1	小画眉草	48	0.3	0.1	一年生植物	0.18
2015	3	1×1	砂蓝刺头	7	0.4	0.2	一年生植物	0.11
2015	4	1×1	小画眉草	145	0.3	1.0	一年生植物	0.56
2015	4	1×1	砂蓝刺头	7	0.4	0.1	一年生植物	0.08
2015	5	1×1	小画眉草	18	0.4	0.1	一年生植物	0.11
2015	5	1×1	刺沙蓬	1	5.6	0.1	一年生植物	0.10
2015	5	1×1	砂蓝刺头	22	0.5	0.2	一年生植物	0.14
2015	6	1×1	小画眉草	69	0.6	0.3	一年生植物	0.28
2015	6	1×1	砂蓝刺头	16	0.6	0.4	一年生植物	0.21
2015	7	1×1	小画眉草	59	0.5	0.2	一年生植物	0.16
2015	8	1×1	雾冰藜	32	4.7	0.5	一年生植物	0.83
2015	8	1×1	刺沙蓬	3	3.8	0.2	一年生植物	0.27

（续）

年	样方号	样方面积 (m×m)	植物种名	株（丛）数 (株或丛/样方)	叶层平均高度 (cm)	盖度（%）	生活型	地上绿色部分总干重 (g/样方)
2015	8	1×1	小画眉草	20	0.6	0.2	一年生植物	0.11
2015	8	1×1	碟果虫实	3	2.1	0.3	一年生植物	0.33
2015	9	1×1	砂蓝刺头	15	0.7	0.1	一年生植物	0.20
2015	9	1×1	刺沙蓬	5	5.0	0.4	一年生植物	0.30
2015	9	1×1	小画眉草	22	0.6	0.3	一年生植物	0.08
2015	10	1×1	刺沙蓬	3	4.0	0.4	一年生植物	0.12
2015	10	1×1	小画眉草	15	0.6	0.1	一年生植物	0.07
2015	10	1×1	砂蓝刺头	6	0.7	0.1	一年生植物	0.10
2016	1	1×1	刺沙蓬	4	5.1	0.2	一年生植物	0.34
2016	1	1×1	小画眉草	14	0.5	0.5	一年生植物	0.06
2016	1	1×1	砂蓝刺头	5	1.5	0.1	一年生植物	0.08
2016	2	1×1	刺沙蓬	5	5.3	0.3	一年生植物	0.19
2016	2	1×1	小画眉草	12	0.8	0.3	一年生植物	0.08
2016	2	1×1	砂蓝刺头	3	0.9	0.1	一年生植物	0.02
2016	3	1×1	小画眉草	34	0.3	0.1	一年生植物	0.12
2016	3	1×1	砂蓝刺头	4	0.4	0.2	一年生植物	0.06
2016	3	1×1	刺沙蓬	5	4.5	0.2	一年生植物	0.11
2016	4	1×1	小画眉草	115	0.3	1.5	一年生植物	0.66
2016	4	1×1	砂蓝刺头	6	0.4	0.1	一年生植物	0.06
2016	4	1×1	雾冰藜	3	9.5	2.0	一年生植物	1.12
2016	5	1×1	砂蓝刺头	15	0.6	0.1	一年生植物	0.09
2016	5	1×1	小画眉草	9	0.4	0.1	一年生植物	0.07
2016	5	1×1	刺沙蓬	2	6.0	0.2	一年生植物	0.15
2016	6	1×1	小画眉草	41	0.5	0.2	一年生植物	0.16
2016	6	1×1	砂蓝刺头	12	0.5	0.5	一年生植物	0.42
2016	7	1×1	小画眉草	47	0.6	0.2	一年生植物	0.12
2016	7	1×1	砂蓝刺头	10	0.5	0.5	一年生植物	0.42
2016	8	1×1	雾冰藜	16	4.9	0.5	一年生植物	0.42
2016	8	1×1	刺沙蓬	5	3.6	0.5	一年生植物	0.40
2016	8	1×1	小画眉草	14	0.6	0.1	一年生植物	0.08
2016	8	1×1	碟果虫实	2	2.3	0.2	一年生植物	0.19
2016	9	1×1	砂蓝刺头	21	0.6	0.2	一年生植物	0.40
2016	9	1×1	刺沙蓬	4	4.5	0.3	一年生植物	0.24
2016	9	1×1	小画眉草	15	0.7	0.2	一年生植物	0.04
2016	10	1×1	刺沙蓬	5	4.2	0.5	一年生植物	0.18
2016	10	1×1	雾冰藜	2	12.5	2.0	一年生植物	1.42
2016	10	1×1	小画眉草	11	0.6	0.1	一年生植物	0.05

（续）

年	样方号	样方面积（m×m）	植物种名	株（丛）数（株或丛/样方）	叶层平均高度（cm）	盖度（%）	生活型	地上绿色部分总干重（g/样方）
2016	10	1×1	砂蓝刺头	4	0.8	0.1	一年生植物	0.06
2017	1	1×1	小画眉草	40	8.5	20.0	一年生植物	4.56
2017	1	1×1	砂蓝刺头	4	7.8	8.0	一年生植物	2.88
2017	1	1×1	刺沙蓬	14	19.7	15.0	一年生植物	15.50
2017	2	1×1	砂蓝刺头	4	6.0	6.0	一年生植物	1.62
2017	2	1×1	小画眉草	94	5.8	22.0	一年生植物	1.30
2017	2	1×1	刺沙蓬	24	13.4	10.0	一年生植物	16.26
2017	2	1×1	雾冰藜	4	13.5	8.0	一年生植物	1.57
2017	3	1×1	小画眉草	70	8.0	15.0	一年生植物	0.97
2017	3	1×1	刺沙蓬	4	14.7	8.0	一年生植物	7.37
2017	3	1×1	砂蓝刺头	4	3.0	4.0	一年生植物	1.00
2017	4	1×1	刺沙蓬	18	13.8	15.0	一年生植物	18.40
2017	4	1×1	小画眉草	190	9.2	35.0	一年生植物	2.30
2017	4	1×1	雾冰藜	2	8.0	8.0	一年生植物	0.43
2017	5	1×1	刺沙蓬	16	13.6	15.0	一年生植物	5.51
2017	5	1×1	小画眉草	132	7.9	25.0	一年生植物	4.83
2017	6	1×1	刺沙蓬	4	9.8	8.0	一年生植物	5.37
2017	6	1×1	虎尾草	2	1.2	4.0	一年生植物	0.37
2017	6	1×1	小画眉草	72	7.5	15.0	一年生植物	1.95
2017	7	1×1	刺沙蓬	22	15.2	12.0	一年生植物	9.58
2017	7	1×1	雾冰藜	10	11.3	8.0	一年生植物	2.35
2017	7	1×1	砂蓝刺头	2	4.0	2.0	一年生植物	0.40
2017	7	1×1	小画眉草	72	9.5	15.0	一年生植物	1.54
2017	8	1×1	虎尾草	2	6.0	2.0	一年生植物	2.35
2017	8	1×1	刺沙蓬	14	10.6	10.0	一年生植物	6.28
2017	8	1×1	小画眉草	92	8.7	18.0	一年生植物	2.65
2017	8	1×1	砂蓝刺头	2	5.0	1.0	一年生植物	1.86
2017	9	1×1	砂蓝刺头	6	5.8	5.0	一年生植物	2.34
2017	9	1×1	刺沙蓬	4	9.3	4.0	一年生植物	5.21
2017	9	1×1	小画眉草	106	8.3	18.0	一年生植物	2.08
2017	10	1×1	刺沙蓬	8	7.3	3.0	一年生植物	3.24
2018	1	1×1	小画眉草	49	29.1	20.0	一年生草本	38.28
2018	1	1×1	雾冰藜	2	13.0	12.0	一年生草本	24.32
2018	1	1×1	虎尾草	2	22.5	4.0	一年生草本	5.40
2018	1	1×1	刺沙蓬	3	23.8	10.0	一年生草本	42.50
2018	2	1×1	砂蓝刺头	6	3.0	8.0	一年生草本	6.06
2018	2	1×1	小画眉草	101	21.2	25.0	一年生草本	28.90

（续）

年	样方号	样方面积（m×m）	植物种名	株（丛）数（株或丛/样方）	叶层平均高度（cm）	盖度（%）	生活型	地上绿色部分总干重（g/样方）
2018	2	1×1	刺沙蓬	7	19.0	12.0	一年生草本	9.07
2018	2	1×1	虎尾草	35	35.4	20.0	一年生草本	24.50
2018	3	1×1	小画眉草	85	8.0	22.0	一年生草本	36.40
2018	3	1×1	刺沙蓬	3	24.6	10.0	一年生草本	12.63
2018	3	1×1	虎尾草	6	18.8	12.0	一年生草本	15.35
2018	3	1×1	砂蓝刺头	8	1.9	10.0	一年生草本	9.41
2018	4	1×1	刺沙蓬	26	25.6	25.0	一年生草本	68.30
2018	4	1×1	小画眉草	15	16.9	15.0	一年生草本	3.72
2018	4	1×1	虎尾草	9	19.8	10.0	一年生草本	18.30
2018	4	1×1	雾冰藜	6	33.3	18.0	一年生草本	43.70
2018	5	1×1	刺沙蓬	30	23.9	30.0	一年生草本	56.46
2018	5	1×1	小画眉草	65	17.6	20.0	一年生草本	15.94
2018	5	1×1	虎尾草	27	41.9	20.0	一年生草本	21.03
2018	6	1×1	刺沙蓬	9	17.0	15.0	一年生草本	73.50
2018	6	1×1	虎尾草	12	4.0	10.0	一年生草本	32.40
2018	6	1×1	蒙古韭	1	42.0	5.0	多年生草本	16.65
2018	6	1×1	小画眉草	59	15.3	15.0	一年生草本	36.09
2018	7	1×1	刺沙蓬	2	17.0	8.0	一年生草本	14.33
2018	7	1×1	雾冰藜	4	24.5	12.0	一年生草本	26.64
2018	7	1×1	虎尾草	34	26.6	25.0	一年生草本	19.80
2018	7	1×1	小画眉草	49	20.1	15.0	一年生草本	29.31
2018	8	1×1	虎尾草	34	18.0	15.0	一年生草本	21.80
2018	8	1×1	刺沙蓬	13	21.3	8.0	一年生草本	16.17
2018	8	1×1	雾冰藜	4	23.3	8.0	一年生草本	18.64
2018	8	1×1	碟果虫实	26	12.1	12.0	一年生草本	10.61
2018	8	1×1	沙米	4	19.0	2.0	一年生草本	5.42
2018	9	1×1	刺沙蓬	3	26.3	5.0	一年生草本	9.50
2018	9	1×1	虎尾草	42	28.6	18.0	一年生草本	23.40
2018	9	1×1	小画眉草	60	20.1	18.0	一年生草本	28.87
2018	9	1×1	狗尾草	12	28.6	8.0	一年生草本	8.69
2018	10	1×1	碟果虫实	2	2.0	10.0	一年生草本	5.40
2018	10	1×1	刺沙蓬	7	22.9	8.0	一年生草本	18.43
2018	10	1×1	狗尾草	5	27.4	5.0	一年生草本	7.80
2018	10	1×1	砂蓝刺头	4	5.0	2.0	一年生草本	8.91
2018	10	1×1	小画眉草	37	19.4	10.0	一年生草本	16.36

4.2.16　荒漠植物群落灌木层群落特征

数据说明：荒漠植物群落灌木层群落特征数据集中的数据均来源于沙坡头站荒漠生态系统综合观测场、辅助观测场。主要观测的是荒漠植物群落灌木层群落特征，观测的指标有优势种、植物种数、密度、优势种平均高度、总盖度、枝干干重、叶干重、枯枝干重、凋落物干重、地上部总干重等。所有观测数据均为多次测量或观测的平均值（表 4-16）。

表 4-16　荒漠植物群落灌木层群落特征

年	样方号	优势种	植物种数	密度（株或丛/hm^2）	优势种平均高度（m）	总盖度（%）	枝干干重（g/m^2）	叶干重（g/m^2）	枯枝干重（g/m^2）	凋落物干重（g/m^2）	地上部总干重（g/m^2）
样地名称：沙坡头站天然植被演替辅助观测场生物土壤长期采样地											
2009	11	油蒿+驼绒藜	3		0.49	12.47			16.25	8.70	
2009	12	油蒿+驼绒藜	3		0.75	32.24			20.28	5.69	
2009	13	油蒿+猫头刺	5		0.68	15.04			24.24	6.31	
2009	14	狭叶锦鸡儿+驼绒藜	3		0.55	25.14			24.62	4.94	
2009	15	驼绒藜+柠条锦鸡儿	2		1.00	6.76			13.58	4.56	
2010	11	油蒿	4	7 400	0.56	43	62.08	18.69	18.59	5.07	104.43
2010	12	油蒿、驼绒藜	3	3 200	0.54	18	65.5	26.08	22.62	7.06	121.26
2010	13	油蒿、猫头刺	3	4 300	0.62	22	57.19	26.32	22.58	7.68	113.77
2010	14	油蒿	2	2 100	0.49	15	26.67	10.87	20.96	6.31	64.81
2010	15	油蒿、驼绒藜	2	4 700	0.78	21	47.55	16.44	15.92	5.93	85.84
2011	11	油蒿、驼绒藜	2	2 500	0.63	23.74	58.17	24.09	18.67	5.73	133.33
2011	12	油蒿、驼绒藜	5	7 500	0.57	36.25	73.24	36.21	28.15	7.46	181.33
2011	13	油蒿、驼绒藜	3	1 400	0.78	17.87	43.55	15.33	15.70	3.45	97.54
2011	14	油蒿、猫头刺	4	2 900	0.64	30.01	47.16	25.84	22.21	6.28	126.86
2011	15	驼绒藜、柠条锦鸡儿	4	2 800	0.46	15.76	22.48	19.36	12.19	3.29	71.64
2012	11	油蒿、驼绒藜	2	2 400	1.13	50.0	33.07	18.48	13.42	7.28	93.25
2012	11	油蒿、驼绒藜	2	2 700	1.20	30.0	10.6	2.4	16.22	8.12	13.41
2012	12	油蒿、驼绒藜	3	8 400	1.00	25.0	66.14	18.39	26.62	6.28	254.35
2012	12	油蒿、驼绒藜	3	8 500	1.04	45.0	55.0	9.2	20.17	5.06	64.14
2012	13	驼绒藜	2	1 000	0.91	5.0	18.55	9.56	11.46	3.09	27.75
2012	13	驼绒藜	2	1 000	0.89	12.0	19.1	5.0	16.34	4.33	22.30
2012	14	驼绒藜	4	4 000	1.10	15.0	45.16	22.41	18.46	5.14	98.64
2012	14	驼绒藜	5	6 200	0.96	35.0	24.6	3.8	12.17	7.27	22.87
2012	15	驼绒藜	4	5 100	0.82	25.0	53.18	16.41	23.05	5.20	87.37
2012	15	驼绒藜	4	5 100	0.83	35.0	56.4	11.7	18.53	4.60	68.06
2014	11	油蒿、驼绒藜	2	1 700	0.58	8.0	0.8	0.3	18.27	6.25	25.57
2014	12	油蒿、驼绒藜	3	5 900	0.61	25.0	50.5	1.9	25.14	4.74	82.25
2014	13	驼绒藜	2	600	1.00	4.0	17.0	5.2	19.25	2.07	43.51

（续）

年	样方号	优势种	植物种数	密度（株或丛/hm²）	优势种平均高度（m）	总盖度（%）	枝干干重（g/m²）	叶干重（g/m²）	枯枝干重（g/m²）	凋落物干重（g/m²）	地上部总干重（g/m²）
2014	14	驼绒藜	5	4 000	0.40	25.0	0.3	0.1	23.19	6.40	30.01
2014	15	驼绒藜	3	5 400	0.70	20.0	86.3	18.0	21.17	5.39	130.84
2015	11	驼绒藜	1	1 300	0.55	10.0	15.27	3.63	14.97	9.26	43.13
2015	12	油蒿、驼绒藜	3	4 700	0.47	28.0	68.92	16.61	18.13	6.58	110.24
2015	13	驼绒藜	2	600	0.54	12.0	21.00	5.48	15.07	3.61	45.16
2015	14	驼绒藜	5	4 200	0.72	24.0	18.53	5.63	14.73	9.55	48.44
2015	15	驼绒藜	3	4 700	0.48	35.0	96.67	19.87	17.82	4.94	139.30
2016	11	驼绒藜	1	1 300	0.50	15.0	14.73	4.13	13.48	8.96	41.30
2016	12	油蒿、驼绒藜	3	4 500	0.51	30.0	69.05	17.15	17.94	5.26	109.40
2016	13	驼绒藜	2	600	0.58	13.0	19.82	5.17	22.6	4.33	51.92
2016	14	驼绒藜	5	3 600	0.82	23.0	20.4	6.18	15.62	10.35	52.55
2016	15	驼绒藜	3	4 700	0.45	41.0	105.34	21.68	21.38	6.42	154.82
2017	11	驼绒藜	1	1 000	0.48	10.0	10.2	3.90	22.97	6.49	43.56
2017	12	油蒿、驼绒藜	3	4 000	0.58	35.0	61.1	14.00	24.20	6.07	105.37
2017	13	驼绒藜	3	1 200	0.57	7.0	23.4	7.60	14.70	7.89	53.59
2017	14	驼绒藜	5	3 600	0.53	12.2	21.7	5.30	30.38	4.90	62.27
2017	15	驼绒藜	3	5 400	0.63	32.2	113.3	23.40	21.30	5.29	163.29
2018	11	驼绒藜	1	1 500	0.50	10.0	13.67	4.36	7.43	5.24	30.70
2018	12	油蒿、驼绒藜	3	4 400	0.57	3.0	61.42	13.12	22.73	4.15	101.42
2018	13	驼绒藜	3	1 100	0.52	7.0	26.98	6.66	17.95	5.36	56.95
2018	14	驼绒藜	3	3 200	0.51	9.5	19.25	4.42	10.93	8.74	43.34
2018	15	驼绒藜	3	6 700	0.50	32.0	122.94	20.46	18.51	7.21	169.12
样地名称：沙坡头站人工植被演替综合观测场生物土壤长期采样地											
2009	1	油蒿＋A	2		1.04	12.96			10.28	6.75	
2009	2	油蒿	1		0.73	9.34			7.36	3.85	
2009	3	油蒿＋A	2		0.70	16.47			7.52	2.65	
2009	4	油蒿	2		1.40	16.47			13.12	6.56	
2009	5	油蒿	3		1.23	8.98			10.17	5.48	
2009	6	油蒿＋A	2		0.98	4.93			11.35	5.66	
2009	7	油蒿	2		0.83	3.78			12.44	7.53	
2009	8	油蒿	3		1.26	15.96			10.75	5.68	
2009	9	油蒿	1		0.89	8.24			9.99	4.06	
2009	10	油蒿	2		0.86	8.64			11.33	6.25	
2010	1	油蒿	3	3 400	0.52	13	43.43	17.65	12.62	6.12	79.82
2010	2	油蒿	2	800	0.64	11	32.81	12.44	9.70	5.22	60.17

（续）

年	样方号	优势种	植物种数	密度（株或丛/hm²）	优势种平均高度（m）	总盖度（%）	枝干干重（g/m²）	叶干重（g/m²）	枯枝干重（g/m²）	凋落物干重（g/m²）	地上部总干重（g/m²）
2010	3	油蒿	1	3 200	0.67	15	15.43	7.77	9.86	4.02	37.08
2010	4	油蒿+A	2	7 000	1.10	26	25.39	9.64	15.46	4.93	55.42
2010	5	油蒿	2	3 200	0.50	9	45.43	14.02	12.51	6.85	78.81
2010	6	油蒿+A	2	1 800	0.58	12	34.46	15.11	13.69	7.03	70.29
2010	7	油蒿	3	2 600	0.58	16	59.71	19.63	14.78	5.90	100.02
2010	8	油蒿	2	1 000	0.71	11	27.45	12.04	13.09	7.05	59.63
2010	9	油蒿+A	3	7 000	0.58	14	72.2	28.18	12.33	5.43	118.14
2010	10	油蒿	3	2 400	0.72	40	43.44	10.99	13.67	7.62	75.72
2011	1	油蒿+A	2	2 200	0.76	11.15	29.76	8.76	8.12	4.86	51.5
2011	2	油蒿	1	2 400	0.45	13.20	37.67	15.11	4.56	5.32	62.66
2011	3	油蒿	2	5 200	0.41	14.25	48.13	16.79	7.27	3.34	75.53
2011	4	油蒿	2	4 100	0.43	18.67	31.13	22.61	11.65	6.22	40.48
2011	5	油蒿	3	3 100	0.50	15.71	43.22	23.35	14.73	4.79	86.09
2011	6	油蒿	2	3 400	0.40	6.23	27.63	18.7	9.20	4.33	32.23
2011	7	油蒿	2	1 100	0.63	10.5	38.19	14.86	8.74	6.15	67.94
2011	8	油蒿	3	3 900	0.50	26.75	40.05	15.22	7.26	3.42	65.95
2011	9	油蒿	1	4 700	0.58	17.20	23.74	9.34	6.89	4.28	20.51
2011	10	油蒿	2	5 100	0.64	10.42	52.38	17.16	12.48	5.84	87.86
2012	1	油蒿+A	2	28 600	0.71	15.0	73.18	11.26	11.09	5.30	151.42
2012	1	油蒿	2	17 600	0.52	16.0	23.5	8.4	9.46	3.58	31.92
2012	2	油蒿	2	32 900	0.68	20.0	84.09	23.09	32.08	5.46	183.76
2012	2	油蒿	1	20 100	0.53	10.0	16.1	6.5	5.44	4.59	22.52
2012	3	油蒿	2	63 300	0.31	20.0	113.03	37.03	44.76	3.19	243.77
2012	3	油蒿	1	22 600	0.47	16.5	17.9	5.8	9.47	5.17	23.62
2012	4	油蒿	2	33 700	0.35	25.0	58.24	26.9	18.64	5.89	120.46
2012	4	油蒿	2	27 500	0.64	10.0	11.4	7.5	10.06	6.30	30.10
2012	5	油蒿	2	32 600	0.68	25.0	55.04	24.12	23.78	4.94	118.49
2012	5	油蒿	2	20 000	0.55	15.0	19.1	8.0	8.50	3.68	27.17
2012	6	油蒿	2	37 100	0.25	30.0	61.36	14.65	26.12	3.10	123.5
2012	6	油蒿	1	15 800	0.45	12.0	10.3	5.5	6.17	4.80	15.73
2012	7	油蒿	2	9 600	0.75	15.0	22.09	17.2	10.54	9.24	62.05
2012	7	油蒿	2	7 400	0.52	7.0	10.1	4.7	14.19	7.54	14.89
2012	8	油蒿	2	7 800	0.68	18.0	23.17	13.02	9.33	3.88	56.43
2012	8	油蒿	1	14 700	0.51	6.0	11.8	7.3	10.33	6.37	16.77
2012	9	油蒿	2	34 000	0.73	28.0	93.73	21.08	27.38	6.26	17.28

（续）

年	样方号	优势种	植物种数	密度（株或丛/hm²）	优势种平均高度（m）	总盖度（%）	枝干干重（g/m²）	叶干重（g/m²）	枯枝干重（g/m²）	凋落物干重（g/m²）	地上部总干重（g/m²）
2012	9	油蒿	2	11 900	0.47	13.0	19.4	7.4	15.11	5.19	26.74
2012	10	油蒿	2	68 900	0.42	30.0	120.38	25.44	47.82	4.33	257.44
2012	10	油蒿	2	18 700	0.51	7.0	27.0	11.8	14.45	5.82	38.75
2014	1	油蒿	2	9 700	0.89	20.0	18.8	5.4	34.06	4.68	62.90
2014	2	油蒿	2	7 200	1.20	15.0	13.0	3.6	18.49	3.06	38.11
2014	3	油蒿	2	20 800	0.57	45.0	5.2	1.9	31.47	4.50	42.99
2014	4	油蒿	2	14 700	0.68	25.0	5.5	1.9	23.61	7.08	38.10
2014	5	油蒿	2	11 900	0.62	35.0	12.4	3.7	23.30	3.80	43.20
2014	6	油蒿	2	10 900	0.51	40.0	7.1	2.2	35.10	5.07	49.40
2014	7	油蒿	2	4 900	0.93	20.0	7.8	2.7	16.40	8.94	35.88
2014	8	油蒿	1	18 000	0.62	20.0	13.8	4.3	19.28	6.49	43.93
2014	9	油蒿	2	8 400	0.81	35.0	6.9	1.9	21.80	4.36	34.99
2014	10	油蒿	2	7 100	1.22	35.0	26.6	9.2	30.16	6.13	72.04
2015	1	油蒿	2	3 800	0.74	25.0	26.82	9.63	8.57	4.65	49.67
2015	2	油蒿	1	6 100	0.54	10.0	10.26	4.98	7.35	6.12	28.71
2015	3	油蒿	1	6 000	0.61	35.0	9.86	3.96	9.57	7.26	30.65
2015	4	油蒿	2	8 000	0.66	40.0	16.35	7.74	8.04	8.35	40.48
2015	5	油蒿	2	9 000	0.64	25.0	23.85	9.97	8.83	4.45	47.10
2015	6	油蒿	2	5 600	0.75	33.0	12.92	5.13	4.95	6.36	29.36
2015	7	油蒿	1	10 900	0.57	35.0	9.08	3.53	13.35	9.87	35.83
2015	8	油蒿	2	2 800	0.60	10.0	18.24	5.69	9.26	7.13	40.32
2015	9	油蒿	2	4 000	0.54	18.0	22.46	6.81	13.01	8.67	50.95
2015	10	油蒿	1	10 300	0.54	25.0	15.49	6.35	12.56	7.39	41.79
2016	1	油蒿	2	4 300	0.85	23.0	27.04	9.84	10.28	5.58	52.74
2016	2	油蒿	1	5 700	0.58	15.0	11.08	5.38	8.02	6.6	31.08
2016	3	油蒿	1	6 400	0.57	30.0	8.88	3.46	15.18	9.44	36.96
2016	4	油蒿	2	7 800	0.60	30.0	14.44	8.62	7.2	6.68	36.94
2016	5	油蒿	2	8 800	0.73	28.0	24.75	10.21	9.71	6.25	50.92
2016	6	油蒿	2	5 900	0.81	30.0	13.05	5.16	7.42	5.08	30.71
2016	7	油蒿	1	13 500	0.52	35.0	9.36	3.74	18.69	11.84	43.63
2016	8	油蒿	2	2 500	0.62	12.0	20.53	6.62	11.14	7.7	45.99
2016	9	油蒿	2	4 200	0.66	18.0	23.37	7.47	19.52	11.27	61.63
2016	10	油蒿	1	11 600	0.51	25.0	13.94	5.72	16.9	5.91	42.47
2017	1	油蒿	2	6 000	0.50	15.0	29.8	9.70	22.76	3.86	66.12
2017	2	油蒿	1	3 100	0.51	15.0	9.5	4.80	18.52	5.50	38.32

（续）

年	样方号	优势种	植物种数	密度（株或丛/hm^2）	优势种平均高度（m）	总盖度（%）	枝干干重（g/m^2）	叶干重（g/m^2）	枯枝干重（g/m^2）	凋落物干重（g/m^2）	地上部总干重（g/m^2）
2017	3	油蒿	1	11 500	0.52	35.0	15.7	4.90	26.52	2.65	49.77
2017	4	油蒿	1	8 400	0.64	30.0	11.9	5.20	15.06	6.93	39.09
2017	5	油蒿	2	8 000	0.56	44.0	24.4	7.90	29.32	7.23	68.85
2017	6	油蒿	2	830	0.56	45.0	20.3	8.20	27.33	3.84	59.67
2017	7	油蒿	2	7 400	0.54	10.0	16.7	5.20	17.02	9.04	47.96
2017	8	油蒿	2	2 100	0.64	12.0	21.2	6.70	11.59	8.73	48.22
2017	9	油蒿	2	6 300	0.52	25.0	51.7	16.70	26.52	5.70	100.62
2017	10	油蒿	2	5 400	0.58	25.0	23.8	9.70	45.36	9.69	88.55
2018	1	油蒿	2	6 000	0.41	15.0	35.37	10.54	7.33	3.58	56.82
2018	2	油蒿	2	3 200	0.58	21.0	19.7	9.29	9.41	5.26	43.66
2018	3	油蒿	1	10 600	0.39	30.0	14.72	7.73	11.69	7.48	41.62
2018	4	油蒿	1	8 400	0.48	30.0	10.47	4.59	10.64	7.6	33.30
2018	5	油蒿	2	8 000	0.31	35.0	28.89	8.81	15.69	4.28	57.67
2018	6	油蒿	2	8 300	0.49	35.0	21.58	8.02	5.16	6.48	41.24
2018	7	油蒿	2	3 400	0.54	11.0	17.05	5.12	22.55	9.34	54.06
2018	8	油蒿	2	3 500	0.56	15.0	21.98	7.71	7.25	8.27	45.21
2018	9	油蒿	2	5 100	0.56	28.0	55.77	16.03	23.27	10.06	105.13
2018	10	油蒿	2	4 100	0.39	24.0	24.95	8.27	8.52	6.38	48.12

注：表中 A 代表细枝岩黄芪；样方面积为 10 m×10 m。

4.2.17　荒漠植物群落草本层群落特征

数据说明：荒漠植物群落草本层群落特征数据集中的数据均来源于沙坡头站荒漠生态系统综合观测场、辅助观测场。主要观测的是荒漠植物群落草本层群落特征，观测的指标有优势植物种名、植物种数、优势种平均高度、总盖度、地上绿色部分总干重等。所有观测数据均为多次测量或观测的平均值（表 4-17）。

表 4-17　荒漠植物群落草本层群落特征

年	月	样方号	优势植物种名	植物种数	优势种平均高度（cm）	总盖度（%）	地上绿色部分总干重（g/m^2）
样地名称：沙坡头站天然植被演替辅助观测场生物土壤长期采样地							
2009	9	11	茵陈蒿	3	7.7	9.8	40.31
2010	9	11	茵陈蒿	6	0.0	25.5	27.05
2011	9	11	茵陈蒿	5	4.0	33.0	27.05
2012	9	11	茵陈蒿	4	8.7	21.7	37.27
2012	9	11	小画眉草+茵陈蒿+刺沙蓬	4	5.3	17.0	7.80
2009	9	12	小画眉草	4	6.6	13.2	58.11
2009	9	13	小画眉草+茵陈蒿	5	9.4	15.8	38.37

（续）

年	月	样方号	优势植物种名	植物种数	优势种平均高度（cm）	总盖度（%）	地上绿色部分总干重（g/m²）
2009	9	14	小画眉草＋茵陈蒿	6	8.8	6.2	37.28
2009	9	15	茵陈蒿	3	11.7	9.3	29.91
2010	9	12	茵陈蒿＋小画眉草	6	0.0	15.8	19.83
2010	9	13	茵陈蒿＋小画眉草	5	0.0	22.0	26.54
2010	9	14	茵陈蒿	7	0.0	36.0	46.46
2010	9	15	茵陈蒿＋小画眉草	5	0.0	46.2	62.05
2011	9	12	针茅、无芒隐子草	3	18.9	18.0	19.83
2011	9	13	茵陈蒿	5	8.1	28.0	26.54
2011	9	14	茵陈蒿	3	11.4	21.0	46.46
2011	9	15	茵陈蒿	3	12.1	8.0	62.05
2012	9	12	茵陈蒿＋针茅＋赖草	5	12.8	17.7	23.17
2012	9	12	针茅＋刺沙蓬	6	12.5	27.0	37.69
2012	9	13	茵陈蒿	3	6.7	23.0	56.03
2012	9	13	茵陈蒿＋刺沙蓬	4	5.6	22.0	30.10
2012	9	14	茵陈蒿	3	7.5	31.7	37.00
2012	9	14	刺沙蓬	5	9.5	28.5	20.95
2012	9	15	茵陈蒿、赖草	6	7.8	16.3	41.70
2012	9	15	茵陈蒿＋无芒隐子草	7	4.2	22.5	24.18
2014	9	11	小画眉草、茵陈蒿	5	7.8	56.0	6.41
2014	9	12	针茅、赖草	4	8.3	36.0	57.36
2014	9	13	茵陈蒿	4	2.6	24.0	53.64
2014	9	14	小画眉草、刺沙蓬	6	7.0	20.0	40.36
2014	9	15	茵陈蒿	5	5.2	18.0	37.77
2015	9	11	小画眉草＋茵陈蒿＋刺沙蓬	5	5.5	8.0	13.93
2015	9	12	茵陈蒿＋赖草	6	9.6	15.0	22.01
2015	9	13	茵陈蒿＋小画眉草	2	8.0	8.0	15.04
2015	9	14	茵陈蒿	8	15.3	13.0	19.26
2015	9	15	茵陈蒿＋赖草	8	14.7	15.0	15.34
2016	9	11	小画眉草＋茵陈蒿	6	5.1	8.5	10.02
2016	9	12	小画眉草＋赖草	6	3.7	10.5	26.61
2016	9	13	小画眉草＋茵陈蒿	3	8.3	6.5	9.56
2016	9	14	茵陈蒿	7	14.1	10.5	14.49
2016	9	15	茵陈蒿＋赖草＋冠芒草	7	10.9	15.7	17.84
2017	9	11	小画眉草＋茵陈蒿	4	3.9	39.0	19.18
2017	9	12	针茅	5	22.7	42.0	25.92
2017	9	13	茵陈蒿	4	3.2	15.0	11.50
2017	9	14	小画眉草	6	5.3	42.0	18.81
2017	9	15	茵陈蒿	5	1.8	9.0	9.71

（续）

年	月	样方号	优势植物种名	植物种数	优势种平均高度（cm）	总盖度（%）	地上绿色部分总干重（g/m²）
2018	8	11	小画眉草＋茵陈蒿	5	15.3	58.0	103.10
2018	8	12	冰草＋茵陈蒿	5	34.9	50.0	46.04
2018	8	13	小画眉草＋茵陈蒿	4	16.1	47.0	22.56
2018	8	14	小画眉草	3	11.5	45.0	56.05
2018	8	15	小画眉草＋茵陈蒿	7	15.8	60.0	50.20
样地名称：沙坡头站人工植被演替综合观测场生物土壤长期采样地							
2009	9	1	小画眉草	7	3.5	14.6	35.46
2009	9	2	小画眉草	3	6.1	2.9	10.59
2009	9	3	小画眉草	4	4.8	5.2	12.45
2009	9	4	小画眉草	2	8.6	7.0	9.93
2009	9	5	小画眉草	3	4.9	2.4	11.45
2009	9	6	小画眉草	3	3.4	4.4	14.44
2009	9	7	小画眉草	3	4.0	9.3	18.10
2009	9	8	小画眉草	3	3.1	6.5	15.24
2009	9	9	小画眉草	3	4.7	5.0	10.78
2009	9	10	小画眉草	3	5.0	2.0	10.45
2010	9	1	小画眉草	7	0.0	3.5	8.22
2010	9	2	小画眉草	5	0.0	18.4	27.12
2010	9	3	小画眉草	4	0.0	2.4	4.61
2010	9	4	小画眉草	3	0.0	1.3	2.15
2010	9	5	小画眉草	4	0.0	15.4	20.13
2010	9	6	小画眉草	3	0.0	7.2	6.55
2010	9	7	小画眉草	3	0.0	2.3	5.29
2010	9	8	雾冰藜	3	0.0	3.0	0.88
2010	9	9	小画眉草	3	0.0	5.0	3.91
2010	9	10	小画眉草	4	0.0	17.7	17.81
2011	9	1	小画眉草	3	0.7	10.0	7.13
2011	9	2	小画眉草	3	2.4	40.0	21.81
2011	9	3	小画眉草	1	2.8	2.0	1.75
2011	9	4	小画眉草	4	3.4	10.0	4.35
2011	9	5	小画眉草	4	6.6	13.0	18.76
2011	9	6	小画眉草	4	2.2	27.0	49.34
2011	9	7	刺蓬＋虫实＋雾冰藜	3	9.8	46.0	55.24
2011	9	8	小画眉草	5	9.5	66.0	17.58
2011	9	9	小画眉草	6	3.8	12.0	24.69
2011	9	10	小画眉草	2	4.0	1.0	2.64

（续）

年	月	样方号	优势植物种名	植物种数	优势种平均高度（cm）	总盖度（%）	地上绿色部分总干重（g/m²）
2012	9	1	小画眉草	3	9.9	27.7	32.33
2012	9	1	小画眉草	4	6.1	29.0	27.70
2012	9	2	小画眉草	3	8.0	16.0	33.86
2012	9	2	小画眉草	2	5.8	28.0	28.61
2012	9	3	小画眉草	3	5.1	5.7	14.56
2012	9	3	小画眉草	3	5.1	15.0	17.62
2012	9	4	小画眉草	2	7.6	23.7	70.16
2012	9	4	小画眉草	3	7.5	23.0	22.23
2012	9	5	小画眉草	4	6.4	28.3	47.33
2012	9	5	小画眉草	2	5.0	13.0	18.72
2012	9	6	小画眉草	4	7.1	10.3	35.50
2012	9	6	小画眉草	5	6.3	36.0	19.25
2012	9	7	小画眉草	5	15.8	26.0	54.20
2012	9	7	刺蓬	2	10.3	21.0	29.23
2012	9	8	小画眉草	5	6.7	14.3	44.56
2012	9	8	小画眉草	4	8.8	33.0	36.26
2012	9	9	小画眉草	3	8.8	9.3	20.03
2012	9	9	小画眉草＋刺蓬	3	6.8	17.0	19.71
2012	9	10	小画眉草	3	7.6	13.7	8.80
2012	9	10	刺蓬	4	7.2	19.0	34.84
2014	9	1	小画眉草	5	9.5	35.0	28.02
2014	9	2	小画眉草	3	15.4	22.0	10.49
2014	9	3	小画眉草	3	2.7	8.0	4.97
2014	9	4	小画眉草	5	16.0	35.0	27.89
2014	9	5	小画眉草	3	13.4	18.0	5.93
2014	9	6	小画眉草	3	11.7	12.0	15.08
2014	9	7	小画眉草＋刺蓬	4	15.1	31.0	28.28
2014	9	8	小画眉草	5	15.5	25.0	41.58
2014	9	9	小画眉草＋刺蓬	5	15.1	16.0	7.70
2014	9	10	刺蓬	4	15.2	18.0	21.69
2015	9	1	小画眉草	3	0.6	0.7	0.41
2015	9	2	小画眉草	3	0.8	0.7	0.20
2015	9	3	小画眉草	2	0.3	0.3	0.27
2015	9	4	小画眉草	2	0.3	1.1	0.64
2015	9	5	小画眉草＋砂蓝刺头	3	0.5	0.4	0.35
2015	9	6	小画眉草	2	0.6	0.7	0.49
2015	9	7	小画眉草	1	0.6	0.2	0.16
2015	9	8	小画眉草＋雾冰藜	4	2.7	1.2	1.54

（续）

年	月	样方号	优势植物种名	植物种数	优势种平均高度（cm）	总盖度（%）	地上绿色部分总干重（g/m²）
2015	9	9	小画眉草+砂蓝刺头	3	0.7	0.8	0.58
2015	9	10	小画眉草+砂蓝刺头	3	0.7	0.6	0.29
2016	9	1	小画眉草	3	0.5	0.8	0.48
2016	9	2	小画眉草	3	0.8	0.7	0.29
2016	9	3	小画眉草	3	0.3	0.5	0.29
2016	9	4	小画眉草	3	0.3	3.6	0.28
2016	9	5	小画眉草+砂蓝刺头	3	0.4	0.4	0.31
2016	9	6	小画眉草	2	0.5	0.7	0.58
2016	9	7	小画眉草	2	0.6	0.7	0.54
2016	9	8	小画眉草+雾冰藜	4	2.8	1.3	1.09
2016	9	9	小画眉草+砂蓝刺头	3	0.7	0.7	0.68
2016	9	10	小画眉草+雾冰藜	4	6.6	2.7	1.71
2017	9	1	小画眉草	3	8.5	43.0	22.94
2017	9	2	小画眉草	4	5.8	46.0	20.75
2017	9	3	小画眉草	3	8.0	27.0	9.34
2017	9	4	小画眉草	3	9.2	58.0	21.13
2017	9	5	小画眉草	2	7.9	40.0	10.34
2017	9	6	小画眉草	3	7.5	27.0	7.69
2017	9	7	小画眉草+刺蓬	4	10.1	37.0	13.87
2017	9	8	小画眉草	4	8.7	31.0	13.14
2017	9	9	小画眉草+刺蓬	3	8.8	27.0	9.63
2017	9	10	小画眉草	4	10.2	27.0	8.29
2018	8	1	小画眉草	4	29.1	46.0	110.50
2018	8	2	小画眉草	4	21.2	60.0	68.53
2018	8	3	小画眉草	4	8.0	54.0	73.79
2018	8	4	小画眉草+刺蓬	4	21.3	60.0	134.02
2018	8	5	小画眉草+刺蓬+虎尾草	3	27.8	68.0	93.43
2018	8	6	小画眉草+刺蓬	4	16.2	44.0	158.64
2018	8	7	小画眉草+虎尾草	4	23.4	58.0	90.08
2018	8	8	碟果虫实+虎尾草	5	15.1	40.0	72.64
2018	8	9	小画眉草+虎尾草	4	24.4	48.0	70.40
2018	8	10	小画眉草	5	19.4	33.0	50.90

注：样方面积是 1 m×1 m。

4.2.18 荒漠植物群落种子产量

数据说明：荒漠植物群落种子产量数据集中的数据均来源于沙坡头站荒漠生态系统综合观测场、辅助观测场。主要观测的是荒漠植物群落种子产量数据，观测的指标有植物种名、种子产量。所有观测数据均为多次测量或观测的平均值（表 4-18）。

表 4-18 荒漠植物群落种子产量

年	月	日	样方号	样方面积（m×m）	植物种名	种子产量（kg/hm²）
样地名称：沙坡头站天然植被演替辅助观测场生物土壤长期采样地						
2009	6	12	6	10×10	柠条锦鸡儿	10.72
2010	6	20	6	10×10	柠条锦鸡儿	12.35
2011	6	14	6	10×10	柠条锦鸡儿	14.26
2012	6	17	6	10×10	柠条锦鸡儿	11.07
2013	6	19	6	10×10	柠条锦鸡儿	18.32
2014	6	21	6	10×10	柠条锦鸡儿	19.33
2015	6	18	6	10×10	柠条锦鸡儿	17.86
2016	6	22	6	10×10	柠条锦鸡儿	21.06
2017	6	17	6	10×10	柠条锦鸡儿	20.15
2018	6	25	6	10×10	柠条锦鸡儿	16.34
2009	6	12	7	10×10	柠条锦鸡儿	18.21
2010	6	20	7	10×10	柠条锦鸡儿	21.05
2011	6	14	7	10×10	柠条锦鸡儿	17.94
2012	6	17	7	10×10	柠条锦鸡儿	18.35
2013	6	19	7	10×10	柠条锦鸡儿	15.70
2014	6	21	7	10×10	柠条锦鸡儿	17.46
2015	6	18	7	10×10	柠条锦鸡儿	13.50
2016	6	22	7	10×10	柠条锦鸡儿	19.31
2017	6	17	7	10×10	柠条锦鸡儿	18.84
2018	6	25	7	10×10	柠条锦鸡儿	20.08
2009	6	12	8	10×10	柠条锦鸡儿	15.69
2010	6	20	8	10×10	柠条锦鸡儿	16.82
2011	6	14	8	10×10	柠条锦鸡儿	17.43
2012	6	17	8	10×10	柠条锦鸡儿	21.87
2013	6	19	8	10×10	柠条锦鸡儿	24.56
2014	6	21	8	10×10	柠条锦鸡儿	22.35
2015	6	18	8	10×10	柠条锦鸡儿	26.88
2016	6	22	8	10×10	柠条锦鸡儿	22.34
2017	6	17	8	10×10	柠条锦鸡儿	30.33
2018	6	25	8	10×10	柠条锦鸡儿	26.32
2009	6	12	9	10×10	柠条锦鸡儿	13.23
2010	6	20	9	10×10	柠条锦鸡儿	17.24
2011	6	14	9	10×10	柠条锦鸡儿	15.38
2012	6	17	9	10×10	柠条锦鸡儿	14.25
2013	6	19	9	10×10	柠条锦鸡儿	17.95

（续）

年	月	日	样方号	样方面积（m×m）	植物种名	种子产量（kg/hm²）
2014	6	21	9	10×10	柠条锦鸡儿	19.40
2015	6	18	9	10×10	柠条锦鸡儿	15.19
2016	6	22	9	10×10	柠条锦鸡儿	21.54
2017	6	17	9	10×10	柠条锦鸡儿	21.18
2018	6	25	9	10×10	柠条锦鸡儿	24.28
2009	6	12	10	10×10	柠条锦鸡儿	11.32
2010	6	20	10	10×10	狭叶锦鸡儿	25.19
2011	6	14	10	10×10	柠条锦鸡儿	13.53
2012	6	17	10	10×10	柠条锦鸡儿	10.44
2013	6	19	10	10×10	柠条锦鸡儿	13.81
2014	6	21	10	10×10	柠条锦鸡儿	15.48
2015	6	18	10	10×10	狭叶锦鸡儿	20.36
2016	6	22	10	10×10	柠条锦鸡儿	11.04
2017	6	17	10	10×10	柠条锦鸡儿	16.57
2018	6	25	10	10×10	柠条锦鸡儿	18.60
2009	6	12	11	10×10	狭叶锦鸡儿	44.17
2010	6	20	11	10×10	狭叶锦鸡儿	37.28
2011	6	14	11	10×10	狭叶锦鸡儿	22.39
2012	6	17	11	10×10	狭叶锦鸡儿	26.31
2013	6	19	11	10×10	狭叶锦鸡儿	31.35
2014	6	21	11	10×10	狭叶锦鸡儿	28.46
2015	6	18	11	10×10	狭叶锦鸡儿	28.46
2016	6	22	11	10×10	狭叶锦鸡儿	34.48
2017	6	17	11	10×10	狭叶锦种儿	34.48
2018	6	25	11	10×10	狭叶锦鸡儿	37.92
2009	6	12	12	10×10	狭叶锦鸡儿	55.25
2010	6	20	12	10×10	狭叶锦鸡儿	28.39
2011	6	14	12	10×10	狭叶锦鸡儿	47.93
2012	6	17	12	10×10	狭叶锦鸡儿	33.42
2013	6	19	12	10×10	狭叶锦鸡儿	20.75
2014	6	21	12	10×10	狭叶锦鸡儿	28.44
2015	6	18	12	10×10	狭叶锦鸡儿	20.60
2016	6	22	12	10×10	狭叶锦鸡儿	19.29
2017	6	17	12	10×10	狭叶锦鸡儿	22.90
2018	6	25	12	10×10	狭叶锦鸡儿	19.85
2009	6	12	13	10×10	狭叶锦鸡儿	28.20

（续）

年	月	日	样方号	样方面积（m×m）	植物种名	种子产量（kg/hm²）
2010	6	20	13	10×10	狭叶锦鸡儿	31.27
2011	6	14	13	10×10	狭叶锦鸡儿	55.87
2012	6	17	13	10×10	狭叶锦鸡儿	60.76
2013	6	19	13	10×10	狭叶锦鸡儿	49.88
2014	6	21	13	10×10	狭叶锦鸡儿	45.70
2015	6	18	13	10×10	狭叶锦鸡儿	24.38
2016	6	22	13	10×10	狭叶锦鸡儿	57.36
2017	6	17	13	10×10	狭叶锦鸡儿	47.38
2018	6	25	13	10×10	狭叶锦鸡儿	40.98
2009	6	12	14	10×10	狭叶锦鸡儿	62.75
2010	6	20	14	10×10	猫头刺	3.48
2011	6	14	14	10×10	狭叶锦鸡儿	69.33
2012	6	17	14	10×10	狭叶锦鸡儿	59.74
2013	6	19	14	10×10	狭叶锦鸡儿	63.74
2014	6	21	14	10×10	狭叶锦鸡儿	50.38
2015	6	15	14	10×10	猫头刺	4.10
2016	6	22	14	10×10	狭叶锦鸡儿	78.40
2017	6	17	14	10×10	狭叶锦鸡儿	75.21
2018	6	25	14	10×10	狭叶锦鸡儿	66.76
2009	6	30	15	10×10	猫头刺	4.62
2010	6	20	15	10×10	猫头刺	4.19
2011	7	2	15	10×10	猫头刺	3.64
2012	7	8	15	10×10	猫头刺	1.68
2013	7	10	15	10×10	猫头刺	2.04
2014	7	12	15	10×10	猫头刺	3.50
2015	6	15	15	10×10	猫头刺	3.28
2016	7	15	15	10×10	猫头刺	1.85
2017	7	15	15	10×10	猫头刺	1.44
2018	7	15	15	10×10	猫头刺	2.82
2009	6	30	16	10×10	猫头刺	4.56
2010	6	20	16	10×10	猫头刺	5.02
2011	7	2	16	10×10	猫头刺	5.67
2012	7	8	16	10×10	猫头刺	3.64
2013	7	10	16	10×10	猫头刺	3.17
2014	7	12	16	10×10	猫头刺	2.84
2015	6	15	16	10×10	猫头刺	4.64

（续）

年	月	日	样方号	样方面积（m×m）	植物种名	种子产量（kg/hm²）
2016	7	15	16	10×10	猫头刺	3.80
2017	7	15	16	10×10	猫头刺	3.48
2018	7	15	16	10×10	猫头刺	4.18
2009	6	30	17	10×10	霸王	12.16
2010	6	25	17	10×10	霸王	9.24
2011	7	2	17	10×10	霸王	11.86
2012	7	8	17	10×10	霸王	17.56
2013	7	10	17	10×10	霸王	18.46
2014	7	12	17	10×10	霸王	19.48
2015	6	20	17	10×10	霸王	9.13
2016	7	15	17	10×10	霸王	14.78
2017	7	15	17	10×10	霸王	22.15
2018	7	15	17	10×10	霸王	24.36
2009	6	30	18	10×10	霸王	8.70
2010	6	25	18	10×10	霸王	11.22
2011	7	2	18	10×10	霸王	10.64
2012	7	8	18	10×10	霸王	19.64
2013	7	10	18	10×10	霸王	22.95
2014	7	12	18	10×10	霸王	20.16
2015	6	20	18	10×10	霸王	10.47
2016	7	15	18	10×10	霸王	25.24
2017	7	15	18	10×10	霸王	28.80
2018	7	15	18	10×10	霸王	25.12
2009	6	30	19	10×10	霸王	21.36
2010	6	25	19	10×10	霸王	17.39
2011	7	2	19	10×10	霸王	18.75
2012	7	8	19	10×10	霸王	15.38
2013	7	10	19	10×10	霸王	17.33
2014	7	12	19	10×10	霸王	18.44
2015	6	20	19	10×10	霸王	19.32
2016	7	15	19	10×10	霸王	16.12
2017	7	15	19	10×10	霸王	20.44
2018	7	15	19	10×10	霸王	18.35
2009	6	30	20	10×10	霸王	10.34
2010	6	25	20	10×10	霸王	12.01
2011	7	2	20	10×10	霸王	16.62

（续）

年	月	日	样方号	样方面积（m×m）	植物种名	种子产量（kg/hm²）
2012	7	8	20	10×10	霸王	24.77
2013	7	10	20	10×10	霸王	21.09
2014	7	12	20	10×10	霸王	20.45
2015	6	20	20	10×10	霸王	17.40
2016	7	15	20	10×10	霸王	24.25
2017	7	15	20	10×10	霸王	18.30
2018	7	15	20	10×10	霸王	12.47
2010	6	30	21	10×10	荒漠锦鸡儿	7.05
2015	6	25	21	10×10	荒漠锦鸡儿	5.48
2010	6	30	22	10×10	荒漠锦鸡儿	9.59
2015	6	25	22	10×10	荒漠锦鸡儿	9.22
2010	6	30	23	10×10	荒漠锦鸡儿	8.49
2013	10	15	23	1×1	地锦	6.63
2015	6	25	23	10×10	荒漠锦鸡儿	8.40
2010	6	30	24	10×10	荒漠锦鸡儿	6.28
2013	10	15	24	10×10	细枝岩黄芪	153.46
2013	10	15	24	1×1	地梢瓜	2.99
2015	6	25	24	10×10	荒漠锦鸡儿	3.46
2010	6	30	25	10×10	荒漠锦鸡儿	6.33
2013	10	15	25	10×10	细枝岩黄芪	153.67
2013	10	15	25	1×1	小画眉草	19.21
2013	10	15	25	1×1	雾冰藜	4.17
2013	10	15	25	1×1	碟果虫实	10.64
2015	6	25	25	10×10	荒漠锦鸡儿	4.58
2009	10	10	26	1×1	地锦	8.01
2010	6	30	26	10×10	白刺	16.99
2010	6	30	26	10×10	白刺	19.36
2010	6	30	26	10×10	白刺	14.89
2010	6	30	26	10×10	白刺	10.22
2011	10	9	26	1×1	地锦	6.46
2012	10	13	26	1×1	地锦	8.47
2013	10	15	26	10×10	细枝岩黄芪	179.43
2013	10	15	26	1×1	小画眉草	27.10
2013	10	15	26	1×1	沙蓬	28.31
2014	10	17	26	1×1	地锦	73.64
2015	6	28	26	10×10	白刺	16.34

（续）

年	月	日	样方号	样方面积（m×m）	植物种名	种子产量（kg/hm²）
2015	6	28	26	10×10	白刺	15.60
2015	6	28	26	10×10	白刺	19.16
2015	6	28	26	10×10	白刺	16.44
2009	10	10	27	10×10	细枝岩黄芪	329.84
2009	10	10	27	1×1	丝叶苦荬	15.14
2009	10	10	27	1×1	地梢瓜	7.93
2011	10	9	27	10×10	细枝岩黄芪	308.25
2011	10	9	27	1×1	丝叶苦荬	16.74
2011	10	9	27	1×1	地梢瓜	6.40
2012	10	13	27	10×10	细枝岩黄芪	222.61
2012	10	13	27	1×1	地梢瓜	3.54
2013	10	15	27	10×10	细枝岩黄芪	189.63
2013	10	15	27	1×1	小画眉草	23.04
2014	10	17	27	10×10	细枝岩黄芪	180.45
2014	10	17	27	1×1	地梢瓜	3.49
2016	10	18	27	10×10	细枝岩黄芪	166.94
2016	10	18	27	1×1	地梢瓜	3.12
2016	10	18	27	1×1	小画眉草	13.10
2017	10	20	27	10×10	细枝岩黄芪	174.28
2017	10	20	27	1×1	地梢瓜	3.52
2017	10	20	27	1×1	地锦	6.95
2018	10	25	27	10×10	细枝岩黄芪	156.05
2018	10	20	27	1×1	地梢瓜	5.82
2018	10	20	27	1×1	地锦	5.26
2009	10	10	28	10×10	细枝岩黄芪	118.28
2009	10	10	28	1×1	小画眉草	10.11
2009	10	10	28	1×1	雾冰藜	5.53
2009	10	10	28	1×1	碟果虫实	18.74
2011	10	9	28	10×10	细枝岩黄芪	144.38
2011	10	9	28	1×1	小画眉草	13.62
2011	10	9	28	1×1	雾冰藜	7.37
2011	10	9	28	1×1	碟果虫实	14.00
2012	10	13	28	10×10	细枝岩黄芪	124.75
2012	10	13	28	1×1	小画眉草	17.65
2012	10	13	28	1×1	雾冰藜	5.46
2012	10	13	28	1×1	碟果虫实	12.98

（续）

年	月	日	样方号	样方面积（m×m）	植物种名	种子产量（kg/hm²）
2013	10	15	28	10×10	细枝岩黄芪	211.47
2013	10	15	28	1×1	小画眉草	73.65
2013	10	15	28	1×1	雾冰藜	13.03
2013	10	15	28	1×1	沙蓬	38.41
2013	10	15	28	1×1	刺沙蓬	26.64
2014	10	17	28	10×10	细枝岩黄芪	146.44
2014	10	17	28	1×1	小画眉草	21.20
2014	10	17	28	1×1	雾冰藜	5.66
2014	10	17	28	1×1	碟果虫实	15.42
2016	10	18	28	10×10	细枝岩黄芪	122.93
2016	10	18	28	1×1	小画眉草	21.13
2016	10	18	28	1×1	碟果虫实	12.23
2017	10	20	28	10×10	细枝岩黄芪	100.40
2017	10	20	28	1×1	碟果虫实	10.10
2017	10	20	28	1×1	小画眉草	21.13
2017	10	20	28	1×1	雾冰藜	5.00
2018	10	25	28	10×10	细枝岩黄芪	111.44
2018	9	24	28	1×1	小画眉草	23.24
2018	10	10	28	1×1	雾冰藜	3.76
2009	10	10	29	10×10	细枝岩黄芪	211.95
2009	10	10	29	1×1	小画眉草	37.67
2009	10	10	29	1×1	沙蓬	30.43
2011	10	9	29	10×10	细枝岩黄芪	205.63
2011	10	9	29	1×1	小画眉草	30.52
2011	10	9	29	1×1	沙蓬	27.04
2012	10	13	29	10×10	细枝岩黄芪	187.69
2012	10	13	29	1×1	小画眉草	25.54
2012	10	13	29	1×1	沙蓬	20.01
2013	10	15	29	10×10	细枝岩黄芪	251.16
2013	10	15	29	1×1	小画眉草	33.28
2014	10	17	29	10×10	细枝岩黄芪	184.56
2014	10	17	29	1×1	小画眉草	29.35
2014	10	17	29	1×1	沙蓬	31.05
2016	10	18	29	10×10	细枝岩黄芪	220.68
2016	10	18	29	1×1	小画眉草	24.66
2016	10	18	29	1×1	雾冰藜	3.85

（续）

年	月	日	样方号	样方面积（m×m）	植物种名	种子产量（kg/hm²）
2016	10	18	29	1×1	刺沙蓬	33.97
2017	10	20	29	10×10	细枝岩黄芪	145.72
2017	10	20	29	1×1	小画眉草	32.52
2017	10	20	29	1×1	碟果虫实	14.10
2017	10	20	29	1×1	刺沙蓬	31.14
2018	10	25	29	10×10	细枝岩黄芪	119.56
2018	9	24	29	1×1	小画眉草	28.26
2018	10	20	29	1×1	碟果虫实	16.51
2018	10	12	29	1×1	刺沙蓬	32.67
2009	10	10	30	10×10	细枝岩黄芪	262.63
2009	10	10	30	1×1	小画眉草	31.57
2011	10	9	30	10×10	细枝岩黄芪	295.00
2011	10	9	30	1×1	小画眉草	22.14
2012	10	13	30	10×10	细枝岩黄芪	244.87
2012	10	13	30	1×1	小画眉草	27.64
2014	10	17	30	10×10	细枝岩黄芪	175.48
2014	10	17	30	1×1	小画眉草	20.16
2016	10	18	30	10×10	细枝岩黄芪	151.70
2016	10	18	30	1×1	小画眉草	13.34
2016	10	18	30	1×1	蒙古韭	6.25
2017	10	20	30	10×10	细枝岩黄芪	227.55
2017	10	20	30	1×1	小画眉草	21.88
2017	10	20	30	1×1	雾冰藜	14.33
2018	10	25	30	10×10	细枝岩黄芪	250.30
2018	9	24	30	1×1	小画眉草	10.89
2018	10	10	30	1×1	雾冰藜	18.46
2009	10	10	31	10×10	细枝岩黄芪	300.18
2009	10	10	31	1×1	小画眉草	110.89
2009	10	10	31	1×1	雾冰藜	10.10
2009	10	10	31	1×1	沙蓬	32.65
2009	10	10	31	1×1	刺沙蓬	13.11
2011	10	9	31	10×10	细枝岩黄芪	274.30
2011	10	9	31	1×1	小画眉草	84.25
2011	10	9	31	1×1	雾冰藜	14.43
2011	10	9	31	1×1	沙蓬	53.71
2011	10	9	31	1×1	刺沙蓬	28.20

（续）

年	月	日	样方号	样方面积（m×m）	植物种名	种子产量（kg/hm²）
2012	10	13	31	10×10	细枝岩黄芪	236.08
2012	10	13	31	1×1	小画眉草	87.68
2012	10	13	31	1×1	雾冰藜	18.54
2012	10	13	31	1×1	沙蓬	44.76
2012	10	13	31	1×1	刺沙蓬	20.09
2014	10	17	31	10×10	细枝岩黄芪	268.47
2014	10	17	31	1×1	小画眉草	83.49
2014	10	17	31	1×1	雾冰藜	16.67
2014	10	17	31	1×1	沙蓬	35.41
2014	10	17	31	1×1	刺沙蓬	29.43
2016	10	18	31	10×10	细枝岩黄芪	196.66
2016	10	18	31	1×1	雾冰藜	16.03
2016	10	18	31	1×1	小画眉草	84.69
2016	10	18	31	1×1	刺沙蓬	31.96
2017	10	20	31	10×10	细枝岩黄芪	201.53
2017	10	20	31	1×1	小画眉草	88.38
2017	10	20	31	1×1	沙蓬	46.09
2017	10	20	31	1×1	刺沙蓬	25.30
2018	10	25	31	10×10	细枝岩黄芪	180.36
2018	9	24	31	1×1	小画眉草	98.21
2018	10	20	31	1×1	沙蓬	38.07
2018	10	12	31	1×1	刺沙蓬	17.83
2009	10	10	32	10×10	细枝岩黄芪	267.09
2009	10	10	32	1×1	小画眉草	62.12
2010	10	11	32	1×1	蒙古韭	7.69
2010	10	11	32	1×1	地锦	5.22
2010	10	11	32	1×1	地梢瓜	6.32
2010	10	11	32	1×1	沙蓬	15.09
2010	10	11	32	1×1	雾冰藜	12.27
2010	10	11	32	1×1	刺沙蓬	25.32
2010	10	11	32	1×1	小画眉草	75.38
2010	10	11	32	1×1	茵陈蒿	245.38
2011	10	9	32	10×10	细枝岩黄芪	258.11
2011	10	9	32	1×1	小画眉草	38.75
2012	10	13	32	10×10	细枝岩黄芪	189.98
2012	10	13	32	1×1	小画眉草	26.65

（续）

年	月	日	样方号	样方面积（m×m）	植物种名	种子产量（kg/hm²）
2014	10	17	32	10×10	细枝岩黄芪	280.40
2014	10	17	32	1×1	小画眉草	50.67
2015	10	10	32	1×1	蒙古韭	4.62
2015	10	10	32	1×1	地锦	1.40
2015	10	10	32	1×1	地梢瓜	3.21
2015	10	10	32	1×1	沙蓬	6.74
2015	10	10	32	1×1	雾冰藜	3.58
2015	10	10	32	1×1	刺沙蓬	11.49
2015	10	10	32	1×1	小画眉草	26.30
2015	10	10	32	1×1	茵陈蒿	89.76
2016	10	18	32	10×10	细枝岩黄芪	200.93
2016	10	18	32	1×1	小画眉草	28.61
2017	10	20	32	10×10	细枝岩黄芪	296.36
2017	10	20	32	1×1	小画眉草	39.93
2017	10	20	32	1×1	刺沙蓬	20.30
2018	10	25	32	10×10	细枝岩黄芪	265.92
2018	9	24	32	1×1	小画眉草	34.94
2018	10	12	32	1×1	刺沙蓬	17.27
2010	10	11	33	1×1	蒙古韭	20.69
2010	10	11	33	1×1	地锦	5.63
2010	10	11	33	1×1	雾冰藜	10.75
2010	10	11	33	1×1	小画眉草	43.95
2015	10	10	33	1×1	蒙古韭	5.36
2015	10	10	33	1×1	地锦	4.34
2015	10	10	33	1×1	雾冰藜	6.31
2015	10	10	33	1×1	小画眉草	20.13
2010	10	11	34	1×1	地锦	7.02
2010	10	11	34	10×10	细枝岩黄芪	248.36
2010	10	11	34	1×1	丝叶苦荬	13.45
2010	10	11	34	1×1	地梢瓜	6.64
2015	10	10	34	1×1	地锦	3.08
2015	11	10	34	10×10	细枝岩黄芪	177.54
2015	10	10	34	1×1	地梢瓜	5.60
2010	10	11	35	10×10	细枝岩黄芪	105.26
2010	10	11	35	1×1	小画眉草	35.33
2010	10	11	35	1×1	雾冰藜	14.29

（续）

年	月	日	样方号	样方面积（m×m）	植物种名	种子产量（kg/hm²）
2010	10	11	35	1×1	碟果虫实	23.05
2015	11	10	35	10×10	细枝岩黄芪	95.64
2015	10	10	35	1×1	小画眉草	14.22
2015	10	10	35	1×1	雾冰藜	7.86
2015	10	10	35	1×1	碟果虫实	10.29
2017	11	14	35	10×10	油蒿	210.15
2017	11	14	35	10×10	油蒿	203.13
2017	11	14	35	10×10	油蒿	191.03
2017	11	14	35	10×10	油蒿	217.69
2018	11	18	35	10×10	油蒿	232.16
2018	11	18	35	10×10	油蒿	209.82
2018	11	18	35	10×10	油蒿	210.13
2018	11	18	35	10×10	油蒿	195.12
2013	11	16	36	10×10	油蒿	250.13
2017	11	14	36	10×10	珍珠	3.63
2017	11	14	36	10×10	珍珠	3.46
2017	11	14	36	10×10	珍珠	2.98
2017	11	14	36	10×10	珍珠	2.44
2017	11	14	36	10×10	珍珠	3.10
2018	11	10	36	10×10	珍珠	5.90
2018	11	10	36	10×10	珍珠	2.11
2018	11	10	36	10×10	珍珠	4.27
2018	11	10	36	10×10	珍珠	3.11
2018	11	10	36	10×10	珍珠	3.41
2013	11	16	37	10×10	油蒿	245.40
2017	11	14	37	10×10	红砂	2.37
2017	11	14	37	10×10	红砂	2.82
2017	11	14	37	10×10	红砂	3.80
2017	11	14	37	10×10	红砂	1.96
2018	11	10	37	10×10	红砂	1.94
2018	11	10	37	10×10	红砂	3.26
2018	11	10	37	10×10	红砂	2.42
2018	11	10	37	10×10	红砂	3.16
2013	11	16	38	10×10	油蒿	297.49
2009	11	22	39	10×10	油蒿	138.76
2011	11	15	39	10×10	油蒿	212.43

（续）

年	月	日	样方号	样方面积（m×m）	植物种名	种子产量（kg/hm²）
2012	11	20	39	10×10	油蒿	275.48
2013	11	16	39	10×10	油蒿	231.41
2014	11	15	39	10×10	油蒿	128.66
2016	11	14	39	10×10	油蒿	265.14
2009	11	22	40	10×10	油蒿	156.68
2011	11	15	40	10×10	油蒿	174.39
2012	11	20	40	10×10	油蒿	209.80
2013	11	16	40	10×10	珍珠	3.30
2014	11	15	40	10×10	油蒿	240.33
2016	11	14	40	10×10	油蒿	228.22
2009	11	22	41	10×10	油蒿	247.66
2011	11	15	41	10×10	油蒿	299.80
2012	11	20	41	10×10	油蒿	255.05
2013	11	16	41	10×10	珍珠	2.89
2014	11	15	41	10×10	油蒿	341.27
2016	11	14	41	10×10	油蒿	342.12
2009	11	22	42	10×10	油蒿	214.47
2010	11	20	42	10×10	油蒿	105.37
2011	11	15	42	10×10	油蒿	274.68
2012	11	20	42	10×10	油蒿	170.94
2013	11	16	42	10×10	珍珠	3.14
2014	11	15	42	10×10	油蒿	264.28
2015	11	15	42	10×10	油蒿	88.35
2016	11	14	42	10×10	油蒿	284.64
2009	11	22	43	10×10	珍珠	2.53
2010	11	20	43	10×10	油蒿	128.39
2011	11	15	43	10×10	珍珠	1.98
2012	11	20	43	10×10	珍珠	1.54
2013	11	16	43	10×10	珍珠	2.07
2014	11	15	43	10×10	珍珠	2.80
2015	11	15	43	10×10	油蒿	70.42
2016	11	14	43	10×10	珍珠	2.58
2009	11	22	44	10×10	珍珠	2.93
2010	11	20	44	10×10	油蒿	285.81
2011	11	15	44	10×10	珍珠	2.54
2012	11	20	44	10×10	珍珠	3.40

（续）

年	月	日	样方号	样方面积（m×m）	植物种名	种子产量（kg/hm²）
2013	11	16	44	10×10	红砂	1.98
2014	11	15	44	10×10	珍珠	3.00
2015	11	15	44	10×10	油蒿	126.28
2016	11	14	44	10×10	珍珠	3.46
2009	11	22	45	10×10	珍珠	2.91
2010	11	20	45	10×10	油蒿	156.37
2011	11	15	45	10×10	珍珠	3.14
2012	11	20	45	10×10	珍珠	2.45
2013	11	16	45	10×10	红砂	2.57
2014	11	15	45	10×10	珍珠	3.12
2015	11	15	45	10×10	油蒿	138.46
2016	11	14	45	10×10	珍珠	2.16
2009	11	22	46	10×10	珍珠	1.57
2010	11	25	46	10×10	珍珠	2.96
2011	11	15	46	10×10	珍珠	2.67
2012	11	20	46	10×10	珍珠	3.10
2013	11	16	46	10×10	红砂	3.17
2014	11	15	46	10×10	珍珠	2.06
2016	11	14	46	10×10	珍珠	2.46
2009	11	22	47	10×10	红砂	2.86
2010	11	25	47	10×10	珍珠	2.15
2011	11	15	47	10×10	红砂	3.45
2012	11	20	47	10×10	红砂	2.28
2014	11	15	47	10×10	红砂	2.23
2016	11	14	47	10×10	红砂	1.84
2009	11	22	48	10×10	红砂	2.47
2010	11	25	48	10×10	珍珠	1.89
2011	11	15	48	10×10	红砂	2.86
2012	11	20	48	10×10	红砂	3.87
2014	11	15	48	10×10	红砂	3.11
2016	11	14	48	10×10	红砂	2.95
2009	11	22	49	10×10	红砂	1.55
2010	11	25	49	10×10	珍珠	2.09
2011	11	15	49	10×10	红砂	1.89
2012	11	20	49	10×10	红砂	2.21
2014	11	15	49	10×10	红砂	2.76

（续）

年	月	日	样方号	样方面积（m×m）	植物种名	种子产量（kg/hm²）
2016	11	14	49	10×10	红砂	3.82
2010	11	25	50	10×10	红砂	3.07
2010	11	25	51	10×10	红砂	2.69
2010	11	25	52	10×10	红砂	2.88
样地名称：沙坡头站人工植被演替综合观测场生物土壤长期采样地						
2009	6	12	1	10×10	柠条锦鸡儿	23.05
2010	6	20	1	10×10	柠条锦鸡儿	15.39
2011	6	14	1	10×10	柠条锦鸡儿	18.35
2012	6	17	1	10×10	柠条锦鸡儿	13.87
2013	6	19	1	10×10	柠条锦鸡儿	21.30
2014	6	21	1	10×10	柠条锦鸡儿	25.33
2015	6	18	1	10×10	柠条锦鸡儿	10.64
2016	6	22	1	10×10	柠条锦鸡儿	19.38
2017	6	15	1	10×10	柠条锦鸡儿	19.43
2018	6	20	1	10×10	柠条锦鸡儿	18.84
2009	6	12	2	10×10	柠条锦鸡儿	11.16
2010	6	20	2	10×10	柠条锦鸡儿	19.25
2011	6	14	2	10×10	柠条锦鸡儿	13.23
2012	6	17	2	10×10	柠条锦鸡儿	21.08
2013	6	19	2	10×10	柠条锦鸡儿	13.16
2014	6	21	2	10×10	柠条锦鸡儿	18.54
2015	6	18	2	10×10	柠条锦鸡儿	15.72
2016	6	22	2	10×10	柠条锦鸡儿	15.79
2017	6	15	2	10×10	柠条锦鸡儿	15.79
2018	6	20	2	10×10	柠条锦鸡儿	13.21
2009	6	12	3	10×10	柠条锦鸡儿	10.55
2010	6	20	3	10×10	柠条锦鸡儿	11.67
2011	6	14	3	10×10	柠条锦鸡儿	9.45
2012	6	17	3	10×10	柠条锦鸡儿	15.98
2013	6	19	3	10×10	柠条锦鸡儿	19.44
2014	6	21	3	10×10	柠条锦鸡儿	22.48
2015	6	18	3	10×10	柠条锦鸡儿	10.26
2016	6	22	3	10×10	柠条锦鸡儿	15.55
2017	6	15	3	10×10	柠条锦鸡儿	22.46
2018	6	20	3	10×10	柠条锦鸡儿	24.70

（续）

年	月	日	样方号	样方面积（m×m）	植物种名	种子产量（kg/hm²）
2009	6	12	4	10×10	柠条锦鸡儿	17.64
2010	6	20	4	10×10	柠条锦鸡儿	18.23
2011	6	14	4	10×10	柠条锦鸡儿	15.87
2012	6	17	4	10×10	柠条锦鸡儿	13.28
2013	6	19	4	10×10	柠条锦鸡儿	26.15
2014	6	21	4	10×10	柠条锦鸡儿	20.18
2015	6	18	4	10×10	柠条锦鸡儿	16.58
2016	6	22	4	10×10	柠条锦鸡儿	28.76
2017	6	15	4	10×10	柠条锦鸡儿	30.85
2018	6	20	4	10×10	柠条锦鸡儿	32.38
2009	6	12	5	10×10	柠条锦鸡儿	17.76
2010	6	20	5	10×10	柠条锦鸡儿	17.76
2011	6	14	5	10×10	柠条锦鸡儿	16.45
2012	6	17	5	10×10	柠条锦鸡儿	13.98
2013	6	19	5	10×10	柠条锦鸡儿	17.26
2014	6	21	5	10×10	柠条锦鸡儿	18.56
2015	6	18	5	10×10	柠条锦鸡儿	17.62
2016	6	22	5	10×10	柠条锦鸡儿	16.05
2017	6	15	5	10×10	柠条锦鸡儿	15.71
2018	6	20	5	10×10	柠条锦鸡儿	17.28
2009	10	10	21	10×10	细枝岩黄芪	205.26
2009	10	10	21	1×1	雾冰藜	12.56
2009	10	10	21	1×1	刺沙蓬	12.34
2009	10	10	21	1×1	小画眉草	82.89
2011	10	9	21	10×10	细枝岩黄芪	222.41
2011	10	9	21	1×1	雾冰藜	10.98
2011	10	9	21	1×1	刺沙蓬	15.47
2011	10	9	21	1×1	小画眉草	35.84
2012	10	13	21	10×10	细枝岩黄芪	176.38
2012	10	13	21	1×1	雾冰藜	10.08
2012	10	13	21	1×1	刺沙蓬	11.64
2012	10	13	21	1×1	小画眉草	28.76
2013	10	15	21	10×10	细枝岩黄芪	186.46
2013	10	15	21	1×1	雾冰藜	11.48
2013	10	15	21	1×1	刺沙蓬	15.06

（续）

年	月	日	样方号	样方面积（m×m）	植物种名	种子产量（kg/hm²）
2013	10	15	21	1×1	小画眉草	34.17
2014	10	17	21	10×10	细枝岩黄芪	158.78
2014	10	17	21	1×1	雾冰藜	14.51
2014	10	17	21	1×1	刺沙蓬	18.44
2014	10	17	21	1×1	小画眉草	30.78
2016	10	18	21	10×10	细枝岩黄芪	229.34
2016	10	18	21	1×1	雾冰藜	10.48
2016	10	18	21	1×1	刺沙蓬	18.06
2016	10	18	21	1×1	小画眉草	27.36
2017	10	20	21	10×10	细枝岩黄芪	205.10
2017	10	20	21	1×1	雾冰藜	13.77
2017	10	20	21	1×1	刺沙蓬	10.30
2017	10	20	21	1×1	小画眉草	43.32
2018	10	22	21	10×10	细枝岩黄芪	226.68
2018	10	10	21	1×1	雾冰藜	14.78
2018	10	15	21	1×1	刺沙蓬	16.33
2018	9	18	21	1×1	小画眉草	38.18
2009	10	10	22	10×10	细枝岩黄芪	148.79
2009	10	10	22	1×1	小画眉草	44.17
2009	10	10	22	1×1	雾冰藜	11.46
2011	10	9	22	10×10	细枝岩黄芪	164.75
2011	10	9	22	1×1	小画眉草	55.43
2011	10	9	22	1×1	雾冰藜	13.72
2012	10	13	22	10×10	细枝岩黄芪	158.46
2012	10	13	22	1×1	小画眉草	33.45
2012	10	13	22	1×1	雾冰藜	26.74
2013	10	15	22	10×10	细枝岩黄芪	177.38
2013	10	15	22	1×1	小画眉草	28.77
2013	10	15	22	1×1	雾冰藜	28.71
2014	10	17	22	10×10	细枝岩黄芪	198.45
2014	10	17	22	1×1	小画眉草	34.20
2014	10	17	22	1×1	雾冰藜	26.50
2016	10	18	22	10×10	细枝岩黄芪	195.12
2016	10	18	22	1×1	小画眉草	26.76
2016	10	18	22	1×1	雾冰藜	33.02
2017	10	20	22	10×10	细枝岩黄芪	182.85

（续）

年	月	日	样方号	样方面积（m×m）	植物种名	种子产量（kg/hm²）
2017	10	20	22	1×1	小画眉草	31.64
2017	10	20	22	1×1	雾冰藜	34.45
2018	10	22	22	10×10	细枝岩黄芪	149.28
2018	9	18	22	1×1	小画眉草	27.48
2018	10	10	22	1×1	雾冰藜	44.89
2009	10	10	23	10×10	细枝岩黄芪	216.14
2009	10	10	23	1×1	小画眉草	50.54
2009	10	10	23	1×1	蒙古韭	9.36
2009	10	10	23	1×1	地锦	12.66
2009	10	10	23	1×1	地梢瓜	6.69
2011	10	9	23	10×10	细枝岩黄芪	199.66
2011	10	9	23	1×1	小画眉草	42.49
2011	10	9	23	1×1	蒙古韭	8.79
2011	10	9	23	1×1	地锦	10.03
2011	10	9	23	1×1	地梢瓜	7.07
2012	10	13	23	10×10	细枝岩黄芪	203.47
2012	10	13	23	1×1	小画眉草	38.25
2012	10	13	23	1×1	蒙古韭	13.46
2012	10	13	23	1×1	地锦	6.85
2012	10	13	23	1×1	地梢瓜	3.16
2013	10	15	23	10×10	细枝岩黄芪	185.66
2013	10	15	23	1×1	小画眉草	46.09
2013	10	15	23	1×1	蒙古韭	10.33
2013	10	15	23	1×1	地锦	8.15
2013	10	15	23	1×1	地梢瓜	6.11
2013	10	15	23	1×1	沙蓬	18.70
2013	10	15	23	1×1	雾冰藜	14.91
2013	10	15	23	1×1	刺沙蓬	18.33
2013	10	15	23	1×1	小画眉草	32.40
2013	10	15	23	1×1	茵陈蒿	51.43
2013	10	15	23	1×1	蒙古韭	19.84
2013	10	15	23	1×1	地锦	11.07
2013	10	15	23	1×1	雾冰藜	18.26
2013	10	15	23	1×1	小画眉草	24.58
2014	10	17	23	10×10	细枝岩黄芪	180.44
2014	10	17	23	1×1	小画眉草	40.12

（续）

年	月	日	样方号	样方面积（m×m）	植物种名	种子产量（kg/hm²）
2014	10	17	23	1×1	蒙古韭	15.33
2014	10	17	23	1×1	地锦	7.46
2014	10	17	23	1×1	地梢瓜	6.00
2016	10	18	23	10×10	细枝岩黄芪	228.36
2016	10	18	23	1×1	小画眉草	41.94
2016	10	18	23	1×1	蒙古韭	12.39
2016	10	18	23	1×1	地梢瓜	6.72
2017	10	20	23	10×10	细枝岩黄芪	176.37
2017	10	20	23	1×1	小画眉草	41.38
2017	10	20	23	1×1	蒙古韭	12.39
2017	10	20	23	1×1	地锦	6.96
2017	10	20	23	1×1	地梢瓜	7.33
2018	10	22	23	10×10	细枝岩黄芪	182.26
2018	9	18	23	1×1	小画眉草	35.56
2018	10	20	23	1×1	蒙古韭	10.35
2018	10	20	23	1×1	地锦	8.56
2018	10	20	23	1×1	地梢瓜	6.58
2009	10	10	24	1×1	沙蓬	12.05
2009	10	10	24	1×1	雾冰藜	11.45
2011	10	9	24	1×1	沙蓬	11.39
2011	10	9	24	1×1	雾冰藜	13.34
2012	10	13	24	1×1	沙蓬	14.58
2012	10	13	24	1×1	雾冰藜	17.33
2014	10	17	24	1×1	沙蓬	15.49
2014	10	17	24	1×1	雾冰藜	17.48
2016	10	18	24	1×1	刺沙蓬	17.40
2016	10	18	24	1×1	雾冰藜	17.14
2017	10	20	24	1×1	沙蓬	17.76
2017	10	20	24	1×1	雾冰藜	17.59
2018	10	20	24	1×1	沙蓬	20.55
2018	10	10	24	1×1	雾冰藜	18.72
2009	10	10	25	1×1	刺沙蓬	28.95
2009	10	10	25	1×1	小画眉草	47.16
2009	10	10	25	1×1	茵陈蒿	343.78
2009	10	10	25	1×1	蒙古韭	26.81
2011	10	9	25	1×1	刺沙蓬	17.43

（续）

年	月	日	样方号	样方面积（m×m）	植物种名	种子产量（kg/hm²）
2011	10	9	25	1×1	小画眉草	36.55
2011	10	9	25	1×1	茵陈蒿	207.22
2011	10	9	25	1×1	蒙古韭	19.08
2012	10	13	25	1×1	刺沙蓬	15.42
2012	10	13	25	1×1	小画眉草	28.64
2012	10	13	25	1×1	茵陈蒿	64.25
2012	10	13	25	1×1	蒙古韭	15.08
2014	10	17	25	1×1	刺沙蓬	16.54
2014	10	17	25	1×1	小画眉草	28.34
2014	10	17	25	1×1	茵陈蒿	41.29
2014	10	17	25	1×1	蒙古韭	22.54
2016	10	18	25	1×1	刺沙蓬	22.54
2016	10	18	25	1×1	小画眉草	29.48
2017	10	20	25	1×1	刺沙蓬	21.94
2017	10	20	25	1×1	小画眉草	35.64
2017	10	20	25	1×1	茵陈蒿	56.70
2017	10	20	25	1×1	蒙古韭	18.84
2018	10	12	25	1×1	刺沙蓬	24.13
2018	9	18	25	1×1	小画眉草	31.28
2018	10	20	25	1×1	茵陈蒿	48.36
2018	10	20	25	1×1	蒙古韭	15.94
2009	10	10	26	1×1	地锦	8.44
2009	10	10	26	1×1	雾冰藜	10.75
2009	10	10	26	1×1	小画眉草	49.84
2011	10	9	26	1×1	地锦	6.86
2011	10	9	26	1×1	雾冰藜	10.37
2011	10	9	26	1×1	小画眉草	40.26
2012	10	13	26	1×1	地锦	8.67
2012	10	13	26	1×1	雾冰藜	14.53
2012	10	13	26	1×1	小画眉草	33.08
2014	10	17	26	1×1	地锦	13.46
2014	10	17	26	1×1	雾冰藜	19.55
2014	10	17	26	1×1	小画眉草	20.64
2016	10	18	26	1×1	地锦	12.17
2016	10	18	26	1×1	刺沙蓬	11.32
2016	10	18	26	1×1	雾冰藜	16.98

（续）

年	月	日	样方号	样方面积（m×m）	植物种名	种子产量（kg/hm²）
2016	10	18	26	1×1	小画眉草	28.26
2017	10	20	26	1×1	地锦	13.06
2017	10	20	26	1×1	雾冰藜	21.91
2017	10	20	26	1×1	小画眉草	27.03
2018	10	20	26	1×1	地锦	15.36
2018	10	10	26	1×1	雾冰藜	23.16
2018	9	18	26	1×1	小画眉草	29.74
2010	10	10	27	10×10	细枝岩黄芪	154.32
2010	10	10	27	1×1	雾冰藜	8.39
2010	10	10	27	1×1	刺沙蓬	10.25
2010	10	10	27	1×1	小画眉草	59.38
2010	10	10	27	1×1	沙蓬	10.25
2015	11	9	27	10×10	细枝岩黄芪	148.76
2015	10	9	27	1×1	雾冰藜	2.18
2015	10	9	27	1×1	刺沙蓬	1.50
2015	10	9	27	1×1	小画眉草	1.64
2015	10	9	27	1×1	沙蓬	3.24
2010	10	10	28	10×10	细枝岩黄芪	120.27
2010	10	10	28	1×1	小画眉草	28.34
2010	10	10	28	1×1	沙蓬	16.36
2010	10	10	28	1×1	雾冰藜	8.37
2015	11	9	28	10×10	细枝岩黄芪	146.80
2015	10	9	28	1×1	小画眉草	4.26
2015	10	9	28	1×1	沙蓬	4.18
2015	10	9	28	1×1	雾冰藜	1.64
2010	10	10	29	10×10	细枝岩黄芪	159.38
2010	10	10	29	1×1	沙蓬	11.21
2010	10	10	29	1×1	雾冰藜	9.36
2010	10	10	29	1×1	小画眉草	29.38
2015	11	9	29	10×10	细枝岩黄芪	163.36
2015	10	9	29	1×1	沙蓬	3.24
2015	10	9	29	1×1	雾冰藜	2.68
2015	10	9	29	1×1	小画眉草	5.30
2010	10	10	30	1×1	小画眉草	34.98
2010	10	10	30	1×1	沙蓬	24.75
2010	10	10	30	10×10	细枝岩黄芪	209.36

（续）

年	月	日	样方号	样方面积（m×m）	植物种名	种子产量（kg/hm²）
2013	11	16	30	10×10	油蒿	143.55
2015	10	9	30	1×1	小画眉草	6.45
2015	10	9	30	1×1	沙蓬	3.94
2015	11	9	30	10×10	细枝岩黄芪	149.82
2010	10	10	31	1×1	小画眉草	26.37
2010	10	10	31	1×1	雾冰藜	18.35
2010	10	10	31	1×1	沙蓬	68.29
2010	10	10	31	1×1	刺沙蓬	43.62
2010	10	10	31	10×10	细枝岩黄芪	152.31
2013	11	16	31	10×10	油蒿	168.26
2015	10	9	31	1×1	小画眉草	3.56
2015	10	9	31	1×1	雾冰藜	2.68
2015	10	9	31	1×1	沙蓬	5.46
2015	10	9	31	1×1	刺沙蓬	3.40
2015	11	9	31	10×10	细枝岩黄芪	153.64
2013	11	16	32	10×10	油蒿	188.77
2009	11	22	33	10×10	油蒿	126.28
2011	11	15	33	10×10	油蒿	95.40
2012	11	20	33	10×10	油蒿	36.74
2013	11	16	33	10×10	油蒿	246.53
2014	11	15	33	10×10	油蒿	180.62
2016	11	14	33	10×10	油蒿	133.50
2017	11	12	33	10×10	油蒿	157.90
2017	11	12	33	10×10	油蒿	148.91
2017	11	12	33	10×10	油蒿	179.33
2018	11	15	33	10×10	油蒿	174.69
2018	11	15	33	10×10	油蒿	153.97
2018	11	15	33	10×10	油蒿	196.26
2009	11	22	34	10×10	油蒿	374.26
2011	11	15	34	10×10	油蒿	208.00
2012	11	20	34	10×10	油蒿	176.09
2013	11	16	34	10×10	油蒿	298.76
2014	11	15	34	10×10	油蒿	144.20
2016	11	14	34	10×10	油蒿	193.46
2017	11	12	34	10×10	油蒿	290.90
2017	11	12	34	10×10	油蒿	228.51

（续）

年	月	日	样方号	样方面积（m×m）	植物种名	种子产量（kg/hm²）
2017	11	12	34	10×10	油蒿	241.09
2018	11	15	34	10×10	油蒿	264.01
2018	11	15	34	10×10	油蒿	185.80
2018	11	15	34	10×10	油蒿	215.98
2009	11	22	35	10×10	油蒿	209.38
2011	11	15	35	10×10	油蒿	277.36
2012	11	20	35	10×10	油蒿	135.66
2013	11	16	35	10×10	油蒿	310.09
2014	11	15	35	10×10	油蒿	153.34
2016	11	14	35	10×10	油蒿	232.18
2009	11	22	36	10×10	油蒿	514.15
2010	11	20	36	10×10	油蒿	106.32
2011	11	15	36	10×10	油蒿	415.05
2012	11	20	36	10×10	油蒿	298.07
2014	11	15	36	10×10	油蒿	269.84
2015	11	15	36	10×10	油蒿	116.50
2016	11	14	36	10×10	油蒿	224.34
2009	11	22	37	10×10	油蒿	208.49
2010	11	20	37	10×10	油蒿	289.34
2011	11	15	37	10×10	油蒿	386.35
2012	11	20	37	10×10	油蒿	365.78
2014	11	15	37	10×10	油蒿	271.30
2015	11	15	37	10×10	油蒿	114.64
2016	11	14	37	10×10	油蒿	358.50
2009	11	22	38	10×10	油蒿	275.14
2010	11	20	38	10×10	油蒿	182.06
2011	11	15	38	10×10	油蒿	169.87
2012	11	20	38	10×10	油蒿	387.69
2014	11	15	38	10×10	油蒿	283.54
2015	11	15	38	10×10	油蒿	89.46
2016	11	14	38	10×10	油蒿	248.07
2010	11	20	39	10×10	油蒿	375.28
2015	11	15	39	10×10	油蒿	162.38
2010	11	20	40	10×10	油蒿	154.26
2015	11	15	40	10×10	油蒿	131.74
2010	11	20	41	10×10	油蒿	216.36
2015	11	15	41	10×10	油蒿	159.44

4.3 土壤监测数据

数据说明：土壤监测数据均来源于沙坡头站荒漠生态系统综合观测场、辅助观测场的观测数据。每年在植物群落生长季末期，按照观测要求分，在比较均一的采样区，拨开地表没有分解的凋落物，采用土钻分两层（0～10 cm 和 10～20 cm）随机采集表层土壤样品，风干、过筛预处理之后在实验室参照《陆地生态系统土壤观测规范》2007 版和 2019 版的方法，测定土壤有机碳、全氮、碱解氮、速效磷、速效钾、pH、电导率等指标。所有观测数据均为多次测定的平均值（表 4－19 至表 4－22）。

4.3.1 土壤有机碳和全氮

土壤有机碳和全氮数据见表 4－19。

表 4－19 土壤有机碳和全氮

年	样地代码	采样深度（cm）	有机碳（g/kg）	全氮（g/kg）
2009	SPDZH02	0～10	7.53	0.58
2009	SPDZH02	10～20	1.57	0.16
2009	SPDZH02	0～10	5.38	0.28
2009	SPDZH02	10～20	1.66	0.18
2009	SPDZH02	0～10	3.31	0.24
2009	SPDZH02	10～20	1.42	0.13
2009	SPDZH02	0～10	3.69	0.23
2009	SPDZH02	10～20	1.35	0.12
2009	SPDZH02	0～10	2.86	0.23
2009	SPDZH02	10～20	1.15	0.13
2009	SPDZH02	0～10	2.83	0.19
2009	SPDZH02	10～20	1.19	0.09
2009	SPDFZ03	0～10	2.27	0.24
2009	SPDFZ03	10～20	1.13	0.09
2009	SPDFZ03	0～10	1.91	0.17
2009	SPDFZ03	10～20	1.03	0.12
2009	SPDFZ03	0～10	2.28	0.19
2009	SPDFZ03	10～20	1.09	0.13
2009	SPDFZ03	0～10	4.98	0.33
2009	SPDFZ03	10～20	3.05	0.28
2009	SPDFZ04	0～10	3.87	0.34
2009	SPDFZ04	10～20	2.79	0.28
2009	SPDFZ04	0～10	4.72	0.41
2009	SPDFZ04	10～20	3.16	0.34
2010	SPDZH02	0～10	6.96	0.6
2010	SPDZH02	10～20	1.58	0.15

（续）

年	样地代码	采样深度（cm）	有机碳（g/kg）	全氮（g/kg）
2010	SPDZH02	0～10	6.53	0.58
2010	SPDZH02	10～20	1.79	0.18
2010	SPDZH02	0～10	6.44	0.54
2010	SPDZH02	10～20	1.77	0.15
2010	SPDZH02	0～10	6.38	0.57
2010	SPDZH02	10～20	1.44	0.14
2010	SPDZH02	0～10	6.34	0.59
2010	SPDZH02	10～20	1.36	0.11
2010	SPDZH02	0～10	7.01	0.56
2010	SPDZH02	10～20	1.48	0.13
2010	SPDFZ03	0～10	2.26	0.25
2010	SPDFZ03	10～20	1.25	0.11
2010	SPDFZ03	0～10	1.87	0.17
2010	SPDFZ03	10～20	1.09	0.12
2010	SPDFZ03	0～10	2.29	0.17
2010	SPDFZ03	10～20	1.03	0.11
2010	SPDFZ03	0～10	5.08	0.34
2010	SPDFZ03	10～20	2.91	0.27
2010	SPDFZ04	0～10	3.87	0.32
2010	SPDFZ04	10～20	2.91	0.28
2010	SPDFZ04	0～10	4.65	0.35
2010	SPDFZ04	10～20	3.08	0.24
2012	SPDZH02	0～10	—	0.49
2012	SPDZH02	10～20	—	0.06
2012	SPDZH02	0～10	—	0.22
2012	SPDZH02	10～20	—	0.05
2012	SPDZH02	0～10	—	0.31
2012	SPDZH02	10～20	—	0.07
2012	SPDZH02	0～10	—	0.51
2012	SPDZH02	10～20	—	0.12
2012	SPDZH02	0～10	—	0.39
2012	SPDZH02	10～20	—	0.12
2012	SPDZH02	0～10	—	0.43
2012	SPDZH02	10～20	—	0.10
2012	SPDFZ03	0～10	—	0.10
2012	SPDFZ03	10～20	—	0.05
2012	SPDFZ03	0～10	—	0.11

（续）

年	样地代码	采样深度（cm）	有机碳（g/kg）	全氮（g/kg）
2012	SPDFZ03	10～20	—	0.11
2012	SPDFZ03	0～10	—	0.24
2012	SPDFZ03	10～20	—	0.13
2012	SPDFZ03	0～10	—	0.45
2012	SPDFZ03	10～20	—	0.23
2012	SPDFZ04	0～10	—	0.32
2012	SPDFZ04	10～20	—	0.26
2012	SPDFZ04	0～10	—	0.34
2012	SPDFZ04	10～20	—	0.36
2013	SPDZH02	0～10	7.78	0.59
2013	SPDZH02	10～20	1.60	0.16
2013	SPDZH02	0～10	7.19	0.62
2013	SPDZH02	10～20	1.89	0.15
2013	SPDZH02	0～10	7.6	0.53
2013	SPDZH02	10～20	1.75	0.17
2013	SPDZH02	0～10	7.17	0.51
2013	SPDZH02	10～20	1.56	0.12
2013	SPDZH02	0～10	7.20	0.59
2013	SPDZH02	10～20	1.19	0.12
2013	SPDZH02	0～10	8.11	0.53
2013	SPDZH02	10～20	1.75	0.11
2013	SPDFZ03	0～10	3.09	0.24
2013	SPDFZ03	10～20	1.11	0.08
2013	SPDFZ03	0～10	2.45	0.18
2013	SPDFZ03	10～20	0.89	0.11
2013	SPDFZ03	0～10	3.27	0.21
2013	SPDFZ03	10～20	0.98	0.13
2013	SPDFZ03	0～10	4.96	0.35
2013	SPDFZ03	10～20	3.11	0.23
2013	SPDFZ04	0～10	4.63	0.32
2013	SPDFZ04	10～20	3.06	0.26
2013	SPDFZ04	0～10	4.57	0.34
2013	SPDFZ04	10～20	3.08	0.26
2015	SPDZH02	0～10	7.80	0.59
2015	SPDZH02	10～20	1.54	0.15

（续）

年	样地代码	采样深度（cm）	有机碳（g/kg）	全氮（g/kg）
2015	SPDZH02	0～10	7.24	0.61
2015	SPDZH02	10～20	1.82	0.13
2015	SPDZH02	0～10	7.73	0.5
2015	SPDZH02	10～20	1.68	0.17
2015	SPDZH02	0～10	7.41	0.51
2015	SPDZH02	10～20	1.54	0.15
2015	SPDZH02	0～10	7.15	0.61
2015	SPDZH02	10～20	1.14	0.13
2015	SPDZH02	0～10	8.61	0.55
2015	SPDZH02	10～20	1.79	0.12
2015	SPDFZ03	0～10	3.07	0.26
2015	SPDFZ03	10～20	1.10	0.12
2015	SPDFZ03	0～10	2.46	0.21
2015	SPDFZ03	10～20	0.87	0.07
2015	SPDFZ03	0～10	3.26	0.29
2015	SPDFZ03	10～20	0.93	0.14
2015	SPDFZ03	0～10	4.92	0.39
2015	SPDFZ03	10～20	3.17	0.26
2015	SPDFZ04	0～10	4.63	0.40
2015	SPDFZ04	10～20	2.96	0.27
2015	SPDFZ04	0～10	4.64	0.35
2015	SPDFZ04	10～20	3.16	0.27
2017	SPDZH02	0～10	7.38	0.51
2017	SPDZH02	10～20	1.23	0.19
2017	SPDZH02	0～10	7.12	0.49
2017	SPDZH02	10～20	1.26	0.13
2017	SPDZH02	0～10	7.44	0.47
2017	SPDZH02	10～20	1.16	0.19
2017	SPDZH02	0～10	7.65	0.57
2017	SPDZH02	10～20	1.36	0.23
2017	SPDZH02	0～10	7.47	0.52
2017	SPDZH02	10～20	1.04	0.15
2017	SPDZH02	0～10	8.23	0.59
2017	SPDZH02	10～20	1.86	0.16
2017	SPDFZ03	0～10	2.74	0.29

（续）

年	样地代码	采样深度（cm）	有机碳（g/kg）	全氮（g/kg）
2017	SPDFZ03	10～20	0.97	0.14
2017	SPDFZ03	0～10	2.87	0.32
2017	SPDFZ03	10～20	0.90	0.17
2017	SPDFZ03	0～10	3.49	0.32
2017	SPDFZ03	10～20	0.99	0.20
2017	SPDFZ03	0～10	4.44	0.42
2017	SPDFZ03	10～20	3.23	0.24
2017	SPDFZ04	0～10	4.54	0.43
2017	SPDFZ04	10～20	3.19	0.25
2017	SPDFZ04	0～10	4.67	0.43
2017	SPDFZ04	10～20	3.39	0.30
2018	SPDZH02	0～10	7.72	0.54
2018	SPDZH02	10～20	1.39	0.17
2018	SPDZH02	0～10	7.31	0.54
2018	SPDZH02	10～20	1.53	0.14
2018	SPDZH02	0～10	7.71	0.48
2018	SPDZH02	10～20	1.41	0.19
2018	SPDZH02	0～10	7.69	0.55
2018	SPDZH02	10～20	1.46	0.20
2018	SPDZH02	0～10	7.47	0.55
2018	SPDZH02	10～20	1.10	0.15
2018	SPDZH02	0～10	8.56	0.57
2018	SPDZH02	10～20	1.86	0.15
2018	SPDFZ03	0～10	2.94	0.27
2018	SPDFZ03	10～20	1.04	0.13
2018	SPDFZ03	0～10	2.74	0.29
2018	SPDFZ03	10～20	0.90	0.14
2018	SPDFZ03	0～10	3.45	0.30
2018	SPDFZ03	10～20	0.98	0.17
2018	SPDFZ03	0～10	4.74	0.42
2018	SPDFZ03	10～20	3.26	0.24
2018	SPDFZ04	0～10	4.67	0.42
2018	SPDFZ04	10～20	3.15	0.26
2018	SPDFZ04	0～10	4.74	0.39
2018	SPDFZ04	10～20	3.35	0.28

4.3.2　土壤碱解氮、速效磷、速效钾

土壤碱解氮、速效磷、速效钾数据见表 4－20。

表 4－20　土壤碱解氮、速效磷、速效钾

年	样地代码	采样深度（cm）	碱解氮（mg/kg）	速效磷（mg/kg）	速效钾（mg/kg）
2009	SPDZH02	0～10	16.11	5.68	180.01
2009	SPDZH02	10～20	2.33	1.20	161.34
2009	SPDZH02	0～10	12.13	3.39	186.14
2009	SPDZH02	10～20	8.14	1.83	134.01
2009	SPDZH02	0～10	13.00	2.88	165.27
2009	SPDZH02	10～20	6.05	1.67	158.17
2009	SPDZH02	0～10	11.57	5.06	196.78
2009	SPDZH02	10～20	6.89	1.55	195.23
2009	SPDZH02	0～10	9.16	3.03	191.08
2009	SPDZH02	10～20	5.48	2.48	195.86
2009	SPDZH02	0～10	10.03	4.09	150.06
2009	SPDZH02	10～20	6.85	2.76	139.17
2009	SPDFZ03	0～10	8.22	4.16	134.04
2009	SPDFZ03	10～20	6.18	3.36	114.88
2009	SPDFZ03	0～10	8.38	3.83	145.98
2009	SPDFZ03	10～20	6.99	2.44	157.63
2009	SPDFZ03	0～10	7.19	4.23	144.88
2009	SPDFZ03	10～20	6.21	2.13	139.62
2009	SPDFZ03	0～10	11	6.48	196.71
2009	SPDFZ03	10～20	10.01	2.83	184.08
2009	SPDFZ04	0～10	16.48	6.26	185.84
2009	SPDFZ04	10～20	9.96	2.1	139.03
2009	SPDFZ04	0～10	13.45	6.79	171.11
2009	SPDFZ04	10～20	13.16	1.88	108.93
2010	SPDZH02	0～10	16.17	5.67	180.01
2010	SPDZH02	10～20	6.73	1.21	167.88
2010	SPDZH02	0～10	15.8	5.63	185.36
2010	SPDZH02	10～20	6.67	1.17	148.21
2010	SPDZH02	0～10	16.2	5.52	171.07
2010	SPDZH02	10～20	6.8	1.15	160.93
2010	SPDZH02	0～10	15.85	5.42	197.04
2010	SPDZH02	10～20	5.89	1.14	193.28
2010	SPDZH02	0～10	16.09	5.41	190.06
2010	SPDZH02	10～20	5.58	1.23	194.33
2010	SPDZH02	0～10	16.2	5.37	153.15
2010	SPDZH02	10～20	5.5	1.14	140.84

（续）

年	样地代码	采样深度（cm）	碱解氮（mg/kg）	速效磷（mg/kg）	速效钾（mg/kg）
2010	SPDFZ03	0~10	8.25	4.15	135.08
2010	SPDFZ03	10~20	6.18	3.31	118.28
2010	SPDFZ03	0~10	8.36	3.76	143.81
2010	SPDFZ03	10~20	6.91	2.42	160.14
2010	SPDFZ03	0~10	7.21	4.21	142.53
2010	SPDFZ03	10~20	6.24	2.15	140.11
2010	SPDFZ03	0~10	11.9	6.47	200.01
2010	SPDFZ03	10~20	9.91	2.71	181.07
2010	SPDFZ04	0~10	16.8	6.28	186.54
2010	SPDFZ04	10~20	10.02	2.16	140.89
2010	SPDFZ04	0~10	13.4	6.77	180.01
2010	SPDFZ04	10~20	13.06	1.81	111.03
2011	SPDZH02	0~10	16.97	5.84	178.11
2011	SPDZH02	10~20	6.96	1.83	165.64
2011	SPDZH02	0~10	16.11	5.38	186.03
2011	SPDZH02	10~20	7.08	1.36	150.01
2011	SPDZH02	0~10	17.03	6.12	173.86
2011	SPDZH02	10~20	6.86	1.41	158.38
2011	SPDZH02	0~10	15.77	5.5	196.24
2011	SPDZH02	10~20	6.53	1.52	191.66
2011	SPDZH02	0~10	16.28	5.99	190.01
2011	SPDZH02	10~20	5.68	2.01	193.05
2011	SPDZH02	0~10	16.5	5.84	156.37
2011	SPDZH02	10~20	6.2	1.6	142.67
2011	SPDFZ03	0~10	8.6	3.96	138.09
2011	SPDFZ03	10~20	6.31	3.26	121.21
2011	SPDFZ03	0~10	9.02	3.67	145.07
2011	SPDFZ03	10~20	7.13	2.32	158.89
2011	SPDFZ03	0~10	7.38	4.47	144.73
2011	SPDFZ03	10~20	6.6	1.95	141.01
2011	SPDFZ03	0~10	13.98	6.76	195.46
2011	SPDFZ03	10~20	10.83	2.67	179.84
2011	SPDFZ04	0~10	16.71	6.16	183.61
2011	SPDFZ04	10~20	10.46	2.18	139.09
2011	SPDFZ04	0~10	14.6	6.53	178.01
2011	SPDFZ04	10~20	12.91	2.09	112.01

（续）

年	样地代码	采样深度（cm）	碱解氮（mg/kg）	速效磷（mg/kg）	速效钾（mg/kg）
2012	SPDZH02	0～10	16.14	5.72	181.13
2012	SPDZH02	10～20	6.78	1.35	168.25
2012	SPDZH02	0～10	16.05	5.56	185.01
2012	SPDZH02	10～20	6.51	1.28	148.35
2012	SPDZH02	0～10	16.15	5.66	170.19
2012	SPDZH02	10～20	6.91	1.16	161.01
2012	SPDZH02	0～10	15.93	5.42	198.01
2012	SPDZH02	10～20	5.83	1.27	193.01
2012	SPDZH02	0～10	16.13	5.58	191.14
2012	SPDZH02	10～20	5.86	1.22	195.21
2012	SPDZH02	0～10	16.21	5.22	153.64
2012	SPDZH02	10～20	5.58	1.29	141.01
2012	SPDFZ03	0～10	8.34	4.11	134.89
2012	SPDFZ03	10～20	6.11	3.33	119.86
2012	SPDFZ03	0～10	8.47	3.52	144
2012	SPDFZ03	10～20	6.74	2.52	160.01
2012	SPDFZ03	0～10	7.58	4.26	143.05
2012	SPDFZ03	10～20	6.28	2.25	140.01
2012	SPDFZ03	0～10	12.33	6.56	199.87
2012	SPDFZ03	10～20	9.98	2.74	182.11
2012	SPDFZ04	0～10	16.87	6.36	187.01
2012	SPDFZ04	10～20	10.31	2.14	141.08
2012	SPDFZ04	0～10	13.12	6.74	180.01
2012	SPDFZ04	10～20	11.78	2.09	112.01
2013	SPDZH02	0～10	16.59	6.14	188.24
2013	SPDZH02	10～20	6.77	1.45	169.95
2013	SPDZH02	0～10	16.91	5.75	190.43
2013	SPDZH02	10～20	6.4	1.4	150.64
2013	SPDZH02	0～10	16.4	5.35	171.15
2013	SPDZH02	10～20	5.51	1.35	162.55
2013	SPDZH02	0～10	15.82	5.85	199.15
2013	SPDZH02	10～20	4.53	1.7	182.55
2013	SPDZH02	0～10	15.63	5.8	188.53
2013	SPDZH02	10～20	6.15	1.3	181.63
2013	SPDZH02	0～10	16.61	5.45	186.77
2013	SPDZH02	10～20	5.83	1.65	168.41

（续）

年	样地代码	采样深度（cm）	碱解氮（mg/kg）	速效磷（mg/kg）	速效钾（mg/kg）
2013	SPDFZ03	0～10	8.61	4.58	139.36
2013	SPDFZ03	10～20	5.99	2.63	119.36
2013	SPDFZ03	0～10	8.86	3.78	147.66
2013	SPDFZ03	10～20	6.08	2.75	165.95
2013	SPDFZ03	0～10	9.01	4.5	141.06
2013	SPDFZ03	10～20	5.98	2.32	142.53
2013	SPDFZ03	0～10	15.11	5.49	195.97
2013	SPDFZ03	10～20	10.13	2.55	179.36
2013	SPDFZ04	0～10	18.2	6.05	190.85
2013	SPDFZ04	10～20	11.3	2.47	149.57
2013	SPDFZ04	0～10	14.43	6.77	179.36
2013	SPDFZ04	10～20	11.4	2.86	138.77
2014	SPDZH02	0～10	17.63	5.77	182.55
2014	SPDZH02	10～20	6.17	1.45	165.96
2014	SPDZH02	0～10	15.81	5.45	184.26
2014	SPDZH02	10～20	5.46	1.36	154.25
2014	SPDZH02	0～10	17.28	5.8	179.15
2014	SPDZH02	10～20	5.88	1.33	155.74
2014	SPDZH02	0～10	16.87	5.93	182.55
2014	SPDZH02	10～20	5.82	1.88	157.66
2014	SPDZH02	0～10	15.69	5.69	184.25
2014	SPDZH02	10～20	6.29	1.35	174.26
2014	SPDZH02	0～10	17.11	5.83	179.28
2014	SPDZH02	10～20	6.02	1.47	144.47
2014	SPDFZ03	0～10	8.71	4.84	139.95
2014	SPDFZ03	10～20	5.88	2.63	118.36
2014	SPDFZ03	0～10	9.58	3.92	148.46
2014	SPDFZ03	10～20	6.35	2.33	145.06
2014	SPDFZ03	0～10	8.93	4.69	148.25
2014	SPDFZ03	10～20	5.59	2.26	144.36
2014	SPDFZ03	0～10	17.34	6.22	199.14
2014	SPDFZ03	10～20	10.75	2.41	174.25
2014	SPDFZ04	0～10	15.81	6.28	184.46
2014	SPDFZ04	10～20	10.75	3.04	134.68
2014	SPDFZ04	0～10	16.93	6.87	179.36
2014	SPDFZ04	10～20	11.11	3.09	107.28

（续）

年	样地代码	采样深度（cm）	碱解氮（mg/kg）	速效磷（mg/kg）	速效钾（mg/kg）
2015	SPDZH02	0～10	18.21	6.06	196.22
2015	SPDZH02	10～20	6.22	1.89	184.58
2015	SPDZH02	0～10	16.12	6.01	196.24
2015	SPDZH02	10～20	6.21	1.56	168.66
2015	SPDZH02	0～10	17.69	6.39	191.23
2015	SPDZH02	10～20	5.96	1.86	167.89
2015	SPDZH02	0～10	17.55	6.29	195.96
2015	SPDZH02	10～20	6.27	1.94	172.32
2015	SPDZH02	0～10	16.55	6.73	199.56
2015	SPDZH02	10～20	6.84	1.39	186.56
2015	SPDZH02	0～10	17.48	6.54	192.23
2015	SPDZH02	10～20	6.43	1.54	155.25
2015	SPDFZ03	0～10	9.38	4.81	161.11
2015	SPDFZ03	10～20	6.25	2.49	119.56
2015	SPDFZ03	0～10	10.12	4.05	170.23
2015	SPDFZ03	10～20	6.88	2.18	147.25
2015	SPDFZ03	0～10	9.98	4.67	170.22
2015	SPDFZ03	10～20	6.29	2.31	147.52
2015	SPDFZ03	0～10	17.68	6.61	203.87
2015	SPDFZ03	10～20	11.39	2.97	176.25
2015	SPDFZ04	0～10	16.98	6.88	186.25
2015	SPDFZ04	10～20	11.54	3.39	165.35
2015	SPDFZ04	0～10	16.85	7.39	175.48
2015	SPDFZ04	10～20	11.56	3.59	139.57
2016	SPDZH02	0～10	18.19	6.11	191.44
2016	SPDZH02	10～20	6.26	1.75	178.06
2016	SPDZH02	0～10	16.17	5.94	192.05
2016	SPDZH02	10～20	6.01	1.52	163.62
2016	SPDZH02	0～10	17.72	6.32	187.01
2016	SPDZH02	10～20	5.99	1.68	163.64
2016	SPDZH02	0～10	17.49	6.32	191.27
2016	SPDZH02	10～20	6.17	1.97	167.19
2016	SPDZH02	0～10	16.41	6.46	194.21
2016	SPDZH02	10～20	6.72	1.41	182.26
2016	SPDZH02	0～10	17.52	6.42	187.69
2016	SPDZH02	10～20	6.35	1.55	151.48

（续）

年	样地代码	采样深度（cm）	碱解氮（mg/kg）	速效磷（mg/kg）	速效钾（mg/kg）
2016	SPDFZ03	0～10	9.24	4.97	153.71
2016	SPDFZ03	10～20	6.18	2.63	119.14
2016	SPDFZ03	0～10	10.03	4.11	162.61
2016	SPDFZ03	10～20	6.76	2.31	146.48
2016	SPDFZ03	0～10	9.71	4.82	162.53
2016	SPDFZ03	10～20	6.11	2.36	146.41
2016	SPDFZ03	0～10	17.74	6.63	202.21
2016	SPDFZ03	10～20	11.28	2.81	175.55
2016	SPDFZ04	0～10	16.74	6.82	185.62
2016	SPDFZ04	10～20	11.38	3.33	154.62
2016	SPDFZ04	0～10	17.05	7.38	176.84
2016	SPDFZ04	10～20	11.52	3.47	128.27
2017	SPDZH02	0～10	17.98	6.22	194.07
2017	SPDZH02	10～20	6.64	1.35	181.65
2017	SPDZH02	0～10	17.57	6.14	200.35
2017	SPDZH02	10～20	6.36	1.23	176.39
2017	SPDZH02	0～10	18.35	6.01	199.33
2017	SPDZH02	10～20	6.78	1.69	165.98
2017	SPDZH02	0～10	18.15	6.09	203.85
2017	SPDZH02	10～20	7.36	1.38	174.01
2017	SPDZH02	0～10	17.34	6.53	197.15
2017	SPDZH02	10～20	7.46	1.6	184.63
2017	SPDZH02	0～10	18.05	6.76	200.19
2017	SPDZH02	10～20	7.41	1.24	163.55
2017	SPDFZ03	0～10	8.97	4.21	147.78
2017	SPDFZ03	10～20	6.13	2.57	119.37
2017	SPDFZ03	0～10	9.82	3.67	156.81
2017	SPDFZ03	10～20	6.73	2.03	136.91
2017	SPDFZ03	0～10	10.07	5.07	176.76
2017	SPDFZ03	10～20	6.86	2.62	147.02
2017	SPDFZ03	0～10	18.58	7.08	203.12
2017	SPDFZ03	10～20	11.12	3.21	175.94
2017	SPDFZ04	0～10	16.89	6.5	185.97
2017	SPDFZ04	10～20	11.05	2.86	150.52
2017	SPDFZ04	0～10	16.81	7.16	176.09
2017	SPDFZ04	10～20	11.97	4.12	144.49

（续）

年	样地代码	采样深度（cm）	碱解氮（mg/kg）	速效磷（mg/kg）	速效钾（mg/kg）
2018	SPDZH02	0～10	18.75	5.91	190.87
2018	SPDZH02	10～20	7.17	1.6	169.73
2018	SPDZH02	0～10	19.06	6.09	204.89
2018	SPDZH02	10～20	7.19	1.15	183.52
2018	SPDZH02	0～10	18.36	6.12	209.73
2018	SPDZH02	10～20	7.41	1.15	173.63
2018	SPDZH02	0～10	19.24	6.9	210.66
2018	SPDZH02	10～20	7.76	1.41	168.33
2018	SPDZH02	0～10	17.38	6.24	203.67
2018	SPDZH02	10～20	7.52	1.15	189.31
2018	SPDZH02	0～10	18.14	5.84	210.21
2018	SPDZH02	10～20	8.11	1.18	168.14
2018	SPDFZ03	0～10	9.19	3.95	163.06
2018	SPDFZ03	10～20	7.01	2.4	124.17
2018	SPDFZ03	0～10	10.12	4.35	166.87
2018	SPDFZ03	10～20	7.12	1.83	137.22
2018	SPDFZ03	0～10	11.06	4.71	163.92
2018	SPDFZ03	10～20	7.5	2.29	141.83
2018	SPDFZ03	0～10	19.06	7.31	201.69
2018	SPDFZ03	10～20	12.03	3.18	180.54
2018	SPDFZ04	0～10	17.14	7.14	189.33
2018	SPDFZ04	10～20	11.7	2.76	147.82
2018	SPDFZ04	0～10	17.18	7.29	178.99
2018	SPDFZ04	10～20	12.15	3.92	150.26

4.3.3　土壤 pH

土壤 pH 数据见表 4-21。

表 4-21　土壤 pH

年	样地代码	采样深度（cm）	pH
2009	SPDZH02	0～10	8.23
2009	SPDZH02	10～20	8.18
2009	SPDZH02	0～10	8.24
2009	SPDZH02	10～20	8.22
2009	SPDZH02	0～10	8.23
2009	SPDZH02	10～20	8.21
2009	SPDZH02	0～10	8.24
2009	SPDZH02	10～20	8.47
2009	SPDZH02	0～10	8.26

（续）

年	样地代码	采样深度（cm）	pH
2009	SPDZH02	10～20	8.42
2009	SPDZH02	0～10	8.14
2009	SPDZH02	10～20	8.13
2009	SPDFZ03	0～10	8.28
2009	SPDFZ03	10～20	8.23
2009	SPDFZ03	0～10	8.13
2009	SPDFZ03	10～20	8.13
2009	SPDFZ03	0～10	8.07
2009	SPDFZ03	10～20	8.13
2009	SPDFZ03	0～10	8.16
2009	SPDFZ03	10～20	8.29
2009	SPDFZ04	0～10	8.27
2009	SPDFZ04	10～20	8.39
2009	SPDFZ04	0～10	8.49
2009	SPDFZ04	10～20	8.67
2010	SPDZH02	0～10	8.25
2010	SPDZH02	10～20	8.19
2010	SPDZH02	0～10	8.28
2010	SPDZH02	10～20	8.22
2010	SPDZH02	0～10	8.28
2010	SPDZH02	10～20	8.18
2010	SPDZH02	0～10	8.25
2010	SPDZH02	10～20	8.17
2010	SPDZH02	0～10	8.27
2010	SPDZH02	10～20	8.19
2010	SPDZH02	0～10	8.27
2010	SPDZH02	10～20	8.15
2010	SPDFZ03	0～10	8.31
2010	SPDFZ03	10～20	8.26
2010	SPDFZ03	0～10	8.29
2010	SPDFZ03	10～20	8.18
2010	SPDFZ03	0～10	8.21
2010	SPDFZ03	10～20	8.26
2010	SPDFZ03	0～10	8.17
2010	SPDFZ03	10～20	8.28
2010	SPDFZ04	0～10	8.30

（续）

年	样地代码	采样深度（cm）	pH
2010	SPDFZ04	10～20	8.50
2010	SPDFZ04	0～10	8.39
2010	SPDFZ04	10～20	8.49
2012	SPDZH02	0～10	8.26
2012	SPDZH02	10～20	8.20
2012	SPDZH02	0～10	8.30
2012	SPDZH02	10～20	8.20
2012	SPDZH02	0～10	8.30
2012	SPDZH02	10～20	8.19
2012	SPDZH02	0～10	8.24
2012	SPDZH02	10～20	8.18
2012	SPDZH02	0～10	8.29
2012	SPDZH02	10～20	8.20
2012	SPDZH02	0～10	8.25
2012	SPDZH02	10～20	8.17
2012	SPDFZ03	0～10	8.30
2012	SPDFZ03	10～20	8.25
2012	SPDFZ03	0～10	8.30
2012	SPDFZ03	10～20	8.20
2012	SPDFZ03	0～10	8.20
2012	SPDFZ03	10～20	8.25
2012	SPDFZ03	0～10	8.21
2012	SPDFZ03	10～20	8.31
2012	SPDFZ04	0～10	8.51
2012	SPDFZ04	10～20	8.48
2012	SPDFZ04	0～10	8.41
2012	SPDFZ04	10～20	8.46
2013	SPDZH02	0～10	8.34
2013	SPDZH02	10～20	8.22
2013	SPDZH02	0～10	8.34
2013	SPDZH02	10～20	8.15
2013	SPDZH02	0～10	8.31
2013	SPDZH02	10～20	8.21
2013	SPDZH02	0～10	8.32
2013	SPDZH02	10～20	8.19
2013	SPDZH02	0～10	8.36

（续）

年	样地代码	采样深度（cm）	pH
2013	SPDZH02	10～20	8.22
2013	SPDZH02	0～10	8.25
2013	SPDZH02	10～20	8.19
2013	SPDFZ03	0～10	8.36
2013	SPDFZ03	10～20	8.26
2013	SPDFZ03	0～10	8.33
2013	SPDFZ03	10～20	8.22
2013	SPDFZ03	0～10	8.32
2013	SPDFZ03	10～20	8.26
2013	SPDFZ03	0～10	8.33
2013	SPDFZ03	10～20	8.34
2013	SPDFZ04	0～10	8.68
2013	SPDFZ04	10～20	8.51
2013	SPDFZ04	0～10	8.47
2013	SPDFZ04	10～20	8.45
2014	SPDZH02	0～10	8.29
2014	SPDZH02	10～20	8.23
2014	SPDZH02	0～10	8.35
2014	SPDZH02	10～20	8.21
2014	SPDZH02	0～10	8.35
2014	SPDZH02	10～20	8.24
2014	SPDZH02	0～10	8.27
2014	SPDZH02	10～20	8.16
2014	SPDZH02	0～10	8.33
2014	SPDZH02	10～20	8.21
2014	SPDZH02	0～10	8.26
2014	SPDZH02	10～20	8.15
2014	SPDFZ03	0～10	8.34
2014	SPDFZ03	10～20	8.25
2014	SPDFZ03	0～10	8.31
2014	SPDFZ03	10～20	8.18
2014	SPDFZ03	0～10	8.33
2014	SPDFZ03	10～20	8.22
2014	SPDFZ03	0～10	8.39
2014	SPDFZ03	10～20	8.35
2014	SPDFZ04	0～10	8.49

（续）

年	样地代码	采样深度（cm）	pH
2014	SPDFZ04	10～20	8.43
2014	SPDFZ04	0～10	8.46
2014	SPDFZ04	10～20	8.41
2015	SPDZH02	0～10	8.44
2015	SPDZH02	10～20	8.34
2015	SPDZH02	0～10	8.43
2015	SPDZH02	10～20	8.37
2015	SPDZH02	0～10	8.41
2015	SPDZH02	10～20	8.27
2015	SPDZH02	0～10	8.35
2015	SPDZH02	10～20	8.26
2015	SPDZH02	0～10	8.46
2015	SPDZH02	10～20	8.33
2015	SPDZH02	0～10	8.22
2015	SPDZH02	10～20	8.16
2015	SPDFZ03	0～10	8.41
2015	SPDFZ03	10～20	8.31
2015	SPDFZ03	0～10	8.37
2015	SPDFZ03	10～20	8.28
2015	SPDFZ03	0～10	8.36
2015	SPDFZ03	10～20	8.31
2015	SPDFZ03	0～10	8.46
2015	SPDFZ03	10～20	8.41
2015	SPDFZ04	0～10	8.55
2015	SPDFZ04	10～20	8.48
2015	SPDFZ04	0～10	8.53
2015	SPDFZ04	10～20	8.46
2017	SPDZH02	0～10	8.52
2017	SPDZH02	10～20	8.36
2017	SPDZH02	0～10	8.78
2017	SPDZH02	10～20	8.56
2017	SPDZH02	0～10	8.68
2017	SPDZH02	10～20	8.31
2017	SPDZH02	0～10	8.55
2017	SPDZH02	10～20	8.34
2017	SPDZH02	0～10	8.62

（续）

年	样地代码	采样深度（cm）	pH
2017	SPDZH02	10～20	8.43
2017	SPDZH02	0～10	8.26
2017	SPDZH02	10～20	8.18
2017	SPDFZ03	0～10	8.51
2017	SPDFZ03	10～20	8.33
2017	SPDFZ03	0～10	8.46
2017	SPDFZ03	10～20	8.28
2017	SPDFZ03	0～10	8.43
2017	SPDFZ03	10～20	8.32
2017	SPDFZ03	0～10	8.53
2017	SPDFZ03	10～20	8.41
2017	SPDFZ04	0～10	8.58
2017	SPDFZ04	10～20	8.49
2017	SPDFZ04	0～10	8.59
2017	SPDFZ04	10～20	8.44
2018	SPDZH02	0～10	8.53
2018	SPDZH02	10～20	8.35
2018	SPDZH02	0～10	8.62
2018	SPDZH02	10～20	8.47
2018	SPDZH02	0～10	8.56
2018	SPDZH02	10～20	8.29
2018	SPDZH02	0～10	8.56
2018	SPDZH02	10～20	8.31
2018	SPDZH02	0～10	8.55
2018	SPDZH02	10～20	8.49
2018	SPDZH02	0～10	8.25
2018	SPDZH02	10～20	8.18
2018	SPDFZ03	0～10	8.48
2018	SPDFZ03	10～20	8.32
2018	SPDFZ03	0～10	8.42
2018	SPDFZ03	10～20	8.28
2018	SPDFZ03	0～10	8.39
2018	SPDFZ03	10～20	8.32
2018	SPDFZ03	0～10	8.52
2018	SPDFZ03	10～20	8.41
2018	SPDFZ04	0～10	8.57
2018	SPDFZ04	10～20	8.49
2018	SPDFZ04	0～10	8.58
2018	SPDFZ04	10～20	8.47

4.3.4 土壤电导率

土壤电导率数据见表 4－22。

表 4－22 土壤电导率

年	样地代码	采样深度（cm）	电导率（ms/cm）
2009	SPDZH02	0～10	0.078
2009	SPDZH02	10～20	0.070
2009	SPDZH02	0～10	0.080
2009	SPDZH02	10～20	0.090
2009	SPDZH02	0～10	0.068
2009	SPDZH02	10～20	0.055
2009	SPDZH02	0～10	0.098
2009	SPDZH02	10～20	0.070
2009	SPDZH02	0～10	0.060
2009	SPDZH02	10～20	0.060
2009	SPDZH02	0～10	0.085
2009	SPDZH02	10～20	0.065
2009	SPDFZ03	0～10	0.086
2009	SPDFZ03	10～20	0.070
2009	SPDFZ03	0～10	0.077
2009	SPDFZ03	10～20	0.068
2009	SPDFZ03	0～10	0.070
2009	SPDFZ03	10～20	0.070
2009	SPDFZ03	0～10	0.083
2009	SPDFZ03	10～20	0.082
2009	SPDFZ04	0～10	0.090
2009	SPDFZ04	10～20	0.080
2009	SPDFZ04	0～10	0.080
2009	SPDFZ04	10～20	0.080
2010	SPDZH02	0～10	0.079
2010	SPDZH02	10～20	0.071
2010	SPDZH02	0～10	0.082
2010	SPDZH02	10～20	0.088
2010	SPDZH02	0～10	0.069
2010	SPDZH02	10～20	0.058
2010	SPDZH02	0～10	0.096
2010	SPDZH02	10～20	0.074
2010	SPDZH02	0～10	0.063
2010	SPDZH02	10～20	0.058
2010	SPDZH02	0～10	0.085
2010	SPDZH02	10～20	0.068

（续）

年	样地代码	采样深度（cm）	电导率（ms/cm）
2010	SPDFZ03	0～10	0.088
2010	SPDFZ03	10～20	0.071
2010	SPDFZ03	0～10	0.074
2010	SPDFZ03	10～20	0.069
2010	SPDFZ03	0～10	0.072
2010	SPDFZ03	10～20	0.071
2010	SPDFZ03	0～10	0.085
2010	SPDFZ03	10～20	0.083
2010	SPDFZ04	0～10	0.088
2010	SPDFZ04	10～20	0.082
2010	SPDFZ04	0～10	0.082
2010	SPDFZ04	10～20	0.083
2011	SPDZH02	0～10	0.081
2011	SPDZH02	10～20	0.076
2011	SPDZH02	0～10	0.083
2011	SPDZH02	10～20	0.082
2011	SPDZH02	0～10	0.071
2011	SPDZH02	10～20	0.063
2011	SPDZH02	0～10	0.093
2011	SPDZH02	10～20	0.072
2011	SPDZH02	0～10	0.073
2011	SPDZH02	10～20	0.071
2011	SPDZH02	0～10	0.083
2011	SPDZH02	10～20	0.073
2011	SPDFZ03	0～10	0.086
2011	SPDFZ03	10～20	0.076
2011	SPDFZ03	0～10	0.072
2011	SPDFZ03	10～20	0.068
2011	SPDFZ03	0～10	0.075
2011	SPDFZ03	10～20	0.075
2011	SPDFZ03	0～10	0.083
2011	SPDFZ03	10～20	0.084
2011	SPDFZ04	0～10	0.086
2011	SPDFZ04	10～20	0.084
2011	SPDFZ04	0～10	0.084
2011	SPDFZ04	10～20	0.084

（续）

年	样地代码	采样深度（cm）	电导率（ms/cm）
2012	SPDZH02	0～10	0.078
2012	SPDZH02	10～20	0.073
2012	SPDZH02	0～10	0.081
2012	SPDZH02	10～20	0.083
2012	SPDZH02	0～10	0.072
2012	SPDZH02	10～20	0.062
2012	SPDZH02	0～10	0.093
2012	SPDZH02	10～20	0.081
2012	SPDZH02	0～10	0.066
2012	SPDZH02	10～20	0.063
2012	SPDZH02	0～10	0.081
2012	SPDZH02	10～20	0.071
2012	SPDFZ03	0～10	0.085
2012	SPDFZ03	10～20	0.070
2012	SPDFZ03	0～10	0.075
2012	SPDFZ03	10～20	0.071
2012	SPDFZ03	0～10	0.071
2012	SPDFZ03	10～20	0.069
2012	SPDFZ03	0～10	0.083
2012	SPDFZ03	10～20	0.081
2012	SPDFZ04	0～10	0.088
2012	SPDFZ04	10～20	0.083
2012	SPDFZ04	0～10	0.083
2012	SPDFZ04	10～20	0.083
2013	SPDZH02	0～10	0.083
2013	SPDZH02	10～20	0.079
2013	SPDZH02	0～10	0.079
2013	SPDZH02	10～20	0.076
2013	SPDZH02	0～10	0.079
2013	SPDZH02	10～20	0.074
2013	SPDZH02	0～10	0.081
2013	SPDZH02	10～20	0.081
2013	SPDZH02	0～10	0.073
2013	SPDZH02	10～20	0.078
2013	SPDZH02	0～10	0.082
2013	SPDZH02	10～20	0.077

（续）

年	样地代码	采样深度（cm）	电导率（ms/cm）
2013	SPDFZ03	0～10	0.084
2013	SPDFZ03	10～20	0.077
2013	SPDFZ03	0～10	0.077
2013	SPDFZ03	10～20	0.076
2013	SPDFZ03	0～10	0.079
2013	SPDFZ03	10～20	0.073
2013	SPDFZ03	0～10	0.085
2013	SPDFZ03	10～20	0.079
2013	SPDFZ04	0～10	0.089
2013	SPDFZ04	10～20	0.081
2013	SPDFZ04	0～10	0.084
2013	SPDFZ04	10～20	0.082
2014	SPDZH02	0～10	0.082
2014	SPDZH02	10～20	0.080
2014	SPDZH02	0～10	0.081
2014	SPDZH02	10～20	0.079
2014	SPDZH02	0～10	0.080
2014	SPDZH02	10～20	0.077
2014	SPDZH02	0～10	0.082
2014	SPDZH02	10～20	0.079
2014	SPDZH02	0～10	0.079
2014	SPDZH02	10～20	0.075
2014	SPDZH02	0～10	0.081
2014	SPDZH02	10～20	0.079
2014	SPDFZ03	0～10	0.083
2014	SPDFZ03	10～20	0.079
2014	SPDFZ03	0～10	0.081
2014	SPDFZ03	10～20	0.077
2014	SPDFZ03	0～10	0.080
2014	SPDFZ03	10～20	0.078
2014	SPDFZ03	0～10	0.085
2014	SPDFZ03	10～20	0.080
2014	SPDFZ04	0～10	0.086
2014	SPDFZ04	10～20	0.081
2014	SPDFZ04	0～10	0.085
2014	SPDFZ04	10～20	0.081

（续）

年	样地代码	采样深度（cm）	电导率（ms/cm）
2015	SPDZH02	0～10	0.083
2015	SPDZH02	10～20	0.081
2015	SPDZH02	0～10	0.080
2015	SPDZH02	10～20	0.080
2015	SPDZH02	0～10	0.079
2015	SPDZH02	10～20	0.079
2015	SPDZH02	0～10	0.082
2015	SPDZH02	10～20	0.080
2015	SPDZH02	0～10	0.080
2015	SPDZH02	10～20	0.077
2015	SPDZH02	0～10	0.081
2015	SPDZH02	10～20	0.080
2015	SPDFZ03	0～10	0.084
2015	SPDFZ03	10～20	0.080
2015	SPDFZ03	0～10	0.082
2015	SPDFZ03	10～20	0.076
2015	SPDFZ03	0～10	0.081
2015	SPDFZ03	10～20	0.078
2015	SPDFZ03	0～10	0.085
2015	SPDFZ03	10～20	0.081
2015	SPDFZ04	0～10	0.085
2015	SPDFZ04	10～20	0.080
2015	SPDFZ04	0～10	0.086
2015	SPDFZ04	10～20	0.082

4.4　水分监测数据

4.4.1　土壤含水量

数据说明：土壤含水量表中数据来源于沙坡头站农田生态系统综合观测场中子仪观测的土壤体积含水量数据。在作物生育期内间隔 10 d 观测 1 次，每次观测不同深度（10 cm、50 cm、100 cm 和 150 cm）的土壤体积含水量；观测场中作物收获之后，每月观测 1 次。所有观测数据均为中子仪每次测定的观测值（中子仪定期标定）（表 4 - 23）。

表 4 - 23　土壤含水量

年	月	日	土壤深度（cm）	含水量（cm^3/cm^3）
2009	1	12	10	0.058
2009	1	12	50	0.041
2009	1	12	100	0.044

（续）

年	月	日	土壤深度（cm）	含水量（cm³/cm³）
2009	1	12	150	0.070
2009	2	23	10	0.057
2009	2	23	50	0.042
2009	2	23	100	0.042
2009	2	23	150	0.063
2009	3	16	10	0.073
2009	3	16	50	0.043
2009	3	16	100	0.043
2009	3	16	150	0.077
2009	3	26	10	0.072
2009	3	26	50	0.042
2009	3	26	100	0.044
2009	3	26	150	0.077
2009	4	16	10	0.062
2009	4	16	50	0.037
2009	4	16	100	0.043
2009	4	16	150	0.086
2009	4	26	10	0.073
2009	4	26	50	0.043
2009	4	26	100	0.047
2009	4	26	150	0.092
2009	5	15	10	0.077
2009	5	15	50	0.049
2009	5	15	100	0.047
2009	5	15	150	0.160
2009	5	25	10	0.075
2009	5	25	50	0.047
2009	5	25	100	0.051
2009	5	25	150	0.126
2009	6	13	10	0.067
2009	6	13	50	0.043
2009	6	13	100	0.046
2009	6	13	150	0.096
2009	6	24	10	0.119
2009	6	24	50	0.070
2009	6	24	100	0.063

（续）

年	月	日	土壤深度（cm）	含水量（cm³/cm³）
2009	6	24	150	0.232
2009	7	11	10	0.073
2009	7	11	50	0.056
2009	7	11	100	0.052
2009	7	11	150	0.168
2009	7	26	10	0.075
2009	7	26	50	0.038
2009	7	26	100	0.047
2009	7	26	150	0.119
2009	8	11	10	0.079
2009	8	11	50	0.029
2009	8	11	100	0.044
2009	8	11	150	0.097
2009	8	27	10	0.084
2009	8	27	50	0.034
2009	8	27	100	0.049
2009	8	27	150	0.083
2009	9	11	10	0.085
2009	9	11	50	0.023
2009	9	11	100	0.036
2009	9	11	150	0.094
2009	9	26	10	0.067
2009	9	26	50	0.024
2009	9	26	100	0.040
2009	9	26	150	0.084
2009	10	11	10	0.077
2009	10	11	50	0.017
2009	10	11	100	0.034
2009	10	11	150	0.096
2009	10	26	10	0.062
2009	10	26	50	0.019
2009	10	26	100	0.036
2009	10	26	150	0.080
2009	11	11	10	0.067
2009	11	11	50	0.017
2009	11	11	100	0.028

（续）

年	月	日	土壤深度（cm）	含水量（cm^3/cm^3）
2009	11	11	150	0.086
2009	11	26	10	0.067
2009	11	26	50	0.016
2009	11	26	100	0.028
2009	11	26	150	0.093
2009	12	11	10	0.062
2009	12	11	50	0.012
2009	12	11	100	0.027
2009	12	11	150	0.086
2009	12	26	10	0.060
2009	12	26	50	0.014
2009	12	26	100	0.028
2009	12	26	150	0.077
2010	1	11	10	0.060
2010	1	11	50	0.014
2010	1	11	100	0.027
2010	1	11	150	0.076
2010	2	12	10	0.062
2010	2	12	50	0.014
2010	2	12	100	0.028
2010	2	12	150	0.072
2010	3	11	10	0.058
2010	3	11	50	0.014
2010	3	11	100	0.028
2010	3	11	150	0.070
2010	3	26	10	0.058
2010	3	26	50	0.014
2010	3	26	100	0.029
2010	3	26	150	0.066
2010	4	15	10	0.075
2010	4	15	50	0.049
2010	4	15	100	0.051
2010	4	15	150	0.083
2010	4	26	10	0.072
2010	4	26	50	0.041
2010	4	26	100	0.045

（续）

年	月	日	土壤深度（cm）	含水量（cm³/cm³）
2010	4	26	150	0.082
2010	5	16	10	0.077
2010	5	16	50	0.049
2010	5	16	100	0.051
2010	5	16	150	0.103
2010	5	26	10	0.097
2010	5	26	50	0.081
2010	5	26	100	0.078
2010	5	26	150	0.148
2010	6	16	10	0.097
2010	6	16	50	0.074
2010	6	16	100	0.077
2010	6	16	150	0.185
2010	6	26	10	0.099
2010	6	26	50	0.092
2010	6	26	100	0.106
2010	6	26	150	0.187
2010	7	17	10	0.087
2010	7	17	50	0.068
2010	7	17	100	0.080
2010	7	17	150	0.181
2010	7	26	10	0.084
2010	7	26	50	0.069
2010	7	26	100	0.080
2010	7	26	150	0.152
2010	8	11	10	0.095
2010	8	11	50	0.106
2010	8	11	100	0.104
2010	8	11	150	0.179
2010	8	26	10	0.099
2010	8	26	50	0.080
2010	8	26	100	0.092
2010	8	26	150	0.161
2010	9	16	10	0.070
2010	9	16	50	0.052
2010	9	16	100	0.056

（续）

年	月	日	土壤深度（cm）	含水量（cm³/cm³）
2010	9	16	150	0.123
2010	9	28	10	0.079
2010	9	28	50	0.047
2010	9	28	100	0.053
2010	9	28	150	0.118
2010	10	12	10	0.067
2010	10	12	50	0.046
2010	10	12	100	0.051
2010	10	12	150	0.081
2010	11	14	10	0.065
2010	11	14	50	0.041
2010	11	14	100	0.051
2010	11	14	150	0.090
2010	12	12	10	0.058
2010	12	12	50	0.039
2010	12	12	100	0.047
2010	12	12	150	0.084
2011	1	11	10	0.060
2011	1	11	50	0.036
2011	1	11	100	0.045
2011	1	11	150	0.081
2011	2	12	10	0.057
2011	2	12	50	0.041
2011	2	12	100	0.047
2011	2	12	150	0.083
2011	3	11	10	0.085
2011	3	11	50	0.070
2011	3	11	100	0.066
2011	3	11	150	0.090
2011	4	10	10	0.084
2011	4	10	50	0.064
2011	4	10	100	0.062
2011	4	10	150	0.086
2011	5	11	10	0.097
2011	5	11	50	0.092
2011	5	11	100	0.075

（续）

年	月	日	土壤深度（cm）	含水量（cm³/cm³）
2011	5	11	150	0.137
2011	6	12	10	0.075
2011	6	12	50	0.064
2011	6	12	100	0.075
2011	6	12	150	0.129
2011	7	11	10	0.077
2011	7	11	50	0.074
2011	7	11	100	0.070
2011	7	11	150	0.121
2011	8	10	10	0.141
2011	8	10	50	0.048
2011	8	10	100	0.049
2011	8	10	150	0.115
2011	9	12	10	0.077
2011	9	12	50	0.041
2011	9	12	100	0.045
2011	9	12	150	0.119
2011	10	9	10	0.060
2011	10	9	50	0.030
2011	10	9	100	0.044
2011	10	9	150	0.099
2011	11	11	10	0.094
2011	11	11	50	0.029
2011	11	11	100	0.038
2011	11	11	150	0.105
2011	12	11	10	0.062
2011	12	11	50	0.025
2011	12	11	100	0.039
2011	12	11	150	0.105
2012	1	17	10	0.080
2012	1	17	50	0.010
2012	1	17	100	0.020
2012	1	17	150	0.048
2012	2	27	10	0.081
2012	2	27	50	0.015
2012	2	27	100	0.024

（续）

年	月	日	土壤深度（cm）	含水量（cm³/cm³）
2012	2	27	150	0.052
2012	3	25	10	0.065
2012	3	25	50	0.018
2012	3	25	100	0.018
2012	3	25	150	0.048
2012	4	26	10	0.089
2012	4	26	50	0.041
2012	4	26	100	0.045
2012	4	26	150	0.067
2012	5	16	10	0.084
2012	5	16	50	0.055
2012	5	16	100	0.052
2012	5	16	150	0.070
2012	6	24	10	0.077
2012	6	24	50	0.038
2012	6	24	100	0.050
2012	6	24	150	0.088
2012	7	16	10	0.167
2012	7	16	50	0.053
2012	7	16	100	0.056
2012	7	16	150	0.094
2012	8	16	10	0.117
2012	8	16	50	0.067
2012	8	16	100	0.054
2012	8	16	150	0.082
2012	9	16	10	0.084
2012	9	16	50	0.048
2012	9	16	100	0.045
2012	9	16	150	0.067
2012	10	16	10	0.134
2012	10	16	50	0.034
2012	10	16	100	0.042
2012	10	16	150	0.079
2012	11	12	10	0.060
2012	11	12	50	0.025
2012	11	12	100	0.041

（续）

年	月	日	土壤深度（cm）	含水量（cm³/cm³）
2012	11	12	150	0.108
2012	12	11	10	0.069
2012	12	11	50	0.022
2012	12	11	100	0.033
2012	12	11	150	0.077
2013	1	26	10	0.059
2013	1	26	50	0.022
2013	1	26	100	0.029
2013	1	26	150	0.064
2013	2	28	10	0.061
2013	2	28	50	0.028
2013	2	28	100	0.026
2013	2	28	150	0.053
2013	3	26	10	0.067
2013	3	26	50	0.028
2013	3	26	100	0.026
2013	3	26	150	0.044
2013	4	26	10	0.080
2013	4	26	50	0.052
2013	4	26	100	0.064
2013	4	26	150	0.085
2013	5	26	10	0.080
2013	5	26	50	0.059
2013	5	26	100	0.062
2013	5	26	150	0.112
2013	6	26	10	0.089
2013	6	26	50	0.048
2013	6	26	100	0.037
2013	6	26	150	0.071
2013	7	20	10	0.086
2013	7	20	50	0.028
2013	7	20	100	0.036
2013	7	20	150	0.066
2013	8	26	10	0.072
2013	8	26	50	0.019
2013	8	26	100	0.027

（续）

年	月	日	土壤深度（cm）	含水量（cm³/cm³）
2013	8	26	150	0.059
2013	9	26	10	0.074
2013	9	26	50	0.012
2013	9	26	100	0.016
2013	9	26	150	0.063
2013	10	27	10	0.072
2013	10	27	50	0.011
2013	10	27	100	0.028
2013	10	27	150	0.060
2013	11	26	10	0.067
2013	11	26	50	0.013
2013	11	26	100	0.022
2013	11	26	150	0.077
2013	12	25	10	0.065
2013	12	25	50	0.013
2013	12	25	100	0.018
2013	12	25	150	0.079
2014	1	22	10	0.089
2014	1	22	50	0.017
2014	1	22	100	0.017
2014	1	22	150	0.066
2014	2	26	10	0.086
2014	2	26	50	0.011
2014	2	26	100	0.018
2014	2	26	150	0.064
2014	3	27	10	0.077
2014	3	27	50	0.012
2014	3	27	100	0.019
2014	3	27	150	0.058
2014	4	27	10	0.095
2014	4	27	50	0.026
2014	4	27	100	0.037
2014	4	27	150	0.066
2014	5	26	10	0.155
2014	5	26	50	0.043
2014	5	26	100	0.045

（续）

年	月	日	土壤深度（cm）	含水量（cm³/cm³）
2014	5	26	150	0.090
2014	6	26	10	0.167
2014	6	26	50	0.070
2014	6	26	100	0.042
2014	6	26	150	0.107
2014	7	26	10	0.126
2014	7	26	50	0.041
2014	7	26	100	0.044
2014	7	26	150	0.079
2014	8	26	10	0.180
2014	8	26	50	0.056
2014	8	26	100	0.061
2014	8	26	150	0.118
2014	9	21	10	0.164
2014	9	21	50	0.045
2014	9	21	100	0.045
2014	9	21	150	0.090
2014	10	24	10	0.106
2014	10	24	50	0.037
2014	10	24	100	0.037
2014	10	24	150	0.087
2014	11	26	10	0.142
2014	11	26	50	0.033
2014	11	26	100	0.037
2014	11	26	150	0.075
2014	12	26	10	0.124
2014	12	26	50	0.038
2014	12	26	100	0.037
2014	12	26	150	0.069
2015	1	11	10	0.086
2015	1	11	50	0.039
2015	1	11	100	0.037
2015	1	11	150	0.067
2015	3	26	10	0.077
2015	3	26	50	0.033
2015	3	26	100	0.032

（续）

年	月	日	土壤深度（cm）	含水量（cm^3/cm^3）
2015	3	26	150	0.079
2015	4	26	10	0.065
2015	4	26	50	0.040
2015	4	26	100	0.041
2015	4	26	150	0.069
2015	5	26	10	0.119
2015	5	26	50	0.038
2015	5	26	100	0.055
2015	5	26	150	0.079
2015	6	26	10	0.144
2015	6	26	50	0.037
2015	6	26	100	0.045
2015	6	26	150	0.109
2015	7	26	10	0.085
2015	7	26	50	0.030
2015	7	26	100	0.034
2015	7	26	150	0.071
2015	8	25	10	0.072
2015	8	25	50	0.024
2015	8	25	100	0.026
2015	8	25	150	0.097
2015	9	26	10	0.087
2015	9	26	50	0.011
2015	9	26	100	0.028
2015	9	26	150	0.086
2015	10	26	10	0.109
2015	10	26	50	0.015
2015	10	26	100	0.023
2015	10	26	150	0.090
2015	11	26	10	0.119
2015	11	26	50	0.028
2015	11	26	100	0.031
2015	11	26	150	0.063
2015	12	26	10	0.122
2015	12	26	50	0.033
2015	12	26	100	0.037

（续）

年	月	日	土壤深度（cm）	含水量（cm^3/cm^3）
2015	12	26	150	0.057
2016	1	11	10	0.069
2016	1	11	50	0.029
2016	1	11	100	0.036
2016	1	11	150	0.015
2016	2	26	10	0.060
2016	2	26	50	0.033
2016	2	26	100	0.038
2016	2	26	150	0.010
2016	3	26	10	0.091
2016	3	26	50	0.033
2016	3	26	100	0.035
2016	3	26	150	0.045
2016	4	26	10	0.081
2016	4	26	50	0.037
2016	4	26	100	0.033
2016	4	26	150	0.060
2016	5	26	10	0.082
2016	5	26	50	0.038
2016	5	26	100	0.036
2016	5	26	150	0.067
2016	6	26	10	0.120
2016	6	26	50	0.032
2016	6	26	100	0.045
2016	6	26	150	0.050
2016	7	26	10	0.145
2016	7	26	50	0.050
2016	7	26	100	0.049
2016	7	26	150	0.060
2016	8	26	10	0.122
2016	8	26	50	0.034
2016	8	26	100	0.031
2016	8	26	150	0.070
2016	9	26	10	0.184
2016	9	26	50	0.033
2016	9	26	100	0.041

（续）

年	月	日	土壤深度（cm）	含水量（cm³/cm³）
2016	9	26	150	0.042
2016	10	26	10	0.122
2016	10	26	50	0.033
2016	10	26	100	0.034
2016	10	26	150	0.047
2016	11	26	10	0.110
2016	11	26	50	0.045
2016	11	26	100	0.039
2016	11	26	150	0.040
2016	12	26	10	0.077
2016	12	26	50	0.035
2016	12	26	100	0.042
2016	12	26	150	0.052
2017	1	10	10	0.051
2017	1	10	50	0.039
2017	1	10	100	0.044
2017	1	10	150	0.045
2017	2	25	10	0.071
2017	2	25	50	0.025
2017	2	25	100	0.043
2017	2	25	150	0.043
2017	3	26	10	0.057
2017	3	26	50	0.035
2017	3	26	100	0.042
2017	3	26	150	0.053
2017	4	24	10	0.167
2017	4	24	50	0.039
2017	4	24	100	0.041
2017	4	24	150	0.045
2017	5	26	10	0.100
2017	5	26	50	0.028
2017	5	26	100	0.048
2017	5	26	150	0.060
2017	6	26	10	0.167
2017	6	26	50	0.039
2017	6	26	100	0.048

（续）

年	月	日	土壤深度（cm）	含水量（cm³/cm³）
2017	6	26	150	0.066
2017	7	26	10	0.071
2017	7	26	50	0.018
2017	7	26	100	0.039
2017	7	26	150	0.045
2017	8	27	10	0.264
2017	8	27	50	0.022
2017	8	27	100	0.035
2017	8	27	150	0.075
2017	9	26	10	0.082
2017	9	26	50	0.044
2017	9	26	100	0.011
2017	9	26	150	0.036
2017	10	26	10	0.085
2017	10	26	50	0.011
2017	10	26	100	0.016
2017	10	26	150	0.043
2017	11	10	10	0.072
2017	11	10	50	0.017
2017	11	10	100	0.022
2017	11	10	150	0.020
2017	12	10	10	0.079
2017	12	10	50	0.017
2017	12	10	100	0.023
2017	12	10	150	0.020
2018	1	26	10	0.071
2018	1	26	50	0.027
2018	1	26	100	0.029
2018	1	26	150	0.036
2018	2	26	10	0.072
2018	2	26	50	0.034
2018	2	26	100	0.028
2018	2	26	150	0.035
2018	3	26	10	0.096
2018	3	26	50	0.029
2018	3	26	100	0.028

（续）

年	月	日	土壤深度（cm）	含水量（cm³/cm³）
2018	3	26	150	0.041
2018	4	26	10	0.087
2018	4	26	50	0.032
2018	4	26	100	0.042
2018	4	26	150	0.060
2018	5	26	10	0.100
2018	5	26	50	0.043
2018	5	26	100	0.067
2018	5	26	150	0.069
2018	6	26	10	0.102
2018	6	26	50	0.048
2018	6	26	100	0.060
2018	6	26	150	0.061
2018	7	26	10	0.157
2018	7	26	50	0.032
2018	7	26	100	0.033
2018	7	26	150	0.040
2018	8	26	10	0.119
2018	8	26	50	0.036
2018	8	26	100	0.047
2018	8	26	150	0.060
2018	9	26	10	0.089
2018	9	26	50	0.030
2018	9	26	100	0.040
2018	9	26	150	0.051
2018	10	26	10	0.176
2018	10	26	50	0.025
2018	10	26	100	0.032
2018	10	26	150	0.046
2018	11	26	10	0.120
2018	11	26	50	0.033
2018	11	26	100	0.037
2018	11	26	150	0.052
2018	12	26	10	0.129
2018	12	26	50	0.026
2018	12	26	100	0.036
2018	12	26	150	0.050

4.4.2　含水量

数据说明：土壤含水量表中数据来源于沙坡头站农田生态系统综合观测场的含水量数据。在作物生育期内间隔 10 d 观测 1 次，每次观测不同深度的土壤质量含水量，所有观测数据均为中子仪每次测定的观测值（中子仪定期标定）（表 4－24）。

表 4－24　含水量

年	月	日	样地代码	采样深度（cm）	质量含水量（g/g）
2009	5	30	SPDZH01	10	0.15
2009	5	30	SPDZH01	20	0.14
2009	5	30	SPDZH01	30	0.03
2009	5	30	SPDZH01	40	0.04
2009	5	30	SPDZH01	50	0.03
2009	5	30	SPDZH01	60	0.03
2009	5	30	SPDZH01	70	0.04
2009	5	30	SPDZH01	80	0.04
2009	5	30	SPDZH01	90	0.04
2009	5	30	SPDZH01	100	0.04
2009	5	30	SPDZH01	110	0.04
2009	5	30	SPDZH01	120	0.04
2009	5	30	SPDZH01	130	0.05
2009	5	30	SPDZH01	140	0.05
2009	5	30	SPDZH01	150	0.06
2009	5	30	SPDZH01	10	0.15
2009	5	30	SPDZH01	20	0.14
2009	5	30	SPDZH01	30	0.07
2009	5	30	SPDZH01	40	0.03
2009	5	30	SPDZH01	50	0.03
2009	5	30	SPDZH01	60	0.03
2009	5	30	SPDZH01	70	0.03
2009	5	30	SPDZH01	80	0.04
2009	5	30	SPDZH01	90	0.05
2009	5	30	SPDZH01	100	0.05
2009	5	30	SPDZH01	110	0.05
2009	5	30	SPDZH01	120	0.05
2009	5	30	SPDZH01	130	0.05
2009	5	30	SPDZH01	140	0.05
2009	5	30	SPDZH01	150	0.04
2009	5	30	SPDZH01	10	0.17
2009	5	30	SPDZH01	20	0.17
2009	5	30	SPDZH01	30	0.04

（续）

年	月	日	样地代码	采样深度（cm）	质量含水量（g/g）
2009	5	30	SPDZH01	40	0.04
2009	5	30	SPDZH01	50	0.03
2009	5	30	SPDZH01	60	0.04
2009	5	30	SPDZH01	70	0.04
2009	5	30	SPDZH01	80	0.04
2009	5	30	SPDZH01	90	0.04
2009	5	30	SPDZH01	100	0.04
2009	5	30	SPDZH01	110	0.05
2009	5	30	SPDZH01	120	0.05
2009	5	30	SPDZH01	130	0.05
2009	5	30	SPDZH01	140	0.04
2009	5	30	SPDZH01	150	0.05
2009	9	11	SPDZH01	10	0.14
2009	9	11	SPDZH01	20	0.14
2009	9	11	SPDZH01	30	0.04
2009	9	11	SPDZH01	40	0.01
2009	9	11	SPDZH01	50	0.01
2009	9	11	SPDZH01	60	0.02
2009	9	11	SPDZH01	70	0.03
2009	9	11	SPDZH01	80	0.03
2009	9	11	SPDZH01	90	0.03
2009	9	11	SPDZH01	100	0.03
2009	9	11	SPDZH01	110	0.03
2009	9	11	SPDZH01	120	0.03
2009	9	11	SPDZH01	130	0.03
2009	9	11	SPDZH01	140	0.04
2009	9	11	SPDZH01	150	0.06
2009	9	11	SPDZH01	10	0.15
2009	9	11	SPDZH01	20	0.16
2009	9	11	SPDZH01	30	0.01
2009	9	11	SPDZH01	40	0.02
2009	9	11	SPDZH01	50	0.02
2009	9	11	SPDZH01	60	0.03
2009	9	11	SPDZH01	70	0.03
2009	9	11	SPDZH01	80	0.03
2009	9	11	SPDZH01	90	0.03

（续）

年	月	日	样地代码	采样深度（cm）	质量含水量（g/g）
2009	9	11	SPDZH01	100	0.03
2009	9	11	SPDZH01	110	0.03
2009	9	11	SPDZH01	120	0.03
2009	9	11	SPDZH01	130	0.03
2009	9	11	SPDZH01	140	0.03
2009	9	11	SPDZH01	150	0.04
2009	9	11	SPDZH01	10	0.14
2009	9	11	SPDZH01	20	0.11
2009	9	11	SPDZH01	30	0.02
2009	9	11	SPDZH01	40	0.02
2009	9	11	SPDZH01	50	0.02
2009	9	11	SPDZH01	60	0.03
2009	9	11	SPDZH01	70	0.03
2009	9	11	SPDZH01	80	0.03
2009	9	11	SPDZH01	90	0.03
2009	9	11	SPDZH01	100	0.03
2009	9	11	SPDZH01	110	0.03
2009	9	11	SPDZH01	120	0.03
2009	9	11	SPDZH01	130	0.03
2009	9	11	SPDZH01	140	0.03
2009	9	11	SPDZH01	150	0.04
2010	6	2	SPDZH01	10	0.11
2010	6	2	SPDZH01	20	0.07
2010	6	2	SPDZH01	30	0.03
2010	6	2	SPDZH01	40	0.03
2010	6	2	SPDZH01	50	0.03
2010	6	2	SPDZH01	60	0.03
2010	6	2	SPDZH01	70	0.03
2010	6	2	SPDZH01	80	0.04
2010	6	2	SPDZH01	90	0.03
2010	6	2	SPDZH01	100	0.04
2010	6	2	SPDZH01	110	0.04
2010	6	2	SPDZH01	120	0.04
2010	6	2	SPDZH01	130	0.04
2010	6	2	SPDZH01	140	0.05
2010	6	2	SPDZH01	150	0.06

（续）

年	月	日	样地代码	采样深度（cm）	质量含水量（g/g）
2010	6	2	SPDZH01	10	0.12
2010	6	2	SPDZH01	20	0.10
2010	6	2	SPDZH01	30	0.04
2010	6	2	SPDZH01	40	0.03
2010	6	2	SPDZH01	50	0.03
2010	6	2	SPDZH01	60	0.03
2010	6	2	SPDZH01	70	0.03
2010	6	2	SPDZH01	80	0.04
2010	6	2	SPDZH01	90	0.04
2010	6	2	SPDZH01	100	0.04
2010	6	2	SPDZH01	110	0.04
2010	6	2	SPDZH01	120	0.04
2010	6	2	SPDZH01	130	0.04
2010	6	2	SPDZH01	140	0.04
2010	6	2	SPDZH01	150	0.05
2010	6	2	SPDZH01	10	0.12
2010	6	2	SPDZH01	20	0.09
2010	6	2	SPDZH01	30	0.03
2010	6	2	SPDZH01	40	0.04
2010	6	2	SPDZH01	50	0.04
2010	6	2	SPDZH01	60	0.03
2010	6	2	SPDZH01	70	0.04
2010	6	2	SPDZH01	80	0.03
2010	6	2	SPDZH01	90	0.04
2010	6	2	SPDZH01	100	0.04
2010	6	2	SPDZH01	110	0.04
2010	6	2	SPDZH01	120	0.04
2010	6	2	SPDZH01	130	0.04
2010	6	2	SPDZH01	140	0.05
2010	6	2	SPDZH01	150	0.04
2010	9	11	SPDZH01	10	0.07
2010	9	11	SPDZH01	20	0.06
2010	9	11	SPDZH01	30	0.04
2010	9	11	SPDZH01	40	0.03
2010	9	11	SPDZH01	50	0.04
2010	9	11	SPDZH01	60	0.06

（续）

年	月	日	样地代码	采样深度（cm）	质量含水量（g/g）
2010	9	11	SPDZH01	70	0.07
2010	9	11	SPDZH01	80	0.02
2010	9	11	SPDZH01	90	0.02
2010	9	11	SPDZH01	100	0.02
2010	9	11	SPDZH01	110	0.03
2010	9	11	SPDZH01	120	0.03
2010	9	11	SPDZH01	130	0.03
2010	9	11	SPDZH01	140	0.03
2010	9	11	SPDZH01	150	0.03
2010	9	11	SPDZH01	10	0.09
2010	9	11	SPDZH01	20	0.04
2010	9	11	SPDZH01	30	0.02
2010	9	11	SPDZH01	40	0.03
2010	9	11	SPDZH01	50	0.03
2010	9	11	SPDZH01	60	0.03
2010	9	11	SPDZH01	70	0.03
2010	9	11	SPDZH01	80	0.03
2010	9	11	SPDZH01	90	0.03
2010	9	11	SPDZH01	100	0.02
2010	9	11	SPDZH01	110	0.03
2010	9	11	SPDZH01	120	0.03
2010	9	11	SPDZH01	130	0.03
2010	9	11	SPDZH01	140	0.03
2010	9	11	SPDZH01	150	0.03
2010	9	11	SPDZH01	10	0.09
2010	9	11	SPDZH01	20	0.05
2010	9	11	SPDZH01	30	0.02
2010	9	11	SPDZH01	40	0.03
2010	9	11	SPDZH01	50	0.03
2010	9	11	SPDZH01	60	0.03
2010	9	11	SPDZH01	70	0.03
2010	9	11	SPDZH01	80	0.03
2010	9	11	SPDZH01	90	0.03
2010	9	11	SPDZH01	100	0.03
2010	9	11	SPDZH01	110	0.03
2010	9	11	SPDZH01	120	0.03

（续）

年	月	日	样地代码	采样深度（cm）	质量含水量（g/g）
2010	9	11	SPDZH01	130	0.03
2010	9	11	SPDZH01	140	0.03
2010	9	11	SPDZH01	150	0.02
2011	5	31	SPDZH01	10	0.15
2011	5	31	SPDZH01	20	0.13
2011	5	31	SPDZH01	30	0.07
2011	5	31	SPDZH01	40	0.04
2011	5	31	SPDZH01	50	0.03
2011	5	31	SPDZH01	60	0.04
2011	5	31	SPDZH01	70	0.04
2011	5	31	SPDZH01	80	0.04
2011	5	31	SPDZH01	90	0.04
2011	5	31	SPDZH01	100	0.04
2011	5	31	SPDZH01	110	0.05
2011	5	31	SPDZH01	120	0.05
2011	5	31	SPDZH01	130	0.05
2011	5	31	SPDZH01	140	0.05
2011	5	31	SPDZH01	150	0.08
2011	5	31	SPDZH01	10	0.15
2011	5	31	SPDZH01	20	0.16
2011	5	31	SPDZH01	30	0.04
2011	5	31	SPDZH01	40	0.04
2011	5	31	SPDZH01	50	0.04
2011	5	31	SPDZH01	60	0.04
2011	5	31	SPDZH01	70	0.04
2011	5	31	SPDZH01	80	0.05
2011	5	31	SPDZH01	90	0.06
2011	5	31	SPDZH01	100	0.06
2011	5	31	SPDZH01	110	0.06
2011	5	31	SPDZH01	120	0.06
2011	5	31	SPDZH01	130	0.06
2011	5	31	SPDZH01	140	0.07
2011	5	31	SPDZH01	150	0.06
2011	5	31	SPDZH01	10	0.16
2011	5	31	SPDZH01	20	0.16
2011	5	31	SPDZH01	30	0.06

（续）

年	月	日	样地代码	采样深度（cm）	质量含水量（g/g）
2011	5	31	SPDZH01	40	0.03
2011	5	31	SPDZH01	50	0.04
2011	5	31	SPDZH01	60	0.04
2011	5	31	SPDZH01	70	0.03
2011	5	31	SPDZH01	80	0.02
2011	5	31	SPDZH01	90	0.02
2011	5	31	SPDZH01	100	0.02
2011	5	31	SPDZH01	110	0.03
2011	5	31	SPDZH01	120	0.02
2011	5	31	SPDZH01	130	0.03
2011	5	31	SPDZH01	140	0.03
2011	5	31	SPDZH01	150	0.03
2011	9	12	SPDZH01	10	0.13
2011	9	12	SPDZH01	20	0.15
2011	9	12	SPDZH01	30	0.01
2011	9	12	SPDZH01	40	0.02
2011	9	12	SPDZH01	50	0.03
2011	9	12	SPDZH01	60	0.03
2011	9	12	SPDZH01	70	0.03
2011	9	12	SPDZH01	80	0.03
2011	9	12	SPDZH01	90	0.03
2011	9	12	SPDZH01	100	0.03
2011	9	12	SPDZH01	110	0.03
2011	9	12	SPDZH01	120	0.03
2011	9	12	SPDZH01	130	0.03
2011	9	12	SPDZH01	140	0.04
2011	9	12	SPDZH01	150	0.05
2011	9	12	SPDZH01	10	0.11
2011	9	12	SPDZH01	20	0.05
2011	9	12	SPDZH01	30	0.01
2011	9	12	SPDZH01	40	0.01
2011	9	12	SPDZH01	50	0.01
2011	9	12	SPDZH01	60	0.01
2011	9	12	SPDZH01	70	0.04
2011	9	12	SPDZH01	80	0.01
2011	9	12	SPDZH01	90	0.01

（续）

年	月	日	样地代码	采样深度（cm）	质量含水量（g/g）
2011	9	12	SPDZH01	100	0.01
2011	9	12	SPDZH01	110	0.01
2011	9	12	SPDZH01	120	0.01
2011	9	12	SPDZH01	130	0.01
2011	9	12	SPDZH01	140	0.02
2011	9	12	SPDZH01	150	0.02
2011	9	12	SPDZH01	10	0.09
2011	9	12	SPDZH01	20	0.04
2011	9	12	SPDZH01	30	0.01
2011	9	12	SPDZH01	40	0.01
2011	9	12	SPDZH01	50	0.01
2011	9	12	SPDZH01	60	0.02
2011	9	12	SPDZH01	70	0.02
2011	9	12	SPDZH01	80	0.02
2011	9	12	SPDZH01	90	0.02
2011	9	12	SPDZH01	100	0.02
2011	9	12	SPDZH01	110	0.03
2011	9	12	SPDZH01	120	0.03
2011	9	12	SPDZH01	130	0.03
2011	9	12	SPDZH01	140	0.03
2011	9	12	SPDZH01	150	0.04
2012	5	16	SPDZH01	10	0.11
2012	5	16	SPDZH01	20	0.10
2012	5	16	SPDZH01	30	0.09
2012	5	16	SPDZH01	40	0.03
2012	5	16	SPDZH01	50	0.03
2012	5	16	SPDZH01	60	0.03
2012	5	16	SPDZH01	70	0.03
2012	5	16	SPDZH01	80	0.03
2012	5	16	SPDZH01	90	0.03
2012	5	16	SPDZH01	100	0.03
2012	5	16	SPDZH01	110	0.03
2012	5	16	SPDZH01	120	0.04
2012	5	16	SPDZH01	130	0.04
2012	5	16	SPDZH01	140	0.06
2012	5	16	SPDZH01	150	0.06

（续）

年	月	日	样地代码	采样深度（cm）	质量含水量（g/g）
2012	5	16	SPDZH01	10	0.13
2012	5	16	SPDZH01	20	0.11
2012	5	16	SPDZH01	30	0.03
2012	5	16	SPDZH01	40	0.03
2012	5	16	SPDZH01	50	0.03
2012	5	16	SPDZH01	60	0.04
2012	5	16	SPDZH01	70	0.04
2012	5	16	SPDZH01	80	0.04
2012	5	16	SPDZH01	90	0.04
2012	5	16	SPDZH01	100	0.04
2012	5	16	SPDZH01	110	0.04
2012	5	16	SPDZH01	120	0.04
2012	5	16	SPDZH01	130	0.04
2012	5	16	SPDZH01	140	0.04
2012	5	16	SPDZH01	150	0.04
2012	5	16	SPDZH01	10	0.13
2012	5	16	SPDZH01	20	0.06
2012	5	16	SPDZH01	30	0.03
2012	5	16	SPDZH01	40	0.03
2012	5	16	SPDZH01	50	0.04
2012	5	16	SPDZH01	60	0.04
2012	5	16	SPDZH01	70	0.03
2012	5	16	SPDZH01	80	0.04
2012	5	16	SPDZH01	90	0.04
2012	5	16	SPDZH01	100	0.04
2012	5	16	SPDZH01	110	0.05
2012	5	16	SPDZH01	120	0.05
2012	5	16	SPDZH01	130	0.04
2012	5	16	SPDZH01	140	0.06
2012	5	16	SPDZH01	150	0.03
2012	11	12	SPDZH01	10	0.05
2012	11	12	SPDZH01	20	0.06
2012	11	12	SPDZH01	30	0.03
2012	11	12	SPDZH01	40	0.02
2012	11	12	SPDZH01	50	0.03
2012	11	12	SPDZH01	60	0.02

（续）

年	月	日	样地代码	采样深度（cm）	质量含水量（g/g）
2012	11	12	SPDZH01	70	0.02
2012	11	12	SPDZH01	80	0.03
2012	11	12	SPDZH01	90	0.03
2012	11	12	SPDZH01	100	0.03
2012	11	12	SPDZH01	110	0.03
2012	11	12	SPDZH01	120	0.05
2012	11	12	SPDZH01	130	0.03
2012	11	12	SPDZH01	140	0.06
2012	11	12	SPDZH01	150	0.07
2012	11	12	SPDZH01	10	0.07
2012	11	12	SPDZH01	20	0.04
2012	11	12	SPDZH01	30	0.02
2012	11	12	SPDZH01	40	0.02
2012	11	12	SPDZH01	50	0.03
2012	11	12	SPDZH01	60	0.03
2012	11	12	SPDZH01	70	0.03
2012	11	12	SPDZH01	80	0.03
2012	11	12	SPDZH01	90	0.03
2012	11	12	SPDZH01	100	0.03
2012	11	12	SPDZH01	110	0.03
2012	11	12	SPDZH01	120	0.03
2012	11	12	SPDZH01	130	0.04
2012	11	12	SPDZH01	140	0.05
2012	11	12	SPDZH01	150	0.06
2012	11	12	SPDZH01	10	0.08
2012	11	12	SPDZH01	20	0.07
2012	11	12	SPDZH01	30	0.02
2012	11	12	SPDZH01	40	0.04
2012	11	12	SPDZH01	50	0.03
2012	11	12	SPDZH01	60	0.03
2012	11	12	SPDZH01	70	0.02
2012	11	12	SPDZH01	80	0.03
2012	11	12	SPDZH01	90	0.03
2012	11	12	SPDZH01	100	0.03
2012	11	12	SPDZH01	110	0.03
2012	11	12	SPDZH01	120	0.03

（续）

年	月	日	样地代码	采样深度（cm）	质量含水量（g/g）
2012	11	12	SPDZH01	130	0.04
2012	11	12	SPDZH01	140	0.07
2012	11	12	SPDZH01	150	0.06
2013	6	6	SPDZH01	10	0.17
2013	6	6	SPDZH01	20	0.12
2013	6	6	SPDZH01	30	0.08
2013	6	6	SPDZH01	40	0.03
2013	6	6	SPDZH01	50	0.04
2013	6	6	SPDZH01	60	0.04
2013	6	6	SPDZH01	70	0.04
2013	6	6	SPDZH01	80	0.04
2013	6	6	SPDZH01	90	0.04
2013	6	6	SPDZH01	100	0.04
2013	6	6	SPDZH01	110	0.04
2013	6	6	SPDZH01	120	0.05
2013	6	6	SPDZH01	130	0.05
2013	6	6	SPDZH01	140	0.06
2013	6	6	SPDZH01	150	0.06
2013	6	6	SPDZH01	10	0.16
2013	6	6	SPDZH01	20	0.19
2013	6	6	SPDZH01	30	0.06
2013	6	6	SPDZH01	40	0.05
2013	6	6	SPDZH01	50	0.05
2013	6	6	SPDZH01	60	0.04
2013	6	6	SPDZH01	70	0.04
2013	6	6	SPDZH01	80	0.04
2013	6	6	SPDZH01	90	0.04
2013	6	6	SPDZH01	100	0.03
2013	6	6	SPDZH01	110	0.06
2013	6	6	SPDZH01	120	0.06
2013	6	6	SPDZH01	130	0.06
2013	6	6	SPDZH01	140	0.05
2013	6	6	SPDZH01	150	0.05
2013	6	6	SPDZH01	10	0.19
2013	6	6	SPDZH01	20	0.14
2013	6	6	SPDZH01	30	0.07

（续）

年	月	日	样地代码	采样深度（cm）	质量含水量（g/g）
2013	6	6	SPDZH01	40	0.06
2013	6	6	SPDZH01	50	0.04
2013	6	6	SPDZH01	60	0.03
2013	6	6	SPDZH01	70	0.10
2013	6	6	SPDZH01	80	0.05
2013	6	6	SPDZH01	90	0.06
2013	6	6	SPDZH01	100	0.05
2013	6	6	SPDZH01	110	0.06
2013	6	6	SPDZH01	120	0.04
2013	6	6	SPDZH01	130	0.05
2013	6	6	SPDZH01	140	0.05
2013	6	6	SPDZH01	150	0.05
2013	10	12	SPDZH01	10	0.01
2013	10	12	SPDZH01	20	0.02
2013	10	12	SPDZH01	30	0.02
2013	10	12	SPDZH01	40	0.01
2013	10	12	SPDZH01	50	0.01
2013	10	12	SPDZH01	60	0.01
2013	10	12	SPDZH01	70	0.01
2013	10	12	SPDZH01	80	0.02
2013	10	12	SPDZH01	90	0.02
2013	10	12	SPDZH01	100	0.03
2013	10	12	SPDZH01	110	0.03
2013	10	12	SPDZH01	120	0.03
2013	10	12	SPDZH01	130	0.03
2013	10	12	SPDZH01	140	0.03
2013	10	12	SPDZH01	150	0.04
2013	10	12	SPDZH01	10	0.02
2013	10	12	SPDZH01	20	0.02
2013	10	12	SPDZH01	30	0.01
2013	10	12	SPDZH01	40	0.01
2013	10	12	SPDZH01	50	0.02
2013	10	12	SPDZH01	60	0.02
2013	10	12	SPDZH01	70	0.02
2013	10	12	SPDZH01	80	0.02
2013	10	12	SPDZH01	90	0.03

（续）

年	月	日	样地代码	采样深度（cm）	质量含水量（g/g）
2013	10	12	SPDZH01	100	0.02
2013	10	12	SPDZH01	110	0.02
2013	10	12	SPDZH01	120	0.02
2013	10	12	SPDZH01	130	0.03
2013	10	12	SPDZH01	140	0.03
2013	10	12	SPDZH01	150	0.04
2013	10	12	SPDZH01	10	0.02
2013	10	12	SPDZH01	20	0.01
2013	10	12	SPDZH01	30	0.01
2013	10	12	SPDZH01	40	0.01
2013	10	12	SPDZH01	50	0.02
2013	10	12	SPDZH01	60	0.02
2013	10	12	SPDZH01	70	0.02
2013	10	12	SPDZH01	80	0.02
2013	10	12	SPDZH01	90	0.02
2013	10	12	SPDZH01	100	0.02
2013	10	12	SPDZH01	110	0.02
2013	10	12	SPDZH01	120	0.02
2013	10	12	SPDZH01	130	0.03
2013	10	12	SPDZH01	140	0.03
2013	10	12	SPDZH01	150	0.04
2014	5	10	SPDZH01	10	0.10
2014	5	10	SPDZH01	20	0.13
2014	5	10	SPDZH01	30	0.13
2014	5	10	SPDZH01	40	0.10
2014	5	10	SPDZH01	50	0.11
2014	5	10	SPDZH01	60	0.12
2014	5	10	SPDZH01	70	0.02
2014	5	10	SPDZH01	80	0.04
2014	5	10	SPDZH01	90	0.07
2014	5	10	SPDZH01	100	0.02
2014	5	10	SPDZH01	110	0.03
2014	5	10	SPDZH01	120	0.02
2014	5	10	SPDZH01	130	0.03
2014	5	10	SPDZH01	140	0.03
2014	5	10	SPDZH01	150	0.02

（续）

年	月	日	样地代码	采样深度（cm）	质量含水量（g/g）
2014	5	10	SPDZH01	10	0.03
2014	5	10	SPDZH01	20	0.03
2014	5	10	SPDZH01	30	0.03
2014	5	10	SPDZH01	40	0.03
2014	5	10	SPDZH01	50	0.03
2014	5	10	SPDZH01	60	0.01
2014	5	10	SPDZH01	70	0.03
2014	5	10	SPDZH01	80	0.03
2014	5	10	SPDZH01	90	0.02
2014	5	10	SPDZH01	100	0.03
2014	5	10	SPDZH01	110	0.03
2014	5	10	SPDZH01	120	0.02
2014	5	10	SPDZH01	130	0.03
2014	5	10	SPDZH01	140	0.02
2014	5	10	SPDZH01	150	0.02
2014	5	10	SPDZH01	10	0.03
2014	5	10	SPDZH01	20	0.02
2014	5	10	SPDZH01	30	0.02
2014	5	10	SPDZH01	40	0.03
2014	5	10	SPDZH01	50	0.03
2014	5	10	SPDZH01	60	0.02
2014	5	10	SPDZH01	70	0.03
2014	5	10	SPDZH01	80	0.03
2014	5	10	SPDZH01	90	0.03
2014	5	10	SPDZH01	100	0.04
2014	5	10	SPDZH01	110	0.03
2014	5	10	SPDZH01	120	0.03
2014	5	10	SPDZH01	130	0.04
2014	5	10	SPDZH01	140	0.03
2014	5	10	SPDZH01	150	0.03
2014	11	7	SPDZH01	10	0.14
2014	11	7	SPDZH01	20	0.14
2014	11	7	SPDZH01	30	0.13
2014	11	7	SPDZH01	40	0.08
2014	11	7	SPDZH01	50	0.07
2014	11	7	SPDZH01	60	0.07

（续）

年	月	日	样地代码	采样深度（cm）	质量含水量（g/g）
2014	11	7	SPDZH01	70	0.02
2014	11	7	SPDZH01	80	0.03
2014	11	7	SPDZH01	90	0.02
2014	11	7	SPDZH01	100	0.03
2014	11	7	SPDZH01	110	0.03
2014	11	7	SPDZH01	120	0.03
2014	11	7	SPDZH01	130	0.03
2014	11	7	SPDZH01	140	0.02
2014	11	7	SPDZH01	150	0.03
2014	11	7	SPDZH01	10	0.03
2014	11	7	SPDZH01	20	0.03
2014	11	7	SPDZH01	30	0.03
2014	11	7	SPDZH01	40	0.03
2014	11	7	SPDZH01	50	0.03
2014	11	7	SPDZH01	60	0.03
2014	11	7	SPDZH01	70	0.03
2014	11	7	SPDZH01	80	0.03
2014	11	7	SPDZH01	90	0.03
2014	11	7	SPDZH01	100	0.03
2014	11	7	SPDZH01	110	0.03
2014	11	7	SPDZH01	120	0.03
2014	11	7	SPDZH01	130	0.03
2014	11	7	SPDZH01	140	0.03
2014	11	7	SPDZH01	150	0.03
2014	11	7	SPDZH01	10	0.03
2014	11	7	SPDZH01	20	0.03
2014	11	7	SPDZH01	30	0.03
2014	11	7	SPDZH01	40	0.03
2014	11	7	SPDZH01	50	0.03
2014	11	7	SPDZH01	60	0.03
2014	11	7	SPDZH01	70	0.03
2014	11	7	SPDZH01	80	0.03
2014	11	7	SPDZH01	90	0.03
2014	11	7	SPDZH01	100	0.03
2014	11	7	SPDZH01	110	0.03
2014	11	7	SPDZH01	120	0.03

（续）

年	月	日	样地代码	采样深度（cm）	质量含水量（g/g）
2014	11	7	SPDZH01	130	0.04
2014	11	7	SPDZH01	140	0.03
2014	11	7	SPDZH01	150	0.03
2015	5	31	SPDZH01	10	0.15
2015	5	31	SPDZH01	20	0.15
2015	5	31	SPDZH01	30	0.04
2015	5	31	SPDZH01	40	0.04
2015	5	31	SPDZH01	50	0.04
2015	5	31	SPDZH01	60	0.04
2015	5	31	SPDZH01	70	0.04
2015	5	31	SPDZH01	80	0.04
2015	5	31	SPDZH01	90	0.04
2015	5	31	SPDZH01	100	0.04
2015	5	31	SPDZH01	110	0.04
2015	5	31	SPDZH01	120	0.04
2015	5	31	SPDZH01	130	0.04
2015	5	31	SPDZH01	140	0.04
2015	5	31	SPDZH01	150	0.04
2015	5	31	SPDZH01	10	0.18
2015	5	31	SPDZH01	20	0.15
2015	5	31	SPDZH01	30	0.05
2015	5	31	SPDZH01	40	0.04
2015	5	31	SPDZH01	50	0.04
2015	5	31	SPDZH01	60	0.04
2015	5	31	SPDZH01	70	0.04
2015	5	31	SPDZH01	80	0.06
2015	5	31	SPDZH01	90	0.06
2015	5	31	SPDZH01	100	0.07
2015	5	31	SPDZH01	110	0.06
2015	5	31	SPDZH01	120	0.09
2015	5	31	SPDZH01	130	0.08
2015	5	31	SPDZH01	140	0.06
2015	5	31	SPDZH01	150	0.06
2015	5	31	SPDZH01	10	0.15
2015	5	31	SPDZH01	20	0.13
2015	5	31	SPDZH01	30	0.03

（续）

年	月	日	样地代码	采样深度（cm）	质量含水量（g/g）
2015	5	31	SPDZH01	40	0.02
2015	5	31	SPDZH01	50	0.03
2015	5	31	SPDZH01	60	0.03
2015	5	31	SPDZH01	70	0.03
2015	5	31	SPDZH01	80	0.03
2015	5	31	SPDZH01	90	0.04
2015	5	31	SPDZH01	100	0.04
2015	5	31	SPDZH01	110	0.04
2015	5	31	SPDZH01	120	0.05
2015	5	31	SPDZH01	130	0.05
2015	5	31	SPDZH01	140	0.05
2015	5	31	SPDZH01	150	0.05
2015	9	26	SPDZH01	10	0.06
2015	9	26	SPDZH01	20	0.04
2015	9	26	SPDZH01	30	0.01
2015	9	26	SPDZH01	40	0.01
2015	9	26	SPDZH01	50	0.01
2015	9	26	SPDZH01	60	0.01
2015	9	26	SPDZH01	70	0.01
2015	9	26	SPDZH01	80	0.01
2015	9	26	SPDZH01	90	0.01
2015	9	26	SPDZH01	100	0.01
2015	9	26	SPDZH01	110	0.01
2015	9	26	SPDZH01	120	0.01
2015	9	26	SPDZH01	130	0.02
2015	9	26	SPDZH01	140	0.02
2015	9	26	SPDZH01	150	0.02
2015	9	26	SPDZH01	10	0.07
2015	9	26	SPDZH01	20	0.04
2015	9	26	SPDZH01	30	0.02
2015	9	26	SPDZH01	40	0.01
2015	9	26	SPDZH01	50	0.02
2015	9	26	SPDZH01	60	0.01
2015	9	26	SPDZH01	70	0.01
2015	9	26	SPDZH01	80	0.01
2015	9	26	SPDZH01	90	0.02

（续）

年	月	日	样地代码	采样深度（cm）	质量含水量（g/g）
2015	9	26	SPDZH01	100	0.02
2015	9	26	SPDZH01	110	0.02
2015	9	26	SPDZH01	120	0.02
2015	9	26	SPDZH01	130	0.03
2015	9	26	SPDZH01	140	0.03
2015	9	26	SPDZH01	150	0.02
2015	9	26	SPDZH01	10	0.07
2015	9	26	SPDZH01	20	0.04
2015	9	26	SPDZH01	30	0.01
2015	9	26	SPDZH01	40	0.01
2015	9	26	SPDZH01	50	0.01
2015	9	26	SPDZH01	60	0.02
2015	9	26	SPDZH01	70	0.02
2015	9	26	SPDZH01	80	0.02
2015	9	26	SPDZH01	90	0.02
2015	9	26	SPDZH01	100	0.02
2015	9	26	SPDZH01	110	0.02
2015	9	26	SPDZH01	120	0.02
2015	9	26	SPDZH01	130	0.02
2015	9	26	SPDZH01	140	0.03
2015	9	26	SPDZH01	150	0.02
2016	5	31	SPDZH01	10	6.70
2016	5	31	SPDZH01	20	6.93
2016	5	31	SPDZH01	30	5.26
2016	5	31	SPDZH01	40	4.64
2016	5	31	SPDZH01	50	4.07
2016	5	31	SPDZH01	60	2.72
2016	5	31	SPDZH01	70	2.87
2016	5	31	SPDZH01	80	3.13
2016	5	31	SPDZH01	90	3.13
2016	5	31	SPDZH01	100	3.33
2016	5	31	SPDZH01	110	2.72
2016	5	31	SPDZH01	120	2.87
2016	5	31	SPDZH01	130	2.45
2016	5	31	SPDZH01	140	2.25
2016	5	31	SPDZH01	150	1.84

（续）

年	月	日	样地代码	采样深度（cm）	质量含水量（g/g）
2016	5	31	SPDZH01	10	8.49
2016	5	31	SPDZH01	20	8.23
2016	5	31	SPDZH01	30	4.86
2016	5	31	SPDZH01	40	3.94
2016	5	31	SPDZH01	50	4.01
2016	5	31	SPDZH01	60	2.92
2016	5	31	SPDZH01	70	3.84
2016	5	31	SPDZH01	80	2.06
2016	5	31	SPDZH01	90	2.41
2016	5	31	SPDZH01	100	4.66
2016	5	31	SPDZH01	110	4.20
2016	5	31	SPDZH01	120	2.92
2016	5	31	SPDZH01	130	2.31
2016	5	31	SPDZH01	140	2.21
2016	5	31	SPDZH01	150	2.52
2016	5	31	SPDZH01	10	9.29
2016	5	31	SPDZH01	20	5.61
2016	5	31	SPDZH01	30	5.33
2016	5	31	SPDZH01	40	4.70
2016	5	31	SPDZH01	50	3.94
2016	5	31	SPDZH01	60	3.13
2016	5	31	SPDZH01	70	3.54
2016	5	31	SPDZH01	80	2.92
2016	5	31	SPDZH01	90	3.59
2016	5	31	SPDZH01	100	3.69
2016	5	31	SPDZH01	110	3.43
2016	5	31	SPDZH01	120	3.79
2016	5	31	SPDZH01	130	3.79
2016	5	31	SPDZH01	140	2.92
2016	5	31	SPDZH01	150	3.59
2016	9	26	SPDZH01	10	6.90
2016	9	26	SPDZH01	20	9.41
2016	9	26	SPDZH01	30	5.61
2016	9	26	SPDZH01	40	4.38
2016	9	26	SPDZH01	50	3.18
2016	9	26	SPDZH01	60	2.52

（续）

年	月	日	样地代码	采样深度（cm）	质量含水量（g/g）
2016	9	26	SPDZH01	70	2.26
2016	9	26	SPDZH01	80	2.57
2016	9	26	SPDZH01	90	2.92
2016	9	26	SPDZH01	100	3.13
2016	9	26	SPDZH01	110	4.10
2016	9	26	SPDZH01	120	5.01
2016	9	26	SPDZH01	130	4.86
2016	9	26	SPDZH01	140	5.37
2016	9	26	SPDZH01	150	3.08
2016	9	26	SPDZH01	10	11.89
2016	9	26	SPDZH01	20	15.37
2016	9	26	SPDZH01	30	5.33
2016	9	26	SPDZH01	40	3.69
2016	9	26	SPDZH01	50	3.56
2016	9	26	SPDZH01	60	3.79
2016	9	26	SPDZH01	70	4.76
2016	9	26	SPDZH01	80	4.86
2016	9	26	SPDZH01	90	4.25
2016	9	26	SPDZH01	100	3.94
2016	9	26	SPDZH01	110	3.54
2016	9	26	SPDZH01	120	3.69
2016	9	26	SPDZH01	130	4.15
2016	9	26	SPDZH01	140	5.04
2016	9	26	SPDZH01	150	4.32
2016	9	26	SPDZH01	10	7.69
2016	9	26	SPDZH01	20	6.74
2016	9	26	SPDZH01	30	6.13
2016	9	26	SPDZH01	40	3.53
2016	9	26	SPDZH01	50	6.03
2016	9	26	SPDZH01	60	3.23
2016	9	26	SPDZH01	70	4.00
2016	9	26	SPDZH01	80	3.69
2016	9	26	SPDZH01	90	4.15
2016	9	26	SPDZH01	100	2.92
2016	9	26	SPDZH01	110	2.52
2016	9	26	SPDZH01	120	3.64

（续）

年	月	日	样地代码	采样深度（cm）	质量含水量（g/g）
2016	9	26	SPDZH01	130	5.58
2016	9	26	SPDZH01	140	5.58
2016	9	26	SPDZH01	150	4.40
2017	5	31	SPDZH01	10	7.87
2017	5	31	SPDZH01	20	4.44
2017	5	31	SPDZH01	30	3.95
2017	5	31	SPDZH01	40	2.99
2017	5	31	SPDZH01	50	2.64
2017	5	31	SPDZH01	60	2.43
2017	5	31	SPDZH01	70	2.28
2017	5	31	SPDZH01	80	2.53
2017	5	31	SPDZH01	90	2.79
2017	5	31	SPDZH01	100	2.79
2017	5	31	SPDZH01	110	3.66
2017	5	31	SPDZH01	120	3.36
2017	5	31	SPDZH01	130	2.74
2017	5	31	SPDZH01	140	3.77
2017	5	31	SPDZH01	150	3.77
2017	5	31	SPDZH01	10	12.09
2017	5	31	SPDZH01	20	4.54
2017	5	31	SPDZH01	30	4.08
2017	5	31	SPDZH01	40	2.99
2017	5	31	SPDZH01	50	3.05
2017	5	31	SPDZH01	60	3.20
2017	5	31	SPDZH01	70	4.02
2017	5	31	SPDZH01	80	4.12
2017	5	31	SPDZH01	90	3.92
2017	5	31	SPDZH01	100	3.51
2017	5	31	SPDZH01	110	3.25
2017	5	31	SPDZH01	120	3.25
2017	5	31	SPDZH01	130	3.20
2017	5	31	SPDZH01	140	3.35
2017	5	31	SPDZH01	150	3.25
2017	5	31	SPDZH01	10	10.95
2017	5	31	SPDZH01	20	4.54
2017	5	31	SPDZH01	30	4.25

（续）

年	月	日	样地代码	采样深度（cm）	质量含水量（g/g）
2017	5	31	SPDZH01	40	3.51
2017	5	31	SPDZH01	50	2.38
2017	5	31	SPDZH01	60	3.30
2017	5	31	SPDZH01	70	3.05
2017	5	31	SPDZH01	80	3.30
2017	5	31	SPDZH01	90	4.12
2017	5	31	SPDZH01	100	3.92
2017	5	31	SPDZH01	110	3.46
2017	5	31	SPDZH01	120	3.25
2017	5	31	SPDZH01	130	4.48
2017	5	31	SPDZH01	140	3.92
2017	5	31	SPDZH01	150	2.89
2017	9	26	SPDZH01	10	5.35
2017	9	26	SPDZH01	20	3.46
2017	9	26	SPDZH01	30	2.40
2017	9	26	SPDZH01	40	0.53
2017	9	26	SPDZH01	50	2.84
2017	9	26	SPDZH01	60	0.33
2017	9	26	SPDZH01	70	0.38
2017	9	26	SPDZH01	80	0.33
2017	9	26	SPDZH01	90	1.10
2017	9	26	SPDZH01	100	0.74
2017	9	26	SPDZH01	110	1.20
2017	9	26	SPDZH01	120	1.92
2017	9	26	SPDZH01	130	2.07
2017	9	26	SPDZH01	140	2.48
2017	9	26	SPDZH01	150	2.33
2017	9	26	SPDZH01	10	6.08
2017	9	26	SPDZH01	20	4.03
2017	9	26	SPDZH01	30	2.36
2017	9	26	SPDZH01	40	0.89
2017	9	26	SPDZH01	50	0.79
2017	9	26	SPDZH01	60	0.89
2017	9	26	SPDZH01	70	1.25
2017	9	26	SPDZH01	80	1.56
2017	9	26	SPDZH01	90	1.40

（续）

年	月	日	样地代码	采样深度（cm）	质量含水量（g/g）
2017	9	26	SPDZH01	100	1.35
2017	9	26	SPDZH01	110	1.56
2017	9	26	SPDZH01	120	1.40
2017	9	26	SPDZH01	130	1.66
2017	9	26	SPDZH01	140	1.81
2017	9	26	SPDZH01	150	1.76
2017	9	26	SPDZH01	10	4.62
2017	9	26	SPDZH01	20	3.10
2017	9	26	SPDZH01	30	2.40
2017	9	26	SPDZH01	40	0.48
2017	9	26	SPDZH01	50	0.69
2017	9	26	SPDZH01	60	0.99
2017	9	26	SPDZH01	70	0.99
2017	9	26	SPDZH01	80	1.25
2017	9	26	SPDZH01	90	1.35
2017	9	26	SPDZH01	100	1.25
2017	9	26	SPDZH01	110	1.35
2017	9	26	SPDZH01	120	1.35
2017	9	26	SPDZH01	130	1.71
2017	9	26	SPDZH01	140	1.76
2017	9	26	SPDZH01	150	1.92
2018	5	31	SPDZH01	10	6.73
2018	5	31	SPDZH01	20	3.41
2018	5	31	SPDZH01	30	3.45
2018	5	31	SPDZH01	40	2.43
2018	5	31	SPDZH01	50	2.23
2018	5	31	SPDZH01	60	1.87
2018	5	31	SPDZH01	70	2.43
2018	5	31	SPDZH01	80	2.48
2018	5	31	SPDZH01	90	2.89
2018	5	31	SPDZH01	100	2.89
2018	5	31	SPDZH01	110	3.76
2018	5	31	SPDZH01	120	4.23
2018	5	31	SPDZH01	130	4.53
2018	5	31	SPDZH01	140	3.25
2018	5	31	SPDZH01	150	4.07

（续）

年	月	日	样地代码	采样深度（cm）	质量含水量（g/g）
2018	5	31	SPDZH01	10	7.06
2018	5	31	SPDZH01	20	6.60
2018	5	31	SPDZH01	30	3.30
2018	5	31	SPDZH01	40	2.23
2018	5	31	SPDZH01	50	2.48
2018	5	31	SPDZH01	60	2.64
2018	5	31	SPDZH01	70	3.46
2018	5	31	SPDZH01	80	3.61
2018	5	31	SPDZH01	90	3.20
2018	5	31	SPDZH01	100	3.92
2018	5	31	SPDZH01	110	2.84
2018	5	31	SPDZH01	120	2.84
2018	5	31	SPDZH01	130	3.05
2018	5	31	SPDZH01	140	3.61
2018	5	31	SPDZH01	150	3.56
2018	5	31	SPDZH01	10	5.03
2018	5	31	SPDZH01	20	5.57
2018	5	31	SPDZH01	30	3.32
2018	5	31	SPDZH01	40	2.07
2018	5	31	SPDZH01	50	2.17
2018	5	31	SPDZH01	60	2.74
2018	5	31	SPDZH01	70	2.53
2018	5	31	SPDZH01	80	2.58
2018	5	31	SPDZH01	90	2.89
2018	5	31	SPDZH01	100	3.46
2018	5	31	SPDZH01	110	3.35
2018	5	31	SPDZH01	120	3.20
2018	5	31	SPDZH01	130	3.46
2018	5	31	SPDZH01	140	3.25
2018	5	31	SPDZH01	150	3.61
2018	9	26	SPDZH01	10	5.76
2018	9	26	SPDZH01	20	3.77
2018	9	26	SPDZH01	30	3.18
2018	9	26	SPDZH01	40	2.33
2018	9	26	SPDZH01	50	1.92
2018	9	26	SPDZH01	60	1.61

（续）

年	月	日	样地代码	采样深度（cm）	质量含水量（g/g）
2018	9	26	SPDZH01	70	1.61
2018	9	26	SPDZH01	80	1.76
2018	9	26	SPDZH01	90	2.02
2018	9	26	SPDZH01	100	2.58
2018	9	26	SPDZH01	110	2.79
2018	9	26	SPDZH01	120	3.35
2018	9	26	SPDZH01	130	3.97
2018	9	26	SPDZH01	140	3.92
2018	9	26	SPDZH01	150	3.30
2018	9	26	SPDZH01	10	6.49
2018	9	26	SPDZH01	20	6.35
2018	9	26	SPDZH01	30	3.09
2018	9	26	SPDZH01	40	2.02
2018	9	26	SPDZH01	50	1.40
2018	9	26	SPDZH01	60	1.97
2018	9	26	SPDZH01	70	2.58
2018	9	26	SPDZH01	80	2.12
2018	9	26	SPDZH01	90	1.81
2018	9	26	SPDZH01	100	1.66
2018	9	26	SPDZH01	110	2.12
2018	9	26	SPDZH01	120	3.20
2018	9	26	SPDZH01	130	2.94
2018	9	26	SPDZH01	140	2.89
2018	9	26	SPDZH01	150	2.74
2018	9	26	SPDZH01	10	5.52
2018	9	26	SPDZH01	20	4.34
2018	9	26	SPDZH01	30	3.01
2018	9	26	SPDZH01	40	1.92
2018	9	26	SPDZH01	50	2.02
2018	9	26	SPDZH01	60	1.76
2018	9	26	SPDZH01	70	1.71
2018	9	26	SPDZH01	80	1.87
2018	9	26	SPDZH01	90	1.30
2018	9	26	SPDZH01	100	2.28
2018	9	26	SPDZH01	110	2.28
2018	9	26	SPDZH01	120	2.23
2018	9	26	SPDZH01	130	2.79
2018	9	26	SPDZH01	140	3.25
2018	9	26	SPDZH01	150	3.15

4.4.3 地表水、地下水水质

数据说明：地表水、地下水水质数据来源于沙坡头站采集的地表水和地下水样品分析之后获得的数据。其中，地表水来自站区旁边的黄河水，地下水来自站区水量平衡综合观测场旁边的沙坡头站地下水位观测井中（表 4-25）。

表 4-25 地表水、地下水水质

年	月	日	类别	pH	Ca^{2+} (mg/L)	Mg^{2+} (mg/L)	K^+ (mg/L)	Na^+ (mg/L)	HCO_3^- (mg/L)	Cl^- (mg/L)	SO_4^{2-} (mg/L)	矿化度 (mg/L)	DO (mg/L)	总氮 (mg/L)	总磷 (mg/L)
2009	7	12	A	7.91	44.37	25.91	2.86	37.32	179.95	34.78	74.08	405.82	13.32	11.31	0.74
2009	9	13	A	8.14	41.54	26.40	2.71	35.31	176.24	33.63	60.89	385.19	7.48	7.34	0.52
2010	4	21	A	8.30	39.28	19.46	1.49	36.17	176.96	24.17	26.00	302.00	8.11	4.02	0.20
2010	4	21	A	8.45	34.47	15.56	1.09	24.83	148.28	18.49	20.11	246.00	8.12	3.15	0.22
2010	4	21	A	8.21	52.91	15.56	1.09	25.37	227.60	27.73	19.21	284.00	8.12	5.59	0.21
2010	4	28	A	7.51	9.13	15.82	3.65	15.49	69.58	21.90	27.60	186.00	7.97	0.04	0.03
2010	4	28	A	8.17	11.73	11.07	3.65	26.97	73.45	19.52	25.07	202.00	7.92	0.39	0.02
2010	4	28	A	7.93	6.52	16.61	4.82	91.10	73.45	27.33	32.10	222.00	8.03	0.33	0.02
2010	8	12	A	7.95	56.91	21.40	2.48	51.28	191.60	33.42	115.27	410.00	38.50	5.56	0.24
2010	8	12	A	8.19	48.10	21.89	2.48	69.61	162.92	36.62	111.43	436.00	21.00	6.19	0.22
2010	8	12	A	8.18	56.11	22.37	2.48	70.93	184.28	42.66	122.96	442.00	17.60	5.43	0.14
2010	8	3	A	7.62	31.29	18.19	5.81	55.15	135.30	36.93	43.11	338.00	7.92	0.05	0.04
2010	8	3	A	7.66	26.07	17.40	6.20	59.47	123.70	41.09	46.38	390.00	7.80	0.33	0.03
2010	8	3	A	7.71	26.07	19.78	6.00	23.21	123.70	39.63	45.28	344.00	7.96	0.17	0.03
2012	4	13	A	6.95	1.71	2.06	0.07	2.71	2.00	1.88	1.36	390.00	10.33	139.85	0.11
2012	4	13	A	7.08	2.15	1.52	0.07	2.71	1.92	1.90	1.37	392.00	10.05	123.00	0.12
2012	4	13	A	7.20	1.66	2.33	0.06	2.67	2.45	1.75	1.37	402.00	10.26	131.40	0.14
2012	8	25	A	7.42	1.96	1.13	0.05	0.90	2.32	0.48	0.63	298.00	7.60	143.70	0.22
2012	8	25	A	7.40	1.26	0.88	0.03	0.61	1.56	0.31	0.44	184.00	6.17	133.00	0.15
2012	8	25	A	7.54	2.14	1.35	0.05	0.95	2.58	0.52	0.68	296.00	6.13	131.80	0.18
2013	4	17	A	6.73	1.83	2.08	0.08	2.81	2.01	1.91	1.48	390.65	10.68	141.76	0.17
2013	4	17	A	7.11	2.30	1.70	0.07	2.87	2.11	1.92	1.50	392.76	10.29	124.72	0.30
2013	4	17	A	7.43	1.86	2.51	0.07	2.81	2.56	1.85	1.51	402.25	10.64	131.86	0.19
2013	8	18	A	7.76	1.97	1.24	0.06	0.95	2.33	0.61	0.66	298.13	8.07	143.80	0.28
2013	8	18	A	7.57	1.39	1.07	0.04	0.76	1.66	0.49	0.63	184.12	6.30	134.26	0.12
2013	8	18	A	7.94	2.26	1.50	0.05	1.01	2.61	0.60	0.75	296.06	6.47	133.42	0.17
2014	4	20	A	7.98	40.62	25.12	2.20	58.82	129.56	91.18	133.03	424.00	7.96	146.67	0.01
2014	4	20	A	7.94	43.43	24.82	2.20	58.13	131.29	90.69	131.69	438.00	7.87	144.93	0.02
2014	4	20	A	8.04	46.40	24.03	2.20	58.82	135.61	87.09	134.34	486.00	7.87	117.32	0.10
2014	8	23	A	7.89	27.25	17.30	1.51	33.96	100.20	24.89	103.34	250.00	7.87	119.73	0.01
2014	8	23	A	7.77	22.29	18.00	0.82	34.65	86.38	24.38	100.94	226.00	7.83	109.94	0.06
2014	8	23	A	7.85	21.47	17.30	1.51	33.96	82.06	24.74	101.65	228.00	7.81	105.08	0.02

（续）

年	月	日	类别	pH	Ca^{2+} (mg/L)	Mg^{2+} (mg/L)	K^{+} (mg/L)	Na^{+} (mg/L)	HCO_3^- (mg/L)	Cl^- (mg/L)	SO_4^{2-} (mg/L)	矿化度 (mg/L)	DO (mg/L)	总氮 (mg/L)	总磷 (mg/L)
2015	4	2	A	8.31	12.94	15.79	66.82	—	1.73	42.25	9.60	0.07	8.70	112.20	261.00
2015	4	2	A	8.46	39.75	14.74	56.78	—	1.73	39.73	8.81	0.08	8.66	120.41	232.00
2015	4	2	A	8.50	17.55	14.41	63.77	—	1.73	23.94	5.37	0.03	8.64	117.42	241.00
2015	8	20	A	8.23	10.47	24.61	78.62	—	1.73	38.62	9.09	0.03	5.42	113.58	314.99
2015	8	20	A	8.33	13.28	15.06	69.88	—	1.05	38.14	8.91	0.03	5.09	113.62	322.01
2015	8	20	A	8.17	14.79	20.65	92.59	—	5.11	46.31	10.58	0.01	4.90	119.44	308.00
2016	4	8	A	8.31	13.10	15.89	66.98	—	1.88	42.40	9.75	0.07	8.85	112.34	261.15
2016	4	8	A	8.46	39.62	14.63	56.65	—	1.54	39.60	8.67	0.08	8.53	120.28	231.83
2016	4	8	A	8.50	17.39	14.26	63.70	—	1.57	23.82	5.22	0.02	8.45	117.23	240.81
2016	8	16	A	8.23	10.60	24.77	78.42	—	1.81	38.71	9.22	0.03	5.53	113.71	315.11
2016	8	16	A	8.33	13.15	14.93	69.47	—	0.97	38.01	8.75	0.03	4.92	113.88	321.82
2016	8	16	A	8.17	14.91	20.67	91.71	—	5.30	46.43	10.70	0.01	5.10	119.52	308.12
2017	4	8	A	8.25	17.93	14.44	63.72	—	1.74	37.42	7.43	0.07	8.56	101.88	259.22
2017	4	8	A	8.16	19.22	14.36	59.67	—	1.43	38.67	9.71	0.08	8.65	102.26	213.62
2017	4	8	A	8.11	19.95	15.05	60.86	—	1.74	35.41	6.61	0.03	8.64	99.69	239.04
2017	8	15	A	8.92	12.97	14.74	68.54	—	1.68	34.20	7.91	0.04	6.31	96.71	312.75
2017	8	15	A	8.75	13.02	14.63	66.41	—	1.97	37.37	10.16	0.03	6.92	96.85	319.41
2017	8	15	A	8.77	12.19	18.46	72.57	—	5.01	37.75	8.22	0.02	6.53	101.63	305.82
2018	4	8	A	8.11	14.34	16.72	64.20	—	1.99	40.72	7.33	0.07	7.49	94.42	366.22
2018	4	8	A	8.07	15.33	16.83	60.83	—	1.51	43.12	9.59	0.08	7.31	94.93	367.77
2018	4	8	A	8.04	15.58	16.58	62.08	—	1.99	39.84	6.74	0.03	5.38	92.11	365.23
2018	8	12	A	7.62	10.33	16.55	69.39	—	1.70	38.29	7.67	0.04	5.35	89.41	351.29
2018	8	12	A	7.65	10.12	16.34	67.27	—	2.92	41.97	10.12	0.03	4.58	89.75	354.56
2018	8	12	A	7.59	9.53	20.77	74.20	—	5.56	42.41	8.84	0.02	5.59	94.15	357.52
2009	7	12	B	8.02	29.99	16.24	3.95	17.46	89.65	20.85	42.51	245.64	16.35	5.26	0.38
2009	9	13	B	8.10	30.63	17.02	4.00	17.76	89.74	21.46	44.26	251.72	7.59	5.51	0.43
2010	4	21	B	8.28	24.05	12.16	3.88	15.66	79.33	16.00	34.58	202.00	8.04	6.04	0.23
2010	4	28	B	6.55	15.64	11.07	10.91	22.09	57.98	18.40	21.72	188.00	8.33	0.33	0.02
2010	8	12	B	8.16	27.25	8.27	2.28	10.53	86.65	11.38	19.21	204.00	12.70	7.45	0.20
2010	8	3	B	6.68	29.98	9.49	10.72	23.52	96.64	18.39	22.86	300.00	7.62	0.57	0.02
2012	4	13	B	6.93	1.35	0.88	0.10	0.72	1.35	0.51	0.44	176.00	7.70	146.65	0.10
2012	8	25	B	7.58	1.81	0.97	0.10	0.76	1.84	0.53	0.46	260.00	5.70	133.05	0.14
2013	4	17	B	6.97	1.38	0.98	0.11	0.73	1.48	0.56	0.52	176.76	8.18	146.82	0.20
2013	8	18	B	7.03	1.87	0.99	0.12	0.80	1.97	0.63	0.61	260.56	6.05	134.62	0.16
2014	4	20	B	7.90	25.60	8.50	2.20	13.93	64.78	10.76	47.06	168.00	7.84	114.42	0.04
2014	8	23	B	8.20	21.30	11.47	3.59	17.39	60.46	14.23	56.06	168.00	7.82	116.42	0.01
2015	4	2	B	8.49	4.07	17.33	41.49	—	3.08	19.25	28.54	0.02	7.84	108.20	168.00
2015	8	20	B	8.38	7.56	22.35	68.57	—	4.43	19.46	28.03	0.09	7.60	101.50	173.99

（续）

年	月	日	类别	pH	Ca^{2+} (mg/L)	Mg^{2+} (mg/L)	K^+ (mg/L)	Na^+ (mg/L)	HCO_3^- (mg/L)	Cl^- (mg/L)	SO_4^{2-} (mg/L)	矿化度 (mg/L)	DO (mg/L)	总氮 (mg/L)	总磷 (mg/L)
2016	4	8	B	8.49	4.19	17.45	41.61	—	3.20	19.68	28.37	0.02	7.93	108.32	168.12
2016	8	16	B	8.38	7.77	22.56	68.78	—	4.64	19.67	28.21	0.09	7.81	101.71	174.21
2017	4	8	B	8.23	5.93	18.68	40.06	—	3.06	18.91	25.54	0.02	7.27	92.35	166.92
2017	8	15	B	8.28	6.28	19.96	65.71	—	4.41	20.01	28.37	0.06	7.48	93.92	172.97
2018	4	8	B	7.93	5.75	20.92	40.89	—	3.44	21.06	25.48	0.02	6.41	85.77	216.02
2018	8	12	B	7.94	5.25	22.50	67.10	—	4.96	22.11	28.24	0.06	6.42	87.49	167.09

注：A 为地表水；B 为地下水。

4.4.4 地下水水位

数据说明：地下水水位数据来源于沙坡头站地下水水位观测井中的观测数据。在观测期内每 5 d 用测绳观测 1 次井中的水位数据，所有观测数据均为原始数据（表 4-26）。

表 4-26 地下水水位

年	月	日	样地名称	地下水埋深（m）	地面高程（m）
2009	1	5	沙坡头站地下水位观测井	—	1 250.00
2009	1	10	沙坡头站地下水位观测井	—	1 250.00
2009	1	15	沙坡头站地下水位观测井	—	1 250.00
2009	1	20	沙坡头站地下水位观测井	—	1 250.00
2009	1	25	沙坡头站地下水位观测井	15.62	1 250.00
2009	1	30	沙坡头站地下水位观测井	—	1 250.00
2009	2	5	沙坡头站地下水位观测井	—	1 250.00
2009	2	10	沙坡头站地下水位观测井	—	1 250.00
2009	2	15	沙坡头站地下水位观测井	15.65	1 250.00
2009	2	20	沙坡头站地下水位观测井	—	1 250.00
2009	2	25	沙坡头站地下水位观测井	—	1 250.00
2009	3	5	沙坡头站地下水位观测井	—	1 250.00
2009	3	10	沙坡头站地下水位观测井	—	1 250.00
2009	3	15	沙坡头站地下水位观测井	15.68	1 250.00
2009	3	20	沙坡头站地下水位观测井	—	1 250.00
2009	3	25	沙坡头站地下水位观测井	—	1 250.00
2009	3	30	沙坡头站地下水位观测井	—	1 250.00
2009	4	5	沙坡头站地下水位观测井	15.73	1 250.00
2009	4	10	沙坡头站地下水位观测井	15.75	1 250.00
2009	4	15	沙坡头站地下水位观测井	15.71	1 250.00
2009	4	20	沙坡头站地下水位观测井	15.65	1 250.00
2009	4	25	沙坡头站地下水位观测井	15.67	1 250.00
2009	4	30	沙坡头站地下水位观测井	15.68	1 250.00
2009	5	5	沙坡头站地下水位观测井	15.73	1 250.00
2009	5	10	沙坡头站地下水位观测井	15.78	1 250.00

（续）

年	月	日	样地名称	地下水埋深（m）	地面高程（m）
2009	5	15	沙坡头站地下水位观测井	15.66	1 250.00
2009	5	20	沙坡头站地下水位观测井	15.66	1 250.00
2009	5	25	沙坡头站地下水位观测井	15.68	1 250.00
2009	5	30	沙坡头站地下水位观测井	15.72	1 250.00
2009	6	5	沙坡头站地下水位观测井	15.70	1 250.00
2009	6	10	沙坡头站地下水位观测井	15.72	1 250.00
2009	6	15	沙坡头站地下水位观测井	15.75	1 250.00
2009	6	20	沙坡头站地下水位观测井	15.70	1 250.00
2009	6	25	沙坡头站地下水位观测井	15.69	1 250.00
2009	6	30	沙坡头站地下水位观测井	15.68	1 250.00
2009	7	5	沙坡头站地下水位观测井	15.68	1 250.00
2009	7	10	沙坡头站地下水位观测井	15.65	1 250.00
2009	7	15	沙坡头站地下水位观测井	15.66	1 250.00
2009	7	20	沙坡头站地下水位观测井	15.68	1 250.00
2009	7	25	沙坡头站地下水位观测井	15.62	1 250.00
2009	7	30	沙坡头站地下水位观测井	15.67	1 250.00
2009	8	5	沙坡头站地下水位观测井	15.62	1 250.00
2009	8	10	沙坡头站地下水位观测井	15.63	1 250.00
2009	8	15	沙坡头站地下水位观测井	15.68	1 250.00
2009	8	20	沙坡头站地下水位观测井	15.69	1 250.00
2009	8	25	沙坡头站地下水位观测井	15.67	1 250.00
2009	8	30	沙坡头站地下水位观测井	15.64	1 250.00
2009	9	5	沙坡头站地下水位观测井	15.64	1 250.00
2009	9	10	沙坡头站地下水位观测井	15.58	1 250.00
2009	9	15	沙坡头站地下水位观测井	15.63	1 250.00
2009	9	20	沙坡头站地下水位观测井	15.61	1 250.00
2009	9	25	沙坡头站地下水位观测井	15.61	1 250.00
2009	9	30	沙坡头站地下水位观测井	15.63	1 250.00
2009	10	5	沙坡头站地下水位观测井	15.61	1 250.00
2009	10	10	沙坡头站地下水位观测井	15.63	1 250.00
2009	10	15	沙坡头站地下水位观测井	15.60	1 250.00
2009	10	20	沙坡头站地下水位观测井	15.61	1 250.00
2009	10	25	沙坡头站地下水位观测井	15.57	1 250.00
2009	10	30	沙坡头站地下水位观测井	15.58	1 250.00
2009	11	5	沙坡头站地下水位观测井	15.58	1 250.00
2009	11	10	沙坡头站地下水位观测井	15.66	1 250.00
2009	11	15	沙坡头站地下水位观测井	15.63	1 250.00
2009	11	20	沙坡头站地下水位观测井	15.60	1 250.00
2009	11	25	沙坡头站地下水位观测井	15.52	1 250.00
2009	11	30	沙坡头站地下水位观测井	15.56	1 250.00
2009	12	5	沙坡头站地下水位观测井	—	1 250.00

（续）

年	月	日	样地名称	地下水埋深（m）	地面高程（m）
2009	12	10	沙坡头站地下水位观测井	—	1 250.00
2009	12	15	沙坡头站地下水位观测井	—	1 250.00
2009	12	20	沙坡头站地下水位观测井	15.61	1 250.00
2009	12	25	沙坡头站地下水位观测井	—	1 250.00
2009	12	30	沙坡头站地下水位观测井	—	1 250.00
2010	1	5	沙坡头站地下水位观测井	—	1 250.00
2010	1	10	沙坡头站地下水位观测井	15.63	1 250.00
2010	1	15	沙坡头站地下水位观测井	—	1 250.00
2010	1	20	沙坡头站地下水位观测井	—	1 250.00
2010	1	25	沙坡头站地下水位观测井	—	1 250.00
2010	1	30	沙坡头站地下水位观测井	—	1 250.00
2010	2	5	沙坡头站地下水位观测井	—	1 250.00
2010	2	10	沙坡头站地下水位观测井	—	1 250.00
2010	2	15	沙坡头站地下水位观测井	—	1 250.00
2010	2	20	沙坡头站地下水位观测井	—	1 250.00
2010	2	25	沙坡头站地下水位观测井	—	1 250.00
2010	3	5	沙坡头站地下水位观测井	—	1 250.00
2010	3	10	沙坡头站地下水位观测井	—	1 250.00
2010	3	15	沙坡头站地下水位观测井	—	1 250.00
2010	3	20	沙坡头站地下水位观测井	—	1 250.00
2010	3	25	沙坡头站地下水位观测井	—	1 250.00
2010	3	30	沙坡头站地下水位观测井	—	1 250.00
2010	4	5	沙坡头站地下水位观测井	—	1 250.00
2010	4	10	沙坡头站地下水位观测井	—	1 250.00
2010	4	15	沙坡头站地下水位观测井	15.88	1 250.00
2010	4	20	沙坡头站地下水位观测井	15.82	1 250.00
2010	4	25	沙坡头站地下水位观测井	15.82	1 250.00
2010	4	30	沙坡头站地下水位观测井	15.87	1 250.00
2010	5	5	沙坡头站地下水位观测井	15.80	1 250.00
2010	5	10	沙坡头站地下水位观测井	15.88	1 250.00
2010	5	15	沙坡头站地下水位观测井	15.85	1 250.00
2010	5	20	沙坡头站地下水位观测井	15.89	1 250.00
2010	5	25	沙坡头站地下水位观测井	15.80	1 250.00
2010	5	30	沙坡头站地下水位观测井	15.80	1 250.00
2010	6	5	沙坡头站地下水位观测井	15.82	1 250.00
2010	6	10	沙坡头站地下水位观测井	15.78	1 250.00
2010	6	15	沙坡头站地下水位观测井	15.78	1 250.00
2010	6	20	沙坡头站地下水位观测井	15.84	1 250.00
2010	6	25	沙坡头站地下水位观测井	15.81	1 250.00
2010	6	30	沙坡头站地下水位观测井	15.74	1 250.00
2010	7	5	沙坡头站地下水位观测井	15.79	1 250.00

（续）

年	月	日	样地名称	地下水埋深（m）	地面高程（m）
2010	7	10	沙坡头站地下水位观测井	15.82	1 250.00
2010	7	15	沙坡头站地下水位观测井	15.78	1 250.00
2010	7	20	沙坡头站地下水位观测井	15.74	1 250.00
2010	7	25	沙坡头站地下水位观测井	15.79	1 250.00
2010	7	30	沙坡头站地下水位观测井	15.78	1 250.00
2010	8	5	沙坡头站地下水位观测井	15.74	1 250.00
2010	8	10	沙坡头站地下水位观测井	15.73	1 250.00
2010	8	15	沙坡头站地下水位观测井	15.72	1 250.00
2010	8	20	沙坡头站地下水位观测井	15.78	1 250.00
2010	8	25	沙坡头站地下水位观测井	15.75	1 250.00
2010	8	30	沙坡头站地下水位观测井	15.75	1 250.00
2010	9	5	沙坡头站地下水位观测井	15.74	1 250.00
2010	9	10	沙坡头站地下水位观测井	15.77	1 250.00
2010	9	15	沙坡头站地下水位观测井	15.77	1 250.00
2010	9	20	沙坡头站地下水位观测井	15.74	1 250.00
2010	9	25	沙坡头站地下水位观测井	15.70	1 250.00
2010	9	30	沙坡头站地下水位观测井	15.74	1 250.00
2010	10	5	沙坡头站地下水位观测井	15.76	1 250.00
2010	10	10	沙坡头站地下水位观测井	15.78	1 250.00
2010	10	15	沙坡头站地下水位观测井	15.81	1 250.00
2010	10	20	沙坡头站地下水位观测井	15.79	1 250.00
2010	10	25	沙坡头站地下水位观测井	15.76	1 250.00
2010	10	30	沙坡头站地下水位观测井	15.77	1 250.00
2010	11	5	沙坡头站地下水位观测井	15.80	1 250.00
2010	11	10	沙坡头站地下水位观测井	15.78	1 250.00
2010	11	15	沙坡头站地下水位观测井	—	1 250.00
2010	11	20	沙坡头站地下水位观测井	—	1 250.00
2010	11	25	沙坡头站地下水位观测井	—	1 250.00
2010	11	30	沙坡头站地下水位观测井	—	1 250.00
2010	12	5	沙坡头站地下水位观测井	15.68	1 250.00
2010	12	10	沙坡头站地下水位观测井	—	1 250.00
2010	12	15	沙坡头站地下水位观测井	—	1 250.00
2010	12	20	沙坡头站地下水位观测井	—	1 250.00
2010	12	25	沙坡头站地下水位观测井	—	1 250.00
2010	12	30	沙坡头站地下水位观测井	—	1 250.00
2011	1	5	沙坡头站地下水位观测井	—	1 250.00
2011	1	10	沙坡头站地下水位观测井	—	1 250.00
2011	1	15	沙坡头站地下水位观测井	—	1 250.00
2011	1	20	沙坡头站地下水位观测井	—	1 250.00
2011	1	25	沙坡头站地下水位观测井	—	1 250.00
2011	1	30	沙坡头站地下水位观测井	15.76	1 250.00

（续）

年	月	日	样地名称	地下水埋深（m）	地面高程（m）
2011	2	5	沙坡头站地下水位观测井	—	1 250.00
2011	2	10	沙坡头站地下水位观测井	—	1 250.00
2011	2	15	沙坡头站地下水位观测井	—	1 250.00
2011	2	20	沙坡头站地下水位观测井	15.80	1 250.00
2011	2	25	沙坡头站地下水位观测井	—	1 250.00
2011	3	5	沙坡头站地下水位观测井	—	1 250.00
2011	3	10	沙坡头站地下水位观测井	—	1 250.00
2011	3	15	沙坡头站地下水位观测井	—	1 250.00
2011	3	20	沙坡头站地下水位观测井	15.79	1 250.00
2011	3	25	沙坡头站地下水位观测井	—	1 250.00
2011	3	30	沙坡头站地下水位观测井	—	1 250.00
2011	4	5	沙坡头站地下水位观测井	—	1 250.00
2011	4	10	沙坡头站地下水位观测井	15.76	1 250.00
2011	4	15	沙坡头站地下水位观测井	—	1 250.00
2011	4	20	沙坡头站地下水位观测井	15.74	1 250.00
2011	4	25	沙坡头站地下水位观测井	15.78	1 250.00
2011	4	30	沙坡头站地下水位观测井	15.79	1 250.00
2011	5	5	沙坡头站地下水位观测井	15.78	1 250.00
2011	5	10	沙坡头站地下水位观测井	15.70	1 250.00
2011	5	15	沙坡头站地下水位观测井	15.75	1 250.00
2011	5	20	沙坡头站地下水位观测井	15.75	1 250.00
2011	5	25	沙坡头站地下水位观测井	15.76	1 250.00
2011	5	30	沙坡头站地下水位观测井	15.72	1 250.00
2011	6	5	沙坡头站地下水位观测井	15.81	1 250.00
2011	6	10	沙坡头站地下水位观测井	15.82	1 250.00
2011	6	15	沙坡头站地下水位观测井	15.78	1 250.00
2011	6	20	沙坡头站地下水位观测井	15.78	1 250.00
2011	6	25	沙坡头站地下水位观测井	15.84	1 250.00
2011	6	30	沙坡头站地下水位观测井	15.81	1 250.00
2011	7	5	沙坡头站地下水位观测井	15.72	1 250.00
2011	7	10	沙坡头站地下水位观测井	15.78	1 250.00
2011	7	15	沙坡头站地下水位观测井	15.79	1 250.00
2011	7	20	沙坡头站地下水位观测井	15.79	1 250.00
2011	7	25	沙坡头站地下水位观测井	15.75	1 250.00
2011	7	30	沙坡头站地下水位观测井	15.70	1 250.00
2011	8	5	沙坡头站地下水位观测井	15.71	1 250.00
2011	8	10	沙坡头站地下水位观测井	15.72	1 250.00
2011	8	15	沙坡头站地下水位观测井	15.46	1 250.00
2011	8	20	沙坡头站地下水位观测井	15.57	1 250.00
2011	8	25	沙坡头站地下水位观测井	15.58	1 250.00
2011	8	30	沙坡头站地下水位观测井	15.70	1 250.00

（续）

年	月	日	样地名称	地下水埋深（m）	地面高程（m）
2011	9	5	沙坡头站地下水位观测井	15.63	1 250.00
2011	9	10	沙坡头站地下水位观测井	15.58	1 250.00
2011	9	15	沙坡头站地下水位观测井	15.66	1 250.00
2011	9	20	沙坡头站地下水位观测井	15.60	1 250.00
2011	9	25	沙坡头站地下水位观测井	15.66	1 250.00
2011	9	30	沙坡头站地下水位观测井	15.74	1 250.00
2011	10	5	沙坡头站地下水位观测井	15.67	1 250.00
2011	10	10	沙坡头站地下水位观测井	15.67	1 250.00
2011	10	15	沙坡头站地下水位观测井	15.74	1 250.00
2011	10	20	沙坡头站地下水位观测井	15.72	1 250.00
2011	10	25	沙坡头站地下水位观测井	15.70	1 250.00
2011	10	30	沙坡头站地下水位观测井	15.70	1 250.00
2011	11	5	沙坡头站地下水位观测井	—	1 250.00
2011	11	10	沙坡头站地下水位观测井	—	1 250.00
2011	11	15	沙坡头站地下水位观测井	—	1 250.00
2011	11	20	沙坡头站地下水位观测井	15.56	1 250.00
2011	11	25	沙坡头站地下水位观测井	—	1 250.00
2011	11	30	沙坡头站地下水位观测井	—	1 250.00
2011	12	5	沙坡头站地下水位观测井	—	1 250.00
2011	12	10	沙坡头站地下水位观测井	—	1 250.00
2011	12	15	沙坡头站地下水位观测井	—	1 250.00
2011	12	20	沙坡头站地下水位观测井	—	1 250.00
2011	12	25	沙坡头站地下水位观测井	15.59	1 250.00
2011	12	30	沙坡头站地下水位观测井	—	1 250.00
2012	1	5	沙坡头站地下水位观测井	—	1 250.00
2012	1	10	沙坡头站地下水位观测井	—	1 250.00
2012	1	15	沙坡头站地下水位观测井	15.64	1 250.00
2012	1	20	沙坡头站地下水位观测井	—	1 250.00
2012	1	25	沙坡头站地下水位观测井	—	1 250.00
2012	1	30	沙坡头站地下水位观测井	—	1 250.00
2012	2	5	沙坡头站地下水位观测井	15.66	1 250.00
2012	2	10	沙坡头站地下水位观测井	—	1 250.00
2012	2	15	沙坡头站地下水位观测井	—	1 250.00
2012	2	20	沙坡头站地下水位观测井	—	1 250.00
2012	2	25	沙坡头站地下水位观测井	—	1 250.00
2012	3	5	沙坡头站地下水位观测井	—	1 250.00
2012	3	10	沙坡头站地下水位观测井	—	1 250.00
2012	3	15	沙坡头站地下水位观测井	—	1 250.00
2012	3	20	沙坡头站地下水位观测井	—	1 250.00
2012	3	25	沙坡头站地下水位观测井	15.80	1 250.00
2012	3	30	沙坡头站地下水位观测井	15.81	1 250.00

（续）

年	月	日	样地名称	地下水埋深（m）	地面高程（m）
2012	4	5	沙坡头站地下水位观测井	15.85	1 250.00
2012	4	10	沙坡头站地下水位观测井	15.92	1 250.00
2012	4	15	沙坡头站地下水位观测井	15.78	1 250.00
2012	4	20	沙坡头站地下水位观测井	15.81	1 250.00
2012	4	25	沙坡头站地下水位观测井	15.80	1 250.00
2012	4	30	沙坡头站地下水位观测井	15.85	1 250.00
2012	5	5	沙坡头站地下水位观测井	15.85	1 250.00
2012	5	10	沙坡头站地下水位观测井	15.77	1 250.00
2012	5	15	沙坡头站地下水位观测井	15.86	1 250.00
2012	5	20	沙坡头站地下水位观测井	15.91	1 250.00
2012	5	25	沙坡头站地下水位观测井	15.88	1 250.00
2012	5	30	沙坡头站地下水位观测井	15.84	1 250.00
2012	6	5	沙坡头站地下水位观测井	15.91	1 250.00
2012	6	10	沙坡头站地下水位观测井	15.98	1 250.00
2012	6	15	沙坡头站地下水位观测井	15.96	1 250.00
2012	6	20	沙坡头站地下水位观测井	15.98	1 250.00
2012	6	25	沙坡头站地下水位观测井	15.96	1 250.00
2012	6	30	沙坡头站地下水位观测井	16.01	1 250.00
2012	7	5	沙坡头站地下水位观测井	15.85	1 250.00
2012	7	10	沙坡头站地下水位观测井	15.76	1 250.00
2012	7	15	沙坡头站地下水位观测井	15.79	1 250.00
2012	7	20	沙坡头站地下水位观测井	15.84	1 250.00
2012	7	25	沙坡头站地下水位观测井	15.98	1 250.00
2012	7	30	沙坡头站地下水位观测井	15.79	1 250.00
2012	8	5	沙坡头站地下水位观测井	15.80	1 250.00
2012	8	10	沙坡头站地下水位观测井	15.84	1 250.00
2012	8	15	沙坡头站地下水位观测井	15.80	1 250.00
2012	8	20	沙坡头站地下水位观测井	15.72	1 250.00
2012	8	25	沙坡头站地下水位观测井	15.62	1 250.00
2012	8	30	沙坡头站地下水位观测井	15.66	1 250.00
2012	9	5	沙坡头站地下水位观测井	15.73	1 250.00
2012	9	10	沙坡头站地下水位观测井	15.73	1 250.00
2012	9	15	沙坡头站地下水位观测井	15.75	1 250.00
2012	9	20	沙坡头站地下水位观测井	15.71	1 250.00
2012	9	25	沙坡头站地下水位观测井	15.70	1 250.00
2012	9	30	沙坡头站地下水位观测井	15.70	1 250.00
2012	10	5	沙坡头站地下水位观测井	15.70	1 250.00
2012	10	10	沙坡头站地下水位观测井	15.71	1 250.00
2012	10	15	沙坡头站地下水位观测井	15.75	1 250.00
2012	10	20	沙坡头站地下水位观测井	15.64	1 250.00
2012	10	25	沙坡头站地下水位观测井	15.58	1 250.00

（续）

年	月	日	样地名称	地下水埋深（m）	地面高程（m）
2012	10	30	沙坡头站地下水位观测井	15.60	1 250.00
2012	11	5	沙坡头站地下水位观测井	—	1 250.00
2012	11	10	沙坡头站地下水位观测井	—	1 250.00
2012	11	15	沙坡头站地下水位观测井	—	1 250.00
2012	11	20	沙坡头站地下水位观测井	—	1 250.00
2012	11	25	沙坡头站地下水位观测井	15.57	1 250.00
2012	11	30	沙坡头站地下水位观测井	—	1 250.00
2012	12	5	沙坡头站地下水位观测井	—	1 250.00
2012	12	10	沙坡头站地下水位观测井	—	1 250.00
2012	12	15	沙坡头站地下水位观测井	—	1 250.00
2012	12	20	沙坡头站地下水位观测井	—	1 250.00
2012	12	25	沙坡头站地下水位观测井	—	1 250.00
2012	12	30	沙坡头站地下水位观测井	15.66	1 250.00
2013	1	5	沙坡头站地下水位观测井	—	1 250.00
2013	1	10	沙坡头站地下水位观测井	—	1 250.00
2013	1	15	沙坡头站地下水位观测井	—	1 250.00
2013	1	20	沙坡头站地下水位观测井	15.70	1 250.00
2013	1	25	沙坡头站地下水位观测井	—	1 250.00
2013	1	30	沙坡头站地下水位观测井	—	1 250.00
2013	2	5	沙坡头站地下水位观测井	—	1 250.00
2013	2	10	沙坡头站地下水位观测井	15.74	1 250.00
2013	2	15	沙坡头站地下水位观测井	—	1 250.00
2013	2	20	沙坡头站地下水位观测井	—	1 250.00
2013	2	25	沙坡头站地下水位观测井	—	1 250.00
2013	3	5	沙坡头站地下水位观测井	—	1 250.00
2013	3	10	沙坡头站地下水位观测井	15.65	1 250.00
2013	3	15	沙坡头站地下水位观测井	15.78	1 250.00
2013	3	20	沙坡头站地下水位观测井	15.82	1 250.00
2013	3	25	沙坡头站地下水位观测井	15.88	1 250.00
2013	3	30	沙坡头站地下水位观测井	15.85	1 250.00
2013	4	5	沙坡头站地下水位观测井	15.86	1 250.00
2013	4	10	沙坡头站地下水位观测井	15.87	1 250.00
2013	4	15	沙坡头站地下水位观测井	15.78	1 250.00
2013	4	20	沙坡头站地下水位观测井	15.78	1 250.00
2013	4	25	沙坡头站地下水位观测井	15.79	1 250.00
2013	4	30	沙坡头站地下水位观测井	15.83	1 250.00
2013	5	5	沙坡头站地下水位观测井	15.79	1 250.00
2013	5	10	沙坡头站地下水位观测井	15.83	1 250.00
2013	5	15	沙坡头站地下水位观测井	15.77	1 250.00
2013	5	20	沙坡头站地下水位观测井	15.72	1 250.00
2013	5	25	沙坡头站地下水位观测井	15.80	1 250.00

（续）

年	月	日	样地名称	地下水埋深（m）	地面高程（m）
2013	5	30	沙坡头站地下水位观测井	15.79	1 250.00
2013	6	5	沙坡头站地下水位观测井	15.79	1 250.00
2013	6	10	沙坡头站地下水位观测井	15.77	1 250.00
2013	6	15	沙坡头站地下水位观测井	15.78	1 250.00
2013	6	20	沙坡头站地下水位观测井	15.78	1 250.00
2013	6	25	沙坡头站地下水位观测井	15.76	1 250.00
2013	6	30	沙坡头站地下水位观测井	15.82	1 250.00
2013	7	5	沙坡头站地下水位观测井	15.80	1 250.00
2013	7	10	沙坡头站地下水位观测井	15.79	1 250.00
2013	7	15	沙坡头站地下水位观测井	15.82	1 250.00
2013	7	20	沙坡头站地下水位观测井	15.80	1 250.00
2013	7	25	沙坡头站地下水位观测井	15.84	1 250.00
2013	7	30	沙坡头站地下水位观测井	15.84	1 250.00
2013	8	5	沙坡头站地下水位观测井	15.81	1 250.00
2013	8	10	沙坡头站地下水位观测井	15.79	1 250.00
2013	8	15	沙坡头站地下水位观测井	15.83	1 250.00
2013	8	20	沙坡头站地下水位观测井	15.78	1 250.00
2013	8	25	沙坡头站地下水位观测井	15.75	1 250.00
2013	8	30	沙坡头站地下水位观测井	15.78	1 250.00
2013	9	5	沙坡头站地下水位观测井	15.75	1 250.00
2013	9	10	沙坡头站地下水位观测井	15.76	1 250.00
2013	9	15	沙坡头站地下水位观测井	15.76	1 250.00
2013	9	20	沙坡头站地下水位观测井	15.75	1 250.00
2013	9	25	沙坡头站地下水位观测井	15.78	1 250.00
2013	9	30	沙坡头站地下水位观测井	15.80	1 250.00
2013	10	5	沙坡头站地下水位观测井	15.79	1 250.00
2013	10	10	沙坡头站地下水位观测井	15.79	1 250.00
2013	10	15	沙坡头站地下水位观测井	15.74	1 250.00
2013	10	20	沙坡头站地下水位观测井	15.74	1 250.00
2013	10	25	沙坡头站地下水位观测井	15.72	1 250.00
2013	10	30	沙坡头站地下水位观测井	15.80	1 250.00
2013	11	5	沙坡头站地下水位观测井	—	1 250.00
2013	11	10	沙坡头站地下水位观测井	15.58	1 250.00
2013	11	15	沙坡头站地下水位观测井	—	1 250.00
2013	11	20	沙坡头站地下水位观测井	—	1 250.00
2013	11	25	沙坡头站地下水位观测井	—	1 250.00
2013	11	30	沙坡头站地下水位观测井	—	1 250.00
2013	12	5	沙坡头站地下水位观测井	—	1 250.00
2013	12	10	沙坡头站地下水位观测井	—	1 250.00
2013	12	15	沙坡头站地下水位观测井	15.67	1 250.00
2013	12	20	沙坡头站地下水位观测井	—	1 250.00

（续）

年	月	日	样地名称	地下水埋深（m）	地面高程（m）
2013	12	25	沙坡头站地下水位观测井	—	1 250.00
2013	12	30	沙坡头站地下水位观测井	—	1 250.00
2014	1	5	沙坡头站地下水位观测井	15.79	1 250.00
2014	1	10	沙坡头站地下水位观测井	—	1 250.00
2014	1	15	沙坡头站地下水位观测井	—	1 250.00
2014	1	20	沙坡头站地下水位观测井	—	1 250.00
2014	1	25	沙坡头站地下水位观测井	—	1 250.00
2014	1	30	沙坡头站地下水位观测井	—	1 250.00
2014	2	5	沙坡头站地下水位观测井	—	1 250.00
2014	2	10	沙坡头站地下水位观测井	—	1 250.00
2014	2	15	沙坡头站地下水位观测井	—	1 250.00
2014	2	20	沙坡头站地下水位观测井	—	1 250.00
2014	2	25	沙坡头站地下水位观测井	—	1 250.00
2014	3	5	沙坡头站地下水位观测井	15.80	1 250.00
2014	3	10	沙坡头站地下水位观测井	15.85	1 250.00
2014	3	15	沙坡头站地下水位观测井	15.84	1 250.00
2014	3	20	沙坡头站地下水位观测井	15.88	1 250.00
2014	3	25	沙坡头站地下水位观测井	15.92	1 250.00
2014	3	30	沙坡头站地下水位观测井	15.93	1 250.00
2014	4	5	沙坡头站地下水位观测井	15.86	1 250.00
2014	4	10	沙坡头站地下水位观测井	15.81	1 250.00
2014	4	15	沙坡头站地下水位观测井	15.85	1 250.00
2014	4	20	沙坡头站地下水位观测井	15.81	1 250.00
2014	4	25	沙坡头站地下水位观测井	15.84	1 250.00
2014	4	30	沙坡头站地下水位观测井	15.86	1 250.00
2014	5	5	沙坡头站地下水位观测井	15.84	1 250.00
2014	5	10	沙坡头站地下水位观测井	15.84	1 250.00
2014	5	15	沙坡头站地下水位观测井	15.88	1 250.00
2014	5	20	沙坡头站地下水位观测井	15.89	1 250.00
2014	5	25	沙坡头站地下水位观测井	15.86	1 250.00
2014	5	30	沙坡头站地下水位观测井	15.84	1 250.00
2014	6	5	沙坡头站地下水位观测井	15.80	1 250.00
2014	6	10	沙坡头站地下水位观测井	15.74	1 250.00
2014	6	15	沙坡头站地下水位观测井	15.86	1 250.00
2014	6	20	沙坡头站地下水位观测井	16.67	1 250.00
2014	6	25	沙坡头站地下水位观测井	17.10	1 250.00
2014	6	30	沙坡头站地下水位观测井	15.73	1 250.00
2014	7	5	沙坡头站地下水位观测井	15.78	1 250.00
2014	7	10	沙坡头站地下水位观测井	17.33	1 250.00
2014	7	15	沙坡头站地下水位观测井	15.95	1 250.00
2014	7	20	沙坡头站地下水位观测井	17.95	1 250.00

（续）

年	月	日	样地名称	地下水埋深（m）	地面高程（m）
2014	7	25	沙坡头站地下水位观测井	16.08	1 250.00
2014	7	30	沙坡头站地下水位观测井	17.66	1 250.00
2014	8	5	沙坡头站地下水位观测井	17.23	1 250.00
2014	8	10	沙坡头站地下水位观测井	15.65	1 250.00
2014	8	15	沙坡头站地下水位观测井	15.54	1 250.00
2014	8	20	沙坡头站地下水位观测井	15.75	1 250.00
2014	8	25	沙坡头站地下水位观测井	16.75	1 250.00
2014	8	30	沙坡头站地下水位观测井	15.67	1 250.00
2014	9	5	沙坡头站地下水位观测井	15.73	1 250.00
2014	9	10	沙坡头站地下水位观测井	15.70	1 250.00
2014	9	15	沙坡头站地下水位观测井	15.72	1 250.00
2014	9	20	沙坡头站地下水位观测井	15.77	1 250.00
2014	9	25	沙坡头站地下水位观测井	15.64	1 250.00
2014	9	30	沙坡头站地下水位观测井	15.70	1 250.00
2014	10	5	沙坡头站地下水位观测井	15.66	1 250.00
2014	10	10	沙坡头站地下水位观测井	15.70	1 250.00
2014	10	15	沙坡头站地下水位观测井	15.66	1 250.00
2014	10	20	沙坡头站地下水位观测井	15.76	1 250.00
2014	10	25	沙坡头站地下水位观测井	15.81	1 250.00
2014	10	30	沙坡头站地下水位观测井	15.80	1 250.00
2014	11	5	沙坡头站地下水位观测井	—	1 250.00
2014	11	10	沙坡头站地下水位观测井	—	1 250.00
2014	11	15	沙坡头站地下水位观测井	—	1 250.00
2014	11	20	沙坡头站地下水位观测井	—	1 250.00
2014	11	25	沙坡头站地下水位观测井	—	1 250.00
2014	11	30	沙坡头站地下水位观测井	15.65	1 250.00
2014	12	5	沙坡头站地下水位观测井	—	1 250.00
2014	12	10	沙坡头站地下水位观测井	—	1 250.00
2014	12	15	沙坡头站地下水位观测井	—	1 250.00
2014	12	20	沙坡头站地下水位观测井	—	1 250.00
2014	12	25	沙坡头站地下水位观测井	—	1 250.00
2014	12	30	沙坡头站地下水位观测井	—	1 250.00
2015	1	5	沙坡头站地下水位观测井	—	1 250.00
2015	1	10	沙坡头站地下水位观测井	—	1 250.00
2015	1	15	沙坡头站地下水位观测井	—	1 250.00
2015	1	20	沙坡头站地下水位观测井	—	1 250.00
2015	1	25	沙坡头站地下水位观测井	15.76	1 250.00
2015	1	30	沙坡头站地下水位观测井	—	1 250.00
2015	2	5	沙坡头站地下水位观测井	—	1 250.00
2015	2	10	沙坡头站地下水位观测井	—	1 250.00
2015	2	15	沙坡头站地下水位观测井	15.75	1 250.00

（续）

年	月	日	样地名称	地下水埋深（m）	地面高程（m）
2015	2	20	沙坡头站地下水位观测井	—	1 250.00
2015	2	25	沙坡头站地下水位观测井	—	1 250.00
2015	3	5	沙坡头站地下水位观测井	15.74	1 250.00
2015	3	10	沙坡头站地下水位观测井	15.73	1 250.00
2015	3	15	沙坡头站地下水位观测井	15.80	1 250.00
2015	3	20	沙坡头站地下水位观测井	15.86	1 250.00
2015	3	25	沙坡头站地下水位观测井	15.88	1 250.00
2015	3	30	沙坡头站地下水位观测井	15.83	1 250.00
2015	4	5	沙坡头站地下水位观测井	15.83	1 250.00
2015	4	10	沙坡头站地下水位观测井	15.88	1 250.00
2015	4	15	沙坡头站地下水位观测井	15.88	1 250.00
2015	4	20	沙坡头站地下水位观测井	15.87	1 250.00
2015	4	25	沙坡头站地下水位观测井	15.92	1 250.00
2015	4	30	沙坡头站地下水位观测井	15.92	1 250.00
2015	5	5	沙坡头站地下水位观测井	15.91	1 250.00
2015	5	10	沙坡头站地下水位观测井	15.78	1 250.00
2015	5	15	沙坡头站地下水位观测井	15.91	1 250.00
2015	5	20	沙坡头站地下水位观测井	15.90	1 250.00
2015	5	25	沙坡头站地下水位观测井	15.88	1 250.00
2015	5	30	沙坡头站地下水位观测井	15.88	1 250.00
2015	6	5	沙坡头站地下水位观测井	15.79	1 250.00
2015	6	10	沙坡头站地下水位观测井	15.79	1 250.00
2015	6	15	沙坡头站地下水位观测井	15.78	1 250.00
2015	6	20	沙坡头站地下水位观测井	15.68	1 250.00
2015	6	25	沙坡头站地下水位观测井	17.15	1 250.00
2015	6	30	沙坡头站地下水位观测井	15.88	1 250.00
2015	7	5	沙坡头站地下水位观测井	17.10	1 250.00
2015	7	10	沙坡头站地下水位观测井	15.70	1 250.00
2015	7	15	沙坡头站地下水位观测井	15.70	1 250.00
2015	7	20	沙坡头站地下水位观测井	15.87	1 250.00
2015	7	25	沙坡头站地下水位观测井	17.78	1 250.00
2015	7	30	沙坡头站地下水位观测井	15.67	1 250.00
2015	8	5	沙坡头站地下水位观测井	15.90	1 250.00
2015	8	10	沙坡头站地下水位观测井	15.60	1 250.00
2015	8	15	沙坡头站地下水位观测井	17.10	1 250.00
2015	8	20	沙坡头站地下水位观测井	17.10	1 250.00
2015	8	25	沙坡头站地下水位观测井	17.30	1 250.00
2015	8	30	沙坡头站地下水位观测井	17.10	1 250.00
2015	9	5	沙坡头站地下水位观测井	15.66	1 250.00
2015	9	10	沙坡头站地下水位观测井	15.60	1 250.00
2015	9	15	沙坡头站地下水位观测井	15.60	1 250.00

（续）

年	月	日	样地名称	地下水埋深（m）	地面高程（m）
2015	9	20	沙坡头站地下水位观测井	17.10	1 250.00
2015	9	25	沙坡头站地下水位观测井	17.10	1 250.00
2015	9	30	沙坡头站地下水位观测井	17.10	1 250.00
2015	10	5	沙坡头站地下水位观测井	17.14	1 250.00
2015	10	10	沙坡头站地下水位观测井	17.28	1 250.00
2015	10	15	沙坡头站地下水位观测井	15.65	1 250.00
2015	10	20	沙坡头站地下水位观测井	15.67	1 250.00
2015	10	25	沙坡头站地下水位观测井	15.60	1 250.00
2015	10	30	沙坡头站地下水位观测井	15.65	1 250.00
2015	11	5	沙坡头站地下水位观测井	—	1 250.00
2015	11	10	沙坡头站地下水位观测井	—	1 250.00
2015	11	15	沙坡头站地下水位观测井	—	1 250.00
2015	11	20	沙坡头站地下水位观测井	—	1 250.00
2015	11	25	沙坡头站地下水位观测井	—	1 250.00
2015	11	30	沙坡头站地下水位观测井	—	1 250.00
2015	12	5	沙坡头站地下水位观测井	15.65	1 250.00
2015	12	10	沙坡头站地下水位观测井	—	1 250.00
2015	12	15	沙坡头站地下水位观测井	—	1 250.00
2015	12	20	沙坡头站地下水位观测井	15.71	1 250.00
2015	12	25	沙坡头站地下水位观测井	—	1 250.00
2015	12	30	沙坡头站地下水位观测井	—	1 250.00
2016	1	5	沙坡头站地下水位观测井	—	1 250.00
2016	1	10	沙坡头站地下水位观测井	15.68	1 250.00
2016	1	15	沙坡头站地下水位观测井	—	1 250.00
2016	1	20	沙坡头站地下水位观测井	—	1 250.00
2016	1	25	沙坡头站地下水位观测井	—	1 250.00
2016	1	30	沙坡头站地下水位观测井	—	1 250.00
2016	2	5	沙坡头站地下水位观测井	—	1 250.00
2016	2	10	沙坡头站地下水位观测井	—	1 250.00
2016	2	15	沙坡头站地下水位观测井	—	1 250.00
2016	2	20	沙坡头站地下水位观测井	—	1 250.00
2016	2	25	沙坡头站地下水位观测井	—	1 250.00
2016	3	5	沙坡头站地下水位观测井	15.70	1 250.00
2016	3	10	沙坡头站地下水位观测井	15.63	1 250.00
2016	3	15	沙坡头站地下水位观测井	15.70	1 250.00
2016	3	20	沙坡头站地下水位观测井	15.70	1 250.00
2016	3	25	沙坡头站地下水位观测井	15.76	1 250.00
2016	3	30	沙坡头站地下水位观测井	15.86	1 250.00
2016	4	5	沙坡头站地下水位观测井	15.84	1 250.00
2016	4	10	沙坡头站地下水位观测井	15.93	1 250.00
2016	4	15	沙坡头站地下水位观测井	15.82	1 250.00

（续）

年	月	日	样地名称	地下水埋深（m）	地面高程（m）
2016	4	20	沙坡头站地下水位观测井	15.98	1 250.00
2016	4	25	沙坡头站地下水位观测井	15.93	1 250.00
2016	4	30	沙坡头站地下水位观测井	15.80	1 250.00
2016	5	5	沙坡头站地下水位观测井	15.84	1 250.00
2016	5	10	沙坡头站地下水位观测井	15.83	1 250.00
2016	5	15	沙坡头站地下水位观测井	15.73	1 250.00
2016	5	20	沙坡头站地下水位观测井	15.88	1 250.00
2016	5	25	沙坡头站地下水位观测井	15.77	1 250.00
2016	5	30	沙坡头站地下水位观测井	15.78	1 250.00
2016	6	5	沙坡头站地下水位观测井	15.80	1 250.00
2016	6	10	沙坡头站地下水位观测井	15.90	1 250.00
2016	6	15	沙坡头站地下水位观测井	15.92	1 250.00
2016	6	20	沙坡头站地下水位观测井	15.84	1 250.00
2016	6	25	沙坡头站地下水位观测井	15.90	1 250.00
2016	6	30	沙坡头站地下水位观测井	15.95	1 250.00
2016	7	5	沙坡头站地下水位观测井	15.84	1 250.00
2016	7	10	沙坡头站地下水位观测井	16.50	1 250.00
2016	7	15	沙坡头站地下水位观测井	15.82	1 250.00
2016	7	20	沙坡头站地下水位观测井	15.85	1 250.00
2016	7	25	沙坡头站地下水位观测井	15.80	1 250.00
2016	7	30	沙坡头站地下水位观测井	15.95	1 250.00
2016	8	5	沙坡头站地下水位观测井	15.98	1 250.00
2016	8	10	沙坡头站地下水位观测井	17.10	1 250.00
2016	8	15	沙坡头站地下水位观测井	15.80	1 250.00
2016	8	20	沙坡头站地下水位观测井	16.82	1 250.00
2016	8	25	沙坡头站地下水位观测井	15.83	1 250.00
2016	8	30	沙坡头站地下水位观测井	15.80	1 250.00
2016	9	5	沙坡头站地下水位观测井	17.30	1 250.00
2016	9	10	沙坡头站地下水位观测井	15.60	1 250.00
2016	9	15	沙坡头站地下水位观测井	17.63	1 250.00
2016	9	20	沙坡头站地下水位观测井	17.35	1 250.00
2016	9	25	沙坡头站地下水位观测井	16.19	1 250.00
2016	9	30	沙坡头站地下水位观测井	15.77	1 250.00
2016	10	5	沙坡头站地下水位观测井	15.74	1 250.00
2016	10	10	沙坡头站地下水位观测井	15.70	1 250.00
2016	10	15	沙坡头站地下水位观测井	15.70	1 250.00
2016	10	20	沙坡头站地下水位观测井	16.80	1 250.00
2016	10	25	沙坡头站地下水位观测井	15.66	1 250.00
2016	10	30	沙坡头站地下水位观测井	15.74	1 250.00
2016	11	5	沙坡头站地下水位观测井	—	1 250.00
2016	11	10	沙坡头站地下水位观测井	—	1 250.00

（续）

年	月	日	样地名称	地下水埋深（m）	地面高程（m）
2016	11	15	沙坡头站地下水位观测井	—	1 250.00
2016	11	20	沙坡头站地下水位观测井	15.77	1 250.00
2016	11	25	沙坡头站地下水位观测井	—	1 250.00
2016	11	30	沙坡头站地下水位观测井	—	1 250.00
2016	12	5	沙坡头站地下水位观测井	—	1 250.00
2016	12	10	沙坡头站地下水位观测井	—	1 250.00
2016	12	15	沙坡头站地下水位观测井	—	1 250.00
2016	12	20	沙坡头站地下水位观测井	—	1 250.00
2016	12	25	沙坡头站地下水位观测井	15.71	1 250.00
2016	12	30	沙坡头站地下水位观测井	—	1 250.00
2017	1	5	沙坡头站地下水位观测井	—	1 250.00
2017	1	10	沙坡头站地下水位观测井	—	1 250.00
2017	1	15	沙坡头站地下水位观测井	15.74	1 250.00
2017	1	20	沙坡头站地下水位观测井	—	1 250.00
2017	1	25	沙坡头站地下水位观测井	—	1 250.00
2017	1	30	沙坡头站地下水位观测井	—	1 250.00
2017	2	5	沙坡头站地下水位观测井	15.75	1 250.00
2017	2	10	沙坡头站地下水位观测井	—	1 250.00
2017	2	15	沙坡头站地下水位观测井	—	1 250.00
2017	2	20	沙坡头站地下水位观测井	—	1 250.00
2017	2	25	沙坡头站地下水位观测井	—	1 250.00
2017	3	5	沙坡头站地下水位观测井	15.75	1 250.00
2017	3	10	沙坡头站地下水位观测井	15.74	1 250.00
2017	3	15	沙坡头站地下水位观测井	15.85	1 250.00
2017	3	20	沙坡头站地下水位观测井	15.82	1 250.00
2017	3	25	沙坡头站地下水位观测井	15.81	1 250.00
2017	3	30	沙坡头站地下水位观测井	15.75	1 250.00
2017	4	5	沙坡头站地下水位观测井	16.10	1 250.00
2017	4	10	沙坡头站地下水位观测井	15.80	1 250.00
2017	4	15	沙坡头站地下水位观测井	15.83	1 250.00
2017	4	20	沙坡头站地下水位观测井	15.82	1 250.00
2017	4	25	沙坡头站地下水位观测井	15.84	1 250.00
2017	4	30	沙坡头站地下水位观测井	15.90	1 250.00
2017	5	5	沙坡头站地下水位观测井	16.34	1 250.00
2017	5	10	沙坡头站地下水位观测井	16.45	1 250.00
2017	5	15	沙坡头站地下水位观测井	16.34	1 250.00
2017	5	20	沙坡头站地下水位观测井	16.23	1 250.00
2017	5	25	沙坡头站地下水位观测井	15.85	1 250.00
2017	5	30	沙坡头站地下水位观测井	16.34	1 250.00
2017	6	5	沙坡头站地下水位观测井	15.80	1 250.00
2017	6	10	沙坡头站地下水位观测井	15.85	1 250.00

（续）

年	月	日	样地名称	地下水埋深（m）	地面高程（m）
2017	6	15	沙坡头站地下水位观测井	16.15	1 250.00
2017	6	20	沙坡头站地下水位观测井	15.82	1 250.00
2017	6	25	沙坡头站地下水位观测井	16.17	1 250.00
2017	6	30	沙坡头站地下水位观测井	15.92	1 250.00
2017	7	5	沙坡头站地下水位观测井	16.40	1 250.00
2017	7	10	沙坡头站地下水位观测井	15.70	1 250.00
2017	7	15	沙坡头站地下水位观测井	16.24	1 250.00
2017	7	20	沙坡头站地下水位观测井	17.45	1 250.00
2017	7	25	沙坡头站地下水位观测井	17.25	1 250.00
2017	7	30	沙坡头站地下水位观测井	15.67	1 250.00
2017	8	5	沙坡头站地下水位观测井	15.85	1 250.00
2017	8	10	沙坡头站地下水位观测井	15.86	1 250.00
2017	8	15	沙坡头站地下水位观测井	15.93	1 250.00
2017	8	20	沙坡头站地下水位观测井	16.20	1 250.00
2017	8	25	沙坡头站地下水位观测井	15.90	1 250.00
2017	8	30	沙坡头站地下水位观测井	17.48	1 250.00
2017	9	5	沙坡头站地下水位观测井	15.81	1 250.00
2017	9	10	沙坡头站地下水位观测井	17.65	1 250.00
2017	9	15	沙坡头站地下水位观测井	17.80	1 250.00
2017	9	20	沙坡头站地下水位观测井	15.79	1 250.00
2017	9	25	沙坡头站地下水位观测井	15.70	1 250.00
2017	9	30	沙坡头站地下水位观测井	15.88	1 250.00
2017	10	5	沙坡头站地下水位观测井	17.47	1 250.00
2017	10	10	沙坡头站地下水位观测井	15.77	1 250.00
2017	10	15	沙坡头站地下水位观测井	15.72	1 250.00
2017	10	20	沙坡头站地下水位观测井	15.75	1 250.00
2017	10	25	沙坡头站地下水位观测井	15.75	1 250.00
2017	10	30	沙坡头站地下水位观测井	15.75	1 250.00
2017	11	5	沙坡头站地下水位观测井	15.95	1 250.00
2017	11	10	沙坡头站地下水位观测井	—	1 250.00
2017	11	15	沙坡头站地下水位观测井	—	1 250.00
2017	11	20	沙坡头站地下水位观测井	—	1 250.00
2017	11	25	沙坡头站地下水位观测井	—	1 250.00
2017	11	30	沙坡头站地下水位观测井	—	1 250.00
2017	12	5	沙坡头站地下水位观测井	—	1 250.00
2017	12	10	沙坡头站地下水位观测井	15.73	1 250.00
2017	12	15	沙坡头站地下水位观测井	—	1 250.00
2017	12	20	沙坡头站地下水位观测井	—	1 250.00
2017	12	25	沙坡头站地下水位观测井	—	1 250.00
2017	12	30	沙坡头站地下水位观测井	—	1 250.00
2018	1	5	沙坡头站地下水位观测井	—	1 250.00

（续）

年	月	日	样地名称	地下水埋深（m）	地面高程（m）
2018	1	10	沙坡头站地下水位观测井	—	1 250.00
2018	1	15	沙坡头站地下水位观测井	—	1 250.00
2018	1	20	沙坡头站地下水位观测井	—	1 250.00
2018	1	25	沙坡头站地下水位观测井	—	1 250.00
2018	1	30	沙坡头站地下水位观测井	—	1 250.00
2018	2	5	沙坡头站地下水位观测井	—	1 250.00
2018	2	10	沙坡头站地下水位观测井	—	1 250.00
2018	2	15	沙坡头站地下水位观测井	—	1 250.00
2018	2	20	沙坡头站地下水位观测井	—	1 250.00
2018	2	25	沙坡头站地下水位观测井	15.78	1 250.00
2018	3	5	沙坡头站地下水位观测井	15.75	1 250.00
2018	3	10	沙坡头站地下水位观测井	15.76	1 250.00
2018	3	15	沙坡头站地下水位观测井	15.73	1 250.00
2018	3	20	沙坡头站地下水位观测井	15.88	1 250.00
2018	3	25	沙坡头站地下水位观测井	17.73	1 250.00
2018	3	30	沙坡头站地下水位观测井	15.93	1 250.00
2018	4	5	沙坡头站地下水位观测井	15.90	1 250.00
2018	4	10	沙坡头站地下水位观测井	16.52	1 250.00
2018	4	15	沙坡头站地下水位观测井	16.00	1 250.00
2018	4	20	沙坡头站地下水位观测井	17.84	1 250.00
2018	4	25	沙坡头站地下水位观测井	17.80	1 250.00
2018	4	30	沙坡头站地下水位观测井	17.51	1 250.00
2018	5	5	沙坡头站地下水位观测井	17.55	1 250.00
2018	5	10	沙坡头站地下水位观测井	16.10	1 250.00
2018	5	15	沙坡头站地下水位观测井	16.26	1 250.00
2018	5	20	沙坡头站地下水位观测井	17.27	1 250.00
2018	5	25	沙坡头站地下水位观测井	17.15	1 250.00
2018	5	30	沙坡头站地下水位观测井	17.33	1 250.00
2018	6	5	沙坡头站地下水位观测井	17.58	1 250.00
2018	6	10	沙坡头站地下水位观测井	17.31	1 250.00
2018	6	15	沙坡头站地下水位观测井	17.64	1 250.00
2018	6	20	沙坡头站地下水位观测井	17.88	1 250.00
2018	6	25	沙坡头站地下水位观测井	17.83	1 250.00
2018	6	30	沙坡头站地下水位观测井	16.15	1 250.00
2018	7	5	沙坡头站地下水位观测井	17.70	1 250.00
2018	7	10	沙坡头站地下水位观测井	17.74	1 250.00
2018	7	15	沙坡头站地下水位观测井	17.73	1 250.00
2018	7	20	沙坡头站地下水位观测井	17.22	1 250.00

（续）

年	月	日	样地名称	地下水埋深（m）	地面高程（m）
2018	7	25	沙坡头站地下水位观测井	17.58	1 250.00
2018	7	30	沙坡头站地下水位观测井	17.58	1 250.00
2018	8	5	沙坡头站地下水位观测井	17.13	1 250.00
2018	8	10	沙坡头站地下水位观测井	17.63	1 250.00
2018	8	15	沙坡头站地下水位观测井	17.76	1 250.00
2018	8	20	沙坡头站地下水位观测井	17.68	1 250.00
2018	8	25	沙坡头站地下水位观测井	16.08	1 250.00
2018	8	30	沙坡头站地下水位观测井	16.34	1 250.00
2018	9	5	沙坡头站地下水位观测井	16.18	1 250.00
2018	9	10	沙坡头站地下水位观测井	17.76	1 250.00
2018	9	15	沙坡头站地下水位观测井	17.05	1 250.00
2018	9	20	沙坡头站地下水位观测井	17.54	1 250.00
2018	9	25	沙坡头站地下水位观测井	17.34	1 250.00
2018	9	30	沙坡头站地下水位观测井	17.22	1 250.00
2018	10	5	沙坡头站地下水位观测井	17.19	1 250.00
2018	10	10	沙坡头站地下水位观测井	17.54	1 250.00
2018	10	15	沙坡头站地下水位观测井	17.22	1 250.00
2018	10	20	沙坡头站地下水位观测井	15.79	1 250.00
2018	10	25	沙坡头站地下水位观测井	15.75	1 250.00
2018	10	30	沙坡头站地下水位观测井	15.72	1 250.00
2018	11	5	沙坡头站地下水位观测井	—	1 250.00
2018	11	10	沙坡头站地下水位观测井	—	1 250.00
2018	11	15	沙坡头站地下水位观测井	—	1 250.00
2018	11	20	沙坡头站地下水位观测井	—	1 250.00
2018	11	25	沙坡头站地下水位观测井	15.74	1 250.00
2018	11	30	沙坡头站地下水位观测井	—	1 250.00
2018	12	5	沙坡头站地下水位观测井	—	1 250.00
2018	12	10	沙坡头站地下水位观测井	—	1 250.00
2018	12	15	沙坡头站地下水位观测井	—	1 250.00
2018	12	20	沙坡头站地下水位观测井	—	1 250.00
2018	12	25	沙坡头站地下水位观测井	—	1 250.00
2018	12	30	沙坡头站地下水位观测井	—	1 250.00

4.4.5 蒸发量

数据说明：蒸发量表中数据来源于沙坡头站农田生态系统综合观测场蒸发量表数据。在作物生长季节内，每 5 d 观测 1 次。观测内容包括上日土层储水量、该日土层储水量、时段降水量、时段地表径流、时段灌溉量、平均日蒸散量等数据；观测场中作物收获之后，每月观测 2 次（表 4 - 27）。

表 4-27 蒸发量

年	月	日	植被名称	物候/生育期	上日土层储水量 (mm)	该日土层储水量 (mm)	时段降水量 (mm)	时段地表径流量 (mm)	时段灌溉量 (mm)	平均日蒸散量 (mm/d)
2008	12	26	小麦	未播种		71.58				
2009	1	12	小麦	未播种	71.58	69.99	0.30	0.00	0.00	0.11
2009	2	23	小麦	未播种	69.99	67.60	0.70	0.00	0.00	0.07
2009	3	11	小麦	播种期	67.60	97.25	0.00	0.00	45.00	0.96
2009	3	16	小麦	出苗期	97.25	92.28	0.00	0.00	0.00	0.99
2009	3	21	小麦	出苗期	92.28	87.33	0.00	0.00	0.00	0.99
2009	3	26	小麦	出苗期	87.33	85.55	0.00	0.00	0.00	0.36
2009	3	31	小麦	幼苗期	85.55	83.57	0.00	0.00	0.00	0.40
2009	4	5	小麦	幼苗期	83.57	82.06	0.00	0.00	0.00	0.30
2009	4	10	小麦	幼苗期	82.06	80.08	0.00	0.00	0.00	0.40
2009	4	16	小麦	分蘖期	80.08	77.83	0.00	0.00	0.00	0.38
2009	4	20	小麦	分蘖期	77.83	116.35	0.00	0.00	48.90	2.59
2009	4	25	小麦	拔节期	116.35	96.32	0.00	0.00	0.00	4.01
2009	4	30	小麦	拔节期	96.32	120.32	1.40	0.00	43.50	4.18
2009	5	5	小麦	孕穗期	120.32	93.95	0.00	0.00	0.00	5.27
2009	5	10	小麦	孕穗期	93.95	136.02	0.00	0.00	52.50	2.09
2009	5	15	小麦	抽穗期	136.02	103.85	1.60	0.00	0.00	6.75
2009	5	20	小麦	抽穗期	103.85	142.35	0.00	0.00	60.00	4.30
2009	5	25	小麦	扬花期	142.35	100.52	0.00	0.00	0.00	8.37
2009	5	30	小麦	扬花期	100.52	120.35	13.60	0.00	45.00	7.75
2009	6	4	小麦	扬花期	120.35	90.64	0.00	0.00	0.00	5.94
2009	6	9	小麦	灌浆期	90.64	119.53	0.00	0.00	45.00	3.22
2009	6	13	小麦	灌浆期	119.53	89.07	0.00	0.00	0.00	7.61
2009	6	24	小麦	灌浆期	89.07	150.24	13.60	0.00	90.00	3.86
2009	6	29	小麦	成熟期	150.24	110.44	2.50	0.00	0.00	8.46
2009	7	4	小麦	收获期	110.44	98.57	0.00	0.00	0.00	2.37
2009	7	11	小麦	收获后	98.57	89.83	1.30	0.00	0.00	1.43
2009	7	26	小麦	收获后	89.83	79.69	8.30	0.00	0.00	1.23
2009	8	11	小麦	收获后	79.69	77.05	18.50	0.00	0.00	1.32
2009	8	27	小麦	收获后	77.05	76.22	30.00	0.00	0.00	1.93
2009	9	11	小麦	收获后	76.22	84.08	30.10	0.00	0.00	1.48
2009	9	26	小麦	收获后	84.08	71.93	2.40	0.00	0.00	0.97
2009	10	11	小麦	收获后	71.93	71.17	14.00	0.00	0.00	0.98
2009	10	26	小麦	收获后	71.17	67.07	0.60	0.00	0.00	0.31
2009	11	11	小麦	收获后	67.07	66.51	7.80	0.00	0.00	0.52
2009	11	26	小麦	收获后	66.51	67.19	5.70	0.00	0.00	0.33

（续）

年	月	日	植被名称	物候/生育期	上日土层储水量（mm）	该日土层储水量（mm）	时段降水量（mm）	时段地表径流量（mm）	时段灌溉量（mm）	平均日蒸散量（mm/d）
2009	12	11	小麦	收获后	67.19	61.70	0.00	0.00	0.00	0.37
2009	12	26	小麦	收获后	61.70	59.48	0.60	0.00	0.00	0.19
2012	12	26	小麦	未播种		42.38	0.00	0.00	0.00	
2013	1	10	小麦	未播种	42.38	41.50	0.00	0.00	0.00	0.06
2013	1	26	小麦	未播种	41.50	40.91	0.00	0.00	0.00	0.04
2013	2	9	小麦	未播种	40.91	40.59	0.00	0.00	0.00	0.03
2013	2	28	小麦	未播种	40.59	40.22	0.00	0.00	0.00	0.02
2013	3	11	小麦	播种期	40.22	39.32	0.00	0.00	0.00	0.07
2013	3	16	小麦	播种期	39.32	46.69	8.20	0.00	0.00	0.17
2013	3	21	小麦	出苗期	46.69	45.99	0.00	0.00	0.00	0.14
2013	3	26	小麦	出苗期	45.99	44.59	0.00	0.00	0.00	0.28
2013	3	31	小麦	返青期	44.59	43.67	0.00	0.00	0.00	0.18
2013	4	5	小麦	返青期	43.67	42.42	0.00	0.00	0.00	0.31
2013	4	12	小麦	返青期	42.42	42.08	0.00	0.00	0.00	0.05
2013	4	16	小麦	分蘖期	42.08	134.31	0.00	0.00	100.67	2.11
2013	4	21	小麦	分蘖期	134.31	102.44	0.60	0.00	0.00	6.49
2013	4	26	小麦	拔节期	102.44	100.08	0.00	0.00	0.00	0.47
2013	5	1	小麦	拔节期	100.08	103.16	0.00	0.00	40.00	7.38
2013	5	6	小麦	拔节期	103.16	100.27	0.00	0.00	40.00	8.58
2013	5	22	小麦	孕穗期	100.27	90.02	9.80	0.00	0.00	1.25
2013	5	26	小麦	扬花期	90.02	142.27	0.00	0.00	86.67	8.60
2013	5	31	小麦	扬花期	142.27	120.38	2.00	0.00	40.00	12.78
2013	6	6	小麦	扬花期	120.38	132.05	0.00	0.00	43.33	6.33
2013	6	11	小麦	灌浆期	132.05	130.44	7.00	0.00	46.67	11.06
2013	6	16	小麦	灌浆期	130.44	123.24	0.00	0.00	0.00	1.44
2013	6	21	小麦	蜡熟期	123.24	131.98	18.60	0.00	46.67	11.31
2013	6	26	小麦	蜡熟期	131.98	126.84	0.60	0.00	0.00	1.15
2013	7	2	小麦	成熟期	126.84	117.82	0.00	0.00	0.00	1.50
2013	7	20	小麦	收获期	117.82	100.60	32.80	0.00	0.00	2.78
2013	7	30	小麦	收获期	100.60	109.97	18.20	0.00	0.00	0.88
2013	8	9	小麦	收获后	109.97	110.17	9.20	0.00	0.00	1.00
2013	8	18	小麦	收获后	110.17	102.16	0.00	0.00	0.00	0.89
2013	8	26	小麦	收获后	102.16	100.92	0.00	0.00	0.00	0.15
2013	9	11	小麦	收获后	100.92	105.19	9.80	0.00	0.00	0.37
2013	9	26	小麦	收获后	105.19	91.87	6.00	0.00	0.00	1.29
2013	10	12	小麦	收获后	91.87	86.66	1.20	0.00	0.00	0.40
2013	10	27	小麦	收获后	86.66	77.06	3.60	0.00	0.00	0.88

（续）

年	月	日	植被名称	物候/生育期	上日土层储水量（mm）	该日土层储水量（mm）	时段降水量（mm）	时段地表径流量（mm）	时段灌溉量（mm）	平均日蒸散量（mm/d）
2013	11	11	小麦	收获后	77.06	80.64	5.80	0.00	0.00	0.16
2013	11	26	小麦	收获后	80.64	79.72	0.00	0.00	0.00	0.06
2013	12	12	小麦	收获后	79.72	78.51	0.00	0.00	0.00	0.08
2013	12	25	小麦	收获后	78.51	77.92	0.00	0.00	0.00	0.05
2013	12	26	玉米	未播种		50.69	0.00	0.00	0.00	
2014	1	10	玉米	未播种	50.69	50.58	0.20	0.00	0.00	0.01
2014	1	26	玉米	未播种	50.58	49.68	0.00	0.00	0.00	0.01
2014	2	28	玉米	未播种	49.68	48.36	2.60	0.00	0.00	0.01
2014	3	11	玉米	未播种	48.36	47.18	0.20	0.00	0.00	0.11
2014	3	26	玉米	播种期	47.18	56.60	0.00	0.00	0.00	0.08
2014	4	16	玉米	播种期	56.60	62.46	9.80	0.00	0.00	0.02
2014	4	21	玉米	出苗期	62.46	66.23	6.40	0.00	0.00	0.11
2014	4	26	玉米	出苗期	66.23	68.76	5.00	0.00	0.00	0.25
2014	5	3	玉米	拔节期	68.76	68.39	3.40	0.00	0.00	0.22
2014	5	7	玉米	拔节期	68.39	69.94	0.00	0.00	0.00	0.07
2014	5	11	玉米	拔节期	69.94	74.67	4.40	0.00	0.00	0.57
2014	5	16	玉米	拔节期	74.67	103.74	0.40	0.00	56.67	10.47
2014	5	22	玉米	抽雄期	103.74	99.03	0.00	0.00	53.33	4.85
2014	5	26	玉米	抽雄期	99.03	156.11	1.00	0.00	0.00	1.14
2014	5	31	玉米	抽雄期	156.11	95.12	0.00	0.00	60.00	0.58
2014	6	6	玉米	抽雄期	95.12	109.44	4.60	0.00	0.00	10.93
2014	6	11	玉米	抽雄期	109.44	149.75	0.00	0.00	63.33	9.80
2014	6	16	玉米	抽雄期	149.75	102.38	2.20	0.00	68.67	5.09
2014	6	21	玉米	抽雄期	102.38	99.69	6.40	0.00	0.00	13.44
2014	6	26	玉米	抽雄期	99.69	94.13	1.20	0.00	57.33	12.24
2014	7	2	玉米	抽雄期	94.13	87.48	13.00	0.00	0.00	3.71
2014	7	7	玉米	抽雄期	87.48	107.19	3.00	0.00	73.33	16.60
2014	7	12	玉米	抽雄期	107.19	147.42	21.80	0.00	0.00	0.42
2014	7	15	玉米	抽雄期	147.42	133.36	0.00	0.00	66.67	5.29
2014	7	20	玉米	抽雄期	133.36	94.98	0.00	0.00	63.33	15.48
2014	7	25	玉米	吐丝期	94.98	97.09	7.00	0.00	0.00	9.08
2014	7	30	玉米	吐丝期	97.09	161.48	0.00	0.00	53.33	10.24
2014	8	5	玉米	吐丝期	161.48	119.71	41.80	0.00	64.00	6.90
2014	8	9	玉米	吐丝期	119.71	95.80	11.40	0.00	0.00	10.63
2014	8	18	玉米	成熟期	95.80	79.03	7.40	0.00	0.00	6.26
2014	8	22	玉米	成熟期	79.03	143.79	1.00	0.00	0.00	3.55
2014	8	27	玉米	成熟期	143.79	94.31	2.60	0.00	78.00	3.17

（续）

年	月	日	植被名称	物候/生育期	上日土层储水量（mm）	该日土层储水量（mm）	时段降水量（mm）	时段地表径流量（mm）	时段灌溉量（mm）	平均日蒸散量（mm/d）
2014	8	31	玉米	成熟期	94.31	164.58	4.00	0.00	0.00	10.70
2014	9	6	玉米	成熟期	164.58	105.77	2.60	0.00	70.00	0.39
2014	9	12	玉米	成熟期	105.77	119.30	0.20	0.00	0.00	14.75
2014	9	17	玉米	成熟期	119.30	104.64	21.40	0.00	0.00	1.57
2014	9	23	玉米	收货期	104.64	90.42	2.00	0.00	0.00	2.78
2014	10	12	玉米	收获后	90.42	82.82	22.20	0.00	0.00	1.82
2014	10	27	玉米	收获后	82.82	83.89	2.20	0.00	0.00	0.75
2014	11	11	玉米	收获后	83.89	83.82	3.00	0.00	0.00	0.11
2014	11	26	玉米	收获后	83.82	81.60	0.60	0.00	0.00	0.04
2014	12	12	玉米	收获后	81.60	79.60	2.00	0.00	0.00	0.30
2014	12	25	玉米	收获后	79.60	68.09	0.00	0.00	0.00	0.13
2014	12	25	小麦	未播种		84.41	0.00	0.00	0.00	
2015	1	11	小麦	未播种	84.41	83.82	0.00	0.00	0.00	0.01
2015	3	11	小麦	未播种	83.82	83.38	0.00	0.00	0.00	0.01
2015	3	16	小麦	播种期	83.38	80.90	0.00	0.00	0.00	0.09
2015	3	21	小麦	播种期	80.90	79.57	0.00	0.00	0.00	0.50
2015	3	26	小麦	出苗期	79.57	75.45	0.00	0.00	0.00	0.27
2015	3	31	小麦	出苗期	75.45	76.43	0.00	0.00	0.00	0.82
2015	4	6	小麦	返青期	76.43	72.02	4.10	0.00	0.00	0.52
2015	4	11	小麦	返青期	72.02	65.03	0.00	0.00	0.00	0.88
2015	4	16	小麦	返青期	65.03	94.93	0.00	0.00	0.00	1.40
2015	4	21	小麦	分蘖期	94.93	79.83	4.70	0.00	66.00	8.16
2015	4	26	小麦	分蘖期	79.83	102.67	0.00	0.00	0.00	3.02
2015	4	30	小麦	拔节期	102.67	102.67	0.40	0.00	52.00	7.39
2015	5	6	小麦	拔节期	102.67	109.12	0.00	0.00	54.67	9.11
2015	5	11	小麦	拔节期	109.12	130.72	8.60	0.00	0.00	0.43
2015	5	16	小麦	孕穗期	130.72	109.92	0.00	0.00	60.00	7.68
2015	5	21	小麦	扬花期	109.92	81.00	22.90	0.00	0.00	8.74
2015	5	25	小麦	扬花期	81.00	116.65	0.00	0.00	0.00	5.78
2015	5	31	小麦	扬花期	116.65	155.19	11.50	0.00	62.67	7.70
2015	6	6	小麦	灌浆期	155.19	96.69	1.30	0.00	70.00	5.46
2015	6	11	小麦	灌浆期	96.69	119.72	4.40	0.00	0.00	12.58
2015	6	16	小麦	蜡熟期	119.72	158.66	0.00	0.00	73.33	10.06
2015	6	21	小麦	蜡熟期	158.66	105.26	0.00	0.00	76.67	7.55
2015	6	26	小麦	成熟期	105.26	82.35	0.30	0.00	0.00	10.74
2015	7	2	小麦	收获期	82.35	66.36	0.50	0.00	0.00	3.90
2015	7	11	小麦	收获期	66.36	66.01	11.20	0.00	0.00	3.02

（续）

年	月	日	植被名称	物候/生育期	上日土层储水量（mm）	该日土层储水量（mm）	时段降水量（mm）	时段地表径流量（mm）	时段灌溉量（mm）	平均日蒸散量（mm/d）
2015	7	26	小麦	收获后	66.01	58.35	0.40	0.00	0.00	0.05
2015	8	11	小麦	收获后	58.35	57.18	9.00	0.00	0.00	1.04
2015	8	25	小麦	收获后	57.18	65.50	0.00	0.00	0.00	0.08
2015	9	11	小麦	收获后	65.50	58.21	21.50	0.00	0.00	0.78
2015	9	26	小麦	收获后	58.21	57.53	2.70	0.00	0.00	0.67
2015	10	11	小麦	收获后	57.53	61.63	10.80	0.00	0.00	0.77
2015	10	26	小麦	收获后	61.63	65.77	6.20	0.00	0.00	0.14
2015	11	11	小麦	收获后	65.77	68.08	8.30	0.00	0.00	0.26
2015	11	26	小麦	收获后	68.08	68.04	3.80	0.00	0.00	0.10
2015	12	11	小麦	收获后	68.04	67.80	0.00	0.00	0.00	0.00
2015	12	26	小麦	收获后	67.80	50.69	0.00	0.00	0.00	0.02
2015	12	26	小麦	收获后		50.69	3.80	0.00	0.00	
2016	1	11	玉米	未播种	50.69	50.94	0.40	0.00	0.00	0.00
2016	1	17	玉米	未播种	50.94	50.68	0.00	0.00	0.00	0.04
2016	2	26	玉米	未播种	50.68	50.36	0.00	0.00	0.00	0.01
2016	3	11	玉米	未播种	50.36	50.47	0.40	0.00	0.00	0.02
2016	3	26	玉米	未播种	50.47	66.30	17.40	0.00	0.00	0.10
2016	4	11	玉米	播种期	66.30	91.91	0.60	0.00	60.00	2.56
2016	4	16	玉米	播种期	91.91	84.83	3.80	0.00	0.00	2.18
2016	4	21	玉米	出苗期	84.83	77.82	0.00	0.00	0.00	1.40
2016	4	26	玉米	出苗期	77.82	74.39	0.00	0.00	55.00	11.69
2016	5	1	玉米	出苗期	74.39	68.78	0.00	0.00	0.00	1.12
2016	5	6	玉米	五叶期	68.78	75.36	14.20	0.00	0.00	12.26
2016	5	11	玉米	五叶期	75.36	68.76	0.00	0.00	53.00	1.32
2016	5	16	玉米	拔节期	68.76	67.82	0.60	0.00	0.00	0.31
2016	5	26	玉米	拔节期	67.82	78.82	12.00	0.00	0.00	0.10
2016	5	31	玉米	拔节期	78.82	83.25	0.80	0.00	50.00	9.27
2016	6	6	玉米	拔节期	83.25	88.00	11.20	0.00	0.00	1.08
2016	6	11	玉米	拔节期	88.00	96.81	0.00	0.00	52.70	8.78
2016	6	16	玉米	拔节期	96.81	91.85	0.00	0.00	0.00	0.99
2016	6	21	玉米	拔节期	91.85	92.08	4.80	0.00	60.00	12.91
2016	6	26	玉米	拔节期	92.08	89.93	2.80	0.00	0.00	0.99
2016	7	1	玉米	拔节期	89.93	113.97	0.80	0.00	63.20	7.99
2016	7	6	玉米	拔节期	113.97	100.13	0.00	0.00	0.00	2.77
2016	7	11	玉米	抽穗期	100.13	99.31	3.80	0.00	0.00	0.92
2016	7	16	玉米	吐丝期	99.31	97.33	0.00	0.00	0.00	0.40
2016	7	21	玉米	吐丝期	97.33	105.84	21.00	0.00	56.70	13.84

（续）

年	月	日	植被名称	物候/生育期	上日土层储水量（mm）	该日土层储水量（mm）	时段降水量（mm）	时段地表径流量（mm）	时段灌溉量（mm）	平均日蒸散量（mm/d）
2016	7	26	玉米	吐丝期	105.84	101.44	29.00	0.00	0.00	6.68
2016	7	31	玉米	吐丝期	101.44	99.85	0.00	0.00	0.00	0.32
2016	8	6	玉米	吐丝期	99.85	78.27	0.00	0.00	0.00	3.60
2016	8	11	玉米	吐丝期	78.27	74.41	0.00	0.00	0.00	0.77
2016	8	16	玉米	吐丝期	74.41	78.93	4.80	0.00	43.30	0.06
2016	8	21	玉米	吐丝期	78.93	78.32	0.80	0.00	0.00	8.94
2016	8	26	玉米	吐丝期	78.32	85.69	10.00	0.00	0.00	0.52
2016	8	31	玉米	吐丝期	85.69	79.25	0.00	0.00	0.00	1.29
2016	9	6	玉米	吐丝期	79.25	102.33	4.80	0.00	46.70	4.74
2016	9	11	玉米	成熟期	102.33	94.14	2.20	0.00	0.00	2.08
2016	9	16	玉米	成熟期	94.14	82.68	2.60	0.00	0.00	2.81
2016	9	21	玉米	成熟期	82.68	75.69	1.80	0.00	0.00	1.76
2016	9	26	玉米	收获期	75.69	74.46	1.60	0.00	0.00	0.56
2016	10	11	玉米	收获后	74.46	72.61	14.60	0.00	0.00	1.10
2016	10	26	玉米	收获后	72.61	70.31	10.20	0.00	0.00	0.83
2016	11	11	玉米	收获后	70.31	74.02	4.80	0.00	0.00	0.07
2016	11	26	玉米	收获后	74.02	73.03	0.00	0.00	0.00	0.07
2016	12	11	玉米	收获后	73.03	72.82	0.00	0.00	0.00	0.01
2016	12	26	玉米	收获后	72.82	69.15	0.00	0.00	0.00	0.24
2016	12	26	玉米	收获后		69.69		0.00	0.00	
2017	1	10	小麦	未播种	69.69	68.15	0.00	0.00	0.00	0.10
2017	2	18	小麦	未播种	68.15	66.43	0.00	0.00	0.00	0.04
2017	2	25	小麦	未播种	66.43	65.71	0.00	0.00	0.00	0.10
2017	3	11	小麦	播种期	65.71	65.55	0.00	0.00	0.00	0.01
2017	3	20	小麦	出苗期	65.55	65.59	0.50	0.00	0.00	0.05
2017	3	26	小麦	出苗期	65.59	75.22	11.50	0.00	0.00	0.31
2017	3	31	小麦	三叶期	75.22	73.79	0.00	0.00	0.00	0.28
2017	4	6	小麦	返青期	73.79	73.12	0.00	0.00	0.00	0.11
2017	4	11	小麦	分蘖期	73.12	76.66	7.00	0.00	0.00	0.69
2017	4	16	小麦	分蘖期	76.66	71.84	0.00	0.00	0.00	0.97
2017	4	21	小麦	分蘖期	71.84	82.10	5.20	0.00	14.00	1.79
2017	4	24	小麦	拔节期	82.10	81.37	0.00	0.00	0.00	0.24
2017	5	1	小麦	拔节期	81.37	96.03	0.00	0.00	15.00	0.05
2017	5	6	小麦	拔节期	96.03	95.23	1.40	0.00	0.00	0.44
2017	5	11	小麦	拔节期	95.23	98.88	0.00	0.00	15.00	2.27
2017	5	21	小麦	抽穗期	98.88	84.86	5.00	0.00	16.67	3.57

（续）

年	月	日	植被名称	物候/生育期	上日土层储水量（mm）	该日土层储水量（mm）	时段降水量（mm）	时段地表径流量（mm）	时段灌溉量（mm）	平均日蒸散量（mm/d）
2017	5	26	小麦	抽穗期	84.86	91.43	1.80	0.00	20.00	3.05
2017	6	6	小麦	抽穗期	89.91	97.68	10.50	0.00	11.67	2.40
2017	6	9	小麦	抽穗期	97.68	84.94	3.30	0.00	0.00	5.35
2017	6	16	小麦	抽穗期	84.94	86.39	0.00	0.00	13.33	1.70
2017	6	19	小麦	蜡熟期	86.39	83.62	0.00	0.00	13.33	5.37
2017	6	26	小麦	收获期	83.62	93.20	15.90	0.00	0.00	0.90
2017	7	1	小麦	收获后	93.20	86.14	0.00	0.00	0.00	1.41
2017	7	17	小麦	收获后	86.14	68.91	1.60	0.00	0.00	1.18
2017	7	26	小麦	收获后	68.91	65.28	6.30	0.00	0.00	1.10
2017	8	16	小麦	收获后	65.28	71.72	36.70	0.00	0.00	1.44
2017	8	27	小麦	收获后	71.72	91.32	43.30	0.00	0.00	2.16
2017	9	12	小麦	收获后	91.32	46.23	4.80	0.00	0.00	3.12
2017	9	26	小麦	收获后	46.23	41.83	7.90	0.00	0.00	0.88
2017	10	11	小麦	收获后	41.83	51.94	27.50	0.00	0.00	1.16
2017	10	26	小麦	收获后	51.94	49.74	3.60	0.00	0.00	0.39
2017	11	10	小麦	收获后	49.74	49.16	0.00	0.00	0.00	0.04
2017	12	10	小麦	收获后	49.16	48.97	0.00	0.00	0.00	0.01
2017	12	10	小麦	收获后		48.97	0.00	0.00	0.00	
2018	1	11	玉米		48.97	57.77	1.00	0.00	0.0	0.02
2018	1	26	玉米		57.77	58.86	0.00	0.00	0.0	0.07
2018	2	2	玉米		58.86	58.52	0.20	0.00	0.0	0.08
2018	2	26	玉米		58.52	60.19	0.00	0.00	0.0	0.07
2018	3	16	玉米		60.19	62.02	5.10	0.00	0.0	0.18
2018	3	26	玉米		62.02	61.93	0.00	0.00	0.0	0.01
2018	4	11	玉米	播种期	61.93	87.76	0.00	0.00	25.0	0.05
2018	4	16	玉米		87.76	83.81	4.20	0.00	0.0	1.63
2018	4	21	玉米	出苗期	83.81	75.22	0.00	0.00	0.0	1.72
2018	4	26	玉米		75.22	72.42	7.60	0.00	0.0	2.08
2018	5	1	玉米	三叶期	72.42	63.69	0.00	0.00	0.0	1.75
2018	5	6	玉米	移栽期	63.69	63.80	0.00	0.00	0.0	0.02
2018	5	11	玉米		63.80	72.41	13.30	0.00	0.0	0.94
2018	5	16	玉米		72.41	102.27	0.00	0.00	45.0	3.03
2018	5	21	玉米	返青期	102.27	89.46	8.70	0.00	0.0	4.30
2018	5	26	玉米		89.46	109.31	0.00	0.00	22.0	0.43
2018	5	31	玉米		109.31	79.20	0.00	0.00	0.0	6.02
2018	6	4	玉米	分蘖期	79.20	87.99	0.00	0.00	22.0	3.30

（续）

年	月	日	植被名称	物候/生育期	上日土层储水量（mm）	该日土层储水量（mm）	时段降水量（mm）	时段地表径流量（mm）	时段灌溉量（mm）	平均日蒸散量（mm/d）
2018	6	11	玉米		87.99	100.46	0.00	0.00	20.0	1.08
2018	6	16	玉米	拔节期	100.46	71.69	0.00	0.00	0.0	5.75
2018	6	21	玉米		71.69	93.16	4.80	0.00	22.0	1.07
2018	6	26	玉米		93.16	101.63	0.00	0.00	30.0	4.31
2018	7	2	玉米		101.63	74.21	23.80	0.00	0.0	8.54
2018	7	6	玉米		74.21	68.27	0.00	0.00	0.0	1.49
2018	7	11	玉米		68.27	96.84	0.00	0.00	24.0	0.03
2018	7	16	玉米	抽穗期	96.84	102.91	16.10	0.00	0.0	2.01
2018	7	21	玉米		102.91	77.04	0.00	0.00	0.0	5.17
2018	7	26	玉米		77.04	68.88	13.90	0.00	0.0	4.41
2018	7	31	玉米		68.88	76.17	0.00	0.00	10.0	0.54
2018	8	6	玉米		76.17	63.98	20.50	0.00	0.0	5.45
2018	8	11	玉米		63.98	64.51	27.00	0.00	0.0	5.29
2018	8	16	玉米		64.51	65.30	24.80	0.00	0.0	4.80
2018	8	22	玉米		65.30	109.88	49.20	0.00	32.0	6.10
2018	8	26	玉米		109.88	86.12	0.00	0.00	0.0	5.94
2018	9	1	玉米		86.12	80.33	17.40	0.00	0.0	3.89
2018	9	6	玉米		80.33	74.84	0.00	0.00	0.0	1.12
2018	9	11	玉米	蜡熟期	74.84	76.30	0.30	0.00	0.0	0.52
2018	9	16	玉米		76.30	65.73	2.70	0.00	0.0	2.31
2018	9	21	玉米		65.73	65.36	6.30	0.00	0.0	1.54
2018	9	26	玉米	收获期	65.36	65.03	3.70	0.00	0.0	0.62
2018	10	1	玉米		65.03	63.84	0.00	0.00	0.0	0.23
2018	10	11	玉米		63.84	62.78	0.00	0.00	0.0	0.08
2018	10	26	玉米		62.78	61.31	3.00	0.00	0.0	0.31
2018	11	11	玉米		61.31	73.56	0.40	0.00	14.0	0.09
2018	11	26	玉米		73.56	71.24	0.00	0.00	0.0	0.20
2018	12	12	玉米		71.24	67.66	0.00	0.00	0.0	0.33
2018	12	26	玉米		67.66	64.65	0.00	0.00	0.0	0.16

注：观测土层厚度均为 150 cm。

4.4.6 农田生态系统土壤水分特征参数

数据说明：农田生态系统土壤水分特征参数表中数据来源于沙坡头站农田生态系统综合观测场的中子仪观测数据。每次观测不同深度（10 cm、20 cm、40 cm、60 cm、100 cm 和 150 cm）的土壤水分特征参数。所有观测数据均为中子仪每次测定的观测值（中子仪定期标定）（表 4-28）。

表 4-28 农田生态系统土壤水分特征参数

年	月	日	采样深度 (cm)	土壤完全持水量（%）	土壤田间持水量（%）	土壤凋萎含水量（%）	土壤孔隙度总量（%）	容重 (g/cm³)	特征曲线方程表达式	a 值	b 值	R^2
2010	9	14	10	35.44	5.33	1.24	43.30	1.50	$y=ax^b$	19.25	−0.41	0.941
2010	9	14	20	33.66	1.81	0.88	39.73	1.60	$y=ax^b$	10.27	−0.41	0.925
2010	9	14	40	33.97	1.79	0.78	39.93	1.59	$y=ax^b$	9.01	−0.42	0.910
2010	9	14	60	34.47	1.76	0.77	40.56	1.58	$y=ax^b$	5.20	−0.29	0.900
2010	9	14	100	33.48	1.65	0.67	40.27	1.58	$y=ax^b$	3.20	−0.24	0.968
2010	9	14	150	34.50	1.60	0.58	39.90	1.59	$y=ax^b$	2.90	−0.24	0.928
2010	9	14	10	35.09	3.24	0.99	43.97	1.48				
2010	9	14	20	33.81	1.97	0.7	40.03	1.59				
2010	9	14	40	33.29	1.96	0.68	40.34	1.58				
2010	9	14	60	33.68	1.90	0.6	40.19	1.58				
2010	9	14	100	33.49	1.47	0.58	40.17	1.59				
2010	9	14	150	33.38	1.42	0.45	40.00	1.59				
2010	9	14	10	34.98			43.10	1.51				
2010	9	14	20	33.98			40.13	1.59				
2010	9	14	40	33.33			40.12	1.59				
2010	9	14	60	33.95			40.09	1.59				
2010	9	14	100	33.02			40.23	1.58				
2010	9	14	150	33.70			39.94	1.59				
2016	9	26	10	33.80	3.69	1.95	42.03	1.48	$y=ax^b$	3.70	−0.51	0.810
2016	9	26	20	33.38	1.63	1.01	40.61	1.52	$y=ax^b$	7.04	−0.63	0.911
2016	9	26	40	31.71	1.24	0.87	39.15	1.56	$y=ax^b$	7.28	−0.11	0.746
2016	9	26	60	28.14	1.16	0.78	39.89	1.54	$y=ax^b$	7.18	−0.75	0.717
2016	9	26	100	27.09	1.17	0.82	37.51	1.60	$y=ax^b$	6.59	−0.73	0.662
2016	9	26	150	29.14	0.87	0.55	35.59	1.65	$y=ax^b$	7.03	−0.31	0.689
2016	9	26	10	31.86	3.60	1.87	39.69	1.54	$y=ax^b$	13.06	−0.13	0.604
2016	9	26	20	29.80	1.43	0.92	39.36	1.55	$y=ax^b$	3.80	−0.21	0.611
2016	9	26	40	33.10	1.24	0.88	38.88	1.56	$y=ax^b$	7.80	−0.12	0.844
2016	9	26	60	28.17	1.17	0.75	37.78	1.59	$y=ax^b$	8.18	−0.57	0.808
2016	9	26	100	29.38	1.07	0.78	40.53	1.52	$y=ax^b$	8.49	−0.55	0.740
2016	9	26	150	31.05	0.93	0.57	40.21	1.53	$y=ax^b$	5.14	−0.74	0.671
2016	9	26	10	29.14	2.66	1.23	42.44	1.47	$y=ax^b$	22.78	−0.23	0.950
2016	9	26	20	42.80	1.26	0.85	43.00	1.46	$y=ax^b$	7.50	−0.11	0.866
2016	9	26	40	27.79	1.06	0.76	33.64	1.70	$y=ax^b$	6.49	−0.72	0.744
2016	9	26	60	28.48	1.21	0.80	37.08	1.61	$y=ax^b$	7.88	−0.76	0.866
2016	9	26	100	28.64	0.82	0.56	36.41	1.63	$y=ax^b$	8.95	−0.16	0.800
2016	9	26	150	32.23	0.90	0.54	35.58	1.65	$y=ax^b$	7.50	−0.22	0.716

4.4.7　E601 蒸发皿

数据说明：E601 蒸发皿数据来源于沙坡头站农田生态系统综合观测场蒸发皿的观测数据。每年的 3—10 月在作物生长季节内，每天观测水温和水面蒸发数据。所有数据均为 5 d 观测数据的平均值（表 4－29）。

表 4－29　E601 蒸发皿

年	月	日	时间	每日蒸发量（mm）	水温（℃）	备注
2009	10	1	20:00	5.3	19.4	
2009	10	5	20:00	4.3	18.5	
2009	10	10	20:00	9.4	12.7	
2009	10	15	20:00	4.0	14.6	
2009	10	20	20:00	5.4	13.2	
2009	10	25	20:00	3.3	12.8	
2009	10	30	20:00			
2011	3	10	20:00	0.0	6.5	结冰
2011	3	15	20:00	0.0	4.6	
2011	3	20	20:00	2.8	4.2	
2011	3	25	20:00	4.5	6.8	
2011	3	30	20:00	4.4	13.8	
2011	4	1	20:00	4.8	11.8	
2011	4	5	20:00	5.0	7.7	
2011	4	10	20:00	5.9	12.1	
2011	4	15	20:00	6.4	16.6	
2011	4	20	20:00	9.8	15.3	
2011	4	25	20:00	12.2	16.9	
2011	4	30	20:00	11.8	15.8	
2011	5	1	20:00	7.5	15.8	
2011	5	5	20:00	7.6		
2011	5	10	20:00	1.8		
2011	5	15	20:00	10.9	17.7	
2011	5	20	20:00	5.3	20.8	
2011	5	25	20:00	7.4	18.1	
2011	5	30	20:00	12.2	20.8	
2011	6	1	20:00	8.8	17.4	
2011	6	5	20:00	8.2	27.5	
2011	6	10	20:00	9.5	24.5	
2011	6	15	20:00	10.0	27.4	
2011	6	20	20:00	7.7	24.6	
2011	6	25	20:00	11.5		
2011	6	30	20:00	3.5		

（续）

年	月	日	时间	每日蒸发量（mm）	水温（℃）	备注
2011	7	1	20:00	4.1		
2011	7	5	20:00	6.2		
2011	7	10	20:00	7.9	26.0	
2011	7	15	20:00	10.3	28.2	
2011	7	20	20:00	7.6	27.8	
2011	7	25	20:00	6.8	27.3	
2011	7	30	20:00	6.6	25.6	
2011	8	1	20:00	6.9	26.1	
2011	8	5	20:00	6.5	26.0	
2011	8	10	20:00	10.5	26.9	
2011	8	15	20:00	6.9	21.9	
2011	8	20	20:00	3.0	22.6	
2011	8	25	20:00	5.2	25.2	
2011	8	30	20:00	4.8	28.4	
2011	9	1	20:00	4.5	22.3	
2011	9	5	20:00	2.5	18.4	
2011	9	10	20:00	3.3		
2011	9	15	20:00	5.3		
2011	9	20	20:00	1.3	17.9	
2011	9	25	20:00	3.4	19.4	
2011	9	30	20:00	3.6	19.1	
2011	10	1	20:00	5.9	14.3	
2011	10	5	20:00	3.6	16.9	
2011	10	10	20:00	4.2	17.7	
2011	10	15	20:00	6.4	12.2	
2011	10	20	20:00	3.0	13.9	
2011	10	25	20:00	1.6	7.1	
2011	10	30	20:00	0.0	12.1	结冰
2012	3	25	20:00	8.2		
2012	3	30	20:00	6.2		
2012	4	1	20:00	7.7		
2012	4	5	20:00	4.8		
2012	4	10	20:00	3.8		
2012	4	15	20:00	5.1		
2012	4	20	20:00	7.0		
2012	4	25	20:00	11.2		
2012	4	30	20:00	4.0		
2012	5	1	20:00	6.9		
2012	5	5	20:00	4.6		

（续）

年	月	日	时间	每日蒸发量（mm）	水温（℃）	备注
2012	5	10	20:00	5.5	19.0	
2012	5	15	20:00	7.9	19.5	
2012	5	20	20:00	5.7	22.1	
2012	5	25	20:00	4.5	21.7	
2012	5	30	20:00	5.0	22.0	
2012	6	1	20:00	6.3	22.3	
2012	6	5	20:00	1.8	21.5	
2012	6	10	20:00	8.3	24.4	
2012	6	15	20:00	8.2	24.4	
2012	6	20	20:00	7.7	27.3	
2012	6	25	20:00	7.9	26.9	
2012	6	30	20:00	6.2	27.3	
2012	7	1	20:00	6.6	27.5	
2012	7	5	20:00	7.4	26.5	
2012	7	10	20:00	8.8	28.4	
2012	7	15	20:00	8.4	26.7	
2012	7	20	20:00	17.3	26.9	
2012	7	25	20:00	5.3	28.1	
2012	7	30	20:00	4.6	23.5	
2012	8	1	20:00	7.7	28.5	
2012	8	5	20:00	7.1	27.2	
2012	8	10	20:00	4.9	27.9	
2012	8	15	20:00	6.0	25.2	
2012	8	20	20:00	8.2	24.3	
2012	8	25	20:00	3.8	24.7	
2012	8	30	20:00	6.2	25.0	
2012	9	1	20:00	4.0	19.8	
2012	9	5	20:00	4.1		
2012	9	10	20:00	2.8		
2012	9	15	20:00	2.9		
2012	9	20	20:00	4.6		
2012	9	25	20:00	2.8		
2012	9	30	20:00	3.2		
2012	10	1	20:00	3.2		
2012	10	5	20:00	3.6		
2012	10	10	20:00	5.4		
2012	10	15	20:00	5.5		
2012	10	20	20:00	7.8		
2012	10	25	20:00	4.5		

（续）

年	月	日	时间	每日蒸发量（mm）	水温（℃）	备注
2012	10	30	20:00	5.6		
2013	3	15	20:00	4.8		
2013	3	20	20:00	6.8		
2013	3	25	20:00	5.5	9.0	
2013	3	30	20:00	7.4	15.0	
2013	4	1	20:00	4.7	13.6	
2013	4	5	20:00	5.9	10.7	
2013	4	10	20:00	6.1	13.3	
2013	4	15	20:00	6.7	15.0	
2013	4	20	20:00	5.8	16.1	
2013	4	25	20:00	7.6	19.2	
2013	4	30	20:00	5.1	19.3	
2013	5	1	20:00	13.9	22.1	
2013	5	5	20:00	5.1	17.8	
2013	5	10	20:00	10.6	19.9	
2013	5	15	20:00	5.1	17.6	
2013	5	20	20:00	11.6	24.1	
2013	5	25	20:00	9.2	24.0	
2013	5	30	20:00	9.8	24.0	
2013	6	1	20:00	8.2	23.0	
2013	6	5	20:00	8.1	26.7	
2013	6	10	20:00	7.0	20.4	
2013	6	15	20:00	6.1	22.9	
2013	6	20	20:00	2.8	18.1	
2013	6	25	20:00	11.3	24.6	
2013	6	30	20:00	9.0	30.2	
2013	7	1	20:00	7.0	24.6	
2013	7	5	20:00	7.1	29.4	
2013	7	10	20:00	4.3	26.0	
2013	7	15	20:00	6.8	27.0	
2013	7	20	20:00	7.9	26.9	
2013	7	25	20:00	3.8	23.9	
2013	7	30	20:00	9.4	26.5	
2013	8	1	20:00	8.5	27.6	
2013	8	5	20:00	11.8	30.0	
2013	8	10	20:00	7.6	28.0	
2013	8	15	20:00	10.5	26.4	
2013	8	20	20:00	5.1	24.3	
2013	8	25	20:00	8.0	27.4	

（续）

年	月	日	时间	每日蒸发量（mm）	水温（℃）	备注
2013	8	30	20:00	6.7	23.7	
2013	9	1	20:00	3.4		
2013	9	5	20:00	5.8		
2013	9	10	20:00	9.7		
2013	9	15	20:00	1.2		
2013	9	20	20:00	3.3		
2013	9	25	20:00	2.5		
2013	9	30	20:00	1.8		
2013	10	1	20:00	5.6		
2013	10	5	20:00	5.7		
2013	10	10	20:00	4.9		
2013	10	15	20:00	2.3		
2013	10	20	20:00	0.8		
2013	10	25	20:00	2.6		
2013	10	30	20:00	1.1		
2014	3	20	20:00	3.9	10.5	
2014	3	25	20:00	1.3	15.6	
2014	3	30	20:00	4.5	12.1	
2014	4	1	20:00	3.9	15.4	
2014	4	5	20:00	4.2	14.7	
2014	4	10	20:00	7.2	16.4	
2014	4	15	20:00	4.0	21.0	
2014	4	20	20:00	2.4	13.6	
2014	4	25	20:00	1.6	14.4	
2014	4	30	20:00	6.0	17.9	
2014	5	1	20:00	8.5	14.1	
2014	5	5	20:00	6.9	18.6	
2014	5	10	20:00	3.4	12.5	
2014	5	15	20:00	6.4	18.9	
2014	5	20	20:00	7.9	22.6	
2014	5	25	20:00	7.8	17.8	
2014	5	30	20:00	9.4	23.7	
2014	6	1	20:00	9.0	26.0	
2014	6	5	20:00	6.8	25.0	
2014	6	10	20:00	7.7	20.1	
2014	6	15	20:00	7.4	26.0	
2014	6	20	20:00	5.7	25.3	
2014	6	25	20:00	4.0	27.3	
2014	6	30	20:00	7.8	24.0	

（续）

年	月	日	时间	每日蒸发量（mm）	水温（℃）	备注
2014	7	1	20:00	8.0	24.7	
2014	7	5	20:00	7.1	28.6	
2014	7	10	20:00	5.1	27.3	
2014	7	15	20:00	6.5	28.6	
2014	7	20	20:00	4.8	27.5	
2014	7	25	20:00	7.0	26.9	
2014	7	30	20:00	9.0	31.0	
2014	8	1	20:00	11.4	29.8	
2014	8	5	20:00	19.3	19.2	
2014	8	10	20:00	10.0	22.8	
2014	8	15	20:00	6.8	25.5	
2014	8	20	20:00	4.1	24.1	
2014	8	25	20:00	5.2	25.5	
2014	8	30	20:00	5.7	23.0	
2014	9	1	20:00	7.6	23.3	
2014	9	5	20:00	5.6	26.3	
2014	9	10	20:00	5.6	23.7	
2014	9	15	20:00	1.3	18.4	
2014	9	20	20:00	5.2	22.9	
2014	9	25	20:00	2.5	21.6	
2014	9	30	20:00	1.9	18.1	
2014	10	1	20:00	5.2	18.6	
2014	10	5	20:00	4.6	18.8	
2014	10	10	20:00	5.7	13.6	
2014	10	15	20:00	3.6	13.6	
2014	10	20	20:00	1.7	14.9	
2014	10	25	20:00	3.6	15.9	
2014	10	30	20:00	1.9	11.0	
2015	3	20	20:00	4.8	10.3	
2015	3	25	20:00	4.3	14.4	
2015	3	30	20:00	5.6	17.9	
2015	4	1	20:00	3.1	12.3	
2015	4	5	20:00	2.2	11.5	
2015	4	10	20:00	6.5	13.5	
2015	4	15	20:00	8.2	14.0	
2015	4	20	20:00	3.4	13.8	
2015	4	25	20:00	5.8	18.2	
2015	4	30	20:00	9.5	15.1	
2015	5	1	20:00	5.9	20.4	

（续）

年	月	日	时间	每日蒸发量（mm）	水温（℃）	备注
2015	5	5	20:00	6.8	17.3	
2015	5	10	20:00	12.4	14.3	
2015	5	15	20:00	7.1	21.8	
2015	5	20	20:00	13.7	13.7	
2015	5	25	20:00	6.9	24.2	
2015	5	30	20:00	8.6	22.1	
2015	6	1	20:00	5.6	22.8	
2015	6	5	20:00	6.2	21.0	
2015	6	10	20:00	11.6	20.3	
2015	6	15	20:00	8.0	26.9	
2015	6	20	20:00	6.7	23.6	
2015	6	25	20:00	5.8	27.5	
2015	6	30	20:00	5.5	26.3	
2015	7	1	20:00	6.8	27.1	
2015	7	5	20:00	4.2	25.0	
2015	7	10	20:00	6.3	27.8	
2015	7	15	20:00	10.4	23.9	
2015	7	20	20:00	9.3	26.4	
2015	7	25	20:00	7.8	26.6	
2015	7	30	20:00	5.0	29.5	
2015	8	1	20:00	8.1	29.3	
2015	8	5	20:00	7.4	28.2	
2015	8	10	20:00	4.1	27.0	
2015	8	15	20:00	9.0	24.8	
2015	8	20	20:00	8.5	25.2	
2015	8	25	20:00	8.2	25.3	
2015	8	30	20:00	7.3	26.0	
2015	9	1	20:00	7.1	23.3	
2015	9	5	20:00	8.9	21.9	
2015	9	10	20:00	7.0	17.7	
2015	9	15	20:00	8.7	22.5	
2015	9	20	20:00	6.4	23.0	
2015	9	25	20:00	3.3	20.3	
2015	9	30	20:00	1.2	11.7	
2015	10	1	20:00	2.4	16.2	
2015	10	5	20:00	3.0	17.7	
2015	10	10	20:00	5.3	13.2	
2015	10	15	20:00	2.4	16.7	
2015	10	20	20:00	3.3	15.2	

（续）

年	月	日	时间	每日蒸发量（mm）	水温（℃）	备注
2015	10	25	20:00	7.4	10.6	
2015	10	30	20:00	1.3	5.7	
2016	3	15	19:00	0.6	8.0	
2016	3	20	19:00	0.4	11.1	
2016	3	25	19:00	0.4	14.9	
2016	3	30	19:00	0.6	18.7	
2016	4	1	19:00	0.4	12.4	
2016	4	5	19:00	0.7	11.2	
2016	4	10	19:00	0.5	13.2	
2016	4	15	19:00	0.3	13.7	
2016	4	20	19:00	0.8	13.5	
2016	4	25	19:00	0.8	17.9	
2016	4	30	19:00	0.8	14.8	
2016	5	1	19:00	0.4	20.2	
2016	5	5	19:00	0.3	17.0	
2016	5	10	19:00	1.0	15.1	
2016	5	15	19:00	0.6	22.3	
2016	5	20	19:00	0.6	13.9	
2016	5	25	19:00	0.5	24.0	
2016	5	30	19:00	0.6	22.3	
2016	6	1	19:00	0.1	22.6	
2016	6	5	19:00	0.1	21.8	
2016	6	10	19:00	1.2	20.2	
2016	6	15	19:00	1.1	27.0	
2016	6	20	19:00	0.6	23.5	
2016	6	25	19:00	0.9	27.4	
2016	6	30	19:00	0.8	26.4	
2016	7	1	19:00	0.7	26.8	
2016	7	5	19:00	0.9	24.9	
2016	7	10	19:00	0.7	27.9	
2016	7	15	19:00	0.9	23.7	
2016	7	20	19:00	0.9	26.9	
2016	7	25	19:00	0.5	27.4	
2016	7	30	19:00	0.9	30.0	
2016	8	1	19:00	0.8	29.2	
2016	8	5	19:00	0.6	28.6	
2016	8	10	19:00	0.8	26.7	
2016	8	15	19:00	0.5	24.5	
2016	8	20	19:00	0.5	24.9	

（续）

年	月	日	时间	每日蒸发量（mm）	水温（℃）	备注
2016	8	25	19:00	0.1	25.1	
2016	8	30	19:00	0.7	26.4	
2016	9	1	19:00	0.8	23.0	
2016	9	5	19:00	0.1	21.8	
2016	9	10	19:00	0.6	17.8	
2016	9	15	19:00	0.4	22.3	
2016	9	20	19:00	0.5	23.2	
2016	9	25	19:00	0.7	20.1	
2016	9	30	19:00	0.8	11.5	
2016	10	1	19:00	0.5	17.0	
2016	10	5	19:00	0.3	17.9	
2016	10	10	19:00	0.3	13.0	
2016	10	15	19:00	0.8	16.5	
2016	10	20	19:00	0.6	15.6	
2016	10	25	19:00	0.3	10.4	
2016	10	30	19:00	0.3	5.4	
2017	3	20	19:00	0.3	7.0	
2017	3	25	19:00	0.3	4.3	
2017	3	30	19:00	0.4	9.2	
2017	4	1	19:00	0.1	7.7	
2017	4	5	19:00	0.5	13.8	
2017	4	10	19:00	0.4	10.4	
2017	4	15	19:00	0.7	16.1	
2017	4	20	19:00	0.5	10.4	
2017	4	25	19:00	0.7	17.3	
2017	4	30	19:00	0.5	17.5	
2017	5	1	19:00	0.3	19.5	
2017	5	5	19:00	0.8	15.1	
2017	5	10	19:00	0.9	20.6	
2017	5	15	19:00	0.7	14.1	
2017	5	20	19:00	1.1	22.0	
2017	5	25	19:00	0.8	18.6	
2017	5	30	19:00	0.7	26.4	
2017	6	1	19:00	0.7	23.6	
2017	6	5	19:00	0.3	17.6	
2017	6	10	19:00	0.8	19.5	
2017	6	15	19:00	0.9	25.6	
2017	6	20	19:00	0.7	23.2	
2017	6	25	19:00	1.0	23.0	
2017	6	30	19:00	0.9	27.0	

（续）

年	月	日	时间	每日蒸发量（mm）	水温（℃）	备注
2017	7	1	19:00	1.2	26.7	
2017	7	5	19:00	0.6	23.7	
2017	7	10	19:00	1.4	31.3	
2017	7	15	19:00	1.0	29.6	
2017	7	20	19:00	0.8	30.7	
2017	7	25	19:00	0.0	24.6	
2017	7	30	19:00	0.7	20.9	
2017	8	1	19:00	0.4	26.5	
2017	8	5	19:00	0.7	24.1	
2017	8	10	19:00	0.7	27.2	
2017	8	15	19:00	0.5	25.4	
2017	8	20	19:00	0.3	24.3	
2017	8	25	19:00	0.0	17.6	
2017	8	30	19:00	0.1	15.3	
2017	9	1	19:00	0.3	19.1	
2017	9	5	19:00	0.4	18.9	
2017	9	10	19:00	0.5	17.8	
2017	9	15	19:00	0.6	19.2	
2017	9	20	19:00	0.6	20.5	
2017	9	25	19:00	0.0	20.5	
2017	9	30	19:00	0.5	17.7	
2017	10	1	19:00	0.2	19.9	
2017	10	5	19:00	0.3	13.9	
2017	10	10	19:00	0.1	1.6	
2017	10	15	19:00	0.2	10.1	
2017	10	20	19:00	0.1	11.7	
2017	10	25	19:00	0.2	11.5	
2017	10	30	19:00	0.2	4.5	
2018	3	20	19:00	0.6	5.7	
2018	3	25	19:00	0.6	9.3	
2018	3	30	19:00	0.8	14.0	
2018	4	1	19:00	0.9	12.0	
2018	4	5	19:00	0.6	10.7	
2018	4	10	19:00	0.6	13.1	
2018	4	15	19:00	0.5	6.7	
2018	4	20	19:00	1.0	20.5	
2018	4	25	19:00	0.5	9.5	
2018	4	30	19:00	0.4	17.9	
2018	5	1	19:00	0.8	17.5	
2018	5	5	19:00	0.5	17.9	

（续）

年	月	日	时间	每日蒸发量（mm）	水温（℃）	备注
2018	5	10	19:00	0.3	18.9	
2018	5	15	19:00	1.1	23.3	
2018	5	20	19:00	1.0	16.7	
2018	5	25	19:00	1.2	22.1	
2018	5	30	19:00	1.7	20.1	
2018	6	1	19:00	0.8	23.9	
2018	6	5	19:00	0.8	21.9	
2018	6	10	19:00	0.7	20.7	
2018	6	15	19:00	1.1	28.0	
2018	6	20	19:00	0.8	26.7	
2018	6	25	19:00	0.5	25.9	
2018	6	30	19:00	0.7	25.6	
2018	7	1	19:00	0.3	28.6	
2018	7	5	19:00	0.6	20.5	
2018	7	10	19:00	0.4	24.7	
2018	7	15	19:00	1.1	28.9	
2018	7	20	19:00	0.1	27.5	
2018	7	25	19:00	0.6	20.7	
2018	7	30	19:00	0.7	28.6	
2018	8	1	19:00	0.8	27.2	
2018	8	5	19:00	1.6	24.7	
2018	8	10	19:00	0.5	23.9	
2018	8	15	19:00	0.3	22.8	
2018	8	20	19:00	0.5	24.9	
2018	8	25	19:00	0.5	20.9	
2018	8	30	19:00	0.7	22.1	
2018	9	1	19:00	0.3	21.3	
2018	9	5	19:00	0.4	18.2	
2018	9	10	19:00	0.1	14.0	
2018	9	15	19:00	0.2	15.2	
2018	9	20	19:00	0.5	15.5	
2018	9	25	19:00	0.7	17.2	
2018	9	30	19:00	0.5	10.4	
2018	10	1	19:00	0.5	8.0	
2018	10	5	19:00	0.6	12.3	
2018	10	10	19:00	0.9	5.7	
2018	10	15	19:00	0.4	9.2	
2018	10	20	19:00	0.1	9.2	
2018	10	25	19:00	0.3	9.3	
2018	10	30	19:00	0.7	6.2	

4.5 气象监测数据

数据说明：气象监测数据均来源于沙坡头站气象观测场的观测数据。该观测场位于沙坡头站荒漠生态系统综合观测场的附近。主要观测仪器是M520自动气象观测站，观测的指标包括温度（空气温度）、湿度、气压、降水量、风速（2 min平均风速）、地表温度、辐射、日照时数、露点温度。所有数据均为自动站逐月观测数据的平均值（表4-30至表4-38）。

4.5.1 温度

表4-30 气象要素——温度

单位：℃

年	月	日平均值月平均	日最大值月平均	日最小值月平均	月极大值	极大值日期	月极小值	极小值日期
2009	1	−5.15	2.3	−11.32	10.4	30	−21.9	23
2009	2	1.58	8.62	−4.45	15.1	11	−11.9	20
2009	3	5.91	13.35	−0.98	26.2	19	−9.5	6
2009	4	15.22	22.90	7.89	30.6	16	−5.8	1
2009	5	18.73	25.85	11.71	33.6	6	4.8	2
2009	6	24.21	31.42	16.76	36.6	26	10.2	6
2009	7	24.90	32.35	18.34	38.8	18	12.3	27
2009	8	21.23	28.23	15.55	34.9	13	11.8	22
2009	9	18.03	24.15	12.52	29.8	29	4.8	21
2009	10	12.81	19.13	7.00	26.8	3	1.4	27
2009	11	0.31	6.42	−4.87	22.1	5	−15.4	17
2009	12	−4.64	1.22	−9.58	7.7	31	−15.9	27
2010	1	−3.8	3.01	−9.48	10.8	2	−19.5	22
2010	2	−1.08	6.14	−7.42	21	27	−18	12
2010	3	—	12.01	−0.48	27.6	18	−14.6	9
2010	4	10.3	16.94	3.86	26.2	30	−6.2	1
2010	5	17.89	24.75	7.67	33.6	24	−50.3	3
2010	6	23.45	30.35	16.58	36.7	23	10.4	2
2010	7	26.11	33.45	17.46	39.6	30	−23.1	9
2010	8	23.05	29.71	17.38	36.6	2	12	24
2010	9	17.39	23.46	12.36	32.7	14	7.1	29
2010	10	10.88	17.98	5.34	28	8	−1.7	26
2010	11	5.03	11.48	−0.63	16.7	4	−7.5	15
2010	12	−2.79	3.6	−8.27	14.8	4	−17.8	31
2011	1	−11.23	−5.41	−16.5	0.5	31	−22.2	15
2011	2	0.23	7.29	−5.91	16	22	−17.4	1
2011	3	2.11	9.45	−4.73	21.1	30	−11.3	16
2011	4	14.08	21.37	7.00	33	28	−1.3	8

（续）

年	月	日平均值月平均	日最大值月平均	日最小值月平均	月极大值	极大值日期	月极小值	极小值日期
2011	5	17.77	24.64	11.81	32.4	17	3.5	12
2011	6	24.35	30.79	18.27	36.8	15	11.7	27
2011	7	24.91	31.88	18.07	37.9	26	14.3	7
2011	8	23.85	30.09	17.79	37.9	8	13.6	26
2011	9	15.57	20.98	11.06	29	13	3.7	18
2011	10	11.16	17.88	5.64	25.7	7	−1.1	27
2011	11	4.1	9.57	−0.12	16.9	2	−6.1	19
2011	12	−5.29	0.46	−10.37	7.3	1	−15.9	10
2012	1	−8.54	−2.52	−14.18	5.7	16	−23	22
2012	2	−4.52	1.93	−10.4	16.2	21	−17.2	7
2012	3	4.97	12.07	−1.11	22.8	31	−7.4	6
2012	4	14.06	21.77	7.03	31.8	29	−2.1	3
2012	5	18.87	26.37	12.12	34.1	19	5.8	15
2012	6	23.64	30.85	16.77	37.1	22	13.3	11
2012	7	24.51	31.01	18.7	35.5	10	13.8	7
2012	8	24.05	30.68	17.93	36.4	10	12.5	19
2012	9	16.34	23.68	10.35	28.1	23	4	29
2012	10	11.19	19.27	4.2	25.8	3	−3.9	17
2012	11	1.08	8.09	−5.15	17.1	1	−12.5	28
2012	12	−4.88	1.11	−9.97	9.5	10	−21.5	23
2013	1	−4.49	2.74	−11.27	14.1	30	−19.1	4
2013	2	0.11	8.06	−6.57	19.5	27	−13.7	12
2013	3	9.92	17.61	3.08	26.7	8	−7.5	2
2013	4	13.45	21.42	5.78	31.6	26	−7.1	9
2013	5	19.9	26.74	12.76	34.1	20	4.9	10
2013	6	23.47	30.05	17.83	38.1	28	8.2	11
2013	7	23.76	29.98	18.27	35.8	6	12.9	19
2013	8	24.65	31.53	18.4	37	5	12.4	30
2013	9	18.36	24.92	12.72	34	13	5.8	24
2013	10	12.34	19.7	5.67	30	8	−1.2	15
2013	11	3.37	10.21	−2.28	21.2	11	−11	27
2013	12	−4.28	21.2	−16.3	21.2	13	−16.3	27
2014	1	—	5.33	−8.34	17.3	31	−16.8	9
2014	2	−2.14	4.56	−7.59	21.2	15	−17.7	10
2014	3	7.56	15.49	0.25	28.5	26	−8.3	6
2014	4	13.54	20.92	6.75	29.8	8	−1.3	25
2014	5	18.68	26.45	11.14	34.5	30	1	9
2014	6	22.64	29.35	16.33	34.9	1	12.1	6

（续）

年	月	日平均值月平均	日最大值月平均	日最小值月平均	月极大值	极大值日期	月极小值	极小值日期
2014	7	24.74	31.17	18.5	38.5	30	12	24
2014	8	20.82	27.02	15.67	37.8	1	11.6	25
2014	9	17.69	24.28	12.42	31.2	4	8.2	24
2014	10	12.88	19.89	6.53	27.1	2	0.5	11
2014	11	2.56	8.78	−3.04	15.7	19	−11.2	30
2014	12	−4.92	1.83	−10.82	11	28	−17	21
2015	1	−3.83	3.22	−10.02	9.1	25	−16.3	1
2015	2	0.02	7.26	−6.03	15.9	13	−14.5	5
2015	3	6.78	14.58	−0.57	28.3	29	−11	1
2015	4	13.13	20.86	6.23	32.7	29	−1.9	5
2015	5	18.67	26	12	31.8	13	3.1	12
2015	6	22.31	28.99	16.2	34.1	26	11	4
2015	7	25.26	32.65	18.5	38.3	27	13.8	10
2015	8	23.31	30.69	16.05	39.2	1	9.6	17
2015	9	17.56	23.91	12	30.3	5	2	30
2015	10	11.42	18.2	5.55	26.2	19	−1.4	29
2015	11	—	—	—	—	—	—	—
2015	12	−2.99	3.34	−8.06	11.3	6	−14.8	20
2016	1	—	—	—	10.6	2	−18.1	13
2016	2	−2.12	5.22	−8.7	14.9	29	−17	15
2016	3	—	—	—	—	—	—	—
2016	4	—	—	—	—	—	—	—
2016	5	17.28	24.72	10.38	33.3	10	3.3	6
2016	6	23.78	31.31	17.03	35.9	17	10.4	15
2016	7	25.57	32.64	19.25	38.2	3	14.9	2
2016	8	24.32	30.62	18.96	35.9	8	11.2	26
2016	9	18.9	26.48	12.17	30.5	1	6.1	28
2016	10	11.75	18.23	6.01	31	2	−3.3	31
2016	11	4.03	11.29	−2.07	20.6	4	−12.7	23
2016	12	—	—	—	—	—	—	—
2017	1	−4.02	3.55	−10.3	13.7	25	−17.6	20
2017	2	0.09	7.95	−6.65	20.1	18	−13.6	9
2017	3	4.84	11.95	−1.4	19.5	27	−7.7	6
2017	4	13.47	20.53	7.14	28	29	−0.7	1
2017	5	19.7	26.95	12.74	34.7	28	4.3	6
2017	6	23.43	30.16	16.9	35.1	27	12.3	7
2017	7	26.35	33.07	20.29	40.7	10	13.8	29
2017	8	21.98	28.05	16.78	36.4	10	11.1	26

（续）

年	月	日平均值月平均	日最大值月平均	日最小值月平均	月极大值	极大值日期	月极小值	极小值日期
2017	9	19.82	26.64	13.66	30.5	11	8.6	28
2017	10	10.47	17.43	5.21	24.9	1	−2.3	30
2017	11	3.88	10.76	−2.26	21	1	−10.7	24
2017	12	−3.49	3.29	−9.7	10.2	27	−16.3	16
2018	1	−6.32	−0.24	−11.45	12	16	−20.1	29
2018	2	—	—	—	—	—	—	—
2018	3	11.14	19.39	3.56	29.2	29	−6.8	8
2018	4	14.74	22.49	7.78	33.4	18	−6.1	7
2018	5	19.86	27.75	12.81	35.6	14	4.3	2
2018	6	24.28	31.71	17.45	35.9	23	11.2	9
2018	7	25.09	32	4.93	38	17	−27.1	30
2018	8	22.97	29.19	−5.29	35.6	5	−24.6	19
2018	9	16.35	22.85	−8.42	28.1	13	−21.2	13
2018	10	10.46	17.84	−2.1	24.6	4	−15.7	8
2018	11	3.04	10.6	−3.53	22.7	1	−9.4	21
2018	12	−6.9	−0.46	−12.57	11.8	1	−20.1	11

4.5.2 湿度

湿度数据见表 4－31。

表 4－31 气象要素——湿度

单位：%

年	月	日平均值月平均	日最小值月平均	月极小值	极小值日期
2009	1	42	25	13	28
2009	2	41	23	11	21
2009	3	29	14	7	14
2009	4	29	14	6	23
2009	5	36	18	8	3
2009	6	29	15	7	2
2009	7	47	25	11	23
2009	8	62	36	14	27
2009	9	60	40	12	21
2009	10	45	27	11	17
2009	11	59	41	9	4
2009	12	60	40	13	28
2010	1	46	28	15	2
2010	2	49	32	10	19
2010	3		23	−19	25
2010	4	34	17	8	5

（续）

年	月	日平均值月平均	日最小值月平均	月极小值	极小值日期
2010	5	38	21	7	1
2010	6	40	22	7	13
2010	7	46	24	12	10
2010	8	52	26	12	17
2010	9	63	40	16	10
2010	10	56	32	13	10
2010	11	39	20	11	11
2010	12	33	18	4	16
2011	1	53	34	19	31
2011	2	41	22	11	5
2011	3	25	13	4	28
2011	4	26	13	4	30
2011	5	37	17	5	1
2011	6	38	19	8	23
2011	7	42	20	7	7
2011	8	51	30	11	3
2011	9	69	44	16	29
2011	10	55	31	12	16
2011	11	65	42	23	3
2011	12	57	35	14	11
2012	1	56	36	17	16
2012	2	43	25	13	21
2012	3	34	17	4	24
2012	4	27	10	3	1
2012	5	41	16	4	15
2012	6	37	17	6	11
2012	7	54	27	11	2
2012	8	48	26	12	29
2012	9	56	28	13	27
2012	10	37	18	10	24
2012	11	39	21	13	10
2012	12	49	30	6	30
2013	1	37	21	—	—
2013	2	31	17	—	—
2013	3	20	10	—	—
2013	4	22	10	—	—
2013	5	33	15	—	—
2013	6	45	26	—	—
2013	7	56	30	—	—
2013	8	47	25	—	—
2013	9	51	28	—	—

（续）

年	月	日平均值月平均	日最小值月平均	月极小值	极小值日期
2013	10	43	23	—	—
2013	11	38	20	—	—
2014	1		15	7	31
2014	2	59	35	10	1
2014	3	28	13	5	15
2014	4	43	21	7	8
2014	5	25	11	5	6
2014	6	42	20	6	8
2014	7	49	26	11	31
2014	8	61	36	10	1
2014	9	65	37	15	19
2014	10	52	27	11	17
2014	11	55	31	14	4
2014	12	40	23	7	18
2015	1	45	27	15	18
2015	2	39	20	10	11
2015	3	28	13	5	12
2015	4	38	18	6	27
2015	5	35	16	6	13
2015	6	42	21	8	5
2015	7	40	20	11	15
2015	8	43	22	10	4
2015	9	59	35	16	5
2015	10	46	25	8	9
2015	11	—	—	—	—
2015	12	55	35	11	25
2016	1	—	—	11	2
2016	2	37	19	6	26
2016	3	—	—	—	—
2016	4	—	—	—	—
2016	5	41	20	5	16
2016	6	39	18	6	16
2016	7	49	27	11	27
2016	8	59	37	15	31
2016	9	55	29	12	1
2016	10	59	32	14	2

（续）

年	月	日平均值月平均	日最小值月平均	月极小值	极小值日期
2016	11	41	22	9	9
2016	12	—	—	—	—
2017	1	37	21	11	22
2017	2	36	18	9	18
2017	3	42	21	8	2
2017	4	39	19	4	22
2017	5	29	12	4	8
2017	6	41	18	7	1
2017	7	47	28	7	10
2017	8	61	34	15	10
2017	9	53	28	12	20
2017	10	66	38	13	31
2017	11	38	21	4	24
2017	12	41	25	12	6
2018	1	50	31	11	20
2018	2	—	—	—	—
2018	3	27	12	5	9
2018	4	30	12	2	1
2018	5	34	13	6	28
2018	6	39	17	4	5
2018	7	48	23	10	7
2018	8	59	30	10	2
2018	9	60	28	13	3
2018	10	38	19	8	21
2018	11	45	24	11	23
2018	12	44	28	13	18

4.5.3 气压

气压数据见表 4－32。

表 4－32 气象要素——气压

单位：hPa

年	月	日平均值月平均	日最大值月平均	日最小值月平均	月极大值	极大值日期	月极小值	极小值日期
2009	1	873.2	876.6	869.5	886.5	23	859.1	27
2009	2	866.0	869.1	862.6	875.7	19	846.6	11
2009	3	867.6	870.5	863.8	882.2	13	855.9	4
2009	4	864.0	866.9	860.1	877.2	24	848.4	16
2009	5	864.3	867.0	860.5	876.0	1	849.2	7
2009	6	859.9	861.9	856.8	869.0	10	850.0	17

（续）

年	月	日平均值月平均	日最大值月平均	日最小值月平均	月极大值	极大值日期	月极小值	极小值日期
2009	7	859.3	861.2	856.7	865.3	26	852.1	28
2009	8	864.0	865.9	861.5	871.6	29	857.7	17
2009	9	866.5	868.6	863.9	876.9	20	857.9	5
2009	10	870.3	872.4	868.0	878.5	31	863.7	29
2009	11	872.7	875.8	869.9	890.4	2	860.3	7
2009	12	870.9	874.8	867.3	881.0	20	853.3	10
2010	1	870.8	874.5	867.4	887.3	22	858.4	18
2010	2	866.3	869.5	862.7	880.3	17	847.1	23
2010	3	—	871.9	834.0	889.2	9	—	—
2010	4	867.6	870.9	863.4	876.8	12	852.3	10
2010	5	862.7	865.3	859.4	871.5	17	853.0	24
2010	6	861.3	862.9	858.8	869.8	1	853.6	25
2010	7	860.1	861.8	857.8	866.1	9	853.6	29
2010	8	863.8	865.6	861.6	870.8	21	856.8	10
2010	9	866.6	868.7	864.1	879.0	22	857.2	13
2010	10	871.0	873.2	868.3	882.9	25	858.1	9
2010	11	872.1	875.2	869.2	882.8	14	860.6	20
2010	12	870.6	874.2	867.4	887.7	15	858.2	4
2011	1	874.3	877.4	871.1	886.1	15	863.4	12
2011	2	866.1	869.4	862.4	877.0	11	852.1	6
2011	3	871.7	875.3	867.7	886.7	15	855.7	12
2011	4	866.4	869.2	862.3	878.8	10	852.4	29
2011	5	864.5	866.7	861.2	874.9	12	850.7	7
2011	6	859.0	860.9	856.6	865.6	26	849.9	28
2011	7	860.1	861.7	857.8	866.3	29	853.5	2
2011	8	861.6	863.2	859.6	868.0	24	853.4	12
2011	9	867.4	869.6	865.1	876.5	18	859.0	14
2011	10	870.3	872.3	867.6	877.9	2	858.1	30
2011	11	870.9	873.4	868.5	879.7	30	862.6	16
2011	12	874.9	877.6	872.3	885.2	10	863.3	3
2012	1	871.7	874.4	869.8	882.1	3	859.0	15
2012	2	868.8	871.8	865.5	880.2	2	851.4	21
2012	3	867.1	869.9	863.8	882.5	30	856.4	4
2012	4	864.1	867.0	859.8	876.4	2	848.0	23
2012	5	863.4	866.1	860.1	875.1	12	852.3	20
2012	6	859.1	861.1	856.0	867.4	14	849.3	15
2012	7	859.1	860.7	856.5	864.6	22	849.3	17
2012	8	862.4	864.3	859.6	871.7	21	849.3	18

（续）

年	月	日平均值月平均	日最大值月平均	日最小值月平均	月极大值	极大值日期	月极小值	极小值日期
2012	9	868.1	870.0	865.3	878.8	28	859.3	19
2012	10	870.3	872.8	867.3	881.2	21	861.9	3
2012	11	869.6	873.7	866.0	880.0	10	854.6	8
2012	12	870.4	874.8	866.8	887.1	29	857.5	12
2013	1	870.8	873.7	867.6	885.3	3	857.5	31
2013	2	869.3	872.8	865.0	879.1	12	856.2	27
2013	3	866.4	869.1	862.9	880.0	2	851.9	8
2013	4	865.2	868.1	861.2	876.0	10	852.4	3
2013	5	863.0	865.3	859.8	872.4	29	852.6	20
2013	6	859.7	861.8	856.7	873.2	10	848.8	28
2013	7	859.2	861.1	857.0	864.7	18	852.4	6
2013	8	861.3	863.3	858.4	868.7	30	851.7	5
2013	9	866.9	869.0	864.4	876.9	25	859.0	17
2013	10	871.4	873.8	868.4	881.1	15	861.8	11
2013	11	873.6	876.0	870.8	882.2	28	864.7	8
2013	12	873.6	876.1	870.5	883.0	26	864.1	9
2014	1	—	873.4	866.3	882.1	8	857.1	30
2014	2	868.2	871.0	865.2	875.9	26	858.8	4
2014	3	867.7	870.8	864.2	882.0	20	852.6	26
2014	4	866.3	869.0	862.9	876.8	3	856.6	15
2014	5	863.7	866.4	859.4	875.8	2	848.5	8
2014	6	861.8	863.8	859.1	868.3	6	854.1	17
2014	7	860.8	862.6	858.4	869.5	23	853.1	28
2014	8	864.1	865.8	862.1	869.3	30	856.9	2
2014	9	865.9	867.9	863.2	872.7	2	856.8	5
2014	10	870.1	872.5	867.7	883.4	11	859.6	9
2014	11	871.7	874.7	868.8	882.6	30	857.4	25
2014	12	875.1	878.7	871.7	886.4	16	861.2	8
2015	1	871.7	874.6	868.4	879.6	1	857.7	23
2015	2	869.4	872.7	865.8	883.3	4	856.4	13
2015	3	868.1	871.0	864.8	879.8	9	852.1	30
2015	4	866.5	869.2	862.8	881.4	12	848.7	2
2015	5	863.2	866.0	859.4	874.2	11	851.9	9
2015	6	861.2	863.3	858.2	873.5	4	848.9	26
2015	7	860.7	862.7	858.1	869.2	9	853.3	11
2015	8	863.5	865.4	860.6	870.6	19	856.7	1
2015	9	867.3	869.7	864.7	883.7	30	857.9	20
2015	10	871.9	874.6	868.9	885.1	1	861.0	19

（续）

年	月	日平均值月平均	日最大值月平均	日最小值月平均	月极大值	极大值日期	月极小值	极小值日期
2015	11	—	—	—	—	—	—	—
2015	12	873.2	875.6	870.7	883.0	16	860.9	11
2016	1	—	—	—	882.4	31	861.5	15
2016	2	874.2	877.5	870.7	884.7	5	855.8	10
2016	3	—	—	—	—	—	—	—
2016	4	—	—	—	—	—	—	—
2016	5	864.0	866.8	860.1	877.2	15	854.0	30
2016	6	861.4	863.5	858.6	868.6	7	851.6	17
2016	7	859.4	861.1	856.8	866.6	25	851.5	3
2016	8	862.7	864.5	859.9	874.7	25	851.3	17
2016	9	866.9	868.8	864.2	877.1	27	859.5	1
2016	10	869.4	872.0	865.9	883.7	28	857.0	3
2016	11	871.6	874.9	868.1	884.2	7	857.2	18
2016	12	—	—	—	—	—	—	—
2017	1	872.1	874.6	869.2	882.3	19	859.9	27
2017	2	870.8	873.4	867.4	880.8	8	852.4	19
2017	3	868.7	871.3	865.5	881.5	1	854.6	22
2017	4	865.9	868.5	862.2	876.5	1	854.9	6
2017	5	865.6	867.9	862.0	878.6	5	856.0	19
2017	6	861.4	863.0	858.8	867.7	7	854.7	20
2017	7	860.5	862.3	857.7	869.2	28	853.3	13
2017	8	863.4	865.1	860.8	872.8	29	855.4	10
2017	9	865.8	867.8	863.2	872.2	27	860.0	7
2017	10	871.7	874.1	868.5	882.8	29	861.2	5
2017	11	872.3	874.9	869.1	879.6	30	863.1	26
2017	12	874.7	878.0	871.5	888.1	16	861.4	27
2018	1	871.0	873.9	867.4	881.7	31	854.7	16
2018	2	—	—	—	—	—	—	—
2018	3	865.6	868.3	861.6	876.3	7	850.6	3
2018	4	866.0	869.0	861.8	885.1	6	849.6	19
2018	5	863.3	866.1	858.8	876.6	22	847.5	14
2018	6	860.4	862.2	857.6	870.6	7	853.2	12
2018	7	858.6	860.1	856.1	864.1	8	852.0	18
2018	8	862.3	864.0	859.7	872.7	16	854.6	1
2018	9	868.5	870.5	865.8	877.3	15	859.3	1
2018	10	871.9	873.7	869.1	879.5	30	859.9	17
2018	11	871.6	874.4	867.7	879.8	21	859.8	13
2018	12	874.3	877.7	870.7	886.4	28	859.3	2

4.5.4 降水量

降水量是重要气象要素之一，数据见表 4-33。

表 4-33 气象要素——降水量

单位：mm

年	月	月合计值	月小时降水极大值	极大值日期
2009	1	0.0	0.0	1
2009	2	0.4	0.2	2
2009	3	4.2	4.2	16
2009	4	1.0	1.0	30
2009	5	13.8	3.6	27
2009	6	15.0	2.6	19
2009	7	10.0	1.2	13
2009	8	51.6	3.8	7
2009	9	29.8	3.6	7
2009	10	13.0	1.6	10
2009	11	10.8	1.2	11
2009	12	0.0	0.0	1
2010	1	0.0	0.0	1
2010	2	1.8	0.8	11
2010	3	3.4	1.4	3
2010	4	15.0	2.2	20
2010	5	25.2	3.6	25
2010	6	16.0	2.0	7
2010	7	2.8	1.6	17
2010	8	27.2	4.0	11
2010	9	20.8	2.0	21
2010	10	18.8	1.8	24
2010	11	0.0	0.0	1
2010	12	0.0	0.0	1
2011	1	1.2	0.4	2
2011	2	0.0	0.0	1
2011	3	0.0	0.0	1
2011	4	0.4	0.2	5
2011	5	25.6	2.8	9
2011	6	7.0	1.4	26
2011	7	28.0	3.6	28
2011	8	43.0	8.2	15
2011	9	51.8	5.8	15
2011	10	6.4	1.4	10
2011	11	1.2	0.2	6

（续）

年	月	月合计值	月小时降水极大值	极大值日期
2011	12	0.4	0.2	2
2012	1	3.2	1.0	22
2012	2	0.0	0.0	1
2012	3	1.4	0.6	2
2012	4	10.6	2.0	30
2012	5	30.4	7.2	23
2012	6	48.8	5.8	29
2012	7	49.2	15.2	17
2012	8	8.8	2.0	10
2012	9	42.8	5.0	1
2012	10	0.4	0.4	21
2012	11	0.0	0.0	1
2012	12	0.0	0.0	1
2013	1	0.0	0.0	1
2013	2	0.0	0.0	1
2013	3	8.2	4.8	5
2013	4	0.6	0.4	21
2013	5	11.8	1.4	15
2013	6	26.2	2.8	20
2013	7	51.8	14.6	3
2013	8	8.6	2.6	7
2013	9	16.8	5.4	1
2013	10	9.4	1.2	30
2013	11	0.0	0.0	1
2013	12	0.0	0.0	1
2014	1	0.2	0.2	4
2014	2	2.6	0.8	5
2014	3	0.2	0.2	12
2014	4	21.2	2.8	16
2014	5	9.2	2.6	9
2014	6	27.4	3.6	3
2014	7	31.8	4.4	8
2014	8	68.2	11.2	10
2014	9	39.6	3.8	14
2014	10	13.8	1.6	11
2014	11	2.8	1.0	27
2014	12	0.0	0.0	1
2015	1	9.6	3.6	28

（续）

年	月	月合计值	月小时降水极大值	极大值日期
2015	2	0.0	0.0	1
2015	3	0.0	0.0	1
2015	4	8.2	1.4	18
2015	5	34.0	4.2	10
2015	6	8.6	2.8	7
2015	7	10.8	2.2	8
2015	8	11.0	3.4	3
2015	9	35.2	2.8	30
2015	10	9.2	2.0	25
2015	11	—	—	—
2015	12	1.8	0.4	12
2016	1	0.4	0.2	12
2016	2	0.0	0.0	1
2016	3	—	—	—
2016	4	—	—	—
2016	5	27.6	3.2	6
2016	6	18.8	4.6	3
2016	7	50.8	9.6	24
2016	8	15.6	3.2	14
2016	9	16.8	1.6	22
2016	10	23.6	3.0	4
2016	11	0.0	0.0	1
2016	12	—	—	—
2017	1	0.0	0.0	1
2017	2	1.0	0.4	21
2017	3	12.2	4.2	23
2017	4	12.8	2.0	19
2017	5	8.2	1.4	14
2017	6	25.4	9.2	21
2017	7	32.0	3.6	27
2017	8	50.8	3.4	4
2017	9	8.0	2.0	26
2017	10	32.0	2.4	9
2017	11	0.0	0.0	1
2017	12	0.4	0.2	13
2018	1	0.2	0.2	6
2018	2	—	—	—
2018	3	5.2	2.0	20

（续）

年	月	月合计值	月小时降水极大值	极大值日期
2018	4	12.8	1.6	12
2018	5	20.2	3.0	10
2018	6	8.0	4.8	21
2018	7	44.2	6.6	1
2018	8	103.4	12.0	11
2018	9	29.6	4.0	27
2018	10	3.0	1.2	19
2018	11	0.6	0.4	3
2018	12	0.0	0.0	1
2018	11	0.6	0.4	3
2018	12	0.0	0.0	1

4.5.5 风速

2 min 平均风速数据见表 4－34。

表 4－34　气象要素——2 min 平均风速

单位：m/s

年	月	月平均风速	月最多风向	最大风速	风向	日期
2009	1	1.8	N	9.3	58	20
2009	2	2.1	E	10.3	66	18
2009	3	2.1	ENE	10.0	78	12
2009	4	2.6	S	12.7	56	30
2009	5	2.6	NNE	11.1	87	16
2009	6	2.5	SSW	10.8	56	19
2009	7	2.5	SSW	11.0	42	7
2009	8	2.2	SSW	11.1	62	18
2009	9	2.0	SSW	10.1	71	19
2009	10	1.9	N	10.6	52	18
2009	11	1.9	NNE	7.3	27	25
2009	12	1.9	NNE	10.2	34	10
2010	1	2.0	NNE	9.0	66	19
2010	2	1.9	C	9.4	86	6
2010	3	—	ENE	15.7	78	7
2010	4	2.9	E	18.8	54	25
2010	5	2.7	NE	15.7	74	4
2010	6	2.8	SSW	9.8	80	7
2010	7	2.6	SSW	10.7	33	7
2010	8	2.4	SSW	10.4	292	20
2010	9	2.1	S	10.2	6	3
2010	10	1.7	N	10.1	214	24

（续）

年	月	月平均风速	月最多风向	最大风速	风向	日期
2010	11	2.3	S	10.8	247	26
2010	12	2.3	SSW	9.2	252	7
2011	1	1.8	NNE	7.1	247	10
2011	2	2.5	SSW	10.9	231	7
2011	3	2.2	W	10.7	257	13
2011	4	3.0	WNW	11.7	274	29
2011	5	2.5	S	11.9	278	11
2011	6	2.6	NNE	9.8	246	21
2011	7	2.2	NE	12.2	264	24
2011	8	2.3	NNE	9.9	27	10
2011	9	1.9	NNE	9.7	255	27
2011	10	2.0	NNE	10.4	244	13
2011	11	1.9	NNE	12.3	243	16
2011	12	1.6	SSW	8.3	239	23
2012	1	1.4	S	7.8	260	1
2012	2	1.8	NE	8.2	243	23
2012	3	2.5	NNE	11.3	263	15
2012	4	2.6	SSW	12.6	228	23
2012	5	2.3	S	14.4	255	28
2012	6	2.6	NNE	11.3	16	22
2012	7	2.0	NNE	8.9	242	30
2012	8	2.3	NNE	9.7	277	16
2012	9	2.0	NNE	8.1	265	20
2012	10	1.7	NE	10.6	147	15
2012	11	2.1	NW	10.4	97	3
2012	12	2.2	NW	12.0	9	2
2013	1	1.7	WNW	8.7	322	31
2013	2	2.1	WNW	11.4	15	24
2013	3	2.8	NW	11.0	350	7
2013	4	2.8	NNE	10.6	23	4
2013	5	2.5	SE	11.3	55	18
2013	6	2.6	SE	10.6	351	8
2013	7	2.2	SE	11.7	7	7
2013	8	2.5	SE	12.2	358	6
2013	9	2.2	SE	9.5	347	18
2013	10	1.8	SE	9.3	149	11
2013	11	2.0	NNW	9.2	7	23
2013	12	2.3	wnw	8.5	344	4
2014	1		NW	8.3	354	2

（续）

年	月	月平均风速	月最多风向	最大风速	风向	日期
2014	2	2.1	SE	10.3	360	25
2014	3	2.2	ENE	11.0	346	11
2014	4	2.3	SE	13.6	353	16
2014	5	2.7	N	12.9	6	9
2014	6	2.4	SE	18.2	70	20
2014	7	2.4	SE	12.9	44	29
2014	8	2.2	SE	9.3	88	24
2014	9	2.0	W	9.7	149	1
2014	10	1.7	C	12.3	193	3
2014	11	1.7	C	10.4	167	29
2014	12	2.0	E	10.0	143	6
2015	1	1.8	E	10.3	147	4
2015	2	2.6	E	10.5	137	14
2015	3	2.1	W	9.8	266	3
2015	4	2.7	W	13.5	142	11
2015	5	2.5	ENE	14.1	139	6
2015	6	2.8	W	13.1	181	9
2015	7	2.3	ENE	12.3	135	13
2015	8	2.3	W	12.1	149	16
2015	9	2.2	W	15.2	144	30
2015	10	1.9	W	9.3	115	25
2015	11					
2015	12	1.9	C	7.8	128	2
2016	1	—	C	6.9	196	4
2016	2	2.3	SE	14.4	117	27
2016	3	—	—	—	—	—
2016	4	—	—	—	—	—
2016	5	2.6	SSE	11.5	142	14
2016	6	2.4	ENE	9.7	156	3
2016	7	2.5	W	10.9	244	4
2016	8	2.1	W	11.4	148	18
2016	9	1.8	W	8.3	149	10
2016	10	1.9	SSW	15.6	147	4
2016	11	1.8	ENE	11.8	137	10
2016	12	—	—	—	—	—
2017	1	1.6	C	11.5	124	25
2017	2	2.0	C	9.6	134	21
2017	3	2.1	W	10.9	146	24

（续）

年	月	月平均风速	月最多风向	最大风速	风向	日期
2017	4	2.5	SE	14.1	135	17
2017	5	2.3	ENE	12.7	154	3
2017	6	2.5	W	10.9	135	5
2017	7	2.5	W	11.6	136	2
2017	8	2.0	W	11.8	114	8
2017	9	1.9	C	10.2	153	26
2017	10	1.9	W	8.5	126	25
2017	11	2.0	C	8.5	128	23
2017	12	1.4	C	9.4	162	23
2018	1	2.0	E	10.4	150	17
2018	2	—	—	—	—	—
2018	3	2.4	S	12.6	142	20
2018	4	2.5	SSE	12.4	160	4
2018	5	2.8	W	13.7	124	21
2018	6	2.4	W	10.2	156	24
2018	7	2.2	ESE	9.4	353	29
2018	8	2.0	E	10.0	26	21
2018	9	2.0	E	7.8	297	26
2018	10	1.9	E	9.8	338	25
2018	11	1.7	C	11.7	314	26
2018	12	1.8	NNW	12.4	295	2

4.5.6 地表温度

地表温度数据见表 4-35。

表 4-35 气象要素——地表温度

单位：℃

年	月	日平均值月平均	日最大值月平均	日最小值月平均	月极大值	极大值日期	月极小值	极小值日期
2009	1	−5.81	9.82	−14.68	17.5	28	−23.7	24
2009	2	2.35	19.45	−7.13	23.9	10	−13.5	20
2009	3	8.63	28.49	−3.46	39.8	17	−12.4	5
2009	4	19.90	40.90	5.95	50.6	28	−8.4	1
2009	5	24.81	46.07	10.96	57.7	7	1.3	2
2009	6	30.74	52.79	16.19	60.6	28	9.3	8
2009	7	31.65	52.07	18.36	64.1	18	11.2	27
2009	8	25.89	40.77	16.35	57.4	14	11.5	10
2009	9	20.98	35.21	12.83	48.8	2	5.1	20
2009	10	14.61	30.65	5.80	44.5	3	0.4	31
2009	11	1.47	8.94	−2.92	28.4	5	−9.3	2

(续)

年	月	日平均值月平均	日最大值月平均	日最小值月平均	月极大值	极大值日期	月极小值	极小值日期
2009	12	−5.06	4.43	−10.79	8.6	31	−18.1	27
2010	1	−4.39	9.38	−11.60	15.1	30	−19.0	22
2010	2	0.03	12.45	−7.26	30.6	26	−15.4	17
2010	3	—	21.05	−0.62	39.5	18	−13.1	9
2010	4	14.94	32.43	3.78	45.5	30	−6.7	1
2010	5	22.93	39.78	11.56	52.7	23	3.3	18
2010	6	29.72	50.03	14.96	58.9	12	8.8	2
2010	7	34.21	58.49	19.80	67.9	27	14.8	18
2010	8	28.43	45.25	18.00	64.5	2	13.2	21
2010	9	21.68	37.73	12.65	57.2	10	7.2	26
2010	10	—	—	—	46.6	8	1.2	11
2010	11	—	—	—	27.1	9	−8.3	25
2010	12	−3.94	10.91	−11.15	20.1	3	−19.0	31
2011	1	−10.67	−0.04	−16.69	13.4	31	−23.2	30
2011	2	1.32	18.43	−7.76	30.8	23	−21.4	1
2011	3	5.95	27.40	−6.26	41.8	30	−12.4	16
2011	4	19.50	41.55	5.49	58.4	28	−2.6	8
2011	5	23.57	43.11	11.70	59.8	31	3.0	12
2011	6	31.86	52.88	17.98	65.3	24	12.1	27
2011	7	32.17	53.45	18.63	64.5	18	14.0	8
2011	8	29.68	48.06	18.65	65.2	8	15.2	24
2011	9	18.61	28.36	13.05	41.1	29	8.3	18
2011	10	13.56	26.44	6.63	39.8	7	0.5	26
2011	11	5.75	15.18	0.94	25.1	1	−3.3	23
2011	12	−4.32	6.92	−10.21	11.0	31	−15.7	22
2012	1	−5.95	2.89	−11.18	14.3	16	−17.3	8
2012	2	−2.42	9.01	−9.45	25.0	29	−15.1	10
2012	3	8.72	26.38	−1.35	39.6	26	−6.3	13
2012	4	19.96	41.54	6.88	55.6	22	−1.3	3
2012	5	24.23	42.80	12.71	59.2	9	3.5	14
2012	6	32.29	56.02	17.65	69.6	20	13.8	12
2012	7	29.77	45.82	20.40	61.1	10	15.1	7
2012	8	31.05	49.90	19.95	58.4	10	14.6	19
2012	9	21.69	35.89	13.69	45.1	21	8.2	30
2012	10	15.08	32.71	5.38	40.0	4	−2.0	30
2012	11	2.84	16.72	−4.86	28.2	1	−11.4	29
2012	12	−4.25	6.64	−10.53	12.7	10	−19.3	23

（续）

年	月	日平均值月平均	日最大值月平均	日最小值月平均	月极大值	极大值日期	月极小值	极小值日期
2013	1	−4.96	9.29	−13.07	19.9	31	−18.3	6
2013	2	2.71	19.23	−6.86	29.6	27	−14.1	12
2013	3	14.02	33.19	2.61	44.4	28	−7.2	2
2013	4	21.39	43.67	7.25	54.1	26	−4.6	9
2013	5	27.74	48.58	14.50	59.6	12	5.9	9
2013	6	30.33	48.02	19.28	64.1	30	10.7	11
2013	7	28.83	43.15	20.56	65.0	31	14.5	19
2013	8	32.20	51.40	20.80	63.0	4	15.5	30
2013	9	23.24	38.77	14.43	54.4	13	7.8	24
2013	10	15.19	30.89	6.08	45.6	3	0.0	15
2013	11	3.84	15.20	−2.61	20.1	6	−12.1	27
2013	12	−5.11	21.40	−18.60	21.4	13	−18.6	29
2014	1		11.14	−10.28	20.1	31	−17.1	9
2014	2	0.34	11.81	−6.68	25.3	28	−12.8	10
2014	3	12.00	32.27	0.23	46.2	26	−8.7	6
2014	4	18.84	35.79	8.07	50.4	8	2.8	4
2014	5	25.40	46.18	11.97	62.7	30	4.1	11
2014	6	29.82	48.78	17.70	62.1	16	11.8	4
2014	7	30.97	47.97	20.01	66.3	31	13.2	24
2014	8	26.09	38.91	17.79	67.1	1	10.9	31
2014	9	21.03	34.49	13.02	53.6	4	9.1	24
2014	10	15.11	28.67	7.01	38.0	9	0.2	31
2014	11	3.81	16.11	−3.35	22.9	5	−7.9	16
2014	12	−4.79	9.12	−12.48	16.0	28	−18.1	21
2015	1	−3.81	10.76	−11.77	19.0	24	−17.2	1
2015	2	2.22	20.17	−7.98	29.2	23	−15.7	5
2015	3	10.62	32.33	−2.53	45.4	29	−12.3	3
2015	4	17.87	38.28	5.19	57.7	27	−2.8	13
2015	5	23.72	42.63	11.57	57.2	18	3.4	12
2015	6	28.47	48.42	16.02	60.0	8	8.7	4
2015	7	32.09	53.30	18.65	60.0	1	15.0	10
2015	8	28.68	41.00	18.85	54.3	1	13.2	17
2015	9	20.98	27.88	15.78	36.9	5	7.1	30
2015	10	13.70	20.71	8.44	25.4	4	1.9	31
2015	11	—	—	—	—	—	—	—
2015	12	−2.43	1.38	−5.77	6.0	1	−12.4	18

（续）

年	月	日平均值月平均	日最大值月平均	日最小值月平均	月极大值	极大值日期	月极小值	极小值日期
2016	1	—	—	—	2.9	2	−13.0	31
2016	2	−0.95	4.26	−5.00	14.5	29	−13.1	2
2016	3	—	—	—	—	—	—	—
2016	4	—	—	—	—	—	—	—
2016	5	22.41	32.99	14.29	43.6	19	5.1	2
2016	6	28.92	41.45	19.65	49.1	19	12.8	3
2016	7	30.23	40.98	22.30	52.7	3	15.6	12
2016	8	29.13	38.81	22.20	47.9	9	12.0	26
2016	9	22.89	34.15	14.81	41.6	4	9.4	28
2016	10	14.37	21.85	8.95	32.9	2	0.2	31
2016	11	5.02	10.99	0.86	18.5	4	−4.6	23
2016	12	—	—	—	—	—	—	—
2017	1	−3.54	3.48	−8.38	7.1	25	−13.2	20
2017	2	0.91	10.15	−4.94	17.8	18	−10.0	10
2017	3	8.26	18.98	1.09	27.5	22	−3.8	2
2017	4	16.55	25.63	9.86	33.7	29	4.2	1
2017	5	24.28	37.70	14.86	49.1	28	9.2	4
2017	6	28.01	39.45	19.72	50.6	1	12.9	6
2017	7	32.22	45.47	22.94	56.5	11	15.3	29
2017	8	25.52	34.59	19.43	49.2	19	13.5	29
2017	9	22.73	32.15	16.20	41.0	20	11.3	28
2017	10	12.39	19.61	7.35	29.5	1	1.8	30
2017	11	4.69	9.95	1.02	18.2	5	−4.9	24
2017	12	−3.81	1.56	−7.82	3.7	3	−12.8	17
2018	1	−5.06	0.59	−8.91	5.8	16	−13.5	31
2018	2	—	—	—	—	—	—	—
2018	3	12.61	23.61	5.06	32.5	29	−2.6	8
2018	4	18.38	31.09	9.83	38.6	19	−2.1	7
2018	5	24.05	36.20	15.65	47.0	31	9.0	11
2018	6	30.43	43.55	20.92	50.4	30	15.7	7
2018	7	28.81	38.31	22.26	49.9	17	17.4	21
2018	8	25.84	32.18	21.70	50.2	1	15.8	22
2018	9	18.69	24.21	15.03	30.5	13	9.2	28
2018	10	12.74	19.65	7.85	25.0	4	2.5	27
2018	11	4.66	10.27	0.83	16.9	1	−4.1	22
2018	12	−5.05	0.42	−8.91	10.0	1	−14.3	31

4.5.7 辐射

辐射量数据见表 4 - 36。

表 4 - 36 气象要素——辐射

年	月	总辐射总量月合计值（MJ/m²）	反射辐射总量月合计值（MJ/m²）	紫外辐射总量月合计值（MJ/m²）	净辐射总量月合计值（MJ/m²）	光合有效辐射总量月合计值［mol/（m²·s）］
2009	1	307.273	78.785	10.013	41.140	569.660
2009	2	319.348	77.105	10.581	69.173	546.843
2009	3	482.354	121.403	17.291	112.667	787.916
2009	4	575.875	140.551	20.875	156.560	920.119
2009	5	679.341	147.585	27.447	245.925	1 301.098
2009	6	737.708	154.148	30.379	281.911	1 535.903
2009	7	654.681	133.553	28.154	246.084	1 353.762
2009	8	587.903	108.972	25.238	238.892	1 220.790
2009	9	430.830	77.544	18.415	144.454	894.701
2009	10	429.704	86.508	16.394	111.410	857.551
2009	11	310.855	107.638	11.081	23.219	582.762
2009	12	262.357	64.483	8.289	22.433	469.356
2010	1	285.806	74.580	8.539	31.558	511.060
2010	2	319.785	98.488	9.996	60.905	592.583
2010	3	418.305	100.455	14.496	124.446	818.832
2010	4	570.904	137.197	20.458	199.173	1 249.529
2010	5	642.720	146.144	25.065	239.099	1 334.641
2010	6	718.373	155.452	29.143	232.725	1 469.176
2010	7	672.446	140.245	28.435	262.542	1 409.887
2010	8	595.984	120.335	24.838	233.342	1 243.118
2010	9	409.103	81.433	17.188	130.288	847.887
2010	10	441.051	84.796	16.643	121.279	825.664
2010	11	359.498	78.982	12.256	25.443	499.795
2010	12	320.147	80.621	9.933	−11.305	500.665
2011	1	302.456	104.936	9.233	10.099	501.153
2011	2	335.215	82.587	10.220	55.568	564.270
2011	3	470.615	131.174	14.486	98.723	816.121
2011	4	608.032	153.105	21.027	169.069	1 059.087
2011	5	659.279	145.551	25.830	222.368	1 221.712
2011	6	653.701	142.174	27.472	225.442	1 266.184
2011	7	—	—	—	—	—
2011	8	615.194	124.367	25.812	235.970	1 204.039
2011	9	410.425	68.408	17.587	158.186	777.028
2011	10	407.850	77.079	15.578	105.253	757.409
2011	11	278.114	57.805	10.016	41.271	495.148

（续）

年	月	总辐射总量 月合计值（MJ/m²）	反射辐射总量 月合计值（MJ/m²）	紫外辐射总量 月合计值（MJ/m²）	净辐射总量 月合计值（MJ/m²）	光合有效辐射总量 月合计值 [mol/（m²·s）]
2011	12	270.851	63.183	8.448	10.257	403.949
2012	1	290.213	141.542	9.952	−8.478	471.714
2012	2	340.333	90.454	10.874	69.802	580.543
2012	3	478.886	101.364	16.205	130.392	795.673
2012	4	616.014	135.967	22.282	195.928	1 125.586
2012	5	662.382	130.187	26.522	247.274	1 270.432
2012	6	751.678	157.824	30.864	283.948	1 440.223
2012	7	648.171	120.070	28.100	285.256	1 235.548
2012	8	617.483	232.398	26.326	237.445	1 211.058
2012	9	541.932	91.615	21.783	197.028	972.346
2012	10	511.100	76.517	42.699	113.966	848.653
2012	11	300.978	69.949	10.411	34.554	569.224
2012	12	239.905	65.250	7.690	5.455	438.771
2013	1	300.670	76.165	9.096	23.397	529.689
2013	2	327.297	81.127	10.347	62.543	603.223
2013	3	439.347	124.010	13.775	99.065	849.640
2013	4	546.322	152.290	19.445	155.417	1 060.181
2013	5	680.539	146.116	27.556	196.574	1 256.106
2013	6	637.264	122.105	27.623	217.658	1 269.227
2013	7	581.906	104.802	26.597	230.031	1 182.519
2013	8	618.195	112.912	27.246	228.137	1 257.201
2013	9	449.375	82.705	19.243	135.762	893.518
2013	10	408.737	77.131	15.869	83.194	782.617
2013	11	313.221	70.892	11.246	31.623	563.355
2013	12	273.481	68.685	9.058	10.279	462.494
2014	1	318.888	70.997	10.206	31.164	518.732
2014	2	317.320	83.742	10.779	62.531	580.356
2014	3	481.410	97.969	16.781	131.652	903.189
2014	4	523.013	100.000	19.109	160.232	950.994
2014	5	712.487	135.368	28.433	222.848	1 383.701
2014	6	654.175	118.363	28.259	226.080	1 319.66
2014	7	668.632	106.837	29.371	244.830	1 352.219
2014	8	570.558	96.134	30.172	226.009	1 144.968
2014	9	472.569	83.406	21.825	178.022	1 111.593
2014	10	469.750	86.953	19.420	129.405	900.910
2014	11	335.126	69.168	12.595	48.801	567.031
2014	12	338.534	72.719	11.498	26.338	529.626
2015	1	330.042	77.091	11.398	40.537	536.409

（续）

年	月	总辐射总量月合计值（MJ/m²）	反射辐射总量月合计值（MJ/m²）	紫外辐射总量月合计值（MJ/m²）	净辐射总量月合计值（MJ/m²）	光合有效辐射总量月合计值［mol/（m²·s）］
2015	2	396.096	89.508	14.469	99.120	685.690
2015	3	505.248	125.439	19.246	145.602	949.482
2015	4	594.459	122.215	25.259	161.333	1 126.563
2015	5	690.391	136.665	30.896	229.725	1 337.618
2015	6	686.209	135.673	31.840	237.488	1 341.186
2015	7	727.906	141.580	34.164	250.959	1 418.815
2015	8	703.998	136.676	32.055	237.426	1 318.028
2015	9	470.118	84.216	21.594	143.004	875.036
2015	10	477.541	91.685	19.177	122.497	837.893
2015	11	—	—	—		
2015	12	313.828	74.722	10.604	14.393	478.693
2016	1	—	—	—	—	—
2016	2	402.698	93.233	15.080	89.927	689.483
2016	3	—	—	—	—	—
2016	4	—	—	—	—	—
2016	5	734.185	139.907	33.165	247.777	1 375.462
2016	6	739.342	139.719	34.574	255.971	1 422.841
2016	7	718.862	128.458	34.144	269.419	1 400.118
2016	8	624.786	110.828	29.739	207.953	1 210.195
2016	9	562.029	97.758	25.150	120.884	1 027.728
2016	10	435.074	73.468	18.200	63.282	770.705
2016	11	363.884	71.961	13.027	16.347	603.031
2016	12	—	—	—	—	—
2017	1	331.646	78.070	10.739	15.543	518.821
2017	2	351.993	82.295	12.012	51.925	563.906
2017	3	503.748	103.949	19.130	121.021	842.488
2017	4	607.763	117.186	26.352	169.586	1 125.774
2017	5	750.161	150.344	32.892	210.324	1 392.491
2017	6	740.374	137.975	34.413	238.536	1 439.104
2017	7	741.590	139.193	34.882	234.154	1 441.664
2017	8	567.792	93.996	27.587	176.434	1 102.317
2017	9	506.691	90.043	23.148	152.166	947.304
2017	10	414.705	71.016	17.607	89.873	731.518
2017	11	380.857	75.686	13.760	31.581	606.441
2017	12	320.679	68.655	10.789	6.743	486.988
2018	1	317.922	76.895	11.166	31.559	492.177
2018	2	—	—	—	—	—
2018	3	567.857	123.575	22.253	140.390	1 027.786
2018	4	651.719	132.388	27.773	160.550	1 169.467

（续）

年	月	总辐射总量月合计值（MJ/m²）	反射辐射总量月合计值（MJ/m²）	紫外辐射总量月合计值（MJ/m²）	净辐射总量月合计值（MJ/m²）	光合有效辐射总量月合计值［mol/（m²·s）］
2018	5	738.520	142.850	32.523	201.463	1 378.063
2018	6	710.578	145.183	32.898	191.349	1 392.947
2018	7	649.990	114.082	29.126	262.028	1 331.918
2018	8	558.456	92.278	25.210	281.954	1 134.012
2018	9	466.483	80.183	20.039	180.335	889.420
2018	10	482.056	97.913	18.427	129.773	864.485
2018	11	314.808	70.128	11.574	39.051	542.024
2018	12	264.774	64.824	9.023	8.648	438.736

4.5.8 日照时数

日照时数数据见表4-37。

表4-37　气象要素——日照时数

单位：h

年	月	日照小时数月合计值	日照分钟数月合计值	合计值
2009	1	232	11	232.22
2009	2	183	7	183.14
2009	3	230	23	230.46
2009	4	248	38	248.76
2009	5	252	53	253.06
2009	6	289	56	290.12
2009	7	242	29	242.58
2009	8	230	58	231.16
2009	9	179	32	179.64
2009	10	243	18	243.36
2009	11	215	39	215.78
2009	12	207	22	207.44
2010	1	218	4	218.08
2010	2	194	58	195.16
2010	3	165	37	165.74
2010	4	228	26	228.52
2010	5	250	36	250.72
2010	6	279	15	279.30
2010	7	257	11	257.22
2010	8	232	31	232.62
2010	9	167	25	167.50
2010	10	232	8	232.16
2010	11	250	36	250.72
2010	12	234	58	235.16

（续）

年	月	日照小时数月合计值	日照分钟数月合计值	合计值
2011	1	187	43	187.86
2011	2	191	15	191.30
2011	3	239	38	239.76
2011	4	263	52	264.04
2011	5	235	13	235.26
2011	6	232	59	233.18
2011	7			0.00
2011	8	259	38	259.76
2011	9	160	17	160.34
2011	10	216	35	216.70
2011	11	172	40	172.80
2011	12	200	26	200.52
2012	1	203	59	204.18
2012	2	208	43	208.86
2012	3	215	20	215.40
2012	4	263	21	263.42
2012	5	244	21	244.42
2012	6	287	56	288.12
2012	7	229	0	229.00
2012	8	244	47	244.94
2012	9	249	49	249.98
2012	10	246	0	246.00
2012	11	208	52	209.04
2012	12	167	55	168.10
2013	1	229	32	229.53
2013	2	197	46	197.77
2013	3	236	16	236.28
2013	4	274	31	274.53
2013	5	267	9	267.15
2013	6	233	27	233.45
2013	7	205	53	205.88
2013	8	257	36	257.60
2013	9	186	33	186.55
2013	10	235	41	235.69
2013	11	210	52	210.87
2013	12	208	948	223.80
2014	1	229	49	229.98
2014	2	174	44	174.88
2014	3	263	4	263.08

（续）

年	月	日照小时数月合计值	日照分钟数月合计值	合计值
2014	4	224	5	224.10
2014	5	269	46	269.92
2014	6	223	7	223.14
2014	7	277	34	277.68
2014	8	221	17	221.34
2014	9	197	14	197.28
2014	10	247	8	247.16
2014	11	193	54	194.08
2014	12	239	11	239.22
2015	1	215	40	215.67
2015	2	231	1	231.02
2015	3	263	8	263.13
2015	4	235	43	235.72
2015	5	259	32	259.53
2015	6	246	10	246.17
2015	7	284	24	284.40
2015	8	300	1	300.02
2015	9	200	14	200.23
2015	10	247	34	247.57
2015	11	—	—	—
2015	12	225	5	225.08
2016	1	—	—	—
2016	2	227	34	227.57
2016	3	—	—	—
2016	4	—	—	—
2016	5	280	27	280.45
2016	6	277	8	277.13
2016	7	282	37	282.62
2016	8	246	44	246.73
2016	9	254	36	254.60
2016	10	214	58	214.97
2016	11	235	42	235.70
2016	12	—	—	—
2017	1	240	3	240.05
2017	2	214	57	214.95
2017	3	240	36	240.60
2017	4	235	31	235.52
2017	5	283	45	283.75

（续）

年	月	日照小时数月合计值	日照分钟数月合计值	合计值
2017	6	278	41	278.68
2017	7	298	2	298.03
2017	8	206	26	206.43
2017	9	214	32	214.53
2017	10	204	41	204.68
2017	11	248	10	248.17
2017	12	226	40	226.67
2018	1	191	10	191.17
2018	2	—	—	—
2018	3	282	41	282.68
2018	4	265	16	265.27
2018	5	289	45	289.75
2018	6	272	26	272.43
2018	7	250	6	250.10
2018	8	207	50	207.83
2018	9	185	56	185.93
2018	10	270	9	270.15
2018	11	212	13	212.22
2018	12	188	9	188.15

4.5.9 露点温度

露点温度数据见表 4 - 38。

表 4 - 38 气象要素——露点温度

单位：℃

年	月	日平均值月平均	日最大值月平均	日最小值月平均	月极大值	极大值日期	月极小值	极小值日期
2009	1	−17.05	−14.19	−19.93	−8.0	4	−35.5	24
2009	2	−11.63	−7.38	−15.61	3.2	3	−25.3	20
2009	3	−12.67	−8.60	−17.16	0.6	11	−25.3	6
2009	4	−4.18	0.54	−9.39	9.5	17	−23.7	23
2009	5	1.24	5.91	−4.21	10.5	27	−14.6	1
2009	6	3.52	8.03	−1.15	17.4	25	−8.9	7
2009	7	11.00	14.20	7.00	19.3	16	−0.1	2
2009	8	12.35	15.31	8.31	19.1	8	0.5	27
2009	9	8.80	11.76	5.51	17.4	4	−7.9	21
2009	10	−0.19	3.44	−4.08	9.1	11	−12.8	18
2009	11	−8.29	−5.37	−11.15	1.2	13	−20.6	1
2009	12	−12.03	−9.30	−14.86	−3.7	10	−23.1	25
2010	1	−14.62	−11.48	−17.31	−6.5	10	−27.1	23

（续）

年	月	日平均值月平均	日最大值月平均	日最小值月平均	月极大值	极大值日期	月极小值	极小值日期
2010	2	−11.78	−8.95	−14.79	−1.2	28	−21.1	18
2010	3		61.82	−14.16	873.2	25	−22.6	26
2010	4	−8.21	−3.23	−12.46	7.9	20	−23.5	26
2010	5	1.10	5.53	−4.87	12.9	25	−31.0	4
2010	6	7.11	10.70	2.71	16.8	30	−8.9	13
2010	7	11.94	15.64	5.10	21.0	29	−40.5	4
2010	8	11.46	14.90	6.86	21.0	10	−4.2	14
2010	9	9.36	11.96	6.30	17.2	19	−3.0	25
2010	10	1.06	3.84	−2.77	9.6	1	−14.5	10
2010	11	−9.12	−6.24	−12.04	2.9	1	−17.2	23
2010	12	−18.53	−15.38	−22.03	−7.6	4	−33.1	16
2011	1	−19.69	−16.62	−22.12	−9.2	2	−29.0	1
2011	2	−13.00	−9.59	−15.97	−2.5	26	−25.0	2
2011	3	−17.44	−13.33	−21.61	2.7	31	−28.5	25
2011	4	−8.10	−3.16	−13.86	7.0	27	−24.4	30
2011	5	−0.42	4.18	−6.06	12.9	8	−21.9	1
2011	6	7.49	9.71	2.21	15.9	27	−10.0	1
2011	7	8.60	12.52	3.76	18.7	3	−10.0	7
2011	8	11.30	14.50	7.58	18.1	15	−0.6	3
2011	9	9.09	11.29	6.45	15.6	2	−2.8	29
2011	10	1.46	4.56	−1.94	11.9	10	−9.8	13
2011	11	−2.65	0.07	−5.38	6.5	2	−11.4	23
2011	12	−13.41	−10.82	−16.14	−1.9	1	−24.6	11
2012	1	−16.48	−14.16	−19.65	−6.0	31	−25.2	22
2012	2	−16.04	−12.23	−19.09	−5.9	22	−26.9	7
2012	3	−12.65	−7.84	−17.57	0.6	2	−29.4	31
2012	4	−8.55	−3.35	−14.42	9.4	30	−29.3	1
2012	5	2.34	7.36	−4.34	15.9	21	−19.1	13
2012	6	5.69	10.14	0.13	17.9	27	−11.3	11
2012	7	13.17	16.07	8.59	20.9	27	−6.6	17
2012	8	10.96	14.26	6.87	19.5	10	−6.6	18
2012	9	6.54	9.50	2.51	15.0	1	−10.6	27
2012	10	−4.41	0.07	−8.82	9.0	8	−17.0	21
2012	11	−12.45	−8.49	−16.16	−0.7	2	−23.5	10
2012	12	−15.17	−12.20	−18.46	−4.2	13	−32.9	30
2013	1	−18.06	−15.46	−20.98	−9.0	19	−29.4	3
2013	2	−16.35	−11.84	−20.16	−2.1	24	−26.8	13
2013	3	−13.61	−10.29	−17.38	−1.1	15	−28.1	1

（续）

年	月	日平均值月平均	日最大值月平均	日最小值月平均	月极大值	极大值日期	月极小值	极小值日期
2013	4	−10.61	−5.63	−15.44	4.2	22	−26.7	9
2013	5	−0.30	5.13	−5.88	14.5	15	−18.5	11
2013	6	8.46	11.86	4.18	17.4	30	−7.5	1
2013	7	13.33	16.18	8.94	19.9	14	−4.9	5
2013	8	11.46	14.66	6.64	18.8	5	−4.9	6
2013	9	6.04	9.83	1.72	16.3	17	−10.2	28
2013	10	−1.95	2.66	−5.87	10.6	1	−18.6	22
2013	11	−10.95	−6.75	−14.87	8.5	11	−22.9	20
2013	12	−15.43	8.50	−27.70	8.5	13	−27.7	31
2014	1		−15.31	−21.98	−2.4	4	−27.7	21
2014	2	−10.82	−6.82	−14.40	8.5	15	−28.3	3
2014	3	−11.85	−7.16	−16.41	0.4	30	−24.2	6
2014	4	−1.12	3.26	−5.59	9.7	15	−19.3	2
2014	5	−4.74	0.74	−10.39	11.0	23	−19.2	4
2014	6	7.00	10.94	1.90	16.9	25	−11.9	8
2014	7	11.68	14.92	7.55	18.0	30	1.5	31
2014	8	11.81	14.41	8.30	17.9	8	−0.3	1
2014	9	9.96	12.47	6.59	16.3	11	0.8	26
2014	10	1.94	5.59	−2.42	11.4	8	−11.6	17
2014	11	−6.60	−2.70	−9.88	4.4	10	−16.8	20
2014	12	−17.46	−14.85	−20.20	−9.1	20	−28.1	16
2015	1	−15.08	−11.92	−17.58	−4.6	17	−22.5	27
2015	2	−13.98	−9.52	−18.32	−1.2	19	−31.1	22
2015	3	−12.18	−7.18	−16.49	2.9	30	−24.4	1
2015	4	−4.01	0.08	−8.77	9.6	1	−18.5	13
2015	5	0.57	5.00	−5.05	12.2	31	−16.8	11
2015	6	6.85	10.80	2.34	18.5	30	−9.3	11
2015	7	9.35	12.67	5.63	17.7	29	−2.4	15
2015	8	8.37	11.76	4.61	17.8	1	−6.1	18
2015	9	8.46	10.93	4.93	15.0	3	−1.4	30
2015	10	−1.28	2.54	−5.62	10.0	25	−17.2	9
2015	11							
2015	12	−11.64	−9.11	−14.14	−1.5	11	−20.7	26
2016	1	—	—	—	−8.4	1	−22.4	31
2016	2	−16.37	−13.04	−19.79	−1.5	28	−24.6	19
2016	3							
2016	4							
2016	5	1.45	5.69	−4.03	12.8	31	−20.4	15

（续）

年	月	日平均值月平均	日最大值月平均	日最小值月平均	月极大值	极大值日期	月极小值	极小值日期
2016	6	7.05	10.94	2.07	16.6	23	−7.2	16
2016	7	12.62	15.39	9.31	18.9	9	0.6	14
2016	8	14.65	16.91	11.91	21.6	14	1.0	31
2016	9	8.08	10.94	4.60	15.3	17	−3.9	4
2016	10	2.84	6.09	−0.86	11.8	1	−9.3	28
2016	11	−9.17	−5.92	−12.73	3.0	4	−27.0	22
2016	12							
2017	1	−17.52	−15.07	−19.75	−6.4	5	−27.0	30
2017	2	−14.55	−10.89	−17.89	−3.0	21	−21.5	10
2017	3	−8.73	−5.51	−12.20	4.7	23	−25.0	7
2017	4	−2.89	1.14	−7.73	8.9	4	−22.0	22
2017	5	−1.78	3.19	−7.10	11.2	20	−24.3	5
2017	6	7.73	11.59	2.77	15.0	21	−6.7	3
2017	7	11.79	14.57	8.45	19.4	26	−2.0	7
2017	8	12.65	15.46	8.98	19.2	18	1.9	10
2017	9	8.85	12.23	4.23	16.1	3	−4.7	22
2017	10	3.23	5.97	0.16	9.8	5	−13.2	28
2017	11	−10.43	−7.09	−14.07	4.7	5	−31.1	24
2017	12	−15.51	−12.96	−17.62	−7.1	13	−24.1	7
2018	1	−16.12	−12.97	−19.07	−6.3	6	−25.5	30
2018	2							
2018	3	−9.02	−4.29	−13.74	3.1	16	−22.7	7
2018	4	−5.79	−0.66	−12.10	8.3	19	−29.8	6
2018	5	1.13	6.21	−5.58	16.0	21	−16.5	5
2018	6	7.51	11.33	2.18	18.3	29	−13.4	2
2018	7	15.35	17.95	12.05	22.1	23	6.0	12
2018	8	17.18	19.32	15.05	24.3	29	7.1	16
2018	9	7.23	10.82	3.28	21.4	1	−9.7	29
2018	10	−3.42	0.24	−7.03	9.1	19	−16.0	26
2018	11	−9.07	−5.05	−12.85	3.1	2	−19.0	23
2018	12	−17.80	−14.54	−20.56	−5.0	2	−34.3	28

第5章 研究数据

5.1 蒸渗仪长期观测的水量平衡研究

利用人工植被进行沙害防治在我国已有近60年历史，也是国际上公认的沙区生态重建和沙害防治较为有效的方法和途径之一（Le Houérou，2000）。实践证明，植物固沙能够有效遏制沙漠化的发展、减轻风沙危害和促进局地生境恢复（Le Houérou，2000）。然而，盲目、大规模的单一类型植被重建，无论是在降水较大的东部沙区，还是在降水较小的贺兰山以西沙区，均会导致地下水位下降、土壤水分降低和植被退化，甚至出现新的沙化，严重影响人工固沙植被的生态效应和生态恢复的可持续性（孙鸿烈和张荣祖，2004；李新荣等，2013）。因此，针对不同生物气候带沙区植被重建到底需要多少水，在给定的水分条件下需建哪种类型的固沙植被，其规模要多大，以及如何让植被建设更加持续有效，是国家防沙治沙中所面临的重大科学问题。而研究固沙植被建立后的水量平衡关系是回答这些问题的关键，是我国防沙、治沙和沙区生态重建的重要实践需求（李新荣等，2014）。我们以大型称重式蒸渗仪观测的18年（1990—1995年和2002—2013年）的水量平衡变化，启发我们对水量平衡关系的认识。

5.1.1 蒸渗仪观测时段及方法

沙坡头站1989年在水分平衡观测场建立了3台大型称重式蒸渗仪，于1990年起开展对油蒿和柠条灌丛和裸沙的蒸散及渗漏进行长期观测。为了解植物建植前后的水量平衡，我们分析了1990—1995年、2002—2013年的植物生长季（4—10月）共18年的观测数据。蒸渗仪内植物生长情况参见Wang等（2004a，2004b，2004c）和张志山（2006）的研究。在此需要说明的是观测期间由于停电、仪器维修等原因造成的数据缺失，短于3 d的进行了数据插补。当然，在数据分析过程中，对对应的观测期间的降水量也做了相应汇总。另外需要说明的是，2005年4月在裸沙蒸渗仪内栽植了一株油蒿和一株柠条幼苗，导致极端干旱的2005年裸沙蒸渗仪蒸散量明显偏高，也使得2005年及随后的2006年和2007年裸沙蒸渗仪没有渗漏发生。

5.1.2 年际间水量平衡比较

18年观测期间，植物生长季的平均降水量为154.2 mm，降水最多的年份为2002年，其降水量为247.9 mm，降水最少的年份为2005年，其降水量为68.4 mm。如果以生长季降水量的±20%为划分标准，将降水年型划分为丰水年（>120%）、平水年（80%～120%）和枯水年（<80%）。丰水年为1994年、1995年、2002年、2003年、2011年和2012年，生长季平均降水量为213.3 mm；平水年为1990年、1992年、1993年和2007年，生长季平均降水量为166.1 mm；枯水年为1991年、2004年、2005年、2006年、2008年、2009年、2010年和2013年，生长季平均降水量为103.9 mm；可见降水偏少的干旱年份占了大多数（图5-1）。

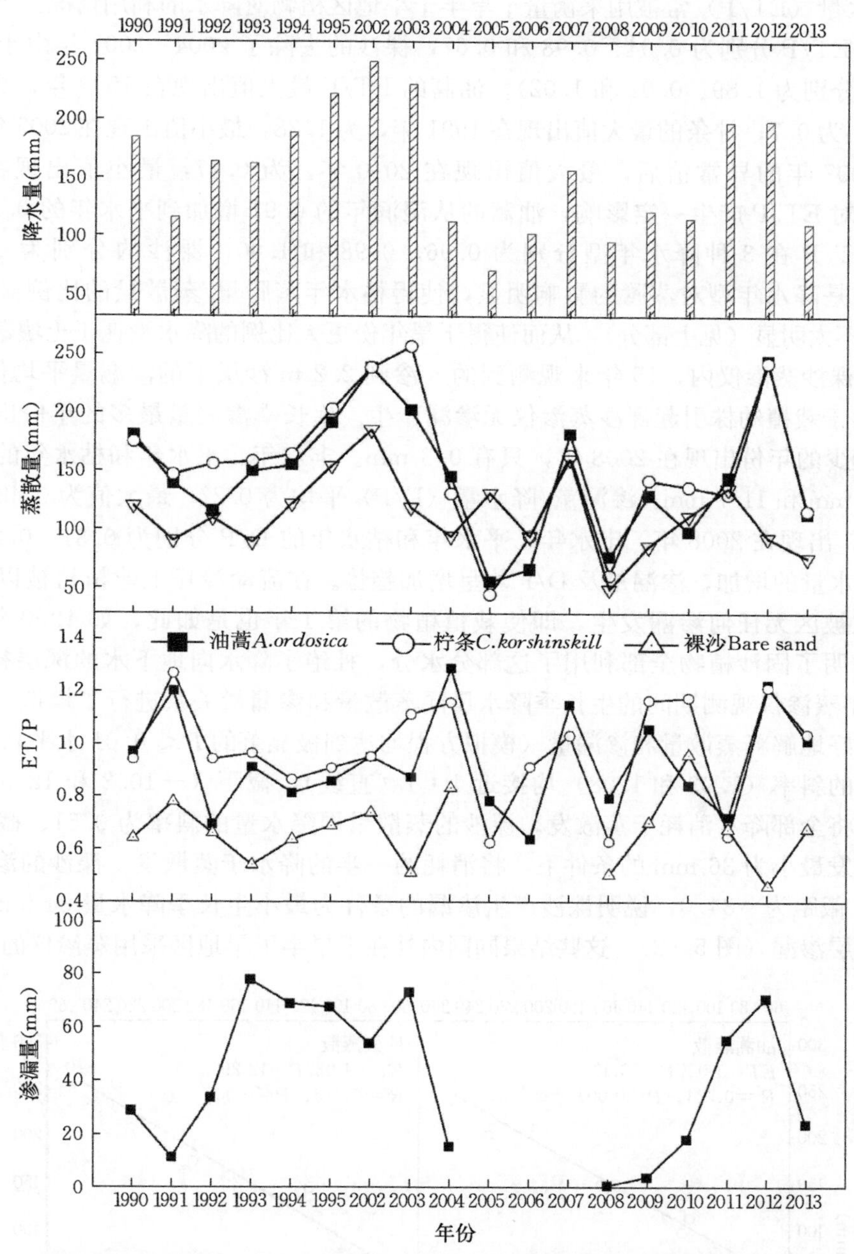

图 5-1　18 年来植物生长季降水量及大型称重式蒸渗仪观测油蒿、柠条和裸沙的蒸散量和 ET/P，及裸沙深层渗漏量

观测期间油蒿灌丛生长季的蒸散量平均为 148.2 mm、柠条灌丛的为 155.4 mm、裸沙的为 114.2 mm。裸沙蒸散量最多的年份同样出现在降水最多的 2002 年，为 183.8 mm；油蒿的出现在 2012 年，为 243.9 mm；柠条的出现在 2003 年，为 256.0 mm。油蒿和柠条蒸散量最少的年份出现在降水最少的 2005 年，分别为 53.9 mm 和 43.0 mm；但裸沙蒸散量最少的年份出现在 2008 年，为 47.6 mm。6 个丰水年油蒿、柠条和裸沙的生长季平均蒸散量分别为 194.9 mm、204.8 mm 和 133.3 mm，4 个平水年各自的值分别为 155.4 mm、162.0 mm 和 118.5 mm，8 个枯水年各自的值分别为 101.5 mm、107.5 mm 和 90.2 mm。油蒿生长季蒸散量小于柠条的，说明油蒿较柠条节省水分。但是在一些干旱年份，如 2004 年、2005 年、2008 年，油蒿的蒸散量高于柠条，一方面是由柠条在干旱年份的落叶和死亡引起（张志山，2006）；另一方面也说明油蒿将湿润年份节省的水分用于干旱年。

蒸散量/降水量（ET/P）常被用来衡量干旱半干旱地区植物对降水的利用情况。油蒿、柠条和裸沙生长季平均的 ET/P 分别为 0.94、0.98 和 0.67，裸沙的去除了 2004—2007 年由于栽植幼株引起异常高的数据（分别为 1.89、0.92 和 1.02）。油蒿的 ET/P 最大值出现在 1998 年，为 1.3，最小值出现在 1992 年，为 0.7；柠条的最大值出现在 1991 年，为 1.28，最小值出现在 2005 年，为 0.6；裸沙去除 2004—2007 年的异常值后，最大值出现在 2010 年，为 0.97，最小值出现在 2008 年，为 0.51。降水年型对 ET/P 产生一定影响，油蒿的从湿润年的 0.91 增加到平水年的 0.94 和枯水年的 0.96；柠条的 ET/P 在 3 种降水年型分别为 0.96、0.98 和 1.00；裸沙的分别为 0.62、0.62 和 0.75。主要原因是降水年型对蒸腾的影响明显，使得枯水年蒸腾量/蒸散量的比例显著减小，而对土壤蒸发的影响不太明显（见上部分），从而使得干旱年份更大比例的降水消耗于土壤蒸发。

在无植被的裸沙蒸渗仪内，15 年来观测到的入渗到 2.2 m 沙层下的渗漏量平均值为 39.9 mm，2005—2007 年由于栽植幼株引起裸沙蒸渗仪无渗漏产生。生长季渗漏量最多的年份出现在 1993 年，为 77.8 mm；最少的年份出现在 2008 年，只有 0.3 mm。丰水年、平水年和枯水年的渗漏量分别为 64.7 mm、46.4 mm 和 11.7 mm。渗漏量/降水量（D/P）平均为 0.22，最大值为 0.48，出现在 1993 年，最小值为 0，出现在 2008 年。丰水年、平水年和枯水年的 D/P 分别为 0.31、0.28 和 0.10，可见随着生长季降水量的增加，渗漏量及 D/P 均呈增加趋势。在流动沙丘上建植植被以后，由于植物的吸收利用，植被区无任何渗漏发生，即使栽植植物的第 1 年也是如此，如 1990 年及 2005 年的裸沙蒸渗仪。说明了固沙植物全部利用了这部分水分，杜绝了降水向地下水的深层补给。

我们对 18 年蒸渗仪观测期间的生长季降水量同蒸散量和渗漏量关系进行了模拟，发现降水量作为自变量能够很好地解释蒸散量和渗漏量（模拟方程均达到极显著的 $P< 0.01$ 水平）。油蒿和柠条的蒸散量同降水量的斜率（1.03 和 1.08）均接近 1∶1（直线），截距（－10.2 和 12.3）也接近于 0；说明油蒿和柠条将全部降水消耗于蒸散发。裸沙的蒸散量同降水量的斜率为 0.51、截距为 36.0，说明裸沙在土壤蒸发最小为 36 mm 的条件下，将消耗约一半的降水于蒸散发。裸沙的渗漏量同降水量的斜率为 0.45、截距为－34.0，说明裸沙产生渗漏的条件为最小生长季降水量 34 mm，接近一半的降水将转化为深层渗漏（图 5－2）。这些结果同国内外在干旱半干旱地区采用蒸渗仪的研究结果一致。

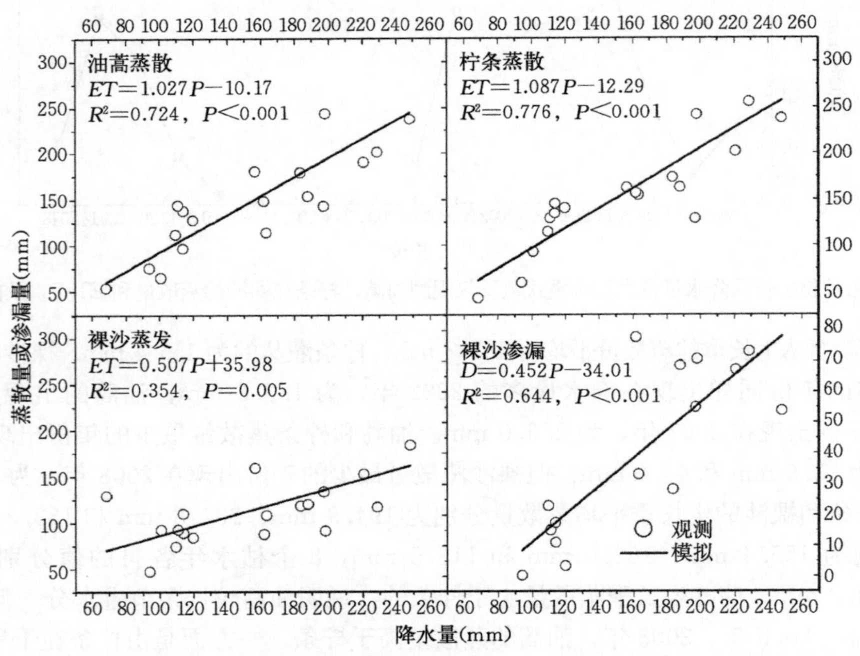

图 5－2　植物生长季降水量同大型称重式蒸渗仪观测的油蒿、柠条和裸沙的蒸散量和渗漏量关系

在对被一年生植物、多年生禾草、C4 植物、半灌木和常绿灌木所覆盖的热带沙漠——Chihuahua 沙漠 100 年周期的模型研究发现，年蒸散量同年降水量高度相关（Reynolds et al.，2000）。对于一定盖度森林的研究也发现，长期的年均蒸散量和降水量有很好的相关性（Zhang et al.，2001）。通过有植物和无植物蒸渗仪的比较发现，植物利用了大部分土壤水，深层渗漏减至最小，甚至完全没有（Gee et al.，1994；Sackschewsky et al.，1995）。

5.1.3　水量平衡季节变化

为研究水量平衡季节变化，我们选择了 3 个降水年型，即 2002 年（丰水年）、2009 年（枯水年）和 2012 年（平水年），分析了油蒿、柠条、裸沙蒸渗仪的日蒸散量和裸沙的日渗漏量的季节变化。2002 年、2009 年和 2012 年的降水量分别为 247.9 mm（由于蒸渗仪的观测是从 4 月开始，因此降水也为 4—12 月）、130.4 mm 和 207.1 mm。

2002 年出现降水的天数总共为 31 d，主要集中在 6 月、9 月；全年超过 10 mm 的降水共 6 次，其中出现了 3 次非常大的降水事件，一次发生在 2002 年 6 月 7 日，降水量为 53 mm，另外 2 次分别发生在 9 月 2 日和 3 日，降水量分别为 30.1 mm 和 29.2 mm。2009 年出现降水的天数总共为 43 d，降水出现的较为分散，其中 8 月最多，为 46.8 mm；全年超过 10 mm 降水的仅有 3 次，最大日降水量出现在 8 月 22 日，为 12.2 mm。2012 年出现降水的天数为 46 d，降水主要分布于 5—8 月；其中超过 10 mm 的降水 7 次，出现了 2 次较大的降水事件，一次出现在 8 月 31 日，降水量为 29.2 mm，另一次出现在 7 月 17 日，降水量为 22.4 mm（图 5-3）。

2002 年、2009 年和 2012 年油蒿的日蒸散量分别为 0.913 mm、0.365 mm 和 0.699 mm，3 年间差异显著。2002 年油蒿日蒸散量最大值出现在 9 月 9 日，为 5.675 mm；2009 年的最高值出现在 8 月 26 日，为 3.764 mm；2012 年的最高值出现在 7 月 22 日，为 5.157 mm。2002 年、2009 年和 2012 年日蒸散量的最小值均为 0。2002 年、2009 年和 2012 年的春季日蒸散量分别为 0.849 mm、0.206 mm 和 0.730 mm，丰水年和平水年的显著高于枯水年；夏季的日蒸散量分别为 1.143 mm、0.665 mm 和 1.543 mm，3 个降水年型间差异显著，平水年的最高；秋季的日蒸散量 0.966 mm、0.553 mm 和 0.441 mm，丰水年显著高于平水年和枯水年；冬季为 0.186 mm、0.029 mm 和 0.074 mm，3 个降水年型间差异显著（图 5-3）。

2002 年、2009 年和 2012 年柠条的日蒸散量分别为 0.915 mm、0.404 mm 和 0.699 mm，3 年间差异显著。2002 年，日蒸散量最大值出现在 9 月 9 日，为 5.600 mm；2009 年的最高值出现在 8 月 9 日，为 3.914 mm；2012 年的最高值出现在 7 月 19 日，为 4.466 mm。2002 年、2009 年和 2012 年日蒸散量的最小值均为 0。2002 年、2009 年和 2012 年的春季日蒸散量分别为 0.852 mm、0.092 mm 和 0.520 mm，3 个降水年型间差异显著；夏季的日蒸散量分别为 1.142 mm、0.632 mm 和 1.440 mm，丰水年和平水年显著高于枯水年；秋季的日蒸散量为 0.966 mm、0.812 mm 和 0.744 mm，丰水年显著高于其他两个降水年型；冬季为 0.186 mm、0.030 mm 和 0.086 mm，3 个降水年型间差异显著（图 5-3）。

2002 年、2009 年和 2012 年裸沙的日蒸散量分别为 0.715 mm、0.236 mm 和 0.262 mm，丰水年显著高于其他两个降水年型。2002 年，裸沙日蒸散量最大值出现在 9 月 9 日，为 5.675 mm；2009 年的最高值出现在 8 月 26 日，为 3.764 mm；2012 年的最高值出现在 7 月 22 日，为 5.157 mm。2002 年、2009 年和 2012 年日蒸散量的最小值均为 0。2002 年、2009 年和 2012 年春季的日蒸散量分别为 0.801 mm、0.022 mm 和 0.340 mm，3 个降水年型间差异显著；夏季的日蒸散量分别为 0.702 mm、0.464 mm 和 0.633 mm，丰水年和平水年显著高于枯水年；秋季的日蒸散量分别为 0.863 mm、0.392 mm 和 0.040 mm，3 个降水年型间差异显著，但是平水年的最低；冬季的日蒸散量分别为 0.154 mm、0.020 mm 和 0.032 mm，丰水年显著高于其他两个降水年型（图 5-3）。

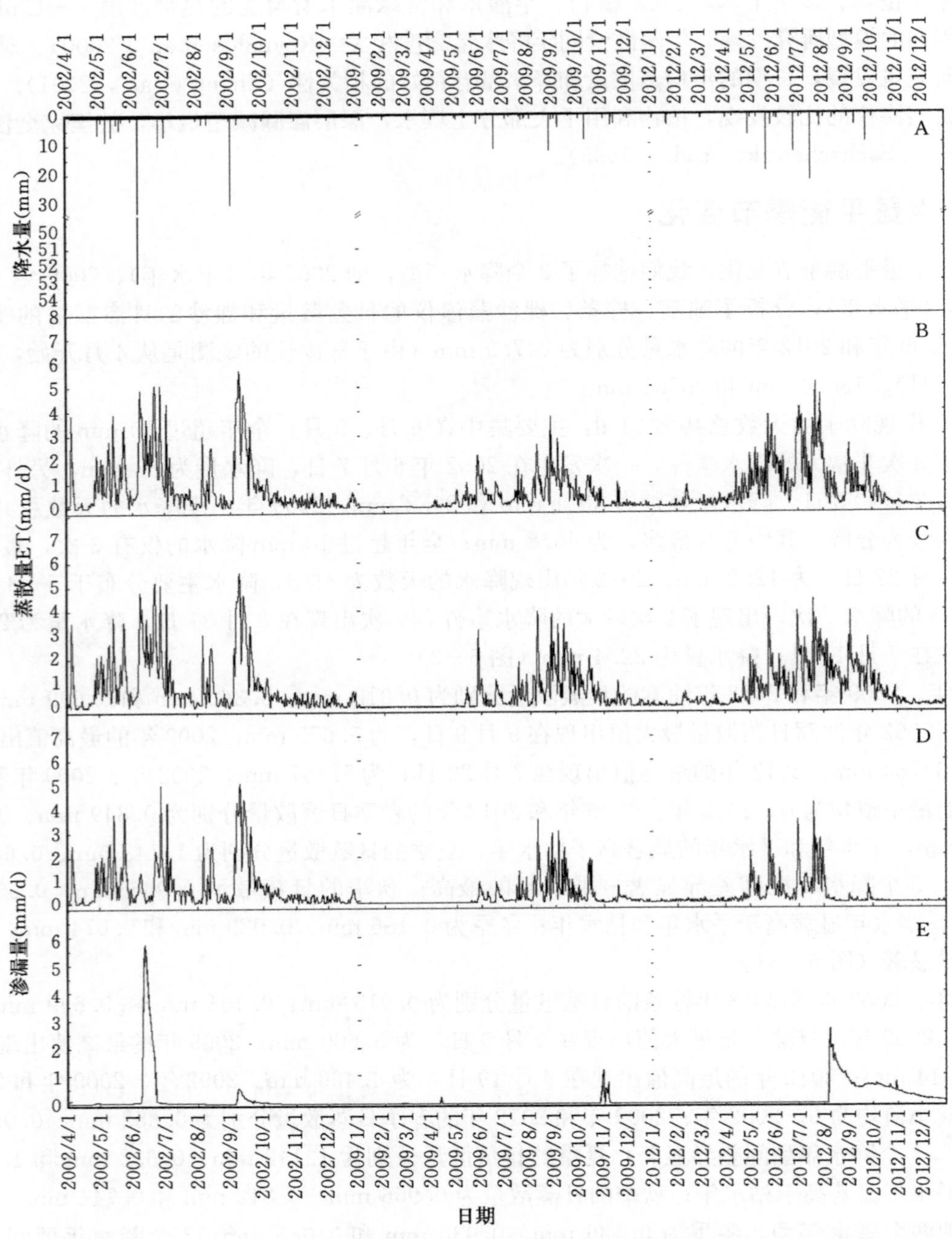

图 5-3　2002 年、2009 年和 2012 年的日降水量（A）及蒸渗仪观测的油蒿（B）、柠条（C）和裸沙（D）的日蒸散量和日渗漏量（E）

2002 年、2009 年和 2012 年裸沙的日渗漏量分别为 54.0 mm、6.5 mm 和 83.8 mm。2002 年自观测起的 4 月 1 日一直有渗漏，在最大一次降雨之后的第 2 天（6 月 9 日），开始出现一个渗漏的峰值，在降雨之后的第 5 天（6 月 12 日）达到了最大值 5.748 mm/d，随后开始下降，一直持续到 6 月 24 日，累积渗漏量为 44.2 mm；随后一直保持较低的渗漏，在 9 月 2—3 日累计降水 59.3 mm 之后的第 3 天，渗漏量开始增加，最大值为 0.554 mm/d，出现在 9 月 8 日，直到 10 月 17 日，第 2 次峰值的累积渗漏量为 5.6 mm；此后渗漏量一直较小，直到 12 月 16 渗漏量为 0。2009 年 1 月，仅 3 d 有渗漏，从2 月 2 日开始持续出现渗漏；4 月上中旬出现了一个微小的波动，渗漏量从 4 月 9 日的 0.006 mm/d

增加到 4 月 10 日的 0.232 mm/d 和 4 月 11 日的 0.169 mm/d，在 4 月 12 日又恢复至 0.006 mm/d；5 月 29 日至 6 月 27 日渗漏量均为 0，随后开始出现渗漏直到 8 月 13 日，渗漏量均较小；8 月 14 日至 10 月 26 日，渗漏再次消失；直到 10 月 27 日至 11 月 7 日，再次出现一个渗漏峰，最大值出现在 10 月 30 日，为 1.166 mm/d，此次峰值的累积渗漏量达到 5.2 mm。2012 年从 8 月 7 日开始出现渗漏，在 8 月 8 日达到最大渗漏量 2.655 mm/d，之后开始逐渐下降，一直持续到年底都有渗漏出现，累积渗漏量达到了 83.3 mm（图 5-3）。总之，年渗漏量的大小不但与降水量的多少有关，而且受到降水季节分布的影响，如尽管 2002 年的降水丰富，但发生在春夏季的降水被用于蒸散发，而 2012 年秋季多的降水则能渗入到深层土壤产生较多渗漏。

为进一步阐明 3 个降水年型间蒸散发的季节差异，做出了 2002 年、2009 年和 2012 年日蒸散量的季节变化图（图 5-4）。2002 年油蒿和柠条的蒸散量变化规律完全一致，在 6 月、9 月出现 2 个峰值，这两种植物的日蒸散量在不同的月份没有显著差异；裸沙蒸散量在 6 月显著低于油蒿和柠条，其他月份与这两种植物的蒸散量变化规律一致。2009 年，油蒿、柠条和裸沙日蒸散量的季节变化规律一致，但不同蒸渗仪间存在显著差异。在植物生长季初期的 4—6 月，油蒿日蒸散量显著高于柠条的，柠条的显著高于裸沙的；7 月，油蒿、柠条、裸沙的日蒸散量几乎一致，没有显著差异；但是在生长季后期的 8—10 月，柠条的日蒸散量显著高于油蒿和裸沙的，9 月和 10 月油蒿的日蒸散量显著高于裸沙。2012 年，2—11 月油蒿和柠条的日蒸散量显著高于裸沙的，3—7 月油蒿的日蒸散量显著高于柠条，8—11 月柠条日蒸散量显著高于油蒿。由此可见，在平水年和枯水年，油蒿在生长季初期的蒸散量显著高于柠条的，而后期柠条的显著高于油蒿的，这可能与植物的生长节律和生物属性有关，需要进一步研究；但油蒿和柠条对水分利用的季节差异表明了它们具有对限制性资源（如水分）利用的时间生态位分化，说明在植物固沙时这两个物种可以搭配在一起，使得不定期的降水资源能被充分利用，同时实现防风固沙的目的。

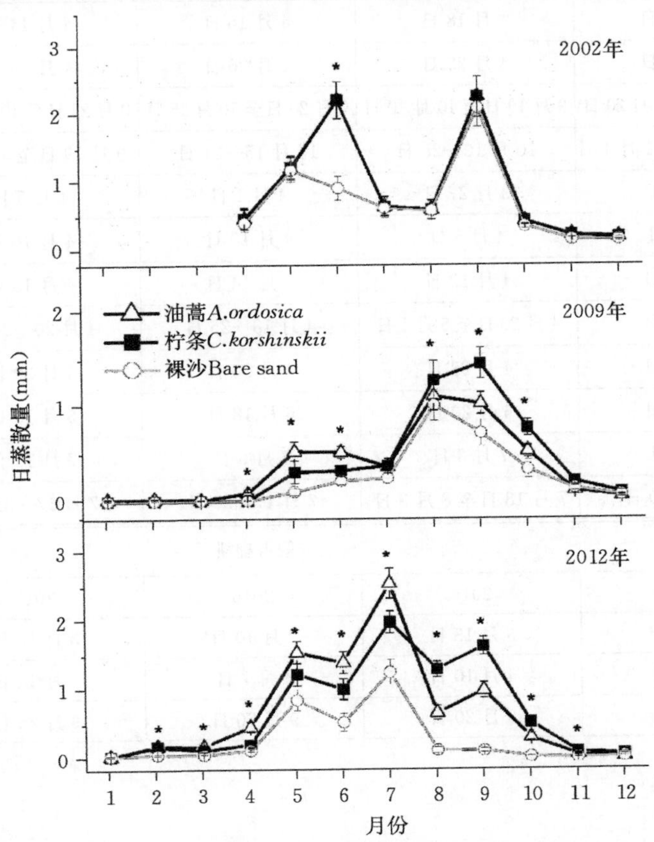

图 5-4　2002 年、2009 年和 2012 年油蒿、柠条和裸沙的日蒸散量季节动态（*表示差异达显著水平，$P<0.05$）

在干旱无植被的流沙沙丘，每年约 40 mm 的降水通过深层渗漏补给到地下水，是腾格里沙漠存在大量湖泊的有力证据。流动沙丘上建立固沙植被后，由于植物的利用、沙丘表面细物质的沉积及 BSC 的形成，这种水量平衡关系被改变，形成了降水主要消耗于蒸散发的水量平衡新关系。固沙区植物蒸腾耗水同降水量有关，年蒸腾量/蒸散量随年降水量增加而增加，使得干旱年份更高比例的降水消耗于土壤蒸发，加强了植物的干旱胁迫程度。在平水年和枯水年，不同类型的固沙灌木对降水的利用存在季节差异，生长季初期油蒿的日蒸散量显著高于柠条的，后期油蒿的显著低于柠条的；植物对水分利用的这种时间生态位分化，有利于它们在固沙区的共存。随着固沙灌木的生长及固沙区植被-土壤系统的演变，通过灌木漏斗效应和蚂蚁的营巢活动，进一步改变了水量平衡的空间格局，促进了固沙植被系统的良性循环及稳定性维持，也提高了我们对水量平衡关系的认识。

5.2 主要固沙植物种物候长期观测数据

主要固沙植物种物候长期观测数据见表 5-1。

表 5-1 主要固沙植物种物候长期观测数据

学名		长柄扁桃				
观测年份		2014	2015	2016	2017	2018
芽膨大期		3月20日	3月20日	3月23日	3月26日	3月22日
新梢	开始生长期	4月22日	4月25日	4月23日	4月20日	4月25日
	停止生长期	9月25日	9月20日	9月20日	9月23日	9月25日
叶	展叶始期	4月11日	4月18日	4月16日	4月14日	4月18日
	展叶盛期	4月25日	4月25日	4月26日	4月29日	4月22日
	变色期	9月21日至10月20日	9月19日至10月10日	9月20日至10月15日	9月23日至10月19日	9月25日至10月20日
	落叶期	10月13日至11月1日	10月10—28日	10月15—31日	10月19日至11月3日	10月22日至11月3日
花	花蕾出现期	3月26日	3月27日	4月1日	4月5日	3月28日
	初花期	4月4日	4月5日	4月10日	4月10日	4月5日
	盛花期	4月11日	4月12日	4月14日	4月15日	4月13日
	落花期	4月21日	4月20日至5月1日	4月18—25日	4月20—27日	4月16—25日
果	初果期	4月25日	4月28日	4月26日	4月30日	4月28日
	初熟期	6月22日	6月20日	6月18日	6月15日	6月17日
	成熟期	4月7日	7月3日	7月9日	7月10日	7月7日
	落果期	7月15—30日	7月18日至8月3日	7月17—29日	7月17—31日	7月14—30日
学名		蒙古扁桃				
观测年份		2014	2015	2016	2017	2018
芽膨大期		3月10日	3月13日	3月10日	3月12日	3月6日
新梢	开始生长期	4月8日	4月10日	4月7日	4月14日	4月16日
	停止生长期	9月10日	9月20日	9月20日	9月25日	9月25日

（续）

叶	展叶始期	4 月 2 日	4 月 3 日	3 月 28 日	4 月 7 日	3 月 25 日
	展叶盛期	4 月 8 日	4 月 9 日	4 月 5 日	4 月 14 日	4 月 2 日
	变色期	9 月 2—25 日	9 月 14 日至 10 月 7 日	9 月 10 日至 10 月 15 日	9 月 6 日至 10 月 5 日	9 月 10 日至 10 月 10 日
	落叶期	9 月 30 日至 10 月 20 日	10 月 13—30 日	10 月 18—29 日	10 月 10 日至 11 月 3 日	10 月 15—30 日
学名		蒙古扁桃				
花	花蕾出现期	3 月 18 日	3 月 20 日	3 月 18 日	3 月 22 日	3 月 12 日
	初花期	3 月 22 日	3 月 23 日	3 月 22 日	3 月 26 日	3 月 16 日
	盛花期	3 月 28 日	3 月 28 日	3 月 26 日	3 月 30 日	3 月 20 日
	落花期	4 月 1 日	3 月 29 日至 4 月 5 日	3 月 28 日至 4 月 4 日	4 月 3—8 日	3 月 22—27 日
果	初果期	4 月 4 日	4 月 10 日	4 月 6 日	4 月 10 日	4 月 1 日
	初熟期	5 月 20 日	5 月 21 日	5 月 18 日	5 月 26 日	4 月 5 日冻害影响，无果
	成熟期	6 月 10 日	6 月 10 日	6 月 14 日	6 月 22 日	
	落果期	6 月 22 日至 7 月 20 日	6 月 24 日至 7 月 20 日	6 月 29 日至 7 月 15 日	6 月 29 日至 7 月 20 日	
学名		胡杨				
观测年份		2014	2015	2016	2017	2018
芽膨大期		3 月 26 日	3 月 25 日	3 月 23 日	3 月 28 日	3 月 22 日
新梢	开始生长期	4 月 20 日	4 月 18 日	4 月 22 日	4 月 25 日	4 月 20 日
	停止生长期	9 月 15 日	9 月 15 日	9 月 15 日	9 月 15 日	9 月 15 日
叶	展叶始期	4 月 11 日	4 月 10 日	4 月 12 日	4 月 20 日	4 月 15 日
	展叶盛期	4 月 20 日	4 月 22 日	4 月 25 日	4 月 26 日	4 月 23 日
	变色期	9 月 2—16 日	9 月 10—20 日	9 月 5—18 日	9 月 12—24 日	9 月 8—20 日
	落叶期	9 月 10 日至 10 月 23 日	10 月 3—16 日	10 月 6—21 日	10 月 1—23 日	10 月 7—20 日
花	花蕾出现期	3 月 25 日	3 月 22 日	3 月 26 日	4 月 1 日	3 月 24 日
	初花期	4 月 5 日	4 月 5 日	4 月 7 日	4 月 12 日	4 月 3 日
	盛花期	4 月 9 日	4 月 10 日	4 月 12 日	4 月 18 日	4 月 12 日
	落花期	4 月 13 日	4 月 18 日	4 月 17 日	4 月 22 日	4 月 15 日
果	初果期	4 月 19 日	4 月 24 日	4 月 20 日	4 月 26 日	4 月 21 日
	初熟期	6 月 10 日	6 月 14 日	6 月 8 日	6 月 16 日	6 月 5 日
	成熟期	6 月 29 日	7 月 2 日	6 月 29 日	7 月 5 日	7 月 3 日
	落果期	7 月 24 日	7 月 27 日	7 月 18 日	7 月 20 日	7 月 22 日
学名		中间锦鸡儿				
观测年份		2014	2015	2016	2017	2018
芽膨大期		3 月 12 日	3 月 15 日	3 月 16 日	3 月 17 日	3 月 11 日
新梢	开始生长期	4 月 23 日	4 月 25 日	4 月 24 日	4 月 26 日	4 月 18 日
	停止生长期	9 月 21 日	9 月 25 日	9 月 30 日	9 月 30 日	9 月 24 日

（续）

叶	展叶始期	4月4日	4月8日	4月5日	4月7日	3月30日
	展叶盛期	4月16日	4月15日	4月16日	4月15日	4月5日
	变色期	9月21日至10月28日	9月26日至10月18日	10月3—25日	10月5—25日	9月26日至10月20日
	落叶期	10月18日至11月2日	10月14—26日	10月20日至11月1日	10月18日至11月3日	10月12—30日
学名		中间锦鸡儿				
花	花蕾出现期	4月11日	4月14日	4月14日	4月11日	4月3日
	初花期	4月21日	4月18日	4月19日	4月22日	4月8日
	盛花期	4月27日	4月23日	4月24日	4月28日	4月12日
	落花期	5月2日	4月27日至5月6日	4月29日至5月7日	5月3—15日	4月16—30日
果	初果期	5月4日	4月30日	5月1日	5月5日	4月18日
	初熟期	5月27日	5月28日	6月1日	6月3日	5月23日
	成熟期	6月22日	6月12日	6月10日	6月13日	6月1日
	落果期	7月1—16日	6月18—26日	6月15—29日	6月17—25日	6月11—25日
学名		柠条锦鸡儿				
观测年份		2014	2015	2016	2017	2018
芽膨大期		3月16日	3月15日	3月17日	3月14日	3月11日
新梢	开始生长期	4月7日	4月12日	4月25日	4月21日	4月18日
	停止生长期	10月20日	10月3日	10月17日	10月10日	10月5日
叶	展叶始期	3月28日	4月2日	4月3日	4月11日	3月24日
	展叶盛期	4月10日	4月15日	4月20日	4月15日	4月5日
	变色期	10月17—31日	9月27日至10月12日	10月15—30日	10月5—25日	10月3—20日
	落叶期	10月23日至11月5日	10月10—25日	10月20日至11月5日	10月18日至11月3日	10月12—30日
花	花蕾出现期	4月8日	4月9日	4月12日	4月11日	3月26日
	初花期	4月15日	4月15日	4月17日	4月19日	4月1日
	盛花期	4月20日	4月21日，7月20日（二次开花）	4月21日	4月25日，8月15日（二次开花）	4月5日
	落花期	4月29日	4月25日至5月5日	4月26日至5月2日	4月29日至5月6日	4月8—15日
果	初果期	5月2日	4月28日	4月28日	5月2日	4月10日
	初熟期	5月27日	5月31日	5月30日	5月28日	5月14日
	成熟期	6月6日	6月10日	6月7日	6月5日	5月25日
	落果期	6月15—25日	6月15日至7月1日	6月11—25日	6月15—28日	6月15—16日
学名		荒漠锦鸡儿				
观测年份		2014	2015	2016	2017	2018
芽膨大期		3月19日	3月21日	3月17日	3月21日	3月20日
新梢	开始生长期	4月15日	4月15日	4月18日	4月15日	4月9日
	停止生长期	10月5日	9月25日	9月25日	9月28日	10月3日

（续）

叶	展叶始期	3 月 28 日	3 月 27 日	4 月 1 日	4 月 5 日	3 月 27 日
	展叶盛期	4 月 11 日	4 月 10 日	4 月 15 日	4 月 13 日	4 月 5 日
	变色期	9 月 21 日至 10 月 17 日	9 月 17 日至 10 月 13 日	9 月 20 日至 10 月 15 日	9 月 17 日至 10 月 1 日	9 月 28 日至 10 月 10 日
	落叶期	9 月 25 日至 10 月 25 日	10 月 6—22 日	9 月 28 日至 10 月 25 日	9 月 23 日至 10 月 20 日	10 月 3—25 日
学名		荒漠锦鸡儿				
花	花蕾出现期	4 月 5 日	4 月 6 日	4 月 10 日	4 月 8 日	3 月 26 日
	初花期	4 月 9 日	4 月 10 日	4 月 17 日	4 月 14 日	3 月 31 日
	盛花期	4 月 15 日	4 月 16 日	4 月 22 日	4 月 20 日	4 月 5 日
	落花期	4 月 23 日	4 月 23 日至 5 月 4 日	4 月 25 日至 5 月 4 日	4 月 25 日至 5 月 8 日	4 月 8—20 日
果	初果期	4 月 25 日	4 月 25 日	4 月 27 日	4 月 28 日	4 月 18 日
	初熟期	5 月 27 日	5 月 21 日	5 月 19 日	5 月 22 日	5 月 15 日
	成熟期	6 月 6 日	6 月 5 日	5 月 30 日	6 月 1 日	5 月 25 日
	落果期	6 月 13—20 日	6 月 11—21 日	6 月 6—23 日	6 月—19 日	6 月 4—12 日

学名		矮脚锦鸡儿				
观测年份		2014	2015	2016	2017	2018
芽膨大期		3 月 15 日	3 月 15 日	3 月 16 日	3 月 21 日	3 月 14 日
新梢	开始生长期	4 月 15 日	4 月 10 日	4 月 10 日	4 月 16 日	4 月 10 日
	停止生长期	10 月 15 日	10 月 10 日	9 月 25 日	9 月 28 日	10 月 3 日
叶	展叶始期	3 月 25 日	3 月 21 日	3 月 28 日	4 月 2 日	3 月 24 日
	展叶盛期	4 月 3 日	3 月 29 日	4 月 6 日	4 月 11 日	4 月 4 日
	变色期	9 月 21 日至 10 月 13 日	9 月 28 日至 10 月 16 日	10 月 1—20 日	9 月 28 日至 10 月 19 日	9 月 25 日至 10 月 19 日
	落叶期	10 月 17 日	10 月 18—31 日	10 月 24—31 日	9 月 9 日至 10 月 25 日	10 月 5—25 日
花	花蕾出现期	4 月 9 日	4 月 16 日	4 月 15 日	4 月 13 日	3 月 28 日
	初花期	4 月 13 日	4 月 19 日	4 月 20 日	4 月 16 日	4 月 1 日
	盛花期	4 月 18 日	4 月 23 日	4 月 24 日	4 月 21 日	4 月 5 日
	落花期	4 月 23 日	4 月 28 日至 5 月 4 日	4 月 28 日至 5 月 3 日	4 月 25 日至 5 月 3 日	4 月 8—20 日
果	初果期	4 月 26 日	4 月 30 日	5 月 1 日	4 月 27 日	4 月 18 日
	初熟期	5 月 25 日	5 月 27 日	5 月 23 日	5 月 28 日	5 月 22 日
	成熟期	5 月 31 日	6 月 4 日	5 月 29 日	6 月 4 日	5 月 30 日
	落果期	6 月 10—23 日	6 月 13—25 日	6 月 4—10 日	6 月 9—18 日	6 月 7—14 日

学名		白刺				
观测年份		2014	2015	2016	2017	2018
芽膨大期		3 月 19 日	3 月 20 日	3 月 16 日	3 月 21 日	3 月 14 日
新梢	开始生长期	4 月 28 日	4 月 14 日	4 月 15 日	4 月 17 日	4 月 10 日
	停止生长期	9 月 28 日	9 月 30 日	9 月 25 日	9 月 28 日	9 月 20 日

（续）

叶	展叶始期	4月11日	4月7日	4月5日	4月11日	4月2日
	展叶盛期	4月23日	4月18日	4月20日	4月20日	4月14日
	变色期	9月24日至10月23日	10月10—20日	10月6—23日	10月13—27日	9月28日至10月20日
	落叶期	10月22—30日	10月22日至11月3日	10月25日至11月10日	10月23日至11月5日	10月22日至11月7日

学名		白刺				
花	花蕾出现期	5月8日	5月1日	5月6日	5月5日	4月29日
	初花期	5月10日	5月4日	5月10日	5月11日	5月2日
	盛花期	5月16日	5月11日	5月14日	5月15日	5月7日
	落花期	5月22日	5月17—26日	5月19—27日	5月18—25日	5月10—16日
果	初果期	5月22日	5月20日	5月23日	5月20日	5月11日
	初熟期	6月22日	6月26日	7月7日	7月1日	6月15日
	成熟期	7月3日	7月2日	7月14日	7月7日	6月25日
	落果期	7月20日	7月20日	7月30日	7月22日	7月15日

学名		柽柳				
观测年份		2014	2015	2016	2017	2018
芽膨大期		3月23日	3月22日	3月21日	3月19日	3月20日
新梢	开始生长期	4月4日	4月12日	4月18日	4月14日	4月11日
	停止生长期	9月30日	9月26日	9月21日	9月30日	10月3日
叶	展叶始期	3月28日	3月27日	4月10日	4月2日	3月28日
	展叶盛期	4月11日	4月21日	4月23日	4月20日	4月22日
	变色期	9月8日至10月13日	9月19日至10月12日	9月12日至10月25日	9月25日至10月17日	9月20日至10月20日
	落叶期	9月18日至10月26日	10月1日至11月1日	10月3日至11月8日	10月10日至11月3日	10月3日至11月7日
花	花蕾出现期	5月1日	4月24日	4月28日	5月5日	4月30日
	初花期	5月8日	5月1日	5月7日	5月11日	5月5日
	盛花期	5月22日	5月8日	5月13日	5月16日	5月10日
	落花期	5月25日至6月6日	5月11—25日	5月16—28日	5月18—29日	5月12—23日
果	初果期	5月28日	5月14日	5月20日	5月21日	5月15日
	初熟期	6月10日	6月1日	6月4日	6月4日	5月29日
	成熟期	6月20日	6月7日	6月10日	6月12日	6月8日
	落果期	6月25日至7月12日	6月12—30日	6月11日至7月2日	6月13—30日	6月10日至7月5日

学名		二色胡枝子				
观测年份		2014	2015	2016	2017	2018
芽膨大期		3月31日	4月1日	3月27日	3月29日	3月22日
新梢	开始生长期	4月23日	4月30日	4月25日	4月30日	4月24日
	停止生长期	9月8日	9月10日	9月18日	9月20日	9月20日

（续）

叶	展叶始期	4月18日	4月25日	4月18日	4月19日	4月15日
	展叶盛期	5月2日	5月16日	5月13日	5月8日	5月9日
	变色期	9月2日	9月10—25日	9月21日至10月18日	9月16日至10月3日	9月18日至10月5日
	落叶期	9月18日至10月10日	9月15日至10月3日	9月25日至10月23日	9月23日至10月10日	9月23日至10月12日
学名		二色胡枝子				
花	花蕾出现期	6月22日	6月16日	6月15日	6月13日	6月11日
	初花期	6月29日	6月23日	6月23日	6月20日	6月17日
	盛花期	7月10日	7月5日	7月3日	6月29日	6月27日
	落花期	7月20日至8月3日	7月20日	7月24日	8月1日	7月21日
果	初果期	8月10日	7月27日	7月28日	8月6日	7月26日
	初熟期	8月25日	8月16日	8月24日	9月3日	8月20日
	成熟期	9月8日	9月4日	9月6日	9月19日	9月8日
	落果期	9月21日至10月21日	9月25日至10月13日	10月7日至11月1日	9月28日至10月23日	9月26日至10月20日
学名		沙枣				
观测年份		2014	2015	2016	2017	2018
芽膨大期		3月19日	3月17日	3月13日	3月17日	3月9日
新梢	开始生长期	4月23日	4月23日	4月22日	4月25日	4月15日
	停止生长期	10月10日	10月3日	10月10日	10月8日	10月15日
叶	展叶始期	3月28日	4月2日	4月5日	4月8日	4月3日
	展叶盛期	4月16日	4月21日	4月22日	4月23日	4月14日
	变色期	9月21日至10月20日	9月20日至10月12日	9月25日至10月20日	9月18日至10月19日	9月20日至10月22日
	落叶期	9月25日至10月27日	9月24日至10月28日	9月30日至10月25日	9月23日至10月26日	9月27日至10月30日
花	花蕾出现期	5月7日	5月4日	5月7日	5月8日	5月1日
	初花期	5月15日	5月10日	5月14日	5月15日	5月11日
	盛花期	5月23日	5月16日	5月19日	5月20日	5月16日
	落花期	5月27日至6月6日	5月21日至6月5日	5月27日至6月9日	5月23日至6月9日	5月21日至6月3日
果	初果期	6月8日	6月1日	6月3日	6月6日	5月29日
	初熟期	7月25日	7月15日	7月23日	7月20日	7月11日
	成熟期	9月2日	9月12日	9月8日	9月10日	9月15日
	落果期	10月3日	10月19日	10月23日	10月16日	10月24日
学名		草麻黄				
观测年份		2014	2015	2016	2017	2018
芽膨大期		3月23日	3月25日	3月29日	3月27日	3月28日
新梢	开始生长期	4月18日	4月20日	4月25日	4月18日	4月20日
	停止生长期	9月25日	9月25日	9月30日	10月10日	10月5日

（续）

叶	展叶始期	4月15日	4月15日	4月23日	4月14日	4月16日
	展叶盛期	4月30日	5月7日	5月10日	4月30日	5月2日
	变色期	9月20日至10月17日	9月19日至10月22日	9月25日至10月22日	9月30日至11月2日	9月26日至10月25日
	落叶期					
学名		草麻黄				
花	花蕾出现期	4月20日	4月22日	4月26日	4月13日	4月13日
	初花期	5月2日	5月1日	5月4日	5月2日	4月26日
	盛花期	5月7日	5月12日	5月13日	5月11日	5月5日
	落花期	5月13日	5月21—30日	5月20—28日	5月18—30日	5月10—23日
果	初果期	5月18日	5月28日	5月26日	5月29日	5月20日
	初熟期	6月12日	6月10日	6月15日	6月11日	6月9日
	成熟期	6月25日	6月21日	6月29日	6月30日	6月22日
	落果期	7月4日至8月10日	6月30日至7月20日	7月10日至8月8日	7月15日至8月10日	7月3日至8月12日
学名		斑籽麻黄				
观测年份		2014	2015	2016	2017	2018
芽膨大期		3月15日	3月26日	3月25日	3月28日	3月22日
新梢	开始生长期	4月26日	5月1日	5月12日	4月28日	5月7日
	停止生长期	9月25日	9月25日	9月30日	9月28日	10月5日
叶	展叶始期	4月14日	4月15日	4月20日	4月7日	4月18日
	展叶盛期	4月26日	5月4日	5月8日	4月23日	5月5日
	变色期	9月28日至10月25日	9月23日至10月22日	10月3—30日	9月25日至10月31日	10月8日至11月10日
	落叶期					
花	花蕾出现期	4月5日	4月11日	4月9日	4月11日	4月2日
	初花期	4月17日	4月21日	4月18日	4月16日	4月10日
	盛花期	4月23日	4月30日	4月26日至5月13日	4月27日至5月9日	4月15—30日
	落花期	5月4日	4月26日至5月5日	5月4—18日	5月14—28日	5月8—14日
果	初果期	未见果	未见果	未见果	5月26日	未见果
	初熟期				未见果	
	成熟期					
	落果期					
学名		沙拐枣				
观测年份		2014	2015	2016	2017	2018
芽膨大期		4月2日	4月5日	4月9日	3月31日	4月15日

（续）

新梢	开始生长期	4月10日	4月21日	4月23日	4月15日	4月28日
	停止生长期	9月18日	9月20日	9月18日	9月22日	9月25日
叶	展叶始期	4月10日	4月17日	4月18日	4月9日	4月25日
	展叶盛期	5月3日	5月1日	5月5日	5月4日	5月3日
	变色期	9月18日至10月1日	9月17—30日	9月15—28日	9月22日至10月5日	9月25日至10月9日
	落叶期	9月21日至10月10日	9月20日至10月3日	9月19日至10月2日	9月25日至10月9日	9月28日至10月13日
学名		沙拐枣				
花	花蕾出现期	5月15日	5月12日	5月15日	5月13日	5月20日
	初花期	5月21日	5月18日	5月17日	5月18日	5月23日
	盛花期	5月25日	5月23日	5月20日	5月21日	5月26日
	落花期	5月27日	5月26日	5月22日	5月26日	5月29日
果	初果期	5月28日	5月27日	5月24日	5月28日	6月1日
	初熟期	6月8日	6月9日	6月5日	6月5日	6月9日
	成熟期	6月15日	6月13日	6月16日	6月9日	6月16日
	落果期	6月20日	6月18日至7月1日	6月20—29日	6月10—20日	6月19—30日
学名		油蒿				
观测年份		2014	2015	2016	2017	2018
芽膨大期		3月10日	3月10日	3月6日	3月13日	3月8日
新梢	开始生长期	4月5日	4月4日	4月2日	4月8日	4月5日
	停止生长期	10月10日	10月5日	10月13日	10月20日	10月15日
叶	展叶始期	3月19日	3月17日	3月17日	3月24日	3月21日
	展叶盛期	4月10日	3月28日	3月29日	4月6日	4月12日
	变色期	10月15—29日	9月25日至10月23日	10月10—28日	10月17—30日	10月8—26日
	落叶期	10月22日至11月5日	10月10—30日	10月16日至11月3日	10月22日至11月5日	10月20日至11月3日
花	花蕾出现期	6月29日	7月1日	7月5日	6月25日	7月8日
	初花期	7月21日	7月20日	7月21日	7月23日	7月26日
	盛花期	8月12日	8月9日	8月12日	8月18日	8月15日
	落花期	8月21日	8月24日	8月27日	8月29日	8月28日
果	初果期	8月25日	8月28日	8月31日	8月26日	8月31日
	初熟期	10月3日	10月6日	10月15日	10月10日	10月12日
	成熟期	10月20日	10月26日	11月3日	10月31日	11月1日
	落果期	次年	次年	次年	次年	次年
学名		花棒				
观测年份		2014	2015	2016	2017	2018
芽膨大期		3月25日	3月25日	3月23日	3月24日	3月22日

（续）

新梢	开始生长期	4月15日	4月15日	4月10日	4月16日	4月19日
	停止生长期	10月5日	10月1日	10月5日	10月8日	10月15日
叶	展叶始期	4月13日	4月5日	4月3日	4月11日	4月14日
	展叶盛期	4月23日	4月26日	4月20日	4月22日	4月25日
	变色期	10月13—28日	10月3—16日	10月5—19日	10月7—22日	10月12—27日
	落叶期	10月15—30日	10月15—31日	10月11—3日	10月18—31日	10月21—5日
学名		花棒				
花	花蕾出现期	5月18日，8月6日	5月14日，8月10日	6月10日，8月13日	5月28日，8月7日	5月22日，8月3日
	初花期	5月26日，8月15日	5月21日，8月19日	6月19日，8月20日	5月31日，8月10日	6月1日，8月9日
	盛花期	6月10日，8月28日	6月10日，9月6日	6月29日，8月26日	6月16日，8月16日	6月9日，8月14日
	落花期	6月17日，9月5日	6月20日，9月19日	7月7日，9月3日	6月26日至7月7日，8月25日至9月8日	6月17—28日，8月21日至9月2日
果	初果期	6月17日，9月7日	6月20日，9月19日	7月7日，9月5日	7月3日，8月29日	6月23日，8月26日
	初熟期	6月26日，9月20日	7月3日，10月3日	7月18日，9月19日	7月15日，9月16日	7月9日，9月18日
	成熟期	7月20日，10月13日	7月26日，10月25日	8月4日，10月14日	8月1日，9月25日	7月23日，10月3日
	落果期					

注：花棒有二次开花现象，花果期后为二次花、果日期。

学名		沙冬青				
观测年份		2014	2015	2016	2017	2018
芽膨大期		3月19日	3月19日	3月26日	3月21日	3月15日
新梢	开始生长期	4月10日	4月23日	5月1日	5月6日	4月27日
	停止生长期	9月28日	9月25日	9月23日	9月17日	9月30日
叶	展叶始期	4月13日	5月4日	5月2日	5月7日	4月26日
	展叶盛期	5月15日	5月15日	5月11日	5月16日	5月3日
	变色期					
	落叶期					
花	花蕾出现期	3月25日	3月28日	4月13日	4月12日	3月27日
	初花期	4月11日	4月15日	4月24日	4月20日	4月3日
	盛花期	4月17日	4月21日	4月28日	4月29日	4月8—18日
	落花期	4月25—29日	5月2—9日	5月4日	5月5—13日	4月16—25日
果	初果期	4月28日	5月7日	5月7日	5月10日	4月25日
	初熟期	5月20日	5月28日	5月30日	5月26日	5月22日
	成熟期	6月4日	6月10日	6月9日	6月14日	6月2日
	落果期	6月18日（干）7月25日（落完）	6月26日（干）7月20日（落）	6月29日（干）7月24日（落）	6月23日（干）7月18日（落）	6月10日（干）7月13日（落）

注：叶变色期、落叶期、落花期、落果期，如有两个日期，第1个代表该物候现象出现初期，第2个日期代表末期；只有1个日期记录的为该物候现象出现的盛期。